Hans Schönsperger

Garten der Gesundheit
(1487)

EUROPÄISCHER HOCHSCHULVERLAG

GARTEN DER GESUNDHEIT

(1487)

VON

HANS SCHÖNSPERGER

NACHDRUCK DER ORIGINALAUSGABE VON 1487

ISBN: 978-3-86741-169-1

REIHE: HISTORICAL SCIENCE, BAND 8

¶ Ein ende hat dises register

Oft vnd vil habe ich bey mir selbs betrachtet die wūdersamē weercke des schöpfers d naturē·wie er an dē anbegiñe d hymeln hat beschaffen vñ gezieret mit schö/nen leüchtendē sternen·den er zů einfliessen in alles dz vnder dem hymel ist·krafft vnd macht gegeben hat·¶Auch wie er darnach die vier element beschaffē hat Das feüer hyczig vñ truckē·die lüfft heyß vñ feücht·daz wasser kalt vñ feücht·dz erdtreich trucken vñ kalt·yegklichem sein na/tur gegeben·¶Auch wie d selb groß meister d natur darnach die kreüter mangerley nature·vñ allerley geschlächt d thiere·vñ zůleczt den menschen vnd allen creaturen dz edlest·gemachet hat vñ beschaffen·Domit einfiele mir die wunndersame ord/nung·die d schöpffer den selben seinen creaturen hat gegeben·also das alles dz vnd dem hymel wesen hat sein natur vō vñ durch die stern empfächt vñ halt/tet·¶Auch daz in einem yegklichen das in den obgemeltē vier elementen entspringet·wächßt·lebt·od schwebt·es sey ärcz·ge/stein·gekreüt·oder thiere·sind vermüschet die vier natur d element·hycze·kelte·feüchtigkeyt·vñ truckenheyt·Vñ also zů vermercken ist die berürten vier natur auch im dē menschlichen körper vermüschet od vermenget sind in einer maß vñ tempera/ment bequem des menschē lebē vñ natur·In wölcher masse od proportion od temperamēt die weyl d mensch steet·ist er frisch vñ gesundt·So er aber trytt od fellt auß dem temperament oder maß der vier naturen·daz dañ geschicht so die hycz gancz überhandt nymbt·vnd arbeytet die keltte zů tempffen·oder wider/umb die kelte die hycze anhe=bet zů vnderdrucken·oder d mēsche vol kalter feüchtikeit wirt od seiner feüchtigkeit über d ie maß entseczet·fellet d mensch von not wegen in kranckheyt vnd nähnet dem tode·Vrsache aber solches eegemeldeten bru/ches der vier naturen temperament·in wölchem des menschē gesundtheit vñ leben steet·sind vil yeczund des hymels gifftig vnd verborgen einflüß wider des menschen natur·dañ d vmsteend lufft vnreynigkeit vnd vergifftigung·Nun vnbequem speysen oder tranck·Od beque=me·aber nit in rechter maß od zeit genōmē·Fürwar als leichte wolt ich dir zelen die bletter auff den baumē od die santkörner in dem möre·als ich dir er/zelen vnd erklärē solt alle die ding die ein vrsach sind abfal=lens von dem temperamentt d vier naturen vnd ein anfange des menschē kranck[illegible] darūb so vmbsteen[illegible]
sent vnnd a[illegible]
vñ färliche[illegible]

st er seiner gesundtheit oder le=
ens gancz sicher· Do ich solich=
s betrachten was· fiele mir au=
h ein wie der schöpffer der na/
ur· der vns in solche färlicheyt
gesetzet hat· wider mit einē an=
dern genädigklich fürsehen hat·
az ist mit allerley geschlächten
kreüter· thieren· vnd andern cre
aturen· den er krafft vnd macht
gegeben hat· die obberürten vier
naturen· widerbringen würckē
geben vnd tempffen· Ein kraut
hycziget· das ander kület· yegkli
ches nach dem grad seiner natu
en vnd complexion· Des geley
hen vil ander creaturen auff dē
rdtrich vn̄ in dem wasser dē mē
chen durch den schöpffer der na
uren sein leben auff entheltet
Durch wölcher kreüter vn̄ crea
uren krafft der kranck mensche
n den vier naturen temperamēt
vn̄ zů seines leybes gesundtheit
wider mag kommen· Seyd ein
mal aber der mensche auff erden
it grössers nitt edlers schaczes
gehaben mag denn seines leybes
gesundtheyt· Ließ ich mich be=
duncken· das ich nicht erlichers
it nüczers oder heyligers wer/
ke oder arbeyt begeen möchtte·
dann ein bůch zůsamen bringen
darinnen vil der kreüter· vn̄ an
er creaturen krafft vnd natu/
en mit jren rechten farben vnd
gestalt würden begryffen· zů al/
er welt trost vnnd gemeynem
ucze· [illegible] nach hab ich soli=
[illegible] lassen anfa
[illegible] ster in der
[illegible] h meiner

begierde auß den bewärten mei/
stern in der erczney· Galieno· A/
uicenna· Serapione· Diascori/
de· Pandecta· Plateario· vn̄ an/
dern vil kreüter krafft vn̄ natu
ren in ein bůch zůsamen hat bra
cht· Vnd do ich auff entwerffūg
vnnd kunterfeyung der krüter
gangen byn in mittler arbeytte·
vermercket ich dz vil edler kreü
ter sind die in disen teütschē lan
den nit wachsen· darumb ich die
selben in jrer rechten farbe vnd
gestalt anders nicht entwerffen
mochtte denn von hören sagen·
Deßhalben ich solichs angefan/
gens werck vnuolkōmen vn̄ in
der feder hangen ließ so lang biß
ich zů erwerben genad vnd ab/
laß mich fertiget zů ziehen zů dē
heyligen grab· auch zů dem ber/
ge synai· do der lieben junckfrau
wen sant katherinen körper ra/
stet vnd růwet· Doch das solli/
ches edles angefangens vn̄ vn
uolkōmens wercke nit hynder/
stellig beleybe· Auch das do mein
fart nicht allein zů meiner selen
heyle· sunder aller welte zů sta/
ten möchte kommen· Name ich
mit mir einen maler vonn ver/
nunfft vnd handt subtil vnd be=
hende· Vnd so wir von teütschē
landē gereyßet haben durch wäl
hische landt Histriam· vnd dar
nach durch die Schlauonei oder
Wyndische landt· Croacien Al
baney· Dalmacien· Auch durch
die kriechischen lande· Corfon·
Moream· Candiam· Rodiß vn̄
Cyprien· byß in das gelobet lan
de· vnnd auch do in die heylig/

en stat Jherusalem· vnd võ dan nen durch klein arabien gegenn dem berge synai· von dem berge synai gegen dem roten möre· gegen calcair· Babylonien vñ auch Allexandriam in egipten· vñ von dannen wider in Candien· in durchwandrung solcher künigreych vnnd landen· Ich mit fleysse mich erfarẽ hab der kreüter doselbst· vnd die in jren rechten farben vnd gestaltten lassen kunterfeyen vnd entwerffen

Vnd nach dem mit gots hilff wider in teütsche landt vñ heim kõmen byn· Die groß liebe dye ich zů disem wercke hab gehabt· hat mich bewegt das zů vollenden· als nun mit der gottes hilff volbracht ist· Vnd nennen dises bůch zů latein Ortus sanitatis· auff teütsch· Ein gartten der gesundtheyt· In wölchem garten man findet vierhundert vñ fünff vnd dreyssig kreüter· mitt andern creaturen krafft vnd tugenden· zů des menschen gesuntheit dienend· vnd gemeynlich in den apotecke zů erczney gebrauchet werdẽ· vnder disen bej vierdhalbhunnderten mit jren farben vnd gestalten als sy hie erscheynen· vnd auff das es aller welt gelerten vnd leyen· zů nucz kõmen müge· hab ich es in teütsch lassen machen·

Dises bůch wirdt geteylet in fünff teyl· Das erst· ist die vorrede yeczund hie berürt· Das ander teyl· ist võ den nachfolgẽden kreütern· vñ ander creaturẽ krafft vnd tugent in ordnunge des alphabets· Das dryt teyl wirt sein ein register võ kreütern zů laxieren vñ zů kreftigen Item von den wol riechenden Item võ den gummi· Item võ den früchten· samen· vñ wurczeln Item von edlem gestein Item võ den thieren vñ was von jn entspringet· vñ also was zů erczney dienet gemeynigklichen· Das vierde teyl· von allen farben des harms· vnd was ein yegkliche farbe bedeütet·

Das fünfft teyl vnd dz leczt wirt sein ein register behend zů finden von allen gebresten vnd kranckheyten der menschen [illegible] die sein mügen·

Nun farhyn in alle landt du edler vnd schöner gartt· du ein ergeczung den gesundẽ· ein trost hoffnung vnd hilffe den krancken· der deinen nucz dein fruchtberkeyt genůg außsprechen müge· lebt kein mensche· Ich dancke dir schöpffer hymels vnd d erden· der du den kreütern in disen garten begryffen· krafft [illegible] macht gegeben hast· das du mir solche genad· disen schacz d byßher der gemeyn begraben vnnd verborgen ist gewesen· hast vergünnet an den tag zů bringen· Dye sej ere vnd lobe yeczund vnd zů ewigen zeyten Amen·

(5)

Beyfůsz erst Capit

Arthemisia mater her/
barum Artinosa·ampo
lata Britanica Campa
naria· Metricaria· mi/
nor latine· Melenoff Zātes Tha
getes Leptafelos·
¶ Die wirdigen meister Auicē=
na Diascorides·beschreiben vns
von disem kraut·vnd sprechen·
daz arthemisia sey ein kraut/vnd
geleychet dem wermůt vnd der
stabwurcz an der gestalt· allein
das beyfůß breyttere bletter hat
Die bleter sind außwenig weiß
vnd jnwenig grün·vnnd haben
einen starcken geruch vnd bit/
ter· Dises kraut hat lang stēgel
Die blůmen daran geleychē den
camillen blůmen· Vnnd heysset
darumb arthemisia·wan̄ d kü-
nig mansolei gehabt het ein hau
frauwen die hieß Arthemisia
die wolt das dises kraute auch
also genennet würd·vmb tugē
willē die dise künigin an disem
kraut befand· ¶ Der meister p
nius spricht·daz diß kraut vo
hyn geheyssen hat parthenis·
¶ Ysidorus in dem·xvij·bůch g
nant ethymologiarum·spricht
das Arthemisia sey ein kraut
vnd sey vō dem heydnischē vo
cke dyane consecriert wordē·v
von den also geheyssenn· wan
dyana in grecum ist als vil ge
sprochen als arthemis· ¶ Pla
tearius spricht· das dises krau
ist heyß vnd trucken in dem dri
ten grad· ¶ Die bleter brauch
man in der erczney vnd seltē di
wurczel·vnd sind grün besser g
nüczet dann dürr· ¶ Platearius
spricht·das beyfůß gůt seye den
frawen zů jrer sucht genant m
struum· Vnnd wölche frau das
zů rechter zeyt nicht hat·die sol
den beyfůß sieden mit wein vn
sol den trincken·d hilfft on zwe
fel· ¶ Es hilffet auch ob sy
domit in dem bad zům dycker
mal bäet vnde auff beyden tai
ben den nabel ¶ Der meister di
scorides spricht· Wölche frau
wee mit einem kynde geet od i
arbeyt ligt eins kindes· seüdet sy
den beyfůß mit wein od mit bie
vnd den also trincket· sy genyse
zůhandt· Oder bindet man jr
gesotē kraut an jr rechtes dieck
sy genyset zůhant Man sol auch
zůhandt wenn das kyndt gebo
ren wirt das kraut abnemē·sau

met man sich·des·das bracht gr
ossen schaden·¶ Wölche frawe
ein todtes kynd in irem leyb he
te·die trinck von beyfuß·sy wirt
des kyndes sanfft ledig·¶ Item
Diascorides in dem capittel ar/
themisia spricht auch·Weer den
beyfuß nüczet das im vergiffte
vnd zauberey nit geschaden mü
ge·Im schadet auch nicht ob ein
thiere das nicht synnig wäre jn
beysset·¶ Item Wer beyfuß in
seinem hauß hat·dem mag d teü
fel keinen schaden zůfügen·
¶ Item· Wer der beyfuß wurcz
an seinē halß tregt·kein vergiff/
tig thiere mag im nit geschaden
¶ Vnd ob ein vergifftig thiere
einen schaden zůgefüget häte·d
trincke des safftes von beyfuß·
er genyset zůhandt ¶ Die wirdi
gen meister sprechen gemeynig/
klich·das do sey zweyer hant bey
fuß·der ein ist rot an dem styl· d
ander ist weyß·¶ Wölche fraw
er sucht genant menstruum ley/
det über die zeyt·die sol der rotē
beyfuß bletter sieden in wein vn̄
dē trincken Weret aber die sucht
menstruum zelang·so sol sy des
weyssen beyfuß bletter sieden im
wein vn̄ also nüczen·es vergeet
ir zůhandt·¶ Item beyfuß genü
czet mit wein·machet wol här/
men·¶ Diascorides·beyfuß d ist
fast gůt für den stein wenn man
den bulfert·vnnd das bulfer nü/
czet mit eppich wasser· vnd das
also getruncken· ¶ Beyfuß mitt
wein gesoten vnd den getrunckē
vertreybet alle die suchte die do
werend ist an der stat der wey=
ber die do kyndt geberen· es sey
geschwulst oder anders·¶ Wer
den beyfuß bey im tregt wenn er
wandert·der wirt nit müd·
¶ Item·Wer der beyfuß wurcz=
len über die thor des hauß legt·
od henckt·dem hauß mag nichcz
übels oder vngeheürigkeit züge
füget werden·¶ Der hochgelert
meister Galienus spricht·dz bey
de beyfuß rot vnd weyß gůt sey
den frawen genüczet wenn es jn
not sey· Vnd auch fast wol be/
kōme den·die den stein haben in
den lenden·¶ Der meister Plini
us in seinem·xv·bůch in dem ca
pitel arthemisia·spricht·das ar=
themisia die etwan geheyssē ist
parthenis·sey zweyer handt·ei/
ne hat breyte bleter·die and dün
nere vn̄ kleinere·vn̄ haben beyd
ein natur vn̄ tugent·¶ Item Di
ser meister in seinem·xxvj· bůch
spricht auch·Wer beyfuß bey im
hab so er über felt gee·der werde
nit müd·vnd im schadet auch d
gang nit in den geleydern· ¶ Er
spricht auch in dem selbigen ca
pitel· das Arthemisia gestossen
vnd gemüschet mit feygen vnd
mirra yegklichs ein quintin vn̄
das geleget in wein vnd den ge
truncken· erwörmet den kalten
magen·¶ Er spricht auch·dz di/
ses krautes wurczel eingenōmē
so festigklichen laxieren ist vnd
purgieren·das das kynd im mů
ter leybe nitt beleyben müge· es
sey todt od lebentig·¶ Der mei=
ster Platearius spricht· das di/
ses krautes bleter bequemer sey
en in der erczney denn die wur/

zel·vñ grün mer nücz deñ dürr·
Vnd seÿ sunderlich gůt genüczt
den vnfruchtbern frauen· ¶ Jtē
Beÿfůß vnd dÿllsamen gebulfe
ret vñ vermenget·ist gůt wider
die feüchtblattern·darauff gele/
get·oder auff beülen hynder den
oren·daruor so sol man das mit
einer schrepff fleten blůtend ma
chen·vnd darauff das bulfer le/
gen·¶ Jtem beÿfůß ist seer besto
pfung der gelÿder auffthůn·als
milcze vñ lebern die do vō einer
kalten materien kōmet·also ge/
nüczet·Nÿm̄ beÿfůß vnd hyrß/
zungen ÿegklichs ein handt vol
vnd wenig wermůt im wein ge/
soten·vn d mit zucker süß gema=
chet·¶ Diser tranck ist auch gůt
wider die geelsucht·so man dar=
zů ist vermengen wenig tausent
guldim genant centaurea· Vnd
was nach dem getranck über be/
leÿbt von kreüttern sol man do
warm legen auff die milcz·Das
selb ist auch gůt so die milcz auf
wendig geschwollen ist·¶ Jtem
beÿfůß vnd wulle genant taxus
barbatus gesoten mit wein vnd
also warm darauff gesessen· ist
gůt dem der arßdarm außgeet·

stabwurcz ii Capit

Abrotanū·Das wort ist in gre=
cum vnd in latin sum also genē
net·Hesum ist es genant in ara
bischen·
¶ Der meister Serapio in dem
bůch aggregatoris in dē capitel
Hesum·idest Abrotanū·spricht·
dz dises kraut seÿ zweÿer hant·
eins ist freülich·daz ander mān
lich·vnd sind beÿde einander ge/
leÿch·an d gestalt·vñ an der tu
gent·allein die freülich hat weiß
blůmē·vñ die mānlich gelb blů
men·vnd geleÿch dem saffran
¶ Der meister Plinius in seinē
·xxj·bůch spricht·das stab wurcz
hab einen gůten gerauch·¶ Diß
kraut hat fast kleine bleter·vñ

vil ſtengeln·vnd auch gar klein
blůmen vnd einen kleinen ſamē
¶ Der meiſter Auicenna im ſein
em andern bůch·ſpricht·daz ſtab
wurcz ſej heyß an dem erſtē gra
de vnd truckē an dem anderen·
¶ Der wirdig meiſter Auicen/
na im ſeinem andern bůch ī dem
capitel Abrotanum·ſpricht·das
ſtabwurcz gebrennet vnd gebul
fert vn̄ dz gemüſchet mit öle·vō
rätich gemachet·vnd das geſch=
mieret auff die kal ſtat·machet
har wachßen·¶ Item ſtabwur=
cze machet auch wachßē dē bart
der lanckſam herfür kumbt·do/
mit beſtrichen·mit namen·nyme
ſtabwurczſafft mit dyll öle ver=
menget·dauon den bart oder die
ſtat geſchmieret do man har be/
geret·¶ Stabwurcz reſoluieret
apoſtemē die kalte feüchtigkeit
im jne haben genant flegmatica·
geſoten mit kütenkern vnd alſo
genüczet·¶ Stabwurcz gegrü/
ſet vnd getruncken mit wein·be=
hütet den menſchen vor d ſucht
genant paraliſis·¶ Auch iſt es
gůt wider das gegicht d gelyder
die grůſe darauff geleget·¶ Pla
tearius Stabwurcz geſoten mit
baum̄öl·vnd dz haubt domit be/
ſtrychen·benymmet die kelte des
haubtes·vn̄ wirt warm dauon·
¶ Stabwurcz mit wein vnd zu
cker geſotē vn̄ getrunckē macht
einen warmen magē d erkaltet
iſt vō dem ſchleym genant zů la
tein flegma ¶ Stabwurcz ſeübe
ret den frawen jr ſucht genantt
menſtruū·mit wein geſoten vn̄
getruncken·¶ Stabwurcze mit

eppe vn̄ zucker geſoten vnd dar
von genüczet·bricht vnd treybt
auß den ſtein d im der blaſen wa
chſet vnd nyeren·vn̄ wid dē kal
ten ſiechtum̄ iſt es gůt·¶ Itē öl
vō ſtabwurcz gemachet·vn̄ ſich
domit vnd dem nabel geſchmie/
ret·machet härmē·¶ Stabwur
cze getruncken mit wein· iſt gůt
für vergifft·¶ Item der ger auch
vō ſtabwurcz·vertreybt die ſch=
langen die im den heüſern wonē
¶ Vō d wurczel dyck getrunckē
ſterben die ſpölwürm·oder mitt
wenig milch ſtabwurcz ſafft ge
menget·¶ Auicenna ſpricht·wo
man ſtabwurcz hyn ſtreüet·do
beleybt kein vergifftig thier·vn̄
wölches do beleybt·das ſtyrbt·
¶ Diaſcorides ſpricht·das ſtab=
wurcz bring dē frawē jr zeyt ge
nant mēſtruū·die gebulfert vn̄
mit wein getruncken·vn̄ im we=
nig mirra vermenget· ¶ Der
rauch von ſtabwurcz vertreibt
die ſchläg·im dē hauß·¶ Vō ſtab
wurcz getruncken·iſt gůt dem d
do gebyſſen iſt vō gifftigē thierē
¶ Dem die augen ſchweren vō
hycz d ſol nemen ſtabwurcz ein
quitin·vn̄ ein weyſſe broſen bro
tes·vn̄ ſol das ſiedē im waſſer vn̄
ſol die augen domit bäen·es zeü
het auß die hycz· vnd vertreybt
das augen ſchwer·¶ Von d bit/
terkeit die die ſtabwurcze im jr
hat·ſterben die ſpolwürm·da nō
genōmen auff ein halblot·¶ Se
rapio ſpricht·das ſtabwurcz ge
nüczet verczeret überflüſſig feü=
chtigkeit die im den därmen ſind
dauon ein kranckeyt kum̄t ge/

nant colica paſſio· das iſt· das darm geſůcht· ¶ Item·Stab/ wurcz geſoten mit waſſer vnnd wein mit yſop vnd leckricz·mit zucker ſůß gemachet·iſt ſeer gůt wider ſůchtung der lungen vnd bruſt·ſo die ſucht kōmet vō kel te·vnd außwendig ſol man ſch/ mieren die bruſt mit buttern od mit einer ſalben genant vngentū dyalthee·Darnach ſol man nū czen pillen von agarico· Dar/ nach iſt gůt zů nüczen ein ſterck ung genant dyapenidion· oder dyaris ſalomonis·¶ Item ſtab wurcz mit oleī·vnd ſalcz zů ſam men geſtoſſen·vnd auff den pulß hende vnd füſſe geleget·iſt gůtt wider das fieber·

wőrmůt iii Capit

Abſinthium latine·Grece Ab/ ſinthion·Arabice Saricon·
¶ Die meiſter in der erczney ſp/ rechen·das wőrmůt ſey heyß in dem erſten grad·vnd trucken in dem andern·¶ Platearius ſpri= chet·das wőrmůt ein widerwär tige naturen an jr hab·wann ſy laxiert vnd ſtopffet vn̄ die zwei ſind wider einander· Vnd dar/ umb ſpricht er·das wermůt ge/ nüczet ſol werden mit vermüſch ung·vnd das angeſehen werde gebreſten des menſchen·wan̄ iſt es ſach das die natur des menn ſchen verſtopffet wär· ſo ſol ma der wőrmůt zůgeben ding die j die natur beneme der ſtopffung vnd allein laxiere·Iſt es aber ſa che das die natur zů vil flüſſig wäre·ſo ſol man dem wőrmůt nemen die natur des fluſſes· v zůgeben ding die do ſtopffen·
¶ Hierinn mercke eben·wilt d den menſchen ſtopffen mit wer můt·ſo brauche die mitt eſſich oder mit wein· ¶ Wilt du abe den menſchen laxieren mit wőr můt· ſo brauche die mit hōnig oder zucker· ¶ Auicenna ſprich das der ſaffte von wőrmůt ſa ſtercker ſeye zů nüczen denn da kraute·wann der ſaffte der iſt heyſſer in dem erſten grad den das kraut·
¶ Wer wermůt ſafft trincket

hen tag nach einander· vñ auff ein mal vier quintin mit zucker vermenget· der selb safft verzeret ytericiam· das ist die geschwulst· vnnd benymet auch dem menschen also genüczet ydropisum· das ist die wassersucht·

¶ Vnd also genüczet zeühet vil feüchtigkeit von dem milcz vnd lebern· ¶ Johannes mesue· spricht· das wermůt stercket dē magen vnd die leber· vnnd bringet lust zů essen· vnd machet gesunt die verstopfften kranckeyt· als dann ist die geelsucht vnnd die wassersucht· ¶ Wermůt tödtet die würm in dem bauch· vñ treybet sy auß mächtigklichē· wann man dauon machet ein pflaster also· Nymme wermůt vier lot· eüforbie ein halb lot· gebrennett hyrßkorn ein lot· vnd ein lot hasengallen· vnd darunder gemüschet hönig· vñ darauß ein pflaster gemachet· vnd das geleget auff den bauch· ¶ Jtem· Wer daz kaltt lange zeyt gehabt hatt· der nücze zů frümē den safft vō wermůt mit zucker vermenget· er genyset dauō zůhandt· ¶ Wermůt safft vermenget mit pferßichkeren· vnd in die oren geträfft· machet sterben die würm in den orē

¶ Wermůt reyniget den magen vnd lebern vō der gallen genant colera· vnd zeühet zů zeiten dieselben feüchtung auß mit dē härmen· ¶ Auch behůtet wermůt dē menschen vor füllung des geblůtes in dem leybe· mit wein gesotten vnd des tags auff ein male nüchter getruncken auff vier lot

¶ Wermůt wasser gemüscht vn der tinten· behůtet dz papier vor den meüsen vnd würmen domit geschriben· ¶ Wermůt ist fast gůt vnd nücz den zerknüscheten gelydern· wenn man darzů thůt oder vermüschet hönig· vnd ein wenig gůts weins vñ gestossen kümel· vnd also darauff gelegt geleych einem pflaster· ¶ öle vō wermůt gemachet vñ in die orē gelassen· bringt widerumb dz gehörde· ¶ Jtem Wermůt mit eßsig gemenget vnd den mund mit gewäschen· machet einē wolriechenden mundt· ¶ Die meister sprechē· das wermůt sterck fast den magen· also vertreybt sy alles das in dem magen böß ist

¶ Wermůt vnd eppich krauts· eins als vil als des andern· gestossen vnd den safft getruncken mit zucker vnd mit süssem holcz safft vermenget· vertreibt asma dz ist dz schwär ätmen· ¶ Wermůt getruncken mit eßsig· hilfft dem geschwollen milcz· ¶ Wermůt gestossen vnd das safft gemenget mit hönig· vñ an die augen gestrychen· machet sy klar·

¶ Wermůt gesoten mit baumöl vnd domit den bauch bestrichen· das hilfft dem krancken magen vñ der bösen lebern ¶ Jtem wermůtsafft mit hönig vermenget· ist gůt wider die trunckenheytt· Vnd wermůtsafft ist auch gůtt feauwen feüchtigkeit zů bewegen· die zů mañ zeyt bestopffett ist· vermenget mit beyfůß safft· vnd auch mit ein wenig mirra vnd auch hönig· darauß gema-

chet ein zapffen in jr schame ge
leget als Auicenna vnd Sera/
pio vnd Pandecta sind bewärē
¶ Jtem Wermůtsafft vnd por/
ris safft genant borago· vn̄ tau/
sent guldin blůmen· genant cen-
taurea· gesotten mit geyßchenn
milchmolcken· mit zucker süß ge
machet· ist gůt wider des milczs
süchtung· vnd wider das fieber·
¶ Jtem Wermůt gesoten in lau
gen mit stabwurtze· domitt das
haubt gewäschen· ist gůt wider
die har außfallung· genant alo-
picia·

knoblach iiii Capi

Allium latine Stordon vel stor
deon grece· Thaum arabice·

¶ Galienus spricht· das knobla
ch sey heyß vnnd trucken in dem
dritten grad· ¶ Platearius vnd
ander meister sprechē· das er sey
warm vnd trucken bey dem vier
den grad· ¶ Serapio in dem bů/
ch aggregatoris in dem capitel
Thaum· spricht· daz do sey zwey
er handt knoblach· der ein wild
der ander zam· vnnd haben beyd
geleych ein natur· ¶ Auicenna·
spricht· das knoblach benemme
vnd verdrucke die geschwulste
des menschen in dem leybe woo
die seye· der geessen· Vnd weych
et auch geschweren· vnd öffnet
sy· vnd zeühet fast auß den eyt=
ter· die gesotten vn̄ darüber gele
get· ¶ Mit knoblach safft gesch
mieret das haubte tödtet die leü
se vnnd auch die nyß darauff
wachßend· vnd ist auch gůt wi
der die har außfallung genannt
alopicia· ¶ Knoblach äschē mit
hönig gemüschet vnnd auff die
haut gestrichen· benymet die bö
sen gestalt der haut· morfea ge/
nant· ¶ Dise äschen also genü·
czet heylet böse geschwere dye
geöffnet sind· darein gestreüet·
¶ Jtem knoblach äschen mit hö
nig vnnd meyischen buttern ge/
menget machet ein reyne glate
haut· die mit reüdigkeit vn̄ auß
setzigkeit überzogen ist· sich do/
mit bestrychen nach dem bade·
¶ Jtem knoblach ist schedlichē
den augen· ¶ Jtem knoblach ge
sotten vnd den genüczet· machet
helle stymen vn̄ benymt den altē
hůsten· vn̄ reyniget die brust dē
sy erkalt ist. ¶ Knoblach gesotē

mit seinem kraut mit wein vñ den getruncken · machet fast wo härmen · vñ bringt auch also genüczet den frawen jr sucht genant menstruũ · ¶ Vnd zeühet auch auß secũdinam · dz ist die ander geburd · den bauch domitt bestrichen · oder den gerauch des knoblachs sol die fraw vnden herauf zů jrer scham lassen tempffen · vnd sol auff einen gelöcherten stůl siczen · vnd sich vnden vmb bedecken · ¶ Platearius spricht · Wer mit frawen zůschaffen haben will · der meyde knoblach · wañ er verdrucket den samen genañt sperma · das ist · die natur des mannes · vñ wölcher darüber sich nötiget · dẽ entsteett dauon grosse kranckeyt · ¶ Wölcher überzogen wäre mit böser kalter feüchtung · jnwenig oder außwendig des leybes · der eße dick knoblach · ¶ Kein vergifftiges thier stycht den menschen d jn genüczt hat mit wein ¶ Wen ein vnsynniger hundt gebyssen het · der neme knoblach · feygenbletter · camillen blůmen · yegkliches geleych vil · vñ siede die in wasser · vnd stosse die · vnd mache darauß ein pflaster · vnd lege es auff des thieres byß · er genyset zůhanndt · ¶ Knoblach gerauche vertreybet aller handt würm die vergifft bey jnen tragen · ¶ Knoblach gesotten mitt eßsig · vnd jn getruncken mit hõnig wasser genant mulsa · vertreybet die spölwürm vnd aller hanndt würm im dem bauche · ¶ Knoblach im baumõl gesotẽ · heylet vergifftig byß an beynen vnd an andern gelydern des leybes · ¶ Mit diser salben vertreybet man den bösen vngemach vnd geschwulst · außwendig daran gestrichen · ¶ Jtem knoblach gesotten mit milch · vnd die getruncken · benymt peripleumoniam · das ist ein geschwer auff der lungen · ¶ Diascorides sprichet · Weer die wassersucht habe die von kalter materien kumt · genant yposarca · d neme knoblach vnd centaurien · vnd syede die im wein vnnd trincke den · er genyset · ¶ Jtem Pitagoras ein meister spricht · Das knoblach gestossen · darunnder gemüschet coriander · vnnd also genüczett mit wein · vertreybet das lenden wee · vnd hilfft auch dem der do schwär ätmet · Also genüczet d selbig tranck weychet den bauch ¶ Jtem knoblach mit bonen gesotten vnd zerstossen · vnd darvnder gemüschet baumõle · oder maißsamen öle · vnd darauß gemachet ein salben · dise salb dienet fast wol · die schläff genant tempora mit bestrychen für das haubtwee · ¶ Jtem knob lach d mag leychtlichen verwandelet werden im fenein also · Nym den samen dauon vnd säe jn · dauon wirtt knoblach · von dem selben knoblach nym den samen vnnd säe jn auff das zweyet mal · dz thů fünff oder sechß male · so ist der leczte verwandelt in fenyn · Darumb sol man dẽ knoblach pflanczen vnd mit säen · vnd geschicht gemeynigklich von dene.

gärtnern· wiewol sÿ die vrsach
nit enwissen· ¶ Item Wer dÿck
mal vnd stätigs knoblach ÿß/
set bringet das haubtwee umb·
vnd ist auch bringen vnreynig
keÿt des geblůtes· genañt lepra
Auch ist knoblach gesund böß
roch geessen den augen· ¶ Item
knoblach gesoten oder gebraten
mit mastix· vnd bertrum gebul/
feret· dauon das maul gewäsch
en· ist gůt wider die zeenweeta/
gen· ¶ Itē Knoblach ist gůt den
arbeÿten den menschen die stäti/
ges wasser trincken· vnd eßsend
auch kalte vnuerdeüliche speÿß
Darumb sprechen die lerer· das
knoblach sej ein triackel der bau
ren· Wañ knoblach ist rechtfer/
tigen vnd gůt machen das was
ser genüczet von den bauren·

Odermynge Das fünfft Capitel

Agrimonia ferraria minor la/
tine· Argemonia grece· scelen a=
rabice·
¶ Der meister Platearius vnd
ander meister in dem capitel A=
grimonia· sprechend· das dises
kraut seÿ heÿß vnnd trucken in
dem zweÿeten grad· ¶ Diasco/
rides· Odermynge grün gestos=
sen· vnd also getruncken· vertrei
bet die erhabnen pestilencz in dē
menschen· Vnnd also genüczet·
vertreÿbet sÿ alle geschwere in/
nerlich ¶ Odermynge ist gůt dē
die gestochen sind von vergiff/
tigen thieren· als von schlangen
des safftes getruncken· ¶ Vñ ob
ein tobender hundt einen gebÿs
sen het· der neme odermÿnge vñ
grüß die· vnd lege sÿ darauff· er
genÿset· ¶ Odermÿnge safft ge/
truncken· vertreÿbet das bauch/
wee· ¶ Odermÿnge grün vnd
freÿsch gestossen· vnd auf die bö
sen geschwere geleget· dauon si
ch erhebet der wolff· er genÿset·
¶ Odermÿnge gemüschet mit
eßsig vertreÿbt die wärczen dar
auff geleget geleÿch einem pfla=
ster· ¶ Wer ein böses milcz hät
der brauch odermÿnge vñ hÿrß=
zung in der kost· er genÿset·
¶ Die wurczel von odermynge
gesoten mit wein vnd den genü
czet· ist gůt den erlamten gelÿde
ren· ¶ Der meister Galienus sp
richt· daz odermÿnge fast gůt sej
dem der den krebs hat· der sol od
mÿnge eßsen in aller kost er ge/

nyset dauon· ¶ Odermynge nymet hyn alle vnreynigkeit des menschen es sey auff dem haubt oder allenthalben an dem leybe· domit gezwagen vnd gewäschen· ¶ Odermynge vertreybt den harwürm· die grüß darauff geleget· ¶ Item allen zerknüscheten gelydern ist die grüse fast gütt· darauff gebunden· ¶ Odermynge heylet schleg vñ zerschlagne gelyder· mit dem safft darauf gestrychen· ¶ Item wölcher ermüdet wär võ vil geen der bade die füß mit odermynge· er wirt da/uon leychtlichẽ widerumb geen werden· ¶ Von odermynge ge/truncken· vertreybet allẽ schmerczen im dem leybe· ¶ Item Odermynge ist fast güt für den stein domit gebadet in einem schweißbade· der do gewachßen ist von hycze vnd võ der dürre· als deñ sind die colerici· ¶ Item Oder/mynge ist güt wid die bestopff/ung der gelyder jnnwenig· wañ odermynge ist enge bestopffung weyt machen· darumb so ist es wol machen härmen· ¶ Item Odermynge safft mit sauer ampffer wasser vermenget· ist gütt genüczt wider verhyczet apostemen genañt antrox· vñ auch wider apostemẽ mit der pestilencz vermenget· ¶ Item odermynge wasser mit thncien vermenget· vnnd zü den augen genüczet ist die augen gesundtmachen vnd erklären·

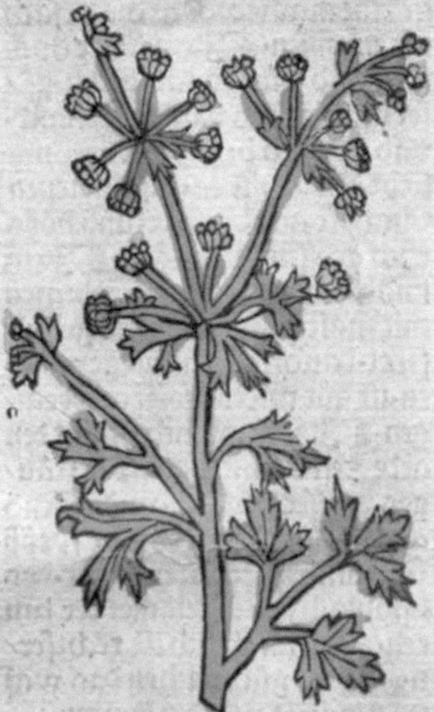

eppich vi Capitel

Apium latine· Grece Seluium Arabice Kaspar. vel karsi· ¶ Der meister Platearius sprichet· das eppich sey heyß vnnd trucken bey dem drytten grad ¶ Der wirdig meister Auicen/na spricht· das eppich sey warm in dem ersten grad· vnd trucken in dem zweyeten grad· vnd d̃ same võ eppich mer genüczt werde in der erczney deñ das kraut oder die würczel· ¶ Dises kraute geleychet den kerbeln· vñ hat weysse blümlein· ¶ Mercke· Wenn man schreybet in den re/cepten apium· so meynend dye ärczte den samẽ vñ nit dz kraut noch die würcz ¶ Eppich samẽ gebulfert vñ eingenõmẽ mit rätich wasser· machet wol härmẽ

vñ zerbricht dēstein im d̄ blasen
vnd auch in den lenden· ¶ Item
Auicenna spricht·das in d̄ wur=
czel mer krafft sey deñ in dem sa
men·vñ der same mer krafft hat
deñ das kraut· ¶ Der meister y=
saac in seinē bůch genant de die
tis particularibus in dem capi=
tel apiū spricht·Das eppich ge=
müschet mit wein süße gemacht
mit honig genant mellecrat ma
chet den menschen wol härmen·
¶ Vnd also genüczet bringt au
ch die kranckeit der frawen ge/
nant menstruū· ¶ Eppich also
genüczet machet wol däuwen
¶ Plinius Eppich wurczel ge/
soten mit wein vnd den getrun/
cken treibet auß den steine in der
blasen vnd auch im den lenden·
¶ Diascorides in dem capitel A
piū spricht·das der samen vō ep
pich fast gůt sey dem der nit här
men mag· ¶ Item die wurczeln
von eppich gesoten im wein vñ
den getruncken treybt auß dem
menschen vergifft·Vnd also ge/
nüczet benymet das brechen ge/
nant vomitū·vñ öffnet den zer/
schwollē magen· ¶ Der meister
galienus in dem bůch genant de
agricultura spricht·das eppich
samen bring lust den mannē vñ
auch den frawen·vnd d̄ vrsachē
halb ist es verboten zů nüczē dē
ammen die kinder seügen·wañ
von grosser begirde der eppiche
samen bringt zů vnkeüscheit be=
nymt er den ammē die milch vñ
fallen die kind darnach in groß
kranckeit· ¶ Eppich samen ge/
nüczet machet einen wolriechē=
den mundt·Darumbe wölicher
mit fürsten oder mit herrē redi
wolt d̄ mag vorhyn epich brau
chen in der kost· ¶ Wer vō such
sein farbe verlorn hett d̄ esse ep
pich samē täglich in der kost sy
wirt im wider kōmen· ¶ Epich
samen mit fenchel safft vnd also
genüczet hilffet der geschwollen
milch in den brüsten·also das sy
darnach nit schwerent· ¶ Dises
hilfft auch der siechen lebern vñ
milcz· ¶ Des geleichen ist epich
mit petersilg wurczel mit wein
gesoten den wassersüchtigen gůt
die von kalter materien kōmen
¶ Eppich safft mit dem weissen
eines eyeß zerschlagen vnd mit
wercke also ein pflaster auff die
wunden gelegt·seübert sy· ¶ Ga
lienus spricht·Wölche frawen
kinder tragen die sollen epich sa
men meydē·wañ an des kindes
leyb werdē dauon vnreyn plat/
tern· ¶ Auch sprichet Galienus
Eppich dicker mal genüczet ist
die fallend sucht bringen·Vnnd
schwanger frawen sollē nit nü/
czen eppich·wann es öffnet die
flüß des vngebornen kindes ee
es die zeit begreiffet· ¶ Vñ frau
wen die kinder sind seügen sollē
nit nüczen eppich·auff daz sy nit
vnsinnig werden od̄ die fallend
sucht mit überkōmen·wañ epich
ist tämpff im das haubt übersich
bewegen· ¶ Item Eppich vnnd
stabwurczel gesotten im laugen
dauon gezwagen ist gůt für daz
har auß fallen genannt alopicia

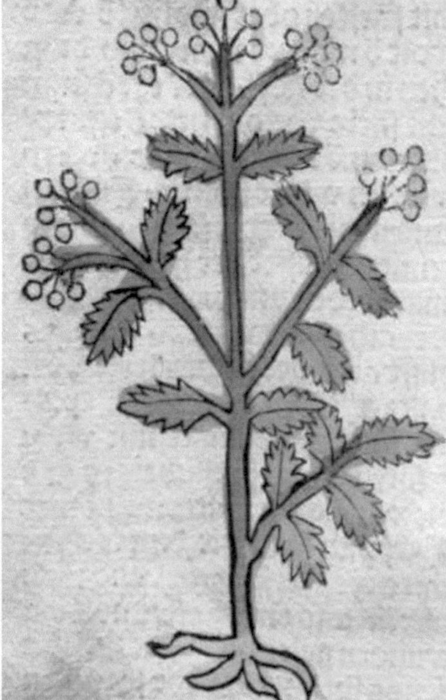

wilden eppich vñ Ca

Alum siluestre latine·
¶ Die meister sprechē·das dises
sey ein kraut hayß vnd trucken
bey dem dritten grade· ¶ Dises
wechßt geren bey den faulē was
sern do die frösch wonen·¶ Au
ch nemen etlich dises apium ri/
sus·wān der mensche der dises
nüczet in den leybe der lachet al/
so seer das er dauon stirbt·¶ Da
rumbe dienet dißes wol melan/
colicis·das ist·denen die kaltter
vnd truckner natur sind vñ we
nig freüd haben von natur·vnd
gern mit jn selbß redē·Aber vor
allen dingen rat jch das mit in
den leyb zünemē·der vrsachen/
halb das die frösch ? vnd krottē
darauff leychen vnd andere ver
gifftige thier·¶ Auch ist dises
kraut von natur also das ein ye
gklich vergifftig thier dauō nitt
kumbt es hab seine nature dar/
auff geworffen von freüden vñ
küczlung seines samens·¶ Von
disem kraut beschreybet vns dia
scorides·vnd sprichet·das dises
kraut beneme vnnd heyle acro/
cordines·das sind lichdorn oder
wärczen auff den zehen an den
füssen·¶ Auch nemen etlich mei
ster dises porri·Dißs kraut zer/
knüschet vñ auff gelegt geleych
nem pflaster·¶ Disses krautes
safft benymmet den frawē jr ge
schwulst an den brüsten darauff
geleget mitt eybisch wurczelen·
¶ Der same dises krautes ver/
mage alle dise obgeschribne stu
cke·vnd der same ist nit als sor/
gklich zü nüczen im den leybe alß
dann ist das kraut·¶ Vō disem
samen getruncken ist fast nücze
denē die den viertäglichen ritten
haben·den mit wein eingenomē
vnd machet wol härmen·¶ Au
ch benymmet der samen die ver/
stopffung des milczes vnnd der
lebern·

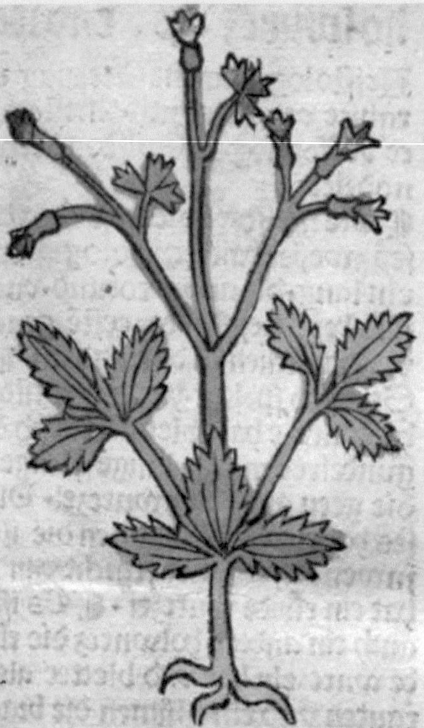

banern eppich
viii capitel

Apium rusticū latine.
¶ Die meÿster sprechen das diß kraut heÿß vnd trucken seÿ beÿ dem vierden grade. vnd wirt vō etlichen genant Apiuz regale d' vrsachen halb das es rechtferti/get alle andere kreüter mit den es deñ genüczet wirt auff zü lö/sen vud zübrechen den stein indē lendē. ¶ Diß kraut gestossen vñ gemüschet mit weÿn domitt die kalt haut gewäschen bringt dar ein natürliche hÿcz. ¶ Diß krautes safft heÿlet den krebs den gemüschet mit essig vnd darauff gelegt geleich einem pflaster .ix. tag nach einander. ¶ Von disem kraut gemachet ein laug vñ dz haubt damit gewäschen benÿm̄t die schüpen auff dem haubt vnd machet har wachsē. ¶ Der safft dises krauts dienet fast wol dē reüdigen menschen. die haut do/mitt bestrichen. vñ benÿm̄t die ge/schwulst des bauches behendig/klich.

feuchtblatern eppich
ix capitel

Apium emorrodiarum latine.
¶ Die meÿster sprechen gemey/nigklich das diß kraut seÿ heÿß vnd truckē. an dem vierdē grad Vnnd dienet für den fluß genāt emorroidalis. das ist ein fluß im dem afftern gemüschet mitt feü/chtblattern. ¶ Für disem fluß sol

dises krant gestossen werdē vñ
dauon gemachet ein pflaster vñ
darauffe geleget· heylet den on
zweÿfel· ¶ Auch mag dises kra
ut genüczet werden zů vunnden
die seer blůten · darauff geleget
mit essig vñ rosenwasser · ¶ Di
ses kraut gesoten mit wein vnd
domit gewäschen die vnreÿnen
haut morfea genant· reinigt die
von grunt vnd machet die glat
vnd schön· ¶ Die wurczel dises
krautes gedorret darnach die ge
stossen zů bulfer· vñ dises in ein
faule wunden oder fleÿsch gestr
eüet etzet das auß on allen wee
tag· ¶ Vnd sunderlich sol disses
kraut genüczet werden mit den
erczneÿenn die do dienē zů den
feüchtblattern· sÿ hilffet on allē
zweÿfel die von grundt auß ver
zeren·

holwurcz x capitel

Aristologia latine Accarug a/
rabice vel Carabuth· Aristõgre
ce vel fetalogos Apiston vel pa
uodricia·
¶ Die meister sprechen · das do
seÿ zweÿer hant aristologia die
ein lang· die ander rotund· vnd
sind beyd heÿß in dez erstē grad
vnnd trucken in dem andern · ¶
Serapio spricht· das die rotūde
holwurcze hatt bletter geleich d
gundelreben vnd lange stengel
die geen auß einer wurczel· Di/
ses hat ein weisse blůmen die ist
jnwendig rot vnd stinckt vnnd
hat ein runde wurczel · ¶ Es ist
auch ein andere holwurcz die rū
de wurtzeln hat vnd bletter als
rauten vnd ein blůmen die bra/
un ist· Vnd sprichet auch das do
sind zweÿerleÿ gestallt der hol/
wurcz genant aristologia· Die
lange mänlich· die rotund freü/
lich· Vnd die rotund holwurcze
braucht man fast mer in d ercz/
neÿ dañ die langen· vñ die wur/
czel dauon mer dann die bletter
¶ Itē· die wurczel sol man auß
graben in dem winter vor d zeit
ee die blůmen herfür kumbt die
selb wurczel hat vil tugent jn ir
wañ sÿ verzeret vnd treÿbt auß
vergifft· vnd die wurczeln mag
man halten zweÿ jar vnuersert
an ierer krafft· Wer do fast keÿ/
chet genant asmaticus· der nem
holwurcz vnd wenig encian vñ
leckritz· vnd müsche das mit hö
nig· vnd mache darauß ein mü/
schung genant electuarium· vnd

nücze das·es hilfft· ¶ Wölcher
hett epilentiam·das ist·die fal/
lent sucht·oder das gegicht in dē
gelÿdern·d nēme holwurtz zwei
lot vnd ein gūmi gen ant eufor/
bium vnd biber geÿl ÿegkliches
ein quintin·vnnd siede das mitt
baumöle·vñ d schmierbe domitt
den ruck meÿsel vō dem halß biß
auff den afftern es hilffet·¶ Hol
wurtz gebulfert vnd gemüschet
mit eßsig·ist gůt den reüdigē do
mit gewäschen·¶ Holwurtz ge
bulfert vnd in die faulen wun/
den gestreüet·heÿlet sÿ·vñ ver/
zert das faul fleisch darin ¶ Hol
wurcze heÿlet fisteln·die fisteln
vorhin geweschen mit laug ge/
macht von bircken äschen oder
mit alaunwasser·vnd darnach
darein gestreüet holwurtz es hil
ffelt· ¶ Wen ein frau geberē sol
ir kinde·der siede man holwurtze
mit wein vnd mit baumöle·vñ
bestreÿche sÿ auff dem bauche·sÿ
genÿßt zůhanndt das kinde seÿ
tod oder lebentig·¶ Diascorides
spricht·das holwurtz getrunckē
mit wein heÿlet vergifftig bÿßs
vnd vergifftig träncke· ¶ Also
genützt·vertreÿbt sÿ secundinā
das ist·die ander gebürd·¶ Hol
wurcz ist gůt genüczet den frau
so sÿ kindt gewinnē mit mirra
vnd pfeffer gemüscht·¶ Also ge
nüzet vertreÿbt sÿ das kalte·
¶ Sÿ ist auch gůtt pleureticis·
das ist·ein geschweere vmb die
brust·¶ Item holwurtz vñ aloe
paticum gebulfert vnd mit kal/
ch vnd hönig vermēget·ist gůt
für den krebs in der nasen ¶ Itē
holwurtz gebulfert mit hönigē
vermenget·ist gůt wider die fau
lung des mūdes vñ zanfleÿschs
¶ Item holwurtz gestossen·vnd
mit dÿptam wurtze gebulferet·
mit hönig vermēget in einer sal
ben weÿse·vnd auff wunden ge/
leget·ist beülen vñ dornen auß d
wunden ziehen·

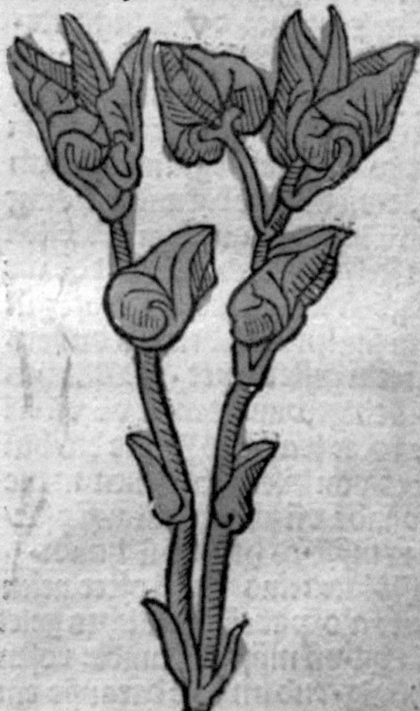

Osterluczie xi Capitel

Aristologia longa·¶ Die wir/
digen meÿster Auicenna Galle/
nus Diascorides Platearius vñ
Plinius sprechen·das die lange
holwurtz seÿ warm an dem drit
ten grade vnd trucken an dē an
dern grade·Die lange holwurtz
hat einē langen stil vnd bletter
daran die geleÿchē den blettern
an der haselwurtze·allein das
osterlucien oder holwurtz blet/

ter weÿcher sind an dem griffe·
Die wurczel ist lang geleÿch dē
petersilgen wurczeln ¶ Plinius
spricht·das beÿde osterlucien die
lang vn̄ d die rund gebulfert vn̄
darunder gemüschet mirren ÿeg
klichs geleich vile·vnd dises ge
nüczet eim quintin mit warmē
wein reÿniget die můter genant
matrix·von irer vnflätigkeite·
vnd treÿbet auß die todt geburt
¶ Für das podogram nÿm weg
breÿte eÿbisch wurczeln vnd lan
ge holwurczel ÿegklichs geleich
vile·vn̄ müsche darunder hönig
vnd lege das auff den gebresten
es senfftiget vnd mÿndert dē we
tagē·Die osterluczie ist fast gůt
den faulen wunden·des bulfers
darein gestreüwet·¶ Wölches
pfärd gewundet wirt vō vil rei
ten oder tragen·d streüe des bul
fers von diser osterlucien in die
wundē vn̄ schlage darauff pfär/
des mÿst·es heÿlet zů handt·
¶ Platearius Nÿm osterlucien
vnd aloepaticū ÿegkliches gelei
ch vil·vn̄ müsch darunder rosen
hönig·vnd mache darauße ein
pflaster·Diß pflaster ist gůtge
nüczet allen alten schäden·alß
dan ist der krebß·fistel·d wolff·
wie die sein mügen an den beÿ/
nen vn̄ anderßwo·heÿlet es sen/
fftigklich darauff gelegt vnd die
schäden oder gebresten sollen vor
hÿn geseüberet werden mit wein
stein öle·oder mit wasser darin
mirra gesotten ist·¶ Dises also
genüczet benÿmet die aussetzig/
keit·¶ Diascorides·osterlucien
gebulfert vnd gemüschet mit hö

nigwasser vn̄ das getrunckē·be/
nÿmbt asma·das ist das keÿchē
vnd raumet die brust·¶ Wer ei
nen pfeÿle in seÿnē leÿbe hett der
neme beÿde osterluczien vnd dÿ/
ptamus ÿegkliches geleÿch vil·
Vnd seüde dises in gůtem wein
vnd seÿhe den weine durch ein
reÿnes tůch·vnd trinck dē des a
bents vnd des morgens·vnd le/
ge die gesoten kreüter auff dz lo
ch do der pfeÿl in ist·es zeüchte
herauß senfftigklichen vnd heÿ/
let zů handt·¶ Item osterluczÿ
ist gůt für den kürczen atem der
do kömet vō schleÿmiger feüch/
tigkeit in der bruste saugende ge
nant asma humidū·Nÿm zweÿ
teÿl osterluczÿ vnd ein halb teÿl
enclan mit einē halben teÿl schw
ärtelwurcz gebulfert mit gesche
ümten hönig vermenget dauon
genüczet·¶ Auch ist osterluczÿe
gůt wider fenÿn·der gethiercze
vnd wider gebÿß d fenÿnnige
gethiercz·nÿm osterluczien bul/
fer mit rauten safft vermēget dar
auff geschmieret·

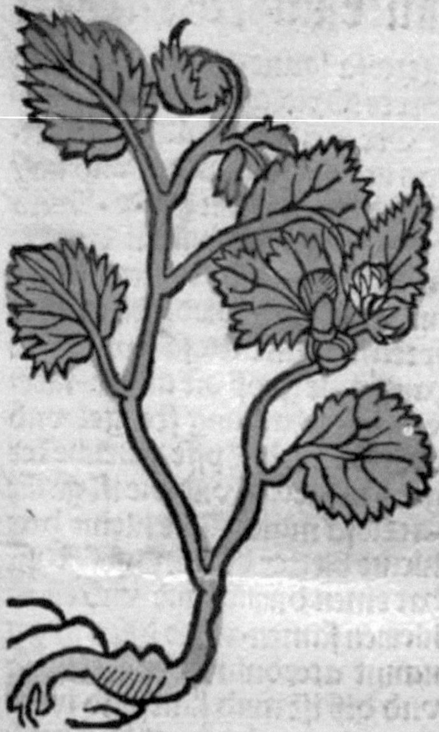

Eybisch xii Capi

Altea malua hyspanica malua·
agrestis malua·vyscus ybiscus·
Eniscus latine·Arabice Cristo/
tos·Shobozeticum! Rososamē·
Grece molochia Agria·
¶ Der meister Diascorides ĩ dē
capitel altea spricht·das die blet
ter sind rund geleyche der hasel/
wurcz·vnd hat eīn blůmē, glei
ch den rosen·ir wurtzel ist lang·
vnd hat vil feüchtung in ir·vnd
ist inwendig weyss·¶ Der wir
dig meister Auicenna in seinem
andern bůch in dem capitel Altea
spricht das altea sey heysser na/
tur·Vñ spricht·das die wurtzel
gesottenn mit dē kraut vnd auff
die herten geschwer gelegt·wey
chet sy·¶ Eybisch bletter gesot/
ten mit baumöle·sind gůt zů al/
ler hand hycze außwendig des
leibes als eīn pflaster darauff ge
leget·¶ Eybisch wurczel gesot
ten vnd gemenget mit essig·ny/
mbt hin morfeaz·das ist·die bö
se gestalten der aussetzigkeyt·
¶ Der samen von eybich ist vil
stercker zů der yetzgenanten sü/
cht·wan er weychet alle hartte
geschwere die do hyczig sind vñ
heylet sere·¶ Also gewürczt·ist er
auch fast gůt den zerschwollen
gelydern·¶ Eybisch wurczel vñ
leynsamen gesotten vñ füro sam
den halß gelegt als eīn pflaster·
weichet squinanciā·das ist·eīn
geschwere in der kelen ¶ Der sa
men von eybisch nimbt den hů/
sten der sich erhaben hat von hi
cze·vñ machet fast außwerffen
dauon eīn tranck gemacht mitt
ysop vñ leckricz in wasser od' in
wein gesoten·¶ Der samen mit
wein gesoten vnnd darunder ge/
müschet baumöle·vertreybt al
ler handt mißflecken vnnder den
augen domit gewaschen·¶ Ey/
bich wurczeln gesoten·vnd gele/
get do sich eīn mensche gebrennet
hat·zeühet auß grosse hicze·
¶ Vnd die zerbrochen sind in dē
leybe sollen brauchen den samen
von eybisch vnd darüber druckē
sy genesen dauon·¶ Item wo ei
nen eīn beyn gestochen het d' ne/
me eybisch wurczel·vnd menge
die mit essig vnd streich den dar
auff·er genyset zůhandt·¶ Ey/
bisch wurczel gesoten mit wein
vnd den getruncken·machet fast

wol härmen· ¶ Der samen von
eybisch treybt auß den stein der
in den lenden ligt· ¶ Der meister
Serapio spricht· das der samen
von eybisch so er frisch ist vnnd
getrücknet vñ darnach klein ge/
stossen vnd gesoten mit essig vñ
domit geschmieret in der sunnen
heylet morfeam· das ist ein vnrei
nigkeit der haut eines aussetzi/
gen menschen· ¶ Eybisch wurtz
el gesoten mit wein vñ den also
getruncken ist fast gůt den inner
lichen gelydern die zerbrochenn
wären von schlegen stossen oder
von fallen· ¶ Item eybysch wur
tzel gesoten mit essig vnnd den
mundt mit gewäschen· machett
gůt zeen vnd benymt den schmer
tzen des zanfleysches·

sauer ampfer xiii capi

Acetosa latine· Humat arabice
Grece Oxilappacium·
¶ Der meister Paulus sprichet·
das acetosa sey trucken vnd kal/
te in dem dritten grade· Vnnd
der same dauon kalt in dem er/
sten grade· vnnd trucken in dem
andern· ¶ Die wirdigen meister
sprechen· das acetosa sey zweyer
hand· eine groß die ander klein
Die groß hat lang stengel vnd
oben daran knöpffe geleiche der
grossen kletten vnd die ist genãt
Acetosa maior· Dye kleine hatt
kleine bletter die seind feyßt· vñ
hat einen dünnẽ style vnd einen
kleinen samen· vnnd dises ist ge/
nannt accedula oder acetosella
vnd diß ist auch kalt vnd truck
ner natur· vnd dienet dem heys/
sen magen vnd der bösen lebern
vnd zů dem hertzen vnd bringet
luste zů essen· Aber zů disen allẽ
ist acetosa maior besser· ¶ Der
meister Serapio spricht das sau
wer ampffer geessen vertreybet
den vnlust vnd machet den men
schen lustig zů essen· ¶ Item sau
wer ampffer mit hauß moß zů
samen gestossen vnnd darunder
gemüschet essig vnd gelegt auff
das heylig feüer oder auff ein en
tzündet gelyde· lesche das zů hand
¶ Item sauer ampffer gestossen
vnd über die augen gelegt gelei
che einẽ pflaster· vertreybet dye
geschwulst dauon· ¶ Item sauer
ampffer heylet die flecken an dẽ
leyb wo die sein mügen· genant
morfea· darauff geleget geleych

einem pflaster. ¶ Jtez a'so genü
czet heylet er den brant vnd vō
disen obgeschrbnen kranckeiten
mag man nemen das kraut den
samen vnd wurczeln. ¶ Diasco
rides. der safft von sauerampfer
getemperiert mit baum öle vnd
an das haubt gestrichē das gros
sen schmerczen hat von hÿcze. be/
nÿmet die hÿcze. ¶ Jtem sauer/
ampffer mit wein getrunckē od
stätigklich geessen. vertreybt al
ler hand sucht die do kōmen vō
hicze als die geelsucht die do kō
met von der lebern oder milcze
genant ÿctericia. ¶ Das selb hil
fft auch dē weÿben also getrun/
cken ob ir sucht zů lang weret ge
nennet menstruū. vn̄ sunderlichē
von dem samen. ¶ Jtem d' same
genüczet vertreybt die spůlwür
me. ¶ Vnd ist auch gůt für ver
gifft. vn̄ besunder wider gebÿss
der vergifftigen thiere. als Aui
cenna vnd Serapio dauon spre
chen. Jtez der safft von saueram
pffer vmb die augen gestrichē er
leüchtet sÿ. ¶ Die meister spre/
chen Wer sauer ampffer beÿ jm
trage. den steche der tharant nit
¶ Dises safftes in die orengel as
sen vertreÿbet die geschwulst in
den oren. ¶ Der meister Plinius
sprichet. daz do seÿ ein ander kra
ut das heÿsset haußwurcze oder
haußlauch. vnd das hat alle dÿe
krafft vnd tugent in im die der
sauer ampffer hat. Vn̄ man ma/
ge auch das nüczen zů allen den
süchten darzů man nüczet sauer
ampffer. ¶ Jtem Wer sauer am
pffer nüczet in einem salath mit
essig ist die schwindikeit d' gal/
len uberwinden. ¶ Vn̄ sauer am
pffer wassers mit triackers ver/
müschet ist gůt wider die pesti/
lencz. ¶ Jtē sauer ampffer saff
ist gůt wider den blůtgange des
gedärmes genant dissinteria.
¶ Dz selb safft ist auch gůt wid
den fluß der guldin adern genāt
fluxus emorrodiarū. ¶ Jtē sau
er ampffer safft genüczet. der ist
gůt wid die trückeheit. ¶ Jtem
Auicenna spricht Wer saueram
pffer wurceln ann seinem halße
tregt dem ist es vertreÿbēd dÿe
knoden vnd beülen an dem halß

Dylle xiiii capitel

Anetum latine·arabice Vebeth
¶ Der meister Serapio in dem
bůche aggregatoris·in dem capi
tel Vebet·idest Anetũ spricht·dz
anetum allen leüten sey wol be/
kant vnnd sein natur ist warme
machen in dem leczten des drit/
ten grades·vnd trucken machē
an dem anfang des andern gra/
des·¶ Der wirdig meister Aui-
cenna sprichet·das dylle genüczt
machet wol schlaffen·vñ sunder
lichen das öle dauon an das hau
bt gestrichen·¶ Der safft võ dil
oder dyl olei ist gůt wider dē we
tagen d' oren·darein warm gelas
sen·¶ Er spricht auch·das dylle
sei schedlich den augen die stäti/
klich genüczet·Der same võ dil
vñ das kraut·genüczet den frau
wen die kinder seügen bringet
jn vil milch·vnd sunderlich also
genüczet mit linsen brüe·¶ Wer
vilspeyet d' neme ein teyl was/
sers mit dill vnd ein teil gesottē
mit maiß samn·vnd die vnnder/
ein ander gemüschet vnd des ge/
truncken·benymbt das vil spey/
en·¶ Dyll gesoten vnd getrück
en·vertreibt des bauches vnge/
mach·¶ Der samen von dill hei
let emorrodias·dz ist sein chloß
in dem afftern dauõ entstend die
feichtblatern·des bulfers võ dē
samen darein gestreüet·¶ Dye
äschen von dill ist gůt für allen
gebresten des afftern vnd weta
gen des mannes dinger genant
testiculus et virga·¶ Paulus
ein meister spricht in dem capitel
von dill·das dill gesotten vñ ge
nüczet seye fast gůt strangurio
sis·dz ist·die do drüplin gen här
men·¶ Item dill gesottē mit zu
cker·vnd darunder gemüscht öl
vnd wein·ist fast gůt der můter
genant matrix·vnnd nymbt hin
secundinā·vnd bringt den frau
wē ir kranckeit genant mēstruū
des getruncken auff zwei quin/
tin·¶ Platearius·dill gesotē vñ
getrunckē·ist fast gůt den die er
kaltet sind vmb die brust·¶ Itē
der samen von dill·vnd nesseln
samen·yegklichs geleich vil ge/
bulfert·vnd darunder gemüscht
mett hönig·vnd darauß gema
chet ein pflaster·vñ gelegt auff
die feüch blatern·heylet die zů
handt·¶ Der meister genant ra/
bimoyses·in dē capitel Anetum
sprichte das der dillsamenn ver/
menget mit mastix·ist gůtt für
dz schlickē dz do kumbt võ einē
follen magen·¶ Plinius spricht
die wurczel gestossen vnd gele/
get auff die augen·benymbt die
hicze darauß·¶ Dill gesottē vñ
darunder gemüschet mastix·be/
nimet das brechen genant vomi
tum·¶ Dill geessen stercket das
hirn·vnd den magen·¶ Itē dill
öle ist gůt in wetagē d' odern ge
nant artetica·mit d' salbeenn ge/
nant vngentum die alte vermen
get·¶ Itē dillöle mit meißsamē
öle vermenget·ist machen schlaf
fen·die stirn damit geschmieret·
¶ Item dill samen·zům dicker
mal von dem genüczet d' ist des
mannes samen verzeren·genen
net sperma·Alß Auicenna vnd
Serapio die meister sprechende

¶ Item Dÿll samen gesotten im wasser darein sollen frawē sitzē ist gůtt wider den weetagen der můter.

Enÿsz xv Capi

Anisum grece et latine. Aneisuz arabice.

¶ Der meÿster Serapio in dem bůch aggregatoris in dem capitel Aneisum spricht. das der äniß gůt seÿ so er frisch seÿ. vnd d ist gůt d grosse körner hat. ¶ Der meÿster Auicenna in seinem andern bůch in dem capitel anisuz spricht. das der äniß seÿ heiß vñ trucken in dem dritten grade.

¶ Er sprichet auch das äniß gůt dem zerblasen antlicz. einen rauch dauon gemachet vnd den gelassen in die naßlöcher. ¶ Er benÿmet auch also genüczet haubtwee vñ das schwÿndeln. ¶ Äniß gestossen vnd gemenget rosen öl vnd daz gelassen in die oren bringet widerūb das gehörde. ¶ Äniß dÿll vnd fenchel samen. bringen den frawen vil milch. ¶ Äniß genüczet leschet den durst. ¶ Äniß geessen ist gůt der verstopfftē lebern. ¶ Äniß geessen machet wol härmen. ¶ Der meister Galienus in dē vj. bůch genant simplicium farmaciarum. in dem capitel Anisum sprichet. das äniß seÿ durch dringen die bösen früchttung. vnd benÿmt das bauchwe vñ verzeret die windt genāt vento sitates. ¶ Item äniß reiniget den frawen ir můter genant matrix von böser feüchtigkeyt. ¶ Äniß bringet begierd den frauwen vnd den mannē. vñ meret des mannes samen in speÿß geessen. ¶ Äniß genüczet thůt auff die verstopfften nierē vnnd blasen. ¶ Äniß gesotten mit fenchel ist fast gůt den die das kalt langē zeit gehabt haben. ¶ Äniß treibet auß vergifft. ¶ Item äniß stätigklichen geessen gibet dem menschen gůte hÿtze. ¶ Item wie man äniß nüczet so vertreibet er den wÿndt der die därme verhyrtet vnd den magen beschwäret. ¶ Äniß gibt gůte hÿtze d lebern. vnd machet wol deüwē. ¶ Der meister Diascorides beschreÿbet eüch auch alle stucke. wie der meister Auicēna vonn dem äniß beschreÿbet.

¶ Jtem · ämiß ist auch gůt wider
die saurē reyczung die do kōmet
von einē kalten vnuerdäulichē
magen · darczů im sunderheyt ist
gůt ämiß gesoten in wein mit zÿ
merÿnden vnd mit mastix ver/
menget · ¶ Jtem wider bestopff/
ung der lebern vnd des milczes
ist gůt ämiß gesoten mit hirczūg
vermenget ·

Aron xvi Capitel

Aron grece · arabice Sirs canti/
ca · latine Barba aaron vel Ja/
rus vel Serpentaria minor vel
Luff minor ·
¶ Pandecta in dē capitel Aarō
spricht · das der seÿ heÿß vñ tru/
cken in dem ersten grade · ¶ Pla
tearius sprichet · das Aaron seÿe
warm vnd truckē in dem dritte
grade · ¶ Diß kraut vñ wurczel
vnd samen nüczet man in harcz
neÿ · als dañ spricht Diascorides
das die tugent des arons seÿ in
dem samen · in der wurczeln · vñ
in dē kraut · ¶ Vnnd wenn der
eins gemenget wirt mit kümÿst
vnd darauß gemachet ein pfla/
ster ist fast gůt podagricis darū
ber gebundē · ¶ Die wurczel vō
aaron zeücht auß vil böser feü/
chtigkeit vñ machet den mensch
en mager der zů feÿßt ist · die ge
nüczet in der kost · ¶ Die wurcz
el aaron vnd das kraut gestoß
sen · vnd den safft getruncken · be/
nÿmt die pestilentz · ¶ Der meÿ/
ster Galienus in seinē anderñ bů
ch genant de cibis spricht · das aa
ron genüczt in d kost ist fast gůt
der bestopfften brust vnd d bö/
sen lungen · vnd treÿbet auß den
groben schleÿm vnd machet den
menschen lustig vmb das hercz ·
¶ Platearius Wenn die schwar
czen bösen blatern auffbrechen ·
doch dick vnd vil des menschen
todt sind der esse dises kraut od
seiner wurczeln · das senfftmüti/
get im die bösen hicze vñ benÿm
met das vergifft der blatern vñ
heilet sÿ · ¶ Wer also streng ver
gifftet wär oder vmbgeben wä
re mit der pestilencz · vnd als ab
legig vnd blöd wäre das er nit
reden möchte · der esse die bletter
dises krautes mit wenig salczs
oder schneÿde die wurczeln des
krautes in gesotē hönig · vñ esse
das also hinein · es benÿmbt im
die vergifft vñ sunderlichen die
pestilencz · ¶ Wer verschleÿmet

wärt in dem magen vnd böse fie
ber darinn hette. d' siede die wur
czel dises krautes in lautterem
wein vñ laß den wein kalt wer
den. darnach stoß darein glüen/
den stahel das der weine zů dē
andern mal warm werde. vnnd
trinck den wein als warm du
dē geleyden magst. d' benymt dē
schleim vnnd die bösen febres.
¶ Der selb getranck vertreybet
auch die melancoley vñ den sch
wären můt des menschen. vnnd
machet dem menschē gůt geblůt
¶ Item Aron bulfer von d' wur
czel mit zucker vermenget in ei/
nem ärbeyß brůlein genuczt ma/
chet stůlgeng. ¶ Vnnd hat auch
macht frawen feücktigkeit flüß
sig zůmachen genant menstruū
besunder so man ist machen za/
pfen genant pessaria von mirra
vnd laudano mit aron safft ver
menget. die in der frawē scham
gelegt ist darzů gůt. ¶ Item ein
pflaster gemacht von aron wur
tzel vnd kümel mit olei vermen
get ist gůt wider die feüchtblat/
tern. vnd aron ist auch gůt wid
den außgang des arßdarms mit
wulle in wein gesotē vnd was/
ser vnd darauff warm gesessen.
¶ Item des menschē antlicz hüb
sche vnd reyn zů machen Nyme
aron wurcel gebulfetet vñ fisch
beyn genant ossepie vnnd bley/
weyß yegkliches ein lot mit ro/
sen wasser vermenget. dauon dz
antlitz gewäschen ist darzů gůtt
als Diascorides spricht.

Schyßmelde xvii capi

Atriplex latine. Andrafasis gr
ece. arabice Araff.
¶ Die meister sprechen. das mel
de seye kalt in dem ersten grade
vnd feücht in dem andern. Vnd
dises ist auch die meinunge des
wirdigen meisters galieni in dē
sechßten bůch de simplicibus far
macijs. ¶ Diascorides spricht dz
melde gestossen vnd gemüschett
mit hönig. vertreybet das podo
grame darauff geleget mit einez
pflaster. ¶ Der samenn vonn
melde gemüschet mit hönigwas
ser genant mulsa vnnd getrun/
cken vertreybet die geelsucht.
¶ Die bletter von melde gestos/
sen. dē safft gelegt auff ein entzū
dets fleysch od gelyde an dē leib

leschet dz zůhant. ¶ Die do blůt speyēd die mügen brauchen mel de. ¶ Auch die do haben den auß/ gang ist fast gůt melde gebrau/ chet jn der kost. ¶ Den frawen die gebresten haben an d můter genant matrix. die sollen melde legen auff dē bauch so stillet sich das wee an der můter. ¶ Melde geessen weychet den bauch. vnd verschwendet manger handt ge schwulst. ¶ Melde gestossen vnd ein pflaster dauon gemachet vñ das gelegt auff ein gestochen ge lyd mit einē dorn oder nagel zeü/ cht das auß on schaden vñ hey= let. ¶ Melde gesotten mit hönig vnd auff den bösen nagel gelegt an einem finger oder auff einer zehen des fůß. benymt dē bösen nagel vnd machet wachsen einē gůten. ¶ Den samen von melde dick genüczet ist gůt denē die do keychen vnd schwärlichen ätmē ¶ Melde dick genüczt treibt auß die spölwürme. ¶ Serapio spri cht das der samen von melde bri ge vomitū. das ist. sich oben auß brechen Vnd saget das er gesehē hab einen menschen der von dem samen getruncken hab auff zwei buintin. vnd hab sich dauon ge= brochen fast sere. vnd jm dauon entstünden groß onmächtigkeit ¶ Almāsoris tractatu tercio ca= pitulo de Atriplice. spricht. das melde weichet den bauch. vñ ist fast nücze den geelsüchtigen. vnd auch fast nücze den kindē die do habend ein heysse leberen. Item schyßmelde mit bingelkraut in einem gemüse gesoten. die brü ge nüczet machet zů stůle geen. vñ ist auch weetagen der blasen ab nemen ¶ Item schyßmelde genü czet ist gůt wider den roten bau ch weetagen genant dissinteria ¶ Item schyßmelde mit römisch kö le, vnd mit bingelkraut gesoten. dauon genüczet ist das fieber le/ schen.

kuckinszlauch xviii ca

Alleluia vel panis cuculi. gre ce Bachael. Pandecta capitulo. lxxvj.

¶ Beschreyben vns die meister vñ sprechē dz dises sey ein kreüt lein vnd hat in jm scherpffunge oder seürung. Die bletter gley/ chen den klee blätlein. ¶ Dises kraut heissenn etlich die saueren klee. ¶ Dises kraut wirtt genü/

czet zů ₒtlichen salben genant vn
gentum·vnd sunderlichen im daz
vngent marciacion von einem
arczat funden ist genant marcia
tus·ist gůt wider das haubtw/
tum̄ vnd brust wetum̄·vnd wi/
der bestopffung der lebern vnnd
milczes·vnd weetum̄ des gedär
mes die do kōmen von einer kal
ten vrsach·¶ Plinius in dem ca
pitel Bachael·idest alleluia spri
cht·das diß sey kalt vn̄ truckner
natur vnd sunderlichen d samen
von disem kraut· aber die blet/
ter haben feüchtung in jn·¶ Pli
nius Dises kraut ist fast gůt ge/
nüczet zů den blatern in dē mun
de alcole genant·die dann dē jü/
gen kinden fast gefärde sind vn̄
auch alten leuten·also das diß
gekeüwet werde in dē munde·
oder der safft von disem kraute
darinn gehalten·¶ Item disser
safft heylet alle böse blatern in
dem munde·¶ Item diser saffte
heylet fisteln in dem munde mit
alaun wasser vermenget·¶ Di/
ses kraut gesotten mit wein vn̄
den mundt domit gewäschen be/
nymmet das faul fleysch darein
mit mirra vermenget·¶ Item di
ses kraut dienet den die heysser
complexion sind·Aber die kalt/
ter natur sind den ist dises nicht
nücze·

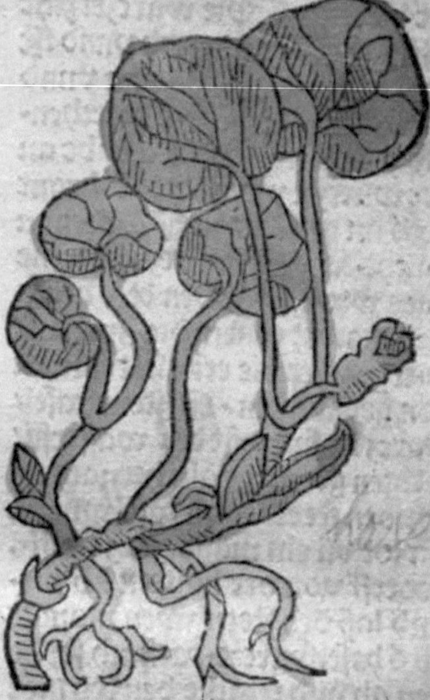

Haselwurcz xix Capi

Azarum grece·aerma arabice·
latine Backara·vel Nardus a/
grestis·

¶ Der meister gallienus vnd an
der meister in dem sechßtē bůche
genant simplicium farmaciarū·
in dem capitel azarum sprechen·
das haselwurcz sey heyß vn̄ tru/
cken an dem drittē grad·¶ Der
meyster Diascorides in dem ca/
pitel azarum spricht·das hasel/
wurcz geleych sey der gundelre/
ben vnd hat runde bletter vnnd
hat ein blůmen zwyschen den blet
tern vnd auch gar nahent bey d
wurczeln·Vnd die blůmen hatt
ein gestalte als die blůmen dem
bylsamen·

Vñ tregt samē geleych dē wein
ber blettern. ¶ Die wurtzel hatt
fast einē gůten geranch vnnd ist
heysser natur. ¶ Auicenna vnnd
Galienus dise meister sprechen.
das haselwurtz tugend habe an
der wurtzel vñ nit an dē kraut
noch an dem samen ¶ Auicenna
spricht. das haselwurtze beneme
alles wee jnnerlichen des leibes
vnd machet warm die jnneerli/
chen gelyder die erkaltet sind da
uon getruncken. ¶ Item hasel/
wurtz ist fast gůt den wassersü/
chtigen genüczet als hernach ge
schriben steet. Nym̄ haselwurtze
ein lot vñ ein maß gůtz mosts
der erst von der kaltern kōmet.
vnd laß den steen zwen monatt
ob d haselwurtze. darnach seyhe
den ab vnd trincke den des mor
gens vnd des abentz. der ist fast
gůt ydropicis ictericis. daz ist dē
wassersüchtigen vnd den geelsü
chtigen. ¶ Vnd nymet auch hin
also genüczet das kalt wee als
das fieber quartane genant.
¶ Vnd machet wol härmē. vñ
stercket die blasen vnd auch die
lenden. vnd purgiert oder reym̄
get als do thůt elleborus albus
das ist weysse nyeßwurtz nicht
also stercklich. ¶ Der meister jo
hannes mesue spricht. das hasel
wurtzel gůt sey vnd allerbest ge
müschet mit käßwasser vnd ho/
nig wasser vnd also genüczt pur
git er sy den leyb sensftigklichen.
¶ Haselwurtze nym̄t hyn über/
flüssige flegma sensftigklich ge/
nüczet als oben steet. ¶ Hasel/
wurtz genuczet. nymbt hyn die
alten febres. ¶ Öle gemachet vō
haselwurtz vnd den rypp meyß
sel domit geschmieret. macht sch/
wytzen vnnd thůt auff die ver/
stopfften gelyder vnnd machett
wol härmen. ¶ Serapio spricht
das haselwurtz gesotē mit most
sey fast gůt dem wassersüchtigē
also getruncken. vnd benym̄t au
ch also die geelsucht. ¶ Item ein
augenwasser genant ein Collirī
um gemachet von haselwurtze
vnd von thucien benym̄t dz feel
von den augen vnd machet ein
klar gesicht. ¶ Der meister Pli/
nius spricht. dz haselwurtz gůtt
sey den frawen zů irer kranckeit
menstruū genant. wan̄ sy brin/
get sy. vnd machet die frauwen
auch wol härmen darüber getrū
cken. ¶ Item haselwurtz ist also
krefftig als gelb lilligen genant
Acorus spricht pandecta. darū/
be hat haselwurtz macht auff zů
lösen die verstopffunge der lebe
ren vnd milczes genannt opila
tio splenis et epatis.
¶ Item haselwurtz vnnd hyrß/
zungen vnd sene in wein gesot/
ten ist gůtt wider das fieber ge/
nant quartana.

Goldwurcz xx Cap

Affodillus latine·

¶ Der meister Auicenna sprichet·das goldwurcze habe bletter bey nahe als ein lauch·vnd hatt einen zymlichē stengel·Die wurczel ist lang vnd rund·vnd hatt die meistē krafft in jr·Dise wurczel ist heyß vnd trucken an dem dritten grad·¶ Goldwurcz machet frölichē·dauon getruncken·vnd ist durchdringen die feüchtigkeit·darumb machet sy wol härmen·¶ Vnd ist auch nücz dē frawen zů jrer blůmen oder feüchtigkeit so sy bestopfet sind die mit warmem wein getruncken·¶ Goldwurcz vnd alon gebrennet vnd gebulfert·vñ domit geschmyeret morfeam·das ist ein böse raud der aussetzigkeyt beńymbt sy one zweyfel mit wenig hönig vermenget·¶ Goldwurcz gestossen vnd gemüschet mit wein heffen vnd gelegt auff die bösen geschweer·heylet seer ¶ Ein pflaster gemachet vō d wurczeln vnd gersten meel yegkliches geleych vil·vnd auff die heyssen geschweer gelegt zeücht grosse hycze darauß vnd öffent vnd weychet· ¶ Also gelegēt auff die zerknüscheten gelyder·heylet gar seer· ¶ Den safft vō der wurczeln warm gelassen in die orenn·zeühet den eytter darauß·¶ Der safft von der wurczelen mit thucien vermenget·das ist gůt den bösen fliessenden augen außwendig gestrychen ¶ Der safft getruncke̅ mit wein mit zucker vermengēt·ist gůt dē der do seer hůstet ¶ Platearius Die wurczeln do gemüschet mit weinheffen·ist gůt den schwerē den brüsten·¶ Goldwurcz genüczet mit wein·nymbt hyn yctericiam·das ist die geelsucht·die do kömet von einer kalten materien·¶ Die blům̄ mit wein gemüschet vnd getruncken reynigēt den magen· Die wurczel gesoten mit weinheffen vnnd darauß gemachet ein pflaster· vnd die mannes dinger genant testiculi·gelegt· die überzogen seind mit geschwer·heylet seer· ¶ Plinius spricht·das die wurczel gesoten im wasser vnd das getruncken·wychet den bauch· ¶ Den samen vnd die blůmen in wein gelegt·vñ den getruncke̅·ist fast

gůt für vergifft· vnnd jm mag
kein schlang noch scorpion ge/
schaden des selben tages· weñ er
dauon getruncken hat· ¶ Item
wylde schwärtelwurtzel gebul=
feret auff vnreyn wunden gele/
get mit gebremtem alaun ver/
menget· ist faules fleÿsch außfe=
gen· vnd die selbig wurtzel mit
wein gesoten domit vnreyn wū
den geschwäschen· ist daretzů be/
sunder gůt· ¶ Item· Wylde sch/
wärtel safft vnd gundrebe safft
zůsamen vermenget vnd warm
in ein ore gethon ist also gůt wi
der zeen weetum̄· ¶ Item wilde
schwärtel wurtz mit stabwurtz
in laugen gesoten vñ domit das
haubt gezwagen· ist gůt wyder
das har außfallung genant alo/
picia·

geelb lylyen xxi Ca

Acorus vel spatella latine· glas
patella vel affodrisia· vel vene/
rea· vel piperapium grece· Ara
bice Verolaeg· vel Holhegi· vel
Naeg· vel bogog· vel Zweg·
¶ Der meister Galienus in dem
achten den bůch genant simplici
um farmaciarum in dem capitel
Acorus· spricht· das der sey heiß
vnd truckē an dem andern grad·
Vnd Auicenna Serapio Pla/
tearius Diascorides· sind dises
auch bewären ¶ Item er spricht
das die wurtzel von den gelben
lylgen mer krafft in jnen haben·
denn daz kraut oder die blůmen
¶ Die wurtzel hat einen schar/
pffen rauch mitt einer kleynen
bitterkeit· ¶ Der meister Sera/
pio in dem bůche aggregatoris·
in dem capitel Laeg· oder Aco/
rus spricht· das die bleter vō dē
gelbē lylgē sind geleych den sch/
wärteln· allein dz die vō dē gel/
ben liliē subtiler vñ breyter sind
vñ mit weÿsser farb gespiczt sch
arpff geleych einem schwert· vñ
ein blům die ist geel geleich dem
saffran· vñ die wurtzel ist gelei
ch nahet als die schwärteln· al/
lein sÿ an einander gehēckt sind
knodat vñ auch krum̄· vñ habē
außwenig ein rote farbe· vñ ein
scharpffen rauche· ¶ Diascori/
des spricht· das der safft von der
wurtzeln fast gůt sey den augē
vnd mache sy fast klar· ¶ Die
wurtzel gesoten mit wasser vñ
das getrunncken· ist gůt wider
strangwirtani· das ist· dye den

kalten sichtagen haben· Also genüczet ist es fast gůt pleureticis das ist ein geschwer vmb die brust· ¶ Item wen gebissen het ein schlang· der brauche diser wurcz in dem tranck· vnd in der koste· er genyset zůhandt· Das kraute von den gelben lylgen geleget in einen bynen stocke do vil bynen jnne sind· die bynen beleiben dar jnn· vñ geben kein flucht· ¶ Der meister Platearius spricht· der ein böse lebern oder milcz hätte· der neme ein pfundt gelb lylgen wurczel gestossen· vnd eßsig der gůt vnnd scharpff sey· ein halbe maß· vnd lasse die wurczel darjñ bayssen drey tag· Darnach sol man die wurczel mit dem eßsig siede· also das der eßsig halb ein siede· Darnach sol er den außtrucken durch ein thůch· vnd dem darunnder müschen hönig auff sechß lot· vnd äber sieden biß dz der eßsig auch wol ein siede· Dises sol man alle morgen trinckē als lang das weret nüchtern· es hilfft fast wol· ¶ Wer bey jm tregt die wurczel· der gewynnet den blůtgang nicht· dem selbigen thůt auch der krampff nichcz·

¶ Item· Gelbe lylgen wurcz hat ein verczerliche natur· vñ ist bestopffung der gelyder lebern vñ milczes auffthůn· wölche bestopffung vō kelte kōmet· ¶ Item· Gelbe lylgen wurczeln gelegt iñ wein der wein ist gůt wider die vorgeschribnen weetuñ· lebern vnd milczes· Vnd ist gůt wider die geelsucht· Vnd für dise kranckeyte ist auch dises trancke gůt also gemachet· Nymme gelbe lilgen wurczel· vnd hyrß zunggen vnd endiuien vnd süßs holcz vñ körbyß samen oder kerenn mit wasser gesotten· vnd durch geschlagen· vnd süßs gemachet

¶ Item· Gelbe lylgen wurcz mit wein gesoten· ist gůt wider weetuñ der můter· so die fruw darauff siczen ist· ¶ Item ist auch gůt wider bestopffung des harmes geelbe lylgen wurczel mitt wein gesotten· dauon offt genüczet·

hyrszwurcz xxij ca

Ambrosia latine et grece·

¶ Der meister Diascorides spricht· das do sey zweyer hant hirßwurcz· die kleiner vnd die größer· dise beyd haben ein natur· vñ

en gestalt allein die wurczel vn̄
geleich sind· wan̄ die grösser hat
eger wurczeln vn̄ wenig fasen
aran· die mynder hat ein kleine
wurczeln vnd vil fasen daran·
Diascorides vnd Pandecta spre
hen· das ambrosia ist im der ge-
stalt vnd natur des beyfůßs·
¶ Die meister sprechen· dz hyrß
wurcz sey heyß vnd trucken vō
natur· vn̄ hat subtile krafftte zů
wunden· Dises kraut geleychet
im der gestalt der růten· ¶ Pla/
tearius spricht· Wer gewundet
wirt von fallen oder vō stossen·
od wie dz sein mag· dem sol mā
die wundē wäschē mit wein vn̄
sol jm den̄ ein leynen thůch dar/
auff legen· vnd sol das kraut in
einem wasser sieden· vn̄ dz was/
ser wol auß dem kraut trucken·
vn̄ sol das also warme auff das
leynē thůch legen· vn̄ senfft byn
den· dz benymt ð wundē schwer
en vn̄ heylet sy· vn̄ so die wund
begimet zů heylen· so sol mā dz
thůch herab thůn· vnnd sol das
kraut an dem thůch auf die wū
den legen· so heylet sy· Weer in
dem leib wund wär vō fallē od
sunst· ð bulfer dises kraut vnnd
trincke das bulfere des ersten in
warmem wasser· so jm baß wirt
so trincke er des bulfers in war/
mem wein· es hilfft· Hyrczwur-
cze ist ein beylsam kraut· vnnd
hat sein tugent an ð wurczel vn̄
an dem kraut· ¶ Dises gebulfe/
ret vnd auf ein durchgestochēs
hyren gelegett· zeühet das auff
stund an zůsamen· vn̄ heylet es
on schaden· vn̄ ist gůt zů allē fri
schē wundē diß kraut vn̄ wur/
czel· ¶ Itē Ambrosiana ist gůt
wider dz gicht genüczet· Nyme
ambrosian· vn̄ schlüsselblůmen·
vn̄ sprinckwurcz· yegklichs ein
lot· cubeben sammen ein quint/
lin· mit wein gesoten vn̄ mit zu-
cker süß gemachet· ist darzů gůt
¶ Dises tranck ist gůt wider die
abnemung ð sprach genant pa/
ralisis lingue· domit den mundt
gewäschen· darūb ist ð trāck gůt
für dē schlag· genant apoplexia
¶ Item Ambrosian ist gůt wið
die wassersucht vn̄ geelsucht ge
nant ydropisis· vn̄ ytericia· mit
wein gesoten mit eppich vn̄ pe/
tersilgen samen vermenget·
Darnach sol man nüczen billen
vō reubarbar· darnach sol man
gebrauchen ein sterckung genāt
dilacca·

roſzmaryn xxiiii ca

Anthos grece et latine.

¶ Der meister johannes mesue spricht. das roſmarin seye heyß vnd trucken an dem dritten grade. Serapio in dem bůch aggregatoris. spricht. das roſmarin habe bletter nahent als der fenchel. dann das sy breytter seind an den roſmarin vnnd gröber. vnd haben gůten gerauch. vnnd die lenge des stämens ist eines arms oder wenig mer. Vnd spricht auch das roſmarin auff dē gipffel habe ein weysses semlein die wurtzel ist weyß. vnnd hat auch einen gerauch wie weyrach. ¶ Der meister Galienus spricht. das roßmarin habe in jme gar groß tugent. ¶ Dises kraut vnd hyrtzung geleget über nachte in wein. vnd den getruncken. benymet die geelsucht. ¶ Der safft von roßmaryn gemüschet mit hönig ist auch fast gůt genützet den tunckeln augen.

¶ Der meister Diascorides spricht. das von roßmarin gemachet ein pflaster. vnd sunderlichen vō den bletern. ist fast gůt dē der do hat feüchtblattern hyndē in dem afftern. wann es weycht vnd heylet seer. ¶ Die wurtzel von roßmarin gestossen. vnnd auch gemüschet mit hönig vnd auff die geschweer gelegt weychet sy zůhand. ¶ Die wurtzeln geleget in wein mit kraute tag vnd nacht. genant paritaria. gesoten vnd den getruncken. weychet den bauch. vnd benymet jm daz wee. ¶ Vñ ist auch also gůt den gifftigen byssen an dem leyb wo die sein mügen. ¶ Also genützet mit beyfůß vermenget. machet wol härmen. vnd fordert die frauwen an jrer kranckheyt. ¶ Die blůmen vō roßmarin sol man nemen. vnd sy bynden in ein weisses thüchlein. vñ syeden in wein vnd den trincken nüchtern oder des abents der benymet vil sücht in dem leyb vi mit namen den frauwen an der brüsten. ¶ Die blůmen gebulferet vñ die in warmem wein getruncken. machet frölich gemüt vnd stercket die natur vnd das geblůte. vnd behůtet den menschen vor zůfälliger kranckeyt.

¶ Von dem holtze gebrennet ko len. vnd von den stengeln. vnd die gebulferet. das bulfer in ein seyden thüchlein vermachet. vi die zeen domit gerybẽ. sy werden dauon frysch vnd weyß. vi tödtet die würm darjnn. ¶ Iti Wer das kaltt wee het. d nem der ryndẽ von roßmarin. vnd mache dauon einen rauch. vnd lasse den geen in die nasen. er genyset. ¶ Die wurtzel gesoten in eßsig. vnd die füß domit gewäschen. behůtet den menschen do selbst vor geschwulst vnnd vor dem bodogram. ¶ Wer nüchter yßet der blůmen mit hönig san vnd mit ruckem brote. der ist fi cher für die drüsen vnd geschw re vnd für zůfallende krankei ¶ Item. die bleter von roßma rin vertreyben den krebß. dar auff geleget. ¶ Item. Ein löffe

gemachet von roßmarin holcze·
was man domit ysset das sch/
mecket gar wol· vñ machet au/
ch den menschen lustig vnd frö/
lich· ¶ Item· Wer mit lustig wär
zů essend· der siede roßmaryn im
wasser vnd trincke des· vnd mü
sche seinen wein domit· er wirdt
gar lustig· ¶ Wer geschwollen
wär an dem leybe wo das wäre
oder das gegicht häte· der syede
die bleter im wasser· vnd lege sy
in ein dünnes leynens tůchlein·
vnd bynde das darauff· er geny=
set zůhandt· ¶ Wer von hycze
grossen durst leydet· der sol sein
getranck müschen mit wasser do
roßmarin jnn gesoten seye· vnd
granat öpffel· es hilfft on zwey
fel· ¶ Das bulfer von den blů=
men also dürr gestossen· vñ au/
ch in weychẽ eyern geessen· ster=
cket auch fast die natur des mẽ=
schen· vnd machet auch domitt
gar gůt geblůte· ¶ Roßmarin
kraut drey oder vier handt voll
geton in ein fäßlein do fünff od
sechß vierteyl weins ein geet·
vnd darunder gemüschet hagen
bůchen spän· vnnd auch gůtten
most des besten· vnd den darjñe
lassen vergeeren· ¶ Des weins
getruncken des morgens ein gů
ten trunck· des geleychen des a/
bends· der machet auch gar gůtt
schön geblůte im dem menschen·
vnd bringet gar grossen luste zů
essen· ¶ Vnd machet auch domit
gar frölich· vnd vertreybet auch
alle innerliche gebresten· die do
kommen võ böser feüchtigkeyt
¶ Vnd stercket auch fast seer dẽ
menschen sein krafft· vnd beny/
met auch gar vil onmächtigkei
ten· ¶ Item· in den apotecken do
machet man auch ein electuari/
um· das ist genant dyanthos· di
ses ist auch zů allen kranckeytẽ
gar gůt vnd auch besser vnd na
türlicher genüczet· ¶ Item· Roß
marin kraut mit wilden holley
oder steinmynczen in wein vnd
baumöle gesoten· domit des men
schen körper geschmieret· ist sch
weyß bringen· vnd ist auch gar
gůt der schweyß halb wider was
ser süchtung Vnd roßmarin vñ
rauten gesoten in wein· mit we
nig pfeffer gemẽget ist auch gůt
genüczet wider die fallenden su/
cht genant epilentia· ¶ Auch
roßmarin in wein gesoten mitt
dyanthos vermennget· ist auch
gar gůt wider onmächtigkeyt·
genant sincopis· ¶ Item· Roß/
marin mit bertrum genant pire
trum· in wein gesoten ist gůt wi
der die großkeyt des zapffens·
den mundt domit gegorgelt·
¶ Item· Roßmarin vnnd mel/
lisse in wasser gesoten· die můt/
ter domit gereyniget· machet sy
leychtlich fruchtbar spricht Se/
rapio·

Boberellen xxxiiii ca

Alkekengi grece et latine·
¶ Der meister Serapio spricht
das dises krautes tugent sey im
er frucht·vnd nit an dem krau
te Die frucht ist gestalt wie ein
kyrß·vnd ist rot· vnnd hat ein
haudt darüber geleyche als ein
spynnen wöppen· Die frucht ist
trucken vnd kalt an dem zweye
ten grad·¶ Diascorides·boberel
len geessen des abentz so mã sch/
laffen wil geen· drey oder vyer
on gefärlich·sind gůt dem fůß=
weetum̃·genãt podogra· ¶ Vñ
zeühet vil böser feüchtigkeit võ
dem menschen durch den harm·
Vñ also genüczet machet sy fast
wol härmen·vnd sind sunderli/
chen gůt für den stein·vnd dyse
frucht wirdet gemüschet gar in
vil erczney·vñ sunderlich wider
den stein weetum̃·¶ Boberellen
frucht sind auch gar gůt gebrau
chet der bösen lebern blasen vnd
lenden·vñ benemen alles jr wee
mit petersilgen wurcze vñ stein
brech vermenget·in wein gesot
ten·¶ Das kraut von boberellẽ
ysset man nit·sunder es soll ge=
brauchet werden zů pflasteren·
die do dienen zů feüchten wundẽ
¶ Der saffte von boberellen ge/
strychen auff die geschwere hei
let sy zůhandt·¶ Vnd des safft/
tes getruncken·ist gůt den jnner=
lichen geschweren·Vnd zertey/
let das gelebert blůt in dem ley/
be·¶ Item·Von boberellen wer/
den gemachet trocisci in der ap/
potecken·die dienen auch fast dẽ
die stein weethumb habend· ge=
nant calculosi·Vnd sunderlichẽ
sind dise trocisci gůtt flegmati/
cis·das sind die·die voller feüch/
tung sind·vnd aller andern dy
der complexion nit sind diene
die boberellen oder was daruo
gemachet wirt gar nichtz ¶ Vñ
darumb sol ein yegklicher arcz
oder krancker auffmerckung h
ben·was seiner natur bekõmen
lich sey·Vnd darumb hat got d
allmächtig manig kraut lasse
werden·nit darumb das ein ye
klich kraut gůt sey allen menn
schen·sunder allein dem mensch
en der solichs darff zů seiner no
turfft·Als kreüter die do kalte
natur sind die hycze domit zů b
nemen·vnd hyeziger natur dy
keltte domit zůbenemen·Vñ da

umb ſol man mit nützen kelten
zů kelte · vñ hÿtze zů hitze · wañ
die ſüchte dauon gemeret werdē
vñ nÿmermer kömen zů geſunt
heÿt · Als vns beſchreÿben Aui-
cenna vnd Galienus in jren bů-
chern manigfaltigklich ·

Meyſterwurcz xxv ca

Aſtrens grece · arabice Meu · la
tine · Anetum agreſte ·

¶ Plinius im dem capitel Meu ·
ſpricht · Das meiſterwurcz ſeÿe
heÿß vnd truckē an dem andern
grad · ¶ Das kraut an der mei-
ſterwurcz iſt ſcharpff vnd dünn ·
vnd hat einen weÿchen ſtyl · vñ
iſt längelat · vnd hat wurczeln
die ſich faſt außbreyten · vñ ſind
knodet vnd lang · vnd haben ei-
nen gůten geruch · vnnd wenn
man ſÿ keüwet in dem munde
ſo zeühet ſÿ feüchtigkeit an ſich
geleÿch dem bertram · ¶ Diaſco
rides ſpricht · das die tugent der
meiſterwurcz faſt gůt ſeÿ ·

¶ Die wurczel geſoten in waſ-
ſer vnd das getruncken · treÿbett
auß gar vil feüchtigkeit vō dem
menſchen · vnd benÿmt auch daz
lenden wee · ¶ Dem zů geſchwol
len magen ſind ſÿ gůt · die genü-
czet mit wein · vnd iſt auch reÿ-
nigen den frauwen jr můter ge-
nant matrix · daz ſÿ deſter ee mü
gen empfahen von dem manne
ſo thůnd darzů meliſſe vnd beÿ
fůß · ¶ Wer die miſch farbe het ·
d' trincke des ſafftes diſes krau-
tes mit tauſent guldin vermen-
get genant centaurea · er genÿßt

¶ Meiſterwurcz mit gerſtē mel
geſoten vnd ein pflaſter dauon
gemachet · vnd geleget über die
ſchwarczen blatern · weÿchet vñ
heÿlet ſÿ · ¶ Wer das kaltt wee
häte wölcherleÿe das wäre · der
ſtoſſe diſes krauts ein hant vol
oder zwü · vñ thů darüber gůten
wein auff ein halbe maß · vnnd
laſſe den ſteen über nacht · darna
ch ſeÿhe den wein ab vñ thů an
dern wein darüber · vnd laſſe jn
ſteen als vor · vnd thů das vier
oder fünff nacht · vnd trincke do
des weins alle mal einen trunck
er genÿſet on zweyfel · ¶ Weer
des ſafftes trincket dem zeühett
es vil feüchtigkeit auß dē haubt
vnd machet es jm leychtmütig

schlehensafft xxvi ca

Accacia grece et latine· arabice Altarti·

¶ In dem bůch genant circa in/stans·in dem capitel Accacia do steet geschriben dz er sey kalt vñ trucken im dem dritten grad· Pā decta spricht·dz schlehensafft sey kalt im dem zweyetē grad· vnd trucken in dē drittē grad· ¶ Jtē schlehensafft weret ein ganczes jar vnuerseert an seiner krafft· ¶ Paulus·wölchem d hyndersst darm auß gieng d sol den bestrei chen mit schlehē safft·er geet wi derumb hynein· ¶ Jtem·des ge/leychen mag man thůn den fra=wen den jr můter herfür geet· ¶ Der meister Serapio in dem bůch aggregatoris sprichet·das schlehensafft gemachet werd vō der frucht schlehen genant· vnd dises geschicht so sy nit gar zey tig sind· ¶ Der wirdig meister Auicenna spricht·das schlehen/safft stopffe das geblůte das zů seer fleüsset·vnd ist gůt dem d do hat das rot·Vnd benymt dē frau wen jr blůmen die zů seer fleüßt ¶ Schlehēsafft stercket das gesi cht·vnd benymt den fluß der au=gen· ¶ Diascorides spricht· das schlehensafft den hyczigen leybe fast wol keltte· vnd beneme die vnnatürlichen hyeze·Vnd dar/umb bestopffet sy vnd trücknet den leyb vō flüssen· ¶ Galienus in seinem sechßten bůch genantt simplicium farmacarum· in dē capitel Accacia sprichet·das der safft geschmyeret auff ein gesun des gelyd·das wirt zůhandt tru cken vnd dürr· ¶ Schlehensafft ist fast gůt genüczet für das hei lig feüwer·od für ein entzůndet gelyde· ¶ Den schwerenden au=gen vō hyeze darüber gestrychē kület fast wol· ¶ Schlehē safft gestrychen an die ende do einer kein har begeret zehaben·machet die selben stat kal vnd gladt ¶ Jtem Schlehensafft mit weg breytesafft vermenget· ist gůt wider den blůtgang der nasen· ¶ Jtem·Schlehen safft mit dra ganto vnd mumia in einē eyes weyß vermenget·vnnd auff den magen geleget·vñ ist gůt wider das brechen genant vomitum·

Das geel semlein in den rosen xxvii cap

Antera latine et grece.
¶ Paulus. Diser same ist gůt genüczet den geenden die zů seere zů stůl geen. vnd die sich zů seer brechen. den gebulferet vnd das eingenōmen mit hōner brűe.
¶ Dises bulfer ist fast gůt genüczet für flüß der feüchtblattern. das darauff gestreüwet. ¶ Item dises bulfer gemüschet mit essig vnd also geleget auf ein blůtende wunden. als do ein pfeÿle oder nagel außgezogen ist. stellet die zůhandt. ¶ Item dz wasser von disem samen mit wegbreÿte wasser distilleirt. vñ auch des getruncken. stillet dissinterion. das ist der rote blůtgaung.
¶ Auch dises den frawen menstruū behendigklich. ¶ Diser same ist auch kalt vnd trucken an dem andern grad. ¶ Item. Diser same ist auch gar gůt wider den blůtfluß auß der nasen. also genüczet. Nym̄e des rosen samen ein lott. tracken blůt terre sigillate boli armeni. yegklichs ein quītin vnd menge das auch zůsam̄men mit eyeß weÿß. vnd menge darzů hasenhar gebulfert. vnnd lege dise in die naßlōcher. sund zweyfel es stellet den blůtgang darauß.

Mauszore xxviii Ca

Auricula muris latine. Anagallus grece. vel myoschais. vel xātalia. arabice ÿppia.

¶ Serapio in dem bůch aggre/ gatoris im dem capitel anagal/ lus·idest auricula muris·spricht das maußore hat subtile kleyne bletter·vnnd hat auch eßte dye sind vier ecket·vnd tregt samen geleych dem coriander·Vnd daz kraut ist zweyer hand·eins hat blůmen die sind von farben rö/ telat vnd ist der man·daz ander hat blůmen die haben hymelfar ben·vnd das ist die frawe·vnd wachßen auch beyde gar geren an den steinigen enndenn·vnnd auch an den kalen bergen·¶ Ga lienus in dem sechßchtē bůch ge/ nant simplicium farmacarum· im dem capitel Anagallus·spri/ chet·das sy beyde vō natur gar trucken sind·vnd auch ein klei/ ne wyrme im jn haben·¶ Dias/ corides spricht·das maußore au ch gar gůt sey den wunden auß/ sen an dem leybe·vnd lassen die nit schweren·darüber geleget· ¶ Jtem·Den safft von meüßöre in dem munde gehalten benym/ met den zanschweren·¶ Meüß/ ore safft vnd schel wurczel was ser·gemüschet mit hönig·ist fast gůt den tunckeln augen·darauff geleget· ¶ Jtem·Ein pflaster gemachet von meüßore·vñ vō wulle mit wein gesoten·vñ ge/ leget auff den afftern für dē leyb geet·hilfft auch das er wider an sein rechte stat kōmet· ¶ Der safft vō meüßore im die oren ge/ lassen·benymet auch das sausen darjñ·vñ treybt auß die würme in den oren· ¶ Den safft im die naßlöcher gelassen·machet nye/ sen vnd reyniget das haubte vō böser feüchtung·¶ Der meister Serapio sprichet·das Anagal/ lus·das ist meüßore·die do blů/ men haben geleych der farbe des hymels seye fast gůt für dē aff/ tern d für den leyb geet·darauff geleget geleych als ein pflaster· Vnd spricht auch·das die meüß ore mit den roten blůmen sej vō natur an sich ziehen·Darumbe mag man sy brauchen wo ein pfeyl oder dorn in einem gelyde steckt·zeühet auch meüßor senff tigklich auß·darauff geleget ge/ leych als ein salben oď ein pfla/ ster also gemachet·Nym̄ meüß or safft·vnd dyptam safft·vnnd magneten stein gebulferet mit schweynem schmalcz·vermengt im einer salben weyse· ¶ Jtem Meüßore vnd auch gundelrebē gestossen oder gequetschet·vnd in die oren gethon·ist wider zeen weetum̄·¶ Jtem·Meüßor safft genüczet·ist auch gar gůt wider gebyßs der fenenygen gethiercz ¶ Jtem·Meüßorsafft mit hönig wasser vermenget·ist auch gůtt wider den bauchweetum̄·¶ Au/ ch ist meüßore safft mit wein ge soten·gůt wider die fallenden su cht·¶ Jtem·Meüßore vnnd sp/ rinckwurczel vnd kümel gesot/ ten im wein·mit wenig hönige oder zucker vermenget·dauō ge nüczet·ist gůt wider das darm/ gegicht·

Habern xxix Capi

Auena latine· Egilops grece· egilopa·arabice qusir·vel clausir vel'dolara· ¶Der meister Plinius in dem capitel Auena· spricht·das habern wachße mitt dem weyczen·vnd geleychet der selben an jrem gewächße·allein das habern einen weÿchen stengel hat dañ weicz ¶Serapio im dem bůch aggregatoris in dē capitel qusir·idest Auena·spricht· dz dises hab bletter geleÿch den früchten·allein das sÿ weÿcher sind·vñ an dem gipffel der rōren hat es samen der ist vmb henckt mit zweÿen oder dreÿen röcken· ¶Galienus in dem sechstē bůch genant simplicium farmatarū· im dem capitel Egilops·idest Auena·spricht· das sein ger auch seÿ starck vnd auch gar scharpf vnd sein tugent ist durchdringē die feüchtung·vnd verczeren auch die herttē geschweer·dz meel dauon darauff geleget geleych als ein pflaster·¶Vnd ist sunderlich gůt den fisteln beÿ den augen ¶Ein pflaster gemachet mit habern vnd darunder gemüschet süßs meel·vnnd den bösen gründt genant ympetigo· dz ist ein stat ꝺ maledeÿ domit gepflestert·heÿlet den· ¶Item Galienus in dē bůch genant de Cibis· spricht· das habern seÿ auch ein speÿse der thiere vnd nit ꝺ menschen·es wär dann sach·das also grosse teürung wäre so möchte man wol brot darauß machē als ettwan gar dÿck geschehen ist·vnd dißs brot gibt auch dem menschen gar kleine speÿßung· vnd gar wenig geblůtes· ¶Itē habern gesoten mit wasser· darnach den gestossen vnd mit hönige gemüschet· machet auch gar gůte hycze·vnd benÿmet die kelte·das geessen wie einen breÿen· ¶Item·Häbrin breÿen gekochet mit eßsig·sind fast gůt denen· die do haben grosse hÿcze·¶Serapio·Habern weychet die verhertten gelÿder·das meel dauō darüber geleget geleÿch einem pflaster·¶Item Habern ist gůt genüczet zů aller geschwulst an dem leÿbe· die do kummett von hÿcze·¶Item·Ein pflaster gemachet von häbrinem meelbe· vnnd das do mit lorbeer öle vermengt·ist gůt für den grind· vñ ist hertte apostemen verzeren· die geschwollen sind·Vñ ist auch gůt wider die fistel des arßsdarms·als Serapio spricht·

¶ Itẽ häbren meel ist auch gar gůt das antlitz des menschẽ schön vnd reyn machen mit bleyweyß vermenget in wasser gesoten· domit auch das antlitz dick male gewäschen·spricht bartholomeus anglicus de proprietatibus rerum·

Abschlag xxx Capi

Astromum·

¶ Die meister sprechen auch gemeynigklich· das abschlag sey kalter natur vnnd vergifftiger· vnd ist auch weder gesundẽ noch siechen menschẽ zů essen·Wer jn aber essen wil·der lege jn vor hyn in wein·vnd lasse jn bayssẽ zwen tag oder drey·¶ Abschlag hat nicht hytze in jm·sunder ein scharpffe feüchtnuß vnd võ dem tauwe·¶ Item abschlag sollend die brauchen oder nützen die do beladen sind mit febres·¶ Item wölcher einen bösen mägen hät vñ ässe abschlag· dem wirt wee dauon·¶ Wisse auch das die natur aller lauch sind getemperieret mit hytze·vnd wachßen alle von feüchtung vnd von wyndẽ ¶ Item·alle lauch geessen schaden mit on allein astlauch·der ist vnnütz zů essen·¶ Auch sprechẽ die meister·das kranck leüt die do beladen sind mit grosser feüchtung meyden sollen lauch· wañ er meret die feüchtung· ¶ Item

Von des lauches tugent stet geschriben in dem capitel Porrum· hynden de P· do findet man gar vil hübscher tugent von·

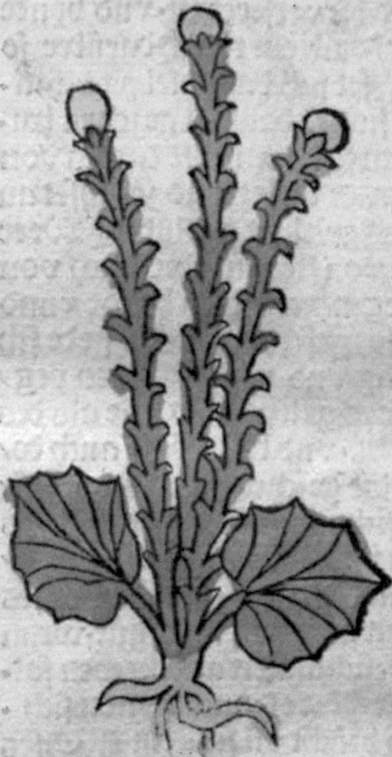

Schyrling xxxi Ca

Appollonaria·

¶ Die meister sprechend auch· das dises sey gar ein gůt kraut vnnd seye von natur hytzigen· vnd ist auch gar schedlichen zů nützen·es wär dann sache·das es gar not wär·wann wölcher es nützet· der zerstöret jme sein geblüte vnnd alle feüchtnuß vñ machet auch gar böse tempfunge in dem leybe· ¶ Item·

Wer an dē leyb zerschlagen wä-
re mit stecken kolben oder ande/
ren dingen oder gefallen wäre·
der siede schirling wol im wasser
vnd trincke des·vnd lege das kr
aut auch also warm auff die st/
at do die verseret ist·vnd bynde
damit auch ein thůch darüber so
zerlässet sich das gelebert blůtte·
das sich zů hauffen gezogen hat·
wann sein natur ist das es von
einander teylet·vnd zerlasset au
ch das gelebert geblůt· ¶ Weer
aber von stössen oder auch von
schlegen zwyschen haudt vnnd
fleysch geschwyllet·der siede sch
yrling vnd nachtschatten yeg/
kliches geleych als vile als des
andern·vnd bestreyche auch do/
mit die geschwulste·sy verzeü/
het sich gar balde·¶ Item Was
von jme geschwyuet sucht hal/
ber in dem leybe·darzů ist dyses
kraut schyrling nicht gůt·wenn
die feüchtigkeit außbrechen sol·
die treybet es auch hyndersich·
vnd brächt vil schaden·¶ Dises
kraut das heysset auch nach ein
em meister genant appolinius·
Vnd diser meister gabe auch di
ses kraute dem grossen meister
Plato·sich domit zů erczneyend
Vnd auch domit die gifft vom
jm zů treyben·¶ Item·Wölcher
ein spynnen geessen häte der sol
auch dises kraut nüczen grüne·
mit salcz vnd auch gesoten mit
gůtem wein·die gifft zergeet on
schaden·¶ Item·Wölcher gesto
chen wäre von einem vergiffti/
gen thier·der mache hieuon ein
pflaster·vnd lege es darauff es
hilfft·¶ Dises kraut hat breyte
bleter·geleich vngula caballina
vnnd lange stengel mit geliben
blůmen·

Synaw xxxii Capit

Alchimilla artincilla leontope/
dion grece·latine·pes leonis si/
ue planta leonis·

¶ Der meister Platearius spri-
chet·daz synaw sey heyß vñ tru
cken an dem andern grad·¶ Di/
ses kraut weret ein ganczes jar
vnuerseeret in seiner natur·vñ
ist doch frysch besser genüczt deñ
dürr·¶ Plinius Nymme synau
sanickel vnd heydes wundt kr
aut yeklichs ein handt vol·vnd
seüde die im regen wasser·darna-
ch nym̃ der langen regen würm
vnd zerstoß die vnd drucke dye

et·❡Item das mittel der ryndē
von dem eychbaum vnd dz mit=
el vō den eycheln das do ist zwi
chen der schalen vnd der frucht
mit einander gesotē in essig vn̄
wasser·vnd auff das heylig feü
ver gelegt als ein pflaster·beny
met die hycze zůhandt·❡Item
die bleter von eycheln gestossen
vnd auff ein frysche gehauwen
wunden geleget zeühet die zůsa
men·also daz man die nit hefftē
darff·❡Itē wer hyczig böß bla
tern hāt·sy ziehen die hycz auß
❡Der meister Diascorides spri
cht·das eychen holcz gesotē gůt
sey den·die einen alten fluß habē
vnd sunderlichē den·die do blůtt
speyen·das getrunckē mit wein·
❡Item die frawen die lang zeit
jr feüchtung gehabt haben·oder
menstruose gewesen sind·die do
mit eychen laub gebāet vnnden
auff bereüchet·hilfft sy on zwey
fel·❡Item·Eycheln gebulferet
vnd das getruncken mit wein·
benymmet die gifft in dem men/
schen·vn̄ treybt sy auß durch dē
harm· ❡Item Ettlich meister
sprechen·das die bleter des eych
baumes gar gůt sind zů vil din
gen·Der eins gelegt auff ein ge
schweer·benymbt jm die hycze·
vnd heylet das zůhandt·❡Itē
Eycheln sind haubtwee bringē
vnd sind den bauch auff blasen·
❡Item·Eychen wurczeln gesot
ten·mit küe milch getruncken ist
gůt wider vergifftig medicin·
❡Item die frucht von eychbau
me ist kelten vnd trucken bey dē

quercinus hat macht subtil zů/
machen·vnd hat macht zů jm ze
ziehen·vnd feüchtung von ein/
ander zeteylen·vnnd ist warm
vnd trucken in dem drytte grad
❡Eychen mistel gebulfert vnd
mit harcz vermenget·ist gůt wi
der verherttung des milczes·vn̄
auch mit wachß vermenget·ist
gar gůt wider das gegicht d ge/
lyder·❡Item·Mistel ist zweyer
ley·auff dem eychen baume·vnd
auff dem byren baum̄·Mysteln
auff dem eychen baume ist auch
der beste der do grün ist·

feuchtung durch ein ... müsche die vnnder d... wasser. Dises getrunncken. styllet alle blůtende wundē. an dem leybe. wie sy sein mügē. vñ lege dises kraut außwendig auff die wunden geleych einem pflaster die wunde heylet seyn vñ auch schön. ¶ Der safft von synawe drey morgen nüchteren ist auch gar gůt epilenticis. daz sind die die den fallenden siechtagen habē Darnach laß ein adern schlähen auff der lyncken handt. zwyschē dem zeyger vnnd dem daumen. du genysest zůhandt. ¶ Wer einen verwunndeten magen oder brust häte. der trincke vō synaw vnd sanickel. er genyset. ¶ Synaw gestossen. vnd die grüse bestrychen durch ein thůch. vñ vnder die gemüschet hartenaw od scharlach gebulfert vnd das getruncken. benymmet auch colicā passionem. das ist. das darm gesücht. vnd domit alle wüttende geblütte in dem leybe. ¶ Diascorides. ¶ Nym synaw fenchelkraut selbe petersilgen kraut. yegklichs ein handt vol. vnnd müsche auch darunder änyß fenchel samen. ysop. alantwurcz yegkliches zwey lot. vnd seüde das in zwey pfundt wassers. als lang biß das dritteyl ein seüdet. vnnd trincke dises. es vertreybet alles gelebert blůt. vnd treybet dyses auß durch den harm vnnd durch den stůlgang.

eychbaum xxxiii Ca

Arbor glandis latine. Hullis arabice.

¶ Serapio in dem bůch aggregatoris in dem capittel Hullus. idest arbor glandis. spricht. das aller gerauch dises baumes sey stopffen. vnd sunderlich die rynden die im der mitte ist dises baumes. Des geleichen die haut die do ist an den eycheln. Wye dyse genüczet werden so sind sy von natur stopffen vnd kelten. ¶ Serapio spricht. das eychelen sind gar gůt genüczet den frauwen die auch zů vil flüssig sind in irer zeyt. vnd auch sunderlich die mittel rynden an dem holcze gesoten im wasser vnd do vnden

elephanten lausz

Das xxxiiii Capi

Anacardus latine et grece.

¶ Die meister sprechen dz. ana cardi sind heysz vnd auch gar drucken in dem vierden grade ¶ Dises ist ein frucht eins baumes pediculus elephantis genant. vnnd die frucht brauchet man in der ärzneÿ. Dise frucht weret dreyssig jare vnuerseret an jrer krafft. also das sÿ gehalten werde nicht in czů feüchten. oder zů drucken stetten.

¶ Paulus. wölicher diser frucht esse so sÿ blůet der můsz sterben oder er wirt aussetzig von stund ¶ Dise frucht wechset in jndien an eynem baume obgenant. In dē bůch Circa instans beschreiben vns die meÿster vñ sprechen. Wölicher diser frucht nüczet alleÿn. das ist on ein zů sacze der můsz auch sterben. oder er wirdt aussetzig. ¶ Wölicher fast vergessen were vnnd auch eÿn stumpffe vernunfft hette. Der neme bibergeÿl eÿn vncz. das ist zwey lot vnd seüde den in essig der starck vnd saur seÿe sechs vncz vnd thů darzů diser frucht also daz die ausser scheln abe seÿe anderhalb vncz. vnnd mische dises also vnder eÿn ander mit einem spattel dz es ein wenig taugenlich werde. vnnd schmiere dich mit disem hinden in dem nacke des morgens vnd des abents. du gewÿnnest eÿn gůtte gedechtnusz genannt memorien. ¶ Jtem nÿm das saffte von diser frucht vñ menge den mitt auripigmento vnd streich damit die rauden genant Serpigo es verzeret die. also dz dises balde darnach mit warmem wasser abe gewäschen werd

¶ Für die morpheen. dz ist die vnreÿn haudt der aussetzigkeit Nym selbe wermůt das vnder teÿl der coloquintiden ein halbe vncz buluerisier vnd conficiere sÿ mitt dem safft der anacarden .ʒ. ij. Oder conficiere dises mitt essig vñ seüde dises geleich eÿnē pflaster vñ lege es auf die morpheen. ¶ Jtem anacardi söllen genüczet werden wider dye bösen gedechtnusz vñ für die aussetzigkeit ¶ Jtem dise frucht ist gůtt sÿnne vnd vernunfft vnd gedechtnusz bringen. vñ ist gůtt wider alle kranckheit des hÿrnes die jren vrsprung hatt von einer kalten feüchtigkeit. Darumb ist dise frucht gůte wider weethumb der gelider. als wider das gegicht mit hönig vermenget. Wider dise kranckheÿt vor geschriben ist gůt ein sterckung genant cōfectio anacardina. ¶ Jtem dise frucht vermenget mit hönig auff wartzen geleget ist sÿ vertreÿben. Vnd ist gůt wider vngestalt d' aussetzigkeit do mit geschmiert. Dises ist Serapio vñ Platearius vñ ander meÿster beweren. Vnd dise meÿster sprechen das man dise frucht sol vermengen mit bÿbergeÿl. wann allein sol man sÿ nit nüczen.

Mandelbaum xxxv c

Amigdala latine· arabice et grece Lauet·

¶ Der meyster Serapio in dē bůch aggregatoris in dem capitel Lauet id est Amigdala spricht daz do seÿe zweyer handt mandeln· die eine sind süsse die anderen bitter· ¶ Der meyster Galienus in dem sechsten bůch genant simpliciū farmacarum in dē capitel Amigdala spricht das in den süssen mandeln seÿe ein kleine bitterkeit· vñ die vernÿmet man nitt wol vmb des willen das die süssigkeit in den über triffet· aber so sÿe alt werden so vernÿmmet man die bitterkeit in jne gar wol· ¶ Jr natur ist getemperiert in der würme vñ feüchtigkeÿt· ¶ Diascorides in dem capitel Amigdala spricht das die süssen mandeln nitt als vil werckklichkeÿt in jn haben als die bitteren mandeln wenn die bittern machen subtÿl die feüchtigkeÿt des menschen vnnd machen wol harmen· ¶ Serapio spricht das die süssen mandeln heiß vñ feücht sind an dem ersten grade· ¶ Mandel geessen mit zucker werden balde verdeüwet· vnd darumb laxieren sÿe den bauche· ¶ Süsse mandeln merent materiā spermaticam das ist die natur des mannes vnnd der frauwen ¶ Item mandeln geessen · oder in dem munde behalten benÿmmet den schmertzen des zan fleisches· ¶ Gumme von dem mādel baum nützet mā in der ärtzneÿ geleich dem gūmÿ arabicū vnnd ist heyß an seiner natur· ¶ Der meister Galienus sprichet vnd Platearius das die bittern mandeln genützet werden in d ärtzneÿ vñ die süssen in der koste· Vnd spricht auch daz die bitter mandeln ziehen auß gar vil grober feüchtūg· ¶ Die bitter mandeln benemē dz miltzen schwere· ¶ Die wurtzel von dē bittern mandeln baum gesotten vnd dz antlitz damit gewäschen benemen dÿe flecken dar an· ¶ Bitter mandeln gesotten mit essig vnd rosen öle vñ auff die stÿrn gelegt als ein pflaster benÿmet daz haubt wee· ¶ Mandeln gestossen vnnd ge mischet mitt hönig vnd auff die bösen blatern gelegt senfftiget· ¶ Vnd sunderlichē also gelegt auff die wundē die ein dobender hundt beysset· ¶ Item er spricht dz die süssen mandel fast güt vnnd na türlich sind zů essen vñ on schaden in allen süchten· Also wann du wilt hon daz sÿ stoppen die flüß des menschen so magstu sÿ essen gesotten oder wie du wilt des geleichen der milch dar von Wiltu aber das sÿ nit stoppen oder auch nit laxieren· so tů dar vnder vue passule dz sind kleÿne rosyn vñ zucker so laxieren sÿ senfftigklich· ¶ Item süß mandel geessen machē wol schlaffen vnd harmen· ¶ Mandel gemischet mitt menta benÿmet den schmertzen der lenden· vnnd benÿmet peripleunioniam · dz ist ein geschwere an der lungen dauon dann kōmet ptÿsis· das die schwintsücht des abnemes· vnd krafft des menschē· ¶ Item süß mandel geessen mitt milch· vnnd hönig benÿmet die leber sucht vnd den bösen hüsten vñ auff blasung des gedärmß genant colon als Serapio sprichet· ¶ Das gummÿ vō mandel baum getruncken mit wein benÿmet daz blůt speÿen· ¶ Das gümÿ gemischet mitt essig vnd den bösen grÿnt mit gewäschen genant impetigo benÿmet den on zweÿfel· ¶ Das öle vō bitter mandel ist güt suffocationi matricis· das ist der moder dÿe auff stosset vnd feret von einer sÿtten zů der andern vnder dem nabel mit dem selben öle wol bestrichen· ¶ Das öle von dē bittern mandeln an die schläffe gestrichē benÿmet daz haubt wee vñ bringet růwe · ¶ Das bitter mandeln öle warme in dÿe sausende oren gelassen benÿmet das sausen vnnd bringet wider vmb dz gehöre· ¶ Bitter mandel öle gemischet mit hönig vñ süsse holcz vnnd rosen öle vnnd wachs vnnd daraus gemachet ein salbe vñ dÿe gestrichen vm die augen reÿniget die vñ machet sy klare Serapio· ¶ Der meister Rabbi moÿses in dē capitel Amigdala spricht dz süsse mandel bringet den schlaff vnd machen getemperiert feüchtūg sind fast gesunt zů essen ¶ In dē bůch genāt circa instās beschreiben vns die meister vñ sprechen daz bitter mandel heiß sind vñ trucken an dem andern grade ¶ Item bitter mandeln öle ist gůt wider dē stein vñ wetum der nÿeren vñ wider den kalten seich auff die lenden vnnd nabel geschmieret· Auch bitter mandel geessen sind dar für gar güt ¶ Item bitter mandel genüczet ist güt wider die trunckenheyt Vñ wañ ein frosch bitter mandel ÿsset der stirbet zůhandt Serapio· ¶ Item bitter mandel dick mal genüczet ist die würme in dē bauch vertreÿben· vnd eÿn pflaster dauon gemachet· vñ auff den nabel gelegt ist fast darzů güt·

Aloe xxxvi Ca

Aloe grece et latine·arabice sa
bet vel cantarcainar·
¶ In dem bůch genant Pan=
decta in dem dreyundreissigi=
sten capitel das an hebet Aloe
beschreiben vns die meister vñ
sprechent das Aloe werde ge/
machet von dē saffte des krau=
tes genant aloen· ¶ Diß kraut
findet man in india persia gre=
cia vnd in apolia·vnd ist drey
er handt aloe·eines ist genant
succotrinū·das ander aloe epa=
ticum·dz dritt aloe caballinum
¶ Die wirdigen meister sprech
ent das aloe gemacht werde in
mancherley weise·Wañ etlich
meister wöllent das daz kraut
gestossen werde vnnd der saffte
darauß getrucket·darnach den
safft wol gesotten vnnd den ge=
stellet in die sunnen·vnnd also
gedorret·Vnd das oberst in dē
safft der also gedorret ist in der
sunnen·nennet man succotrinū
Das in dem mittel liget nennet
aloe epaticum·vnd das ist nit
also klare als das erste·Vnd
das in dem grunde liget nennet
man aloe caballinum·vnd daz
ist gleich als dicke heffen in ey=
nē faß·¶ Etlich meister sprechē
auch dz Aloe sey dreyer handt
eins rot von farbe·das kōmet
auß eyner inseln in india gele=
gen·die insel ist geheissen Sco=
tora·dz ander aloe ist schwartz
an der farbe·vnd kommet auß
dem lande persia genant·Das
dritt aloe hatt ein farbe geleich
einem granat apffel·vnd kom
met auß dem lande Arabia ge=
nant oder apolia·¶ Vnder di/
sen dreyen sprechen die meyster
das aloe daz do kōmet auß der
insel scotora sey dz beste vñ diß
sol sein rot vnnd durchleüchtig
vnd soll sich bald lassen brechen
vnd wol riechen vnnd gar bit
ter·Aber doch do selbest steet ge=
schriben das die erste meinung
die best sey do er saget wie aloe
gemacht sey·¶ Vnnd sprechen
auch do selbest das Aloe succo=
trinum das beste sey vnder den
selbigen dreyen·vnnd das soll
sein an der farbe röttelicht·vnd
sunderlich wañ man dz brichet
so sol das bulver geleichen dem
saffran an der farbe vnd sol nit
zů sere stincken noch zů sere bit
ter sein·¶ Das ander dz man

nemet epaticum daz sol haben
ein farbe gleich einer lebern·vñ
sol schwäczlicht sein an d far/
be·vnd doch nit zů schwarcz vñ
hat löcher an jm geleich den ge
öffneten adern· ¶ Das dritt dz
man nemet caballinum dz sol
haben ein schwarcz dunckel far
be vnd sol fast bitter sein vnnd
ein schweren bösen stinckenden
gerauch haben· ¶ Merck die
meister sprechen das alles das
do sey von kreütern võ wurcz=
eln von gũmy oder von spece=
reyen vnd von natur yegklich
es ein gůtẽ oder bösen gerauch
habe·so es dann stercker reüch/
et an dem gerauche·so es besser
ist in der krafft·vnd so es meer
stincket võ natur so es auch ye
meer stercker ist an seiner kraff
te·Auch des geleich was do võ
natur bitter ist·so es meer bit=
ter ist so es stercker ist·Vñ dye
meister nement allein auß aloe
wann aloe meer stinckende ist
das ist das böst·vnnd das do
meer bitter ist vnder dem dz ist
das böst·¶ Auch sol man wis=
sen wann man schreibet aloe in
die apotecken vnnd darzů key/
nen zůsacz thůt·als succotrinũ
epaticum oder caballinum·so
meynet man allein succotrinũ
vnd die andern nit·¶ Der mei
ster Serapio in dem bůch ag=
gregatoris in dem capitel sabet
id est Aloe spricht das aloe kõ
me auß einem stamm der habe
bleter gleich d wälschen zwybel
vnnd darinne ist feüchtigkeyt
die ist klebericht vnd zehe·vnd
so man das angreiffet so bley=
bet dye feüchtigkeyt von dem
kraute hangen an den henden·
Die bleter sind rot vnd breiter
wañ an den wälschen zwybeln
Der stamm geleichet affodillo=
rum·dz ist der goltwurcz stam
oder wilde schwärtel· ¶ Dises
kraut hat ein starcken schwerẽ
gerauch·vñ ist gar bitter·Diß
wechset vil in arabia vnnd in
india·¶ Der meister Serapio
spricht auch dz diß sey der beste
aloe der do glat sey vñ nit mitt
kleinen steinlin vermischet vñ
rot von farben vñ durchleüch=
tenden oder klar vnnd der sich
balde laßt brechen·Vnd so man
darauß edemet das er auch bal=
de weich werde·vnnd soll auch
haben ein gůtten gerauch·¶ In
dem bůch circa instans in dem
capitel Aloe beschreibẽ vns die
meister vnd sprechen das aloe
das man nemet caballinũ gar
dick gefelschet werde·also das
mã es verkauffet für aloe suc/
cotrinum oder epaticum·Vnd
diß ist gar böse von den selbi=
gen dye den aloe also felschen·
Wann solich felschung hat an
jm nit die recht krafft vnd na=
tur des aloe succotrinum oder
epaticum·¶ Auch die meyster
allenthalben vnns beschreyben
wie solich kreüter mit specerey
en gummy gefelschet werden·
Vmb des willẽ dz sich ein yeg/
klicher wisse dar vor zů hůtten
vnd ein yegkliches gebraucht
oder genüczet werde nach dem
es gůt sey·Vnnd darumb steet

geschriben von aloe wie es ge=
felschet wirt·vnd sprechen dye
meister das ettlich nemen essig
vnd lassen den wol syeden vnd
thůn dz rein saffran võ orient·
vnd darzů muscaten gebuluert
oder ander wolriechende specer
eyen· Vnnd darnach nemen sy
aloe caballinum vnd zerknisch
en den vñ thůn den in ein tůch=
lein vnd hencken den in den sie=
denten essig·vnd thůn den balde
widerumb herauß vnnd lassen
den selben essig trucken werden
vñ dises ist gar schwärlich czů
erkennen ob es seye succotrinū
oder nit·vnd darumb hab auff
merckunge als oben geschryben
steet·¶ Diascorides vnd ander
meyster sprechen das aloe seye
heiß vñ trucken an dem andern
grade·vnd spricht auch dz aloe
zů vil dingen gůtt seye·¶ Aloe
treibt auß die bösen flegma vñ
colerā vnnd melancoly vnd ist
fast gůt genüczet der kalten bö=
sen lebern· ¶ Aloe ist gůtte den
die do blůt speyen mitt mastix
vermenget· ¶ Aloe genüczet
reyniget den magen von böser
feüchtigkeit vnd dz haubt mit
einer senfften roze· ¶ Aloe getē
periert mit starckem wein vnd
rosen öle benymmet das haubt
wee des an die stirnen gestrich=
en· Diß vertreibet auch dz gu=
cken der augē· ¶ Aloe mit wein
vnd hönig gestossen vnnd das
gehalten in dem munde hilfft ð
schwerenden zungen vnnd dem
schwerendē zanfleisch· ¶ Aloe
benymet asma das ist dz keich=
en vnnd raumet die brust mitt
mastix vnd süß holcz safft ver/
menget dar von genüczet·
¶ Aloe gebuluert vnnd das ge
streüwet in die wunden heylet
sy auff stund · Das selbige an
die augen gestrichen vertreibet
den eyter dar auß· ¶ Der mey/
ster Galienus sprichet das aloe
heyle die grossen alten schaden
das buluer darein gestreüwet·
¶ Wer böse blatern hette an dē
gemechte oder frat were dar an
ð streüwe des buluers võ aloe
in dye blattern vnnd wunden
sye heilent zůhandt· ¶ Auch ist
dises buluer gar gůt zů dem af
tern wañ do selbs feüchtigkeyt
fliessen ist genant fluxus emor=
roidarum· ¶ Aloe gebuluert
vnd das getemperiert mit was
ser vnnd auff die wunden gele=
get geleich einem pflaster zeü/
het sy zůsamen vnnd heylet sy
on schaden· ¶ Der meister Jo=
hannes mesue spricht das aloe
gemischet mitt dracken blůt vñ
mitt mirra vnnd die czůsamen
gebuluert vnd das gestreü wet
in die faulen wunden oder bla/
tern äczet das faule fleisch auß
on schmerczen ¶ Aloe gewä
schen mit rosen wasser oder fen/
chel safft vnnd das auch gestri/
chen vmb die augen benymmet
den fluß der augen vnd schirpff/
et die synne ¶ Item aloe ein
genommen mitt geyssen milch/
molcken benymmet auch ycte=
riciam das ist die gelesucht·
¶ Item Johannes mesue spri/
cht auch dz aloe mit gebraucht

soll werden so es auch fast kalt
sey · wañ es schabet die därme
zů sere vñ treibet auß blůt mitt
dem stůlgang so der lufft zů vil
kalt ist · ¶ Auch sprechẽ die mei
ster das man aloe nitt brauchẽ
soll on vermengunge des ma/
stix wañ mastix ist jme sein vn
tugent abnemen · ¶ Der mey=
ster Serapio in dẽ bůch aggre=
gatoris in dem capitel aloe be=
schreibet vns vil von aloe vnd
erzelt sein tugẽt vñ sind auch d
andern meister meynunge als
Auicenne Galieni ¶ Item in dẽ
zwölfften bůch genant speculũ
naturale vincencij in dẽ capitel
aloe findet man auch vil hüb=
scher tugent von aloe · ¶ Item
aloe mit mastix vermenget in
hirczung wasser ist auf thůn be
stoppung des milcz vnd leber ·
vñ also genüczet in beyfůß was
ser ist frauwẽ feüchtigkeit flüß
sig machẽ genant menstruum ·
¶ Item ein quintin aloe vnnd
eĩ halb quintin mastix mit wer
můt safft vermenget in d woch
en zwey male genüczet ist gůt
wider wassersüchtigkeit · ¶ Itẽ
aloe puluer mit hönig vermen
get ist gůt wider die würm ·

eyn holcz xxxvii Ca

Aloes lignum vel xiloaloes la
tine · Aloa vel agalaym grece ·
arabice Hoad ·
¶ In dem bůch genant Pan/
decta in dem zweyunddreissigi/
stẽ capitel dz sich anhebet aloa
beschreiben vns die meyster vñ
sprechen auch das man dyses
holcze findet in dem wasser das
auß dem paradeyß fleüsset vnd
dises wasser ist bey dẽ hohẽ Ba
bilonien · ¶ Ettlich sprech/
en auch das das wasser in dem
paradeyß treibe dises holcz auß
er dem waren paradeyß · Aber
man findet kein menschen auff
erdtrich der dises für ein war=
heyt müge sprechen das dyses
holcz das man in teütschen lan
den gebrauchet dz es gewach/
sen habe in dem paradeiß · ¶ Et
lich meyster sprechen auch das
dises holcz wachs auff den ho=
hen bergen bey dem paradeyse ·
vnd von grossem gewinde vñ
vngewitter falle dißs holcz in
das wasser vñ werde gelendet

bey den hohen babilonien.

¶ Auch ist es zewissen das do sind etlich betrieger des volcks die nemen ein wurczel genant camelia die kömen auß den bergen Amalfie genant. vnnd dise wurczel geleichet dē holcz aloe in der farbe in dem gewichte vñ auch an dē gerauch. vnd bereyten dise wurczel also. Sy nemē wein vnd thůn darein bulver von dem holcz aloe vnd lassen die wurczel darinne sieden. vnd verkauffen dann das für aloe holcz vnd ist doch nit daz selbig holcz aloes. wann die wurczel camelia ist fast laxieren dē leib wer sy brauchet vnd sorgklichen zenüczen. Aber lignū aloes hatt die natur inē ein jr sunder sy ist daz geblütte stoppen von überflüssig fliessendē. ¶ Der meister genant cassius felix in dem capitel Aloes beschreybet vns vnd spricht das die arabes nemen dises holcz vnd sieden das in wasser vñ brauchen dz selbige wasser zů vil kranckheit vñ darumb ist zewissen wañ dißs holcze gesotten wirt in wasser. oder in wein. so hat es darnach kein krafft in jm. wenn das gesoten wasser zeühet jm sein krafft auß. Vñ darumb sprechen die meister dz dißs holcz nit genüczt sol werden in der ärczney wañ es sere gesoten sey ¶ Der wirdig meister auicēna in seynem anderen bůch in dē capitel xiloaloes. auch der meister Rasis. des geleichen ysaac vnd Serapio vnd platearius sprechen alle sament daz lignū aloes sey heiß vnd trucken an dem anderen grade. ¶ Der meister Diascorides spricht dz dißs holcz gebulvert vnd genüczet gar gůtt sey für die blödigkeit des herczen des magen der lebern vnnd auch des hyrnes. ¶ Des gleichen des zyttern dē herczē. ¶ Auch ist es gůtt den frauwen die sich an jrer kranckheit saumēt. vñ sunderlichē für alle kranckheyt des leibes die do kömet von kelte. ¶ Lignū aloes vnnd galien gesoten in wein vñ den getrücken machet wol deüwen vnnd stercket den magen. ¶ Wer diß holcz leget in wein auff ein halbe lot vnd lasset den steen über nacht den getruncken benymet vil kranckheit von dē menschen die do kommet von kelte.

¶ Itē mit disem wein die frauwen vndē auff getempffet bringet menstruū das ist frauwen feüchtigkeit. ¶ Den rauch von lignū aloes in die nasen löcher gezogen stercket dz hyrn. ¶ Itē nym lignū aloes vnd nägelin vnd beyngen von einem hircz hercz genant ossa de corde cerui yegkliches geleich vil vñ misch dz mit gebeetem brotte krefftiget die vernunfft des menschen vnd stercket das hercz. ¶ Item nym diß obgeschriben drey als lignū aloes gariofilat ossis de corde cerui vnd mische die mitt baum öle vnd schmiere eynen hanen das haubt damit er kräet die ganczen nacht davon.

¶ Item der meister Cassius felix spricht auch daz lignū aloes sterdke den magen vnd alle jnnerliche gelider vnd treibe auß dē magen allein überflüssig feüchtigkeit. ¶ Serapio spricht dz lignum aloes gar gůt nücz sey des bösen lebern. vnd benymme dissenteriā das ist der außgang mit blůte. vnd benymmet auch den schmerczen der schultern. dz gebulvert vnd des eingenommen des morgens zwey quintin mit wein ¶ Jsaac spricht dz lignum aloes sey gůt dem kaltē hyrn vnd sterck die vernunfft. ¶ Jtem lignum aloes gebulveret vnd auff die wunden gelegt des gemächtes trucket vnd heylet zůhandt. ¶ Jtem Auicenna spricht daz lignum aloes gekeüwet im dem munde benymet jm den gestanck vnnd machet eyn wolriechenden munde. ¶ Jtem auicēna im dem bůch genant de viribus cordis spricht dz lignū aloes sterck fast wol daz hercz vnd bringe dem menschen gůtt geblütte. ¶ Jtem lignum aloes ist auch lenden weethumb vertreiben mit weni genüczet. Vn̄ ist auch gůt wider kranckheyt der lebern mitt enuidien wasser genüczet. vnd ist auch gůt wider verwundt gedärmez.

Gold xxxviii Ca

Aurum latine et grece arabice Dahob.

¶ Jn dem bůch genant dē natura rerū beschreibē vns die meister die tugēt vō dē gold. vnd sunderlichē das dise tugent sey heiß vn̄ truckē vn̄ kein meister seczet kein grad von jm wann es ist übertreffen im seyner tugent alle kreütter. ¶ Der meister Serapio im dē bůch aggregatoris im dē capitel dahob spricht daz gold geriben czů bulver vn̄ dz geessen verzeret die außseczigkeit vn̄ stercket alle gelid des menschē. ¶ Der meister halyn̄ in seyner andern rede spricht dz die feülūg von golt genüczt sterckt dz hercz. ¶ Jtem geschaben gold genüczet benymet das

zÿttern des hertzen das do kö/
met von eÿner erden feüchtig=
keit genant melancolÿ. ¶ Et/
lich meister sprechen wer do ne
me ein guldin ring vnnd lege
den in ein feüwer vnd streichet
damit die flügel der tauben sÿe
kömen balde zů hauß vnd bley
ben nit auß. ¶ Item gold ist me
er temperiert in seÿner tugent
wann kein ander metalle. vnd
wer sich besorget in dẽ gebrestẽ
der aussetzigkeÿt der neme in ð
wochen zweÿ mal geschaben
gold auff ein halb quintin vnd
trinck das ein mit einem lot je=
ralodium das ist ein electuari
um dz do reÿniget die feüchtig=
keÿt des aussetzigen menschen.
¶ Gold gemischet mit dẽ saffte
des krautes genant borago oð
mit dem buluer genant ossis de
corde cerui vnnd die gemischet
mit zucker vnd das genüczt ist
gůt sincopizantibus das ist dẽ
die do fast onmechtig sind vnd
dauon geschwÿnnen. ¶ Auicen
na in seinem andern bůch in dẽ
capitel Aurũ spricht das golde
beneme die melancolÿ von den
menschen. Des geleichẽ die bö/
sen dreüme vñ fantasÿ in dem
schlaff. ¶ Item wz mit gold ge=
öffenet wirt an des menschẽ lei
be als mit lassen schrepffen vnd
schneiden das heilet on schaden
vnnd wechset kein faule fleisch
in den selbigen wunden. ¶ Wer
goldt in dem munde tregt dem
machet es ein gůtten athem
¶ Platearius gold hilffet dem
zÿtterdẽ hertzẽ vñ benÿmet die
traurigkeit vnd ist den gůt ge/
nüczet dÿe mitt jn selbest reden
vnnd fantasieren. ¶ Auicenna
in dem bůch genant de viribus
cordis spricht dz gold über alle
ander ärtzneÿ stercke daz hertz
vnd mache ein gůtt frölich ge=
blüte. ¶ Der meister Rasis be/
schreibet vns in dem achtenden
bůch genant speculum natura
le vincencij in dem capitel Au=
rum vnd spricht das goldt seÿ
allen leiplichẽ dingen dz edelst
auff erden vnd seÿ in allen an=
dern dingen ein künig vnd ein
hertze. wann gold mag nit ver
zeret werden noch gemÿnderet
weder mit erdtrich mit wasser
mit lufft oder mit feüwer. sun=
der dz feüwer reÿniget dz gold
vnd benÿmet jm den zůsatz vñ
leütert es. vnnd das geleüttert
reÿn gold wirt nit von dẽ feü/
wer gemindert ¶ Item rein gol
de dick mal geleschet in wein der
wein ist gůtte wider wee tumb
des milcz. vnnd gold gefeilet in
wein oder in speise genüczet ist
gůt wider aussetzigkeÿt. vnnd
wider onmächtigkeit des hertz
en mit beinlin des hirczen hertz
en in porriß wasser vermenget
¶ Auch ist gefelt goldt gůt ge
nüczet in speÿse oder gemenget
mit einem electuarium genant
anatadinum oder jeralogodi/
on wider die fallẽde sucht auch
in wein genüczet.

silber xxxix Ca

Argentū latine· grece side arabice felch vel fedhe·
¶ Der meyster Serapio in dē bůch aggregatoris in dem capitel felch id est argentum sprichet· das silber von natur sy kelten vnd trucken machen· ¶ Silber geschaben vnnd gemischet mit wein stein öley vn̄ die böse reüdigkeyt damit geschmiert benymet jr das gucken· ¶ Diss in die faulen wundē gestrichen verzert das böß fleische· ¶ Die meister sprechē dz silber genüzet soll werden zů den salben genant vngenten damit man heilet geschwere vn̄ wunden· Item silber hat die natur an jm dz es die wunden zů hauffen zeühet· also daz man die hefften darffe ¶ Item d wirdig meister Auicenna in dem bůch genat de viribus cordis spricht das silber stercke das herez vnnd machet gůt geblütte·

queckſilber xl Ca

Argentum viuum latine grece ydargirus arabice albachest·
¶ Der meyster Platearius in seinem bůch in dem capitel argentum viuum spricht dz queck silber sey von natur heiß vnnd feücht an dē vierden grade wen von seiner würcklichkeyt mag man auch gar wol erkennē dz es von natur seye vrsachen halber daz dissoluieret incidiert vn̄ auch penitriert dz ist durchtringet· ¶ Auch spricht Platearius dz etlich halten queckſilber kalt vn̄ feücht in dem vierden grade ¶ Der meister Serapio in dem bůch aggregatoris in dem capitel albachest id est argentū viuum spricht das queckſilber sey tödten wan̄ man das eintrincket so zerreisset es alle innerliche gelider vnnd durchtringet mitt grossem schaden· ¶ Item wann queckſilber in ein feüer kömet

so gibt es vil rauch·der selbe ge
rauch ist gar schedlich·er brin=
get das gegicht in die gelyder·
vnd benymet das gesichte vnd
gehöre·vnnd damit machet er
böse vernunfft· ¶ Quecksilber
verzeret das faule fleisch in den
faulen wunden·vnnd zerstöret
die fisteln·vn̄ tödtet die mauß·
vnd alle thier die daz essen die
sterben dauon· ¶ Diascorides
spricht dz die tugent des queck/
silbers sey fast tödten die selbi/
ge das jn nützet· Vnd were es
sach das einem getödt quecksil
ber in den leib käme der drincke
geyß milch darauff vnd beweg
sich hin vnd her oder der selbi/
ge trinck wein d mit senff krau
te wermůt vnd ysop gesotten
sey er genyset dauō· ¶ Der mei
ster Paulus·Nym̄ nuß öle ein
lot vnd mache das heiß vnnd
mische dar vnder litargirū das
ist silber schaume vnnd cerusa·
dz ist bleyweiß yegklichs zwey
quintin vnnd darzů nymm eß
sig zwey lot vnnd laß auch die
sieden als lange dz es als dick
werde als hönig· vnnd wann
es kalt wirt so mische dar vn
der quecksilber ein quintin·Di/
se salbe ist fast gůtt für den erbe
grynt auff dem haubt vnd hei/
let auß der massen sere· ¶ Item
quecksilber mag man tödtē mit
nüchter speicheln oder nym̄ bů=
chen äschen nüchter speichel vn̄
quecksilber vnd rüre es vnder
einander·

Teüfels dreck xli Ca

Asa fetida latine anuiden·ara·
bice vel heltiff grece Lasar vel
seluuim vel siluasilium·
¶ Jn dem bůch genant circa in
stans in dem capitel Asa fetida
beschreyben vns auch die mey=
ster vnnd sprechen das asa fe=
tida sey heiß vnnd drucken an
dem vierden grade· ¶ Item asa
fetida ist ein gummy in eynem
baum gyenset dem möre·vn̄ di/
ser gummy wirt gesammelt in
dem summer· ¶ Vnnd ist dar=
umb geheyssen asa fetida vmb
des willen dz es fast sere stinck
et·vnd man mag es lange zeyt
halten vnuerseret in seiner na/
tur·vn̄ sol gelegt werdē an ein
stat die nit zů vil trucken seye·

als dan̄ ist in den warmen stu/
ben· oder die auch mit zů vil feü
cht sey· als in einem keller· sun=
der in ein mittel messig stat·
¶ Sein tugendt ist von einan
der teylen vnd durchgeen vnnd
verzeren genannt dissoluieren
penetrieren vnnd consumieren
¶ Hie ist zů wissen so Asa feti=
da meer stincket so es besser ist
¶ In dem bůch Pandecta in dē
capitel anui dē beschreiben vns
die meister vnnd sprechen das
asa fetida sey· ein gümy also ge
heissen vnnd ist zweyer hande·
eins hatt ein kleynen gerauche
vnd ein kleine stang vnnd daz
heisset asa· Das ander hatt ein
zůsatz zů dem asa vnnd heisset
asa fetida· vnd das reüchet vn̄
stincket fast sere· vnd ist das re
cht gümy das do fleüsset ausser
dem stam̄ Anuiden genant· vn̄
spricht auch do selbest das Asa
gemachet werde von dem safft
des krautes anuiden · vnd das
hat nit als ein starcken gerauch
als dz gümy das darauß fleüß
set das man heisset asa fetida·
¶ Diascorides in dē capitel ge/
nant siluium id est Asa fetida
spricht das asa fetida ble dē ma
gen vnnd mache den auff stoß=
en vnd ist vnuerdaugenlichen·
vn̄ ist der blasen gar schedlich·
¶ Asa fetida gemischt mit bück=
en vnslet vnnd das gesoten in
essig vn̄ gelegt als ein pflaster
wo das gesüchte wüttet hilffet
fast wol· ¶ Diascorides spricht
auch das asa fetida gar dick ge
felschet werde· wann ettlich ne=
men Serapinū vnd daz ist ein
gümy vnd darzů nemen sy bo/
nen mele vnd machen daz vn=
der ein· diß ist geleich wie asa fe
tida an dē gerauche geschmack
vnd auch an der gestalt· vnnd
verkauffen das dar vor vnnd
dises hat kein krafft hinder jm
als asa fetida· vnnd werden die
leüte damit betrogen· ¶ Item
asa fetida mit pfeffer vnd essig
gemischet vnnd mit gestrichen
die flüssigen augen vmb her al
so das nicht in das auge kom/
me hilffet on zweyfel· ¶ Item
nym̄ asam fetidam vn̄ mische
den mit weyrach vnd halt das
in dem munde benymet das ze/
ne wee· ¶ Item asa fetida ge/
menget mit essig benymet poli=
pum das ist ein geschwere der
nasen· ¶ Wer vmbgeben were
mit der kranckheit epilencia ge
nant dz ist die fallende sucht od
apoplexia dz ist d schlag d ne/
me asam fetidā ein scrupel daz
ist als vil als· xx· gerstē körner
wegē vn̄ darzů pfeffer körner
zwen scrupel dz ist als vil als·
xl· gersten körner wegen vnnd
senff körner ein quintin· vn̄ di/
ses zesamen gebuluert vnd dz
in der wochē zwey mal genütz
et nüchtern mit lauendel wasser
wer dises also brauchet d darf
sich der obgeschribē kranckheit
des selben mundes nit besorgen
Diß sol geschehen in dem erst=
en vierteyl des monetz· ¶ Der
meyster Serapio spricht auch
das man asam fetidam bereyt/
ten soll mit fenchelsamē eppich

samen oder was samē du darff
est der dir nüczen mage czů der
kranckheyt es sey waz kranck/
heyt es wölle magstu asam fe=
tidam dar vnder mischen vnnd
darzů wenig salcz so ist er dem
magen gůtt vnnd machet wol
deüwen vnd laxieret · Aber al/
leyn genüczet ist er dem magen
schedlich vnd auch dem haubt·
¶ Asa fetida in dem munde ge/
halten machet gar vil speicheln
darjnne· ¶ Jtem wer in einer
stuben den leüten gar ein grosse
schalckheit wil beweisen der ne
me asam fetidam vnd lege daz
in die kuchel wann der warm
wirt so kömet dauon der böste
gerauch das in der stuben nye=
mandt beleyben mag· aber diß
solt du dich mit fleissen wañ dē
haubt grosser schade dauon kö=
met· ¶ Jtem pillilen gemachet
vō asa fetida vñ die des abents
ein genommen mitt dem syrop
gemachet von feyhelen benemē
das keichen vnnd raumen dye
bruste vnnd machen oben auß
werffen was böses in dem ma=
gen vñ brust ist· ¶ Jtem asa ist
gůt vermenget mit pfeffer vnd
mit essig vnnd darmit geschmie
ret die bösen flecken oder gesch
wäre des antlicz genannt can=
cer vnnd warczen spricht Aui=
cenna· ¶ Jtem asa genüczet in
einem weichen ey ist gůt wider
den hůsten vñ auch wider wee
thumb des milcz vnd wider ge=
schwere der brust genant pleu=
resis· vnnd ist auch gůtt wider
wassersüchtigkeyt mitt eppich
wasser vermēget genüczet pan
decta· ¶ Jtem asa fetida gesot=
ten in wein vnd durch geschla
gen mit hönig oder zucker ver/
menget ist gůt wider das fieber
quotidian als Platearius sp/
richt·

kraft mele xlii Ca

Amidū vel amilū latine Apoy
ops grece· arabice viste·
¶ Der meyster Cassius felix ge
nant spricht daz kraft mele sey
von natur warme vnd feücht
vnd in disem getemperiert· Di
ses wirt gemachet als hernach
geschriben steet· ¶ Nym weicz/
en als vil du wilt vnnd thů dē
in eyn frisch kalt wasser vnnd
laß dē weicz auch darjnne ligen
fünff nacht vnnd den des tages
gar dick rüren vnder ein vnnd
alle tage eyn frisch wasser dar
über thůn · Nach dem fünfften
tage soll man das wasser reyn
abe seyhen also das man auch
dē weicz nit vnder einander rü=
re das kein klein mit gang· vñ
daz allerleste wasser dz dar ab

geet soltu thůn in ein reinklich geschirre. dē weÿcz soltu stossen vnd durch ein tůch streichen geleich einem pfeffer vnnd ve des wassers ein weinig dar vnder mischen daz es dester baß durch gee. Dises durch gestrichē soltu stellen in die sunnen vnnd das trucken lassen werden vnd alle male dz wasser abe schütten so hast du dann krafft mele. vnnd heisset darumb Amidum wañ es wirt gemachet au malen genant factum amidum sine mola. Ettlich machen krafft mele auß gersten als Platearius spricht. Vnd dises ist der meyster meÿnung das krafft mele seÿe das man machet von weÿcze. ¶ Diascorides spricht das amilum gůt seÿ dē die flüssigs haubt haben also das jn dÿe augen alle zeÿt trieffen vnd benÿmet die selben schörffkeÿt die in den augen ist genant asperitas oculorum. ¶ Amidum ist auch sunderlichen gütte den die do blůtte außwerffen dar von mitt wasser ein saufgyn gemachet.

¶ Amilum ist güte den die ein flüssigen bauch haben. ¶ Amilū ist auch gůt den hennen die den hůsten haben daz gemischet mit gersten mele mit zucker vermēget. ¶ Item mandeln milch gemischet mit krafft mele stopfet gar wol den flüssigen menschen die den durchgange haben.

¶ Amilum gemischet mit pemidien körner krefftiget alle gelider des menschē. ¶ Der meister Serapio sprichet das amilum gůt sey den genüczet die flüssige augen haben. ¶ Item krafft mele getruncken mit mandel milch benÿmet das blůt speÿen vnnd benÿmet die schirpffung der kelen. ¶ Item amilum gemischet mit geÿß milch vnd die genüczet machet frisch blůt vnd benÿmet dem menschen die flüß

¶ Item amidum genüzt rohe bringet würme in dem bauch spricht Serapio. vnnd so man ist krafft mele keüwen in dē munde vnnd leget es auff ein rasende hundt gebisse ist darzů güte.

¶ Item kraft mele ein nacht in wasser gebeÿßt vnnd gesotten mit süß mandel öle vñ mit zucker vermenget ist gůt zů dē apostemen der brust.

Spies glasz xliiii Ca

Antimonium latine grece antimonos arabice bitruad.

¶ Der meÿster Serapio in dē bůch aggregatoris in dem capitel Bitruad id est antimonium spricht das dÿses seÿe ein ader der erden vnd geleicht dem bleÿ. vnnd ist dises die vnderscheÿd vnder dem bleÿ vnnd antimonio. wañ daz bleÿ lasset sich nit czů stossen sunder antimonium stosset man czů buluer. ¶ Item bleÿ schmilczet in dē feüwer antimoniū verbrent in dē feüwer

¶ Diß ist d beste antimoniū d in dē brach klar ist vnd nit vermischt mit erdtrich. ¶ Der meister Almansoris in seinem dritten vnderscheid vnnd pandecta in dem capitel antimonium sprechen das antimoniū seÿ kalt

de. ¶ Die meister sprechen wö=
licher do hette emorroidas das
ist ein fluß in dem afftern dauõ
dann entspringen die sick bla/
tern der neme antimonium vñ
buluer den vnd streü we das in
den gebresten es hilfft zehandt
¶ Daz buluer gemischet mit fe
nediger seÿffen vnd mit eÿnem
wiechen gelassen in dÿe fistelen
heÿlet sÿ von grundte auß.
¶ Jtem antimonium dient fast
wol tzů dem krebs das buluer
darein gestreüwet. ¶ Jtem an/
timonium verzert faule fleisch
¶ Jtem antimonium gemisch=
et mit apostolicum das ist ein
salbe vñ damit gemacht kleine
klöczlin vnnd die gestecket in
die nasen benÿmet polipum dz
ist ein fleisch das wechset in der
nasen vnnd ist gar schedlich
¶ Antimonium gebuluert vñ
dar vnder gebuluert mirabolo=
ni citrini vnd thucien ÿegklich
es geleich vil vnnd das buluer
gemischet mit rosenwasser vnd
darauß auch gemachet ein au=
gen wasser genant colliriũ vñ
das über die augen gelegt ver
treÿbet das trieffend dauon vñ
auch die geschwulst. ¶ Nÿmm
wenig baumöle vnd die netze
mitt dem safft sanguinaria das
ist distelkraut saft vnd dar vn
der mische dises buluer von an=
timomio vnd die wollen stecke
in die nasen löcher das benym=
met das blůttent auß der nasen
¶ Jtem Galienus spricht dz an
timonium seÿ von natur keltẽ

vnd stopffen. Vñ spricht auch
dz antimomũ nem dz überflüß=
sig fleisch das do wechset in eÿ=
ner wundẽ oder in einem gesch
wäre vnd reÿnigẽ die wunden
von irem gestancke mitt mirra
vermenget. ¶ Almansor sp=
richt das antimonium benÿm/
met rötte von den augen vnnd
macht die widerumb lauter mit
rosen wasser vermenget ¶ Der
meÿster Paulus in dem capitel
antimomum spricht das anti=
monium stopffe die blůttende
nasen vnnd seÿ nücz den augen
Vnd spricht auch das etwann
die alten fast gebrauchet haben
antimonium vnd das auch ge
mischet mit fenchel wasser vnd
die augen in der wochen eÿnes
damit bestrichen. Dye selbigen
hetten alle zeÿt gůtte gesundte
augen.

Summy xliiii Ca

Armoniacum latine grece Asi=
os. arabice fusaoc.
¶ Der meyster Serapio spri/
chet in dem bůch aggregatoris

in dem capitel Fasat·idest armo niacū spricht·das seye ein gūmi eines baumes also geheissē·dem baum besch neydet man die eßte vnd darauß tropfet armoniacū das gūmi·vñ was auff die erdē fellt das wirt vermüschet mit er den vnd anderm kot·vñ das ist nit als gůt als das do reynigkli ch gesamlet wirt·¶Dises hat ei nen gůten geruch·vnd sol ha/ ben ein farbe geleych einē weyß/ sen eines eyes dz do gesotē wir det·vnd das weyß darinn hert worden ist·dem selben weyssē in dem eye geleychet armoniacum ¶Der meister auerrozis in dem fünfften bůch genannt Colliget in dem capitel Armoniacum sp= richt·das dises sey heyß an dem drytten grad·vnd trucken an dē ersten grad·¶Platearius spri/ chet·das dises sey warm vñ tru cken in dem vierden grad·¶Der meister Paulus in dem capitel armoniacum spricht·das dyses gůt sey für den alten hůsten·der do kōmet vō feüchtūg·¶Auch benymt armoniacū asma·dz ist das keychen·vnnd raumet die brust·in einem eye wenig genü/ czet·¶Pillelen gemachet vō ar moniacum vñ die ein genōmen mit einem weychē eye·fünff od siben pillelen·sind gůt pleüreti/ cis·das ist·ein geschweere vmb die brust·¶Nym armoniacum sal gēma·sal nitrū·yegklichs ge leych vil·vnd des safftes vō an= dron ein lot darunder·Der ar/ moniacū sol über nacht steen in essig·vñ darund gemüschet we/ nig wachß·vnd darauß gema/ chet ein salben·vñ wenig rosen/ öls auch darunder gemüschet· vnd wo einer het scrofulos·daz sind dinger geleych den wärczē vñ sind etwa eins gelyds lang die benymt diß vngent·die acht tag domit geschmieret·¶Nyme armoniacū vñ galbanū·yeklich es geleych vil·vnd leg die in eß sig·vñ lasse die darin steen bayß sen über nacht·darnach müsche bulfer vō wörmůt vñ vō kostē darunder·vñ thů das vnder we nig wachß vñ mach darauß ein salben·domit schmiere dz milcze an der lyncken seyten vnder dem herczen·benymt die herttigkeyt des milczes·¶Item·Ein rauch gemacht vō armoniacū vñ asa fetida·vñ galbano·yegklichs ge leych vil·vñ die frauwen domit gebäet vnden auff bringet frau wen feüchtigkeit genannt men/ struū·¶Nym armoniacū vnd müsche darunder safft vō wör/ můt vñ trincke das des morgēs nüchtern·es tödtet die würm in dem bauch· ¶Auch magst du armoniacū resoluiern mit eßsig vñ den bauch außwendig domit schmieren·es hilffet außtreyben die würm·¶Wer do wil dz im die bösen zeen außfallen·also dz er die nit auß darff lassen brechē der neme armoniacum mit bylsen safft·vñ schmiere den bösen zan domit·er fellt auß on schadē

Alumen latine· grece stipteria·
arabice Sebel vel Alffar·
¶ In dem bůch genant Circa in
stans in dem capitel Alumē· be/
schreiben vns die meister vn̄ sp
rechen· das dise sey heyß vn̄ tru/
ken an dem vierden grad· Aui/
cenna spricht· das alaun sey wa
rem vn̄ trucken in dē dritte grad
¶ Die meister sprechen auch dz
do sey dreyerley alaun· Eins nē
net man alaun cisson· Das and
alumen zuckarū oder rotundon
Das drytt nennet man alumen
liquidū· ¶ Item· wenn man sch
reibt in die apotecken alumē on
einen zůsatz· so nymbt mā alu/
men cisson· ¶ Item alaun findet
man in den heyssen enden oð re/
gionen· vn̄ sunderlich an den en=
den do vil schwebel ist in dē erd/
trich· Vn̄ dises ist ð beste alaun
ð do weyß scharpff ist vnd klar
vn̄ ein salczē geschmack hat· vn̄
ð nit klar ist vn̄ fast trůb ist der
ist nit gůtt· ¶ Alaun mag man
halten lange zeyt vnuerczert an
seiner natur· ¶ Diascorides spri
chet· das alaun gebulfert vn̄ ge
müschet mit regenwürmen· vn̄
darauß gemachet ein salb· Dise
salb dienet wol zů dē krebß dar=
über gestrychen· vn̄ darauff gele
get als ein pflaster· ¶ Dise salb
heylet auch fisteln· mit einē wie
chen darein gelassen· Nym̄ alaū
vn̄ salcz yegklichs ein pfunt vn̄
thůe darüber wasser als vil du
wilt vnd lasse daz siedē· darnach
mache ein schweyßbad mit glū
den krancken menschē darin sch
wyczē· als dan̄ ist ð wassersüch=
tig mensch· oð dem seine gelyder
erlemet wären· oð der fast grýn
dig wär· vn̄ wäsche jn mit dem
wasser über allen seinē leyb hilf
fet fast wol· ¶ Item· nym̄ baum̄
öle vn̄ mache ein wiechen· vnnd
stoß den im hönig· streüwe darū
ber alaun· thůe jn in die fisteln·
also das die fistel vorhyn gerey
niget sey vn̄ gewäschen mit eß/
sig· vermüschet mit wenig alaū
sy heylet vō grund auß· ¶ Der
meister Serapio spricht· dz al/
laun gůt sey den tunckeln augē
genüczet· vn̄ beneme die flecken
vnder dē augen· vn̄ eczet dz böß
faul fleysch auß den wundē· vnd
machet kein faules fleysch wa/
chßen· ¶ Item alaun ist fast gůt
den geschweren in der kelen· vn̄
sunderlich für das blat das einē
für die kelen scheüßt· magst du
mit einē hülczen stylgin des bul
fers vō alaun mit jngwer ver/
menget· vn̄ mit bertrū darein ge
lassen· es geet hyndsich on zwei
fel· ¶ Item· auch ist alaun in eß/
sig zergangen gůt wider die fau
lung des mundes· den mund do/
mit gewäschē· ¶ Item dz haubt
gewäschen mit alaun wasser ist
tödten die leüße vnd die nyßs·
¶ Vnd alaun wasser ist gůt wi
der die zeen weetum· ¶ Auch ist
alaun wasser gůt wider dz juck=
en· vn̄ wider den gryndt·

walrore xlvi Capit

Ambra grece et latine·Arabice vero Hambar·

¶ Der meister Serapio in dem bůch aggretozis in dem capittel hambar·idest Ambra spricht·dz dises ambra wachß in dem mõre geleÿch einem schwammen d' auff dem erdtrich wechßt·Er spricht auch·Wenn das meer trůb wirt võ vngewÿtter·so treÿbet das meer stein auß/võ dẽ grund auff·domit treÿbt es stucke auß von dem ambra·vnd würfft dẽ auff das landt·¶ Ettlich sprechen auch das ambra seÿ genant sperma ceti·das ist die natur eines walfÿsches·¶ Auch sprechen ettlich·das ambra seÿ ein frucht von einem baume d' wächßt im dem mõre·¶ Ettlich sprechen auch·das dises seÿ ein lebern võ einem fÿsche im dem mõre·¶ In dem bůch Circa instans in dem capitel Ambra beschreiben vns die meister·vnd sprechen·dz ambra sol sein weyß·mag mã aber haben der grälat seÿ der ist d' besser·d' schwartz sol gancz nicht·¶ Item Ambra wirt zů zeÿten gesellschet·vnd nemen etlich lignum aloes gebulfert·vnd storacen calcamite·vnd laudanum vnd thůnd darunder wenig bÿsems vnd ein wenig ambrams·vnd resoluieren dises mit rosen wasser·vnd lassen den dañ dorrẽ an der sunnen·Disen solt du also erkennen·Der gesellscht wirdet der läßt sich zertreÿben oder malen mit den fingern·aber d' recht ambra nit·¶ Der meister Auicenna im seinem andern bůche in dem capitel Ambra spricht·dz ambra seÿ heÿß an dem andern grad·vnd trucken an dem ersten ¶ Er spricht auch·das Ambra gůt seÿ den lamen gelydern·vnd bekõme dem hÿrn wol·vnd machet ein gůte gedächtnuß·vnnd raumet die brust·¶ Item Auicẽna im dẽ bůch genant de viribus cordis·spricht·das ambra sterck das hercz·¶ Der meister Almãsoris in dem drÿttẽ vnderscheÿd im dem capitel Ambra sprichet·das der seÿ heÿß von natur·vñ den genüczet stercket das hÿren vnd das hercze·¶ Diascorides·Nÿme ambram ein quintin·lignũ aloes ein lot·ossis de corde cerui zweÿ vncz·das ist vier lot dise sollẽ alle gemüschet werdẽ vnd resoluiert mit rosenwasser·vnd darauß gemachet pillelen die sind fast gůt sincopantibus·das ist·die den schwÿndel haben in dem haubt·vnd domit grosse onmächtigkeit·¶ Item wer die fallenden sucht habe epilentia genant·d' neme ambram·vñ hyrßhorn yegklichs geleÿch vil·vnd lege das auff glüende kolen·vñ lasse den rauch geen in den halß·dises hilfft fastwol für diß yeczgenante kranckeit·¶ Item weñ der frawen jr můter auffstosset·die neme disen yeczgenantẽ rauch vnden auff·oben soll sÿ regen asam fetidam also genant·dises stÿllet jr das wee·¶ Item·Ambra ist gůt genüczet den altẽ mẽschen·die do võ natur kalt sind·

¶ Serapio spricht. Ambra stercket das hyrn vnd die vernunfft. die do blôd ist von kelte vnd benymet die melancoley.

Alcamia ein baume also genant xlvii ca

Alcamia latine. grece Cyprus. arabice Henne.

¶ Der meister Galienus in dem sibenden bůch genant Simplicium farmacarum in dem capitel cyprus. idest Alcamia. sprichet. das dises sey ein baum vnd wächset hynder dem meere vnd in cicilia. vnd dise bleter vnd blůmen nüczt man in der erczney. ¶ In dem bůch circa instans beschreyben vns die meister vnd sprechen das des baumes fast vil steet in cicilia. die selbigen bulferisieren die bleter vnd blůmen. vnd schicken das bulfer durch die landt. ¶ Dises bulfer ist schwärczlich von farben. vnd das mag man vil jar behalten vnuerseeret an seiner natur ¶ Der meister paulus Pandecta vnd Platearius. im dem capitel Alcamia sprechen. das dises sey kalt an dem ersten grad. vnd trucken an dem anfang des andern grads. Serapio sprichet. das dises bulfer gůt sey den. die do haben Alcolam. das sind weysse bläterlein in dem mund ¶ Item. Dises bulfer gesoten mit gersten wasser. vnd gestrychen wo sich einer gebrennet hat. zeühet vil hycze auß. die verhertten gelyder oder verlemiten domit bestrychen oder gesalbet machet sy waych vnd gelydlich. Nimd dise salben sol auch bereyttet werden. Nyme baumôle als vyl du wilt. vnd müsche darunder des bulfers alcamie. ¶ Platearius spricht. das alcamia hab alle tugent in jm die dem hat sanguis draconis. Vnnd wenn man nit gehaben mag Alcamiam. so mage man wol an seiner stat nemmen sanguis draconis. ¶ Galienus Alcamia ist gůt genüczet in den erczneyen die do dienend erisipolis. das ist den die das rot lauffen habend an dem leybe wo das sey. Ettlich heyssen dyses dz freyschem. ¶ Dises ist auch sunderlichen gůt alcole. das sind geschweer in dem munde. vnd wachssen gern in dem mund der jungen kynder. ¶ Wer do will machen ein reyne hübsche hautt an seinem leybe vnd auch waych. der gee in das bade vnd wäsche die haudt wol mit warmem wasser. Darnach so nymme alcamiam des bulfers ein halb lot vnd eyeßweyß vnd auch essig yegklichs geleych vil. vnd temperiere das züsamen. vnnd schmiere dich an dem leybe wo du wyldt vnd lasse das daran biß an den andern tag. vnd an dem andern tag gee aber in das bad. vnd wäsche das selbig ab vnd schmiere dich anderweyd wenn du auß wilt geen. vnd lasse das aber also an dem leybe biß auff den dritten tage. an dem selben thů auch also. An dem vierden des geley/

ist er kalt in dem ersten grad vñ
trucken in dem andern grad
¶ Serapio in dem bůch aggre/
gatoris in dem capitel thall idest
Acetum spricht· das acetum sey
subtil in seiner substanczen vnd
an der zůseczung der wyrme vñ
auch der kelte· aber doch so über
trysst die keltte die wyrme·
¶ Diascorides spricht· das eßsig
küle vnd stopffe· ¶ Item· eßsig
mit einem schwammen auff die
bösen blattern gestrychen· benÿ/
met die hÿcze darauß· ¶ Item· a
cetum ist gůt der můter genant
matrix· wenn die für den leÿb ge
et die domit bestrichen· ¶ Item
Acetum ist schedlich dem kaltē
magen· wann er kület den zeseer
also das er darnach nit als wol
gedeüwen mag· ¶ Eßsig ist gůt
den bösen geschweren· als do seÿ
en freÿssam· die guldin adern an
dem afftern genanut erisipila e/
morrodie formice· die domit ge/
strychen· es hilfft· ¶ Item eßsig
gesoten mit hönig· vnnd die au
gen do vnden mit geschmiert od
herumb· benymmet den eÿttern
darauß· ¶ Item ein schwam=
men geneczt in eßsig der do vor
hÿn geneczet seÿ in rosen öle vñ
denn auff die stÿrnen geleget· be
nÿmmet das haubtwee das do
kummet von der hÿcze der sun/
uen· ¶ Eßsig distilliert vñ wa/
rem gethon in die oren tödtet do
die würm darinnen· ¶ Eßsich
also warm getruncken benÿmet
die vergiffiten feüchtung in dem
leÿbe· ¶ Die zeen gewäschen
mit eßsig benÿmmet den schmer

czen dauon· ¶ Wem squinantia
oder vuula gefärde wäre· dz ist
ein geschweere in dem halße· od
das blat das einem scheüßt für
die keelen· der gargarisiere· das
heÿsset gegorgelt mit eßsich· er
genÿßet dauon· ¶ Item· Eßsig
warm getruncken benÿmmet do
das keychen· ¶ Der meister
Paulus in dem capitel Acetum
spricht· das eßsig gemenget mit
salcze gůt sey ferneticis· das ist·
die tobende sucht in dem haubte·
die hennde inwendig domit ge
schmieret· vnnd vnden die solen
an den füssen· es hilfft· ¶ Die
meister sprechen· Wenn der eß/
sig findet einen vollen magen so
laxieret er· findet er aber einen
lären magen so stopffet er·
¶ Nÿmme ein geröstetes brot·
vnd stosse das in einen eßsig vñ
schmÿere dem siechen domitt den
mundt· leffczen· naßlöcher· vnd
die schlagenden adern· das sind
die pulß· das stercket den siechen
fast wol· vnd bringet im grosse
krafft· ¶ Wer flüßsig wäre in
dem leÿbe· oder sich seer oben auß
bräche· der neme eßsig vnd siede
darinnen holwurcz oder gariof=
fel· vnd necze mit dem eßsig ei/
nen schwammen· vnd ist es sach
das du in wilt brauchen zů dem
brechen· so lege den schwammē
also feücht auff den magen· bist
du aber flüßsig· so lege in auf dē
bauch vnder dem nabel· od hyn=
den auff die lenden· ¶ Item Pla
tearius spricht· das der getranck
genant ein sÿropel vō eßsig der
seÿe fast gůt genüczet den die do

haben tercianā vñ auch zů allen andern febres· der des morgens genüczet warm· Vnd diser syropel sol also gemachet werdē· nyme zucker als vil du wilt· vñ resoluier den im wasser vnd auch im essig· vnd seüde den also lang biß er sich hencket an die finger so ist es genůg· ¶ Item· Ein getranck gemachet von essig vnd auch vō hönig genant Oximel ist fast gůt der heyssen materien vnd menschen die do von natur heyß sind· vnd das wirt gemachet in zwen wege· das ein mit hönig· vnd das wirt genennett Oximel simplex· Vnd das mache also· Nyme essig dz zweyet teyl vnd hönig das drytt teyle· vnnd seüde das zůsamen das er werde also dyck als hönig· diß heisset Oximel simplex· Das ander das ist geheyssen Oximel cōpositum· das selbig mache also· Nymme eppich wurczeln· petersilgen wurczeln· vnd fenchel wurczeln· vnnd zerknüsche dye vnd lege die do in essig einē tage vnd ein nacht· vnnd andem andern tag so seüd die stuck· darnach· so seyhe die durch ein thůch· vnnd in den gesygnen essig so thů hönig das dryttteyl· vnd seüde denn den als oben geschryben steet·

wasser l Capitel

Aqua latine· grece Ydros· Arabice Squingihil·

¶ Der meister ypocras in seinē bůch genant de aere· et aqua· spricht· das ein mensche sol auffmerckung haben auff die wasser die er nüczet in der kost vñ auch in dem getranck· also daz es gůt sey an dem gerauch· vnd leychte an dem gewycht· vnd auch klar an der farbe· Wann wer do trůbe vnd schwäre wasser trincket die zerschwellen gern an allem irem leybe· von oben dem antlicze an biß vnnden zů den füssen auß· Vnnd machet sunderlichen ein böses milcz· vnnd auch böse feüchtunge in dem leybe· Vnnd darumb das man wasser nüczē müß in manger erczneye· so soll man hie auffmerckungen haben wölches wasser do gůt oder böß sey· ¶ Die meister sprechen das es gar böß sey· vnnd dem leybe schedlichen wasser getruncken· vnnd sunderlichen denen die do

do entspringen gegen der sunnen nydergange die seind böß vnd bringen auch vil zůfälliger krāckeyt. ¶ Item. Diascorides in dē capitel Aqua. sprichet. das alle wasser von natur kalt vnd feücht seyen.

Dannen schwamme Das li Capitel

Agaricus grece et latine. Arabice Garicus.

¶ In dem bůch Circa instans in dem capitel Agaricus. beschreyben vns die meister vnd sprechen. das diser schwamē wachße bey den wurtzeln der tannen. vn̄ der findet man vil im lombardey ¶ Agaricus ist heyß in dem andern grad vnnd trucken an dem dritten ¶ Platearius Johannes mesue spricht. das es sey heyßs in dem ersten grad. vnd trucken in dem andern grade. ¶ Diser schwammen ist zweyer handt. der ein mänlich. der ander freülichē. Der freülich ist der beste. vnnd ist weisser denn der erst mit kleinen löchlein. vnd läßt sich gern brechen. Vnd hie ist zů mercken das die gůtheyt nit gar an dem brechen ligt. vnd darumb merck ob diser vil staubes vnd melbes von im gibt. so ist er nit als gůt Der mänlich läßt sich nit gern brechen. wann er ist zů zähe. Den beßten mag man behalten fünff jare vnuerseeret an seiner krafft. ¶ Agaricus reyniget fl[illegible]gma. darnach die melancoley. ¶ Johannes mesue in dem ca[illegible]tel Agaricus. sprichet. das d[illegible] sey gar nütz in der ertzne[illegible] der beste ist der freülich. ¶ [illegible]ricus ist fast gůt wid die f[illegible] quotidianas. Nyme des so[illegible] fumi terre zwey lot. vnd m[illegible] darunder agaricum ein lot gibe dises dem siechen. es hil[illegible] on zweyfel. vnd dises hat mangen mennschen geholffen das er des kalten gelediget ist. ¶ Für das grymen in dem leybe. Nym̄ agaricum zwey lot. vnd müsch das mit wasser darein pappeln feyolein kraut tag vnnd nacht daz ist paritaria genant bürtzel portulaca genant gesotē seÿ vn̄ menge dises mit baumöle· vnd geüß das vndē in den leÿbe mitt einem cristier· es hilfft· ¶ Wöl/cher grosses haubtwee hete· der neme byber geyl· squimantum se ne vnd agaricum· yegklichs ein halb lot· vnd siede dises mit gů tem wein· vnd trincke den des a bends vnd des morgens mit ra te eines arcztes wenig oder vyl nach dem dir not seÿ· Oder mit disen obgenanten stuckē so ma che pillelen· gemüschet mit raut ten safft vnd fenchel safft· vnnd nücze die pillelen als do für das haubtwee vorgeschriben ¶ Jtem Wer mit wol härmen mag d ne me steinbrech· vnd siede den mit wein· vnnd seÿhe es durch ein thůch· vn̄ müsche darzů ein hal bes lot agaricum· vnd gibe das dem krancken menschen· ¶ Wid die fisteln· nym̄ salcz gebrennett in einem tigel· vn̄ weinstein vn̄ agaricum zůsamē gebulfert mit honig vermenget· vnd mit wie ... die fistel geton· ist sÿ hei ... ¶ Jtem· Wider die feücht ...tern· Nÿme agaricum ge ...ert· vnd müsche es mit erd ...fel safft vnd mit öle· vn̄ lege warm darauff·

schaffmule liii Cap

Agnus castus· vel Salix mari na· vel Arbor abrahe latine· gre ce Aligos· vel Lygos· Arabice Amarickest·

¶ Serapio in dem bůch aggre/gatoris in dē capitel amarickest idest Agnus castus· spricht· das dises sey ein baum abrahe· Dy/ser baum wechßet gern bey dem wasser· vnd hat lang stengel die sind gar hertt· vnd läßt sich vn geren brechen· ¶ Diser baum bringet samen der geleÿchet den pfeffer körnern· ¶ Galienus sp/richt· das der samen· die bletter· vnd die blůmen dises baumes· werden genüczet in der erczney·

sind von kalten naturen· wann
das wasser den selbigenn grosse
zůfällige kranckeÿt bringet· vñ
groß flüsse des leÿbes· als fe/
bres vnd anderer kranckheÿten
vil die sich ziehen zů feüchtung·
¶ Jtem· die frawen die mit kin
den geen vnd vil wassers trÿn/
cken· die gebeeren schwärlichen
jr frucht vnd mit grosser arbeÿt
¶ Die frauwen die do vil was/
sers getruncken haben· die ma/
chet es vnfertig vnd flüssig an
jrer zeÿt· dardurch jn entsteend
groß onmächtigkeit· vnnd sch
wÿndel· vnd so sÿ domit jr hÿ/
ren zů vÿl keltten· ¶ Darumb
so spricht der meister ÿsaac· das
es vnmüglichen seÿ den mensch
en die sich do im jrer jugent also
halten mit überflüßsigem waß/
sertrincken· das sÿ mügen erreÿ=
chen jr natürlich altter· das jne
gegeben ist von got· ¶ Jtem ÿp
pocras im dem obgenanten bů/
che spricht· das regenwasser bal
de faul werde· vnnd gewynnet
balde einen bösen geruch· vmb
des willen· das es von anderen
faulen wassern gesamlet wirdet
im dem lufft· ¶ Jtem· das waß/
ser das do fleüsset von dem sch/
nee oder eÿße· ist alles nit gůtt·
wann so ein wasser ein mal ge/
freüret zů eÿße· oder das es wir
det zů schnee· so mag es nit mer
kommen in sein erste naturen·
wann was do klar vnnd reÿn·
vnd durchsichtig ist· als bald dÿ
keltte das zů eÿße machet· so ist
es darnach nit mer als klar als
vor· ¶ Auicenna im dem vierdē
bůch genant de cura febriū im ge
meÿn spricht· dz man wol müg
geben dem d' daz kalt hat kaltes
wasser zůtrincken wider dz fie/
ber· das do kōmet von der gallē
wann es hilfft dem selbigen die
gallen verdeüwen· vnd dises dz
solt du mercken· also das einem
solchē wasser gegeben werde zů
rechter zeit· als dañ ist wenn jn
die febres verlassen· also das er
weder keltte noch hÿtze im jme
empfindet· daz ist so er růet· aber
so jn die kelte od' hÿtze rüret· sol
man kein wasser noch wein nü
tzen· wann das febres dardurch
gelengert wirt· ¶ Auicenna im
disem selbigen bůch spricht auch
dz warmes wasser fast ee gefri
re deñ kaltes wasser· ¶ Auicen/
na im dem eegenanttē bůch spri
cht· dz kaltes wasser verdeüwe
ein feüchtung vō gallen genant
humor colere ¶ Auicenna dosel
ben spricht auch· das wasser den
menschē nit speÿse· ¶ Jtem Aui
cenna im dem ersten bůch doctri/
na secunda fen secuuda· summa
prima· capitulo tercio sprichet·
dz man kein kalt wasser sol ge
ben dem siechē menschē· wañ die
feüchtung im jm rüwe vñ grob
seÿ· vñ dz ist vnuerdeüet· ¶ Jtē
doselbē im dem sechtzehēdē capi/
tel spricht· das die speÿsung des
menschen nicht müg volbracht
werdē· on dz wasser· ¶ Jtem do
selbst sprichet er· das springende
wasser die nit verdeckt sind seÿē
die besten· ¶ Jtem· im dem selben
bůch do sprichet auch Auicenna
das so das wasser ferrer ist von

seinem anfang so es besser ist
¶ Auicenna aber in dem erstē bů
che spricht Wölche wasser im dē
sum̄er kalt sind vnd in dē wyn
ter warm·das sind die beßten·
¶ Item gesoten wasser machet
mynder auffblasen denn daz vn
gesoten·vnd auch sich schneller
sencket in den leybe ¶ Item Aui
cenna in dem ersten bůch fen̄ pri
ma doctrīa tercia capitulo quar
to sprichet·das man wol müge
wasser trincken so die materien
in dem leyb verdeüwet sey·vnd
so die natur starck sey· ¶ Item
Auicenna in dem selben bůch fen
secunda doctrina secunda· capi/
tulo·xvj·spricht·dz heysses was
ser gůt sey genüczet in colica pas
sione·daz ist in dem darmgesüch
te·vnd auch so sich das milcz er
hebt vnd geschwyllet· ¶ Item·
heysses wasser zerstöret die deü/
wung vnd benymet mit bald den
durst· ¶ Item Auicenna do selbē
spricht·das wasser das do stylle
steet wie das genüczet wirt das
ist dem magen schad· ¶ Item A
uicenna doselbst spricht auch·dz
püll wasser machet geschweren
auff dem milcz·vnd bringe auch
die wassersucht· ¶ Item·do selbē
spricht er auch·das vnder allen
wassern sey pullwasser dz böst·
¶ Item·Auicenna spricht do sel
ben·das regenwasser·vn̄ sunder
lichen das man in dem summer
samlet so es donert vnd vnge/
wytter sey·werde gezelet vnder
den beßten wassern·vnnd domit
man erczney brauchen mag·
¶ Item·regen wasser das do ge=
samlet wirt zů andern zeytē vn̄
nit in dem summer·hyndert die
stymme·vnd verstopffet do die
brust· ¶ Der meister Galienus
in dem sechßten bůch genant Te
rapentice·in dem andern capitel
spricht·das lawes wasser bring
dem menschen vnlust vnd auch
widerstandt· ¶ Item Galie/
nus in dem sibenden bůch The/
rapentice·in dem zweyenden ca=
pitel sprichet·das kaltte wasser
getruncken schaden allen jnner/
lichen gebresten·Darumb so sol
sich ein yegklicher krancker mē
sche vor kalttem wasser hütten·
¶ Galienus in seinem ersten bů
che genant de morte·in dem erst
en capitel spricht·das vil menn/
schen die do gebadet haben in kal
tem wasser daz die gestorbē seyē
ee sy in jre heüser kamen·
¶ Diascorides spricht·das geso
ten wasser mit gersten dem men
schen nücz sey·vnd zů zeyten ein
gůte erczney ist·vnd darumb ist
in aller kranckeyt gesoten was/
ser not die do von hycze kumbt
darumb ist gesoten wasser wid
das fieber gůt zetrincken genant
tercian· ¶ Vnd spricht auch·daz
vnder allen wassern regen was/
ser das aller beßte sey· wann es
von seiner natur leychtigklichē
wirt verdeüwet·vnd wirt bald
warm vnd auch bald kalt von
natur· ¶ Item·Vnder den sprin
genden wassern so seynd die die
beßten die do springen gegen der
sunnen auffgang·vnnd auch ge
gen dem mittemtag·vnd die an
deren wasser vnnd brunnen dye

chen·An dem ersten tag so ist die
haudt gar vngeschaffen·an dem
andern tag nit als gar·vnd also
darnach ye lenger ye hübscher·
vnd beleybt auch beständtlichē
¶ Wildt du machen rot hare·so
nyme alcamiam des bulfers vñ
müsch das mit eßig vñ wasser
das es law sey·vnnd schmyere
das har domit·so wirt es rot·
¶ Wilt du aber haben schwarcz/
es har·so müsche das bulfer mit
öle·

operment xlviii ca

Arsenicum grece et latine·Ara
bice Harnech·
¶ Der meister Serapio in dem
bůch aggregatoris in dem capi/
tel Harnech·spricht·das do seye
zweyer handt Arsenicum·d' ein
rot·vnd der ander cytrin farbe·
Disen leztenn brauchet man in
der erczney·vnd dises ist der be/
ste arsenicum·der do mit vermü
schet ist mit erden·¶ Item d' ro
arsenicum oder auripigmentū·
ist der beste der gancz rot ist ge/
leych dem cynober·vnnd der ge/
rauch geleych dem schwebel·
¶ Item die meister sprechen ge
meynigklich·das arsenicum ha
be vil gifft in jm·vnd sey sched/
lich domit vmb zůgeen·vnd ar/
senicum bläßet auff das antlicz
geleych als ob es zerschwollen
wäre·des geleychen die hennde·
¶ Item·Arsenicum ist heyß vñ
trucken an dem vierden grad·
¶ Der meister Auicenna in sei
nem andern bůch in dem capitel
arsenicum·spricht·Das der arse
nicum habe mangerley farben·ei
ner ist weyßs·der ander zyttrin
farbe·der dritt rot·Der beste vn
der den ist·der do hat zytrin farb
geleych einem granat apffel·vñ
der sich geren läßt bulferisieren·
¶ Diascorides spricht·Für das
keychen·nym̄ arsenicum vnd le
ge den auff glüende kolen·vnnd
lasse den rauch in dich geen dur/
ch einen trächter·Darnach nym̄
gůten bewärten triackers·also
groß als ein halbe haselnuß vnd
zertreybe den in eßig auff einen
trunck·so ist dir der gerauch nit
schedlichē·¶ Item·Wenn man
nüczet arsenicum in den leybe·so
sol man allwege darnach nüczē
triackers oder metrida·¶ Item
Nym ein quintin arsenicum vñ
vermüsche den mit einem eyeß/
weyßs·vnd nücze das·das beny
met den alten bösen hůstenn·der
lange zeyt geweret hat·¶ Item
auß vngeleschetem kalch vnnd
auß arsenicum·machet man ein

salben die das har abezet· also das keins mer an der selben stat gewachßen mag· vnd das mach also· Nyme zwey lot vngeleschten kalch· vnd lasse den zergeen im wasser vnd seüde den· darnach nym̄ ein halb lot arsenicum· vnd seüde den mit dem kalch· vn̄ wenn du auch wissen wildt ob es genůg gesoten sey· so nym̄ ein federn vnd stoßs die darein· vn̄ bald widerumb darauß· läßt die federn jr har abgeen· so ist es genůg gesotten· sind sy aber noch hertt daran so lasse sy baß siedē· Mitt diser salben magst du dye haudt bestreychen an dem leybe wo du wilt kein har haben· das ezet dise salben auß on schaden· vnd wächßt an dem selben ende keins mer· Vnd wenn das hare abkommet an dem andern tage oder an dem drittenn· so wäsche die haudt doselbst ab mit lauterem wasser· also das die salben rein abkōm āders es fräß haut vnd fleysch auff· wenn es die lēge daran belybe· ¶ Item für die bösen rauden vn̄ scharpffē haut Nymme seyffen zwey teyle vnd arsenicum das drytteyl· vn̄ müsche das durch einander vn̄ mache darauß ein salben· vn̄ domit geschmyeret die bösen rauden· oder maledeyet haudt in einem bade· vnd lasse die salben ein kleine weyl daran· vn̄ darnach wäsche dich widerumb· also daz die salben reyn ab köme· es hilffett fast wol· wenn es dick geschicht ¶ Item Wer einē nagel wil ab ezen von einem finger oder vō einer zeehen· der neme ein gum̄i heysset Serapium· vnd arsenicum yegklichs geleych vil· vnd bulferisiere die vnd müsche die mit nußs öle· vnd lege das auff geleych einem pflaster· d nagel fellt ab on schaden· also das darnach bald gewäschen werde die zehen oder der finger mit fryscher laugen· so der nagel herab kōmet·

Eßzig xlix Capitel

Acetum latine· Grece Oxi· vel Oxos· Arabice Thall· vel Hall· ¶ Der meister Galienus in dem achtendenden bůch genant Simplicium farmacarum· in dem capitel Oxos· idest Acetum spricht das acetū sej ein vermüschte natur· als warm· kalt· trucken· vn̄ feücht· wem d fast starck ist so

¶ In dem bůch circa instans beschreiben vns die meister vn̄ sprechen· das die bleter dises baumes genüczet werdē vn̄ nit die wurczel· ¶ Auicenna in seinem andern bůch im dē capitel agnus castus spricht· das der seÿ heÿß an dem ersten grad vnd trucken an dem andern· ¶ Galienus im dem sechßten bůch Simplicium farmacarū in dē capitel Agnus castus spricht· das der same vn̄ die blůmen dises baumes genüczet werdē im d' erczneÿ· ¶ Diser baum̄ ist allzeit grün· vn̄ ist grüne nüczer/ dan̄ gedörret· ¶ Dyse blůmen vn̄ bleter sollen gesamlet werden im dem meÿen vn̄ im dem herbst· die weren ein iar vnuerseert an irer krafft· ¶ Vn̄ dises wirt darumb geheyssen keüschlamb· wan̄ d' same· bleter vn̄ blůmen benemen die bösen vnkeüschen gelüste· vn̄ machē den menschen keüsch geleÿch dē lam̄ ¶ Serapio· Ettliche geÿstlich leüt streüwē dise bletter od' blůmen vnder ire pettstaten· den̄ so haben sÿ im dem schlaff dester baß rüwe· vō bösen vnkeüschen treümen· ¶ Item· Wölcher dises kraut beÿ im hat· oder den samē nüczet mit wein· der begerett kein vnkeüscheÿt zů volbringen· Vn̄ ein ÿegklicher der dise bleter od' blůmen im seinem bette hat· d' ist des sicher dz im kein böser will oder begierde der vnkeüsche zůfellet· ¶ Diser same vnd blůmē gesoten mit wasser· vnd die gemächt domit gewäschen· benÿmet das ragen des gemächttes·

¶ Wider die kranckeÿt genannt gomorrea· das ist· so do die natur sperma genant von dem mēschen geet über seinen willen· der siede dise blůmen vnd bleter in essig· vnd müsche darunder castorium· das ist bÿbergeyle· vnd nücze das des abents dreÿ löffel vol· vnd wäsche sich domitt beÿ dem gemächt vnd vndē die secke· es hilfft on zweÿfel· ¶ Wider das geschweere litargia genant· vnd das ist ein geschweer an dem hÿndern des hÿrns· Der neme disen samen vnd eppich samen· vnd die selben bletter vnd siede dises mit wasser das gesaltzen seÿ· vnd streÿch sich hÿnden an dem haubt domit· es benÿmmet das geschweer zůhandt ¶ Diascorides· Wölcher von disem samen trincket oder des yßset· d' beleÿbt den selben tag keüsch· ¶ Diser samen genüczet benÿmet die wässersucht· ¶ Disen samen kraut vnd blůmen mögen nüczen man vnd frawen die vnkeüschen begierde domitt zůstöllen· ¶ Von agno casto lÿse das bůche Pandecta das siben vnd dreyssigist capitel· das sich anhebt amarickest· darinn findest du die warheÿt· vnd auch domit vil tugent von disem baume·

Bethonien
Das liii Capitel

Ethonica latine· grece
Vectonicon arabice ba
starem· vel Castaron·
⁋ In dem bůche Circa
instans im dem capitel Bethoni
ca beschreiben vnns die meister
vñ sprechen· das bethonien seÿe
heÿß vnd trucken an dem drittē
grad· ⁋ Der meister Serapio·
in dem bůch aggregatoris in dē
capitel bastarem·idest bethonica
spricht·das die bletter grün ge/
samlet sind gůt genüczet in der
erczneÿ·des geleÿchē so sÿ gedör
ret sind·vñ wenn man schreibt
in den recepten bethonica so mei
net man die bletter davō· ⁋ Di
ses kraut hat einen subtilen sten
gel·vñ die lenge des stengels ist
eines armes lang·oder ein we/
nig mer·vñ d stengel ist viereck
et vnd hat lange waÿche bleter
vnd zÿnlet geleych dem eych en
laube·vnd hat auch einen gůten
geruch·vñ die bleter zůnächst
beÿ der erden sind grösser deñ die
öbern·vñ an d spÿcz des stēgels
hat es samen·vnnd hat auch ein
subtile wurczel· ⁋ Der meister
Diascorides spricht·das die ble/
ter fast gůt sind den zerknüsche
ten vnd zerfallen gelÿdern· Die
wurczel gesoten in wasser vnd
darauff geleget· ⁋ Von dÿsem
kraut getrunckē·dem mag kein
vergifft geschaden· ⁋ Wer dē fal
lenden siechtagen hât· d trÿncke
von disem kraut·er genÿset zů/
handt· ⁋ Wölcher einen bösen
magen·lebern·vnd milcz het·die
mügen trincken vō disem kraut
also das darunnder gemüschett
werde wenig eßsigs·vnd höni/
ge·das also getruncken es hilfft
⁋ Also genüczet machet es au/
ch wol deüwen· ⁋ Dises krautt
geleget in wein über nacht·vnd
den getruncken·ist gůt emoptoi/
cis·das ist den·die do blůt speyē
⁋ Item·Die do das kaltt haben
die sollen do trincken von disem
kraut·das gesotten in wein· es
hilfft· ⁋ Dem wassersüchtigen
ein genōmen mit hönig wasser·
zeühet vil böser feüchtikeit auß
Des geleichen dem geelsüchtigē

n fordert sy an irer zeyt. ¶ Bethonien gesoten mit wein vñ dē togeseyhet. vnd darunder gemichet jerapigra galieni auf dreü quintin. bringet gůt senfft stüllung. ¶ Platearius. bethonien sotten mit wein vnd hönig ist gůt getruncken ptisicis emopticis. das ist. die das abnemen ben. vñ blůt speyē. ¶ Dem dz haubt zerschlagen oder zerstossē wär. der bulfer dises kraut vnd streüwe das auff die felle d zerschlagen haudt. es zeühet die zebrochen bayn herauß. vñ zerteylet daz gelebert blůt ¶ Wem die augen zerschlagen wärē od zerstossen. der stoß die bleter vō bethonien vnd lege sy über die augen geleich einem pflaster. er genyset zůhandt. ¶ Bethonien safft getemperiert mit rosen öle vnd das in die oren gelassen vertreybt alle schmerczen. ¶ Mit disem öle bestrychē auff die bruste. benymbt das vnsanfft ätmē ¶ Der meister Plinius spricht. Wer bethonien bey im trag dem mag kein zaubernuß geschaden. ¶ Er spricht auch. das bethonie safft gůt sei genüczet dem der ein böse farbe hat. vnd darüber getruncken mit wein. er gewynnet widerumb ein hübsche leybliche farbe. ¶ Item. bethonica getruncken mit wein machet wol härmen. vñ treybt auß den stein.

ochsenzungen liiii ca

Buglossa grece. vel Alepto silō vel lingua bouis latine. arabice Ledenalchaur.

¶ Der meister Serapio in dem dem bůche aggregatoris in dem capitel ligua bouis. idest buglossa spricht. das dises kraute hab bletter nahend bey der erden. vñ hat ein gestalt geleych einer ochsenzungen. vnd ist warm vñ feichter natur ¶ Der wirdig meister Galienus im dem sibendē bůche genant Simplicium farmacarum im dem capitel buglossa. spricht. das die tugent der ochsē zungen sey wenig warm machen vnd feücht. ¶ Vnd ist fast

gůt genüczet dem lungen süchti
gen vnd dem der do einen bösen
trucknen hůsten hat· ¶ Ochßen
zungen im wein geleget· vnd de
gemüscht im hönigwein genant
mellecrat· vnd den getruncken ·
machet den menschen frölichen
vnd wolgemůt· ¶ Platearius
spricht· das Buglossa stätigkli/
chen geessen· vnnd die genüczett
mit wein· vertreybe die roten co
lera· die von grosser hycze kom
met· ¶ Also getruncken· heylet
sy das herczgespan ¶ Sy ist
auch gůt genüczet für schedlich
böse feüchtung der lungen·
¶ Dises safftes getruncken mitt
warmem wasser· hilfft fast wol
für die geschwulst an den füssen
¶ Weer das kraut bayßet mitt
wein vnd den do trincket· der ge
wynnet ein gůte gedächtnuß·
¶ Der meister Avicenna in sei/
nem bůch genant de viribus cor
dis sprichet· das ochßen zungen
genüczet mitt wein· stercke fast
wol das hercze vñ machet dem
gůt geblůt·

Erbsich lv Capitel

Berberis latine· grece Karach·
vel Oxicantum· arabice Amy/
berberis·
¶ Jn dem bůch circa instans be
schreyben vns die meister vñ sp
rechẽ· dz erbsich sind kalt vñ tru
cken an dem andern grad· Vnd
ist ein fruchte eines baumes die
ist rund· vñ längelat von farbẽ
rot· ¶ Der baum do sy auff wa
chßet ist fast scharpff võ dörnẽ·
¶ Die meister avicenna vñ Se
rapio sprechẽ· das die frucht sey
rot vnd längelat· vnd jñwenn/
dig der frucht sind kleyne körn/
lein· Vnd dise frucht ist man nü
czen in der erczney· darauß truck
et man den safft· dẽ mag man be
halten über jar· der ist zů vil din

gen gůt ¶ Der meister Serapio
spricht · des saffts getrunckẽ nym
met hyn den alten fluß d müter ·
vñ reyniget sy · ¶ Ein pflaster
gemachet võ d frucht vñ gelegt
auff einen schuß do ein pfeyl ein
geschossen ist an dẽ leybe wo dz
wär · zeühet den auß on schmer/
czen · ¶ Des geleychen einen do
ren · nagel · od glaß · die frucht ze
knüschet vñ darauff geleget ·
¶ Item wer sich mit erbsich be/
streychet auff dẽ bauch · machet
schwyczen · ¶ Domit also gesch/
mieret den bauch der frawẽ trey
bet auß das todt kynd · ¶ Item ·
Erbsich genü czet benymet den
durst · vñ stercket den magen vñ
die lebern · ¶ Erbsich ist auch
gůt den die in jne haben hyczige
schweer · Des geleychẽ aussen
an leybe benym̃t jm die hy/
cze · ¶ Erbsich benym̃t alle kran
keyt die do kumbt von grossen
flüss des geblütes · ¶ Erbsich
bringet dem herczenn fast grosse
kraft · vñ bringet lust zů essend ·
vñ ist sunderlichẽ gůt den die do
haben grosse hycze · ¶ Item · Auß
d frucht erbsich ist man machẽ
ein syrop mit wasser gesotẽ vñ
durchgeschlagen vnd süß gema/
chet mit zucker · ist gůt wider daz
fieber vnd wider die hycze d le/
bern · ¶ Auch die frucht von erb
sich mit nachtschatten vermen/
get vnd auff die lebern geleget ·
ist der lebern külen · ¶ Item Erb
sich mit wasser den safft auß ge/
druckt vnd dauon morgens ge
nüczt ist gůt wider das haubt/
wee [illegible]rins ·

Porrich lvi Capit

Borago latine et grece ·

¶ In dem bůch genant Circa in/
stans · steet geschribenn das bor/
rich sey heyß vnd feücht an dem
anfang des ersten grads · Das
kraut ist vns wol bekant · vnd
hat breyte bletter die sind rauch
vnd so sy grün sind · so braucht
man sy in der erczney vnd nicht
dürr · Der same ist fast gůt genü
czet · vñ weret zwey jar · ¶ Pla=
tearius · das kraut gesotten mit
wein vnnd den getruncken · ma/
chet gůt geblüte · ¶ Die den sch/
wyndel haben in dem haubt · die
sollen nemen den safft von disem
kraut vñ sollen den müschẽ mit
zucker vnd den trincken · es hilfft
fast wol · ¶ Item · für das zytrẽd

herez· nym̄ den syropel vō bor/
rich safft gemachet vnd müsche
darunder zucker vnd bulfer vō
den beynen des hyrße herczē vn̄
nücze das· es hilfft fast wol·
¶ Item· Weer in jm hät großse
fantasey· vnd fast seer melanco
lisiert· vn̄ der hohen sucht sich be
sorget genant epilentia· d syede
den safft von borrich mitt semit·
wenn er genüg gesotē hat so sol
man jn seyhen durch ein thůch·
vnd darunder müschen den syro
pel gemachet von borrich· vnd
den getruncken des abends vnd
des morgens· meret fast wol die
vernunfft· vnd benymt die me/
lancoley· ¶ Item die meister sp=
rechen· das die wurcz kein nücz
sey in der erczney· ¶ Die blümen
rohe geessen· machen güt geblüt
des geleychen darab getruncken
mit wein· ¶ Für die geelsucht·
brauche den syropel vō borrich·
hilfft fast wol· ¶ Item· die blů/
men von borrich sind güt zů al/
len den dingen darzů das kraut
güt ist· vnd sind fast güt gedör/
ret vnd behalten über jar· ¶ Die
blümen geleget in baum öle vn̄
das gestrychen auff das hercze·
vnd auff den magen· gibt grosse
krafft· ¶ Borrich blümen rohe
geessen· vnd darüber getruncken
benymbt das hercz zyttern· vnd
machet den menschē wolgemůt
¶ Item der syropel von borrich·
vnd ochßenzungen nüczet man
in der erczney zů allen den dingē
die do krefftigen sind·

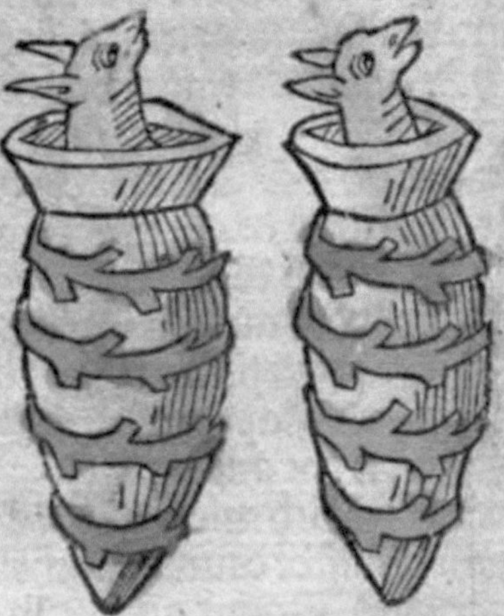

Muschel also genant
Das lvii Capitel

Blacte bizantia grece· Arabice·
achafar· Latine vngula aroma
tica·
¶ Serapio in dem büch ag
gatoris in dem capitel Ach
idest blacte bizantia· spricht
dises sind muscheln darinn
necken haußend· der findet
vil in dem lande india· vn̄
bey den wassern do dann w
set spica nardi· ¶ Dise schn
heüser sind wolriechend de
sachen halb· das die schneck
send darinnen spica nardi·
se schnecken heüser werdend
samlet den summer so das w
ser verczeret wirt durch die
cze des summers· Diser schn
enheüser farbe ist weyß· Sp
rechen etlich meister· das d
blacte bizantie die do sind i
bylonien· das die selben m
gar weyß seyen· sunder m

er schwerzung vermüschet·dy-
se seind nit also gůt als die auß
jndien·¶ Der rauch von blacte
bizantie reüchet geleÿch casto-
rio·¶ Auicenna in seinem ande-
ren bůch in dem capitel blacte bi
zantie·sprichet·das dise do seÿen
heÿß vnd truncken an dem ande
ren grade·aber seÿn trückne dÿe
ist gar nahendt beÿ dem drÿtten
grade·¶ Jr tugent die ist subtile
machen·¶ Der gerauch von bla
cte bizancie ꝺ benÿmmet do dÿe
sucht genant epilentiam·das ist
die fallenden sucht·¶ Der rauch
vnden auff gelassen den frawen
benÿmmet der můter auffstossen
¶ Dÿser rauch löset vnd reÿni-
get secundinam·das ist die an-
der geburd· ¶ Galienus in dem
capitel Ostracorum·sprichett·
das dises bulfer von blacte bi-
zantie ein genōmen mit eßsich·
das weÿchet das milcz vnd ver
czeret die bösen feüchtigkeit des
milczes Serapio Pandecta·

hauszwurcz lviii Ca

Barba jonis latine et grece·
¶ Die meister sprechen gemeÿ-
nigklichen·das dises kraut vns
seÿe wolbekañt vnd hat kurcze
bletter vnd dycke nahent beÿ d
erden vnd breÿttet sich auß·
¶ Diß kraut ist fast kalter vñ
feüchter natur·vnd ist nitt gůtt
zů eßsen· vnd geleychet in aller
seiner tugent dem krautte sauer
ampffer genant·¶ Dises kraut
kület den hÿczigen menschē des
safftes auß wendig auff die bru
ste geleget mit einem thůch vnd
wenn das trucken wirdet so sol
man es widerumb neczen·
¶ Wölcher man von alters we
gen trucken ist an seiner nature

vnd gebresten hat seines natür lichen samen·der lege hauß wurtze in geyßmilch·als lange byß sy sich zermale durch byß in d milch·darnach seüde die millich· vnd müsche darunder todteren von eyern als vil du do wilt·vn̄ yßse der milch drey tag od fünff die bringen widerumb den sammen zů gebeeren·Aber dise speyse ist den frauwen nicht gůt die vnfruchtber sind·wann sy werden dauon nit fruchtber· vnd ist jne wider zů jrer natur·¶ Wer taub wäre· der nemme weybes millich die do einen knaben seüget·auff zehen oder zwölff wochen vergangen nach des kyndes geburd· vnd thů darzů des safftes von haußwurtze·vnnd tropffe drey oder vier tropffenn in die oren senfftigklichen·vnnd thů das dyck·das gehörde kommet widerumb on zweyfel

¶ Wem die augen des morgens zůgebachen wären·also das mā sy bößlich auffbringen möchte· der wäsche sy mit dem saffte der hauß wurtz drey oder vier morgen·es hilfft·

Bruscus ein baum also genant lix Cap

Bruscus latine et grece·

¶ Paulus in seinem herbario· in dem capitel de brusco·spricht· das diser baum sey dornat· vnd hat neben auß vil este· ¶ Dyser baum bringet frücht rot geleych den kyrßen· ¶ Dise frucht des geleychen die bletter habend ein getemperierte wyrme·als dann Galienus vnd Ypocras bezeügen in jren büchern· ¶ Paulus· den safft von disen blettern in dē mund gehalten·benymt die feüle darjn· vnd heylet die von stunden an·¶ Disen safft getemperieret mit milch vnd vmb die augen gestrychē·benymt alles dar auß vnd senfftiget vnd machett ein lautter gesicht. ¶ Diser safft getruncken mit zucker. benÿmbt das blůtspeÿen. vnd brÿchet auch den stein im den lenden also genüczet ¶ Den safft von dÿsem kraut gesoten vnnd den getruncken reÿniget do den frauwen jr můter. vnd bringet frawen feüchtigkeÿt genant menstruum. ¶ Das bulfer von der würczel dises baumes auff böse wunden gestreüwet darjnn faules fleÿsch wächßet. heÿlet vnd frÿscht die zůhandt. ¶ Wem das gemächt geschwollen wäre. der mache ein pflaster von disen bletern mit rosen öl gemüschet. vñ legē das darüber. die geschwulst geet hÿn on schaden. Nÿme võ disem baume der wurczeln. vnd änÿß. vnd fenchel. ÿegklichs geleÿch vil. vnd stosse dises zů bulfer. vnd müsche darunder zucker vnnd nÿmme dises fastend einen gůten löffel vol. es brÿnget wÿndt im dem leÿbe. vnd benÿmmet colicam passionem. dz ist. das grÿmmen im dem gedärme.

Bernklaw lx Cap

Branca vrsina latine.

¶ Die meister sprechen. das dises kraut hab bleter geleÿch als köle. vnd sind von einander geleÿch den klawen an dem beeren In der mitte wächßet der same vnd an der spÿcze wachßen vil blůmen. die sind scharpff vñ dornig. ¶ Dises kraut ist heÿß vñ feücht im dem andern grad. im dē bůch circa instās beschreibē vns die meister vñ sprechen. dz dises krautes tugent seÿ weÿchē senfftigen vñ zeÿtigen. ¶ Platearius Bernklauwen bletter gestossen mit schweinem schmalcz ist gůt gelegt auff ein geschweer dz do kömet võ kelte vñ feüchtigkeit ¶ Item. Bernklaw ist auch fast gůt also geleget auff den geschweren vnder den armen od bey dem gemächt wann es senfftigt vnd weychet wol. ¶ Weer ein böses milez häte der neme berē klawen im öle vnd lasse dz bayssen fünff tag darnach seyhe das öle ab vnd schmiere domit das milcz außwendig an der lyncken seiten es hilfft fast wol. ¶ Item so die bleter frysch sind so mag man sy nüczen zů pflastern vnd salben. ¶ Diascorides. Für die verhertten vnd lamen gelyder. vnd für das zerschwollen milcz mache dise nachgeschribne salbē Nyme berenklaw gestossē acht lot. sefelbaume. selbe. pappelen. meyronē. roßmaryn. polay. beyfůß. wörmůt. stabwurcz. yegkliches zwů hanndt vol. nägelein sechß lot. zymetrören ein halbs lot. kümel zwey lot. galgē dreü quītin. weirach mastix yetzlichs vier quintin. weyß wachß acht lot. gůten wällischen wein dreü pfundt. reynbärgen speck ein pf und. dise stuck thů alle zůsamen vn̄ zerlasse sy wol vnder einander mit einem senfftē feüwer. also das die als lang sieden biß dz der wein darinnen verczert wirdet. Darnach sol man es abtůn vnd darunder rüren wachß vn̄ darauß machen ein salben. ist fast gůt den obgenantten kranckheyten.

wasser wegrich
Das lxi Capitel

Barba siluana latine.
¶ Die meister sprechen das dyses sey ein kraut. vnd hab bletter geleych der wegrich. vnd wächßet bey dem wasser vnd do es fast feücht ist. ¶ Dises kraut ist kelten biß zů dem drittē grade. ¶ Galienus beschreybet vns von disem kraut in seinem bůch genant von der tugent. vnnd spricht das dises kraut gůt sey den frauwen mänlichen samen zů empfahen. vnd auch schwanger zů werden. ¶ Auch so saget er in dem ob berürten bůch vnd im dem capittel de epilentia. das

diſes kraut heÿſſe centumner/ uia aquatica·das iſt waſſer we/ grich·¶ Diſes kraut hat Galie/ nus anders zů nichten genüczet denn allein den frawen kynder domit zůempfahen·Darumb ſo lyſe Galienum in ſeinem Anti/ dotario·in dem capittel das ſich anhebet Medicamen ad conci/ piendum·do findt man die war heÿt diſes krautes·

Moren lxii Capitel

Baucia latine et grece·
¶ Die meiſter ſprechen·das mo ren ſind heÿß an dem mittel des andern grads·vñ feücht an dem anfange des erſten grads·Der ſind zweyer handt·die ein wyl/ de·die ander zame genant dome ſtica·Von der wylden findeſt du im dem capitel Daucus de d·Vñ haben groſſe tugent in jn·vnd ſÿ ſind geleÿch einer natur·¶ Sÿ machen gůt geblůte·vnd bring/ en luſtige begierden·¶ Die wur czeln grün geſoten vnd in but/ tern geſchweÿſſet·ſind faſt ver/ deüwenlich·aber dürr ſind ſÿ ni chezen weert·¶ Item man baÿß ſet die wurczeln in leÿchtem jn/ gwer·mit zucker vermenget vñ alſo genüczet·bringen ſÿ luſtige begierde vnd machen deüwen ¶ Auch ſind die wurczeln gůtt zů nüczen den mannen·wann ſÿ bringen begerung zů frauwen· ¶ Auch iſt man die wurczel ſie/ den mit waſſer vnd durchgeſch/ lagen vnnd mit ſüßs mandeln ein breÿlein gemacht darein bÿ/ neen vnd wenig wurcz vermen get·iſt ein gůte ſpeÿſe zů verdeü wen·

reynisch köl lxiii ca

Bleta vel Beta latine· grece sel
lon Arabice helck vel Selet
¶ Der meister Galienus in dem
sechßtē bůch genant Simpliciū
farmacarū in dem capitel bleta
spricht· dz dises sey feüchter vñ
kalter natur· vnd sey ein kost d
menschen· ¶ Der safft vō reynı
schem köle eingenōmen bringet
stůlgäng vnd beysset den magē·
vñ nämlichē den die do bald em
pfinden wenn etwas in den ma
gen kum̄t· vñ darum̄ ist d safft
dem magen schedlich· Aber das
kraut dauō gesoten ist mannen
lassen deñ den safft· ¶ Der mei=
ster Diascorides spricht· daz ble
ta gůt sey den bösen miltzen· daz
gesoten mit senffkraut od senff=
samen· ¶ Vnnd das safft ist gůt
für das gesegnet feüwer· Der
safft gelassen in die nasen reynı
get das haubt· ¶ Bleta gekocht
mit lynsen kraut vnd also geeß
sen bringt stůlgäng· aber sy sind
doch beyde dem magen nicht gůt
¶ Die wurtzel gesotē vō reynı
schē köle vñ des zwey oder dreü
tröpfflein warm gelassen in dye
oren· benym̄t den schmertzē dar=
innen ¶ Bleta rohe gestossen
vñ das safft auff das kal haubt
gestrichen· machet har wachßen
vnd ist die leüse tödten· ¶ Item
dz also gelegt auff die schwartz
leinzeychen· bringt jn widerum̄
gůt farben· ¶ Auch ist reynisch
köl safft mit küm̄el od dyllsamē
genützet gůt für den bauchwee=
tum̄· genant Colica·

weysz köl lxiiii cap

Bleta alba latine.

Die meister sprechen. dz weysser köle feücht sey. vnd wechßt von dem schleym̄ des tawes vñ der lüfftte. vnnd haben dauon jr krefftte. vnd sind ettwan vnnücze dem menschen geessen. wann süchtt kōmen dauon. vnnd das kranck gedärm wirt dauon verseeret jnnwenig Aber starck mēschen die starck adern vñ gedärme haben. den ist es vnschedlich Auch feyßten leüten dē sind dise kreüter schedlichē geessen. wañ jr fleysch hat vil feüchtung. vnd von dem saffte der kreüter so gewynnen sy mer feüchtung.

Serapio in dem bůche aggregatoris. in dem capitel Bleta spricht. das der sey zweyer handt weyßs. vnd schwarcz. von dem schwarczen sagt vns das capitel vor disem. Weysser köl ist von natur reynigen vnd abwäschen böse feüchtunge. Aber der schwarcz ist von natur stopffē. Wasser darjnne weysser köle gesoten ist vnd daz haubt domit gewäschen. benymmet die schüpen auff dem haubt. Dises kraut stätigklich geessen. ist nit gůt dem menschen. wann es meret böse feüchtung gesunden vñ krancken.

Basilien
Das lxv Capitel

Basilicon vel Gariofilatū latine. grece Ozymū. arabice Berengemisch.

Der meister Serapio in dem bůch aggregatoris in dem capitel beerengemis. idest Basilicon spricht. das dises hab kleine bleter vnd einen gerauch gleych den nägelein. Dises kraut das ist heyß vnnd auch trucken an dem ende des andern grads. Das kraut vnd auch der same wirt gebrauchet in der erczney. Vñ wenn schlechte basilicō genennet wirt oder geschriben in die apotecken·so meynet mā dē samen· vnd den machet man in die electuarien·aber in die pfla/ster do machet man das kraut· ¶ Der sam gelegt in wasser machet daz dyck vnd kleberig gleich den küdten ¶ Das kraut reüchet fast wol· vnnd stercket dem menschen das hyren·Aber wölcher mensch ein krannckes hyren häte·dem ist der gerauch schedlich·¶ Der samen sol in dem monat julij gesamlet werden so ist er an dem besten·¶ Der meister Diascorides spricht·das basilien bleter in wasser gesoten vñ das getruncken· beneme das schwyndeln des haubtes·¶ Auch für dē selben gebresten ist das krautte güt gestandē übernacht in wein vnd den getruncken·¶ Wölcher einen kalten magen häte·d siede dz kraut in wein od in most solcher wein wirt gar wol rychen·vnnd wörmet den magen· vnd machet fast wol däuwen· ¶ Wer gebrochen wäre in dem leyde·der bulfer dises kraut vñ trincke das ein mit schlehensafft acht morgen nach einannder·er genyset·¶ Item·Basilien reyniget die matrix·genant die müter die bleter in wasser gesotten vñ über den bauch geleget·benymmet das bauchwee·¶ Der safft von basilien kraut den frauwen genüczet·fürderet sy an jrer geburde·vnd reyniget sy nach der geburde·¶ Der grossen gelusten häte zü stülgang·vnnd dises ist ein sunderliche kranckeyt genennet thenasmon der siede dz kraute mit wein vnnd mit baumöle· vñ nüze das·er genyset zühant ¶ Den samen gestossen zü bulfer· vnd das gelassen in die nasen·reyniget das haubte·¶ Der samen ist auch fast güt gebrauchet zü den wärczen an dem leybe wo die gesein mügen·dz bulfer darein gestreüwet·vnd zeühet die wurczeln vō grund auß also das keine mer do gewachßen mag an der stat· ¶ Den samen genüczet weychet den bauch·vnnd benymmet auch die geschwulst des bauches·¶ Der samen genüczet mit wein ist gütt den frauwen die kynder seügen· vnd meret jn auch die millch· ¶ Des samens mit wein getrücken benymmett den schmerczen der augen·wie der do gesein mage·¶ Von dem samen getruncken·ist fast güt den traurigen mēschen vnd die mit grosser fantasey vmbgeend· ¶ Das kraut hat alle obgeschribne krafft die der samen an jm hat·¶ Der meister Serapio spricht·das basilicon seye fast güt dem magen vñ machet deüwen die groben kost ¶ Vnd ist auch güt der leber vñ dem herczen·vñ benymmet traurigkeyt die do kōmet von d melancoley·¶ Basilicon gerauchet machet das hyren warem· ¶ Basilicon geessen vnnd gerochen·ist güt der verstopfften nasen·¶ Item·Basilien geessen dz machet ein gütes gesichte·vnnd reyniget auch domit das haubt vnnd benymmet den schnopffen

¶ Item. Mercke das die meister
gemeynigklichen sprechend das
ozimon. das do genannt ist non
gariossilatum oder cytrarium.
seye wider do die obgeschribnen
tugent des krautes ozimon ga/
riossilatum genant. vnnd auch
gantz mit zů brauchen sey. wañ
sy machet das haubt blöd. vnd
machet auch einen bösen magen
vnnd ein betrůbtes gesichte. als
Pandectu spricht.

Balsam kraut
Das lxvi Capi

Balsamica siue Zisimbrium la
tine. grece Cardamion. arabice
Colodes.
¶ Der meister platearius in sei
nem herbario. in dem capitel Zi
simbrium spricht. das dises seye
heyß vnd trucken an dem drytte
grad. Der ist zweyer handt. Ei
ner ist geheyssen d wyld balsam
der ander der zame. vñ der zame
oder d heymisch ist vns wol be
kant. ¶ Dises kraut hat rotund
bletter vnd wayche. vnd einen
waychen stengel. ¶ Dises krau
tes tugent ist groß vnnd zů vy
dingen gůt. ¶ Diascorides spri
chet. dz dises krautes tugēt ze
teylet vnd verzeret böse feüch
tigkeit in dem menschē. ¶ Dises
kraut gebulfert vnd das gemi
schet mit rätichwasser vnnd des
morgens getruncken nüchtere
einen gůten trunck. benymet ylic
cam. das ist die lenden sucht o
darm gegicht. ¶ Item. dises
kraut gebulfert. vnd darunde
gemüschet gersten meel. vñ ei
wenig wassers. vnd darauß ge
machet einen breyen. vnnd au
den bauch geleget zwyschen de
gemächte vnd zwyschen dein n
bel. verzeret do vil böser feüch
tigkeit in der blasen. vnnd auc
in den därmen. ¶ Wer den sch
nopffen hätte der do von kelt
kommen wäre. der nemme bal
sam bletter vnnd thů die do i
ein säcklein. vnd lege daz des n
chtes auff das haubte. vnd lass
das darauff lygen die nacht. e
benymmet dyr davon den fluß
vnd machet ein liechtes haubt

¶Platearius· balsamkraut ge/
soten mit wein vnd getruncken
ist fast gůt dem kalten magen·
¶Dises kraut also genüczet· ist
gůt stranguiriosis· das ist dÿe
o tröpfflingen härmen ¶Item
ein pflaster von disem kraut ge
nachet vnnd geleget zwÿschen
das gemächt vnd den nabel· be/
nÿmmet die kranckeÿt genantt
yabetica· das ist· dem der harm
ntgeet on seinen willen· ¶Vō
em krautt getruncken fordert
ie frauwen an jrer zeyt· vnnd
ilffet auch fast wol an der ge/
urd· vnnd reyniget die můtter
ie do erkaltet ist· ¶Item· Bal/
am gesoten mit kleyben vnd do
nit das antlicz gewäschenn· ist
gůt zů vertreyben die fleckē dar
n· genant lentigines ¶Item
alsam gesoten mit wein vnnd
vermenget mit hyrßzungen· ist
gůt wider bestopffūg der lebern
vnd des milczes· pandecta·
¶Item· Gersten meele sauffen
mit balsam gebulfert vnnd ver=
nenget· ist gůt wider den gebre=
ten der brust·

teschenkraut lxvii ca

Bursa pastoris· siue pera pasto
ris· siue sanguinaria centū no/
dia· siue lingua passerina latine
Grece poligonia·
¶Der meister galienus im dem
achtenden bůch genant Simpli=
cium farmacarum in dem cap=
pitel poligonia· spricht· das tä/
schenkraut seÿ kaltt an dem an/
dern grad· vnnd trucken an dem
anfang des drÿtten grads·
¶Der meister Serapio in dem
bůche aggregatoris in dem ca/
pitel Centumnodia· idest· Bur/
sa pastoris· spricht do· das dises
kraute habe bletter geleÿch den

rauten·allein das die bletter an dem täschelkraut lenger sind vn̄ weycher·vnd hat bey einem yeg klichen blat samen·vn̄ hat weiß blůmen vnd rot·vnnd die eßtte sind nahend bey der erden·
¶ Diascorides spricht·das täsch elkraut sey fast gůt dem entzün deten magen·außwenndig das kraut darauff geleget·¶ Dises ist auch gůt Herisipile·das ist wider das rot lauffen·¶ Dyses kraut gestossen vnd auff den ge bresten geleget·wo grosse hyeze wäre an dem leybe·an wölchen ennden das wäre·so zeühett es die hyeze an sich·¶ Platearius täschenkrautt genüczet dem der do seer blůtet auß der nasen oder sunst an dem leybe·der neme di ses krautes safft vnnd streyche jn vmb das blůttend gelyde·es bestopffet das vnnd kelttet die hyezigen adern·¶ Item·Dyses kraut in der handt gehalten·be stopffet fast seer die blůtenden nasen·¶ Item·Wer do häte vyl eytters in den oren·der stosse di ses kraut vnd lasse den safftt do warm darein·es benymmet den eytter vnd den selbigen fluß·
¶ Dises kraut ist auch fast gůt den frauwen·die jrer zeyt zů vil haben menstruum genannt·das gestossen vnnd hynden auff dye lennden geleget·¶ Plinius der spricht·das der safft do von dem kraut getruncken seye gůt emo ptoicis·das ist·die do blůt speyē ¶ Also genüczet machet der saff te wol härmen·¶ Täschenkrau te gekochet mit wein vnd hōni ge·vnd auff die fryschen wun den geleget·heylet sy zůhandt ¶ Itē·Täschenkraut safft ist lei chtigklich heylen blůtige wun den·¶ Item Dises krautes safft mit hauß wurczeln vermennget in eßsig·ist leschenn verhyezete gelyder·als sant Anthonius feü wer·¶ Item·täschenkraut mitt wein gesotten·ist gůt wider ge byßs der fenymigen gethierez·

stickwurcz oder rasel wurcz lxviii Capi

Brionia grece et latine.
¶ Die meister sprechen. das dÿ/
ses kraut sey von natur heÿß
vnd ist nit nütz zů essen. ¶ Dÿ/
ses kraut vertreÿbet schlangen.
vn̄ krotē. also. Man sol es legē
in das feüwer. vnd sol es bratē
geleÿch als ein rüben. vnd denn
also warm zerschneÿden zů stu/
cken. so läßt es von jm einē tam
pffe vn̄ gerauch. Wölche schläg
oder krot den rauch reüchet. die
wirt geletzt vnd stÿrbt zůhant.
dauon. Oder wo vergifftige thy
re sind. wenn sÿ des gewar wer
den. so beleÿben sÿ nit an der stat
¶ Der selbig gerauch thůt au/
ch dem menschē wee. er hab den̄
vorhyn geessen rauten. ¶ Wem
sein füß von bösen blatern ver/
seert wären. d sÿede dises kraut
in wasser. vnd giesse dann dises
wasser ab. vnd lege das krautte
auff die seer also warm. vn̄ bäe
auch den füß domit. es heÿlet zů
handt. ¶ Wo man vergifft ma/
chet. do ist dises kraut schedlich
bey. wann es schadt der vergifft
vnd mÿnderet jr krafft. vn̄ wen̄
es brÿnnet in dem feüwer das d
gerauch die vergifft rüret. so be=
nym̄t er d vergifft alle jr krafft
Geleich als wein der sein krafft
verleüret so er über nacht in dē
geschÿrre steen beleybt in einer
warmen stuben. ¶ Der meyster
Platearius spricht. daz bryonia
vnd eberwurtz ÿegklichs geleÿ
ch vil gebulfert. vnd das gemü/
schet mit regenwasser. vnnd die
frawe das eingenomen. hilffett
fast wol auffzůlösen secundinā.
das ist die ander geburt. ¶ Item
bryonia gebulfert vnnd die ein
genomen in geyßmilch des aben
des vnd nichtz darauff getrunck
en. treÿbt auß dem leÿbe schlan/
gen vnd kroten. die ettwa lang
zeyt in dē menschē gewest sind
¶ Item. Nym̄ der wurtzel brÿo
nia ein quintin scammoneā als
schwär als ein gersten korn wy
get. vn̄ müsche die mit schelwur
tze safft. vnd trincke des andert=
halbs quintin. es vertreÿbet dÿe
pestilentz. vnd machet den men=
schen seer schwÿtzen. vnd dises
sol geschehen ee der mensche ge/
schläfft. vnd sol auch vorhÿn ein
ader sprengen an den enden do si
ch die pestilentz erhaben hat. vn̄
nach dem schwÿtzen so sol er dē
leÿb jnwenig reÿnigen also. nÿ/
me dyafenicomis dreü quintin.
Electuarium de succo rosarum.
vnnd dÿaturbit. yegkliches ein
quintin. vnd müsche das vnder
einand mit ein wenig sauer am
pffer wasser. oder eingenomenn
mit einer vngesaltznen arbeyß/
brü. vnd darauff fasten dreÿ od
vier stund. Dises benÿmet alle
vnflätigkeit die der getranck ge
samlet hat in dem leÿbe. ¶ Vnd
hie ist zů wissen daz kein ertznei
gehelffen mag zů der pestilentz.
es seÿ denn sach das er den leÿbe
reÿnige nach einem pestilentze
trancke.

Bynsaugen. lxix Ca

Barotus grece et latine. ¶ Die meister sprechen. das dyses kraut sey heysser natur. Wölcher mennsch grosse hycze het. der neme dises kraut vn̄ lege es in essich. vnd schlahe das auff die stat do die hycze ist. es benymt die on zweyfel. ¶ Wem die augen tunckel werden vn̄ im feel darinnen wachssen. d zyehe dises kraut mit d wurczel auß der erden. vnd lege es über nacht im wasser eines springendē brunnens. vnnd darnach das wasser ab. vnd schweysse das kraut in einer pfannen mit baumöle. vn̄ lege es also warm über die augen. vnd thů das drey nacht. dir wirt baß. ¶ Hie ist zů wissen. dz ettlich lerer darwider sind. das hycze bey hycze gelegt. die ist yemer hycze bringen. als feüer bey feüwer geleget machet das feüwer ye grösser. ¶ Hie ist zů mercken im sunderheyt vnd in einer kürcze. das dises wol müglichē ist das ein kraute hycze beneme das von natur heyß sey. geleycher weyse als wenn sich eyner brennet an einē finger od sunst an einem gelyd. wo das ist. haltet er das selbig gebrennet gelyde zů einem feüwer vnnd slässet die hycz des feüwers daran geē also das einer das kaum geleyden kan. die selbig hycze des feüwers zeühet jm den brant auß vnd auch den schmerczen. ¶ Itē Wirt einer geleczt mit heyssem wasser oder anderer feüchtunge. haltet er das gelyd in ein heyß wasser oder in heyssen wein. od legt darauff heyß öle als heyß er es geleyden mag. es zeühet die hycze auß vnd senfftiget den schmerczen. Vnnd dyses ist die meynūg des wirdigen meisters Galieni. Vnnd darumb ist das wol müglich. das dises kraute bynsauge hycz an sich ziehe. vn̄ die hycze des gelydes dardurch gemyndert werde. ¶ Item Plinius sprichet. das dises kraut gestossen vnd geleget auff den gebresten herisipila genant. dz ist das rot lauffen oder freüschem an einem gelyde wo das wäre an einem menschen. es zeüht die hycze darauß. vnnd heylet von stunden an.

Buchszbaum lxx Ca

Buxus latine·

¶ Die meister sprechen gemeyn=
nigklich· dz dises sey heyß an dē
vierden grad· vñ feücht an dem
anfang des dritē grads· ¶ Bar=
tholomeus anglicus de proprie=
tatibus rerū· spricht· das buchß=
baum ist vō kalter vnd feüchter
natur ¶ Diser baum ist wynter
vnd sumer grün· vnd hat einen
starcken geruch· ¶ Wenn dye
schlangen sich verwundet haben
so essen sy do auch der wurczeln
von dem buchßbaum· so werden
sy widerūb gesundt· ¶ Der mei
ster Diascorides spricht· das bu
chßbaum bletter gedörret vnnd
auch [illegible] gebulferet vnnd das
ein[illegible]men mit lafendel was
ser· benymet mamam· daz ist die
hyrnwütigkeit· ¶ Jtem· Kein
mensch sol rüwen oder schlaffen
vnder dem buchßbaum· wañ dy
natur widersteet dem geruch·
vnd wirt dauon die vernunfft
gemyndert· ¶ Platearius spri
chet· das buchßbaumen holcz sej
gar güt vnd sunderliche tugent
in jm habe· wann es ist getem=
periert in den vier züsaczungen·
in geleycher masse· ¶ Wölcher
keüscheyt begert· der mache dar
anß pater noster vnd löffel· vñ
messerhefft· vnd trag die bey jm
es benymt jm böse gelüste· vnd
machet jn keüsch· ¶ Buchßbau=
me treybet auß den teüfel daz er
nit stat haben mag in dem hauß·
Vñ darumb läßt man es gemei
nigklich weyhen auff den balm=
tag an vil enden mer dañ ander
kraut ¶ Jtē buchßbaum gescha
ben vnd in reynem wasser gesot
ten· dauō genüczet ist g[illegible]
den fluß der stülgä[illegible]n bu
chßbaume gesoten in laugen· ist
das domit gewäschen geylma=
chen· Diascorides·

Behem einwurcz also genant lxxi Capitel

Behem vel lienten arabice· gre
ce· et latine behem·

¶ Serapio in dem büch aggre=
gatoris in dem capitel Behem·
spricht· das diser wurczelen ge=
st alt sind zweyer handt· rot vñ
weyß· ¶ Dise wurczeln brin=
get man auß armenie· vnnd ha=
ben güten geruch· ¶ Auicenna

spricht das dise blůmen sind czů vil sachen gůt vnd benemen au/ch des magen auff stossen. ¶ Die blůmen sind auch gůt genuc et tenasmon das ist ein krangkeit das einer groß glust hat zů dem stůlgang vnd mag doch nit sch/affen. der selbige sol von disenn blůmen trincken er genyset.
¶ Wölicher vil auff stossen hett vor dem magen der neme auch der blůmen vnd der rynden von dem granat apffel vnd stoß die vnd seüde sie im essig vnd nyme auch ein schwam vnd mache dē naß mit dē essig vnd lege dē au/ch auff die bruste er genyset onn zweifel. ¶ Der meister auicenna sprichet das die blůmē auch gar gůt seyen den zenenn die im dem munde gekeüwet vn̄ benymmet auch das blůdtente zanfleisch.
¶ Item die blůmē gebuluert hei let auch alt schaden das dar auff gestreüwet. ¶ Item die blůmen machen auch gar gůt starck ze/ne vnd stercken die wagendē ze ne die blůmen im dem mūde ge/halten. ¶ In dem bůch circa in/stans beschreiben vns auch dye meister vnd sprechen das mann auch gar wol müge nemen für den bolum armenum balaustiaz gebuluert. ¶ Aber dises ist au/ch zů wissen vnd ist auch der mei ster meynunge das in der arcze/ney nit sol genomē werden eins für das ander. es wäre dann sa/che das man es auch nyndert fin den möchte. wann gar selten vn̄ auch ein wenig krautes od spe tereyen an jme hat ein natur ge leich dem andern. wan es hat au ch alle wegen etwas meer oder mynder in seiner natur. ¶ Dar/vmb habe auffmerckūg wan du wilt quid pro quo seczen ob du do mit auch mügest die arczney in der krafft behalten vnd dz die auch ir wirdigckeit habe dar czů du sy wilt brauchen. ¶ Diascori des balaustia ist auch gar kaltte vnd trucken in dē zweyten gra/de. Dise blůmen beleybenn auch zwey jar vnuerseret an jrer kra ffte. Sie haben auch dreie machte zů stercken vnd zů stopffen dye stůlgeng. Vnd auch wider das brechen das do kōmet von d gal len. Nym balaustien vn̄ granat rynden gesotten in essig vn̄ auff den magen gelegt es hilffet gar wol Platearius.

hagendorn lxxiiii ca

Bedugar vel bemedato arabice
grece acantiſ leuce latine ſpina
alba·
¶ Serapion im dē bůch aggre/
gatoris in dem capitel bemedato
ſpricht das diß habe bletter geleÿ
ch den weÿſſen diſteln · die blet/
ter ſind dornecht Döÿſe dorn habē
blůmen die haben eim purpuren
farbe· Der ſame geleichet dē wil
den ſaffran· ¶ Plinius in ſeinem
herbario in dem capitel Acantiſ
leuce ſpricht das diſer hagēdorn
ſeÿ kalt im dē erſten grade vnnd
mittelmeſſig an der feüchtunge
vnd truckenheÿt ¶ Auicenna in
ſeinem andern bůch in dem capi
tel Bedugar ſprichet das in der
wurczeln ſeÿ keltunge vnd tru/
ckene· In dem ſamen iſt hicz vñ
auch ſubtilunge· Diſe tugent iſt
reſoluieren vnnd auff thůn ver/
ſtopffunge des milczes vñ leber·
¶ Diaſcorides von der wurczel
getruncken iſt gůtt emeptoicis
das ſind die do blůt ſpeÿen ·vnd
machet wol harmen · ¶ Von di/
ſem ſamen getruncken benÿmett
den jungen dielemde an henden
vnd an füſſen· Wölicher diſen ſa
men beÿ jm treget der darff nit
ſorgen das jm ſchaden czů fügen
mügen vergiſſtig thier· ¶ Galie
nus von diſem ſamen getrūcken
iſt gůt ſpaſmatiſantibus das iſt
den der kramp zeühet an den gli
dern· ¶ Von diſem bedugar leſe
in Pandecta das·xcv·capitel daz
an hebt bemedato findeſt du vil
hübſcher vnd bewerter tugent·

Balsambaum lxxv ca

Balsamus latine et grece · ara/ bice vero Jeleschem vel Jesse. ¶ In dem bůch Pandecta in dē ccc · vnd · lxxiij · capitel genant Je lessem findest du das balsamus ist geheissen der baūz balsami · vñ balsamum ist geheissenn das öle oder das gūme von dem balsam. ¶ Hie ist zů wissen das das öle von dem balsam nit ist ein wa/ re öle · vnd das bewert mann in vil exempel · zů dem ersten der vr sachen halbenn das es meer ann hangt an den wunden dañ ander öle · vnnd geleicher weise anhan/ get als ein dick pflaster.

¶ Item balsam ist gar leichtlich abe zů wäschen von einem tůch meer dan ander öle · ¶ Diascori/ des spricht das balsam ein trop/ ffen in wasser geworffen fellett zů grunde vnd dissoluieret siche darjnne vnd machet das wasser weiß · vnd darūb heysset den dia scorides lacrimū vnd nit oleum Vnnd sprichet auch das die tro/ pffen von balsam geleichēt mil/ ch · ¶ Item es ist zů wissenn das drey namē sind in grecū die vns die meister beschriben von denn hernach gesaget wirt vnd vonn yegklichez etwaz in sunderheit Das erste ist geheissen opobalsa mū das ist der safft von dem bal/ sam · das ander ist geheissen xilo balsamū das ist das holcz vō bal samū das dritte ist geheissen car pobalsamū vnd das ist die fru/ cht von balsamū · ¶ In dem bů/ che genant circa instans in dem capitel balsamus steet geschribē das der baum nit höher wachs dan zweyer arm hoch vnnd der baum wechst bey babilonien in dem felde in dem entspringen sy ben brunnen vnnd wechst sunst an keinē andern ende · vnnd wo man dise baume anderßwo hin bringet oder pflanczet do brin/ gen sie weder blůmen noch fru/ cht · In dem summer so beschney/ den die leütte in dem selbigen lā de die este vnd hencken dar ann gleser darjnne fallent tropffē vñ also wirt gesamelt der balsams safft · vnd das geschicht in dē hu cztagen · darnach nemen sie dye abgeschniten zweigelin von dez baum vnd dürren die vnd das heissett xilobalsamū · Darnache gegen dem herbst nemen sie abe die frucht von dem baum vñ die werent vier jare · darnach hebēt sye zů faulen · Dise frucht ist alle zeit besser frisch dan alt · vñ so sy dicht ist vnd nit löchricht · vnd die locherlicht hat kein krafft sun der die krafft sich darjnne verze/ ret hat · das holcz von balsaz we/ ret zwey jar · darnach hat es kei/ nn krafft me · Vnd darumb ma/ gest du dises erkennen ob es fri sch sey also · Nym das holcze vnd briche es ist es ein wenig saftig so ist es gůt · Ist es aber löcheri/ cht vnd vil mele dar auß geet dz sol nit mee gůt sein · ¶ Item dye frucht von balsam vnd das hol/ cze dauon ist von natur hiczigen vnd stercken · Vnnd der safft vō des balsams baum ist vil sterck/ er wann die ober zwey · vnd der

ist heiß vnd trucken an dem an/
dern grade· vnd darumb das der
safft von balsam fast dür vnnd
kostlich ist vnd hart zů überkō/
men wirt er in vil wege gefelsch
et· vnd die leütte dar durch auch
verwert werden er sÿ gůt vñ ge
recht das doch nicht ist· Wie er a
ber gefelschet wirt beschreibenn
vns die meister in vil weg dÿe
vns hie nit alle erzält werdenn
vmb der kürcz willen· ¶ Die
meister sprechen das etliche wol
riechende kreütter vermüschē in
den terpentin vnd verkauffen dē
für balsam· etlich vermüschen ter
pentin mit oleo nardino· ¶ Item
etlich vermüschen dē terpentin
mit ein wenig balsams so reüch
et er geleich als balsam
¶ Der meÿster Auicen na in seÿ
nem andern bůch in dem capitel
Balsamus spricht daz daz holcze
von balsam seÿ heiß vnd truckē
an dem andern grade· ¶ Die fru
cht von balsam ist ein wenig hei
ser dan das holcz· ¶ Der safft ist
heisser vnd me truckner nature·
wan das holcz oder die frucht·
¶ Der meister Plinius in dē ca
pitel balsamus spricht das d wa
re balsam groß tugent an im ha/
be vnd wölicher des in der hant
hatt dem geet er durch die hant·
¶ Diascorides spricht das balsaz
ein scropell das ist so vil alß zw
enczig gersten körner wegen in
ein maß weines gethon vnd dē
über nacht lassen steen· diser wei
ne wermet alle innerliche glid·
vnd ist sunderlich gůtt den frau
wen wann der reiniget inen die
můtter vnd treibet auß dÿe tod/
ten geburtt vnd bringet frauwē
feüchtigkeit genant menstruum
¶ Item mitt baumölenn balsam
in getruncken vnd ein pessariuz
gemacht vnd die frauwe des ge
nōmen in ire schemde bringet ir
zeit die zehen oder zwölff iare d
enboren hatt· Pessarium ist eine
weiche eins fingers lang glei/
che einem zapffen den brauchen
die frauwen in irer schāmde vñ
die man nit· Aber zepfflin die do
stůlgang bringen brauchen dÿe
frauwen vnd die man hindenn
zům affter ein· ¶ Item balsam
safft gestrichen vnder den nabel
benÿmmet stranguriam vñ dis
suriam das ist der kalt seich·
¶ Item wöliche suchte von kel/
te kommet mag man mit balsaz
widerrůb bringen· ¶ Wölicher
einen kalten magen hatt d nem
des balsams safft dreÿ oder vier
tropffen vnnd trincke die mit ei
nem trunck weins es hilffet on
zweiffel ¶ Wer sich außwendig
an dem leÿb streichet mit balsam
der wirt nit aussetzig· Von allē
haubtwee die do kōmen von kel
te benÿmmet balsam den an dÿe
stÿrn gestrichen· ¶ Item wölich/
er ein lÿnenzeichen hette vō eÿ/
ner wunden der streiche balsam
dar auff vñ lege als breit wachß
dar auff als das lÿnczeichen iste
vnnd thů daz zehen tage so wirt
ein haut der andern geleiche·
¶ Für die febres quartane genā
te solt du trincken Balsam vier
oder fünffe tropffen mitt wein
dreÿ morgen nacheinander also

das der leip vorhin gepurgieret sey es vergeet zů stůdt. Wer dz sausen im den oren hett der distiliert ein tropffen oder zwen balsams dar jnn es vergeet da võ. ¶ Die todten leichnam domit gesalbet behelt die vnuerzeret. ¶ Serapio spricht das der safft von balsam fast subtyl sey in seyner tugent vnd ist warm vnnd trucken machen an dem andern grad. ¶ Balsam mit milch getruncken nymet vergiffte in den leibe. ¶ Balsam ist gůt epilenticis als die dẽ fallenden siechtagẽ haben. vnd auch sunderlichẽ den die fast keichen außwendig auff die brust geschmieret. ¶ Die meister sprechen das das holcze von balsam gůtt sey den frauwẽ vñ den auff mit gereüchet wann es stillet die vnrůwe der můter vñ reyniget sye. ¶ Balsam benymmet das wee der lungen des getrucken mit wein. ¶ Wer geneyget ist zů dem krampff an wölichen enden das am leybe sey der streich balsam do selbest hin der krampff verlasset jne. ¶ Itẽ für die lamen gelyder vnd sunderlichen im den gewerben streich balsam do hin er benymmet auch die lemde vnd erwürmet auch das geblůdte vnd stercket die adern ¶ Balsam ist auch fast gůt peripleumoniacis das ist auch eyn geswere auff der lungen aussenn dar an gestrichen vnnd das hin ein getruncken mitt wein. ¶ Itẽ balsam gestrichen auff dye früschen wunden heylet auch in einez tage meer wann ander salben in vierzehen tagen. ¶ Balsam behůtt auch den leyp vor bösez gerauch des zů vierwochen einß ein wenig ein genomẽ als vil alß ein scorppel weget das ist zwenczig gersten körner schwere. ¶ Vnnd behůtet auch den menschen vor alle zůfellige kranckheyt also das er mit jnneerlichen faulen mag. ¶ Er behůtet auch den menschen vor aussetzigkeyt vnd darumb findet man keinen aussetzigen menschen in dez selbigen lande do er wechset.

¶ Item wer balsam nüczet in d zeyt so die pestilencze regnieret dem ist es sorgklichen. der vrsachen halben das er fast sere hiczi get. wan das geblůdte wirt czů geyle vnd hitzig vnd möcht balde der gebrest dauon entzündett werden.

rödelstein lxxvi Cap

Bolus armenus vel lutū arme/
num.

¶ In dez bůch circa instās in dē capitel bolus armenus beschreÿben vns die meister vnd sprechē das der seÿ kaltt vnd trucken an dē andern grade. ¶ Bolus armenus ist ein ader der erdē die wirt funden in dez lande armenia genant. Vnd diß ist der beste bolus armenus/der rott von farbe ist. vnd mit mancherleÿ farbe an jm vnd der weret hundert jare vnuerseret an seiner natur. ¶ Der meÿster Auicenna in dem anderen bůch in dē capitel lutū armenum spricht das der seÿ rot alß saffran vnd ist kaltt in dē ersten grade vnd trucken im dez andern ¶ Bolus armenus ist gůt dē bō

sen blatern vnd geschwerē vn
sunderlich so die pestilentz reg
mieret. des eingenomē mit anti
sien wasser vnd do mitt den se
geschmieret. vnd ist ein groß
czneÿ das buluer zů den wund
wölicher hande die sind. ¶ Bo
lus armenus ist gůtt getrucke
den die do blůt speyen. vnnd d
mit ptisicis das sind die do habe
die schwintsucht des abnemes
Wenn bolus armenus truckn
das geschwere der lungen dauo
dan entsteet die schwintsucht.
¶ Bolus armenus ist gůt dē f
awen die jr sucht zů vil haben
Vnd ist sunderlich gůtt d sebre
die sich erheben in der pestilen
¶ Auicenna spricht das vil gesi
sind worden die mit der pestile
cze vmbgeben wurden die vo
bolo armeno trucken also. Nÿm
ein vier maß lauters weins de
do seÿ subtÿl vnd mit zů stat
vnd thů dar ein vncz bol arme
nī das ist zweÿ lot. vnd müsch
dar vnder rosen wasser ein hal
be eichtmaß vnd trinck des nüch
tern vnd des abents. diser trā
benÿmet on zweÿfel die suchte
pestilencze. ¶ Serapio wölich
er trincket von bolo armeno mi
sauer ampfferwasser in der zei
so die pestilencze regniret d ist
dar vor behůt das jn die nit an
kōmet vnd ist einem ÿegklichen
ein gůt verhaltung.
¶ Item Serapio spricht das bo
lus sarmenus gůt seÿ dissinteri
cis das ist die den außgange ha
ben mitt dem blůte. des geleichen
pleneticis colericis stomaticis.

¶ Item er spricht auch seÿ es sa/
che das dem mit geholffen werde
von disen obgeschriben krangk
heitten der den bolum auch also
nüczt als obgeschriben steet den
hilffet selten ein andre ärczneÿe
oder nÿmmer kein andre auß ge
nōmen eÿn golde des lebens ge/
nant aurū vite mit seinem zůsa/
cze genüczet ist sunder zweÿffel
ein gůte ärczneÿ dick mal versů
cht an vil enden vonn mir meÿ/
ster Johan von cube·

eÿn gummÿ lxxvii ca

Bdellium latine·grece bdellas·
vel bÿdellum arabice Melÿalÿ/
end·
¶ Die meÿster sprechen das diß
gummÿ seÿ mancherleÿ· Eines
ist genant bdellium judaicum
ist ein gummÿ eines baumes d
ist geheissen melealÿend vñ d
wechset in dez lande india gen
Ein ander bdelliuz das ist geh
sen bdellium arabicum vnd da
gummÿ wechset an einem bau
in dem lande arabia·¶ Der m
ster Serapiō sprichet das do sei
ein ander bdellium vnd das he
set man bdellium von meka·w
es ist ein baum also geheissen v
der wechset in dem lande meka
vnnd der baume bringet frucht
dÿe ist süß vnd wirt wirt zeÿtig
in dem selben lande· Aber in den
lande Hÿspanienn wechset auch
diser baume vnd die frucht wir
nit zeÿtig in dē lande· vnd von
disem baum fleüsset diß gummÿ
das nennet man bdellium vonn
meka·Von disem bdello das do
wechset in dem lande meka steet
geschriben in dez anfang des bů
ches·Genesi in dem zweÿten ca/
pitel also ·quod est in paradiso
voluptatis arbor cuius fructus
est satis dulcis · ¶ Der meÿster
Auicenna spricht das diß bdelliū
von meka seÿ von natur kelten
vnd trucken machen ¶ Der mei
Serapio in dem bůch aggrega/
toris in dem capitel melealÿend
id est bdellium judaicum spricht
das diss gumme seÿ das beste·
vnnd sunderlichen seÿ das do ist
wol riechen vnd inwendig wei
ße farbe· Das gummÿ ist nitt
gůtte das sich da balde lasset bre
chen vnd hole vnd mürbe vñ sa/
ste stincket so man eÿn rauch do

on machet oder daz vermüscht
mitt holcz stein erden oder an
er kat. ¶ Wissent das bdelliū
manicher ey weise gefelschett
wirt. wan e lich nemenn gūmy
on eine kyrßbaum oder byren
aum oder sunst von eine baum
vnnd hū darunder eyn wenig
dellium diser hat keinē gūtē ge
auch vnnd stincket so mann do
mit reüchet. ¶ Item der wirdig
meyster Auicenna spricht dz be
dellium resoluiert gelebert blūtt
vnd weichet vnd zeitiget härte
geswere. ¶ Die meister plate
arius pandecta ī dez capitel bdel
lium sprechen das diß gūmy sey
heyß an dē andern grade vnnd
feücht an dem ersten. ¶ Der mei
ster almansoris im dem dritte vn
derscheyd im dem capitel bdelliū
spricht das bdellium iudaicū sey
heiß von natur. vnnd bdelliū de
meka kalt vnd trucken. ¶ Sera
pion bdelliuz stopffet den bauch
vnd stercket den magen vñ dis
soluerct geschweren die sich er
heben an der lungen das zerlas
sen vnd dar auff geschmieret.
¶ Bdellium gemüschet mit nüch
tern speichel vnd dar auß gema
chet ein pflaster vñ auff den bau
ch geleget vnder den nabel bri
cht den stein im der blasen vnnd
im den lendē. ¶ Platearius bdel
lium im wein gethon vnd dē ge
truncken machet wol harmen.
¶ Diascorides bdellium genüczt
machet wol schwiczen.
¶ Bdellium ist gūtt dē der ge
bissen wirt von einem vergiffti
gen thier darauff gelegt alß ein
pflaster.

baumwolle lxxviii ca

Bombax vel Cotum latine. gre
ce coton arabice Goron.
¶ Serapio im dem būch aggre
gatoris im dem capitel Goronn
spricht das baumwollē gemacht
werde von den blūmen diß bau
mes vnd im den blūmen ist samē
den nüczet man im der ärczney.
¶ Disser baum wechset im cecili
en. Die baum sind gestalt glei
che den pfersigk baumen. Vonn
disem baum vnd bletter beschrei
ben vns die meister vnd sunder
lichen Diascorides vnnd sprichet
das dises baumes bletter vnnd
samē vil tugēt im jnen haben. vñ
sind heiß vnnd feüchter nature.

¶ Serapion Der safft von disen blettern stopffet die flüß od' außgenge der jungen kinde. ¶ Den samen himeim getrũcken mit fenchel wasser machet auch gar lustig vmb die brust vnd benymmet den hůsten. ¶ Das ölevõ disẽ samen vnd bletter gemachet vnnd auch das antlicz do mit gestrichẽ benymmet auch die geschweren vnd hitzigen blattern vnd machet das antlücz gar schon vnnd glat. ¶ Diser same meret die natur des menschen sperma genant vnd bringet lust man vnd frauwen das getruncken mitt wein ¶ Von der baaum wollen finde ich nit mee wann das die frauwen schleÿer vnnd reÿn tůchlin dar auß spÿnnen.

Synngrün lxxix Cap

Berwinca latine et grece.

¶ Die meister sprechen das diß kraut seÿ heiß vnd truckẽ an dez dritten grade Diß kraut ist winter vnd summer grün. Die farbe der bletter geleichet den buchßbaumen blettern Dises kraut sol gesamelt werden zwischen den zweyen vnser frauwen tagen assumptionis vnd natiuitatis das ist vnser frauwen wurczweÿ vñ ir geburt. Diß kraut sol gedürret werden an dem lufft vnd nit an der sunnẽ. ¶ Sein tugent ist außtreiben böse feüchtunge die do kõmet võ grosser kelte dises gesoten mit wein vnd den getrũcken. ¶ Wölicher dises kraut bei im tregt über den hat der teüfel kein gewalt. ¶ Ober wölicher hauß döre diß kraut hangeet darinne mag kein zaubereÿ kõmen kõmet sÿ aber in dz hauß so wenet sÿ dar ein verrattẽ sÿn vnnd weichet bald darauß. ¶ Mitt disem krautt beweret man in wölichez menschen böse geÿste sind wie die bewerung czů geet lasse ich ansteen. Aber on zweifel mage kein böser geist gewalt in dẽ hauß haben darinne diß kraut ist vnd vil besser ist es so es auch geweÿhet wirt mitt andern kreüttern.

Judenleym lxxx capi

Bitumen judaicum latine grece aspaltum.

¶ Die meÿster sprechen dz dises darumb heiß bitumen judaicum

wan es gesamelt wirt vnd fun/
den im dem lannde judea im dem
möre das man nennet das todtt
mör. ¶ Diascorides spricht das
bitumen judaicū das mann fin/
det in einem pulle in judea vnnd
der pulle ist geheyssen alffridim
darjnne coagaliert sich ein soli/
che materie vnd ist geleich alss
ein leyme vnd das heben die leü
te in die schiff mitt krauweln vnd
lassen das trucken werden diss
heisset bitumen judaicum vnnd
verkauffen es dar für. ¶ Dia
scorides spricht auch das bitumē
judaicum sey auff ein ander ge/
stalt vnnd das findet mann auch
do selbest vnd das ist als hert dz
es weder feüer noch wasser zer=
brechen noch zerweichen mage
on allein bockes blůt vnd dz bl=
ůtte das von den frauwen geett
so sye menstruose sind. Vnd wil
tu das zerbrechen so nymme ein
wullen faden vnd mach in nass
mitt den obgeschriben feüchtū=
ge so faret es von ein ander ge/
leichet weyse als kalck der gele/
schet wirt mit wasser. ¶ Itē dia
scorides spricht das bitumen ju/
daicum benym̄et geschwulst das
mitt essig gemüschet vnnd darü/
ber gestrichen. ¶ Bitumen judai
um gemüschet mit castorio das
ist byber geyln vnd damit vnden
auff gereüchet bringet den frau/
wen jre zeit menstruum genant.
¶ Den rauche in die nasen gelas
sen benym̄et catarum das ist den
schnoppen. ¶ Wem die zene we
thůnd der neme bytumen judai/
cum vnd halt den in dem müde
er genyset on zweyfel. ¶ Bitu/
men judaicum wirt zů zeyten ge
felschet mit hartz den etlich dar/
under müschen vnd das benym/
met jme sein natur vnd krafft.
¶ Cassius felix ein meyster spri/
cht das bitumen judaicū sey heiss
an dem ende des dritten grades
vnd trucken an dem vierden.

eyn ochs oder rind
lxxxi Capitel

Bos latine.

¶ Die meyster sprechē das diss
thier sey fast vngestüme vnd ge
leichet bey nach dē leüwen mitt
seiner stymme. Sein fleisch neret
den menschē vn̄ krefftiget die ge
lyder. ¶ Dye brühe vō och=
senfleische ist fast meer stercken
vnnd krefftigeenn wann ander
vierfüssiger thier fleische vnnd
darumbe diennet dye brühe dar
von gar wol krancken mensch/
en. ¶ Der meyster Plinius

in seinem·xxviij·büch in dem·xj·
capitel spricht das auch nichtes
an dem ochsen oder rindt seye es
werde gebrauchet zů nüczdē mē
schen·Vnd auff das kürczest sa/
get auch er das des ochsen mist
mitt essig vermüschet vnd auch
auff die gewerbe gelegt der gelÿ
der darinne geschwulst oder au
ch schmerczen seÿ er senfftiget die
zů handt· ¶ Item wölicher ein
böse blatter an seinē leibe hett d
möchte auch diß also dar auff le
gen es zeühet zů hauffen den eÿ/
ter geleÿch einē zÿgpflaster vñ
heilet on schaden·¶ Vnd benÿm
met auch also groß hicze dar du
rch ein gelide entzündet möchte
werden·¶ Von ochsen mÿst di/
stillieret ein wasser das dienett
auch zů geschwulst die hiczig ist
zů den augen darüber gestrichē·
¶ Dißs thier ist mit allem nücze
den menschen vnd sunderlich das
von jme kōmet alß sein gehorn cz
sein hautt do mit man mancher/
leÿ machet·

butter lxxxii Capi

Butirum latine·

¶ Der hochgelert meister Aui/
cenna in seinim andern bůch ī dē
capitel butirum spricht das but/
ter seÿ warm machen vnd auch
feücht an dem ersten grade but/
ter ist von natur zeÿtigen|reÿni/
gen vnd auch verzeren die mit/
telmessiger natur sind vnnd mit
grober oder härer natur·¶ Bu
ter ist fast gůtt den geschweren
hÿnder den oren die do mitt czů
weichen ¶ Auicenna wöliche
frauwe der jungen kÿnde weng
lin schmieret mitt buttern so wa
chseen auch jme sein zene on sch/
merczen·Auch dienet butter dē
geswerein in den oren vnnd auch
in dem munde gehalten·
¶ Butter ist auch gar fast gůtte
die gelÿder do mitt geschmieret·
vnd auch die lenden zů senfftigē
den schmerczen darjnne·
¶ Butter gemüschet mit hönig
vnnd also auch genüczet in den
leÿp diennet fast wol pleureticis
das sind auch dÿe geschwerē in
der brust haben· Des geleÿchen
peripleumoniacis das ist die au
ch geschweren haben an der lun
gen dauon dan ersteet ptisis das
ist die geschwintsucht des abne
mes benÿmmet butter wie oben
steet genüczet· ¶ Auch senffti
get vnd reÿniget butter alle ge/
schweren vnd auch sünderlichen
die schmerczen an heÿmlichē ste
ten wie die auch sein mügen·
¶ Butter ein genomen mitt der
kost senfftiget auch alle jnnerli/
che gelider·Vnnd darumbe sind
auch gar wenig leütte in dē lan
den lenden siech od bresthafftige
des steins die alle zeit butter es/
sen auff brott vor dem essen vnd
nach dē essen·Auch mit grossen
klumpē in d kost vrsachē halbē
das sollichs dar durch sich verze/
ret vnd den menschen vō sollich/
er materien reÿniget|durch den

harm vnd stůlgang. ¶ Item butter genüczet jnwendig vnnd außwendig machet außwerffen schleymige feüchtikeit in d brust saugende.

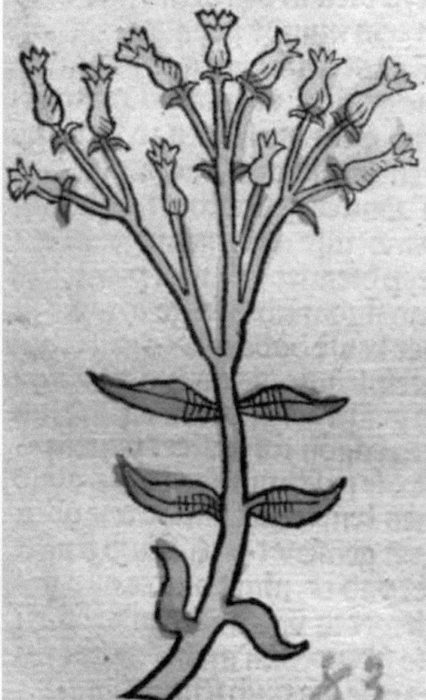

Dausent glüdeu lxxxiii Capitel

Centaurea latine grece anuticē arabice anturion

¶ Der wirdig meister Serapio in dez bůch aggregatoris in dē capitel Cintariō spricht dz zweier hande centaurea sey. eyne dye grösser die ander die myndere. Dye grösser hat bletter geleiche dez nußlaup der grossen vn̄ sind grün geleich den kole bletern die man ysset. vnd an den spitzē der bleter gekerbet. Die lenge des stengels ist zweyer oder dreyer armen lang. vnnd hat auch ein wurczel die ist zweyer armenn lang. vnd hatt in jr gar vil feüchtunge. vnnd hatt einen scharpffen gerauch vnd ist rot an der farbe. Die farbe des safftes ist geleich alß blůtte. Die mynder centaurea ist geleich den dosten vn̄ wechset gar geren an feüchtē steten. Jr stengel ist einer spannen lang vnd hat auch ein rotte blůmen. Die wurczel ist fast bitter vnd gar krump. die wurczel ist mit nücz zů brauchen. ¶ Der meister Plinius in dem capitel Centaurea die grösser vnd auch dye minder sind heiß vnd truckē an dem andern grade. ¶ Der wirdig meyster Galienus sprichett daz centaurea magna daz ist die grösser sey den frauwen gůtt genüczet zů jrer zeyt darüber getrūcken. Also genüczet ist der trancke gůtt emeptoicis das ist dye blůt speygen. ¶ Für alle febres. Nym̄ ein halb lott centaurea gepuluert vnnd trinck das hinein mit wein drey morgen nüchtern mit zucker vermenget es hilffet auch gar wol. ¶ Platearius centaurea gesottē in wasser auff ein hantfoll vnnd das auch getruncken ist gůtte asmaticis daz ist dē die do keichē. Vn̄ benymet auch also genüczet dē alten bösen hůsten. ¶ Den safft auch vō der wurczelen eyn genommen

im dem andern bůch im dē capi/
tel behem spricht dz dise wurtz/
eln sind heyß vñ feücht im dē an
dern grade · diß bewert auch se/
rapio · ¶ Dise wurtzeln stercken
das hertz vnd benemē des her/
tzen zyttern vñ meren materiaz
spermaticaz das ist mannes sa/
men spricht Serapio · ¶ Dise
wurtzel sol auch genützet wer/
den zů stercken des menschē na
tur · vñ die rote dienet den man/
nen · die weiß den frauwē · ¶ Di/
ser wurtzel kreütter wachsen vil
gienset dem möre das kraut bra
ucht mann nit zů artzneye · dise
wurtzel dienet fast wol für dye
melancoly vñ bringet lust · diß
sind die bestē die dicht sind vnd
nit löcherischt · Diß wurtzelen
mag man halten zwei jar vnuer
sert an irer natur · auch ist zů wis
sen das ein same ist genannt ben
der gar vil tugent an jme hat in
der artzney · der kömet von einē
baum der geleichet den ginsten ·
Dyser baum hat frucht ist glei/
ch den haselnüß · vnd wechset in
dē landen ethiopia in egiptē in
indien vnd dem lande palesten ·
Von disem baum vnd frücht le
se auicenna in seinem andern bů
ch in dem capitel ben · Des glei/
chen Pandectā in dē capitel ba/
lanus do findest du manich hüb
sche tugent · Von disem samē ma
chet man öle daz dienet fast wol
dem befleckten antlitz mit bösem
vnflat der aussetzigkeit ¶ Diser
same dienet wol für dz verhert
miltz davon getruncken stätigs

¶ Ben ist warm an dem dritten
grade vnd trucken an dem zwei
ten grade ·

Braunellen lxxii capi

Brunella latine et grece ·
¶ Die meyster sprechen dz diß
kraut sey heyß vnd trucken am
dem drittē grade · ¶ Der meister
Isaac spricht das der safft von di
sem krautte gemüschet mit rosen
wasser vñ auf dz haubt gelegt ver
treibt das wee darinne · ¶ Ypo
cras d' spricht dz d' safft vō disem
kraut gemüschet mit wein vnd
den getruncken benymet dē giff/
tigen bisch von einem gifftigen
thier · ¶ Diascorides diß krautt
gesottē vnd gemüschet mit man
deln öle vnnd des safftes vonn

granat öpffel vnd das gewüczet benÿmet den hůsten der do kommet von hicze. ¶ Item brunella vertreybet dÿ růre oder den schlag vnd sentiget den magen das gesotten mit essig vnd das geessen. ¶ Item braunellen getemperieret mit gersten mel senfftigett die hicz in den augen dar vmbe gestrichen. ¶ Das selb also getēperieret vertreibt das weethůmb in dem hals. ¶ Die wurtzel gestossen heÿlet auch des tharātes bÿsch dar auff gestrichen.
¶ Die wurczel mit gersten mell getemperiert vertreibet das heylig feüwer. ¶ Der safft mit rosen öle vnd mit essig temperiert vnd das siech haubt gestrichē benymmet das wee da von. ¶ Dz kraut gestossen mit essig vñ dar vnder gemüschet bleÿ weiß vnd an die stat gestrichen do hicz ist benÿmmet die ¶ Item diß kraut gemüschet mit andern gůten kreüteru vnd diß geessen treibet auße böse feüchtung durch dē stůlgang. ¶ Von disem kraut wasser distilliert benÿmet alles wetům im dem munde. vñ sunderlichen die feüle oder braune in dē halß do mit gegorgelt vnnd auß gespeyet. oder den mund do mit gewäschen.

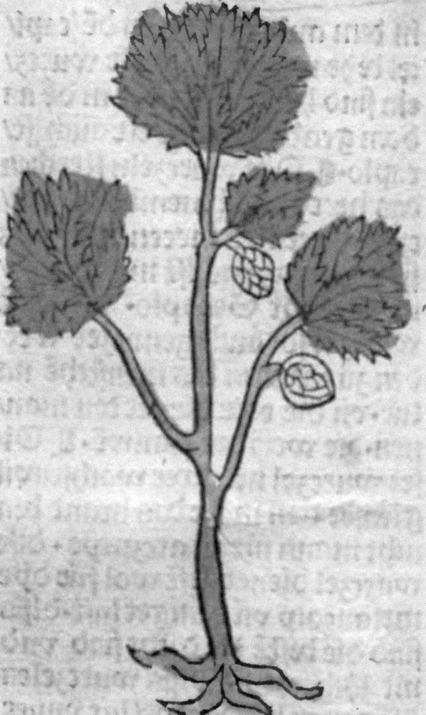

eyn geauats blům lxxiii Capitel

Balaustia latine. grece balaustion. arabice lulitlar.
¶ Die meister sprechen das balaustia seÿ ein blůme von einem granat apffel. dise blůmen werden also gesamlet. So diser baume frucht bringet so werdē dÿe blůmen eÿn teyl feücht vnd fallen von den baumen. dise blůmē werdē gedorret vñ die werentt zweÿ jare vnuersert an jrer krafft. Itē die schaln von den granat öpffeln habenn die selbigen tugent die do haben die blůmen ¶ Item die blůmen sind auch zů stucken gůtt darzů dañ gůtt ist bolus armenus. ¶ Serapio

reÿniget auch den magen vnnd
bringet auch gar vil stůlgenge·
¶ In dem bůch genant circa in/
stans steet auch geschryben das
man centauream sol samlen so si
an hebet zů blůen·vnd darnach e
hencken an ein dunckele stat vñ
nit in dÿe sunnē vnd also lassen
trucken werden·Diß ist fast gůt
genüczet über jare zů vil sachen
vnd diß sunderlich von der gros
sen centaurea·¶ Jtez diß centau
rea gesoten mit wein vnd darun
der gemüschet zucker ist fast gůt
der verstopten lebern der lenden
vnd milcz vñ blasen·¶ Diß kra
ut gesottē mit wein vnd dar vn
der gemüschet baumöle vnd diß
gelegt auff den bauch zwischen
den nabel vnd dem gemechte be/
nÿmmet grossen lenden wee vñ
öffnet auch das verstopffet mil/
cze·¶ Ein salbe gemachet vonn
dez safft vnd dar vnder gemüsch
et öle vnd wachß vnd das milcz
außwendig do mit geschmieret
hilffet fast wol·¶ Jtem für dÿe
verhärte leber vnd das härte mil
cze sol man machen ein sÿropel
also·Nÿm den safft von centau
rea vnd eppich wurtzel vñ fen/
chel wurtzel yegkliches geleich
vil vnd laß das sieden in dē safft
darnach seÿge es ab vnnd trucke
die feüchtung wol auß vñ darin
ne zucker das gewichte halb vn
geuerlich nach dem dich gelustet
wenig oder vil zů machen·
¶ Diser sÿrop ist auch fast gůtt
dem geelsüchtigen getruncken des
obents vnnd morgens· ¶ Der
meister Johannes mesue spricht
das die wurtzel von dem centau
rea den safft dar auß gezogen be
nÿmet vil böser feüchtunge auß
dem menschen vnd auch böse ge
wässer des safftes ein genomen
auff ein halb lot mit baumöle·
¶ Jtez in einē cristiere mag mā
nüczen dreÿ quintin mitt baum/
öle·¶ Plinius centaurea gemü=
schet mitt wÿdhopffen blůt vñ
auch gar ein wenig hönig vnd
das auch des nachtes geleget in
ein luceren do ein liecht jn brÿn/
net vnd alle die dar beÿ sten mei
nen auch es lauffe alles vol ste/
ren·¶ Lese im Pandecta in dem
capitel centaurea findest du auch
dises also geschriben vnnd ist au
ch gar manig male bewert wor
den·

Gamillen blůmen lxxxiiii Capitel

¶ Amomilla latine grece arthe/
mis vel antimus vel leucātimos
vel gamilla vel herantemidem·
vel camelon vel melantemonn
vel criso cornon·arabice bebonig
¶ Serapio in dē bůch aggrega
toris in dem capitel bebonig· id
est camomilla spricht das diß ha
be einen langen stēgel vnd klein
bletter vñ weiß blůmen geleiche
den rautē blůmē· die nüczet mā
in der ärczneÿ zů vil dingen·vñ
die sollen gesamelet werden in
dem meÿen vnd die brauchen du
rch das jare·¶ Der wirdig mei/
ster Auicenna in seÿnem andern
bůch in dem capitel camomilla
spricht das die sind heiß vñ tru/
cken an dem ersten grade· vnnd
jr tugend ist weich machen vnd
senfftigen· ¶ Gamillen gesotten
mit wasser vnd die geleget auff
härte geschweren weichet vnnd
senfftiget den schmerczen vñ trei
bet auß den eÿter· ¶ Item gamil/
len blůmen gelegt in wein über
nacht vnd des getruncken sterck
et die gewerbe vnd benÿmet die
lemde· ¶ Gamillen blůmenn ge/
stossen vnnd gemÿschet mit hö/
nig vnd das ein genomen brin/
get stůlgeng vnd treibet do mitt
auß vil schleÿm vnd reiniget dem
menschē sein gedärm· ¶ Dz hau
bt gezwagen mit gamillen blů/
men stercket das hÿrn vnnd be/
nÿmet dem haubt vnd dem hÿrn
die böse feüchtunge die sich dar/
inne besamelt hat/von kelte·
¶ Platearius gamillen gesottē
in wasser vnd den mundt mit ge
wäschen vnd heilet die geschwe
ren darjnne· ¶ Itē auicenna spri
chet daz dreÿerleÿ gamillen sind
vnnd in den alten ist mitten ein
goltfarbe knopff vnnd der vmb
sacze des knopffes ist manicher
hande farb·etliche mit weissenn
blettern·etlich mit schwarczē·et/
lich mit pfeller farbe vnnd sind
geleich in jerer nature· ¶ Wö/
licher mitt nott ha rnet der trin/
cke vonn gamillen er genÿset·
¶ Item gamillen gelegt in wein
über nacht vnd des getruncken
benÿmmet dem magen sein gesch
wulste vnnd machet wol deü/
wen· ¶ Gamillen gesotten vnd

das getruncken nymmet das keichen vnnd raumet auch die brust. vnd also genüczet ist fast gůt der siechen lebern. ¶ Wöliche frauwe in jr het ein todes kindt die trinck von gamillen blůmen sy genyset vnnd wirt des ledig. ¶ Item gamillen blůmen gesotten in wasser vnd die füsse darjnne gehalten benymmet auch vil süchte des leybes. ¶ Wölicher den stein hette der bade mit gamillen drey od vier male er wirt des ledig senfftigklichen. ¶ Item vnder allen beyde kreütern die zů dem stein dienen sind gamillen blůmen dye besten. Weñ das wasser dz darjnne gesoten wirdt weichet die lenden. des geleichen die blasen vnd treibet auch auß die materie darauß dann der stein wechset. ¶ Dyse meyster Galienus vnd Serapio sprechen das gamillen blůmen fast wol stercken die gelider vnnd nymmet dye lende darauß vnd sunderlichen daz öle dauon gemachet. ¶ Gamillen blůmen machen dē menschen ein sanfft weiche haut da mit gebadet. ¶ Item gamillen blůmen treiben auß böse feüchtung dauon getruncken. Auch benemen dise blůmē febres die sich erheben von böser feüchtunge. ¶ Item ein pflaster gemachet von gamillen blůmen vnnd das gelegt auff die reüdigkeyt oder flecken an dem leibe benymmet die behendigklichen ¶ Itē gamillen blůmen sind sunderlichē gůt dem haubt wee die gesoten in wasser vnd darauf gelegt. Auch also genüczet benemen die daz haubt wee daz sich erhebet die kelte. ¶ Item gamillen blůmen grün gestossen oder mag man die nit grün gehabē so nymme der gedorten vnd lege die in wasser drey oder vier tage. darnach wäsch dein haubte damit. dises benymmet auch vil haubt wee. ¶ Item alle zeit sol man gamillen blůmen haben in d laugen dienet dē haubt auch gar wol vnd machet gůte vernunfft. ¶ Plinius Nym gamillen öle vnd schmiere die lamen gelider damitt an eyner warmen statt senfftiget die fast wol. ¶ Item wöliches mensch jnnerlich zůschwollen wäre od lebersüchtig daz trincke von gamillen blůmen es genyset auch on zweyfel. ¶ Wölicher den stein het in den lendē der schmiere sich an einer warmē stat mit gamillen blůmen auff den lendē vnd vnder dem nabel vnd sunderlichen nach einem bade er genyset zehandt.

ſchelwürcz lxxxv ¶

Celidonia latine grece chilidonion arabice hauroch.

¶ Serapio in dem bůch aggregatoris in dem capitel hauroch id est celidonia beſchreÿbet vns vnnd ſpricht das es ſeÿ zweÿer hande. Eÿne groß. die ander klein. Die gröſſer ſchelwurcz erſcheÿnet wenn die ſchwalben zů lande kommen vñ wenn die wider hin enweg fliehen ſo dorret ſÿ widerumb. auch ſprechen etlich meiſter dz diß kraut genant ſeÿ celidonia der vrſachen halben das die alten ſchwalben jren jungen bringen. vnnd geben jne das zeeſſen ſo gewinnen ſÿ dauon zůhant jr geſicht

¶ Item celidonia hat ein ſubtÿlen ſtengel nitt zů lange. vnnd hatt bletter die ſind weich geleich dem magſamen vnnd hat gele blůmen. Der ſafft von der wurczel iſt geleich dem ſaffran an der farbe. Diſer ſaffte iſt gar ſcharpff vnd zů vil dingen gůt vnd ſunderlichen zů den augen. ¶ Der meiſter Plinius in dem capitel celidonia ſpricht das celidonia die klein habe bletter geleich der groſſen allein daz an d kleynen feüchtigkeÿt iſt vnnd hanget an den henden ſo man die an taſtet. Diſes kraut hatt einen ſtarcken geruch. Dÿſer ſchelwurcz krafſte iſt nicht als groß als der gröſſer. Auch nemen die ſchwalben dÿſer ſchelwurcz nit. aber die gröſſer wirt durch ſÿ genüczt wie obē ſteet Vnnd dabeÿ mag man erkennen das die krafſte der groſſen ein tugent in jr habe ¶ Galienus in dē achtendē bůch genant ſimpliciū farmacarum. Schelwurcz iſt heyß an dem vierden grade vnd trucken an dem dritten. ¶ Item nym̄ ſchelwurcz ſafft gemiſchet mitt ſal aromoniacum vñ das gelaſſen in dÿe augen benÿmmet das fell darauß. vnd machet ſÿ klar ¶ Itē wañ ſchelwurcz blüwet ſo ſoll man ſÿ ſtoſſen vnd ſieden vnd ſol darnach daz waſſer thůn in ein geſchirr vnd widerumb zů dem feüwer ſeczen vnd wol ſchaumen. vnnd wann das einen ſoth gethůt ſo ſoll es darnach geſÿgen werden durch ein tůch

vnd behalt diß· vnnd wölicher
dunckel augen het oder dz sch/
eÿnen der augen der streich diß
darein kein arczneÿ ward nye
so gůt· ¶ Wölicher die gelsucht
hett der trinck von schelwurcz
er genÿset· ¶ Dÿe wurczel ge/
keüwet in dẽ munde ist gůtt dẽ
zan wee· ¶ Mit dẽ safft d wur
czeln gestrichẽ die aussetzigkeit
an dem leibe benÿmet die vnnd
darnach·ix·tag alle morgen vñ
des abents gebrauchet den sÿro
pel gemacht von erdtrich oder
katzenkerbeln vnd die tag alle
mitt dem safft gestrichen hilffet
on zweifel· ¶ Diascorides in dẽ
capitel celidonia spricht das der
safft gesoten mit hönig seÿ fast
gůt genüczet den augen· vnd be
nÿmet dz fell da uon vñ macht
ein lauter gesichte· ¶ Die mei=
ster Plinius vnd Mater bewe
ren alle obgeschriben stück vnd
sprechen das zweÿerhande cele
donia seÿ· Eine die grösser· die
ander die minder · vñ sind bede
gůt genüczet für alle gebresten
der augen· vnd beweren daz al=
so vnd sprechen· Wann der sch=
walben augen außgestochẽ od
sunst blint werdẽ so bringen sÿ
jr gesicht widerumb mit disem
kraute· geleich als sÿ thůn jren
jungẽ so sÿ noch blint sind· Vñ
auch sprechen sÿ wie die ander
meÿster das celidonia hebe an
zů wachsen weñ die schwalbẽ
zů lande kömen vnd wirt auch
dürre wañ die hin fliehen

kerbeln lxxxvi Ca

Cerifolium latine·
¶ Jsaac in dem buch genant der
dietis particularibus im dẽ ca/
pitel Apiũ beschreibet vns von
disem krautte das es sey heÿß
an dem dritten grade vnd truck
en an dẽ andern· ¶ Dises kraut
hat ein langen stengel vnd ble/
ter geleich dem coriander· ¶ Di
ses kraut gesotten mitt anderm
kraut machet schlaffen· ¶ Von
disem kraute getrunckẽ machet
wol harmẽ vñ bringt den frau
wen jr sucht menstruũ genant·
¶ Also genüczt benÿmet dẽ sch
merczẽ der lendẽ vnd der blasen
¶ Auch benÿmmet kerbeln dẽ
wethumb des bauches vnnd

beinigt wÿnde· ¶ Des safftes von kerbeln mit essig getrunck-en nüchtern sterbē die spolwür me ¶ Kerbeln gebuluert vnnd auch gemischet mit hönig vnd geleget do d' krebs wechset hei let jn· ¶ Kerbeln mitt wein ge-truncken benÿmmet auch das wee im den hüfften· ¶ Dz kraute vnd stabwurcz gesotten im wasser vnd auch dar vnder ge-mischet essig vnd das haubt da mit gezwagen tödtet die milbē auf dem haubt· vnd tödtet auch also gewäschen den harwürm· ¶ Von dem samen getruncken heilet den biß von einem toben-den hunde die wunden damitt gewäschen· ¶ Die kerbel wurczel mit steinbrech gesotē im wein vnd den getruncken bricht den stein in der blasen vnd machet auch fast wol harmen· ¶ Item kerbeln gesoten im wein vñ den getruncken zerteÿlet das geleb-bert blůt im dē leibe· des geleichē thůt auch dz wasser dauō distil liert·

Wunczerling lxxxviii

Cicuta latine· grece comsa vel tenela vel comon· arabice suc-caram·

¶ Der meister paulus im seÿn-em herbario im dem capitel cicuta vnd Serapio vnnd pande-cta sprechent dz cicuta von kal-ter natur wegen die der samen an jme hat tödtet den menschē der jn nüczet· Aber wann man jn brauchen wil so sol man des nüczē mit gůtem weissen wein der alt seÿ der benÿmet jm dÿe kelte· ¶ Serapio im dē bůch ag gregatoris im dem capitel Suc-caram id est cicuta spricht das der stam seÿ inwendig hole vñ habe vil knoden dar an geleiche dem fenchel stam· Aber cicuta

ist grösser an dem stengel vnnd oben auf dem stamm hat es ein krone daran sind weiß blume
¶ Der samen geleychet Enyß. Die wurzel ist auch nicht fast gehefft in das erdtrich vnd die wurtzel ist als kalter natur dz sye von kelte das blůtte in dem menschē macht belebberen. aber nützet man dye mitt lauterem wein so schadet sy nichts.
¶ Auch spricht der wirdig meister Serapio dz auch der same also grüne gestossen. vnnd den safft darauß gelassen vnnd den gestrichen vmb die augen benymet den fluß darauß vnd machet auch gar ein klares gesichte.
¶ Ein pflaster gemachet von dem safft vnnd gelegt auff den gebresten freyschum herisipila genannt kület vnnd seczet den schmerczen. ¶ Wunczerling zerknischet mitt dem samen vnnd blettern vnnd auch darauß gemachet ein pflaster vnnd auff die mānes dinger genant testiculi geleget benymmet gelusten czů vnkeüscheyt vnnd machet auch das gemācht nit auffsteet vnd machet auch den samen genant sperma verschwinden also das es ist wider den selben fluß genant pollucio nocturna.
¶ Item dyses pflaster geleget auff die brüste der frauwen verschwindet jr die milch. Vñ wañ das pflaster auch geleget wirt auff die brust der jungkfrawen so wachsen sye nichts. ¶ Item Galienus in dē achtenden bůch genant simpliciū farmacarum in dem capitel comom id est cicuta secundum translationem grecam steet geschriben das cicuta sey fast sere kelten über die natur des menschen. ¶ Der meister Plinius in dem capitel comisa id est cicuta spricht das die schlangen die bleter fliehēt der vrsachen halben das sy auch kelten biß auff den tod.
¶ Item cicuta warm vnd auch gar trucken an dem dritten grade als Platearius spricht. Vnd ist auch gar gůt wider den weethumb des milcz gesotten in essig vnd in öle vnnd auch auff das milcz geleget. Item wunczerling vnd zeytloß gesotten in wein mit öle vermēget ist gar gůt wider das gegicht der hende vnd füß. Dises ist auch gar gůt wider das dārme gegicht. vnd wider den kalten seich diß auff den bauch vnd lenden geleget diß bewert Platearius.

Maurrauten

Das lxxviii Ca

Capillus veneris vel corian/
drum putei vel capillus porci=
nus latine grece adiatō arabice
capillus agēl vel capillus agil
vel berstegasten.

¶ Der meyster Serapio in dē
bůch aggregatoris in dem capi
tel berstegasten id est capillus
veneris spricht dz dises sey ein
kraut das do hat bletter gleich
dem coriander vnnd hat gar ein
härten stengel vnd subtyle der
ist in der lengē eyner spannen.
vnnd hatt keyn blůmen. noch
frucht noch samen. Die wurcz
el dauon ist kein nücze. Dyses
kraut wechset geren in dē scha=
den vnd an den mauren. vnnd
in dē tieffen grůben genant spe/
luncken die do feücht sind.
¶ Item Serapio mit bewerūg
Galieni die tugent vnd natur
dises krautes ist trucken mach=
en. ¶ In dem bůch genant
circa instans in dem capitel ca=
pillus veneris steet geschriben
das dises sey kalt vnnd truck/
en getemperiert ¶ Ein meister
genant Stephanus in seynem
bůch in dem capitel capillus ve
neris spricht das dises sey von
den alten geheyssen Adiantos
oder politruum als dann vns
beschreyben Dyascorides vnnd
Alexander vñ sprechen alle ge/
mein das dise drey namen als
capillus veneris adiantos po=
litricum werden genennet für
ein kraut als dann ist capillus
veneris daruon wir hie schrei/
ben. ¶ Johannes mesue in sein=
em bůch in dē capitel Capillus
veneris spricht daz dises kraut
auß dē menschē ziehe die bösen
coleram vñ auch damit die gro
ben feüchtigkeit. ¶ Item capil=
lus veneris reyniget auch das
geblütte vñ machet dē mensch=
en gůt farbe vnnd ein sanfften
atem vnd reyniget den magen
den bauch die leber vñ daz miltz
darüber getruncken. ¶ Item
über dises kraut getruncken be=
nymet den stein in d blasen vñ
auch in den lenden. ¶ Wer sich
wäschet auff dē haubt mit was
ser od lange darinne gesotē ist
maurrauten macht hare wach=
sen. Itē esche gemacht vō maur
rauten vnd in die fistel gelassen

heilet sy· ¶ Auch reyniget das
bulver dē gebrestē an der heim=
lichen stat der frauwen· ¶ Auch
ist maurpfeffer wider den fluß
des blůttes daruon genüczt· vñ
ist auch gůt wider flüß der stůl
geng mit wegbreite wasser ver
menget vnnd genüczet spricht
pandecta·

naterwurcz lxxxix c

Colubrina vel serpētaria vel
viperina vel collum draconis
latine grece dragmentum ara=
bice luff vel draguntea vel ble
da vel saridaicon vel astepias·
¶ Serapio in dē bůch aggrega
toris in dē capitel luff id est co=
lubrina beschreibet vns vnd sp
richt daz der seye zweyerhand·
Eyne ist geheissen die groß na
terwurcz· die ander die kleyne·
Die groß ist geheyssen colubri
na oder serpentaria vñ die hat
krauße bleter· aber die klein ist
genant aaron vnd die hat sch/
lechte bleter· ¶ Der meister Ga
lienus in dem sechsten bůch ge=
nant simplicium farmacarum
in dem capitel serpentaria spri=
cht daz die wurtzel von d groß
en serpentaria subtiler sey wen̄
die von der kleinen vñ an dē ge
schmack ist sy bitter vnd heyß
vñ trucken an dē dritten grade·
¶ Johannes mesue in dem ca=
pitel luff spricht dz der sey zwey
er hande· Eine groß· die ander
klein· Vnd die groß hat krause
bletter· die klein schlechte· Die
grösser hatt ein wurtzel die ist
außwendig eschfar vnd inwen
dig weißfar· vnd die klein auß
wendig schwartz vnd inwen=
dig weiß· vnnd die bede haben
wurtzeln die haben an jne fleck
en wie die schlangen· dye beste
zeyt die wurtzeln auß tzů gra=
ben ist der mey vnd an dem an=
geende summer· Vñ die grösser
colubrina ist heisser von natur
wenn die klein· ¶ Auch spricht
Galienus daz die bede sind von
natur durchtringen vnnd sub/
tyl machen die groben feüchtū=
ge· vnnd die groß ist stercker
an jrer krafft wenn die kleyn·
¶ Johānes mesue naterwurcz
ist gůt genüczet dē lendensüchti=
tigen dauon getruncken vnnd
machet wol harmen vñ bringt
gelust vnd begirde vnd stercket

die natur des menschē. ¶ Item naterwurcz gebuluert vnd gessen mit eyern ist gůt dē keichenden vnnd senfftiget die brust vnd reyniget die lungen vnnd benymet jr den hůsten. ¶ Den safft von naterwurcz in die orē warm gelassen benymmet das sausen darjnn. ¶ Galienus rede naterwurcz gesotten im wasser vñ die aussetzig haut damit gewäschen reyniget die vō jrem vnflat vñ machet sy glat vnd schöne. vnd besunder das angesicht damit gewäschen benymet die aussetzigen flecken daruon. ¶ Item naterwurcz gestossen vnd auff die zerknischtē glider gelegt heylet sy. ¶ Colubrina ist gůtt genüczet den frauwen die sich saumen an jrer zeit. vñ treybet auß die todten geburt. Vnd darūb ist es den frauwen nit nücz zů brauchen so sy schwanger sind es wäre dañ sach das die zeyt wäre der geburt. ¶ Item colubrina machet hin fliehen die gifftigen thier. Wölichs mensch die bey i hatt dem mag kein gifftig thier schaden züfügen. ¶ Platearius spricht das dise wurczel sunderlich gůt sey für den gebresten der bestilencz daz buluer eingenommen mitt tyriackel vnnd endiuien wasser. ¶ Item wo dise wurczel in eynem hauß ist in dz mag kein gifftig thier kommen. Vñ wäre es sach dz schlangen darjnne wären dye flieh en behendigklichen darauß.

Hanf xc Cap

Canapus latīe. grece canaps arabice vero sechedenthi. ¶ Serapio in dem bůch aggregatoris in dem capitel Sechedenchi id est canapus spricht dz dises kraut werde geseet vnd bringet samen vnnd hatt auch gar ein langen stil vnnd lange este vnd einen starcken gerauch vnnd der stam ist hole. ¶ Paulus canapus ist heiß vnd trucken an dem andern grad. ¶ Wölicher vil feüchtigkeit hette in den oren vnd stetigklichen flüssen der laß öle warm darein dz gemacht wirt von disem samē er genyset. ¶ Dises kraut meret auch das haubt wee der damit handelt vnd bringet mani

am dz ist die dobesucht. ¶ Pla/
tearius. Nym̄ nußleuffen saffte
ein lot wilde selbē saft ein halb
lott rautten saffte dreü quintin
ysop safft dreü lot. vnnd nyme
hanfkraut safftes auch vier lot
dises misch vnder einander vn̄
nym̄ dauon ein halb lott vnnd
mische dz mit mūmia ein halb
quintin. zucker candit ein halb
lot. rosen zucker ein quintin. vn̄
mache darauß ein tranck vnnd
trinck denn des abents so du sch
laffen wilt geen. vnd lasse dich
wol czů decken das benymmet
auch alle feüchtunge in dē men
schē dauō sich erhebt die pesti=
lencz. vnnd ist der sicher eynen
ganczen monat. ¶ Diß tranck
dienet auch wol der wassersu=
chte vnd auch der gelesucht. vn̄
wölicher den also ein nymmet
der darffe sich der krangkheyt
keyner besorgen. ¶ Item wer
hanff samen zů vil nüczet mitt
namen die männer den wirt jr
natürlich samen vertrucket ge=
nant sperma.

Kürbisz xci Ca

Cucurbita latine grece cucur/
bita genella vel coloquintida.
arabice bara vel hara.
¶ Dyascorides in dem capittel
coloquintida. id est cucurbita
spricht das kürbiß habe frucht
die sey rott geleich einem hůte.
die soll man abe nemen so der
same darjnne wol zeytig wor=
den sey vn̄ das sol geschehen in
dē monat september genant vn̄
nit ee. ¶ Serapio auctoritate
galieni d' geschmack vō kürbiß
bletern ist starck vn̄ bitter. Di/
ser same treibet auß die flegma
vn̄ vnuerdaulich feüchtūg von
dem getruncken. ¶ In dē bůch
genannt circa instans steet ge/
schriben dz kürbiß sind kalt vn̄

frůcht getemperiert. die frucht braucht man in der ärtzney vñ samen. ⁋ Jtem kürbiß sol nicht rohe geessen werden sunder gesoten oder gebraten. ⁋ Jtem diser same genüczet mit wein ist gůtt der ein verstopfftes milcz hette vnd ein verstopffte leber ⁋ Jtem der same sol wol gereyniget werden von den aussern rinden vnd sol den sieden in gersten wasser vnnd darnach das wasser abe seyhen. dz getruncken ist fast gůt dem lebersüchtigē vnd machet wol harmen. Vnd wäre es sach das der sieche des wassers nicht trincken möchte. so soll man darauß machen ein syrope mit zucker. Diser syrope ist auch gůt gebrauchet der das febres hette wölicher hande es wäre. ⁋ Jtem wölicher ein hiczige leber het der schabe vō der frucht der kürbiß vñ truck darauß den safft vnd mische dar vnder essig vnnd darnach nym ein tůch vnnd necze das darinne vnnd schlage das über die hiczige leber außwendig an dem leybe es hilffet fast wol. ⁋ Jtem die frucht sol man auff hencken vnd sy lassen trucken werden. vñ so die kelte genahet sol man den samen auß thůn vnnd den reyben mit salcz das der schleyme vnd feüchtigkeyt daruon komme. vnnd die kerne legen an ein truckne stat vnnd an kein feüchte stat auff das die feüchtigkeit den samen nit verderbe als dann balde geschicht. ⁋ Disen samen mag man behalten dreü jar. ⁋ Jtem kürbiß wasser auff der kinder haubt gelegt ist die hiczige blatern vñ aposteme daselbst külen. ⁋ Diß wasser geleget auf die weethumb der füsse genant podagra ist sy senfftigen die vō hicze kommet. ⁋ Jtem kürbiß saffte mitt rosen öle vermischet ist gůtte wider weethumb der oren dareīn warm gethan wōlicher weethumb von hicz kōmet. Vnd mit disem saffte den mundt gewäschen ist gůtt wider dye zene weethumb. ⁋ Jtē kürbiß wasser mit rosenöle vermenget vnd damit geschmieret die lenden vnd den ruckmeyssel ist fast gůt wider die hicz des fiebers. Vnnd ist auch gůt wider das freischumb genant erisipila. ⁋ Jtem von gebranten kürbiß ist zů heylen die geschwär an den heimlichē enden. ⁋ Jtem kürbiß wasser genüczet ist gůtt wider die hicze des fiebers. vñ ist auch gůt wider den durst vñ wider dē hůsten mit zucker vermenget. Daz selbige ist auch dē bauch weich machē zů stůlgengen spricht Serapio.

fylczkraüt xcii Ca

Cuſcuta latine grece haboraſta
arabice Caſuch.
¶ Serapio in dem bůch aggre
gatoris in dem capitel Caſuch
id eſt cuſcuta ſpricht das dyſes
kraut hencket ſich vmb die bau
me vnnd iſt geſtalt geleich als
garn an dē ſtengel. vnd an der
ſpiczē hat es ein ſubtyle frucht
Man findet es vil in dem fluſſe
Sein natur iſt heiß an dē erſt/
en grade vnd trucken an dē an/
dern. ¶ Auch ſteet geſchriben in
dem bůch Pandecta in dem ca=
pitel Caſuch das diſes krauts
natur ſeye nach dem baum dar
an es hanget vnd iſt der baum
heyſſer natur daran es hanget
ſo iſt es auch heiß. Iſt er aber
kalter natur ſo iſt es auch kalt
¶ Der meiſter Serapio mit be
werung Galieni ſpricht dz di=
ſer ſame ſey gůt der böſen gal/
len vñ beneme das wee der len=
den das getruncken mitt ſelben
wein. ¶ Auch reyniget diſer ſa
me die aderen die vol feüchtig=
keit ſind. Vnd iſt auch faſt gůt
alſo genüczet für die geleſucht.
¶ Cuſcuta iſt faſt gůt genüczet
für das verhart milcz vnd leb/
ber. vnnd öffnet die zůhant mit
hiczung geſotten in wein. Vñ
geſotten mit waſſer vñ mit zuck
er ſüß gemacht iſt reynigen ein
kalte feüchtung. Vnd diſes iſt
auch gůt genüczet wider dē kal
ten ſeich platearius.

wegwarten xciii Ca

Cicorea latine vel sponsa solis vel solisse quia· arabice honde=be· grece Seris vel intuba vel geguttisi·

¶ Galienus in dem achtenden bůch genant simplicium farmatarum spricht das wegwarten sey kalter vnd truckener natur diß kraute ist gestalt geleich dē fenchel vnnd hat oben ein blae blůmen geleich einem stern·

¶ Serapio mit bewerūg Diascorides spricht daz dises kraut gesotten in wein vnnd geessen machet einen gůten magen vñ den wol deüwen· ¶ Dises krautes blůmen vnnd wurtzeln ge=stossen vnnd über das fůß wee=thumb genāt podagra geleget geleich einem pflaster benymet den weethumb zůhant· ¶ Diß pflaster gelegt auff einen ver/gifftigen biß heylet den zůhant

¶ Item diß pflaster gelegt auf den gebresten herisipila genant zeühet grosse hitz darauß· Ein gummy genennet Serapinum vnd dises gūmy das man fin=det an disem stam̄ vnnd mirra yegklichs geleich vil vñ vnder einander gemischet mit gamil/len öle vnd hönig vnd darauß gemacht ein pflaster vnnd daz gebunden auff die schemde der frauwen reyniget jr die můter also daz sy darnach geberē mā=ge· ¶ Dises kraut vnd wurtz/el gestossen vnnd trociscos darauß gemacht dz sind rot schyblin vñ die sol mā zerteylen oder vermischē mit rosen wasser vñ schmierē die reüdigē haut mitt disem wasser heilet die vñ machet sy geladt· ¶ Item sumen würbel saft vñ endiuiē saft vñ auch hirtzung safft mit zucker ein tranck gemacht daruon ge/nützet ist fast gůt wider bestoppung d leber vñ miltz mit waßser vñ auch mit wenig essig gesoten· Darnach sol man nützen pillilen von reubarbaro vñ darnach ein sterckung genützet genant triasandali·

Kychern xciiii Ca

Citrullus latine · arabice hake vel rahera·

¶ Serapio in dem bůch aggregatoris in dem capitel Rahera auctoritate Galieni sprichett· das auch die kychern gar kelt=ter sind von natur · wann dye

kürbiß vnd spricht auch do sel-
best das kyttern machen böse
feüchtigkeit vnnd böse geblütte
in den aderen· vnd kommen ge
ren febres dauon wer sy ysset·
vñ darũb sind sy nit zů brauch
en einem yegklichen menschen·
wann allein die do haben einen
hiczigen magen die mügen sye
brauchen on schaden· ¶ Item
kichern gesoten in wasser ist gů
te den dye zerdrüsen wären an
dem leybe von dem kalten wee
die damit gewäschen· ¶ Dz sel
big wasser getruncken benym/
met den durste vñ bringet stůl-
gang also das man dar vnder
menget zucker daz man nemmet
electuarium de succo rosarum·
¶ Vnd solt wissen daz dises ge
truncken nit gůt ist den mensch-
en die gar verhertet sind in dē
leibe· wann diß wasser ist nitt
also krefftig dz es müge erwei-
chen die hertigkeit in dem leybe
vnd darumb wäre es fast sche-
delich dem menschen wann es
bey jm bleibe vñ nit gewürckē
mocht· ¶ Item ysaac in dē bůch
genennet de dietis particulari/
bus in dem dritten vnderscheyt
vnd in dem capitel citrullus be-
schreibet vns daz citrulli vergif
tige feüchtigkeyt machen in dē
menschen vnd sind auch nit bal
de zů verdeüwen vnd darumb
sind sy nit gewonlichen zeessen
Aber das wasser dauon gesotē
mag man nüczen on schadē·

walwürcz xcv Ca

Consolida latine· grece simphi-
tum vel anagulicum · arabice
pitterion·
¶ Diascorides in dem capittel
Symphitū id est consolida sp/
richt daz die sey zweyerley· die
ein groß· die ander kleyn· Dye
klein hat feyste bletter vnd ge-
leichet dē dosten· der stengel dar
an ist dünne· vnd hatt este wie
holcz· ¶ Der stam reüchet wol
vnnd ist süsse· Dye wurczel ist
lang vnd rot an der farbe· vnd
ist als dick als ein finger · Die
grösser hat ein scharpffen stam
vñ zweyer arm lang · der stam
ist jnwendig hol vñ hatt lange
bletter geleich der ochsen zungē
die wurczel ist außwendig sch-
wartz vñ jnwēdig weiß far vñ

klebetig ¶ Plateaius die wur
tzel gestossen vnd dauon getrū
cken benÿmet auch dz blůt speÿ
en. ¶ Jtem dise wurtzel gestoß-
sen vñ gelegt auff die zerknisch
ten glider heilet die zůhandt.
¶ Plinius spricht daz Consoli
da maioꝛ habe alle tugent dÿe
dañ hat cerifoliū dz ist kÿrbeln
vnd das kraut von der conso/
lida maioꝛ hat alle die tugendt
die die wurtzel an jr hat. ¶ Jtē
die wurtzel vnd auch dz kraut
gestossen vnnd gelegt auff die
schwartzen blatern gleich eynē
pflaster zeühet auß dē eÿter vñ
zeühet damit auß gelebert blůt
das von stossen von fallen oder
von schlegen sich erhaben hat
¶ Die kleni consolida gesotten
mit mulsa reyniget die leber
¶ Jtem eÿn mulsa mache also.
Nÿm acht teÿl wassers vñ das
vierteÿl hönigs vnd misch dar
vnder die klein walwurtz mit
bletern vnd wurtzeln oder wz
du wilt do dich dañ dißs bůch
vnder weiset vnd thů auch di-
se dreü ding zů hauffen. vñ laß
dise stück sieden miteinander ð
tranck ist fast gůt der lungē vñ
auch der lebern. ¶ Von dÿser
wurtzeln getruncken mit wein
stellet den frauwen jren flusse.
Die wurtzel gekeüwet benÿm
met den durst.

ritterspoꝛn xcvi Ca

Consolida regalis latine.
¶ Die meÿster sprechen daz di-
se blůmen sind heÿß vnd auch
gar truckener natur vnnd ha-
ben auch gar vil tugent an jn.
¶ Jtem dÿse blůmen gestossen
zů buluer vnd dar vnder gemi-
schet rosen wasser. dißs wasser
dienet fast wol den augen dar-
umb gestrichen vnnd benÿmet
die röte darjnne. ¶ Ritters
blůmen dreÿ in jungkfrauwē
wachs gewürcket vnd an den
hals gehencket vñ damitt sant
Otilien ein messe gefrümet oð
dreü almůsen vmb jren namen
geben. oder dreÿ pater noster
andächtigklichen gebeth oder
dise dreÿ gottes dienst alle ge-

than· Seine augen beleiben ge/
sunt die weyle der mensch lebet
Vnd wann dich duncket deine
augen bresthafftig werden solt
du disz wachs bey dir halten
drey tage mitt der obgeschriben
büsz· ¶ Jtem dise blůmen alle
tage angesehen den selbigen ta=
ge kommet dir kein augen we
thumb· Vnd etlich nemen diser
blůmen ein büschlin vnd henck
en sy über die thor der stuben od
kammern auff das sy darein se
hen mügen· ¶ Dise blůmē hatt
die lieb jungkfrauwe sant oti=
lia sunderlichen in eren gehabt
dauon jnen dañ solicher gewal
te kommen ist·

Hornwürcz xcvii ca

Cardo benedictus· grece Erigi/
on siue erigiron· vel sedum vel
semicion vel entricomon vel se/
nacion arabice xhoseam vel an
chancidam·

¶ Der meister Galienus in dē
sechsten bůch genant simpliciū
farmacarum in dem capitel car
do benedictus spricht das dyses
krauts natur sey auffthůn die
verstopfften gelider jmm leybe
durchtringet vnd machet auch
gar wol harmen· ¶ Diascori
des in dem capitel sedum id est
cardo benedictus spricht das di=
ses kraut wachs auff den däch
ern vnd auch in den felsen vnd
hat grüne bletter die sind dicke
feyst vnd auch grob· dise blet/
ter sind kalter natur· ¶ Von di
sen blettern gemachet ein sälse
vnd dar vnder gemischet süssen
wein vnd das auff das zersch/
wollen gemächt gelegt seczt bal
de die geschwulst· ¶ Jtem was
böses an dem afftern wäre daz
heylet dises geleich·

ringel blůmen

Das xcviii Ca

Caput monachi siue caparus
latine grece kÿnolbaton·arabi=
ce hapar·

¶ In dem bůch genant circa in
stans in dem capitel Caparus
steet geschriben das dÿses seÿe
heiß vñ trucken an dem ande[r]n
grade· Die rinden wurczel blet=
ter vnd blůmen dienen alle in
der ärczneÿ· Die rindẽ sol man
sammeln an dem angeendẽ des
meÿes vnd sol die auff henck=
en vnd die lassen dorren·die rin
den sind fünff jar gůt· Die blů=
men söllen gesammelt werden
so sÿ noch in den knöpffen sind
Wenn man sÿ sich auß breiten
so sind sÿ nichts wert· Dise blů
men sol man beÿssen mit salcze
vnd sÿ hin legen die sind auch
zweÿ jare gůtt· ¶ Sÿe stercken
den magen vnd machen lust zů
essen· ¶ Die böse feüchtigkeÿt
in dem magen verzeren dise blů
men· ¶ Den erkalten magen
machen sÿ warme· ¶ Die rin=
de hatt gar groß tugendt an jr·
wañ sÿ durchtringet vnd ver=
zeret böse feüchtigkeÿt ¶ Die
rinden gesoten in wein vnd den
getruncken ist fast gůt den leber
süchtigen· ¶ Das buluer von
den rinden gemischet mit fench=
elsamen saft vnd den getan vn
der wein vnnd ein wenig öle
vnnd das gesotten biß es dicke
wirt·vnnd darnach thů darzů
wenig wachs vnd mache dar
auß ein salbe·Dise salb ist gůtt
genüczet auf wendige an das
milcz gestrichen ·des geleichen
auff den erkalten magen·¶ Den
saft võ dẽ bletern in die oren ge
lassen tödtet die würm darjnn
¶ Der wirdig meister Auicen=
na spricht das die rinden gebul
uert vnd auff die bösen faulen
blatern gelegt heÿlet sÿ·¶ Ein
kristier gemacht von dem safft
des krauts vnnd der wurczeln
ist fast gůtt genüczet den lamen
gelidern·

Hundts zungen
Das xcix Capitel

Cinoglossa grece·Lingua ca/
nis latine·

¶ Die meiſter ſprechen das dy/
ſes ſey ein kraut·vñ geleichet d
wegbreyte·allein cynoglossa er=
habne bletter hat geleych einer
hundts zungen·¶ Diſes krautt
iſt kalt vñ trucken an dem ande=
ren grad·¶ Vñ man braucht es
zů geſchwerē in dem mund· vñ
zů andern böſen hyczigen blat/
tern·an wölchem ende die wärē
an dem leybe·¶ Cynoglossa ge/
ſoten im waſſer·vnd domit geba
det·benymt die geylkeit von dē
menſchen·¶ Item·Nym hunts
zungen mit eines jungen fryſch
en hunts herc; en mit ſeiner mů
ter genant matrix·vnd diſes le=
ge wo du wilt·ſo ſamelē ſich all
die hundt die do ſelben ſind·vñ
ſo man diſes legt vnd ſein groſ
ſe zehen·ſo ſind die hundt alle
ſchweygen·vñ nit bellen·Vnd
biſt du diſes bynden an des hun
des halß·ſo iſt er ſich vmbwerf=
fen dycker mal ſo lang biß er zů
der erden fellt als wäre er todt·
ſpricht Albertus de virtutibus
herbarum·

küdten baum
Das C capitel

Citonia latine·Arabice cufa

¶ Der hochgeleret wirdig mei/
ſter Auicenna in ſeinem andern
bůch in dem capitel citonia·ſpri/

·l·j·

chet·das dise frucht sey kalt an dem ersten grad·vnd trucken an dem anfang des andern·Vnd jr natur ist stercken vnd krefftigē Dises kraut nüczet man in der erczneÿ·Der safft von küttē ist fast gůt asmaticis·das sind die einen kurczen atem haben·vñ benÿmbt das blůt speyen· ¶ Die keren vō kütten geleget in waß ser vnd mit disem wasser gegorgelt in der kelē·benÿmbt squināciam·das ist ein geschweer in ð kelen·¶ Dises wasser vō dē kernen in dem munde gehalten·benÿmbt den durst·vñ heÿlet die verwundeten zungen·vnd kület den hÿczigen magen·

¶ Dises wasser von den kernen der kütten benÿmbt des magens auffstossen vnd das brechen·vñ stercket den magen·vñ machett wol deüwen·¶ Ein latguergē gemachet von kütten krefftiget alle gelÿder des menschen·vnd benÿmbt vnnatürliche hÿcze

¶ Platearius Ein tranck gemachet vō kütten vnd den genüczet des abents·bringet lust zů eß sen vnd benymmet trunckenheÿt·

¶ Der meister Rabi moÿses spricht·Wölche frau kütten ÿßset gebraten·die machend frőliche kÿnder·vnnd kōmen gerůwigklich zů der geburd·¶ Plinius·Küdten gebraten vnd die geeß sen nach dem ÿmbiß·machen ein frőlich geblůte vnd stercken dz hercze·¶ Der meister Serapio in dem bůch aggregatoris in dē capitel cusa idest cÿtonia mit bewärung Diascoridis spricht·dz kütten fast gůt sind genüczet dē magen·vnd machē wol härtnē vñ sind allzeit besser gebratē oð vermengt mit andern dingē deñ rohe·¶ Item·kütten genüczt benemen vomitū·das ist das brechen oben auß·oder des magens auffstossen·wem das gefär wär der lasse jm kütten braten·vnnd die mit hőnig eingenōmen·hilffet fast wol· ¶ Item das feücht vō den kernen genüczet mit zucker·vñ das gehalten in der kelen·oð in dem munde·heÿlet die verwundten kelen·vnd benÿmt die scherpffe der zungen domit·vnd feüchtet den mundt vñ verczert den durst·¶ Item in allen kranckeÿten mage man nüczen dyse frucht vnd jre latwergen·wañ sÿ bringend dem herczen grosse krafft·vnd benemen alle vnnatürliche hÿcze·vnd machen dem menschen frÿsches geblůt·vnnd stercken das hercze·vnd alle gelÿder des leybes·¶ Item in krāckeÿt des gedärmes genant colica sol man küdten nicht nüczen·wann sÿ stopffen·¶ Auch sind die kütten nit gůtt zů nüczen in kranckheyten des fiebers in den man stůlgäng begeren ist·

Distel ci Capitel

Cardo latine.

¶ Der meister Plinius in seinē bůch in dem capitel cardo spricht das d sind zweyer handt. Eine ist lynd. die ander stÿcht. vnnd sind beÿd heÿsser natur. Jr hÿtz ist jähe vnnd erlÿgt doch balde. wañ sÿ entsteet võ d erdē. vñ dz kraut wächßt võ dē schweÿß d erdē. vñ d schweÿß ist auch stechen. wann wie d schweÿß auß dem menschē geet vñ jm grÿselt zwÿschen seel vñ fleÿsch so er in ängsten ist. Also thůt auch das erdtrich. wañ es machet kleyder võ seinem schweÿß die den menschen zerren vñ stechen. ¶ Jtem dystel als ich gesagt hab das d ist ein teyl lÿnd vñ ein teÿl stechen. die beÿde kreütter sind nitt ñnetz zů essen. wañ wer sÿ äß. dē machten sÿ sein blůt kranck vñ düñ vñ brächtē dē menschē böse feüchtung vñ vnreÿn. vñ würd dauõ vnkrefftig. ¶ Jtem die dÿsteln die man nennet sehe dÿstlen habē etwas küle an jn. ¶ dz wasser dauon distillieret. ist gar nütz wer den stechen hett in den seyten ¶ Des geleÿchen die körn er dauõ. neüne genüczett auff ein mal. ¶ Wölcher also groß stechen het in dem leÿb daz einē bedeücht dauon sterben. d neme seh dÿstelkraut vñ selbe ein wenig mÿnd vñ stoß die vñ müsch darunder des wassers võ sehen disteln vñ siede dz vierteyl ein. vñ schlag es durch vñ mach es süß mit zucker. vñ trincke das so jn das stecken ankumbt. es vergeet on zweÿfel.

Das cii Capitel

Camepytheos·vel camepitis·
grece·arabice Hametheos·lati/
ne Quercula minor·¶ Der mei
ster Serapio in dem bůche ag/
gregatoris in dem capitel hame/
pitis sprichet·das dyses kraute
wachße auff der erdē vñ breytet
sich weyt vmb·Dises kraut sol
gesamlet werden mit dem samē
so er zeytig ist·¶ Galienus in dē
achtenden bůch genant Simpli
ciū farmacarū in dem capitel ca
mepitheos spricht·das dises sej
heyß an dem andern grad·vnd
trucken an dem dryttē·¶ Dyses
kraut dienet fast wol den bősen
blattern vnd geschwerē·vñ sun
derlich den zerschwollen brüsten
die in jn eytter haben·das kraut
mit dem samen gesoten in was/
ser vnd darauff geleget geleych
einem pflaster· ¶ Platearius·
Dises kraut gestossen vnd dar/
auß gedrucket die grůse·vnd dy
gemüschet mit cassia fistel vñ dz
genüczet·vj·quintin·bringt senf
te stůlgāng·vnd treibet auch do
außs dem mennschen die me/
lancoley·das ist die jrrdisch feü
chtung·¶ Die wurczeln vō dy
sem kraut ist gůt den geelsüchti
gen siben tag nach einander da/
uon getruncken·¶ Dises kraut
gesoten in wein vnd gemüschet
mit hőnig·der frawen das ein/
gegeben bringet jr jre feüchtung
genant menstruū·¶ Plinius·di
ses kraut geleget in wein zehen
tag·also das es faule darjnnen
vnd darnach den weīn gesotē dz
er gar ein siede·darnach sol diß
kraut durchgestrychen werden
geleych einem pfeffer·vñ darna
ch disen durchgestrychen breyen
müschē mit baumőle vñ wachß
vñ darauß mache ein salbē·dise
salben dienet wol den bősen lebe
ren vñ milczen aussen daran ge
strychen·¶ Dises kraut gebul/
fert vnd gemüschet mit hőnige·
vnd also nüchter genüczet tőd/
tet die würm in dem bauch·vnd
treybet sy auß sterklich·¶ Diß
kraut vnd hyrßzungen in wein
gesoten ist gůt wider bestopffūg
lebern vñ milczes·vñ wider die
geelsucht·Vnd ist auch fast gůt
wider den stein d nyeren vñ der
blasen·spricht platearius·

Cepe latine·grece Bulbus·ara bice Basal·

¶ Der meyster Diascorides· in dem capitel bulbus·idest cepa beschreibt vns vnd spricht·das d sind zweyer handt·die ein sind rot von farben·die andern weiß Vnd spricht·das zwybeln seind heysser natur· vnd machet dye kelen scharpff roch geessen·vnd erheben den magen·¶ Zwybeln sind gůt genüczet ydropicis·daz sind die wassersüchtigen die võ keltte kõmet· wann sy zertrennend die geschwulst·¶ Zwybelen mit hönig gemüschet·benemmen den schmerczen des bösenn magens·¶ Die meister sprechẽ· das der mensch mit vil zwybeln eßse·wann sy sind den gelydern schad·vnnd trücknet zů fast die feüchtung des leybes· ¶ Galienus in dem sibenden bůch genãt Simplicium farmacarũ in dem capitel cepa·vnd Serapio sprechen·das zwybeln sind heyß machen an dem vierden grad·

¶ Item·Zwybeln ecʒẽd auff dy feüchtblatern·die mitt eßsig gemüschet·vnnd darüber geleget·

¶ Item·Wölcher mit zwybelen bestreychet die kalen stat so machet es doselbst har wachßenn·

¶ Serapio spricht·das die rotẽ zwybeln fast stercker seyend an jrer natur denn die weyssen·

¶ Platearius spricht·das zwybeln weychen den bauch·vñ bringen durst·¶ Der safft gemüscht mit hönig·vnd die tunckeln augen aussen an domit geschmiert machet sy klar vnd hübsch·

¶ Item zwybeln gemüschet mit salcze vnd auff die wärczen geleget heylet sy von grund auß·

¶ Item·zwybeln gestossen mitt eßsig·vnd die maledeyet haudt domit geweschen benymmet die vnreynen haudt vnd macht ein gladte haudt·¶ Plinius spricht das zwybeln zů vil geessen auff blasen den bauch vñ bringẽ winde·¶ Zwybeln sind dem magen schad·vñ bringen vnlust·¶ Itẽ zwybeln geessen benemen den bösen gerauch des mundes·¶ Der safft von zwybeln in die naßlöcher gelassen·purgiert dz haubt·

¶ Item zwybeln gemüschet mit hönig vnd rautẽ vnd salcz yeglichs geleych vil vnd dise stuck mit einand gestossen vñ warm gelassen in die oren·benymet jr eytter vnd schweren·¶ Item·colericis·das sind die die do võ natur heyß vnd trucken sind·dẽ ist zwybeln schade·wann sy dauon ye dürrer vnd hyeziger werden Aber flegmaticis·das sind die die do kalt sind von nature·den dienen sy wol zů allen zeytẽ vñ verczern in jne die überflüßsigẽ feüchtung·

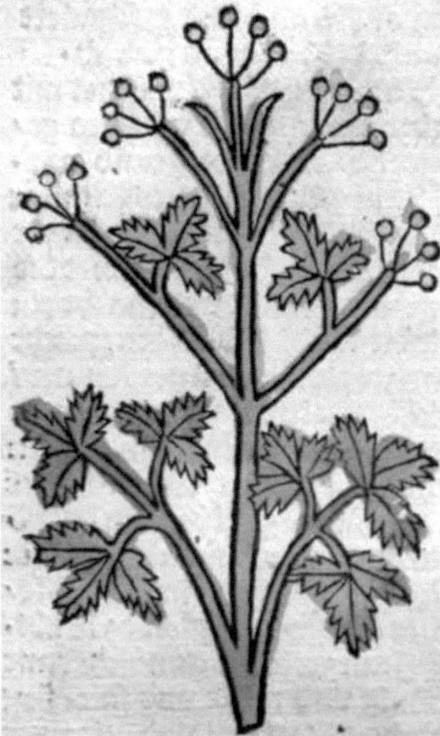

Coriander ciiii capi

Coriandrum latine· grece Co/
rion·vel coriamum·arabice dai
bora vel cumbera·

¶ In dem bůch circa in ans im
dem capitel coriandrum beschrei
ben vns die meister vn̄ sprechen
das coriander sey heyß vnd tru=
cken an dem andern grad·¶ Aui
cenna vnd Diascorides sprechē
das es ist von kalter natur·

¶ Den samen nüczet man in/
erczney·vnd der weret zwey jar
vnuerseeret an seiner natur·

¶ Der wirdig meister Auic en
na in seinem andern bůch in dē
capitel coriandrum spricht·das
coriander gůt sey den heyssen ge
schweren·vnd sunderlichē einer
blatern geheyssen carbuncalus·
das ist ein blater/die ist schwar
cze vnd fast giftig·vnd geley/
chet der pestilencz· vnd gleycze/
ret geleych einē karfunckelstein
den ein genomen mit essig vnd
rosen öle/oder mit hönig·¶ Co/
riander ist gůt vertiginosis·daz
ist der schwyndlung des haubts
die do komet vō der flegma vn̄
melancoley· ¶ Diser samen ist
auch gůt genüczett epilenticis·
das sind die·die den fallenndenn
siechtagen haben·¶ Aber doch so
sol man sich diß massen dz des
nit zů vil genüczet werde· wan
er ist schedlich geleych dem byl/
sen samen·¶ Item·coriander ist
bößlich zů verdeüwen ¶ Corian
der gedörret vnd gebaysset oder
überzogen mit zucker·vnnd also
genüczet stercket den magen·vn̄
machet do einen wol riechenden
mundt·¶ Plinius·coriander ge
stossen vnd gemüschet mit höni
ge vnd rosen öle·vnd die gesch=
weer domit bestrychen an dē ge/
mächte·heylet die zůhandt·

¶ Coriander benymbt frauwen
gelust genant coitum· vnnd die
materien des mannes samen ge
nant spermatica wirt durch in
gemyndert· Vnd spricht Auicē
na das coriander ist abnemmen
die macht des mannes sammen
den es ist verdrucken·vnd beny=
met auch die auffreckunge des
mannes rűtten·genannt erectio
virge·¶ Item· Wölcher sich ge
brauchet des safftes von corian
der auff ein vierteyl eines pfun/
des·der wirdt also kranck vnnd
onmächtig vn̄ traurig das dar

nach zů besorgen ist der tod. Vnd
darumb sol des gar wenig genü
czet werdē od gar nichcz. ¶ Se-
rapio in dem bůch agregatoris
in dem capitel Kaybora genant
coriandrum. spricht. das corian-
der beneme den tampff der auß
dem magen auff steyget in das
haubt. Vnd darumb mügē dye
do beladen sind mit der fallendē
sucht den wol nüczen in d koste.
wañ die vrsach diser sucht ist dz
sy kōmet vō dem tampf des ma
gens. der also auffsteygt in das
haubt. ¶ Diser same sol mit roh
geessen werden die menig. wañ
er ist schedlich dem geblüte. Aber
gebeysset mit eßig vnd überzo-
gen mit zucker mag man in wol
nüczen. ¶ Item. das kraut ist
ganncz nichcz zů brauchen vmb
des bösen gerauches willen den
es in im hat. wann der gerauch
ist dem haubt schedlich. ¶ Item
coriander mit eßig gebayßt vñ
nach dem essen genüczet ist gůt
wider der tampffe auffsteigung
in das haubt. ¶ Item coriander
mit eßig gebayßt vnd gebulfert
mit wegbreyte safft genüczet ist
gůt wider den blůtgang der na-
sen. ¶ Item coriander safft mitt
eßig vermenget ist gůt zů külē
sant Anthonius feüwer Plate-
arius.

Geel feyel cv Capi

Cheyri arabice et grece.
¶ Der meister Serapio in dem
bůch aggregatoris in dem capi-
tel cheyri. sprichet. das dises ge-
wächße oder kraut mangerley
gestalt an im habe. vnd sunderli
chen an der blůmen. wañ d blů-
men sind ettlich weyß. ettliche
geelb. vnnd etlich die haben zyt-
tryn farben. vnd wölche blůmē
zytryn farben haben die sind die
beßten. vnd sind besser genüczett
in der erczney denn die anderen.
¶ Ettlich meister sprechen. das
dise blůmmen geleychen an irer
farbe den feyeln vnd auch an d
gestalt. Vnd dises ist die vnder
scheyd vnder disen feyeln vnnd
andern wolriechendē feyeln dañ

etlich riechen des tages vnd des
nachtes· Etlich riechē des nach=
tes vnd nit des tages· das selbig
sind dise feyeln cheyri genannt·
¶ Auch so sprechen ettlich mei/
ster das dise gelbe feyeln geleich
en den feyeln an irē geruch vñ
der selbigen ꝺ sind etlich weyß·
vnd etlich geel· vnd von dē wir
hie sagen· daz selb sind die gelbē
vnd die riechen des nachtes fast
wol· ¶ Diser feyeln tugent ist
hyczigen vnnd trucken machen·
vnd subtilieren· ¶ Dise blůmen
nüczet man in der erczney vnnd
nit das kraut noch die wurczel
¶ Dise blůmen gesoten im was/
ser vnd das getruncken· treybett
auß secundinam· das ist die an
der geburd· ¶ Dises also genü/
czet treybet auch auß die todten
geburd· ¶ Dise blůmen gestoß/
sen vnd den safft gelassen im die
augen· benymmet die bösen fle/
cken darinnen· ¶ Von disen blů
men sollen nit trincken die frau=
wen die mit kyndern geēd· wañ
die kynder daruon schaden em/
pfiengen· wann es bringt fraué
feüchtigkeit· genant menstruū·
Es wär dann sach das dises ge
schähe so die frucht todt wäre·
oder das die fraw kōmen wäre
biß auff das zyl der geburd· od
das die frauwe wär in grosser
schwärer arbeyt· so mügend sy
wol trincken von disen blůmen
auff das sy got dester ee erlöße·
¶ Item daz safft vō disem krau
te mit hönig vermenget· ist gůt
wider die blattern an dem mun=
de genant alcola· ¶ Item· Dises
krautes öle vermüscht mit leyn
öle· ist die weetagen des milczes
styllen· vñ ist die hertikeyt des
milczes weychen· Serapio·

Herczgespan

Das cvi Capitel

Cordiaca latine·
¶ Die meister sprechen das dy/
ses kraut sey heyß vnd trucken
an dem andern grad· ¶ Diasco/
rides spricht das Cordiaca habe
in ir tugent zů reynigen vnd zů
weychen den leybe jnwenig·
¶ Dises kraut nüczet man in ꝺ
erczney· ¶ Item· Dises kraut ge
soten mit reynisch köle· vñ das
geessen bringet dem magen senff
tigung· vnd machet domit wol
deüwen· ¶ Platearius· Dyses

kraut gestossen vnd den safft ge
nüczet benym̄t das wee des her
czen·vñ machet dem herczen gůt
geblůt· ¶ Dises kraut ist gůt
dem zÿttrenden herczen· das ge/
stossen·vnd den safft bereytt mit
zucker·vñ den nüchter ein genō/
men· ¶ Item· Dises kraut ge
stossen mit seiner wurczel vnd
das geleget auff die brust benÿ/
met den zwang an dem herczen
vnd machet auch also genüczet
ein reümige brust ¶ Item wem
der krampff gefärd wäre d'nü
cze dises kraut mit hönigwas/
ser genant mulsa·er genyset
¶ Was mulsa seÿ findest du in
dem capitel Consolida maior
¶ Dises kraute gestossen·vnnd
auff das gelÿd gelegt do sich er/
haben hat d krampff·es vertreÿ
bet den on zweÿfel· ¶ Der mei/
ster ÿsaac spricht dz dises kraut
fast nücz sei den lamen gelydern
die domit gewäschen vnnd den
safft daran gestrÿchen· ¶ Dÿses
kraut geleychet an seiner natur
der nachtschattē im aller jrer tu:
gent·Aber nit herwiderumb dz
kraut nachtschatten geleÿcht dē
herczgespan·wann nachtschad
ten hat tugent an jr die herczge/
span nit hat·Aber doch sprechē
die meister wo man herczgespā
nit gehaben mag do mag mā ne
men an jrer stat Solatrum·daz
ist nachtschadten·

Costen cvii Capit

Costus grece et latine· arabice
hosta·
¶ Serapio in dem bůch aggre/
gatoris in dem capitel Hosta ge
nant Costus spricht· das dÿses
seÿ ein wurczel·vnd der ist dreÿ
er handt· Eine kumbt auß dem
lande arabia·vnd die ist weÿß
vnd leÿcht·vnd hat einen gůten
gerauch·Die ander kumbt auß
dem lande india·vñ die sind sch
warcz·Die drÿtt kumbt auß dē
lande sÿria·vnd die hat ein farb
geleÿch dē buchßbaumen holcze·
Die best vnder den dreÿen ist die
die do kum̄t auß dem lande ara
bia·darnach die do kum̄t auß in
dia·darnach die auß dem lande
sÿra· ¶ Item·Serapio sprichet·

daz dise wurtzel in mangē weg
geselschet werde mit ð wurtzel
genant Enula campana·dz ist·
alant wurtz· vnd die wirt vnd
dise gemüschet so sÿ dürr ist·
¶ Der wirdig meister Auicen/
na in seinem andern büche in dē
capitel Costus spricht·dz die seÿ
heÿß an dem dritten grad vnnd
trucken an dem andern· ¶ In dē
büch circa instans·beschreÿbend
vns die meister vnnd sprechen·
das dise wurtzeln genant Costi
die do kōmen (auß arabien) wer=
den genützet in der appotecken·
vnd die sind die besten·also das
sÿ sich mit zü bulfer machen las/
sen wenn man sÿ braucht· Dise
beleÿben vnuerseeret zehen jare
an jrer natur· ¶ Item Diascori
des· Costus gestossen zü bulfere
vnd gemüschet mit baumōle vñ
den leÿb domit geschmieret benÿ
met febrem von dem vierdē tag
genant quartanam· ¶ Auch ist
dises also genützet güt denē· die
das gegicht haben in den füssen·
oder anderßwo an dem leÿbe do
mit die gesalbet·wann es zeüht
auß die feüchtung von dem geü
de vnnd erwörmet die gelyder·
¶ Die wurtzeln mit wein genü
zet treÿbet auß dem bauche die
breÿten würm· ¶ Platearius·
Die wurtzeln gestossen vnd ge
müschet mit hönig·benÿmbt die
flecken von dem antlitz· sich do/
mit geschmieret· ¶ Der meister
Auicenna spricht·das costi sind
allen gelÿdern des leÿbes güt so
sÿ erkalttet sind do mag mann
sÿ zü brauchen· ¶ Dise wurtzlē
geleget in wein vnd dauon ge/
truncken·meren den gelust ð vn
keüscheyt· ¶ Dise wurtzeln ist
güt der erkaltteten müter genāt
matrix·domit gebadet oð gebäet
vnden auff·vñ die mit wein ein
getruncken· ¶ Item· Plinius sp
richet·das dise wurtzel fast güt
seÿ gesotē mit gebrenntem wein
vnd die lamen gelÿder domit be
strÿchen·wann sÿ durchdringet
die lenden·vñ wörmet die selbē
gelÿder festigklich·

Hyrßschwammen
Das cviii Capit

Ceruibolitus latine·
¶ Die meister sprechen dz hÿrß=
schwamme seÿ kalter naturen·
vnd ist dem menschen schedlich
zü essen vnd auch dem vyhe·
¶ Item· Hÿrßschwammen ge/
keüwet vnd domit bestrichē do
die spÿñ gestichet hilfft fast wol
¶ Hyrßschwam̄ geleget auff ei
nen hÿtzigen schaden an dem lei
be von was handt der wär zeü
het groß hÿtze auß· ¶ Wölche
frawe hyrßschwammē äß die
mit einem kynde gieng·die wür
de des kÿndes übrig mit schaden
jres leÿbes· ¶ Wer do müd
wäre auff dem wege· äß er do
hÿrßschwammen er würde dar
von geng· ¶ Item hÿrßschwam
men nüchtern geessen·ð benÿm/
met die tunckelheyt der augen·

¶ Hyrßschwam̄ gekeüwet vn̄ das auff die zerschwollen hoden gestrychē· benymet die geschwulste dauon· ¶ Wölche frau wär in kyndes arbeyt die neme hyrßschwam̄ als groß als ein ärbeiß vnd keüwe das halb teyl· vnnd mit dem andern halben teyl vmbstreyche sy den nabel· so gewyn/net sy das kyndt bald vnnd on grosse arbeyt· ¶ Hie ist zů wiß=sen das sich ein yegkliche frawe daruor hütte die schwanger sey das sy der mit eßse· noch sich do/mit bestreyche· es wär dann an der zeyt d' geburd· anders es entstůnde dauon grosser schad·

Blůtwurtz

Das cix Capitel

Crispula arabice et grece· lati/ne Herba cancri·

¶ Die meister sprechen· das di/ses kraut sey feuriger natur· vn̄ hat doch ein küle an jr· ¶ An wölchem menschen böse tödtli/che feüchtung entsteet· an wöl/chen enden seines leybes das sey vnd sunderlich wider das freyß/sam vn̄ weetagen in den füssen· der selbig sol blůtwurtzenkraut allzeyt eßsen· sy vertreybet jme solche feüchtung· ¶ Dises kraute gesoten in wein· vnd den ge/trunckē benymet das fieber quartan· also das er den trincke zwüe stund vorhyn so jn beduncket dz fieber ankōmen ist· vn̄ dises sol geschehen fünff mal nach einander so das fieber kōmet· ¶ Wem das gegicht fast wüttet in dem leybe· der brauche dises kraut im wein· jm wirt baß· ¶ Wölcher das heyß fieber hät in dem ma/gen der sol dises kraut schneydē in wein· vnd den warm machē· vnd also warm trincken· es hilffet on zweyfel· ¶ Dises krautt brauchet man in der salben ge/nant marciaton· vnd ist gůt für alle kranckheyt die dise yetzge·nantte salben berüren ist·

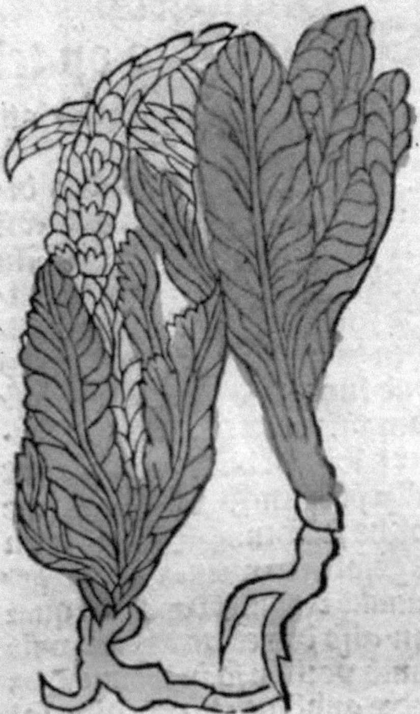

wulkraut · cx · Ca

Candela siue Taxus barbatus latine·

¶ Die meister sprechē als pandecta vnd Platearius· das dißs kraut ist vō kalter vñ truckner natur· ¶ Dises kraut ist gůt gekochet mit andern kreüttern im fleÿsch oder besunder im gemůß· Vnd dz geessen benÿmet all krāckeÿt des herczē· ¶ Item für die heÿsere im der kelen od an d stÿme· vñ der domit vol ist vm̄ die brust· d neme wůlkraut vñ fenchel vñ süßs holez ÿegklichs geleÿch vil· vnd siede die im wasser oder im gůtem wein· vnd seÿhe darnach daz durch ein thůch vñ müsche darunder zucker vñ trincke das· es hilfft· ¶ Item Platearius· dises kraut gestossen zů bulfer oder gebrennet zů bulfer vnd das gestreüwet in die wūden· eczet auß das faul fleÿsch ¶ Item· dises kraut geleÿcht im seiner tugent der osterluczÿ vnd sunderlichen das bulfer dauon· ¶ Item· dises krautes safft mit piretro vermengt vnd den mūd domit gewäschen· ist gůt wÿder die zeen weetum̄· ¶ Item· dises krautes bleter mit eßsig vermēget· vnd geleget auff ein verbrēnet gelÿd· es heylet· ¶ Item Dises krautes blůmē mit wegbreÿte samen oder kraut gesotten· vnd auff die feüchtblattern geleget· heÿlet den fluß d feüchtblattern·

Cypprеsz
Das cxi Capitel

Cypprеssus arabice· grece· et
latine·
¶ Der wirdig meyster Sera/
pio in dem büche aggregatoris·
spricht· Das die bletter von cy/
pressen die rynden vnd auch die
nuß dauon genüczet werden in
der erczney· ¶ Auicenna in sei/
nem andern büch im dem capit/
tel Cyppressus spricht· das d sey
heyß an dem drytten grad vnnd
trucken im dem andern grad·
¶ Die nuß von der cyppressen
sind stercker an irer krafft dann
die bletter· ¶ Die bletter gesot/
ten in essig vnd auff die wun/
den geleget· eczet auß das faule
fleysch· vnd reyniget die·
¶ Vnd auch also getruncken so
benymmet er dissuriam· das ist·
den kalten siechtumb· ¶ Item
Die nuß vonn cyppressen dye
sol man stossen also frysch· vnd
man sol auch die thün im wein·
vnd den also getruncken· das be
nymmet asmam· das ist dz blüt
speyen· ¶ Item· Die nuß von
cyppressen gestossen· vnnd auch
gemüschet mit feygen· vnd dar/
auß gemachet einen teyg· Dyser
teyg benymmet den wolff· vnnd
auch polipum· das ist ein fley/
sch das wechßt an der nasen· dar
über gelegt geleych einem pfla/
ster· ¶ Item· Ein pflaster ge
machet von den blettern vñ võ
den nussen· ist güt den die do zer/
brochenn sind im dem leybe· das
do darauff geleget· ¶ Auicenna
im seinem andern büch im dem ca
pitel cyppressus spricht· das die
nuß geleget im wein· vnd dar/
uon getruncken· benemen dz key
chen· vnd auch den alten hüsten
¶ Item· Von den bletern getrun
cken mit wein· ist güt dyabeticis
das ist den· den der harm entgeet
über iren willen· ¶ Auch des ge/
leychẽ so ist der wein güt stran=
guiriosis· das ist· die do mit nõ/
ten tröpflingen härmen·
¶ Platearius spricht· das do die
rynden von cyppressen fast güt
seyen calculosis· die do gestossen
vnd das bulfer eingenõmen mit
rätich wasser· treybet do den stein
auß den lennden· vnd auch auß
der blasen·

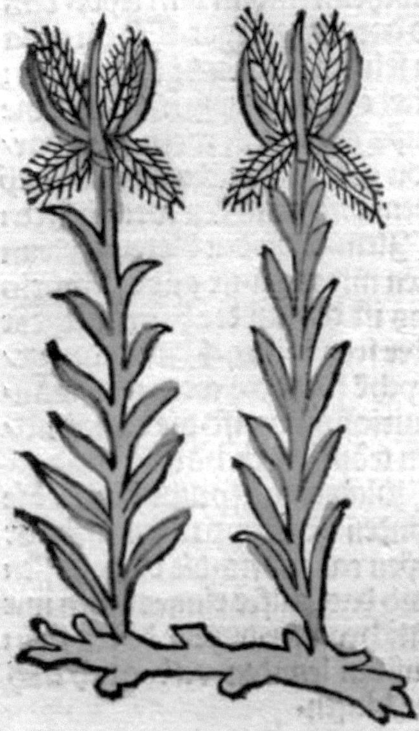

wilder galgan
Das cxii Capitel

Cyperus latine·grece Criscep
tron· arabice Sapurios vel sa/
hade·
¶Der meister diascorides in dē
capitel Sahade· idest Cyperus·
spricht· das dises sey ein kraut·
vnd hat bletter geleych dem lau
ch· allein das die bletter cyperi
ein wenig lenger vnnd hertter
sind vnd subtiler· ¶Dises
kraut hat einen stengel eines ar
mes lang·vnd der ist krum̄ vn̄
knodat·vnd hat vier ecken·oben
an der spyczen hat dises kleyne
bletter vnd darunder hat es sa/
men· ¶Dise wurczel geleychet
der wurczel oliue·vnd der ist do
zweyer handt· Eine ist lanng·
die ander rotund vnd schwarcz
Diser stammen wächßet geren
an den feüchten steten vnd sun/
derlichen in den wysen· ¶Die
wurczeln nüczet man in d̓ ercz/
ney·vnd die hat einen gůten ge
rauch·¶Dise wurczeln ist heiß
vnd trucken an dem andern gra
de· ¶Der meister Johannes
mesue spricht· das dise wurczel
mache gůte vernunfft·vnd ster/
cke den magen· ¶Vnd bringet
dem menschen gůt farben·¶Vn̄
benymmet den bösen gerauchen
des mundes· ¶Dise wurczeln
geleget in baumöle drey tag od
vier·vnd mit dem öle die lenden
geschmieret daz wörmet die vn̄
benymmet den stein darauß·
¶Item· domit geschmieret dye
kalten blasen·wörmet sy vnnd
machet wol härmen· ¶Platea
rius· Wylder galgan hyczigett
das geblůt·vnd darumb sol der
aussezig mensch sich des nit ge=
brauchen· ¶Item Galienus in
dem sibenden bůch genant Sim/
plicium farmacarum·in dem ca
pitel Cyperus sprichet·das dyse
wurczeln fast gůt sey den erkalt
teten gelydern·die geleget in bit
ter mandel öle·vnd den leyb do
mit geschmieret vnd auch von
der wurczeln do getruncken mit
wein· ¶Auicena in seinē bůch
genant de viribus cordis sprich
et·dz wilder galgant stercke dz
hercze vn̄ bringē dem erkalten

menschen ein gůt frölich geblůt
vñ dienet auch sunderlichen fast
wol den die do sind melancolici
¶ Itẽ diß wurczeln beyd als dÿ
lang vñ die rund haben ein na/
tur. ¶ Plinius spricht das dÿse
wurczel gestossen zů bulfer. vnd
darunder gemÿschet zucker vnd
hönig. vnd also gesoten mit ein
wenig gůts weins vñ darnach
diser wurczel klein vierecket ge
schnÿten. vñ die brů darüber ge-
thon. Dises geleÿchet dẽ gebayß
ten yñgwer. vñ man mag dises
haltẽ über jar. vñ also essen. das
wörmet alle jnnerliche gelÿder.
vñ machet wol deüwen. vñ sch-
erpffet die vernunfft.

zymetrinden oder ka nel cxiii capitel

Cinamomum latine. Grece. et
arabice Darsen.
¶ In dem bůch circa instans in
dem capitel Cynamomum steet
geschriben. das der seye heyß an
dem dritten grad. vnd truckẽ an
dem andern. ¶ Die meister spre-
chen. das dises sey ein rynden ei
nes baums der wechßt in india
vnd im europia. Vnd d ist zweÿ
er handt. Der ein subtil. vnd der
ander grob. Die grob sol genü/
czet werden in der erczneÿ domit
den magen zů reÿnigen. Die sub
tile sol genüczet werdẽ daz hercz
domit zů stercken. Dise rynnden
sind die besten die do haben einẽ
gůten gerauch vnd scharpff mit
einer süßsigkeit vermüschet vñ
die von farben rot sind. vñ dÿse
rÿndẽ die do haben ein weisse far
be. oder ein schwarcze die sollen
nichcz. ¶ Item. zÿmetrynden be/
leÿbt vnuetseert an seiner natu
re zehen jar. ¶ Diascorides spri
chet. das zÿmetrÿndẽ getrunckẽ
mit wasser treÿbet auß secundi/
nam. das ist die ander geburde.
¶ Vnd bringet auch also genü/
czet frawen feüchtigkeyt men/
struum genannt. Zů allen disen
dingen ist es mer würcken weñ
das bulfer von zÿmetrynden ge
müschet wirt mit mirren. ¶ Cy/
namomum gebulfert vñ gemü-
schet mit hönig. benÿmt die fle-
cken vnder dem antlicze. oder an
dem leÿbe wo die gesein mügen.
domit bestrÿchen des abents vñ
darnach des morgens widerum̃
von dem antlicz ab gewäschen.
mit rosen wasser. ¶ Item. Zÿm/

metrÿnden senfftiget den hůsten· benÿmmet catarrum·das ist den schnopffen·¶ Item cynamomū ist fast gůt genüczet den wasser/ süchtigen·¶ Galienus in dem bů che genant de cibis·in dem capi tel cynamomū spricht·daz die rō ren benemen bőse feüchtunge in dem menschen·vnd geben dē ma gen gůten gerauch·vnnd dienet sunderlich wol dem erkaltteten magen·¶ Item·Zÿmetrynden benemen die bősen feüchtūg auß dem haubt vnd auß dem magen ¶ Platearius·Wőllicher cÿna/ momum dyck ÿßset der gewÿnt ein gůt lauter gesicht·¶ Avicen na in dem bůch genannt de viri· bus cordis·spricht·das cÿnamo mum stercke das hercze·vnd ma che ein gůt geblůt·

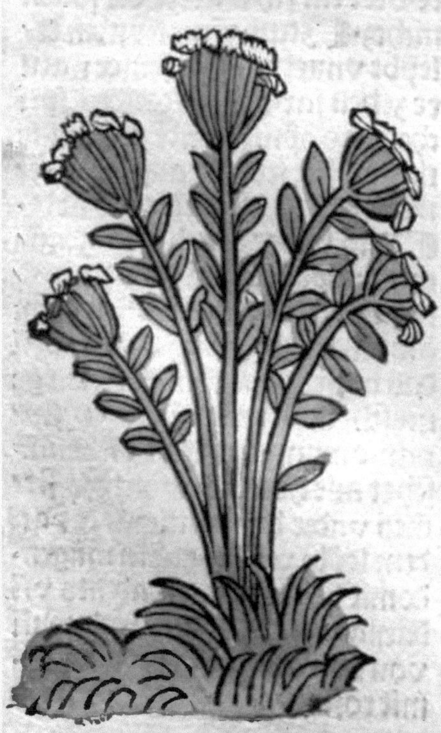

kümel cxiiii capitel

Ciminum latine et grece·Ara/ bice camin·

¶ In dem bůch genant Pande/ cta in dem capitel Camyn·besch reÿbensvns die meister vō man ger handt kümel·Aber hie wirt vnns allein beschriben von dem selben kümel den wir in teütschē landen gemeÿnigklichē nüczen· vnd der ist heÿß vnd trucken an dem drÿtten grad·¶ In dem bů che circa instans in dem capitel cÿminum steet geschribenn·das dises seÿ ein kraut vnnd daran wächßet vil samens·vnnd den mag man mit felschen vmb der menig willen des samens·

¶ Diser same weret fünff jare vnuerseeret an seiner natur·

¶ Diascorides spricht·das küm mer in der kost geessen·vnd da/ uon getruncken stercket die deü/ wung in dem magen·¶ Der sa/ me gesotten in wein vnd darun der gemüschet siben gezeÿte ge/ nant fenum grecum·benymmet den schmerczen der dārme vnnd bringet wÿnde·¶ Item·Küm/ mel gestossen vnd do gemüschet mit dem weÿssen eines eÿeß·vñ das geleget auff die roten augē benÿmet die rōte dauon·¶ Kü/ mel gesoten mit wein vnd dar= under gemüschet feygen die tru cken sind·vnd den getruncken·be nÿmet den alten bősen hůsten

¶ Kümel in dem mund gehalt/ ten·vnd den gekeüwer vnd den atem geblasen wider die augen· machet sÿ klar vnnd lautter

¶ Wem das blůt an dem leÿbe

¶Wenn das blůte an dem leib
gelebert wäre von schlegen od
fallen oder wie daz wäre der ne
me das buluer von kümel vñ
müsche das mitt wachs bey dē
feüwer vñ lege das darauff· dz
zerteylet daz gelebert blůt vnd
ist gewiß· ¶Wölicher kümmel
vil nüczet der gewinnet ein bö
se farbe· ¶Wölicher dē schnopf
fen het der sich erhaben het von
kelte· der neme kümmel gebul=
uert vnd lorbeer yegklichs ge=
leich vil· vñ thů daz in ein säck
lein vnd lege dz auff dein haub
te· es hilfft on zweyfel· ¶Item
Nym kümmel vñ seüde den in
wein vnd lege den also warmē
auff den nabel· es benymet strā
guiriam vnd dissuriam· dz ist
den kalten siechtumb vñ ander
vil gebresten der blasen· ¶Item
Auicenna in seinem andern bů
che in dem capitel Cyminum sp
richt das kümmel bringe win/
de genant ventositates vñ bene=
me od verzere die bösen feüch=
tung in dem menschen· ¶Item
kümmel mit wasser gesoten vñ
das antlicz damitt gewäschen
wirt lauter vñ klar dauō· aber
dises sol seltē geschehē vnd nit
zů vil· ¶Kümel gestossen vñ ge
mischet mit essig vñ für die na=
sen gehaltē vñ gerochē benymt
dz blůten auß ď nasen· ¶Küm=
mel gemischt mit essig vñ was/
ser vnd dz getrunckē· benymet
dz keichē· ¶Kümel genüczet be
nymet dz blůt seichen· vñ beny
met den zerschwollen bauch·

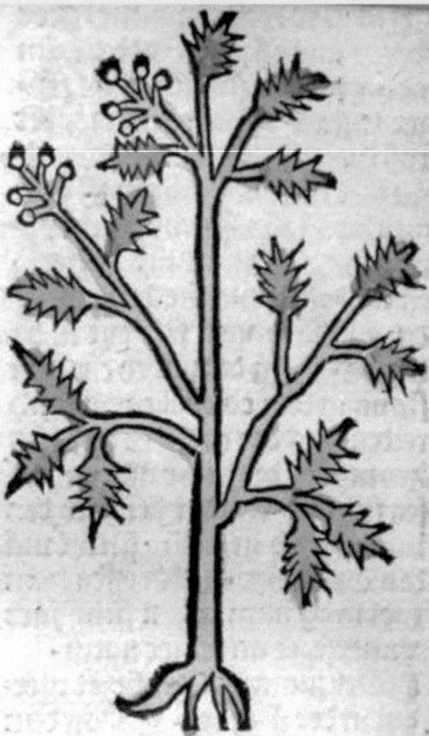

weissen kümel
Das cxv Capitel

Carui latine grece karunata/
ri· arabice Harnucie·
¶Der meister Galienus in dē
achtenden bůch genant simpli=
cium farmacarum in dem capi
tel Carui sprichet· das weysser
kümel hab einen scharpffen ge=
rauch vñ ist getemperiert in sei
ner tugent· vnd ist heyß vñ tru
cken an dē dritten grad· ¶Item
Carui treybet auß ventositates
daz sind die winde in den därm
en· ¶Der meyster Serapio in
dē bůch aggregatoris in dē ca=
pitel harnucie· id est carui spri=

mer·das weysser kümmel grö/
ber sey an dē samen weder küm
mel· vnd des geleichen an sey=
ner tugent· ¶ Itē carui treybet
auß die würm in dē bauch·vnd
stercket auch den magen ¶ Der
meister Rasis spricht dz weyß=
ser kümmel bekomme dē hercz
en wol·vnd beneme den tampf
der auß dē magen steyget in dz
haubte· ¶ In dem bůch circa in
stans in dem capitel carui besch
reiben vns die meister dz dises
kraut vnd der same also geheis
sen sey vnd wechßt yenhalb des
mŏres·vnd in cicilia findet mā
des die menge· ¶ Weyssen küm
mel mag man halten fünff jare
vnuerseret an seiner natur·
¶ Der samen sol genüczet wer=
den in der ärczney· ¶ Von dem
samen getruncken ist fast gůtt
dissintericis·das ist dz rot flies=
sen vnd stopffet das behendig=
klich ¶ Von dē samen geessen
stercket den magen vñ machet
wol deüwen ¶ Wer ein blödes
haubt het d siede weyssen küm
mel in einem säcklein vnd lege
auch das auff das haubt er ge/
nyset zůhandt·

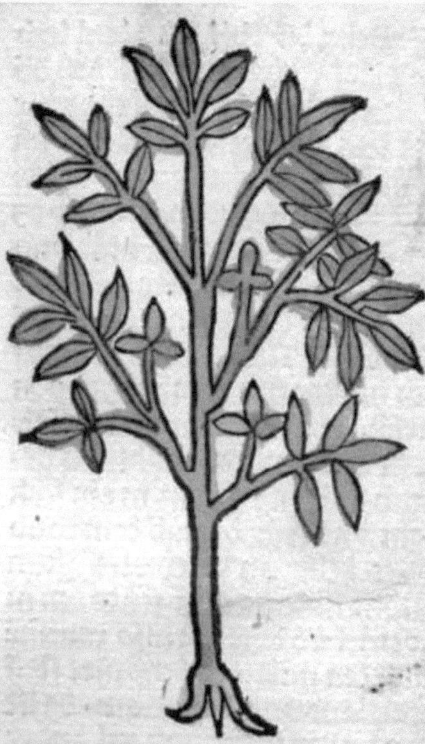

Citrum ein baum al so genant
Das cxvi Capitel

Citrū latīe arabice hatros vel
turgi siue obtrogi grece citrū·
¶ Serapio in dē bůch aggrega
toris in dē capitel Hatros spri=
chet·das citrum kelte vnd tru/
cken mache an dē andern grade
sein same ist bitter· ¶ Diasco/
rides spricht das diser same ge/
leiche dem samen der byren·
¶ Cyrus ist ein baume also ge/
nant·sein frucht die ist genēnet
citrum· ¶ Dise frucht hat an jr
dreyerley gestalt das ist· dz jn=
nerst in der frucht das ist sauer
geleich dem essig· vnnd das ist

vnd schleÿmē vō jn. ¶ Jtem di/
ses kraut gesoten in gůtē wein
vnd das dÿckmal getrunckē be/
nÿmet das kaltt. ¶ Der samen
geessen vertreÿbet die würm in
dem leÿb. ¶ Jtem matricaria ist
gůt wider die vnfruchtberkeit d
frawē. Man sol nemen metern
gebulfert vñ můterkraut vñ ge
bulfert helffenbaÿn mit wein gē
nüczet. ist frawen machē frucht
ber. vñ leÿchtlich machē empfa/
hen nach dem frawen fluß. genē
net menstruū do genüczet.

Byrckwurcz Das clxxxvii Capitel

Ferula latine. greece Marchiti. vel Enterion.

¶ Die wirdigen meister sprechē
das dise wurczel mer kalter na
tur sey deñ heÿsser. ¶ Der meist
er Diascorides in dem capitel fe
rula spricht. dz dise wurcz gůtt
seÿ den jhenē die do blůt speÿen.
dauō getrunckē. Vñ ist auch gůt
für vergifftig byß mit wein ein
genōmen. ¶ Ferula gestossen vñ
auff die blůtendē wundē geleget
stillet dz blůtē. Wer übrige feü/
chtigkeit het in seinē leÿb d ne/
me bÿrckwurcz zwey lot. vnnd
stosse die biß auff dz safft. vñ tů
es in einen reÿnē hafen. vñ geüß
gůten lautern wein darüber vñ
trincke des tranckes fünffczehē
tag so du geessen hast vñ darna
ch schlaffen wilt geen. Dises ver
schwendet die feüchtigkeit vnd
hilfft ein ganczes jare.

wündtkraut
Das clxxxviii Cap

Filago latine· vel Cartifilago· vel Sappirus· arabice Sorchedi vel Sorchti·

¶ Der meister Galienus in dem achtenden bůch genant Simplicium farmacarum· beschreybett vns vnd spricht· das dises kraute nit allein sol gebrauchet werden· sunder gemüschet mit eßich oder mit wein vnnd dann legen vmb die frÿschen wunden vnd nit darauff· Dises machett das fleÿsch wachßen vnnd heÿlet sÿ zůhandt· ¶ Item Auicenna beschreibt vns vnd spricht· das dises kraut gebrennet zů äschen· vnd darnach das bulfer gestreüwet in die frÿschen wunden das heÿlet sÿ gar balde· Dises bulfer gemüschet mit eßig vñ das lassen steen also lang biß dz bulfer getrucknet iñ dem eßich· dÿses bulfer gelassen in die fisteln vñ in alle böse schäden reÿniget die fast wol vnd heÿlet auch die zůhandt·

einkraut also genant
Das clxxxix Capi

Floramior grece et latine·

¶ Die meister sprechen· das dises sey ein kraut· vnd seÿ zweÿer handt· Eins ist mänlich· das ander freülich· Das mänlich dz hat einen dümen stÿl· vnd hatt bletter die sind lang vnnd spÿzig geleÿch den holler bletteren· vnd hat einen dümen samen· Das freülich hat einen stenngel wie köle die man ÿßset· vnd dises ist eines arms lang· Es hat blůmmen die sind grün vnd auch weyß vnd hat einen schwarzen sammen· Die wurczeln dÿe ist eines daumen dÿck· vnnd es wächßet geren auff dem fellde

¶ Der meiſter Plinius ſpꝛicht· das diſe beyd võ natur kalt vñ trucken ſeyen an dem drittē grade· ¶ Diaſcoꝛides ſpꝛicht· das diſe beyde gar nahet haben ein natur· Aber doch die freülich mer kelter· vnd die mänlich mer trücknet ¶ Diſes kraut geſoten vñ auff die zerknüſchtē gelider gelegt benymet dz gelebert blůt vñ heylet das zůhandt· ¶ Diſes kraut geſoten in wein vnd vnden auff gebäet· das benymmet emoꝛrodias· das ſeynd flüſſe im dem afftern· ¶ Diſes alſo genüczet iſt auch gůt tenaſmoni· das iſt der· der do geluſte hat zů dem ſtülgang vñ doch nichez geſchaffen mag· ¶ Der meiſter Platearius ſpꝛicht· das diſes krauttes wurczeln in dem munde gehaltten· benymet den zeen weetagen ¶ Diſe wurczeln geſtoſſen vnd gemüſchet mit meyen butteren· vñ darauß gemachet ein ſalben· ſy dienet faſt wol für hyeze dar auff geſtrychen·

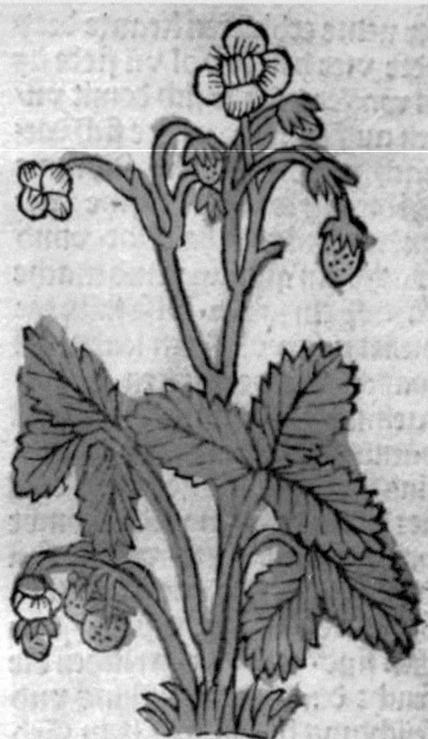

Eerdbeeren

Das cxc Capitel

Frage latine·

¶ Die wirdigen meiſter ſpꝛechen· das erdbeeren ſind kalt vnd feücht an dem dꝛitten grad· vnd die naturen der frücht die findet man auch an dem kraut· Diſes kraut hat ſubtile ſtengel vñ kurcze· vñ geleychet der odermynge allein das erdbeer kraut gröſſere vnd lengere bletter hat· Diß kraut weret ein ganczes jar vñ nit darüber· ¶ Plinius ſpꝛichet· das erdbeeren kraut gar gůt ſey domit zů baden für den ſtein· ¶ Auch iſt das waſſer dauõ diſtillieret gůt getruncken für den ſtein· vnd machet wol härmen· ¶ Wer groß lennden wee hätte·

der neme erdbeeren kraute drey oder vier handt vol vñ siede dz in wasser vñ bäe sich domit vnden auff vnnd schmiere sich darnach mit diser salben. Nymme dyldey ein lot. vnd müsche darvnder hönig ein halb lot. vnnd wachß ein quintin vnnd mache darauß ein salben. Dise salbe die dienet gar wol zů den lenden vñ wäschet die verhertten materi darinnen. vnd machet fast wol härmen. ¶ Der meister Plate arius spricht. das dise frucht dienet dem menschen vnd benymbt vnnatürliche hytze. vnd ist sunderlichen gůt Colericis das sind die do von natur heyß vnd trucken sind. vnnd sunderlichen die frucht den selbigen külung vnd feüchtung bringet. ¶ Item Erdbeeren safft vnd wegbreyte wasser yegklichs acht lot. rosen hönig zwey lot. maulbeersafft ein lot. weysses hunds myst genant album grecum vnnd palustien. yegklichs ein quintin. menge dise materien zůsamen mit wenig eßsigs. vnnd den mundt domit gorgeln. ist gůt wider die apostemen in der keelen genannt squinantia. ¶ Item. Erdbeeren wasser ist gůt wider des mennschen seer schwytzen.

feygen cxci Capit

Ficus latine. grece Syca. arabice Cui.

¶ Der meister Serapio in dem bůch aggregatoris in dem capitel Cui. idest ficus. beschreibt vns vnd spricht. das der feyen zweyer hand. Ettlich sind wylde. ettliche heymisch. Die heymischen feygen sind auch zweyer handt. ettlich frysch vnd feücht. vnd etlich alt vnd trucken Vnd spricht das die trucknen besser sind dan die fryschen. Vnd dises sind die besten vnder den trucknen feygen die do fleyschig sind vnd nit zů gar dürr. Dise feygē sind heyß an dem anfang des ersten gradz vnd trucken an dem anfang des andern grads. Vnd jr andere tugent ist das sÿ zeÿtigen vnd verzeren. ¶ Der meister Diascorides spricht. das feÿgen bequäme sind der lungen. die gesotten mit ÿsop vñ wasser vñ dz getrunckē ¶ Disen getranck also genüczet benÿmet den alten hüsten. vnnd auch den alten schaden d lungen. ¶ Vnd sunderlich so benemē feÿgen peripleumoniā. das ist ein geschweer auff der lungen dauō dañ kōmet ptisis. das ist die schwÿndtsucht genant das abnemmen. ¶ Feÿgen gesoten mit sibē gezeÿte samen vnd gerstenwasser. vnd die frawen domit gebāwet vnden auff den jr müter nit an jrer rechten stat lÿgt. sÿ genÿset zühandt. ¶ Jtem. Feÿgen gesoten vnd gestossen. vnd darunder gemüschet schwärttel wurczeln vnd darauß gemachet ein pflaster vnd auff die herten geschweere geleget. waÿchet vnd heÿlet die. ¶ Jtem. feygen gesotten im wein vnd darnach gestossen vnd darunder gemüscht gersten meel vnd wörmüt. vnd darauß gemachet ein pflaster. vnd das geleget auff den bauche des wassersüchtigen. benÿmmett jm die geschwulste. ¶ Der meister Galienus in dem achtendē büch genant Simplicium farmacarū im dem apitel Sÿca idest ficus beschreibt. vns vnd spricht. daz feÿgen benemē geschwulst vñ sind bald durchdringen den leÿbe. vñ darumb so dienen sÿ wol der geschwulst die do kōmet von wassersucht. ¶ Jtem. Galienus in

seniem andern büch genannt de cibis im dem capitel Ficus spricht. das feygenn dem leybe gar kleine speÿsung geben. vnd werder do vil nüczet dem machen sÿ ein luck fleÿsch. vnd mit zü dychte. vnnd bläen jm den bauch geleÿch den bonen. vnnd machend dem menschen böses geblüt. ¶ Der meister Auicenna in seinem andern büch in dem capitel Ficus beschreibet vns vnd spricht. das der seÿ dreÿer handt. Etlich weyß vō farben. ettliche rot. vñ etlich schwarcz. vñ spricht das die weyssen güt sind vñ darnach die roten. vnnd zü dem dritten die schwarczen. vnd dye do ganz zeytig sind vnder dene die sind die besten vnd mynder schade. ¶ Auch spricht Auicenna. das feygen böses geblüt machen in dem menschen. vnd machen leüß wachßen wer der vyl ÿßset. ¶ Der meister ysaac in dē büch genant de dietis particularibus in dem capitel Ficus spricht. daz vnder allen früchten feÿgen mer zü loben sind. aber jr feüchtung machet dem mennschen grobes geblüt. ¶ Feÿgen gestoßsen vnd darunder gemüschet hönig vnnd darauß gemachet ein pflaster vnd auff die hertten geschweren geleget. waÿchet die. ¶ Der meister Diascorides inn dem capitel ficus beschreibt vns vnd spricht. daz der safft vō den öften des feÿgenbaumes auff eines vergifftigen thieres bÿßs geleget heÿlet es on zweÿfel. ¶ Jtem. Disen safftt genüczet zü ð außſeczigkeit vñ uch zů dem böſen grÿnnde · wie der wäre an dē leÿbe · domit geſchmieret hilfft wol on allen zweÿfel · ¶ Diſer ſafft ſol geſamlet werden ſo die frucht gar ſchier zeÿttig iſt auff dem baume · ¶ Die feygen geſotten mit ÿſop · vnnd die des morges nüchtern genüczet · ſind faſt gůt für die peſtilencz · ¶ Vnnd alſo genüczet benemen ſÿ do die waſſerſucht · ¶ Vnnd ſind auch alſo genüczet gůt epilenticis · dz iſt die do den fallenden ſiechtagē haben ·

Kornblůmen
Das cxxii Capitel

Flores frumentorum latine · ¶ Die meiſter ſprechen · das diſe blůmen wachſſen in dem korē vnd der ſind ettlich an der farbe blaw · ettlich brawn · vnd ettlich weÿß · Diſer blůmen kraut oder wurczeln nüczet man gar wenig zů erczneÿen dem menſchen in dem leÿbe · Aber außswendig des leÿbes mag man die nüczen in dreÿerleÿ wege · nach dem vñ auch ſÿ dreÿ farben haben · ¶ Zů dem erſten die blawen do gemüſchet mit ſpangrün · vnd die auf ein faule fleyſchige wunden geleget · verczeret das do gar bald ¶ Die braunen kornblůmen gemüſchet mit bolo armeno · vnnd vmb die wunden geleget · daz benÿmmet die hÿcze darumb ¶ Die weÿſſen kornblůmen gemüſchet mit bleÿweÿß · vñ auch baumöle vnd darauß gemachet ein pflaſter · kület vnnd heÿlett alle hÿczige blattern · ¶ Item · Die blawen vnd die braunē kornblůmē gedörret · Das bulfer machet dem zucker hubſche farbe · Das zucker domit gemachet mag man nüczen on ſchaden in den leÿbe ·

Johanns blůmen Das cxciii Capitel

Flores ſancti Johannis latine· ¶ Die meiſter ſprechen· das diſe blůmen ſind von natur getemperieret· vnnd werden zů einer kranckheit genüczet genant Amor hereos· das iſt ein ſorgfällige begierde des mannes zů einer frawen· oder einer frauwen zů einem mann· Ettlich meiſter die ſprechen· das diſes ſeÿe teüfels liebe vnd mit menſchlichen· Darumb wölicher ein ſollicher melancolicus wäre· alſo das er weder tag noch nacht rüwe häte in ſeinem haubte· vnd allzeÿt gern beÿ frawen ſein wolte· der ſelbig neme zů jm diſer blůmen ſein fantaſeÿ vnnd böſer willen der wirt gewandelt zů gůttem· Vnnd du ſolt auch domit gedencken die keüſcheÿt ſant Johannſen· vnd jm opffern einen pater noſter vnd ein Aue Maria· du wirdeſt erlöſet von diſer böſen melancoleÿ on allen zweÿfel Paulus·

Hyrttenpteyſſ das cxciiii capitel

Fistula pastoris· siue Arno/
glossa maior·vel Altea latine
grece Damasimon arabice Car
zumbrum·

¶ Diascorides in dem capitel al
mea sprichet·das dises seye ein
kraut vnd spannet sich auff die
erden geleych der wegrich·dises
hat grün blůmen·Sein wurczel
ist waych vnd wechßt gern bey
den wassern· ¶ Die wurczel di/
ses krautes gesotten mitt wein
vnd hönig vnd den getruncken
benymmet den roten fluß dissin/
teria genant·Also genüczet/beny
met er auch den weetagen zwy=
schen den schulttern· ¶ Auicen/
na in seinem andern bůche in dē
capitel Fistula pastoris spricht·
das dises krautes tugent sej ver
czeren apostemen die verhertet
wären·darauff geleget ¶ Von
disem kraut vnd wurczeln ge/
truncken·brichet den stein in den
lenden· ¶ Dise wurczeln heylet
die geschweeren in den därmen·
die genüczet mit baumöle vnnd
hönigwasser· ¶ Dises kraut ist
warm vñ feücht an dem andern
grad Galienus·

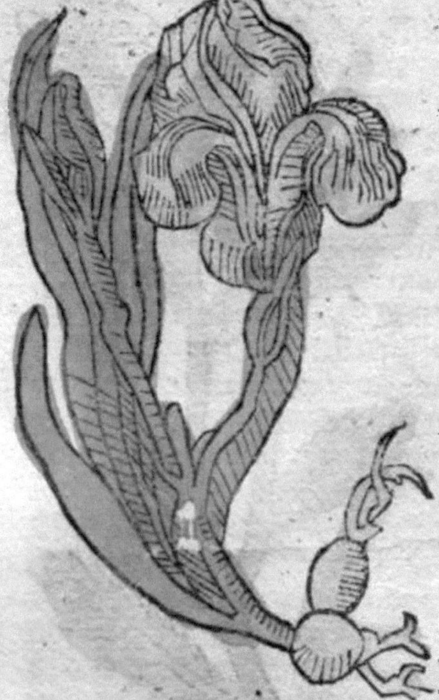

schluttenkraut oder geelb schwerteln das cxxv Capitel

Ladiolus latine·grece
dexeris· ¶ Die meister
sprechen dz diß kraut
keinē stengel hab· vnd
hat bletter die wachßen auß der
wurczeln die geleychē do eines
schwerttes lamel·vnd ist zwey
er handt·Eins wechßt an truck
nen steten· vnd hat do ein hohe
blůmen die ist waych vnd wol/
riechend·das ander das wächßt
an wässerigen steten· vnnd hat
auch ein hohe blůmē die ist geel
farb·vnd hat ein knodete wurcz
die sicht man ob d̄ erdē·die wur
czel ist kalter vnd feüchtter na/

von natur kelten. Das mittel in der frucht als zwischen dem marck vnd der rinden ist warm vnd feücht von natur. Die rinden von diser frucht ist von natur warm machen vnd trucken ¶ Die rindē nüczet man in der ärczney. ¶ Serapio dise rinde gesoten mit wasser vñ den mūd damit gewäschē machet einen wolriechenden munde. ¶ Dyse rinden geleget bey die tücher nemen keinen schaden von keinē maden oder andern würmen. ¶ Aulcenna Der gerauch von disen rinden benymet den bösen lufft dauō die pestilencz entsteē mag. ¶ Rabbi moyses spricht. das die rinden citri sind für all gebresten des magens. ¶ Dise rinden treyben auß den därmen den schleim. ¶ Auerrois in dem capitel Citrum spricht. das dise rinden fast nücz sind vnnd güt dem magen vnd der lebern. das bulfer dauon eingetrunckē mit wein. ¶ Das marck von diser frucht heylet die entzündtē gelider. ¶ Für dises magst du nemen ein salben genant vngentū citrinum. Dises vngent gestrichen wo die handt an dem leibe abgegangen wäre als vō geen von arbeyten vō jucken. dz heilet dise salben gar behendigklichen. Vnd dienet auch sunderlichen für alle heysse geschwulsten geleich der weyssen salben ¶ Mit vngento cytrino geschmieret vnder dem angesicht benymet die aussetzigkeyt.

Cubeben
Das cxvij capi

Cubebe latine arabice korongi ¶ Der meyster Serapio in dē büch aggregatoris in dē capitel Cubebe beschreibet vns. dz dises sey ein same. vñ wechßt yenhalben des möres auff einē baume vñ der baum hat bleter die sind spiczig geleiche eyner gelenen. Sein frucht ist rund vnnd ein wenig breittelat. vñ die wechset zwischē den bletern vñ wen̄ die zeitig ist so wirt sy rotfarb ¶ Plinius in dem capitel cubebe beschreibet vns das der do sey zweyer handt. Einer heimisch der ander wilde. ¶ Vnd spricht auch · das dyses seye ein frucht von eine baume in jndia · Die wilden cubeben sind kleiner dann die heimischen · vnd haben eyne scharpffen geruch geleich den pfefferkörnern · ¶ Die zäme cubeben sind besser in der ärtzney dann die wilden · vnnd die sind heiß vnd trucken getemperiert ¶ Serapio beschreibet vns vnd spricht · das von dem samen getruncken machet wol harmen · vnd fürderet die frawen an jrer zeit · vnd brichet auch den stein in der blasen · ¶ Item cubeben genüczet benymmet die geelsucht ¶ Serapio spricht auch das cubeben geleichen in der erczney der baldrian · ¶ Der meister Paulus in dem capitel cubebe sprichet dz cubeben sind gůt dem schnopffen der do von kelte kommet · vnnd stercket auch das haubt · ¶ Item ein halb lot cubeben gebulfert genüczt mit porriß wasser ist gůt wider dz schwindeln genant sincopis · ¶ Item cubeben gesoten in wein mit roßmarin dauon getruncken dz ist gůt wider sandt Valenteins sucht platearius ·

Cardamomum

Das cxviii ca

Cardamomum latine et grece · arabice cocolla vel heyll vel Hybae ·

¶ In dem bůch circa instans beschreiben vns die meister vnd sprechen das cardamomum seye heiß vnd trucken an dem anderen grad · vnd diß ist ein frucht eines baumes die wechßt in babilonien vnd bringet frucht in dem meyen vnd sind körner geleich dem rauten samen · vnd hat kleine dünne schelffen darjnn der same oder frucht beschlossen ist · Vnd ist zweyer handt cardamomum · Einer zäme · der ander wild oder eine die grossen · die ander die minsten vnd disen so sind die heimischen oder die grossen die besten vnd mer wolriechendēn· vnd sind an der farb rōtlat vñ sind scharpff in dem mund mit einer kleinē süssung· Die wildē sind nit als gůt vnnd die sind kleiner mit einē kleinē gerauche vñ habē nit also grosse krafte in jn als die heimischē ℭ Jtē die heimischē söllē in d erzney genüczet werdē· vnd weñ man sy brauchen wil in der erzney so soll mā die steinlein darauß lesen vnd den staub danō werffen· ℭ Jtem cardamomū weret zehē jar vnuerseret an jrer natur· ℭ Die meister sprechen· dz cardamomū gůt sind genüczet sincopizantibus dz ist die groß onmächtigkeitē haben an jrem herczē vñ dardurch geschwindē· ℭ Auch sind die sunderlichē gůt vertiginosis· dz ist dē leichtigklich schwindelt· darüber getruncke̅ oder jr bulfer genüczet in einer brüe vñ also genüczet stercken sy den magen vnd machen wol deüwen· ℭ Cardamomum gebulfert vnd darund gemischet lignum aloes vnd mastix yegklichs geleich vil· vnnd dz getruncken mit gůtem wein benymt vomitū das ist des magens aufftossen vnd dz brechē oben auß· ℭ Jtem für dz zyttrē des herczē nym des bulfers ein quintin vnd trinck das ein mit wein oder in einer brü· es hilft ℭ Jtem cardamomū mitt äniß gemischet vnnd den getruncken mit wein bringet lust zů essen· ℭ Jtē in allen jnnerlichē kranckheitē die do kōmen von kelte mag man nüczen cardamomū die dienen fast wol darzů vnd sunderlichen den frawen·

Campher cxix ca

Camphora grece et latine arabice camphor·

ℭ In dem bůch circa instans in dem capitel Camphora beschreiben vns die meister das der sey kalt vnd trucken in dem dritte̅ grad· Vnd spricht daselbst das camphora dz sey ein safft eines krautes also geheissen· also dañ auch spricht Diascorides vnnd etlich meister mer· Auch so sprechen etlich das dises sey ein gůmi eines grossen baums do sich die leoparden vnderlegen vmb des schadtens willen· ℭ Dise

bleter geleichen vnserem ampf
fer kraut allein das camphora
baſs reüchet dann ampfferkr/
aute thůt. ¶ Dise bletter sam=
let man in dem ende des meyē
vnd stosset die vnd bresset dar=
auß den safft. darnach läßt man
den trucken werden ane der sun=
nen. vnd dises heisset dañ cam
pher. vnd daz ist der beste d lau
ter reyn vnnd weyß ist. Vnnd
wölicher rot ist geleich dem saf
fran der ist nit also gůtt. ¶ Die
meister sprechent auch. das der
campher dick vñ manigs mal
gefelschet werde mit augsteyn
vnd fürnyß. wann die werdē
vnder campher gemischt wañ
weñ augstein vnnd fyrnyß zů
sam en gemischet wirt. so gelei/
chet es dē campher. vnd wenn
dann darunder gemischet wirt
campher so gewinnet es auch
den gerauch dauon. aber die vn
derscheyd mag man also erken
nen. Wenn augstein gemischet
mit fyrnyß ist gar hertte vnnd
dick vnd auch böẞlich zů brech
en vnd läßt sich böẞlichen zer=
reiben zwischē den fingern. aber
campher der läßt sich balde zer/
reyben zwischen den fingern vñ
ist nit hert. ¶ Es ist zů wissent
dz campher gar wol verwart
sol werdē in einem märmelstei
nen gefäßs vnd darzů sol man
thůn leynsamen oder hirß. Vñ
den mag man behalten viertzig
jar vnuerseret an seiner krafft
vñ tugent. ¶ Der meister Se=
rapio spricht. das campher al/
lein gerothē oder mit rosenwas
ser gemüschet oder mitt sandeln
minderet die lust vnd begierde
zů der vnkeüscheit. ¶ Item ein
getrancke gemachet von cam=
pher also. Nym tormentill na/
ter wurczē yegkliches ein halb
lot zymetrözen galgā negelein
yegklichs ein halb quintin vñ
stoß die zů kleinem bulfer vnd
seüde sy mit gůtem fyrnē wein.
darnach seyhe dē wein ab vnd
thů dañ in dē abgesigē wein cā
pher ein quintin vñ müsche dē
vnder den getranck vnd trinck
den des abents vñ des morgēs
er benymmet fluxum dissinteri/
cum. das ist den blůtfluß vnnd
auch alle flüßs der frawen ge=
nant menstruum vnd auch der
manne wie die sein mügen als
dañ ist der fluß d guldin ader
genannt fluxus emorrodialis.
¶ Item campher genüczet ma
chet schlaffen. ¶ Item campher
benymet die kranckheitē die do
kommen von hicz. vnd wölt/
cher zů vil campher nüczet dem
erkalten die nyeren vnnd auch
die blasen fast sere. ¶ Der mei=
ster ysaac spricht. daz campher
gůt sey den hiczigen. den gemü/
schet mit rosen wasser wann er
stercket also die synne vnd alle
gelider des leibes. Vnnd vnder
allen erczneyen die do gemacht
werden zů stopffen die flüß des
menschen benymet er fast wol.
¶ Der wirdig meister Auicen
na spricht. wer campher zů vil
nüczet d wirt bald graw. d vr=
sachenhalb wann er die naturē
zů vil kület. ¶ Wölcher haubt/

wee het von hieze der brauche
campher· er genyset zůhandt

kyrszbaum
Das cxx capit

Cerasus siue cerasum latine· arabice cerasie grece cerasa· ¶ Serapio in dem bůche circa instans in dem capitel cerasie· idest cerasa spricht· das ettlich meister sprechen· daz dises wer de geheissen granum regum ¶ Hie ist zů mercken das cerasus ist also vil gesprochen als ein baum der kyrßen· Aber cerasum das ist die frucht der sind etlich süßs· ettlich sauer geleich den holczöpffeln· ¶ Der meyster Serapio sprichet· das dye süssen bald verzeret werden in dem magen· vnd seind dem magen wenig nücz· Die saurē bringen dem magē lust vnd machē den mundt frisch· ¶ Die keren sind fast gůt genüczt calculosis das sind die do geneiget sind zů dē steyn· ¶ Diascorides in dem capitel cerasus spricht· das etliche kyrßen den bauch stopffend vnd sunderlichē die zů gar fast sauer sind· Auch so sind etliche die zů süßs sind · vnd darumb so mag man erkennen dise czů brauchen zů notturft des leibs ¶ Mit kyrßen machet man ein confortatif genant diaceraseon das mag man nüczen durch dz jar· vñ wirt also gemacht· nym der sauren kyrßen vnd beisse die mit hönig vnd zucker· vñ mü= sche daz durch einander als vil oder wenig du haben wilt vierzehē tag· Darnach thů die kyrsen auß vñ seüde einen getranck genant julep mit syropel· von rosen vō feyeln vñ von süssem holcz genant liquiricia· darunder thů würcze nach deinē wol gefallen als dañ ist zymettrindē nägelein muscaten muscatblůmen vnd mische dises mit gar gůtem wein vñ lasse dises aber darüber steen vierzehē tag Dar nach lasse die kyrßen trucknen an der sunnē· die magst du feüchte oder trucken zů tische bringen nach deynem wolgefallen·

saffran cxxi Ca

Crocus latine et grece·arabi=
ce Yamsaram·
¶ Der meister Serapion in dẽ
bůch aggregatoris in dem ca/
pitel yamsaram·beschreibt vns
von dem saffran vnnd spricht
das diser der beste sey der frisch
vnd neüwe sey vnd der hat ein
hübsche farbe also das die här=
lein weyßfarbe sind von farbẽ
mit einer röte vermischet·vnd
soll sich nit bald lassen brechen·
vñ weñ man dẽ zwischẽ dẽ hen
den reybet so färbet er die hen=
de rot· vñ sol sein eines gůtten
geruchs mit einer scherpfe vñ
dises ist gesagt võ dem saffran
von orient ¶ Galienus in dem
achten dẽ bůch genant Simpli/
cium farmacarum in dem capi=
tel crocus beschreibt vns dz der
sey heiß an dẽ andern grad vnd
trucken an dem ersten· ¶ Item
saffran weret fünff jar in ein/
em lideren sacke vnuerseret an
seiner kraft·¶ Vnd ist zweyer
handt saffran· Einer ist genãt
cartamus oder crocus ortensis·
dz ist wilder saffran der auf dẽ
felde oder in den gärten wechßt
vnd den nüczet man zů mangẽ
dingen außwendig des leybes
vñ damit zů färbẽ· Der ander
ist geheissen crocus orientalis·
vnd den nüczet man in der erz
ney· ¶ Platearius beschreibet
vns von dem saffran der do ge=
nant ist ortensis·dz ist der in dẽ
gärten wechßt vnd spricht·daz
der gebrauchet werd in der erz
ney die do machen brechẽ oben
auß·¶ Item Auicenna sprichet
dz saffran orientalis mache ein
hübsche farb dauon getruncken
¶ Item saffran der stercket daz
hercze·vnd machet ein gůt ge/
blůte·¶ Saffran genüczt in der
kost·machet einẽ gůten langen
atem· vnd benymet das keichẽ
Darũb söllẽ pleuretici dz sind
die do fast tämpfig sind in d br
ust vñ ein geschwere darinnen
haben den brauchen·sy genesent
zůhandt·¶ Item die meister sp
rechẽ·das saffran bring vnlust
zů essen·vñ benymet den lust zů
essen·aber doch so stercket er den
magen vmb der hicze willẽ die
er von natur an im hat· ¶ Itẽ
saffran ist auch gůt dem milcz·
¶ Item saffran bringet begier=

de zů vnkeüscheit. ❡ Item er machet auch fast wol harmen. ❡ Item auicenna in seinem bůche genant de viribus cordis spricht. dz der saffran stercke das herecze vnd bringe dem gůt geblüte. Vñ spricht auch. das saffran wenig genüczet sol werdē wañ er bringt also grosse freüde dem herczen das der mensche von freüden stirbt. als Auicenna bey seynē zeytē dick vñ manigs mal gesehen hat. das also geschehen ist. ❡ Item der meister genant Rabbi moyses in dē capitel crocus beschreibt vns dz der saffran mere die gelüst der vnkeüscheyt. ❡ Der meister ysaac in dē bůch genant de viatico in dē capitel de emigranea spricht. daz saffran dem haubtwee gůt sey. damit gemacht ein pflaster also. Nym saffran vñ gūmi arabicū. euforbiū mirra yegklichs geleich vil. vnd temperiere do dises mit einem eyeß weyß vñ lege das vornen auff das haubte. hilffet fast wol. ❡ Der meister Paulus in dem capitel de podagra spricht. das man sol nemen saffran vñ den mischē mit einem eyeß todtern. vnd rosen öle vnnd auch rosen wasser. vnnd mitt einer federn streichen auff die stat do dz podogram ist es hilfft.

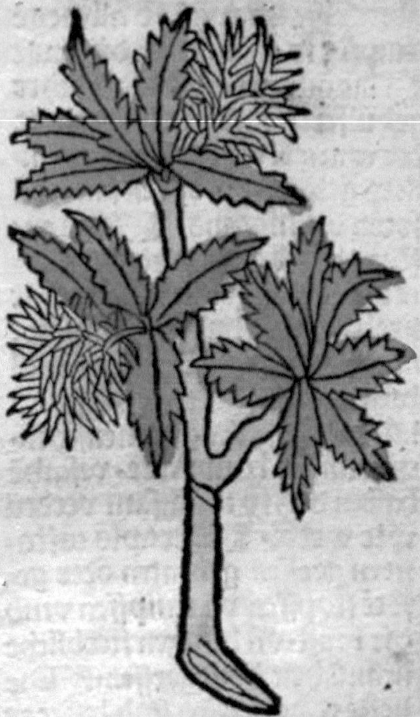

kestenbaum
Das cxxii Capit

Castaneus latine. grece Balanos.
❡ Die meister sprechēt. das diser baum sey wunderlicher natur deßhalben dz der nit zů krefften kōmen mag er hab dañ geselschaft. Vñ wo ein kestenbaume alleyn wechset der bringet kein frucht ❡ Dise frucht wechset geren an den bergen vñ gar selte auff dē ebnungē. ❡ Castaneen sind kalt vnd auch truckē an dem mittel des ersten grads ❡ Item castaneen rohe geessen machē tempfig vmb die brust. vnd sind von natur schedlichē geessen rohe vnd auch gesotten

oder gebraten·wañ sy allwegē tempfig machen vmb die brust
¶ Die ausser rinden der fruchte gebulfert vnnd gemischet mitt der wurtzel reupontica yegkliches geleich vil· dz benymet dē soden des magens· ¶ Item castaneen gedörret vnd gebulferet· vnnd des eingenōmen mit krebß augen bulfer gemüschet mit eppich wasser machet wol harmē· ¶ Castaneen sind schedlich lungensüchtigen menschen· vñ bringen haubt wee· vrsachē halben daz sy landksam verdeüwet werdē· ¶ Serapio castaneen geessen gebraten oder gesotē stopffen vñ tempffen vmb die brust·vñ bringen sterbliche kranckheit d vil geessen· ¶ Die kestē rohe geessen sind besser ze verdeüwen den die eycheln·vñ sind doch gar nahent einer natur vñ tugent· ¶ Wöliche menschen vil castaneen rohe essend die gewinnent vil leüse an dem leibe vnd auch an den kleydern
¶ Aber die wider zů vertreiben so ysse gestossen lafendel blůmē vnd lege auch die zů deinē kleidern du wirdest jr gantz ledig zůhandt·

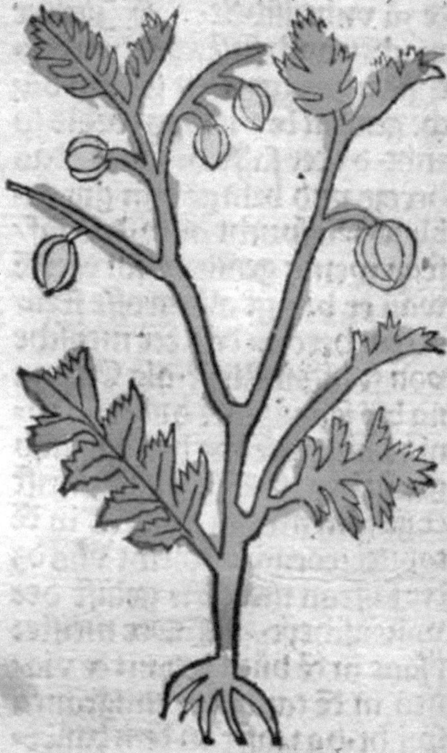

kürbisz oder sehe
Das cxxi i capitel

Coloquintida grece· arabice Haudep siue haudel· latine cucurbita alexandrina vel cucurbita deserti·
¶ Serapio in dem capitel Haudep·idest coloquintida beschreibet vns das dises wachse yenhalb des mores zů jherusalem· vnd geleichet den kürbßen mitt den bletern vnd auch mit d frucht vnd spannen sich auf der erden die öste weyt vñ breyt auß vñ hat ein frucht groß als ein

hůt vñ die ist rund vñ ist sorg=
klich zůbrauchen·wañ sÿ hat jn
vergifft·vñ darumb ist es tőd=
ten vnd kürczen den atem· vnd
bringet groß onmechtigkeit vñ
ein kalten schweiß·¶ Dise fru=
cht wirt gesamelt so sÿ zeÿttig
wirt dz ist in dem monat Sep
tember genant·vnd ist heiß an
dem dritten grad vnd truckē an
dē andern·¶ Coloquintida mag
man behaltē fünff jar vnuerse=
ret an seiner natur vnd krafft·
vnd aller meÿst in seiner frucht
daz ist in dem apffel·¶ Johan/
nes mesue in dem capitel colo=
quintida beschreibt vns do vier
ding die zů meÿden sind an di=
ser frucht·¶ Zů dē ersten ist co
loquintida schedlich dē herczen
vñ d lebern wañ sÿ stosset auff
vñ würcket schwärlich in dem
menschen·¶ Zů dē andern ma/
le so őffnet sÿ alle adern in dem
leib·¶ Zů dem dritten machet
sÿ außgeen blůt vndē vnd oben
stercklichē vnd feste·¶ Zů dem
vierden schabet sÿ die gedärm
vñ die gäng des harms·vñ dar
umb wer do wil gebrauchē co=
loquintidā der sol aufmerckūg
haben dz die vorhin gemüschet
werde vñ die tődlich krafft jr
beneme·Vnd darumb wilt du
coloquintidam zů dem magen
brauchē so nȫm des nit über ein
halb quintin vñ mische darun=
der mastix·so bringt es nit scha
den·¶ Auch mag mā coloquin
tidā müschen mit tragantū bi=
delliū gūmi arabicū ¶ Itē man
mag auch coloquintidam also
bereÿten dz sein vergifft einem
menschē mit schadē bring·Nȳm
coloquintidā so sÿ zeÿtig sind·
dz ist in dem herbst vnd soll sÿ
auff schneiden vnd darauß tůn
dē klumpen d darjnnen ligt ge=
leich als es ist in einem kürbiß
der hie beÿ vns wechßt dē selbi=
gen klumpē sol man tůn in hō
nig wasser darjnnen mirra geso
ten seÿ·vnd coloquintidam das
ist den klompē darjnnen lassen
sieden ein kleine weÿl vnd dar
nach den lassen trucken werden
¶ Diascorides spricht·dz colo/
quintida eingenōmen als groß
als ein haller wÿgt vñ das ge=
mischet mit hōnig wasser reÿni
get den leib fast wol von d bő=
sen flegma d z ist ein kalte feü/
chtigkeit·¶ Iohānes mesue co
loquintida treybet auß flegma
vñ kleberet feüchtung vō grun
de d gelider·¶ Itē coloquintida
ist fast gůt genüczet dē der fast
groß vñ alt haubtwee hat vnd
sunderlichē den die do geneÿget
sind ad epilentiam vñ apople=
xiam·dz ist zů dē fallendē siech=
tagen vñ zů dem schlag·¶ Vñ
ist fast gůt dem keÿchendē vnd
dem der do einē alten hůstē hat
¶ Itē coloquintida ist gůt po=
dagricis vñ ciaticis· dz ist wee
tagen in dem arßbeÿne vnd in
den füssen· vnd auch sunderlich
en ÿdropicis·das ist dē wasser=
süchtigen·

coloquintida mag ma
wol nüczen zů ſölichen groſſen
ſüchten· Aber doch alſo das ſÿe
vorhin bereÿtet werdē als obē
ſteet· vnd das dz ſelb mit ver=
nunfft geſchehe· ¶ Coloquinti
da auff die můter geleget töd/
tet das kindt im můter leÿbe
¶ Item coloquintida in eſſig ge
miſchet vnd die gemaledeÿeten
haut damit gewäſchen benÿm=
met ſÿ on zweÿfel·

Bybergeil
Das cxxiiii Capit

Caſtorium latine· grece caſtor
vel anſima· arabice anchaian·
vel angwibelduſtor·
¶ Der meyſter Serapio in dē
bůch aggregatoris in dem capi
tel Anguibelduſtor·id eſt teſti=
culi caſtoris beſchreybet vnd ſp
richt· das die kommen von eÿ=
nem thiere das heÿſſet bÿber·
vnd der lebet in dem waſſer vñ
auß dem waſſer· aber doch mer
in dem waſſer· wann es ſůchet
vnnd hatt auch ſein narunge
in dem waſſer von dē fiſchē vñ
krebſſen· ¶ Diß thier hat zwen
hoden die ſchneidet man ab vñ
daran hanget ein feüchtung dz
ſteet geleich dem hönig· Dÿſes
ſol man auff hencken vñ truck=
en laſſen werdē an dem ſchadtē
vnd nit an der ſunnen alſo das
ſÿ vorhin wol gereÿniget wer
den vñ auch gewäſchen· ¶ Hie
iſt zewiſſen daz bÿbergeÿle vō
den jungen bÿbern nit als kref
tig ſind in jrer tugēt als ob ſÿ
wären in der mitteln maß jres
alters · vñ die byber geÿln von
den jungen bÿbern ſind weÿſs
von farben vnd weich· ¶ Item
ein bÿber der faſt alt iſt der hat
nit alſo gůt bÿbergeylen als d
in der mittel maß iſt ſeines alt=
ters· Vñ hierumb ſind diſe die
beſten bÿbergeÿlē die do kömen
von einē bÿber d weder zů jüg
noch zů alt ſey· ¶ Item bÿber=
geÿlen werdē zů zeÿten geſelſch
et in mangerleÿ weÿſe· Etlich
nemen die haut von einem bÿ=
ber vnd ſchaben die vnd füllen
die mit blůt vnd dörren dz Et
lich nemen der geÿlen von einē
thiere wie das ſeÿ· vnd nemen
blůt vnd bulfer von den rechtē
bÿbergeÿlen vm̄ des gerauchs
willen vnd miſchen die vnder
einander vnd füllen die geÿlen

damit vnd lassen dz also dorren Etlich thůnd darzů pfeffer daz es scharpff seye auff der zungen als bÿbergeÿlen Vnd hierumb sol man sich fürsehē die ze kauffen wann manger damit betrogen wirt. ¶ Bÿbergeÿle der weret siben jar vnuerseret an seiner kraft. ¶ Vñ ist zů wissen dz das jnnerteÿl genüczet sol werden in der erczneÿ vnd die haut sol mā hin werffen. ¶ Serapio vnd Galienus beschreiben vns. das castorium seÿ heiß machen in dem dritten grade vnd trückenet in dem andern grad. ¶ Diascorides castoriū gemischet mit rauten vñ essig vñ dz gelassen in die nasen stercket das hÿrn vnd benÿmmet dz haubt wee. ¶ Item castoriū getrunckē mitt wein ist gůt epilenticis. das ist die den fallendē siechtagen habē ¶ Item castorium genüczet dienet zů allen süchtē die vō kelte kōmet ¶ Platearius wem die zung erlamet also dz er nit gereden mag. der neme castorium gebulfer et vñ lege sÿ darunder es hilft on zweÿfel ¶ Wen die sucht oder gegicht an dem leibe trucket wo daz wäre. der neme castorium vñ siede dē in wein. vñ schmiere sich an der selbigen stat. es hilft on zweÿfel. ¶ Serapio spricht. dz castoriū vmb der hicze willen die er in jm hat benÿmmet auch spasmum. das ist den krampff. ¶ Item castorium genüczet mit pfeffer vnd hōnig wasser bringet dē frawē jr feüchtigkeit genant menstruum vnd treibet auß die geburt. ¶ Item Auicenna spricht. das castoriū gůt seÿ den lamen vnd gichtigen gelidern die damit geschmieret. ¶ Wölicher febres het wie die wärē der trinck castorium mit wein. sÿ vergeent dauō ¶ Item bÿbergeÿlen bringet auch gelust vñ reÿczūg czů vnkeüschheit. vñ darūb wer erkaltet wäre dz er nit volbringen möchte vnkeüscheit genant coitum der mag sich mit bÿbergeÿlen widerūb bringen. des do eingenōmen mit wein vnd die mannes dinger damit gesalbet ¶ Item bÿbergeÿlen genüczet erwörmet die kalten natur oder die in jne kranckheit haben die vrsprung halb sich erhaben hat vō kelte wie die gesein mügē den ist bÿbergeÿl gůt genüczet. Aber wölicher in jm hicze hett vnd kranckheiten die vō hicze kōmen wären den ist sorgklichē bÿbergeÿlen zů nüczen.

Cassia fistula·

Das cxxvi capitel

Cassia fistula latine et grece·
arabice chiarzamber·
¶ Der meyster Serapio in dē
bůch aggregatoris ī dē capitel
chiarzāber· id ē cassia fistula be
schreibet vns vnnd spricht das
dises sind groß rören haben jn=
wendig feüchtung vnd körner
geleich den bonen vnd hat jn
wendig lameln vñ wende dar
zwischen die körner ligen· vnd
wöliche rören schwär sind das
sind die besten· vñ schwarczrot
von farben· vñ wölich röre sere
klöppert weñ man sy schüttelt
die ist nit gůt· wann die feüch=
tung ist darjñ verdorret· Sein
gerauch ist süß vñ senfft vñ ist
im seyner natur geleich getem=
periertet· vñ hat in den viersacz
ungen kein übertreffen· ¶ Item
cassia fistula mag man behaltē
zwey jar in seyner tugent vn=
verseret vñ die feüchtung in dē
rören vnd die körner söllen ge
nüczet werden in der ärczney·
¶ Der meyster Johannes me=
sue beschreibt vns vñ spricht dz
cassia fistula senfftigklich sey zů
nüczen vñ on schadē· Vñ man
mag sye geben allen menschen
jung vñ alt vnd auch frawē
die do schwanger wärē dē brä=
cht es keinen schaden· ¶ Cassia
fistula machet senfft stůlgāng
vñ purgiert langsam· ¶ Item
cassia fistula eingenōmen mitt
rosen wasser auf zwey lot brin
get senfft stůlgāng vñ würcket
wol in aller kranckheyt· ¶ Itē
cassia fistula reyniget dz geblü
te vñ benymet den durst· ¶ Itē
cassia fistula reyniget den ma=
gen vnd treibt auß die verbren
ten gallen vnd auch böß fleg=
ma ¶ Platearius cassia fistula
ist für geschweren in der kelen
vnnd für die keichenden brust·
¶ Item cassia fistula genüczet
läßt den stein in den lendē vnd
in der blasen mit wachßen vnd
treibt den auß· ¶ Vnnd für alle
obgeschrybne kranckheyt soll
man versteen von der cassia fi
stula extracta· die findet man
alle zeyt in d apotecken· ¶ Itē
cassien fistel ist gar gůtt wider
die strēgigkeit des fiebers wañ
es machet dē weiche stůlgāng

cassia lignea cxxvi c

Cassia lignea grece · arabice melochaa · vel melochia·

¶ Serapio in dem bůch aggregatoris in dem capitel Melochaa spricht daz dises holcz wachse in arabia do ander wolriechende baum vnd gekreüte wachsen· Sein gerauch geleichet den rosen· ¶ Galienus in dem sibenden bůch genant Simpliciū fartarum in dem capitel cassia spricht· das cassia lignea das sey heyß vn̄ trucken an dem dritte͂ grad· ¶ Platearius cassia lignea ist ein rinden oder frucht eines baums der wechßt in babilonia oder nahent dabey· es ist zweyer handt cassia· eines nennet man cassia lignea· dz ander cassia fistula· Vnd weñ die arczet schreibent cassiam on einen zůsacz so meine͂ sy cassiā fistulā

¶ Item es ist zweyer hant cassia lignea· Die ein ist an d' farb geleich zymetrinden· die ander ist röter an der farbe· wann die erste vnd dise yeczgenant sind die besten· Etlich sind schwarcze· ettlich schwarczrot· ettlich weyßfarb· dise sind nit gůtt·

¶ Cassia lignea mag man halten ·x· jar vnuerseret an irer natur· Dise rinde͂ dienet dem schnopffen oder haubtfluß catarrus genāt der do kömet vō kelten also· Nym cassiam ligneam gebuluert vn̄ würffe dz buluer auff glüende kolen vnd laß den rauch in die nasen· ¶ Ite͂ cassia lignea ist fast gůt epilenticis dz sind die die fallende͂ sucht habe͂ vō disem buluer pilleien gemachet ·iiij· gemischet mit de͂ gūmi laudano vnd wermůt saft also daz die pillelen habe͂ ein quintin· Dise sind fast gůt de͂ hyren vn̄ die obgenāt kranckheit damit zeuertreiben· ¶ Wölicher einen kalte͂ magen het vnd böse feüchtung darinnen wären vō kelte· der nem dises buluers vn̄ mastix vnd fenchelsamen yegklichs geleich vil vnd trinck dises nüchtern mit wermůt wasser· es hilfft on zweyfel·

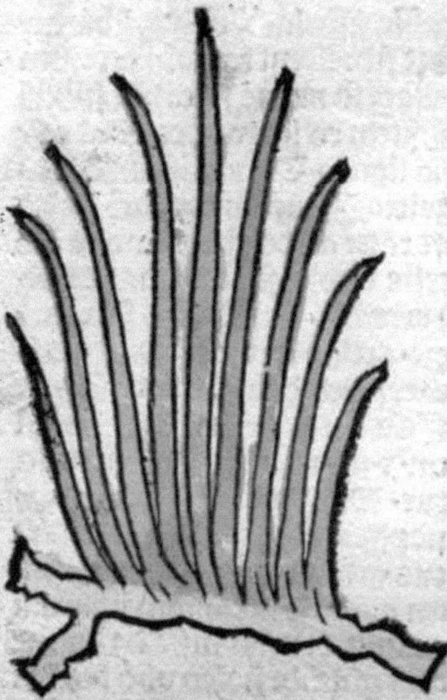

kalmus cxxvii ca

Calamus aromaticus latine vel canna persidis grece Calamus·arabice Hasap·

¶ In dem bůch circa instans in dem capitel calamus aromaticus beschreiben vns die meister vnd prechen·das der seye heiß vnd trucken an dem drittẽ grade·Vnnd ist ein wurczel eines baumes ÿenhalb des mőres vñ der ist jnwendig hol vñ reücht fast starck·vnnd des ist zweÿer hant· Einer wechßt in dẽ land genant persia· vnd der geleicht von farben einem granat apfel des selbigen wurczel brauchen wir nit im teütschen landẽ· Den andern findet man in india·vñ des wurczel ist weÿßfarb·vnd den nüczen wir in teütschen landen·Vnd darūb sol man dẽ kalmuß auß erwelen der weÿß seÿ von farben·Vnd wenn man jn brauchet das er sich nit bulfere vñ sol auch schwår sein an dem gewichte vnd nit lőcher in jm haben·Diser weret dreü jar an seiner natur vnuerseret·¶ Die meister sprechẽ dz kalmuß gůt seÿ dem der einen bősen magen hat von kelte·der selbig soll nemen dreü quintin kalmuß vnd den mischẽ mit wermůtsaft vñ das also eintrinckẽ mit warmẽ wein·¶ Item wer nit wol deüwen mag der neme kalmuß gebuluert ein quintin vnd zweÿ quintin zůmetrőren · die beyde gebulfert vñ vnder einand gemischet·dises sol man trincken alle morgẽ einen gůten trunck mit wein es hilfft·¶ Item wőlicher dz hercz zyttern het ď neme ganczẽ kalmuß vñ siede dẽ in rosenwasser vñ trinck dz des nachtes es hilft·¶ Itẽ kalmuß wirt gebeÿsset wie der jngwer Wer dises nüczet nüchtern· dẽ machet es einen wol deüwendẽ magen·vñ behůtet den menschẽ vor febres·¶ Item kalmuß gebuluert mit wůlsafft vermenget vnd warm auff den afftern gelegt ist gůt wider dẽ außgãg des afftern Platearius·

würmlin also genant Das cxxviii capi

Cantarides latine et grece · ara
bice derarie vel trane ·

¶ Die meister beschreiben vnns
vnd sprechē das cantarides sind
würmlin die sind grün vnd len
gelicht die findet man so die frü
cht blüet · vnd die sind zů vil sa/
chen gůt vnd die tödtet man mit
dē dampff der von dē essig geet ·
cantarides sind gůt gelegt auff
erhaben beülen an dē leibe alß dā
haben die aussetzigenn · ¶ Der
meister Serapiō in dē bůch ag/
gregatoris in dē capitel derarie ·
id est cantarides beschreibet vns
vnd spricht das diß würlin gar
dicke bewert sind die aussetzigē
beülen do mitt zů vertreiben die
dar auff gelegt mitt eynem pfla/
ster es benymmet die vnd mach
et sie gancz abefallen · ¶ Cantari
des jnne getruncken mit weine
machet harmen · Ettlich meister
sprechē das mā sol die corper der
würlin nücze vnd die flügel vn̄
das haubt hin werffen · Ettlich
sprechen das man die füß vn̄ die
flügel hin werffen solle · ¶ Aber
Serapio spricht das er die gebr
auchet hab also gancz vnd nich
tes dar von gethan · ¶ Item diß
sind die bestē cantarides die mā
findet in dē weiß · Diascorides sp/
richt das cantarides sind von na
tur die haut wundt zů machenn
vnd heiß machen · vnd darumbe
nüczet man die dz sie sollen gech
were machen vnd löcher darjn/
ne ätzē also daz man die nit auff
hauwen noch brennen darff · Vn̄
spricht auch das cantarides ge/
buluert den geschwollen mensch
en gůtt sey der selbigen ein halb
quintin gestossen vermēget mit
bockes blůt oder mit mastix vn̄
getruncken mitt wein · wenn sie
machen dye selbigen sere harmē
¶ Item cantarides sind heiß vn̄
trucken an dē dritten grad · ¶ Cā
tarides gestossen vnd die gemü=
schet mit essig vnd die aussezig
haut do mit geschmieret reiniget
die · vnd also genüczet machet
auch sere hare wachsen · ¶ Item
cantarides gesotten mit öle vnd
do mit die geschweren gestrichē
vnd dar auff gelegt verzeret sye
vnd machet sye auff brechen ·

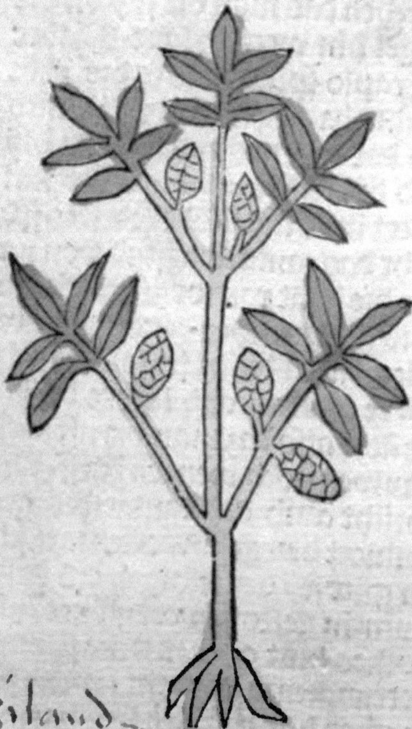

Kelers halß cxxix ca

Cocomidion latine·grece came
lea arabice mezereon·
¶ Serapio in dẽ bůch aggrega=
toris in dẽ capitel Mezereon id
est cocomidion spricht das dises
sey ein kleines beümlin vnd sein
este sind fast gůt feüer mit anzũ
den·Die este ligen nahent bey d
erdẽ·¶ Johannes mesue kellerß
halß ist faste gůt ydropicis das
sind die wassersüchtigen wan di
ses kraut benymmt alles gewäs
ser im dem leibe·¶ Johãnes me
sue im dem capitel mezereon nẽ/
net dises kraut rapiens vitã daz
ist benemen dem menschen daz le
ben·¶ Auch spricht er das dises
mancherleye gestalt habe·Etli/
ch cocomidion hat grosser blet/
ter vnd subtyle am griff·Etlich
hat scharpffe bletter vnd krause
vnd an der farbe schwarcz grün
Das von disem kraute das beste
gewechß ist das ist das grün ble
ter hat vnd mit vermüschet mitt
swertz vnd auch groß an der ge
stalt die andern alß obgeschribẽ
steet sind mit gůtt·¶ Dises krau
te hatt im jme vergifft vnd dar/
umb ist es sorgklichen zů brau/
chen es wäre dan das diß fenyn
mit andern stucken benõmẽ wur
de· ¶ An wölichen enden dises
beümlin oder kraut wechset al/
les nader gekrautt das vnd den
esten wechset als weyt sye begr
yffen ist so ist das selbig krautte
giffig·vnd wölicher mensch des
ein neme der möcht sterbẽ·Vnd
darũb hat Johannes mesue nitt
vnrecht an dem das er es nennet
rapiens vitam·¶ Diß kraut ist
heiß vnd trucken an dem vierdẽ
grade·¶ Wölicher diß kraut nü
czen will der sol es vorhin siedẽ
in milch vnd den schaume darnõ
werffen·Oder man mag auch
dises sieden mitt alter hüner brü
so ist es on schaden·Ettlich mei
ster sprechẽ das dises kraun klei
ne dreüblin als du hie syhest die
ist man meer nüczen wann das
kraut·dises reyniget flegma vñ
melancoley·

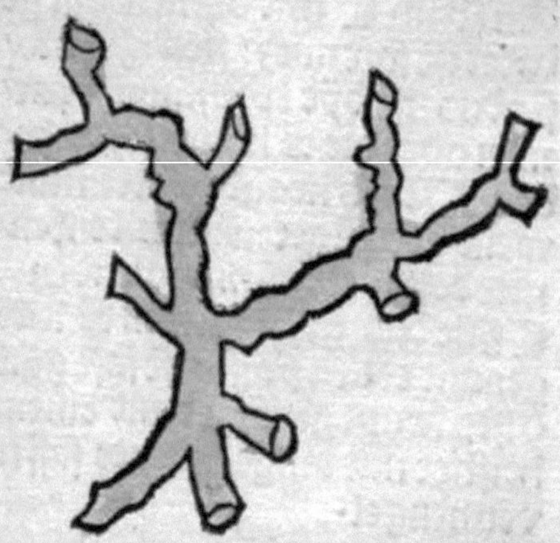

Corallen cxxx capi

Corallus latine·grece lithondē
don·arabice bassat·
¶ Der meister Auicenna in seÿ/
nem andern bůch in dē capitel co
rallus beschreibet vns vñ sprich
et das die wachsen in dē möre in
dem lande Affrica vnnd der iste
dreÿer hande· Eine sind rott·die
andern schwartz·die drittē wei
se·vnd sind von natur kalt an dē
ersten grade vnd trucken an dez
andern·¶ In dem bůch circa in/
stans in dem capitel corallus be
schreÿben vns die meister dz co/
rallen haben ein gestalt des erd/
trichs vnd die findet man in dez
möre in den cauernen beÿ dē ho/
hen bergē vnd do samelt sich ein
schlepericht feüchtung vnd dÿe
hencket sich an dÿe stein vnd die
wirtt dan von jerer eigen natur
trucken vnd hart wann sich das
möre senckt vnd der werdē ein
teÿl weiß vnd die andern rot die
weissen werden mit gebrauchett
in der ärczneÿ es seÿ dan sach dz
man schreibet in dē recepten·Re
corallí albí et rubeí vnnd wann
man schreÿbet·Re·coralli on ein
zů satz so meinet man allein die
rotten vnd mit die weissen·vñ so
die rötter sind von farben so sÿ
besser sind vñ so die weissen wei
ser sind von farben so sÿ auch bes
ser sind·¶ Ettlich meister sprech
en wer corallen habe in seinē ha=
uße in das schlecht kein hagel·
¶ Seraplo spricht das corallen
benemen das blůtspeyen vñ sind
auch gůt genüczet dem der mitt
nott netzet·¶ Vnd wem die au
gen trieffen der streiche corallen
darauff· ¶ Item corallen sind
gar gůt scotomie daz sind die al
le zeÿt duncket sÿ haben muckē
vor den augen fliegen dÿe augē
alle morgen do mitt bestrichen·
¶ Diascorides spricht das coral/
len gebuluert vnd getrunckē mit
regenwasser trucket das milcze
vnd benÿmmet des magen vnd
bauchs weethům·¶ Item coral
len gebuluert vnd gemüscht mit
gebrant hirczhoren vnd das ein
getruncken mit regenwasser die
net zů manicherleÿ kranckheÿt
des leibes·vnd sunderlich benÿm
met auch dÿses trancke die bö/
sen dreÿme vnd behůt den men/
schen vor des teüfels anfechtun/
ge·¶ Vnd wölicher corallen bei
im treget der ist sicher das jnme
kein zaubernüß noch keÿn böse
gespenst schaden müge· ¶ Von
der tugendt der corallen findest
du in dem pandeck in dez·lxxxv·
capitel das also an hebet bassat·
¶ Item Auicenna in seinē bůch

genant de viribus cordis spricht das corallen stercke das hertz vnd benemen das hertzen zyttern.

werdisteln cxxxi ca

Cretanus latine chritimon grece.

¶ Diascorides im dē capitel chritimon spricht das dises kraut wachs bey dem möre an kyßlichten enden vnd hat weisse bleter vnd fette mit weissen blůmen. Dises kraut bringet samen geleich den weiß körnern tritici genantt dye dörret man in dem lufft. der same reüchet fast wol. Paulus in seinem bůch in dē capitel Cretanus spricht das dises sey heiß vnd trucken an dem dritten grade.

¶ Der same vnd wurczel sind faste durch dē harn vnd treibt auß den stein. ¶ Mit disem kraut gebadet ist fast nücze strangwiriosis das ist dye tropflingen harmen oder die dē kalten seych haben. ¶ Diß kraut gesotten mitt wein vnd dē getruncken benymmet das weeth ům der lenden

¶ Für das grymmen im dē leibe genant colica passio ist fast gůtt dises kraut genüczet mit einem kristier mit bingel krautt saffte vermenget.

bleyweisz cxxxii capi

Cerusa grece et latine. arabice assidhegi. vel alon syregallrozā

¶ Die meister sprechen das bley weiß also gemacht werde. nym einen haffen der wol glasseürtt sey vnd thů den halb foll essigs vnd nym bleyen lameln zweier finger lang mynder oder meer darnach du einē hafen hast vnd mache oben auff den haffen eysen stenglin dar an hencke die lameln vnnd bley also das die lameln löcher haben allenthalben darnach verkleibe den hafen obē wol zů vnd secz jn an ein feüchte stat als in eynen keller vnnd laß den also steen dreye monett. darnach thů dē haffen auff vnnd schabe die bleyen lameln in den haffē vnd stelle das selbe in dye sunnen oder in ein badstubē vnd laß es trucken werden vnd wā es getrucket so geüß ein wenig wassers darzů vnnd laß es aber trucken werden. vnnd das thů als lange vnd als vil biß d wirt weiß vnd schöne in dem haffen. Auch mag man bleÿweiß machen auff vil ander weg die werdẽ hie nahe gelassen durch der kürtze willen. ¶ Der wirdig meister Auicenna beschreÿbet vnns vnd spricht das bleÿweiß seÿ kalte vnnd trucken an dem anderen grade. ¶ Bleÿweiß reÿniget die haut vnd machet die hübsch vñ glat. vnd darumb brauchen den die frauwen gern zů dem antlitz vnd bereÿtten den also. Nÿm bleÿweiß als vil du wilt vnd müsche darunder rosenwasser vnd stelle den also in dÿe sunne. vnd wan das getrucket so thů aber rosenwasser darein als lãge vñ als vil der weiß genůg wirt vñ wol riechende. vnd dises sol geschehen in dem summer. Darnache mache darauß pillele vñ schmiere daz antlitz do mit dz wirt schön vnd hübsche. Aber die do vil bleÿweiß nützen die gewÿnnen gern zene wethům vñ einen übel riechenden mund. ¶ Serapio spricht das bleÿweiß mache fleisch wachsen in den wunden. vnd benymmet das faul fleische darauß. ¶ Diascorides sprichett wölcher bleÿweiß allein nützet in dẽ leip das ist fast sorgklich vñ stirbet gern da von vrsach halbẽ das diß kömet von bley vñ blei ettwas vergift in im hat. ¶ Auicenna spricht das bleÿweiß solle genützet werden außwẽdig des leibes vnd wirt genützet in dÿe pflaster. ¶ Bleÿweiß benÿmmet acrocordines das sind die weichen wartzen an der haut vñ steen gern vil beÿ eine vnd sind la ge vnd spitz vnnd fleischig wie dÿe ander haut an dem menschẽ. das gemüschet mit weinstein öle vñ eßsig vnd darauff gestrichen.

wilder safran cxxxiii c

Cartamus arabice. grece gnticus vel cincu. latine vero crocus ortulanus.

¶ Serapion in dem bůch aggregatoris in dẽ capitel cartamus. spricht das des sind zweÿer hande. Eines heÿmlich. der and wilde. Der heÿmisch hatt bleter die sind scharpff vnd dornecht vnnd hatt eben haubter geleich den oluen den grössern. vnd haben blůmen dÿe geleichen ann der farbe

den saffran· Der wilde saffrann
stam geleicht bey nahe dē heimi/
schen allein diser an dē stam mitt
bletter hatt· ¶ Auicenna in sey/
nem andern bůche in dē capitell
cartamus spricht das der heimi
sch sey heiß an dem ersten grade·
vnd trucken an dem andern gra
de vnd trucken an dem dritten·
¶ Johannes mesue in dem capi=
tel cartamus spricht das der hei=
misch cartamus dem magē sche=
dlich sey vnd bringe stůgeenge
vnden vnd oben vnd ist fast wi
der der natur des menschen· Vn̄
darumb můß diser genüczet wer
den mit zůsacz eines äniß galgē
muscaten blůde die beneme jme
seyn boßheit·sein same reynigett
dē bauch· ¶ Wölicher bey jm tre
get die heübter do diser same jn
wechset der faulet keines scorpi
ons biß·aber als balde er jn von
jme wurffet so faulet er erst dem
bisse des yeczgenantē vergiffti/
gen thiers· ¶ Item es ist ein an
der cartamus geheissen cattamū
jndum disser wirt vermüschett
in die ärczney die do laxierē·wā
er laxieret die feüchtunge fleg/
ma vnd reyniget die wassersü=
chtigen·

grexbech cxxxiiii ca

Colofonia pixericia grece lati=
ne pix greca vel resina fusa· ara
bice ratiengi
¶ Der meister Plinius in dē ca/
pitel colofonia beschreibet vnns
das diß sey geheissen grex beche
vmb des willen das es die men=
ge ist in grecia vnd do selbest her
kōmet· ¶ Der meister Paulus
in dem capitel colofonia spricht
dz der sy heiß an dez dritten gra
de vnd trucken an dem ersten·
¶ Platearius spricht das es sey
warm in dem zweyten grad vn̄
trucken in dez erstē ¶ Colofonia
gebuluert vnd darunder gemü/
schet brunnkreß vnd hönig vnd
darauß gemacht ein salbe vnnd
die lenden damit geschmierett·
vnd benymmet auch dissinteriaz
das ist der durchgange des gebl
ůdtes· Wölicher do will ein weiß
klare angesicht machen vnd die
hare vnder dem antlicz vertrey=
ben der neme sechs lot grex bech
zwey lot mastix vnd ein wenig
armoniacū vnd müsche die czů
samē vnd schlage die durch mit
kaltem wasser vnd so du wilt
dye hare abe äczen so nymme diß
ein wenig vnnd lasse es zergeen
bey dem feür also das es lae seye
vnd mach ein pflaster vnd lege
das auff die stat do das hare we
chset auff ein stunde oder zwo·
darnach thů das pflaster abe so
zeühet es dye hare mit darnach
wäsche das angesichte mitt einē
nassen thůch vnnd lege das pfla
ster darüber vnd du magst es le
gen über dz angesicht vnnd alle
male ein stunde oder zwo· vnnd
darnach das wäschen mit einem
nassen thůch dem antlicz wirtt
schöne· diß pflaster weret zwey
jar· ¶ Wer das keichen hett der
lege colofoniam auff kolen / vnd

laß den rauch in sich geen er ge-
nyset ❡ Item colofonia gebulue
ret vermüschet mit wulle safft
vnd warm auff den afftern gele
get machet den afftern wider in
sein stat geen·

Kappern cxxxv Cap

Capparis vel capparus latine arabice hapar· grece vero kynol baton·

❡ Serapion in dem bůch aggre/gatoris im dem capitel hapar spri chet das dises wachß an vil en/den vnd sich bey der erden· pla-tearius capparus ist heiß vnnd trucken an dē dritte grad· Etlich sprechen das diß sey ein krautte also genant vñ daz wechset über möre in apulia ❡ Dise bleter blů men rinden vnd wurczel nüczet man in der ärczneÿ· aber die rin de wirt das minder teyl gebrau-chet· die sol gesamelt werden in dē abgande des meyen vnnd dye dörren an dem schatten· Dises ist die best rinde die sich mit bulueri sieret an dem bruch· dises weret sÿben jare vnuerseret an seiner natur· ❡ Wider scroffula nouel las das seind warczen an dē ley-be vnd wachsen gern an dē halß vnd auff der scultern vnd wech/set selten eyn allein sunder vil bei einander· Dise scrofule sind ge/leich fleischicht wie die hat· vnd wachsen von den bösen humo/res als de flegmate vnd melan/coleÿ· für diß seüde diser rinden· vnd der wurczeln vnnd wäsche die scrofule damit vierczehē tage sie fallen abe on schaden· ❡ Dar nach mache diß vngent vnd sch-miere dich damit· Nym einē ro/ten schlangen vnd hauwe im dē kopff vnd dē zagel abe· das übe/rig thů in einē löcherichten hafē vnd secze disen hasen in einē an/dern hasen vnnd kleibe den ober/sten wol zů darzů den andern vñ secze den vndersten in ein sieden heiß wasser vnd laß den darinne steen als lang dich duncket das öleÿ auß dem obersten gangenn sey vnd der schlange verzeret sÿ durch dē dampff des vnderstē ha sen· Von diser settunge von dem schlangen vnd von dem buluer· der wurczel cappare vnder ein/ander gemüschet heilet do die sc/offeln an dem halß in acht tagen die damit geschmieret·

kalch cxxxvi Capi

Calx latine· arabice horach·
¶ Der meister serapio in dē bů/
ch aggregatoris im dē capitel ho
rach id est calx beschreibet vnns
vnd spricht das etlich machē kal
cke auß merstein·etlich auß mar
moren stein vnd den brennet mā
in einem offen als lange das sÿ
jnwendig vnd außwendig wei
ße werden vnd dan heisset d calx
viua·vnd wan man den thůt in
wasser so benÿmmet jme dz was
ser sein krafft vnd ist nit als star
cke als so er lebentig ist·¶ Item
etlich machen kalck von eÿersch
alen also·Nÿm eÿer schalen vñ
thů die in einen neüwen haffen·
vnd thů die in einē offen do mā
ziegel jnne brēnet vnd wan diß
wirt von farben geleich als kal-
cke so hat es genůg vnd ist er nit
also so secze jn widerumb in den
offen·diser kalck dienet wol czů
salben do man die alten schaden
mit heilet·¶ Itez kalck gemüsch
et mit rosen wasser vnd ertrau/
ch wasser vnd dÿe sschebig hautt
damit ge gewäschen benÿmmett
die vnd machet sÿ rein·¶ Item
kalck wasser mit weidäschen ge
gemüschet vnd vngelesten kalck
vnd darauß gemacht ein salb be
nÿmmet die warzen vnd äczett
die von grunde auß·¶ Item ein
weiß salbe gemacht von kalck al
so·Nÿm bleyweiß zweÿ lot vñ
kalck ein lot vnnd weiß wachß
darunder gemüschet das disses
werde als ein salbe dienet zů vil
schaden vnd heilet sere vnd sun
derlichen gebresten die do faulen
vnd alt sind·Dise salbe heilet dē
wolff darauff gelegt als ein pfla
ster·¶ Dise salbe heilet die ausse
czigkeit die darüber gestrichen·
¶ Item wiltu machen ein gůtte
seÿffe die fast weiße wäschet·so
nÿm kalck ein kompff vol vnd
rebe äschen auch alßo vil dar zů
nÿmme weid äschen ein halb pf/
undt vnd stoß die zů buluer dise
dreü stuck müsche vnder ein an-
der vnd thů die in einen zuber·
vnd geüß darüber fünff od sechs
eÿmer fol wassers vnd laß das
steen dreÿ tage vnd alle tag soll
man diß vnder einander rüren
wol·nach den dreÿen tagen solt
du dises wasser oben ab nemen
das lauter vnd doch vorhin pro
bieren mitt einer feder en die stoß
darjnne·lasset sie die federn geen
so ist die lauge gerecht ist des nit
so laß sie lenger auff dē äschen ste
en·¶ Vnd wan du seÿffen sieden
wilt so seÿge das lauter oben ab
in einen kessel auffe vier eÿmer
dar vnder thů fünff pfunt vnßle
te vnnd laß dises siednen zwölff
stunde oder meer·vnd wann du
vernÿmmest das die dicke vnd
zähe werden so gib jr ein halbez
eÿmer foll zů der übrigeen law/
gen vnd vnder den halben eÿm/
mer foll müsche ein pfunt salcz
vnd schütte das in die seÿffen vñ
lasse die ein sieden als auff eine
halbe stund·darnach hebe die ab
vnd tabuliere die nach deinē wil
len·¶ Item calx ist warmē vnd

trucken im dez zweytē grad alß Platearius spricht gemischt mit vnschlitt vnd mit öle vnd auf fa ule wunden geleget ist sie heilen ¶ Item hart aposteman auff zů äczen. Nym vngelestē kalck ver menget mitt laugen vnd truckē abe gesotten vnd das selbe salcze geleget auff ein hartt aposteme es äczet ein loch dar ein

wachs cxxxvii capi

Cera latine. vamaach arabice ¶ Der meister serapio beschrey/ bet vns auch von dem wachßs vnd sprichet das dißs zů vil sa/ chen gůtt sey außwendig des lei bes vnd nit inwendig. vnd iste in dē mittel getemperiert mit dē vier zůsaczūg als an der worm de an der kelte an der feüchtūge vnd an der truckung. ¶ Itē diß ist das beste wachßs das do ver/ müschet ist mit einer rōte vnnd ein gerach hat geleich dez hönig ¶ Diascorides spricht dz wachß von natur weiche dye herten ge schwäre vnnd küle die also das wachß geschmieret werde veye/ len öle oder rosen öle. ¶ Wachs ist in seiner natur geleich dē hö/ nig. ¶ Item wachs sol man czů keyner ärczney nüczen die do die nent in dē leibe sunder aussen an dem leibe mag man es nüczē on schaden. ¶ Wachs weichett dye herten geschwären vnd macht sy zeytig vnd außgeen vnd darūbe mag man wachs nüczen zů wū den zů geschwären zů beülen vn̄ zů allen salben mag man nüczē wachs.

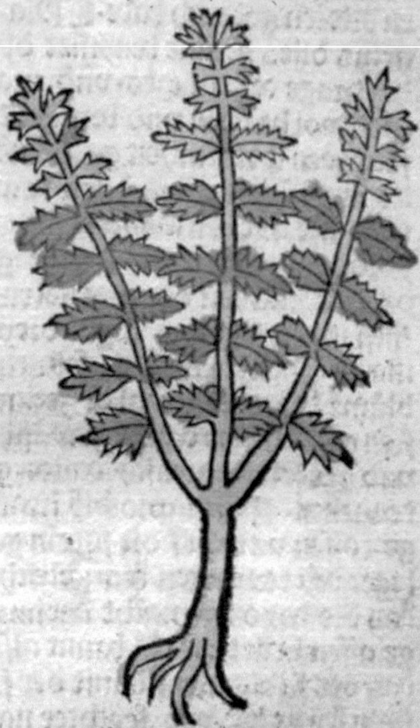

camedreen cxxxviii c

Camedreos vel cameb grece. arabice hamedreos. latine quer/ cula minor.

¶ Plinius in seinē herbario im dem capitel camedreos sprichett das dyses sey ein kraut vnd sey ne bletter geleichen den eychblet tern. Sein bleter vnnd der same haben purpuren farbe. Diß krau te sol gesamelt werden an dē en= de des meyes wan so sind die blů men vnd das kraut bey ein. dye wurczel sol hin geworffen wer/ den. Diß kraut ist heiß vnd tru/ ckē an dē drittē grade. Galienus im dē. viij. bůch genant simpliciū

farmacorum in dez capitel came
dreos spricht das diß kraut ein
en bittern gerauch habe· ¶ Plate
arius dises krautt benÿmet dÿe
hertunge des miltzes· vnd ma/
chet wol harmen vnd bringet dē
frauwen ir kranckheit genāt mē/
struū· ¶ Diascorides dises krau
te ist fast gůt den wassersüchtigē
ÿdropicis genant an dē anfange
diser kranckheit darüber getrun
cken mit weine des tages dreÿe
mal· ¶ Dises kraut mit seÿnenn
blůmē dienet fast wol dē zerknÿ
sten gelidern die damit gewäschē
vnd der selbig mensch dauon ge
truncken· ¶ Serapio diß kraut
gestossen vnd auff die fisteln ge=
leget beÿ den augen des geleichē
das öle dauon gemacht darjnne
gelassen heilet die tzů hannt also
das der selbig mensch mit der fi=
steln seÿ kalter vnd feüchter na/
tur hilffet es wol Aber die hitzi
ger vnd truckner natur oder cō=
plexion sind ist es vnnütz zů al/
len kranckheiten·

¶ Dises krautte gesotē mit wei
ne vnd den getruncken benÿmet
yctericiam das ist die geelsucht·

¶ Item camedreos gesotten im
wein mitt fenchelsamen vñ semi
the ist gůt genützet wider besto
pffung der leber vnd miltze vnd
thůt mann darzů eppe samen so
ist es gůt wider dē kalten seiche
vnd wider den stein·

¶ Diß kraut gesoten im wein ge=
leget auff die glider do das gegi
chte jn liget ist darzů gůt·

geyßblat cxxxix capi

Caprifolium siue mater siluarū
latine arabice gimach· grece ve
ro peridemon vel liceos·

¶ Diascorides in dē capitel lice/
os id est caprifolium beschriebet
vns vnd spricht das diß krautt
habe bletter die sind dornecht vñ
bringet grün körner· vnd wann
die gezeÿtigen so sind sie geleiche
alß kÿrsen· Diß wechset gerne
ī den weldē· dises krauttes blet
ter körner vnnd wurtzel stossett
man zůsamen vñ seüdet die mitt
süßholtz wasser oder ander was
ser biß es dicke wirt als hönig·
Diß gesoten wasser das dörret
alle fliessende flüß ann dem leÿbe
wo die sein mügen· ¶ Disses

wasser dienet wol dē bösen blatern oder gebresten alß dan ist d wolff der krebß darüber gestrichen. ¶ Ettlich meister sprechē daz von dises krauts safft werde gemacht liciuz. was das sey findest du in dem capitel de L das sihe an hebet licium. ¶ Dises krautt hat ein widerwertig nature an jme wann es ist heisser vnd kalter natur. Vnd darumbe dienett diß mitt zů nüczen in den leib sunder außwendig des leybes zů nüczen ist es on schaden. Vnd dißs krautes safft genant licium vermenget mit mirra vnd mitt hönig ist auch gůt zů faulen wunden Pandecta.

weisse steinbreche
Das cxl Capitel

Clauda porcina siue grana solis siue milium solis vel saxifraga alba latine.

¶ Die meister sprechen das disses sey ein kraut vnd wechsset gern an den steinichsten bergen. die hoch sind. Der samen ist rott bey nahe als groß als erweißen

¶ Dises kraut ist heiß vnd trucken an dem dritten grade. d same ist stercker an seyner krafft wan das kraut. ¶ Plinius dises krautes samen gestossen zů buluer vnd ein tag getruncken eyn quintin brichet auch den steine in der blasen vnd auch in denn lenden. vnd machet wol harmē

¶ Item nym dises sames des geleichen fenchelsamen petersilgen samen epplich samen yegkliches geleich vil vñ seüd die mit wein vnd trinck den er treibet vil böser materien auß der blasen dauon zů zeiten das podagrā entstat das ist der fůß weethům.

¶ Das buluer von disem samen getruncken mit wein ist gůt strangulriosis das ist die tröpflingen harmen. des geleichen die dē kalten seich haben. ¶ Serapio spricht das diser same gar gůtte sey wie der gebraucht werde für den stein vnd sunderlich in einē bade darinn pappeln gamillen. dosten vnd gundelreben gesottē wäre vnd also diß buluer darjnne genüczet benymmet vil sucht der blasen vnd auch der lenden.

¶ Disen samen mag man behalten zehen jar vnuerseret an seiner natur vnd krafft.

Sprinckwurcz cxli ca

Catapucia latine· grece clei vel
ciceiarabice herma vel cathua
¶ Serapio in dem bůch aggre/
gatoris in dē capitel cathua id
ſt catapucia ſpricht das der ſeÿ
zweierhande· eine die grőſſer· vñ
ein ander die kleiner· Die grőſ/
ſer hat bletter geleich den oliuen
wan das diſe ein wenig grőſſer
ſind der ſtamen iſt hol vnd hatt
oben trauben auß denn truckett
man őle das neennet man oleū
ricinū die kleiner hat ein ſtengel
eÿns arms lang der hat bletter
ſchmal vnd lang eines fingers·
vnd an dem gipffel dreÿeckicht
ſamen der iſt außwendig ſchw/
artzlicht vnd inwendig weiß·
¶ Der meÿſter Platearius ſpri/
chet das catapucia ſeÿ heiſſe ann
dē dritten grade vnnd feüchte an
dem erſten ·ſo man ſchreÿbt in dē
recepte catapucia ſo meÿnet mā
die frucht vnd nit das kraut·
¶ Diſe frucht weret ein jar· ſein
tugent iſt reÿnigen flegma· vnd
darnach coleram vnd melanco/
liam· ¶ Für die febres quotidia
nas nücze diſer frucht mit ande/
ren kreüttern als wolffs wurcz
genant Eſula in wein geſotten
mit zucker vermenget· diſe bene/
men die febres zůhant· Wőllich/
er ſich brechen wil oben auß der
neme diſes őle gemachet von di
ſen früchten ſÿ treÿben vil bőſer
materien auß dē magen die lang
zeÿt darinne gelegen iſt· ¶ Für fe
bres quotidianas· Nÿm diſer fr
ucht ein gůt teyl vnd verwickel
die mit kőle kraut daz man ÿſſet
vnd thů die zůſamen in einē ha/
fen vnd laſſe ſie wol ſieden· dar/
nach ſo preſſe darauß ein őle· di/
ſes őle magſt du geben einē ge/
ſunden oder ſiechen on ſchaden·
Aber doch ſoltu dem ſiechen nitt
ſagen was őle diß ſeÿ vnd da/
mitt magſt du wol ein ſiechē be/
triegen vnd zwingen zů geſunt/
heit· Aber wan diß der ſiech we
ſte ſo hette er einen grauſen dar
für vnnd mőchte nitt zů rechter
würckung kōmen· ¶ Item oleÿ
von ſprinckwurcz kőrner iſt gůt
wider das geſicht·

ein geisz cxlii Cap

Capra latine.
¶ Die meister sprechen gemeyn-
klich das dises thier sey eines lei
chten gemütes sunderlichen mitt
springen. das behendest am lauf-
fen. das scherpffest am gesichte.
das süssest im gerauch. das gesu/
dest zů der speyß. das aller klůg
est mitt seiner kost. ¶ Wann di/
ses thier vernymmet sein speyß
nach dem gesicht nach dẽ gerau/
che vnd nach dem geschmack vn
der den kreüttern vnd den bau/
men von den es sein kost nym/
met. ¶ Geyß werdent alt zehenn
oder zwölff jar vnd nit dar über
diß thier treibet vnkeüscheit biß
an sein alter. ¶ Von disem thier
beschreiben vns die meister vnd
sprechen das der harm von geyß
en fast nütz sey damit den steine
zů vertreiben des getruncken.
¶ Diser harm gelassen in die orẽ
also warm benymmet das sausẽ
vnd schmerczen. über dise krang
heit yetz genant ist bockes harn
besser. Des geleichen sein blůt ge
dörret das ist man müschen czů
materien die do dienẽ zů dẽ steim
Auch ist jung böcken fleisch lei/
chtlich zů verdeüwen.

krebs cxliii capitel

Cancer latine.
¶ Die wirdigen meister sprechẽ
das die bachkrebß fast nütz sind
den krancken zů der kost vnd su
derlichen den hiczigen ¶ Die au
gen der krebß haben sunderlichẽ
tugent in jn. alß damit die haute
weiß zů machen also nymme kr
ebß augen vnd stosse die zů bul
uer vnd thů darunder essig. dar
nach nym salczwasser vnd mü/
sche das dar vnder es wirt weiß
wie milch dises wasser ist geley/
che dem vngento albo das ist ein
weisse salbe in der apoteckendaz
trucket vnd heylet alt gebresten
gar balde. ¶ Die brü gesoten von
krebßen ist gůt den lungensüch-
tigen vnd benymmet das gesch/
were von der lungen genant pe
ripleumonia dauon gar dick en
steet ptisis das ist die schwintsu
cht oder das abnemen daz do kõ
met von dem geschwere der lun
gen vnd ist lange weren.

Daub cxliiii capi

Columba latine.

¶ Die meister sprechen das dye tauben alle zeit geren bey dē leüten wonen. on allein die turtell tauben dye wonē lieber in denn welden vnd in dez felde. ¶ Der turtel tauben fleisch ist nit nücze dem menschen zů essen vrsachen halber das solich taubenbald fal len in groß kranckheit epilentia genant dar durch der mensch ein můtt gewynnet vnd dester sched licher wäre an seinē leibe. Aber die heimlichen tauben sind nitt als gar vngesundt wie wol der mensche die meydenn sol in aller kranckheit. ¶ Dauben habē ge/ blůdte vnder dem rechten flügel das dienet gar wol zů ärczney. Dises selbig blůtt also warme in dye augen gettopffet benymmet den schmertzen vnd brichet das fell darjnn. ¶ Mit disem blů te mag man heilen die beülen an dem leybe wachßseden dye selbi/ gen auff geschnyten vnd darein gelassen.

kese cxlv capitel

Caseus latine.

¶ Die witdigen meister sprechē das kese vnuerdeülich sey dē menschen vnd sunderlichen grossenn schaden bringe dē jr leber vnnd miltz verhartet ist. ¶ Kese mach et dē menschē calculosum ver des vil ysset vnd darumb saget vnd beweret der hochgelert meyster Constātinus das in einer gemeī aller keß vnnücz sey aber welch er der milch nahe ist der ist gůtt zimlich geessen. ¶ Keßbrü ist dē sichen fast nücz wan sy laxeiren vnd weichen die genge des stůl/ ganß vnd krefftiget. dise brů sol gemacht werden von dē böstenn schäff keßen dye man auch habē mag. ¶ Keß der vil gesalczē ist der machet auch dē menschen vil züfelliger kranckheyt. ¶ Zů dez ersten bringet er den stein vnnd machet auch gar bößlich harmē Er macht auch dē magen gar vn lustig. Er bringet böse flüß des haubts. Darumb ist keß gar vil geessen zůsmeyden auff das nitt bössers hernach komme.

Dÿptan cxlvi capi

Iptamum latine grece-
Batin vel dÿptamonn-
arabice Baudenig-

¶ Der meister Gallienus in dem
sechsten bůch genant simplicium
farmacoram in dem capitel Dÿ-
ptamus beschreibet das der seÿe
heiß vnd trucken an dem dritten
grade- ¶ In dem bůch genant cir
ca instans stert geschriben dz dÿ
ptamum seÿ ein wurtzel geleich
genēnet sein ein kraute vñ wech
set an kalten stetten vnd besund̄
gern an den hohē felßē- Die wur
tzel dauon braucht man in d̄ är/
czneÿ- vnd der ist zweÿer hande-
eine weiß die ander schwartze-
vnd haben bede ein nature - aber
doch brauchet man die weissenn
in der ärczneÿ vnd selten die sch
wartzen- dise weret ein gantze
jare- vnd die ist dÿe beste die jn/
wendig hert vnd gantz ist vnd
nit löcheritt- auch ist dise die be/
ste die mit buluer gibt wan mā
sÿ brichet- ¶ Diascorides spricht
das von disser wurtzel getrun/
cken seÿe gůtt den frauwē ir zeit
do mitt zů foderen - ¶ Von diser
wurtzel ist gůtt getrunckē ÿdro
picis das ist den wassersüchtigen
¶ Dÿptamū gemüschet mitt hö
nig vnd das genüczet benÿmett
den hůsten- ¶ Dÿptamū gesottē
in wasser vnd damit gewäschen
den leib in einem nÿmmett hin
ÿctericiam das ist die geelsuchtt-
¶ Dise wurtzel gemüschet mitt
schwärtel wurtzeln vnd dz bul
uer gelassen in die nasen reÿnī/
get das haubt- ¶ Der safft vonn
dÿptamū des geleichen das bul/
uer heilet vuulā das ist dz blatt
in der kelen- ¶ Dÿptamū gemü-
schet mit milch vnd die gelassenn
in die orē benymmet den schmer
czen darjnne- ¶ Item diß krautt
von der wurtzel dÿptamū gestr
eüwet in das hauß machet flie/
hen die schlangē vnd vergifftig
thier die darjnne sind ¶ Ein me
tridat gemacht von dem buluer
der wurtzeln dÿptamo vnd dar
vnder gemüschet encian vnd hol
wurtz eins als vil des anderen-
vnd darzů buluer von galöpffel
dises wirt ein schwartz buluer
das sol man müschen mit weine
der mitt dÿptan gesoten seÿ- Di
ses hatt als vil tugent an jm alß
der driackerß ¶ Das buluer mit
dem safft gemenget mit beÿfůß
vnd darauß gemacht zapffē vñ
die frauwen dise zapffen vnden
auff gebrauchet als in scheme tr
eÿbet auß das todt kindt in dem
leib- vnd auch die ander geburtt
secundina genant- ¶ Item nÿm
biber geyln gebuluert vnd dÿp/
tan ÿegklichs geleiche vil vnnd
müsche das mitt rauten safft- di
ses hilffet die dÿe fallende suchte
haben den safft in dÿe nasen ge/
lassen- Item mitt disem safft ge/
schmieret die lamē gelÿder ster/
cket die vnd machet sie gerade-

18

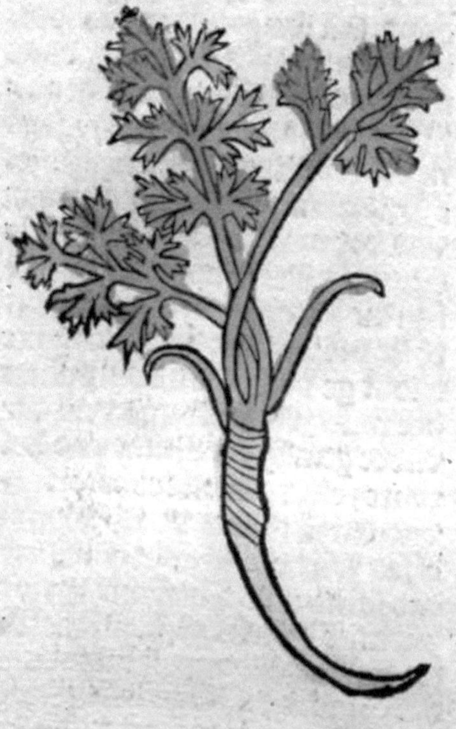

wilde moren cxlvii ca

Daucus latine lesar grece.
¶ In dem bůch genant circa in/
stans beschreÿben vns die meÿ/
ster vnd sprechen das wilde mo=
ren sind heiß vnd trucken an dez
dritten grade. Vnd der ist zwey
er hande. die ein wilde. die ander
zäme. Die wilde hat die grösten
tugent an ir. vnd ettlich nemenn
die daucus creticus vnd die hatt
bletter geleich dez fenchel. des ge
leichen die zäme. vnd habē weiß
blůmē. ¶ Diß kraut sol gesame=
let werden mitt den blůmē. vñ
die wurtzel dauon hin werffen.
Diß kraut vnd blůmen sollē ge/
dorret werden an dem lufft vñ
nitt in der sunnē. das weret ein
iare vnd nitt darüber. ¶ Platea
rius wilde moren gesottn in wei
ne vnd darunder gemüschet feÿ
gen als vil man vil vnd den ge=
truncken benÿmmet den trucken
hůsten. ¶ Auch ist diser wein
gůtte getruncken für das keichē
¶ Dises krautt gesotten in lau/
gen oder in wasser das haubt da
mitt gewäschen benymmet den
fluß des haubts der vō kelte kō
met. ¶ Diß krautes dreÿ hand
foll gesotten in wein vnd darun
der gemüschet öle vnd das gele/
get auff den bauch benÿmmet dē
harnwinde. vnd erwürmet auch
den magen. ¶ Für das verstop/
fete miltz vnd lebern mache ein
sÿroppel von dē kraute vñ blů/
men vnd müsche dar under safft
von fenchel vnd nütz den des a/
bents vnd des morges es hilffet
on zweifel. ¶ Item daucus mitt
bappeln vnd bingelkraut gesot
ten mitt wein vnd wasser vnnd
auff den nabel geschlagē ist gůtt
wider das därme gegicht.

ſanickel cxlviii Ca

Diapenſia grece· latine ferra/
ria maior ſiue conſolida minor
ſiue ſanicula·
¶ Die wirdigen meiſter gemei
klichen beſchreyben vns von di
ſem kraute vnd ſprechen auch
das es von natur ſey heiß vnd
hat gar vil reynigkeit an jme·
ſein ſafft iſt auch gar ſenfft vñ
linde· ¶ Item wer gewun/
det wurde der trincke diſen ſaft
auß vnnd trincke den mit kerf=
eln waſſer ſo heylet auch dye
wunde jnwendig gar vñ gan=
tze· ¶ Item ſanickel gedür=
ret vnnd auch gebuluert diſes
buluer ein gantz jare· ¶ Item
wer einen böſen magen hette·
vnd die gedärme in jm verſch=
leymet wären der neme dyſes
buluer vnd miſche das mit hö
nig vnd liquiritien vnnd rüre
das vnder einander vnd trinck
dz mit wein des abēts ſo du ſch
laffen wilt geen es reyniget au
ch alle jnnerliche vnſletigkeyt
vnnd ſunderlichen den magen·
¶ Item in dem ſummer ſo zeü=
he diſes kraut auß mit d wur=
tzeln vnd ſeüde das jn waſſer·
vñ ſeyhe es durch ein tůch vñ
miſche auch darunder roſen zu
cker vnd hönig vnd trincke dz
es laxieret ſenfftigklichen vnd
treybet auch gar vil ſchleymes
auß der ſchlange zeyt in dē lei=
be in dem magen vnnd auch in
den gedärmen gelegen iſt·
¶ Item ſanickel vnnd winter
grün vnd ſynnauwe diſe dreü
ſtücke geſoten in wein vnd den
getruncken verzeret alle geleb
bert blůtt in dem menſchen on
ſchaden· ¶ Item in allen wunt=
trencken ſol genützet werdē ſa/
nickel·

m·j·

ein saft also genant

Das cxlix Capit

Diagridion grece et latine.

¶ In dem bůch genant circa instans in dem capitel Diagridion beschreiben vns die meister vnd sprechen daz dises sey heiß vnnd trucken an dem anderen grade. Vnnd ist ein saffte eins krauts dz wechset gyenset dem möre vnd gleichet an seiner gestalt der sprinckwurcz. Vñ diß wirt gesamelt in dẽ hunczitagẽ also. Die selbigen leüt schneydẽ dye spiczen oben abe so fleüsset darauß milch die lassen sy trucken werdẽ an der sunnen vñ das heisset dañ diagridion. ¶ Etlich meyster sprechen das dyse milch fürhin gesoten sol werdẽ vñ darnach gedörret in der sunnen. ¶ Item diagridion wirt in manchen weg gefelschet. wañ etlich die nemen die milch titimalli vñ mischen darunder ein wenig diagridion vñ so ist diß starck in seiner würckung vnd sorgklichẽ zů nüczen. etlich mischẽ die milch titimalli mit grecksum beche den gebuluerisieret etlich nemen kleine stücklin võ der colofonia vñ mischẽ die vnder den diagridion vñ verkauffen den dar für. Ein yegklicher merck eben waz er kauff. ¶ Itẽ diser ist der beste d weiß ist vñ schwarczlecht vñ klar vñ lasse sich balde brechen. Vñ wie wol colofonia auch der gleichen sich lasset brechẽ so ist colofonia herter in dẽ bruch wañ diagridion ¶ Item diagridion hat ein bittern geruch vnd der ist getemperiert vñ senfft. aber d zů gar bitter ist der ist gefelschet vnd nit gerecht. ¶ Item disen dyagridion sol man außer wöln d mit der speichel auß dem mund zů treiben werdẽ mag vnd sich verwandelt in ein weisse farbe ¶ Die meister sprechen dz diagridion reyniget coleram darnach flegma darnach melãcoly ¶ Item etlich meister sprechen dz diagridiõ vñ scãmonea purgiere eyns geleich dem andern aber diagridion purgiert senffter wañ scãmonea. vñ darum sol alle zeyt mynder scãmonea genomẽ werdẽ wañ diagridion

¶ Wilt du machē ein gůt senft laxatiue· Nym̄ dyagridion ein halb quintin stomaticū confor/tatiuum ein quintin vñ mische die vnder ein vnd nym̄ diß ein mit kesebrū dises laxieret wol on schaden· ¶ Item diagridion ist scāmoneam bereiten mit ey/nem quidden gebraten vnd ist nuczlichen zů nüczen dañ rohe scammonea·

Dragantum cl ca

Dragantum siue blanta gummi draganti latīe· grece acātos vel pede rota vel melanphilos arabice hahe vel chachita vel astuded·

¶ Die wirdigen meyster spre=chen das dye kalt sey im dē an=dern grade vnnd feücht in dem ersten· Vnd dißs ist ein gümy· vnd fleüsset gyenset dem möre auß einem baum· vnd von hicz der sunnen wirt dises dürre vñ also ein gümy· Vnnd dyses ist dreyerhande· Eynes weiß kla=re vnd reyn· vnnd das ist das beste· das ander rot von farben vñ das ist nit als gůt· dz dritte hat farbe gleich der erdē· ¶ Daz weiß sol genüczet werden zů dē erczneyen die do külen· vñ das weret zehen jar vnuerseret an seiner natur· ¶ Wöllicher fast dempffig wer vmb die brust dē neme gersten wasser vnnd thů darein dragantum vnd gum/mi arabicum yegkliches gleich vil vnnd trincke des es hilffet· ¶ Für den alten bösen hůsten· Nymme den safft von süßholcz vnd vermenge darein dragan=tum vñ laß dz steen ein nacht· darnach seyhe das durch eyn tůch vnd nym̄ dañ buluer dra ganti vnd mache pillelen· Di/ser pillelen nym̄ vnder die zun gen vñ laß die in dē munde zer/geen vnnd schlicke die speichel mit hinein der hůst seczt sich in kürcz· vnd machen lustig vmb die brust· vnd also genüczet be nemen sye den durst· ¶ Item wölicher hette ein groß erhabē lefftzen also das fleisch dar an wüchse gleich den wartzen der neme dragantū vnd resoluier den in rosenwasser vnd mische darunder amidum dz ist kraft mele vnd lege das darauff als ein pflaster es hilffet· ¶ Wilt du machen ein weiß hübsch an

gesicht so nym dragantum vñ
rosen wasser vnd mische die zů
samen vnnd mische ein wenig
darunder campffer vnd necze
baumwollen darynne vñ strei=
che darmitt dein angesichte es
wirt gar schöne vnd hübsch

Dateln cli Capi

Dactilus latiñe arabice potab·
¶ Der meister Auerrois in sey=
nem fünfften bůch genant colli
get in dē capitel Dactilus spri/
cht das diser baum den er nen=
net dactilanum vnd die frücht
sind fast stopffen die milcz vñ
auch die leber· vnd die rinde di
ses baumes ist meer stopffen
wañ die andern ¶ Rabbi moyſ
in dē capitel dactilus spricht dz
datteln machen dem menschen
böß feüchtunge vnnd bringen
haubtwee vnnd stopffent oder
verhartent dye leber vnd brin=
gen ein fluß genant Emorroi/
das das sind fickblatern· ¶ Se
rapio in dem bůch aggregato=
ris in dem capitel pothab idest
Dactilus spricht das die mach
en dē menschen gar grob geblů
te vnd sunderlichē den die hiczi=
ger natur sind· vnd darum̄ sol/
len die heisser natur sind vnnd
geneyger zůhaubt weethumb
vnd auch gar hiczig lebern ha/
ben datteln meyden· ¶ Wölich=
er auch fast flüssig wer an dem
stůlgange der möchte datteln
essen er genyset· ¶ Dateln sind
heiß vnd feücht an dem andern
grade· ¶ Etlich meister
sprechen das die datteln auch
gar gůtt sind die in den kalten
landen wachsen· Aber die im dē
mittelmessigen landen wachsen
sind lenger gůtte zůhalten·

Felriſz clii Ca

Dens leonis latine.
¶ Die meiſter ſprechen das di
ſes ſey ein kraut vnd bleter ge=
leich dem kraute rabenfüß. vnd
wechſet auch gar geren vnder
den eychbaumen. ¶ Diſes krau
te iſt heiß vnd auch trucken an
dem zweyten grade. ¶ Felryß
ſoll geſammelt werden in dem
ende des meyes. ¶ Diſes kraut
geſtoſſen vnnd gemiſchet mitt
haußwurtz vnd nachtſchaden
vnnd auff ein entzündende glů
te geleget heylet das zůhandt.
¶ Der ſaffte von felryß in dye
augen gelaſſen benymmet auch
das fel darynne. vnnd diſes ſol
geſchehen in dem zů nemenden
des monetz vnnd alle mal die
augen fürhin gewäſchen mitt
fenchel waſſer. ¶ Diſes kraute
mit der wurtzel an den hals ge
hencket dem geſchweren die au
gen auch mit. ¶ Von diſem
kraute diſtillieret waſſer vnd
ettwann dicke die augen auch
damit genetzet dienet faſt wol
¶ Item diß kraut dient auch
gar wol zů wundt trencken
¶ Item diß kraute geſtoſſen
vnnd auff ein zeytig geſchwer
gelegt brichet es auff on allen
weethumb. ¶ Item diß kraut
hatt meyſter Wilhelmus eyn
wuntartzet geweſt faſt lieb ge
habt vmb ſeiner tugent willen
vnd darumb hat er es geglich=
en einem leüwen zan genannt
zů latein dens leonis.

durchwachs clvii ca

Dises kraut nemmē etlich mei/
ster czů latein herba perfoliata
vnd hat in jm vil hübscher tu/
gent als sunderlichen für dē bru
ch der kinde des samen geessen
vnd das kraute auff den bruch
geleget. ¶ Wölichem kinde der
nabel zů ferr außgienge dē soll
man binden diß kraut vñ sa=
men darauff er geet zůhant wi
der eyn. ¶ Wölicher gebrochē
wer also das der bruch mit über
das jare weret der bade fürh im
mit disen kreütern als parita/
ria das ist tag vnd nacht pen=
tafilon dz ist fünff blat gamil=
len yelenger ye lieber campepi=
theos genant yegkliches eyn
gůtte handtfoll oder zwo. also
dz du alle mal drey stund auff
einander badest vnd diß sol ge=
schehen drey tag nach einan=
der vnd alle mal im dem bade di
sen samen von disem kraut ein
nemen auff ein halb lot. vnnd
nach dem bad sich schmierē mit
diser salben. Nym gamillen öle
ein halb lot vnd thů darunder
dises krauts safft ein lot vnnd
des bulvers von dē samē zwey
lot vnd mische dises vnder ein
wenig wachs daz dises werde
ein salbe vnnd dises schmieren
sol geschehen acht tage ð bruch
heilet on zweyfel.

alantwurcz clviii ca

Inula campana latine.
grece ellemum. arabice
rasin vel ylsaran ¶ Se
rapio in dem bůch aggregato=
ris in dem capitel Rasyn id est
Enula auctoritate. Dyascori/
des beschreibet vns das diß sey
ein kraut scharpff vnd länge/
licht an den bletern. vnnd hatt
ein stam der ist nicht zů kleyn.
Sein wurczel ist groß vñ wol
riechende vnd ist rot an der far
be. vnd ist gestalt beynoch als
naterwurcz vnnd wechset an
den bergen vnd an den feüchten
steten vnd wechset auch gern
in den gärten. ¶ Dyse wurczel
brauchet man in der ärczneye.

Vñ dises sol außgegraben wer den an dem angeenden summer vnd auch sÿ trucken lassen wer den auff das sÿ nit verderbe võ der feüchtunge die sÿ in jr hat. Die wurczel werent auch dreü jare vnuerseret an jrer natur. ¶ In dem bůche circa instans beschreiben vns die meister dz enula campana seÿ heiß an dẽ ende des dritten grades. vnnd auch feücht an dem ersten. ¶ Diascorides spricht auch dz alant wurcz gestossen vnd dar under gemischet hönig vñ dar auß gemacht ein latwerge vñ die genüczt ist auch fast gůt für den hůsten. ¶ Der meister Se rapio spricht das alantwurcze hab auch gar groß tugent in jr wenn sÿ benÿmmet die grobe feüchtigkeit von dem menschẽ vnd benÿmmet auch damit dz lenden wee. ¶ Alantwurcz er wermet auch die erkalten geli der des weins getruncken der mit alatwurcz bereÿt wirt. ¶ Alantwurcz gesotẽ in wein vnnd auch daruuder gemischet zucker benÿmmet das keÿchen vnd machet auch gar wol har men. ¶ Also genüczet fodert es auch die frauwen an jrer zeÿt. ¶ Item alantwurcz ist gar gůt genüczet für vergifft vnd auch sunderlich für vergifftig bisse ¶ Item die bletter von alant wurcz gesotten in wein. vnnd auch darauß gemacht ein pfla ster vnnd auff die lamen gelÿ der geleget erwermet auch die also das sÿ balde do entpfinden gesuntheÿt. ¶ Platearius alãt wurcz benÿmmet auch den zo ren vnd traurigkeit vnd sterck et auch den magen vnd treibet auch auß die überflüssig feüch tigk ÿt mit dem harm. ¶ Alant wein getruncken hat alle obge schriben stück an jm. Vnnd hie ist auch zewissen das alle geso ten wein oder wein mit kreüt ter gemachet sind besser getrun cken zů dem morgenessen wañ zů dem abent essen. Vnnd dises ist auch die lere des meÿsters Pauli in dem capitel Vinum ¶ Item dises kraut gesotẽ mit dem kraut nacht vnnd tag ge nant mit öle vermenget vnnd auff den bauch warme geleget ist das därme gegicht stillen ge nant colica. Vñ vnder dem na bel geleget ist auch gar gůt wi der dẽ kalten seich Platearius.

weissenf clv Ca

Eruca latine· grece euzonium
arabice gergit·
¶ Der meister paulus beschrei
bet vns in seinem bůch in dē ca
pitel Eruca daz dises seÿ zweÿ
er hande·eins wilde·das ander
zām· das zām ÿsset man vnnd
pflanczet es in die garten vnd
ist gestalt beÿnoch als der recht
senff·Eruca ist heiß vnd feücht
in dem grade · den samen vnnd
die bleter brauchet man in der
erczneÿ·¶ Der meister Galie/
nus spricht das eruca gesotten
vnd geessen meret sperma das
ist die natur des menschen da=
non dann kommet die fruchte
vnd bringet winde vñ machet
ragen oder auff steen daz gemē
chte·¶ Auch spricht er dz weiß
ser senff vnd mit namen der zā/
me sterckliche hicz bring vnnd
darumb ist dem haubt nit nücz
gebrauchet oder allein gekocht
oder mit andern kreütern geko=
chet als mit lactuken oder mitt
kölen schadet es nicht · vñ also
gekocket vnnd geessen bringet
den ammen vil milch·¶ Sera=
pio sprichet das Eruca geessen
machet wol harmen·vñ weich
et den bauch · vnnd stercket den
magen vñ machet wol deüwē
¶ Platearius der safft võ eru/
ca gemischet mit einer ochssen
gallen vnd auff die narben od
lÿnenzeichchen gestrichen mach
et die selbe haut der andern ge/
leich·¶ Den safft gemischt mit
hönig oder der same vnnd das
haubt damit gestrichen vñ des
vil geessen tödtet die nÿsse auff
dem haubt·¶ Item Diascorides
in dem capitel daz dises vil ge/
essen bringe das bauchstechen·
¶ Vnd spricht auch das der sa=
me alle die tugent hab die das
kraut in jm hab·¶ Die wurcz
el von eruca gesoten vñ die ge=
stossen vnd auff die zerbrochē
oder zerknisten beÿn gelegt zeü
het den schmerczen daruon·
¶ Der same gestossen vnd mit
genüczet ist gůt für alle vergif
tig biß·

leberkraut clvi ca

Epatica latine · arabice aze-
malsakar siue azezalsakar·
¶ Der meister Serapio in dem
büch aggregatoris in dē capi/
tel azezalsakar idest epatica au
ctoritate Galieni beschreibet er
vns dz dises kraut wachs an
feüchten stetten do es steynicht
ist vnd nit an warmen stetten
do die sunne hin scheÿnet· Di/
ses kraut hat gar langē tropf-
fen wassers von dem dauwe
auff im ligen· ¶ Dises krautte
ist ruudt vnd auch zemelicht
geleich eÿnem stern so es grö
sere bletter hatt so es besser ist·
Dises kraut ist kalt vnd truck
en an dem ersten grade ¶ Item
von disem krautte getruncken
ist fast güt der bösen lebern vnd
erfrischet die· ¶ Platearius
epatica ist fast güt für daz ver
stopffet miltz vn̄ auch für dye
verstopffte leber die sich erha-
ben hat mit hitz· ¶ Item für al
le kranckheit die do kömen vō
hitze ist fast güt darzü gebrau
chet leberkraut wann es kület
senfftigklich vnnd ist auch ge/
temperieret an seiner comple-
xien· ¶ Epatica geleget auff
die hitzigen geschwär kület sÿ
vn̄ treibet auch dauon die hitz·
¶ Ein pflaster gemachet von
dem kraute vnnd den frauwen
geleget für jr schāme benÿmet
den fluß menstruum genant
¶ Epatica in wein geleget vn̄
darüber getruncken benÿmmet
die gelesucht·

wilde selbe clvii Ca

Eupatorium latine. grece eu/
patorion vel voluctrum maius
arabice gafit.
¶ Der wirdig meister Auicen
na in seinem andern bůch in dē
capitel Eupatorium beschreibet
vns das dises sey von dē wol/
riechenden kreütern. vnnd hatt
bleter die sind geleich den blet=
tern pentaffilon das ist fünff
blat kraut. vñ sind an dē endē
gleich als ein sege gekerffet ist
Eupatorium ist heyß an dem
ersten grade vnd trucken an dē
andern. ¶ Die beste zeyt des
krauts zů sameln ist an dē en/
de des meyen vnd der safft au/
ch vmb die selbige zeyt. ¶ Dia
scorides spricht das eupatoriū
fast gůt sey genüczet für die le
bersüchtigen. ¶ Item die grün
wilde selbe ist vil besser genücz/
et dann die dürre. ¶ Item der
safft von wilde selbe sol gesoten
werden mit castorio das ist by
bergeyl das ist gůt da mit gesch
mieret die lamen gelider. Nym̄
eupatorium zwey lot vnd seü
de den mit eppich safft vnd gibe
es den wassersüchtigen zů trin=
cken des morgens vñ des abētz
er genyset dauon. vnd also ge/
nüczet tödtet es die würme in
dem bauch.

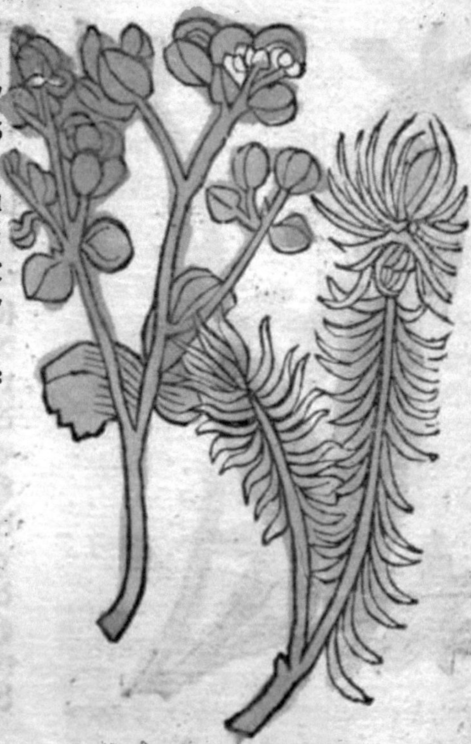

wolfs milch clviii ca

Esula latine. grece pinas vel
peplus arabice scebran.
¶ Der meister paulus in seinē
bůch in dē capitel esula beschrei
bet vns dz die sey heiß vñ truck
en an dem dritten grad. ¶ Der
meister Serapio in dē bůch ag
gregatoris in dē capitel scebrā
idest esula auctoritate. Diasco=
ridis beschreibet vns vñ spricht
dz diß hab ein stam̄ eines ar/
mes lang vñ außgebreitet vnd
vil knodē daran. vñ hat kleine
subtyle bleter gleich dē bynien
vñ hat klein blůmen die haben
purper farbe. vñ hat ein samen
d ist breit gleich dē linsen vñ hat
ein weisse grobe wurczel die ist

vol milch·daz beste an der wur
tzel ist die rinde dauon·die best
zeÿt die wurtzel auß zů graben
ist an dē angeenden meÿen·die
milch ist auch gar sorgklich ein
genōmen·wañ sÿ bringet scha=
den dem hertzen der lebern vnd
dem magen · vnd zerbrichet die
aderen in dem menschen · vnnd
bringet auch gern dz kalt wee
Vnd darumb wer die wolffes
milch brauchē wil der můß dar
vnder thůn oder mischē etwas
das jm die vergifft beneme als
do ist safft von endiuien vñ eß
sig oder safft von nachtschaden
kraut vnnd also wirt jr natur
der vergifft genōmen vnnd ist
dem menschen kein schade· Vñ
darumb kōmet manich mēsch
von seinem leben die solich ertz
neÿen brauchen von wolffes
milche oder von sprinckwurtz
¶ Die meister sprechen das so=
lichs kein ertzneÿ seye sunder
vergifft·vnd darumb nÿm rat
vō einem weisen artzet d' dich
vnderrichtē müge wz dir nutz
oder schaden bringe· ¶ Johan/
nes mesue spricht dz esula ver
mischet mit nachtschaden saffte
außtreib sterklich die bőse feü=
chtigkeit des eingenōmen auff
zweÿ quintin mitt zucker ver=
menget·¶ Esula also genützet
ist gůt den wassersüchtigen·
¶ Item die rinde dauon gestoß
sen vnnd darunder gemüschet
zucker von feÿeln vnd des ein
genommen mitt hőnig wasser
genannt mulsa laxieret sterck/
lich·¶ Platearius esula verze/
ret auch den leib vnnd machet
dürre ·vnnd verzeret auch die
natur des menschen· ¶ Itē für
die wassersucht· Nÿmme auch
safft von fenchel kraut vñ seü=
de auch dē gar wol darnach seÿ
he den durch ein tůch vnd thů
darunder puluer von der rindē
wolffes milch ein halb quintin
vnd mische auch darunder zuck
er vñ mache darauß ein tranck
¶ Diser trāck ist auch gar fast
gůt vnd treibet auß gengklich=
en gar vil bőser feüchtigkeyt
die den menschen lange zeÿt ge=
irret habent vnd benÿmet auch
die wassersucht on zweÿfel·

Einfeucht der mirabolonen clix Ca

Emblici grece et latine amleg arabice.

¶ Johannes mesue capitulo dē mirabolanis spricht das mi ambolani emblici sind der erczneÿ das sÿ stercken den magen das hercz vn̄ alle glider des leybes. ¶ Pandecta in dē capitel Amleg idest Emblici steet geschriben das dise sind kalt vn̄ trucken an dē ende des dritten grats ¶ Die meister sprechen gemeinklich das dises sind frücht von einem baum in india. vnd der sind fünfferleÿ gestalt vn̄ ÿegkliche hat sunderliche tugent an jr vn̄ einen sunderlichē namen als diß zwen verß außweÿsen. Mirabolanorum species sunt quinqz bonorū Citrinus kebulus belliricus emblicus indus. Von disen früchten beschreiben vns die meister vil hübscher tugent von dē auch geschriben stet im dē.cclxxiij. capitel das sich an hebet mirabolani. ¶ Auicenna im dē bůch de viribus cordis spricht dz dise frücht sind kalte vnd trucken. ¶ Johannes mesue spricht dz emblici vn̄ belliricigar nahe einer natur sind dise bede machen dz hare auf dem haubt schwarcz die gebuluert vn̄ das haubt damit gewäschē Dise lassen dz har nit auß fallē ¶ Emblici treiben auß die böse feüchtūg genant flegma. vn̄ dienet dē hirn fast wol. vn̄ machet gůt memorien. Wañ man im der erczneÿ emblici nit haben mag so mag mā an jre stat nemen belliririci vnd herwider vm̄ für die belliririci mag mā nemen emblici. ¶ Item emblici buluer vermenget mit wulle safft vnd auff die fickblattern geleget ist darzů gůt.

augentrost clx Ca

Eufragia latine. arabice herba adhill.

¶ Der meister paulus beschreibet vns in seinē bůch in dē capitel eufragia vn̄ spricht. dz diß seÿ ein kraut vnd seÿ gleich an dē stam̄ dē ÿsop allein die stengel von augendroste haben ein vielfarbe vnd hat nit este. vnd kleine bleter vn̄ hat blůmē die sind weißfarbe. ¶ Diascorides

spricht das dises kraut anders
nyendert gebraucht sol werden
dañ zů den augen· ¶ Von dem
kraut wasser gebrant vnd die
augen damit gewäschen mach
et sÿ fast klare vnd stercket dz
gesicht· ¶ Item dises kraut ge/
stossen vnd den safft gestrichen
vmb die augen machet sÿ kla=
re vnd schöne·

Attich clxi Ca

Ebulus latine· grece meation
arabice cameactis vel jacta
¶ Der meister Plinius in dem
capittel Cameactis beschreÿbet
vns vñ spricht dz do seÿ zweÿ
erhande cameactis· eins actis
das ander cameactis · vñ ver=
sus· Sambucus ē actis sed ebu
lus ē cameactis· In disem verß
findest du vnderscheid· wañ dz
wort actis bedeütet vns holder
vō dē findestu in dē capitel sam
bucus in dē pandeck dē S oder
cameactis das ist ebulus vnd
heisset zů teütsche attich ¶ At=
tich ist ein kraut vñ ist minder
wañ holder· die bleter steen na
het beÿ ein· vñ die geleichē den
mandeln bletter· wañ dz sÿ ein
wenig lenger sind vñ haben ey
nen schwerē geruch· vñ an dē
esten in der höhe hat es kronen
gleich dem holder· vñ hat auch
blůmen vñ samen gleich dē hol
der· vnd hat este die sind in der
dicke eines fingers· ¶ Der mei
ster Diascorides spricht das at=
tich die wesserige feüchtung in
dē bauch beneme dauō getrunck
en· ¶ Attich gesoten vñ geessen
geleich als köle er weichet den
verhärtē bauch· die este vñ die
krone von attich haben geleich
natur dē kraut· ¶ Die wurtzel
von attich ist den wassersüchti
gen die aller beste ertzneÿ dÿe
man findē mag dauō getrunck
en· ¶ Die wurtzel in wasser ge
kochet vnd den frawen damit
vndē auffgehebet benÿmet die
hertte der můter genant matrix
¶ Die bleter gesoten in wasser
vñ das getrunckē benÿmet den
trucken hůsten· ¶ Vnd ist auch
gůt dē der do hat squinanciam
das ist ein geschwere in der ke=
len· ¶ Den die vuula hindert
das ist das blat das für die ke
le scheüsset der gargarisiert mit
disem wasser mit wenig bertrū
vermenget er genÿset zůhandt·

¶ Item attich ist von warmer vnnd truckener complexion.
¶ Item das saft von attich darjnne vermenget wolffes milch wurtzel gebuluert vnd zucker ist gůt zů nützen wider das fieber quotidian. ¶ Vnd ist auch gůt wider das gegicht vñ weethumb der fůsse podragra genant platearius.

ackeley clxii Ca

Egilops vel Egilopa grece. arabice kusir, vel klausir vel dolara.

¶ Diascorides spricht daz ackeleÿ seÿ ein kraut vnd habe bleter geleich dem weÿssen sunder das die ackeleÿen bletter weicher sind vnnd oben hat es heübter darjnn der same wechset vñ vmbzogen mit heübelin. ¶ Galienus in dem sechsten bůch simplicium farmacarum in dem capitel egilops spricht daz sein gerauche seÿ gar scharpffe. vnnd sein tugent ist auch durchtringen vnd verzeren die harten geschwer vnnd ist auch fast gůt für die fisteln an wölichen enden sÿ sein mügen am leibe das kraut gestossen vnnd den safft darein gelassen. ¶ Item wilt du heÿlen den bösen grÿndt an dem leÿbe behendigklich so nÿmme ackeleÿ vnd weÿzen mele vnd mische die vnder einander mit weinstein öle vnd streiche damit die haut an dem leibe der grÿndt heÿlet dauon zůhandt.

ysen oder ebich
Das clxiii Capit

Edera arborea latine grece cissos.

¶ Die meister sprechen dz edera darum also geheissen werde vrsachē halber dz die geyß oder die jungen scheflin das kraute gern essen daruon edera sein namen hat ab edendo. Auch sprechen sy dz edera darumb heyß seye wann es gibt den geyssen die es essen vil milch. ¶ Edera hat lang este vnnd hanget sich an wo es wechset. ¶ Item edera schlinget sich auf ein andern baum oder warzů es sich gesellet hat vñ schleichet sich damitt gar in vil wurczeln. es treget auch selten frucht oder blůt darumb dz es kalter natur ist. vñ wechset gern an kalten stetten. Aber so es frucht tregt so saugt er alle feüchte auß der wurczeln daran es sich gesellet hatt. ¶ Dises kraut stincket fast vñ ist alle zeyt grün. ¶ Der meyster Diascorides spricht dz der safft von edera gelassen in dye nasen reyniget das haubt von bösen flüssen ¶ Item edera mit öle gesoten vnd in die oren gelassen benymet den schmerczen darauß. ¶ Item die bleter mitt wein gesoten vnd den getruncken benymet hicz die den menschen vndersteet zů entzünden.

gundelrebe clxiiii ca

Edera terrestris latine. grece camecissos.

¶ Diascorides in dē capitel camecissos spricht dz diß haben bleter die sind gekernet vñ rotunde vñ wechset auff der erdē. vnd breitet sich weit vmb her. Sein blůmen sind gleich dē basilien blůmen an der gestalt. dises kraut wirt genüczt zů erczney vñ die wurczeln mit. Dise bleter gesotē in wasser vñ das getruncken benymt ytericiā dz ist die gelesucht. Diß ist ein gůt bad kraut für dē stein in dē lenden vñ für die sucht d füsse podagra genāt. ¶ Gundelreb hat zweierley substancz. die ein ist vō kalter natur. die and ist vō warmer natur als Pandecta spricht· ¶ Item gundelrebe mitt essig gesoten vñ auff das milcz gelegt ist die auff lauffung des milczes stillen· ¶ Item gundelrebe safft in die oren getan bringet das hören vnd ist auch gůt wider zene weethumb Pandecta in dem capitel Scissos·

weisse nieszwurcz
Das clxv Capitel

Elleborus vel polziron grece· arabice cherbachen· latine velatrum·

¶ Der meyster Serapio in dē bůch aggregatoris in dem capitel cherbachen idest Elleborus spricht dz der sey zweyer hande eine weyß· die ander schwarcz Die weiß nyeßwurcz hat bleter bey nahe als wegerich oder köle bleter allein dz sy kürczer sind an der weyssen nieß wurcz vñ sind schwarcz mit einer kleiner röte vermischet vñ hat ein stam̄ beynahe zweyer spannē lang· vñ hat wurczeln die sind subtile gleich den zwibeln wurczeln Dise wurczel lasset sich gēren brechen vñ der soll man nit zů vil brauchen· wañ sy vō natur dē menschen bestrompet odˀ erstickt· Die schwarcze nyeßwurcz die hatt bletter die sind fast grün vñ an den ist scherpff vnd hatt einen kurczen stengel vnd weiß blůmen· dyse wurczel hat auch vil zasen gleich den zwibeln wurczeln dise wurczel brauchet man in der erczney

¶ Galienus in dē sechsten bůch genant simpliciū farmacorū in dē capitel Elleborus beschreibet vns vō disen beyden wurczeln als von der schwartzen vñ der weissen· vñ spricht dz die beyde heiß vñ trucken sind an dē dritten grade· Vñ dise beide wurczeln dienen wol den ausseczigen menschen die gesoten vñ damit dē leib gewäschen· Auch mügē die aussezigen dauon trincken wañ sy reinigē die innerlichen glider vñ treiben innerlich außseczige feüchtigkeit auß durch brechen vñ durchstůlgenge vñ des gleichē durch dē harm· Der meister Serapio spricht dz die schwarcz nieß wurcz gebuluert vñ dz in die fisteln gelassen die verhertet sind benymet die hertigkeit vñ heilent dauō zůhant

¶ Den mundt gewäschen mitt
dem wasser do die schwartzwur
tze jn̄ gesotē ist· reÿniget die zeē
vn̄ benymt dauō dz faul fleysch
vnd tödtet die würm darjnnen
¶ Der meister ÿpocras spricht·
das die schwartz wurtz treÿbet
auß melancoleÿ durch den stůl/
gang·das ist dz schwär jrdisch
geblůt im dem menschē· Vnd die
weÿß nießwurtz benÿmmet die
melancoleÿ durch das brechen
oben auß·¶ Der meister Auicen
na spricht·das schwartze nÿeß=
wurtz mit essig gesoten vn̄ den
leÿb domit geschmieret benÿmet
die aussetzigkeit vn̄ die stinckē
den hertē haut machet sÿ way/
ch·vn̄ heÿlet also den grynd·vn̄
vertzeret die wärtzen an wöli/
chen enden die gesein mügen an
dem leÿbe·¶ Vn̄ spricht auch dz
es fast gůt seÿ den aussetzigē vō
der schwartzen nÿeßwurtzel·sÿ
machet stůlgäng· vnd von der
weÿssen die machett das er sich
oben außbreche· ¶ Schwartze
nÿeßwurtz gesoten im essig· vn̄
in die oren gelassen·benÿmbt dz
sausen darinn· vn̄ stercket dz ge
hörde·vn̄ ist fast gůt genüczt dē
menschen die fantasey vnd böse
gedäncken haben·¶ Schwartze
nÿeßwurtz geleget im wein·vn̄
den darüber lassen steen zwů od
dreÿ stund·vnd darnach den ab
gesÿgen vnd ein wenig gesoten
ist gůt getruncken des abents so
einer schlaffen geet· der wein rei
niget alle jnnerliche gelÿder vō
böser feüchtikeit·vn̄ benymt do/
mit das haubtwee·vn̄ benÿmbt
die tobenden sucht mania genāt
vnd benym̄t den schwÿndel des
haubtes·¶ Der meister Johan/
nes mesue beschreibt vns·dz dÿ
weyßs nÿeßwurtz sol genüczet
werden d̄ vrsachēhalb·wann sÿ
bestrompt gern den menschen
¶ Die schwartzwurtzē mügen
brauchen die starcken menschen
vn̄ nit die do blöd sind vō natu
re·¶ Diß wurtzeln sollē gebrau
chet werdē im dem meÿē so sind
sÿ dem menschē mÿnd schad den̄
zů andern zeytē· ¶ Die meister
beschreÿben vns gemeÿnigklich
vō disen wurtzeln vn̄ sprechen
das die weÿß an jrer krafft ster
cker seÿ den̄ die schwartz· ¶ Itē
die frawen die in jn häten todte
kÿnder·die mügen trincken von
der weÿssen nÿeßwurtz·oder ge
leget an die heÿmlichē stat treÿ
bet die auß mächtigklich· ¶ Itē
weysse nÿeßwurtze gelassen in
die naßlöcher·reÿniget dz haub
te·vnd treybet domit auß vil sü=
chte des haubtes·¶ Item für all
wee tagen d̄ augen ist dises bul
fer gůt·vnd vnder andere salben
gemüschet die zů den augen die/
nen·¶ Item·weÿsse nÿeßwurtz
gebulfert vn̄ gemüscht mit weis
sem melb·machet, do sterben die
meüß die dz essen·¶ Daz selbig
mit milch gemenget sterben dÿe
fliegē·¶ Weÿsse nÿeßwurtz ver
treybet die sucht tertianum genē
net·Tertianus ist ein suchte die
dem menschen die sehen adern ze
samen zeühet·¶ Item·nießwur
tze gesoten mit petrooleo·vn̄ dz
bodogram domit gesalbet daz ist

ein sucht der füss·benÿmet dÿe
zůhandt· ¶ Schwarcze nÿeß/
wurcz benÿmmet febres quarta
nas·das ist den viertäglichen rÿ
ten d' do lange zeÿt gewerет hat
in dem menschen·dauon getrun/
cken mit wein mit ein wenig zu
cker vermenget· ¶ Der meister
Plinius spricht·daz gar nücz sei
ein getranck von weysser nÿeß/
wurcz gemachet·den jhenen die
do haben den viertäglichen ryte̅
Vnd spricht auch das die selbi/
gen sich wol sollen hüten vor ei
nem bösen regiment der kost vn̄
des getrancks·vn̄ sollen sich vor
hyn sechß tag wol temperieren
mit waycher vnd wolgedeüwe
ter kost·vnd des abents solle̅ sÿ
gancz nichcz essen wenn sÿ de̅ ge
trancke des morgens ein nemen
wöllen·Es sol auch lautter we
ter sein·vnd on wÿnde vn̄ auch
warm·vnd doch nit zů warem
vn̄ auch in einem gůten zeÿche̅·
Vnd wer des nit thet dem bekä
me weÿsse nÿeßwurcz nit wol·
¶ Auch spricht Plinius das diß
wurczel vorhÿn gesote̅ sol wer
den in lÿnßen oder gersten meel·
oder in hönerbrü· vnd darnach
den alten starcken leüten gegebe̅
zů brauchen·vnd also ist sÿ vn/
schedlich· ¶ Diser meister ver/
beütt auch do den jungen kÿnde=
ren vnd den alten krancken leü
ten·vnd den jhene̅ die zů vil ma
ger wären·das sÿ sich hütte̅ sol
len vor der weyssen nyeßwurcz
Aber wenn es jnen not wäre so
möcht man jn das eingeben mit
h[illegible]igwasser genant mulsa

¶ Man sol do der weÿssen nieß
wurcze allein nit mer nemen zů
einem male dann zweÿer pfen/
ning gewÿcht·Aber mitt einem
zůsacze so mag man das gewÿ
cht wol bessern· ¶ Wilt du tau/
ben fahen mit der hende·so seüde
weysse nÿeßwurcz mit weÿczen
also lang biß das der weÿcz zer
brichet·gibe es ändten oder tau
ben zů essen·du fähest sÿ mit der
handt kürczlichen darnach·
¶ Item·Die meister sprechend
das die schwarcz nyeßwurczen
vnden außstreÿbe mit dem stůl/
gang die bösen feüchtung in de̅
menschen· ¶ Die schwarcz nÿeß
wurczel sol man sieden in lÿnß=
en·vnd zwier also vil einnemen
als der weÿssen·daz ist vier pfen
ning gewÿcht·vnd die nÿm̄ ein
mit eÿer todtern· ¶ Von sch/
warczer nÿeßwurcz getruncken
vertreÿbet alle kranckheÿtt der
jnnerlichen gelÿder· ¶ Ein pfla=
ster gemachet von der schwar/
czen nÿeßwurcz·vnd gelegt auf
die maledeÿet haudt· heÿlet sÿ
on zweyfel· ¶ Wöllicher do ver
stopffet vnd vol wäre vmb die
brust·der siede diser kreüter vo̅
schwarczwurcz mit wein vnnd
mit hönig· vnd seÿhe es durch
ein thůch·vnnd trincke das des
abentz so du schlaffen wilt geen
das machet die brust senfft vnd
reÿniget auch den magen·vnnd
was böser feüchtūg in dem kör
per ist die mÿnderet es· ¶ Weer
das gegicht häte oder die gesch/
wulst an den füssen oder an dem
leÿbe·wo das do wäre·der stoß=

se dise kreütter weyßwurcz vñ schwarczwurcz· vnd seyhe das safft durch ein thůch· vnnd trincke das mit wein nůchteren· es vertreybet das gegicht vnd die geschwulst· ¶ Item· für die geel sucht trincke von disem saffte so du geessen hast· du wirdest dauō entlediget· vnnd gewynnest ein hübsche farbe· ¶ Item weysse nyeßwurczen safft in die fisteln gelassen· ist sy wol fegen vñ heilen· Pandecta·

schwarcz niesswurcz Das clxvi Capitel

Elleborus niger grece· arabice Melampolion·

¶ Die meister beschreybent vns vil von der schwarczenn nyeß/wurczen· als du dann do gehört hast im dem capitel vor disem· Vnd dises ist darumb von den arabischen geheyßsen Melam/polion· wann es was ein man der hieß Melampus· der hett do thöchteren die waren nicht synnig· also das sy behafftet warē mit der kranckheyt genant mania· das ist die tobende sucht die machet er do gesundt mit dyser wurczeln· ¶ Ander tugent die sy an jr hat· die findest du do im dem vorderen capitel Elleborus albus genant·

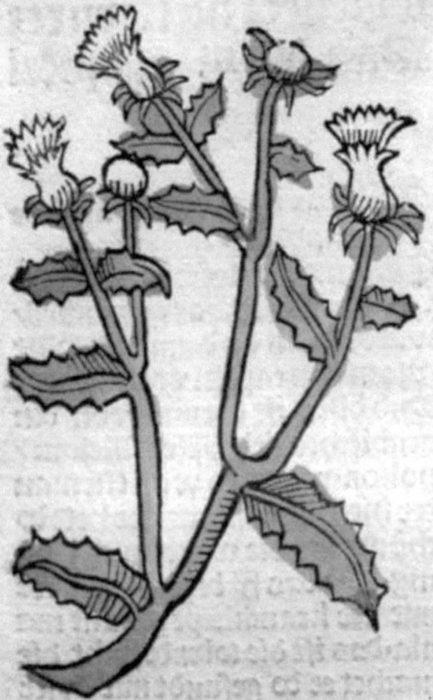

Gensz zungen
Das clxvii Capi

Endiuia latine.
¶ In dem bůch Circa instās in dem capitel Endiuia beschreibē vns die meister vnd sprechē. dz dises kraut sey vō natur kaltt vnd trucken an dem andern grade Die bletter vñ den samē brauchet man in der erczney. vñ die wurczel dienet nit in ð erczney. ¶ Dise bleter so sy grün sind haben vil tugent an jn. Aber dürre sind sy nit zů brauchen. ¶ Item Endiuia stercket das hercze dz siech ist vō hycze. Vnd ist auch gůt ð hyczigē lebern vñ milczen. ¶ Für die geelsucht. Nymme des syropels ein mit endiuia gemachet. es hilffet mit hyrßzungen wasser v ermenget. ¶ Diser syropel benymmet auch tercianam. das ist dz fieber des drytte tags ¶ Item. den safft von den bletteren gelegt auff die hyczigen blatern zeühet die hycze darauß vñ kület die fa st wol. ¶ Item zů dē heyssen geschweren stoß dises kraut vnd lege das darauff. es hilfft fast wol. ¶ Dises gelegett außwenig auff den leyb benymt die hycze der lebern. ¶ Itē wēn man das kraut nit grün gehabē mag so sol man nemmen den samen vnd den zerknüschen vnd also legen auff einen hyczigē schaden. es hilfft on zweyfel.

saw dysteln
Das clxviii Capi

Endiuia silvestris latine.

¶ Die meister sprechen. das dise dystel sind kalt vnnd feücht an dem drytten grad. ¶ Diser dystlen wachßent vil auff dem fellde vnder der frucht. Jre bleter sind scharpff vnd stechen der sy angreyfft ¶ Dises kraut gestossen vñ den safft darauß gelassen. benymbt crisipilam. das ist ein hiziger fluß an dem leybe also genant. ¶ Wilde dysteln benemen die hycze des gemächtes. die gesoten mit wasser vnd domit daz gemächt gebäet. ¶ Dises krautes safftt dienet fast wol in dye salben domit zů külen. ¶ Vnnd für alle hyczige gebrechen außwenig des leybes dienet ð safftt wol. Diser safft benymmet alle hyczige geschwulste darauff gestrychen.

Die kasen auf den kleen clxix capitel

Epitimum latine. grece Epitimon. arabice Athemon.

¶ Die wirdigẽ meister beschreiben vns. das dises sey heyß vnd trucken an dem andern grad. Etlich meister sprechen an dẽ dritten grad. Dises wächßt an heissen vnd an feüchten steten. Die blůmen brauchet man in ð erczney. ¶ Diascorides sprichet. das epitimum reyniget vñ purgieret flegma. vñ melancoley. mit den selben stucken gemüschet die zů der melancoley dienen.

¶ Epitimum sol für sich selber nit gebrauchet werden oder allein. sunder mit stucken vermüschet. als dañ ist lapis lasuli. dz ist mit lasur steine. oð pillule de fumo terre. das ist võ erdrauch ¶ In dem bůch genant circa instans beschreiben vns die meister ein recept für die quartan also. Nym̃e dritthalb lot epitimũ. vnd seüde die in wasser vnd seyhe denn daz wasser durch ein tůch. vnd müsche darunder lasurstein. vnd gib das dem siechen zů trincken ¶ Diser tranck ist auch fast gůt den jhenen. die do haben emorrodias. das ist ein fluß in dem afftern. dauõ gemeynigklich kõmend feüchtblatern. Mitt disem stuck ist manger gesundt gemachet worden vñ dauon entlediget. Wölcher do hette einen haubtschwyndel der von melancoley käme. der mache jm einen syropel von senyth. vnnd diser

blůmen bleter· vnd darund mű
sche zucker als vil du wilt·
¶ Diser sÿropel ist gůt dē miltz
dauō deñ die melancoleÿ entsp/
ringet· ¶ Epitimū gesoten mit
wein vñ öle vñ gelegt zwÿschē
das gemächte vñ dē nabel· benÿ=
met stranguiriam· dz ist dz trö/
pflingen härmē· ¶ Der meister
johannes mesue spricht· dz epiti
mū gůt seÿ für dz hertz zÿttern·
vñ ist fast nutzlich den verstopf
ten miltzē dauō groß kranckeit
entsteend im dem haubt mit fan=
tasey· ¶ Vnd spricht auch dz es
seÿ ein wol bewärte ertzneÿ für
den krebß vnd für die aussetzig
keÿt· vnd benÿmbt febrem quar
tanam· ¶ Es ist zů wissen· das
epitimum nit sol gebraucht wer
den im dem summer· ¶ Der mei/
ster Auicenna beschreybet vns
vnd spricht· das epitimū benem
die zerschwollen vñ auffgelauf
fen haudt an dem menschen von
böser feüchtikeit· vñ ist fast gůt
den jhenē die d krampff seer rü
ret· ¶ Epitimū sol ein genōmen
werden anderhalb lot mit hönig
vñ wenig saltz· vñ treybt sterck
lich auß die melancoleÿ· vnd be
hütet den menschē vor aussetzig
keyt· ¶ Item· Epitimū· vnd se/
nÿth· vñ hyrßzung· gesoten mit
wein darein vermenget gestoß/
sen baÿn vō einē hÿrßen hertze·
ist gůt wider das hertz weetum
Vñ ist auch gůt wid die melan
coleÿ des hyrns Platearius·

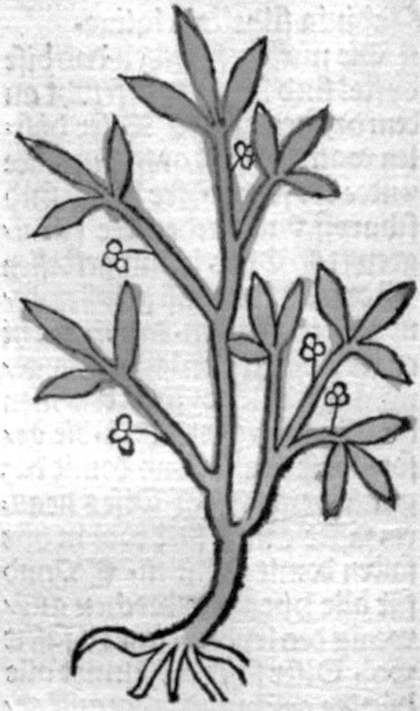

ein gummi also ge
nant clxx Capitel

Euforbium latine· grece Eufor
mÿon· arabice Afarbion·
¶ Die wirdigen meister sprech=
en· als Serapio diascorides vñ
Plinius· das euforbium seÿ ein
gummi fliessend auß einem bau=
me in india· Vnnd dises ist fast
scharpff im dem munde· Die sel/
bigen leüt in india die samlend
dises gummi also· Sÿ nemmen
ein bocks haudt oder eines ande
ren thieres haudt· vnd machen
die gar schön· vñ machen die do
vmb den baum· vnd geend dem
weÿt her dan vnd werffen mitt
glantzen an den baumē· woo er
deñ gewundt wirt do laufft ein
safft darauß geleicherweÿß als

auß einer wunden das blůt·vnd die weil diser safft also laufft so genähnē sÿ dē baum̄ nit·dan̄ der safft ist als scharpff dz er von d scherpff den menschē töttet·vnd diß geschicht in dē hunds tagē vn̄ wen̄ dises gūmi getrucknett vō d hÿcz d sum̄ē·so nemē sÿ dz ab·dz heÿßt denn Euforbium· ¶ Die meister sprechē auch·daz kein besser gūmi seÿ von natur vnd allē gūmi dann dises·¶ In dē bůch circa instans in dē capitel euforbiō·beschreiben vns die meister vn̄ sprechē·dz dises seÿe heyß vn̄ truckē an dē vierdē grade·Das best euforbiū sol nit vermüscht sein mit erdē·vn̄ sol sein lauter·dan̄ dz auff die erdē fleüsset dz wirt vermüschet mit d erdē·vn̄ dz ist nit also reÿn als dz auff die hautt fleüßt·darumb ist dises dz best dz reyn vn̄ klar ist vn̄ dz do hat ein rötlate farb·vn̄ dises weret·xl·jare vnuerseeret an seiner krafft·¶ Dises gūmi wirt dick gefelschet mit einē gūmi genant sarcoculla·vn̄ gūmi arabicū od dragantū·vnd vermüschē die darunder·Dises hat die krafft nit an jm die den̄ haben sol euforbiū·¶ Johannes mesue spricht·daz euforbiū reÿnige vn̄ treÿbe die bösen flegma auß vō grund·Vnnd ist kein besser ding darzů den̄ euforbiū·die flegma auß zů ziehē auß dē geweben vnd auß allen gelÿdern·

¶ Euforbiū gemüschet mit baūöle·vn̄ die wassersüchtigen gelyder domit geschmieret·hilfft seer ¶ Dises auf die lebern vn̄ miltz geschmieret·benÿm̄t den schmerczen dauō·¶ Euforbiū in die nasen gelassen machet fast nyeßen vn̄ zeühet vil böser feüchtunge auß dē haubt ¶ Euforbiū gemüschet mit oleo de spyca vnd die stirn domit bestrichē vn̄ obē auf dē haubt·benÿm̄t die geschweer auf dē haubt genant litargia frenesis·vn̄ machet gůt sÿn̄·vn̄ benÿm̄t auch also gestrichen an dē halß squinantiā·dz ist ein geschweer in dē halß·¶ Auch sprichtt Johannes mesue dz euforbiū behalten müg werdē·xl·jar·vn̄ ist alt besser den̄ frÿsch·wann so es ÿe frÿscher ist so ist es mer giftig den̄ so es alt ist·vn̄ dz merck dobeÿ dz man dem gūmi nit genähnen tar so es auß dem baum̄ fleüßt·als oben steet·

Gebrent ercz clxxi ca

Es vstum latine·grece Calcus vel calcucecaumenā·vel culcostaumenan·

¶ Die meister sprechen das dises sey heyß vnd trucken an dem vierden grad·¶ Dises reÿniget melancoliam·vn̄ darum̄ machet man es in die pflaster die do dienen zů den miltzē darauß den̄ entspringet melancoleÿ·¶ Es vstū eczet auß faul fleysch ¶ Es vstū gemüschet mit hönig vnd mit seÿffen·vn̄ dises gelassen in ein fistel·heÿlet sÿ zůhandt·

¶ Wölcher den gebresten het genant bolipus·das ist ein fleysch wechßt in der nasen·d neme es vstū·vn̄ strewe es auff ein pfla ster genant axitroceon·oder auf ein apostolicum vnnd lege das darauff·es etzet das ab vñ heylet es on zweyfel·

Elephanten zan
Das clxxii capitel

Ebur latine·

¶ Die meister sprechē·das ebur heisse eines elephanten zan·darumb ist des elephanten figuren hie gesetzet·vmb seines gelydes willen das gar in manger ertzney genützt wirt·auch gar grosse tugent darjnn erfunden ist

¶ Von disem zan geschabet bulfer vñ das gemüschet mit rosenöle·vnd populeonis vñ dartzů ein wenig wachß·vñ gemachet geleich einem pflaster heylet panaricium·dz ist ein geschwer in d wurtzel des nagels an füssen vnd an den henden·darauff gelegets geleych einem pflaster·heylt das zůhandt·¶ Mit disem geschabnē bulfer gezwagen dz haubte·machet har wachßē·¶ Dises bulfer eingetruncken mit essich·benymt epilentiā·dz ist die fallenden sucht·¶ Wölcher eines elephanten hautt leget auff die gelyder darjn das gegicht wüttet·benymt den schmertzen in einer nacht allen·vnd stercket die gelyder daz darein kein gegicht kōmen mag·¶ Jtem·eins elephanten bayn gebrennet vñ gebulfert vnnd dises bulfer ein genōmen mit bockß harm·brichet den stein in den lenden vnd in d blasen on allen schaden vnd weetagen vñ dises sol geschehen drey mal nach einand ¶ In dem capitel spodiū findest du auch von dem elephanten·Vnd spodiū ist kalt in dem dritten grad vnd truckē in dem ersten·Vnd spodiū das ist·elephanten bayn gebrennet·

Blůtstein clxxiii Ca

Ematites lapis latine·grece litos ematitos·arabice Sedeneg·

¶ Serapio libro aggregatoris capitulo Sedeneg·idest lapis ematites·spricht·das diser steyn sey an der farbe geleych dem blůt Blůtstein ist von natur stopffē vnd trucken machen vñ ist kelten·¶ Platearius·diser stein ist kalter vñ truckner natur·¶ Dises steins findet man vil in den landen gegen d sunnen auffgāg ¶ Diser stein in die handt genōmen so die nasen blůtet·stillett das blůten in d nasen·¶ Disen stein gebulfert vnd gemüschett mit täschelkrautsafft vnd dises

in die naßlöcher gestrýchen·benýmmet das blůten darauß·
¶ Wer blůt speyet der neme dises steins bulfer gemüschet mit rosenwasser vñ darzů gũmi arabicũ·vnd darauß pillelen gemachet·Dise pillelen eingeschlicket ein quintin benymt dz blůtspeýen·¶ Wölcher den blůtgang hätte d neme eines eýes weýß vñ eßsig ýegklichs zweý lot·rosenöle vier lot·des bulfers von disem stein ein lot·vnd lasse dises vndẽ ein mit einẽ clistier·es hilffet·¶ Für den fluß genant menstruũ nücz dises bulfer mit wegrich safft es stopffet den weissen vnd den roten fluß d frawen·
¶ Für all flüsse des leýbes die einen vrsprung haben võ hycz od überflüssiger feüchtung nücz disen stein er stopffet behendiklich

Edus clxxiiii Capit

Edus latine·
¶ Die meister sprechẽ gemeýnklichen·dz dises thier klein vnd feýßt seý·vñ ist gar lustlich sein fleýsch·vñ bringt dem menschen gůt geblůt vnd ist verdeüwlich
¶ Von disem thiere beschreýbet vns ýsidorus in seinem zwölfften bůch vñ spricht·dz dises seý getemperieretet natur·also das es weder zů heýß noch zů kaltt·weder zůfeücht noch zů truckner natur ist·¶ Dises thieres haudt machen gesund die býß d tobenden hund also warm darauff geleget·¶ Dises thieres har gebrẽnet·vñ einen rauch domit gemachet·diser rauch treýbet hýn die schlangen vñ andere vergifftige thiere·¶ Von diser haudt gemachet brust thůcher sind gesundt allen menschen wýnter vñ summer·

Fenchel clxxv Capi

Eniculus latine·arabice Bazienis vel Haienegi vel Hakasmech·
¶ Die wirdigen hochgelerten meister Auicenna in seinem andern bůch in dem capitel Feniculus beschreibt vns vñ spricht·das der seý heýß vnd trucken an dem andern grad·Den samen das kraut die rýnden vnd auch die wurczel brauchet man

in d' erczneÿ· Den samē sol man samlen in dem angeendē monat des herbstes· den mag mā haltē dreü jar· Die rÿnden vñ wurczlen sol man samlen an dem angeendē monat des meÿē· Vñ die weren ein jar· Wenn man in einem recept findet geschriben maratrum· so meÿnet man den samen võ fenchel· ¶ Der meister Diascorides spricht· das den frawen gar gůt seÿ fenchel geessen die kÿnder seügen· wann er meret jn die milch ¶ Fenchelsamen geessen machet wol härmen vñ reyniget die frawen an jrer sucht· ¶ In dem bůch circa instās steet geschriben· das fenchel fast gůt seÿ den verstopfften hertten milczen vnd lebern· vñ auch den die mit not néczen· Vnnd er ist auch fast gůt den die den stein haben· Vnd wäre es sache das die ÿeczgenant kranckheyt käme· von hÿcze· so sol man die rÿndē von fenchel vnd die wurcze sieden in wein· vnd den nüczen des abents vñ morgens so man schlaffen wil geen· ¶ Item· fenchel geessen stercket den magen· vnd machet wol deüwen· Des geleichen thůt das bulfer võ fenchel samen· ¶ Den safft von fenchelsamē geton in ein zÿnen geschirre· vnd das darinnen lassen steē fünffczehen tage· darnach mag man es brauchen zů den augen· als das jucken der augen· do ist es ein gewÿsse kunst· ¶ In den safft geton ein wenig aloepaticum· vnd das lassen steen an der sunnen in einem zÿnen geschirre fünffczehen tag· vnnd das über das aug geleget wie ein coloriū ¶ Der meister Diascorides spricht· das die wurczeln gůt seÿe gekochet mit hönig vñ geessen· machet gesundt den menschen d' do gebÿssen wäre von einem tobenden hund· ¶ Der safft võ fenchelkraut in der sunnen gedörret· ist gůt zů allen den gebresten der augen· ¶ Von dem samē genüczet so er noch grün ist dienet auch fast wol zů allen sachen d' augen· ¶ Der ÿeczgenant safft ist gůt dem genüczet der do hätt die geelsucht· ¶ Der safft von d' wurczeln ist zů vil dingen gůtt· Aber doch allermeÿst sol er genüczet werden für die augen ¶ Der safft von fenchelkrautte gemüscht mit hönig vnd warm in die oren gelassen· machet dar jnnen sterben die würm· ¶ Die wurczeln gekochet mit geersten meel vnnd mit wein· vnnd das getruncken· hilffet fast wol den wassersüchtigen· ¶ Fenchel in wein oder in wasser gesoten vñ das do getruncken· benÿmbt den stein in der blasen· ¶ Es hilffet auch den frawen die an jrer zeÿte verjrret sind· ¶ Wölcher verseeret wär an seiner scham wo von das wäre· der siede fenchelwurczeln in wein vnd bäe sich domit· es hilfft on allen zweÿfel ¶ Fenchel mit essig gesoten vñ auff die frÿschen wunnden geleget· so sÿ von schlegen oder võ stössen sind· es vertreÿbet sÿ ¶ Item· Wölcher fenchelsamen stätigklichen ÿsset· der jungett·

¶ Item· Wiſſe das vnder allen kreütern vnnd wurtzlen iſt den bÿnen kein blůmen als genäme als von diſem kraut· Weer fenchelkraut ſtoſſet· vnd den bÿnen ſtock mit dem ſaffte beſtreychet· die bÿnen beleyben gar gern dar jnnen· ¶ Der meiſter Plinius ſpricht· das der ſafft von fenchel mit hönig getemperiert vnd in die augen geton· vertreÿbet dÿe tunckelheÿt der augen·

erdrauch oder katzen kerbeln clxxvi Ca

Fumus terre latine· grece Capnos· arabice Steng· vel Sterig ¶ In dem bůch circa inſtans beſchreiben vns die meiſter· dz erdrauch der ſeÿ heÿß an dem erſtē grad vnd trucken an dem anderen· Vnnd heÿſſet darumb erdtrauch· wann es wechßt auff der erden von dem groben tampffe des erdtrichs· vnd ſteet auf dem erdtrich geleÿcherweÿſe als rauch der überſich geet· ¶ Diſes kraut iſt geleÿch den wÿldē moren zů latein paſtenaca agreſtis genannt· Allein das die bletter kleiner ſind an dem erdtrauche· vnd mer bitter dann paſtenaca Die wurtzeln iſt weÿßfarb· ¶ Der meiſter Serapio in dem bůch aggregatoris in dem capitel Sterig mit bewärung Diaſcoridis· beſchreibt vns vnd ſprichet· das erdtrauch gebrauchett ſol werden in der ertzneÿe ſo ſÿ noch grůn iſt· vnd ſo ſÿ ye grůner iſt· ſo ſÿ ÿe beſſer iſt· Vnnd wenn das kraut dürr iſt ſo hat es kein krafft mer in jm· ¶ Erdtrauch benÿmet von dem menſchen die melancoleÿen dauon gar groß kranckheyt kōmen· als auſſetzigkeit vnd reüdigkeit· vnd bringen auch böße flegma· ¶ Item· Erdtrauch ſaffte genommen zweÿ lot· vnd dar under gemüſchet zucker vnd daz eingenōmen mit warmer brůe· benÿmmet die böſen reüdigkeit vonn dem mennſchen· Vnnd zů diſem ſafftt ſo magſt du wol nemen dreü lot fenchelſamens·

¶ Item. Nym̄ nuſs öle vñ mü-
ſche darunder ein wenig eſſigs.
vñ nym̄ darzů ſafft võ erdtrau-
ch ein gůt teyl. mach darauß ein
ſalben vnd ſchmiere dich domitt
an dem leyb im dem bad. diſs be-
nym̄et von dem menſchen böſe
reüdigkeit vñ beſund auſſetzig-
keit. ¶ Des ſafftes in d wochen
dreymal nüchtern getruncke͂. iſt
gůt dem auſſetzigen ſein kranck
heyt domit zů myndern. ¶ Für
die waſſerſucht. nyme ſafft von
erdtrauch vnd der rynden von
wolffs milch. yegklichs zwey
quintin. vnd des eingenom̄en be
nym̄t võ dem menſchen böſe feü
chtigkeit durch ſchwytzen. vnd
benym̄et domit die waſſerſucht.
¶ Für dz podogram. Nym̄ zwei
quintin hermodactili. das ſinnd
zeytloſen. vnd thů die gebulfert
vnder den ſafft des erdtrauches
vnd ſiede das vnd lege das auf
die füß. benym̄t on zweyfel das
podogram. ¶ Diſes kraut geſo-
ten vnd geeſſen oder daruon ge-
truncken. benym̄t vil kranckheyt
durch den harm. ¶ Item erdtrau
ch ſafft mit hyrßzungen waſſer
vñ mit zucker vermenget. iſt gůt
wider beſtopffung lebern vñ mil
tzes die ein v[r]ſach hat võ einer
kalten materien. Platearius.

Siebengezeytde

Das clxxvii Capi

Fenugrecum latine. grece Bu-
ceron aut buthun. vel tylis. a-
rabice Halba vel alcula.
¶ Der wirdig meiſter Auicen-
na in ſeinem andern bůch im de͂
capitel fenugrecum. beſchreybett
vns vnnd ſpricht. das der ſame
ſey heyß an dem ennde des erſt-
en grads. vnnd trucken an dem
erſten. Vnd ſein krafft vnd tu-
gent iſt waychen vnd ſenfftige͂.
¶ Der wirdig meiſter Diaſco-
rides ſpricht. das fenugrecũ faſt
gůt ſey für die geſchweeren die
domit auff zůthůnd vñ zů way
chen. vnd darzů ſol man nemen
das meele von fenugrecum. ge-
menget mit eyeß todtern. vnnd

darauf gelegt. ¶ Das kraut gekochet vñ über die geschwer gelegt. zeÿtiget sÿ. ¶ Das krautt mit wein vnd öle gebayßet fünfczehen tag. vñ darnach gesoten vñ gesÿgen durch ein thůch vñ darunder gemüschett ein wenig wachß das es werde als ein salben. vñ auch darunder meel võ fenugrecū. Dises ist die aller beste salben geschweeren domit zů waychen die man finden mag. ¶ Itē dise salbe geschmieret auf geschwulsten benÿmet die. ¶ Auicenna sprichet auch. das fenugrecū gesoten mit rosen öle vnd den leyb domit geschmieret machet dem ein hübsche farbe. Vnd benÿm̄t auch den übelriechenden mundt. Vnd benÿm̄et auch dem leybe gestanck d do kambt von faulem schweÿß. Er spricht auch daz das meel võ fenugrecum seÿ fast gůt auff die heyssen geschweren gelegt. daz meel gemūschet mit rosen öle ¶ In dē bůch genant circa instans. steen auch dise stuck die oben berürt sind

Asch clxxviii Capi

Fraxinus latine. grece Dÿrdan arabice Lusach.

¶ Der meister Serapio in dem bůch aggregatoris in dem capitel Dÿrdan. idest Fraxinus. beschreÿbt vns vnd spricht. das dises seÿ ein baum vnd hat an dē öbsten schoten geleÿch den lÿnsē vñ wenn man die schotē dörret so wachßen würmlein darjñ dÿ sind geleych den würmlein dÿe man findet in den bonen. ¶ Der meister Paulus in dem capittel fraxinus spricht. daz der sej kalt vñ trucken an dem andern grad ¶ Diascorides sprichet. das d ie wurczel dises baumes den frisch en wundē gůt seÿ. die gesoten im wasser vñ die wundē domit gewäschen. ¶ Item die rÿnden võ disem baum̄ also frÿsch auff ein wunden gebundē zeühet sÿ ze samen. also dz man die nit hefftē darff. ¶ Die rÿnden gesotten in wein vñ den getruncken verzeret die bösen flegma in dem mēschen. auch die kranckeÿt dauon sich die haudt an dem menschen erhebt. ¶ Item Galienus in dē bůch genant dÿnamidiarū in dē capitel de passionibus splenis. beschreybt vns vnd spricht. das dises baumes rÿndē gesotten in wein vñ getruncke võ dem der ein hertes milcz hät. es waÿcht on zweÿfel. Vñ bewäret diß also vñ spricht. wenn man d rynden einer saw gebe zů essen neün tag nach einander. vñ wenn die getödtet wirt so siehe dañ nach dem milcz so findest du dz milcz mit halbs beÿ d saw. Vñ darum̄ ist wol zů gelauben dz dise rÿnden dienen zů dem milcz. ¶ Item die rÿnden võ fraxino gesotē in eßsig vñ mit einem schwammē auff den magē gelegt ist gůt wider das brechen oben auß. ¶ Vñ ist auch gůt wider den blůtgang genant dissinteria. auff dē bauch geleget.

Benedicten wurcz
Das clxxix Capi

Hilla grece et latine.
¶ Die wirdigen meister sprech
en. daz dise wurczel seÿ heÿß vñ
trucken biß an den vierden grad
¶ Dise wurczel ist außwendig
rot võ farben vñ ĩnwenig weiß
vnd ist eines arms lang vñ sch
lecht als ein kerczẽ ¶ Dise wur
czel dienet fast wol flegmaticis
ÿdropicis. vnd ÿctericis. dise ge
sotẽ mit wein vnd des morgẽs
den do nüchtern getruncken.
¶ Item. Wölche fraw groß we
tagen hette in dem leÿbe geleÿch
als ob sÿ kÿnden wolt. die trin/
cke võ disen wurczeln dreÿ mor
gen. es hilfft. ¶ Item. Wölicher
gifft in jm häte. der schneÿde diß
wurczeln fast klein. vñ schick sÿ
in den leÿb er genÿset on zweifel
¶ Item wo dise wurczel in einẽ
garten steet. d genähet kein ver
gifftig thiere. als weÿt vnd als
lang sÿ die geriechen kan.
¶ Platearius spricht. das bene/
dicten wurcz sunderlichen in jne
grosse tugent haben vnd dÿenen
wol den wassersüchtigen mit hõ
nigwasser eingenõmen. des ge/
leÿchen den geelbsüchtigen mitt
rauten safft. ¶ Wölcher beÿ jm
tregt dise wurczel. dem mag do
kein gifftig thiere keinen schadẽ
zůgefügen. ¶ Platearius. wo di
se wurczel in einem hauße ist. do
mag d teüfel nichcz geschaffen.
vnd fleühet sÿ. Vnd darum̃ ist
sÿ gebenedeÿet für alle anndere
wurczeln.

Bonen clxxx Capi

Faba latine·grece Tiamus·ara
bice Hakille·

¶ Der meister ysaac in dem bů/
ch genant de dietis particulari/
bus in dem capitel Faba beschrei
bet vns vnd spricht·das die grū
nen bonen kaltt vnd feücht sind
von natur in dem ersten grade·
¶ Item·Wer seer bonē yßt dem
machen sy böse feüchtigkeit vñ
bringen vil wynd dem menschē
vñ sy sind dē magen schedlichē·
Vnd spricht auch dz die bonē so
sy alt seyen so seyē sy kalter vñ
truckner complexion an dem er/
sten grad· ¶ Der meister Galie
nus spricht·das bonē vnuerdeū
lich sind· vnd zerschwöllen den
menschen·Vnd spricht auch daz
die ihenen die do fast bonen eßsē
den machen sy einen bösen vn/
uerdeülichen magen· ¶ Itē man
mag sy wol eßsen·vnd doch nit
zů vil noch stätigklichen· ¶ Itē
bonen reynigen die eüssern gelý
der an dē menschen als die hautt
domit gewäschen·vnd wer sein
haudt mit bonen reynigen will·
der neme das meel vō bonen vñ
brauche das· ¶ Wer bonen eß/
sen wil der müsche darunder kü
mel oder mynczen oder dostē·be/
nymet jn das sy dem magen nit
geschaden mügen· ¶ Der meist=
er Diascorides spricht·das bonē
meel gemüschet mit sibengezey/
te samen meel·vnd auff das ge/
schweer geleget hynder den oren
heylet es zůhandt·Vnd also vn
der die augen gestrichen mit ro=
senwasser·benymet die feüchtig/
keit vnd flecken darund· ¶ Der
meister Rabbi moyses spricht·
das bonen das gemüte oder die
vernunfft des menschen zerbre/
che· ¶ Serapio in dem bůch ag=
gregatoris in dem capitel hakil/
le·idest faba·beschreibt vns vnd
spricht·das der gerauch von den
rynden der bonen seye stopffen·
vnd habe ein getemperierte kel/
te in jne·Vnd spricht·daz bonen
gesotē im wasser vnd die zerstoß
sen· vnnd darunder gemüschett
reynbärgen speck ist fast gůt bo
dagricis·die füß domit geschmie
ret· ¶ Bonen gesotten mit eßsig
vnd hönig vnd auff die gesch/
weeren geleget in den gewerben
wäschet sy· ¶ Item bonenblůen
wasser das do distilliert sey·das
antlicz domit gewäschen·od an
derßwo an dem leybe· macht jn
schön vnd hübsch· ¶ Item bonē
genüczet bringen ein grobe jrdi=
sche feüchtigkeit·vnd einen bö/
sen getampff der dem haubt sch=
edlich ist·vnd darumbe bringen
sy böß treüme·vnd wenn sy ge
sottē oder gebraten sind·so wir
det jr boßheyt gemyndert·

Gewandt bonen
Das clxxxi Cap

Faba inuersa latine·

C Die meister sprechen·dz dises sey ein kraut vnd hat breyte bleter nahend als boberellen alkekengi genant· C Dises kraut tregt bonen die seind gestülpet· Sein stēgel ist eines arms hoch C Von disen bonen gemacht ein salben vnnd die gemüschet mitt spangrün·vnd safft vō synaw· vñ vngenüczet wachß·Dise salben geleget auf ein faule wundē geleych einem pflaster·zeühett darauß das faul fleysch·vñ fryschet die wunden im dreyen tagen on allen schmerczen· C Meister wilhalm ein wundarczt gewesen·beschreybet vns vō einer salben also· Nymme des safftes von disen bonen·des geleychenn vō den blettern·ein pfund hauß wurcz safft·osterluczye blettern safft·yegkliches dreü lot·spangrün·holwurczen gebulfert yegkliches ein lot·vnd dises vnder einander gemüschet mit baum öle·vnd vngenüczet wachß·Dise salben hat grosse tugent im jr wunden domit zů heylen vnnd altt gebresten· C Ein anderer meister Petrus genant·der hatt do vnder dise salben gemüschett branttlattich safft·vnnd domitt mangen gottes lone verdienet·

rot steinbreche

Das clxxxii capitel

Filipendula·latine·grece Fisalidos·patrisciria· vel vistago· ¶ Die wirdigen meister sprechen·das dises sey ein kraut/vnnd wächßt yenhalb des meeres im dem lande Apulia·Vñ die wurczel brauchet man in der ercznei ¶ Dise wurcze sol gegrabẽ werden so der herbst ein ende hat·vñ weret zehen jar·Das kraut geleychet der petersilgen·/die wurczeln haben knoden· ¶ In dẽ bůch genant circa instans im dẽ capitel filipendula beschreybẽ vns die meister·das dises sey heyßs vnd trucken an dem vierdẽ grad ¶ Dises krauttes wurczeln ist fast gůt gebrauchet für dẽ stein· Des geleychen stranguiriosis· das ist die mit not netzen· vnd die lenden sucht haben· ¶ Für dise gebresten mag man nüczẽ die electuarien·die man nennet filo antropos·die machet man in ð apotecken· vnd wirt gemachet võ diser wurczeln· ¶ Das bulfer võ diser wurczel eingenommen mit wein·ist gůt den die einen kalten magen haben·vñ nit wol deüwẽ mügen· ¶ Der meister Diascorides spricht·dz dises bulfer gůt sey wider die fallendẽ sucht·das genüczet in der koste· ¶ Für das keychen· Nym̃ dises bulfer vñ enczian·yegklichs geleych vil·vnnd nücze das in der kost· es hilfft on allen zweyfel·

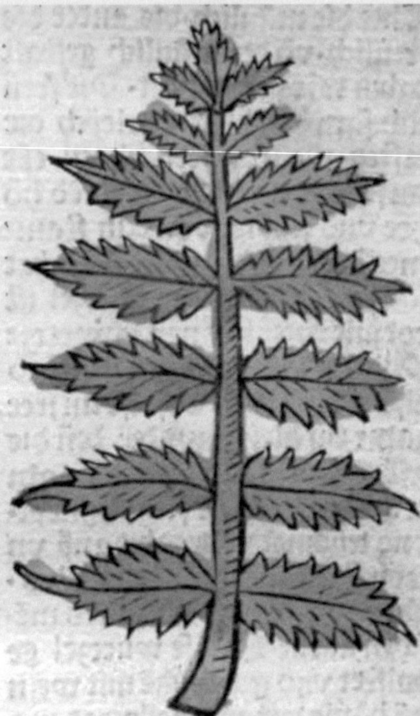

farnkraut

Das clxxxiii Cap

Filex latine·grece Dyopistri· vel pteris arabice Saraex· ¶ Der meister Serapio in dem bůch aggregatoris in dem capitel Saraex mit bewärung Diascoridis beschreibet vns vñ spricht·das dises kraut wachß an den bergen vnd an den felßeten enden·vnd hat kein blůmẽ noch frucht·vnd hat bleter die breiten sich auß·vnd geleychet polipodio·das ist engels süß kraut Die wurczeln ist schwarcz vnd lang·vnd hat vil kleiner wurczeln an jr·vnd in der wurczeln ist die tugent die do dienet in ð ercznej· ¶ Dise wurczel ist bitter·vnnd der ist zweyer handt·

Eine die mänlich·die ander die
freülich·vō der mänlich gestalt
haben wir yeczgehört· Die freü
lich farn hat bletter geleÿch der
ersten·allein die freülich vil eßt
an jr hat vñ die bletter steēd hö
her vnd weÿter von dem stam/
men dann an der ersten·vnd hat
lang wurczeln·Die wurczel ist
rot mit einer kleinen schwercze
Vnd ein teÿl der wurczeln sind
also rot als blůt·Dise ist an irer
natur ein klein mynder deñ die
erst·¶ Die mänlich ist vō natu
re außziehen böse feüchtigkeÿt·
vnd trücknet vñ treybet auß vn
reÿn flüsse jnwenig des leybes·
Vñ stercket auch domit des mē·
schen natur·¶ Dise wurczel ge
bulfert vnd getrunckē mit wein
vñ hönig genant mellecrat·ma
chet sterben die würm in dē bau
che· vnd tödtet gern das kyndt
in můter leÿbe·vnd darumb sol
len die schwangern frawen dise
wurczeln meÿden·es wär dann
sach das dises not wär zů d tod
ten geburd oder zů der andern ge
burd·¶ Galienus in dem achtē·
den bůch genant Simpliciū far/
macarum in dem capitel Filex be
schreÿbt vns vnd sprichet· das
farnkraut habe sein tugent an d
wurczeln·Vnd spricht domit dz
dise wurczel gůt seÿe genüczett
mit mellicrat gemacht vō wein
vnd hönig·vnd treÿbet auß die
würm die in dem bauch lannge
zeÿt gewesen sind·

Brenkraut
Das clxxxiiii capit

Flammula latine·

¶ In dem bůch genant circa in/
stans in dem capitel flāmula be·
schreiben vns die meister vñ sp/
rechen·das dises kraut seÿ heiß
vnd trucken an dem drittē grad
vnd sein tugent ist hÿczigen Di
ses kraut sol genüczet werdē so
es grün ist vnd nit dürr·¶ Wöl
cher ein herttes geschweer hätt
an seinem leybe vnd das nit zei
tig wär vnd zů eÿtter greÿffen
wolt·der neme brenkraut vnnd
stosse das vnd thů darunder ein
wenig öle vnd legē das darauf
es weÿchet vnnd ezet das auff
zůhandt· ¶ Item·Nÿmme öle
vō rosen gemachet vnd thů das

in ein glaß· vñ müsch e darund
flāmulā gestossen vnd secze das
an die sunnen in den hunds ta/
gen auff dreyssig tag· Dises öle
ist fast güt geessen im d kost auff
ein quintin· den die das lenn den
wee heten genant yliaca· Des
geleychen die quartanam heten
¶ Dises öle ist auch fast güt dē
lamen gelydern· die domit gesch
mieret genant artetica· ¶ Item
Dises öle ist auch fast güt genü
czet mit einem clistier· wann es
benymmet do den stein in den lenn
den, vñ auch in der blasen·

klein schwerteln oder wilde schwerteln das clxxxv Capitel

Xagasmon grece· latine Gla/
diolus segetalis·
¶ Die meister sprechen· das di/
ses sey ein kraut vnd hat bleter
geleych den schwärtteln· allein
das sy nit als gar groß seind·
¶ Dise bletter sind scharpff vñ
spyczig· vnd bringen blümē die
sind an der farbe purpuren
¶ Dises kraut hat zwů wurcz/
len bey einander steend· vnd die
sind klein vnd werden nit groß
Die ein wurczeln beleybt auff d
erden· vnd ist geleych als peter/
silgen wurczeln vnd rotund·
Die ander wechßt in die erden·
dise wurczel ist man nücze zů d
erczney· ¶ Die öberst wurczlen
die do wechßet auff der erden be
nymmet alle geschwulst die si/
ch erhaben hat von hycze· die ge/
soten vnd darauff geleget geley
ch einem pflaster· ¶ Dise yeczge
nante wurczeln in wein gesotē
vnd darunder gemüschet wey/
rach vnnd also warm geleget
auff ein wunnden darinnen ein
pfeyl dorn oder ein spyczig holcz
wäre zeühet das auß zůhandt·
¶ Dises also geleget auff einem
finger darinnen der wurm wůt
tet benymmet die weetagen vñ
zeühet den do auß on schaden
¶ Die wurczeln die do wächßt
in die erden sol mit genüczet wer
den geleych der öbersten· ¶ Vnd
ist hie zů mercken das im geley/
cherweyse die wurczel die auff
der erden wechßet von disem kr
aut nicht mag von natur in die
tyeffe der erden gewachßen· also
läßt sy nicht in einer wunnden

darinnen dann stecket ein pfeyl
dorn oder ettwas anders· sy zeü
het es übersich· ¶ Also thůt die
wurczel an diser hangenden die
in die erden wechßt widersyns·
vnd zeühet als auff den grundt·
domit sy vermüschet wirt· Vnd
darumb sol die leczt wurczel ge
nüczet werden den grundt eines
bebresten domit zůheylen· als denn
sind fisteln die do obenn auff der
handt gar klein scheynen· vnd do
ch jnwenig tyeff vnd weyt vmb
sich fressen· für dise sol man nem
men diser wurczeln die in die er
den wechßt ein lot· vnd darund
müschen spangrün· vnnd wein=
stein öle yegklichs ein quintin·
vnd das do darauff legen geley
ch einem pflaster· es sůchet den
grundt vnd heylet on alle ande
re erczney· vnd dises ist also be/
wärt worden· ¶ Auch so hat di=
se wurczeln krafftte geleych den
lylien zwybeln· Auch domit zů/
weychen vnd auch auff zů bayß
sen ein geschweere daz man auf
hauwen oder brennen müßt·

Meter clxxxvi Cap

Febrifuga latine·
¶ Die meister sprechen gemey/
nigklichen· das dises kraut sey
heysser natur· ¶ Meter genü
czet in der kost· oder das krautt
außwendig auff den bauch gele=
get benymmet das darmgesüch/
te· ¶ Jtem· Meter gekochet mit
wasser vnnd auch darunder ge
müschet schmalcz vnnd semlen
meel· vnd darauß gemachet ein
suppen vnd die geessen benymet
alles das wee daz in den därmen
ist· vnd wörmet domit den ma=
gen vnnd treybet auß vil böses
schleyms· ¶ Die suppen also
genüczet reyniget den frauwen
jr kranckheyt menstruum genant
vnnd treybet vil böser materien

tur. ¶ Ein pflaster gemacht võ der wurtzeln. vnd darunder gemüschet hönig vnd öle. vñ das geleget auff das zerschollen miltze. es hilfft. ¶ Ettlich meister sprechen auch. daz gelbe schwärtel wurtzel sey heyß vnd truckẽ an dem andern grad. vnnd hat grössere krafft an der wurtzeln dann an dem kraut oder an dem samen. ¶ Item schwärtel wurtzeln sind nicht güt zü essen. sunder man sol jre wurtzeln schneiden zü kleinen stucken oder scheibelein. vnnd sol die thün an ein schnür. also das ein stuck daz ander nit anrüre. vnnd hencke sÿ auff das sÿ trucken werdend an dem lufft vnd nit an der sunnẽ. ¶ Schwärttelwurtzel in wein gesoten vnd den getruncken stillet den hüsten. vnd gibt gütẽ geschmack. waran die geton wirt. ¶ Diser wurtzeln bulfer getruncken mit wein. vertreybet do den frauwen das schweeren an den brüsten. ¶ Der meister Diascorides der spricht. das dise wurtzlen gestossen vnnd darunder gemüschet die wurtzeln Centaurea. das ist tausent guldin. vnnd darunder gemüschet hönig vnd essig. vnd das geleget über dye zerknüschceten gelyder do ist es fast güt. ¶ Auch also genüczett ist fast gütt stranguiriosis. das ist die do mit nott neczend. oder tropflingen härmen. das gelegt auff den bauch hilfft fast wol. ¶ Der samen von schwärttelwurtzeln gestossenn vnnd auch gemüschet mit essig ist fast gütt dem. der do ein böses miltz hat ¶ Die wurtzel mit wein getruncken ist fast güt dem der do gifft bey jm hätte. wann es das vergifft von natur verzeret. ¶ Der meister plinius sprichet das geelbe schwärttel wurtzeln in wein geleget vnd den getruncken. ist fast gütt dem der do ettwas vergifftiges geessen hätte Also genüczet bringet den frauwen jr zeyt menstruum genant ¶ Schwättel wurtzeln gestossen vnd geleget auff ein loch do ein pfeyle innen wäre oder ein doren. zeühet jn auß von stundẽ an. ¶ Item. Geelb lylgen gesotten in wasser. vnnd mit rot cyceren vermenget. vnd durch geschlagen vnnd süß gemachett mit zucker. Dauon genüczet. ist güt wider die geelsucht genantt ytteritia. Vnd ist auch gütt wider bestopffung des milczes. als platearius spricht.

Pfremen oder gynst
Das cxcvi Capit

Genesta latine.
¶ Der meister Johannes me/
sue spricht. das pfremen wachß
en in den wälden vnd hab lang
stengel. vnnd die lassen sich fast
wol vmb wynden vnd brechen
nit bald. Auch so byndet man
holcz domit zů gebünden. vñ tra
gen blůmen die sind rund vnnd
geelb. vnd bringen auch samen
¶ Diascorides spricht das dises
kraut seye heyß vnd trucken an
dem andern grad. Der samen ist
heysser natur. ¶ In den blůmen
vnd an dem stengel ist überflüß
sige feüchtigkeit. Vnd darumbe
zeühet es vil feüchtigkeit vom
dem menschen durch brechen.
¶ Von dem samen vnd blůmen
getruncken mit hönigwasser ge
nant mulsa. treybet auß vil feu/
tigkeit durch schwyczen.
¶ Item Johannes mesue besch/
reybet vns auch vnd spricht. dz
pfremen blůmen gestossen vnd
gemüschet mit rosen hönig oder
mit wayschen eyern. vnd das ge
nüczet reyniget die därm vnd
nyeren vñ machet fast wol här
men. vnd treybet den stein auß
in den nyeren vnnd auch in der
blasen. Vñ wer den samen brau
chet oder blůmmen. dem läßt es
den stein nitt verhertten in dem
menschen. ¶ Wer des samens
vnd der blůmen dyck nüczet der
bedarff sich nit besorgen vor dem
bodogram. das ist do ein sucht
in den füssen. ¶ Der meister
Paulus sprichet. das der samen
vō genesta sey fast gůt den frau
wen gebrauchet zů irer kranck=
heit. vnd benymmet do den fluß
der do lange zeyt in inen gewe/
ret hat. vnd reyniget auch also
genüczet die matrix.

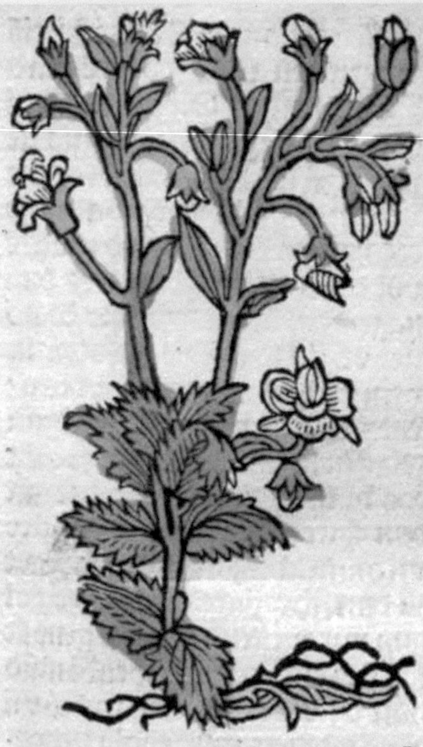

gamandre
Das cxcvii Capit

Gamandrū latine·

¶ Die wirdigen meiſter ſprechē das diſes kraut ſeÿ heÿß vñ trucken an dem drÿtten grad·Ettliche meiſter ſprechen auch·daz diſes kraut ſeÿ heÿſſer natur vnd feÿßt·vnd ſeÿ niemant nücz weder menſchen noch vÿhe·vñ machet das geblůt in dem menſchē faſt dünn·vnd mynderet dz vñ meret vnflätigkeit·¶ Weer den kleinen grÿndt hätte an ſeinem leÿbe zwÿſchen feel vnd fleÿſch·der ſtoſſe diſes kraut mit altem ſchmeer vnd ſalbe ſich domit ſo heÿlet er·Vñ ſo er ettlicher maſſen heÿl iſt·oder anhebt zů heÿlen ſo ſol er ſich darnach nit mer ſchmieren·wann es leczet jm do ſeim haudt vnd geblůt in dē leÿbe·¶ Wölcher zerbrochen wäre in dem leÿbe·der mag vō dÿſem kraut trincken· ¶ Gamandria mit hönig geſtoſſen·vnd auf einen alten ſchaden geleget wie ʒ wär·es heÿlet vnd ſeübert faſt wol·¶ Den ſafft mit hönig getemperiert vnd in die augen geton·benÿmet die tunckelheit der augen vnd machet ſÿ klar·

¶ Gamandria geſtoſſen vnd getemperiert mit baumöle·vnd dē leÿb domit geſalbet·vertreÿbett den böſen froſt·vnd bringt dem leÿbe gar gůte hÿtze·¶ Wer diſes kraut beÿ jm tregt den haſſen die leüt·

galgan cxcviii Ca

Galanga latine· arabice Galangen·

Ettlich meister sprechen · das dises sey ein baum·ettlich sprechen das dises sey ein frucht· Aber Diascorides spricht· dz dises sey ein wurtzel· die findet man in dem land persia·bey einē baume galangen genant· Dise wurtzel weret fünff jar vnuerseeret Vnd dises ist die beste die do ist rötlat vnd schwär·vnd sich nit bulferisiert wenn man die brychet·vnd sol auch einen scharpffen geruch haben auff d̄ zungen vnd die do weyſs ist vn̄ leycht die ist nit gůt· Jr tugent ist starck vnd verzeren· Die wurtzeln werden zů zeyten gefelschet mit andern wurtzeln die darunnder gemüschet werden· Jtem etlich felschen galgan also· Sy nemen galgan vnd bulferisiern den vn̄ nemen dem wurtzlē die galgā geleychen an der farbe·vn̄ legen die in essig darein pfeffer vermüschet ist·vnd lassen die bayssen über nacht·darnach thůn sy den essig vō den wurtzeln· vnd vermüschen die wurtzeln mit dē gestossen galgan·vmbe des geruchs willen den dan̄ die wurtzeln an sich ziehen vō dem bulfer des galgan· Der meister Serapio in dem bůch aggregatoris in dem capitel galangen spricht·das dises seye ein adern in der erden gestalt geleych cassie lignee·vnd diser adern ryndē ist rötlat an d̄ farbe·vnd die ist geheyssen galanga·Dises ist heiß vnd trucken an dem drittē grad Der meister Diascorides spricht·daz dise wurtzel sey gůt genüczet zů allen kranckeyten die do kōmen vō kelte· Galange stercken den magen vnd machē wol deüwen·vnd benem en dem magen den schmertzen der do kōmet vō kelte· Die gesoten in wein vnd den getruncken des abents vnd morgens· Galgan gelassen in die naßlöcher, sterckt das hyrn· Galgan ist gar gůt dem zyttrenden herczen· Wer vil onmächtig ist vnd geneygēt zů dem schwyndel·der nücze galgan mit wegrich safft·er genyßt Wer einen übelriechendē mūd hāte d̄ siede galgan in wein·vn̄ trincke den·er wirt wol riechen· vnd reyniget das stinckend geblůt innerlichen· Serapio spricht·das galgan mache dē menschen einen wolriechendē athem vn̄ beneme vil böser feüchtūg in dem leybe·vn̄ machet wol deüē von der hycze willen die er von natur hat· Johannes mesue spricht·das galgan gůt seye für das darmgesücht· Galgan genüczet mit dem safft boraginis benymbt vil onmächtigkeit des herczen·

Encian cxcix Cap

Genciana latine· grece narcanz arabice sontziana·

¶ Der meister Diascorides in dē capitel genciana beschreibet vns vnd sprichet das genciana fundē sey worden durch den keyser ge heissen yllericus in dem lande ge nant genciana vnd do hat er di/ ser wurczeln den namen gebenn· ¶ Dise vurczel die hatt eynē stā me der hat bletter die sind glei che den welschen nussen vñ auch solichen geranche· vnd ander spi czen sind sie von ein geteilet ge/ leiche als ein sege· Der stam ist zweyer arm lang vnd knochti/ cht· vnd diser stam hat samē ge/ leich den kernē in dē öpffeln· die wurczel geleichnet der aristolo= gia longa· genant osterloczy· vñ die ist deicht vnd bitter vnd we chset gern auff den hohen bergen do es feücht ist vnd schetten hat· ¶ Diß ist auch die meynung des meisters Seraplonis in dē bůch aggregatoris in dem capitel gen ciana vnd beschreibet vns glei= cher weyse wie diascorides·

¶ Der meister Paulus in dē ca/ pitel genciana spricht das die sei heiß vnd truckē an dē drittē gra de· ¶ In dem bůch circa instans beschreiben vns die meyster vñ sprechen das genciana seye eine kraut vnd hatt ein wurczel dye nymmet den namen dem krautt ¶ Die wurczel wirt genüczet in der ärczney vnd nit das krautt ¶ An dem ende des meyes same let man die vnd lasset sie truckē werden die weret vier jare vn/ uerseret an jerer natur· Vnd diß ist die beste die deicht ist vnd her te vnnd sich nit buluerisieret so man sie brichet· jr farbe sol seine geleich einem granat äpffel· vñ die ein bleich tunckel oder schw= arcze farb hat die ist nit gůt ¶ Auch ist dises die beste die fa= ste bitter ist· Genciana hat tugēt zů dissoluieren consumieren at= trahieren genant von einander zů teylen vnd zů verzeren vñ zů jm feüchtung zů ziehen vnd auf zů thůn· ¶ Der meister serapio spricht das er nye kein besser är/ czney gesehen habe zů dem biß d dobende hunde dan genciana vñ diß sol man auch dem selbigē zů

trincken geben also · Nymme en/
cian ein quintin vnd stoß dē vñ
müsche darunder mirre ein quin
tin vnd nymme auch darzů kre=
bßs augen die do gebrant sinnd
vnd in dē bechn gelossen sind vñ
seüde auch dise stuck mit weine
vnd trincke den drey morgez na
che einander es hilffet on zweif=
fel · ¶ Item enclan ist gůtt genü
czet für vergifft · ¶ Der meister
Diascorides spricht das enclann
vertreibe die schlangen · ¶ Wöll
cher zerknyste gelyder hett d ne=
me des buluers von encian vnd
müsche darunder baumöle vnd
streich das darauff er genyset on
zweifel · ¶ Dise wurczel gelegett
in wasser fünff tage · darnach sol
man wasser mitt der wurczelen
wol sieden vnd also lassen steen
drey tage · darnach sol man das
wasser aber eyns sieden das es
als dicke werde als hönig vnd
das dan machen in ein zynnē ge
schyrre · Dises wasser benymmet
alle flecken an dē leibe dar auf ge
strichen · vnd sunderlichen die fle
cken an den augen das darein ge
lassen ·

negelin cc capi

Gariosilus grece et latine · ara=
bice harmusil

¶ Der meister Serapio in dem
bůch aggregatoris in dē capitel
harmusil id est gariosilus besch/
reibet vns vñ spricht das dyses
sey ein frucht · vnd das holcz vō
der frucht brauchet man tzů vil
stucken · ¶ Negelin kōmen auß
dē land india vñ die habē oben
knöpff geen vñ sind gleich alß ze
ne vnd diß sind die besten die do
habē ein rotte farbe · vñ sunderli
che sind dz auch die bestē die mā
von dē baūz nymmet ye ein nach
der ander · ¶ Der meister Auicē
na i seinē andern bůch im dē capi
tel safat id ē gariosilus spricht dz

dise sey ein frucht eins baumes in einer insel in dem lande india vnd die sind heiß vnd truckenn an dem dritten grade. ¶ In dem buch genant circa instans besch/ reiben vns die meister vnd spre/ chen das gariosili werden gesa/ melt in dem summer so sy zeytig sind. vnd werent zehen jare vn/ verseret an jrer natur. vnnd dye sol man behalten an stetten dye nit zu trucken sind; anders sy ver dorren. Auch an stetten die nitt zu feücht sind anders sye versch= ymmelen vnd verderben eezcpt Vnd diß sind die besten die obe an de knöpflin breitt sind vñ ein klein feütunge in jn haben wan man sie trucket mit den fingern. ¶ Gariosili werden dicke gefel/ schet wan etlich nemen negelin die nitt nücze sind vñ thun dye in ein faß das fechütung in jme hat vñ binden dise in eyn thuche vnd lassen dan die hangen über nacht in dem luffte des morgens machen sy die truckenn das dye feüchtung nitt als gar mergkli/ che sey. aber die sind gütt zu ken nen an dem gerauch gen den güt ten. Etlich felschen die also sye nemen die besten negelin vñ stos sen die klein vñ vermengen die mitt essig der do gar starcke ist vnd müschen auch dar vnder gü ten starcken wein vnd bynde dã die negelin die nitt nücz sind in ein tüch vnd lassen die also ligen über nacht vnnd so nemen dann die bösen nägelin den gerauche von den gütten also das sy kan me sind zu erkennen. Aber dye also gemachet werden die we/ ren nitt über zwenczig tage ann dem starcken gerauch sunder sy nemen alle tag an jrem gerauch vñ geschmack abe. ¶ Item d Se rapio sprichet das gariosili gütt sind in die ärtzney wan sie dz ge sicht scherpffen wan sy nemẽ au ch das tunckel gesicht x id mach en das klare. ¶ Item rasis spri/ chet das gariosili güt sind dẽ ma gen vñ auch der leberẽ vñ sterck en das hertze vñ stopffen dẽ bau che. vñ machẽ auch gar wol deü wen ¶ Der meister Isaac sprich et wer do trincket von gariosili ein halb quintin mitt milche fa/ stende dem stercket es sein natur vñ bringet begirde vnd luste zu frauwen. ¶ Der meister Auicen na sprichet das gariosili machen dem leib ein gütten gerauch vnd benemen auch das tunckel gesi= chte vnd erkleren das vñ sterck/ et den magen vnd dye leber vñ benemen vomitũ das ist das bre chen.

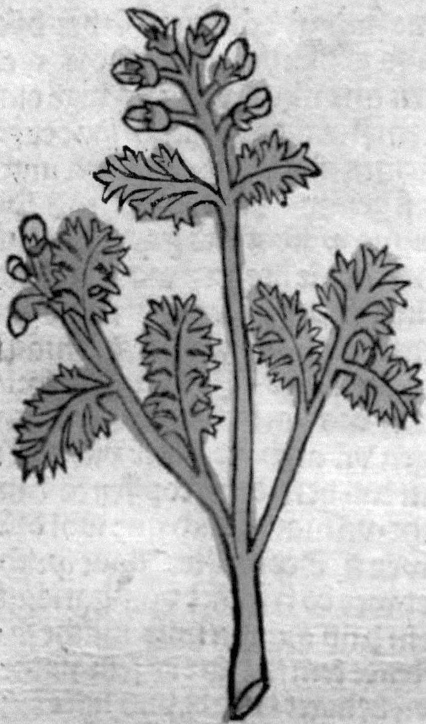

Gummi arabicum
Das cci capitel

Gummi arabicum latine arabi
ce Samgliarabi.
¶ In dem bůch circa instans in
dem capitel gůmi arabicũ besch/
reiben vns die meister das dises
seÿ ein gůmÿ das ist heiß vñ feü-
chte an dẽ ersten grade vñ heisset
darümb arabicum wan es wirt
funden in arabien. vnd ist dreÿ/
erhande gummy arabicũ. Eyns
ist weiß vnd das ist das best vñ
das nüczet man in dẽ ärczneÿen
die do kelten. vnd sunderlich czů
dem dyadragantum. Das and
ist rötelicht vnd auch klar vñ di
ses brauchet man in der ärczneÿ
das dritte ist gestalt von farben
geleich einem apffel der nit gar
rott ist oder weiß. vnd ist nit gů
te als die andern zweye. Wann
man schreibet in einez recept gů
mÿ arabicũ album. ¶ Der meÿ
ster Serapio in dem bůch aggre
gatoris in dem capitel samglia
rabi das ist gůmÿ arabicũ besch=
reibet vns vnd spricht das diß
wachß in arabia auff den sch/
lehen baumen. vnd sein farbe ist
klar als ein glaß vnd weiß vnd
wölliches rauchet geleich dem be
che das ist nit gůt. ¶ Gůmÿ ara
bicum stopffet den flüssigen bau
che vnnd ist zůsamen fügen dÿe
därme. vnd benÿmmet tenasmo
nem das ist wer mit not zů stůl/
geet vnd alle zeÿt gelust hatt vñ
doch nit schaffen mag. ¶ Gum=
mÿ arabicuz ist gůt genüczt für
den hůsten vnd für die geschwe
re an der lungen ¶ Item wer tu
ckel augen hat der trinck võ gů=
mÿ arabicum es machet dẽ men
schen ein gůt gesicht. ¶ Gnmmÿ
arabicum nüczet man in der är/
czneÿ die den menschen laxieren
vnd so wirt das laxatiue von dẽ
gummÿ arabicum gerechtferti/
get. vnd benÿmet dẽ laxatiue sein
scherpff dar durch dick der men/
sche geleczīget wirt jnwendige-
des leibs also das er in manchez
jar kein gesunde tag haben kan-
wen es ist gar sorgklichen vnd
kümerlichen einẽ menschen d jn
nerlich geleczīget wirt von einez
laxatiue das zů sere wurcket vñ
heilet gar langksam. vnnd dar
umbe soll mann fürsichtig seÿne
wann der arczet den menschenn

laxiert also das das laxatiue nit
zů starck sey oder bereitet sy na-
ch des menschen natur vnd getē
periert sy mit stucken die das re
chtfertigen. ¶ Wölicher ein sch/
arpff zunge het der neme gum/
my arabicum vnnd lege den in
wasser vnd schmiere dan die sel-
bige feüchtung auff die zunge sy
heylet dar von. ¶ Wölicher sich
sere brichet der neme gūmy ara
bicum vnd mache dē zů buluer.
vnd müsche dar vnder zymetrō
ren. trinck das mit wein er genÿ
set on zweifel. ¶ Wölicher do bl/
ůtt speyet der trinck gūmy ara/
bicuz mitt wegericht safft es hil
fet. ¶ Wölicher mit not netzett.
der trinck gummy arabicū mitt
rosen wasser oder mit regēwas/
ser. ¶ Wöliche frauwe jr zeÿt zů
vil het die nütze gūmy arabicū
gemüschet mit tracken blůt vnd
mit rosen wasser vnd darauß ge
macht ein pessarium das ist ein
zapffen geleget in der frauwenn
scheme. ¶ Item pessarium ist ge
macht von baumöle vnd lange
als ein finger vnd darümb gesch
mieret die yeczgenant stuck also
das es werde geleich einem zapf
fen vnd das brauchē die frauw
en jn ir schemde vnd darumb ist
vnderscheit vnder einē pessariū
vnd suppositorium. wan die pes
saria brauchen die frauwen in
jr schemde vnd die suppositoria
hinden in die afftern oder diß
ist die vnderscheit wan die frau
wen brauchen allein pessaria vñ
mitt die man. aber suppositoria
brauchen frauwen vnnd mann

ein gůmmi also ge nant ccii Capitel

Galbanum latine. grece mara/
tetus. arabice hene albege vel ℞
sat vel.
¶ Die meister sprechen das diß
sey ein gummy eines stams. vñ
dises ist das beste das do klar ist
vñ das do geleichet olibano vnd
Armoniaco. ¶ Disses gūmmy
hencket sich an die hende so man
das angreiffet. Diß gūmy wirt
gar dicke gefelschet mitt hartze.
vnd mit zerknÿsten bonen vnd
mit armoniaco. ¶ In dem bůch
circa instans in dem capitel gal
banum beschreiben vns die mey
ster vnnd sprechen das diß sey
heiß an dem dritten grade vnnd
feüchte ann dem ersten. In dem

sammer samelt man diß gumm
von einem stamme. Etlich hau
wen in den stam so get safft auß
das wirt auch gar härte võ der
sunnen. vnd diß ist das beste gũ/
mÿ das do weiß ist vnnd lautter
vnd das do geleichet armoniaco
Diß gummÿ weret lange zeÿt
an seiner natur vnuerseret.

¶ Der meister Dyascorides be/
schreibet vns in dem capitel gal/
banum das dises gũmÿ gůt seye
für daz keÿchẽ des eingenõmen
d eñ quintin mit weichen eyren
oder mit gersten wasser. ¶ Wer
do hett ein geschwere in dez hau
bet der neme galbanum vnd le/
ge den auff glůenden kolen vnd
lasse auch den rauch in die nasen
löcher geen es hilffet. ¶ Item wõ
licher frauwen die můter auff fe
ret als von eÿner stat zů der an
dern oder die für dẽ leib geet die
neme galbanum vnd armonia=
cum yegklliches geleich vil vnnd
werffe dises auff glůenden kolẽ
vnd lasse den dampff vnden auf
geen. ¶ Item wölicher ein har/
tes milcz hett der neme galbanũ
vnd lege den in essig dreÿe tage
vnd seüde den darinn mit dẽ gum
mÿ vnd darnach seÿhe den essig
abe vnd musche darunder baum
öle vnd rüre dises mit einẽ spa/
tel vnd mache darauß ein pflast
er vnd lege es auff das milcze

¶ Plinius wöliche frauw ir zei
te nitt hette die neme galbanum
vnd mastix vnnd lasse die auch
zergeen in öle vnd duncke baum
wollen in das öle vnd mach dar
auß ein pessarium das ist ein za/
pffen in die scheinde der frauwe

¶ Item wer böse geschwerẽ het
te an seinẽ leÿbe der lege galba/
num darauff die zeÿtiget zů han
de. ¶ Plateariꝰ galbanũ auff
kolen geleget vnd den rauch mit
einez trachter auff den böse zan
gehalten vnd den also dar gelaß
en benÿmmet auch dem zan seÿ=
nen schmerczen. ¶ Item es ist zů
mercken das galbanũ vor hÿne
gereÿnigeet soll werden ee man
den nütze in der ärczneÿ also.
Nÿmme galbanum vnd zerlasse
dẽ in einer pfannen vnd schüdte
den in ein kalt wasser so zertren
net sich der vnflat vnnd das vn=
reÿn dauon vnd das lauter vnd
das rein võ galbano felt zů grũ
de ¶ Item man mag es auch seÿ
en dürch ein tůch so bleibet das
vnreÿnin dem tůch vnd das kla
re geet dar durch. ¶ Item wer
würm in dem bauch hette d nü=
cze dÿe pillelen die von galbano
gemachet sind es tödte sie vnd
genÿset dauon.

Galopfel cciii capi

Galla latine·grece cicidos vel halapsa vel lapsana· arabice haffes·

¶ Der meister Serapio in dem būch aggregatoris in dē capitel galla sprechet das man die neme von den baumen so sie noch mitt zeitig sind vnd sunderlich die do deicht vnd schwere vnd nit lōcherit sind·vnnd diß sind auch dye besten vnd die nützet man in d ärczneÿ·Die grünen gall ōpffel sind fast bitter vnnd jr gerauche ist stopffen·¶ In dē būch circa instans in dē capitel Galla beschreiben vns die meyster vnd sprechen das do sind zweier hande gal/ōpffel·Dÿe ein sind groß leichte vnd lōcherit vnd die sind nichts wert·vnd haben kein krafft in·Diee andern findet man in dē landen Asia vnd affrica vñ dieselbeu sind klein vnd nit lōcherricht vnd das sind die besten· ir tugent ist stopffen·¶ Plinius sprichet das diser frucht vil wachßs in Syria vnd egypten vnnd doselbest ist jr die menge·¶ Galōpffel sind kalt vnd trucken an dez andern grade·¶ Wölicher einen flüssigen bauch het der neme galōpffel vnd das weiß von einem eÿe vnd eßsig vnd müsche das zū samen vnd mach darauß ein pflaster vnd lege es auff dē bauche·¶ Item mau mag auch dy/ses bulvers ein nemen mit regē/wasser es stopffet fast·¶ Platearius wer sich sere brech oben anßs der neme galōpffel vnd seüde die in eßsig vnd regenwasser vñ necze darjnne ein tūch vnd schlage das aussen auff den magen·

¶ Item wölliche frawe jr zeÿtte zū vil hette die neme galōpffell vnd siede dÿe in regenwasser vñ müsche dar vnder wegerich safft vnd mache mit baūmöle ein pes/sariū das ist ein zapffen vnd ne/me das in jre scheme es stopffett vnd hilffet auch fast wol·¶ Itē wer do fast blūdtet auß der na/sen der müsche galōpffel mit wegerich saffte oder mit dāschē kr/utte safft vnd necze ein tūch darjnne vnd stoß es in die nasen·

¶ Item ein pflaster gemachett von galōpffeln gemüschet mit einem eÿes weiß vnd auff den sch/laff geleget hilfft fast wol vnnd stopffet das lauffen geblūdte·

¶ Cassius felix ein meister spricht

das buluer von galöpfel gestrichen auf die wunden benÿnpt jr blůdten vnd machet sÿ zů samē geen also dz man sÿ mit darff heften. ¶ Item wer do wil schwartze hare will machē der nem galöpffel die da leicht vnd schwere sind vnd nitt löcheret vnd seüde die in öle vnd seye dan diß öle durch ein tůch vnd laße es darnach trucken werden an der sunnen vnd nÿmme dan disses bulvers vnd seÿde diß mit regēwasser vnd wasche dein hare damit oder den bart er wirt schwartz. ¶ Item dises bulver vermüschschet mit blůt stille wasser genāte sanguinaria vnd in die naßlöcher gethan stillet das blůt. ¶ Item das mittel in den galöpffeln auff einē gelöcherten zann geleget ist dar zů gůt. Itē galöpffel gebulvert vnd auff faul böß wunden geleget ist das faul fleische auff beÿssen vnd die wundē reÿnigen.

ein stein also genant Das cciiii Capitel

Gagates latine et grece. ¶ Dyascorides sprichet das dÿses seÿe ein edel gestein der geleichet an seÿner gestalt dē augsteine. ¶ Disen stein findet man auch in dē lande Britania beÿ dē staden des mőres. auch findet man dÿser stein gar vil in engelland Etlich diseer stein sind von farben schwartz. Etlich gele vnnd gar durchleütig. dise finde anen bede gůt genüczet in der ertzneÿ ¶ Albertus sprichtt das diser stayne beneme des teüfels macht den an dē leibe getragen. ¶ Item wöllicher disen stein an zündet der brennet im wasser od im was feüchtikeit den leget ver leschet er nitt. ¶ Diser stein geleget in wasser dreÿ tage diß wasser getruncken ein frauwe dÿe ein kindt sol geberen wirt vonn stund erlöset vō der geburt. Itē ein meister Enax genant sprichet in seynē lapidario das dÿses seÿ ein edel gestein seÿner tugent halben. wen er benÿmmet all teüfels melancole. ¶ Item wilttu wissen ob ein eine junckfrauwe sey oder nit so nÿmme diß steÿnes vnd zerstoß jn zů bulver vñ gebe dises einer jungckfrauwē jr vnwissnden wÿe du kanst ist sÿ ein reÿne jungckfrauw so helte sÿ dē beÿ jr. ist sÿ keÿn so můß sÿ von stund jren harn ab schlagen wider jren willen. Von dÿsem stein lese daz bůch Pandecta das. cccvj. capitel findest du die warheit.

Ein Doch Dor

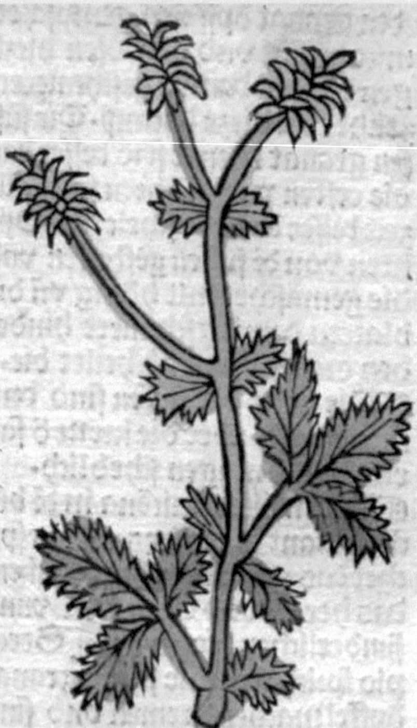

negelin kraut oder benedicta ccv capi

Garioffilata latine· grece lapagum·

¶ Die meister sprechen das dyses sey ein kraut vnd geleichet d odermynge an den blettern vnd hat ein würczel die reücht geleich den negelin gariofili genantt ¶ Itē etlich meister heissen garioffilata sana munda oder enancia oder pes leporis oder oculis leporis· Gariofilata ist heyß vñ auch trucken an dē andern grad ¶ Item gariofilatum heißt ein confect gemachet auß negelin·

¶ Item in dē büch circa instans beschreyben vns die meyster vñ sprechen das garioffilata gar vil tugent in im habe vnd doch dye bletter meer dan die wurczel· Die bletter nüczet man in d erczney vnd gar selten die wurczell· So die bletter frisch sind so habē sye vil meer tugent in in wan so sie alt sind ¶ Garioffilata getrucket werent nit lenger dan eine jare· ¶ Diascorides dises krautt gestossen vnd den safft gelassen ī die fisteln heilet sye· ¶ Auch dienet dyser safft gar wol der bresthafftig wäre in dē mund· ¶ Item gariofilata vnd tag vnd nacht genant paritaria gesotten in regenwasser vnd die geleget vorn vnd hinden auff den bauch benemen das krümmen· ¶ Item wölicher ein bösen magen het vnd nit wol deüwen möchte der siede gariofilata in wein vñ trincke den· ¶ Der meister Gallenus in dem sechsten büch genant simplicium farmacorum in dem capitel lapagum idest gariofilata seu oculus leporis beschreybet vns vnd sprich das dises kraute den menschen fast sere dörre·

¶ Vnd dauon getrunckē benymmet den fluß des hauptes wie d sein mag·

granat opfel ccvi ca

Granatũ latine vel poma granatũ·grece malum punicũ·arabice hornam·

¶ Der meister Serapio in dem bůch aggregatoris in dẽ capitel hornã id est granatum beschrei/bat vns vnd spricht das sind zweyer hande·ein sind sauer·die andern süsse·vnd die saurẽ sind kalte vnd trucken an dem anderen grade·vnd die süssen kalt an dẽ ersten vnd feücht an dem ande/ren grade·¶ Der wirdig meister auicenna in seinẽ andern bůch in dem capitel granatũ beschreibet vns vnd spricht das die saůren granat öpffel genüczt nemẽ hin coleram nigram vnd sunderlich die miltzwem gesotten vnnd den getruncken ¶ Die körner in den granat öpffelen gemüschett mitt hönig vnd die bösen hicz/gen blatern damitt geschmierett zeühet vil hicze darauß·Die süs/sen granat körner sind besser dan die ersten vnd die kern sind alle zeit besser dan die schelczen·Dye kern von dẽ süssen gestossen vnd die gemüschet mit hönig vñ die blatern damit gschmiert hinder den oren hilffet vnd heilet die·

¶ Die kern der süssen sind dem magen gůt·aber die kerne d sawren sind dẽ magen schedlich·

¶ Der meister auicẽna in dẽ bů/che genant de viribus cordis sprchet das granat öpffel sterckent das hercze vnd die lebern vnnd sunderlichen die süssen·¶ Sera/pio spricht das die saurẽ granat öpffel machen harmen vnd sind gůt dẽ das schwindel geferd ist·

scharlach ccvii cap

Gallitricum sive centrum galli latine·grece et arabice gerebotanum·

¶ Der meister Plinius beschreibet vns vnd spricht das dises sy gar ein scharpffs kraut zů nüczen in dem leibe· Dyses krautte hatt einē scharpffen gerauch vñ wechßet gar geren in den gärtē ¶ In dem bůch circa instans in dem capitel gallitricum steet geschryben das sey heiß vnd truckē an dem andern grade· ¶ Item dises krautt gesoten mit waßer vñ die frauwe damit vndē auff gehebet reyniget die můter vñ bringet jr kranckheit· ¶ Diascorides diß krautes samen ist fast gůtte den augen den gestossen vñ mitt fenchel safft darein gelassen·

¶ Dyser same benymmet auche ein kranckheit der augen genāt Nictabrius oder alyahar das ist so der mensch des tages nit sicht vnd sicht doch des nachtes d soll disen samen bey jm tragen vnd des nüczē mitt fenchel wasser vñ die augen damit streichē als obgeschryben steet· ¶ Platearius diser bleter genüczet neün tage nach einander des ersten tages eins den andern zwey ·den dritten drey vñ also biß auff dē neünten tage neün bletter der wirt ledig aller febres die manich jare vnd tage geweret haben·

¶ Dise bletter gesoten in weine vnd den getruncken bringt wind den därmen· ¶ Item scharlach saffte genüczet mitt steinbrech samen ist auch gůtt für dē steine·

wilder scharlach Das ccviii capi

Gallitricum agreste latine·

¶ Dye meister sprechen gemeinklich das kraut habe alle eygenschafft mit dem forden allein daz diß mitt dienet zů dem febris alß hie vor steet· Diß ist warm vñ trucken an dem ende des andern grades· vnd sol genüczet werdē zů den augen geleich dē erstenn· Auch sprechenn die meister das diß gar nahe tugent hab geleich dem kraut genant verbena·

hyrſen ccix capitel

Gegüers grece·latine millũ a/
rabice dochen·
¶Serapio im dem bůch aggre/
gatoris im dem capitel dochen id
eſt milium ſprichet das diſs ſeÿe
ein ſame eins krauts vnd dē nü=
czet man in der koſt·diſer ſame
bringet dem menſchen dÿe aller
minſt krafft vnder allen gekor/
ten koſten·¶Diſer ſame machtt
mager den menſchen vnd dorret
alle feüchtigkeit des menſchē·di
ſer ſame iſt kalt machen an dem
erſten grade vnd trucken an dez
andern·¶Diſen ſamen himdenn
auff die hufft geleget benÿmmet
den fluß diſſ interia genant·Au/
ch alſo genüczet ſtopffet er dē fr/
auwen menſtruum wan es czů
vil geet·¶Plinius hÿrſen geſot
ten mit gerſten waſſer vnd alſo
auff den nabel geleget biß auf dz
gemecht benÿmmet ein kranck/
heit genant diabetica das iſt ſo d
harm wider eines menſchen wil
len geet·Das gleichē benÿmmet
er ſtrangulrian das iſt das tro/
pflingen harmen alſo auff gele/
get·

graſz ccx capitel

Gramen latine grece agroſtis·
arabice negē vel thel·
¶Serapio in dē bůch aggrega
toris in dē capitel Negē id ē gra
men ſpricht das diß ſÿ kalt vnd
trucken an dē anfang des erſten
grades·¶Diaſcorides ſprichett
wan die hunde ſich wöllen pur=
gieren ſo eſſen ſÿ graß·¶Auicē
na in ſeinem anderu bůch in dē

capitel gramen spricht das graß gesoten im wasser vnd das getrū cken zeühet den stein auß d bla= sen. Des geleichen thůt auch die wurczel. ¶ Der same von graß genüczet mit wein machet har/ men. ¶ Diascorides spricht wölt cher eyn verhartes milcz hette d siede graß vnd den samen vnd le ge diß auff also warm du enp/ findest balde hilff. graß gesotten im wein vnd den getruncken be/ nymmet dissüriam das ist d kal= te seych. oder also warm auff dē bach geleget ist auch dar zů gůtt ¶ Wasser darauß distillieret vñ das getruncken tödtet die wür/ me im dē leibe. Dises wasser wür cket baß ann den jungen kindenn wan an deen alten leüten.

ein hane oder henne Das ccx. capitel

Gallus siue gallina latine ara/ bice gigeg.

¶ Serapio im dē bůch aggrega= toris in dem capitel gigel id est gallus vel gigegi id est gallina spricht daz die jungen henlin die noch nit gefogelt haben gůt sind zů essen vnd rechfertigen die na tur des menschen. ¶ Die hen ge= sotten vñ geessen so sy junge ist meret dē menschen sein natur sp= erma genant. ¶ Auicenna in sey nē andern bůch im dē capitel gal lina et gallus spricht das die gů te sind fürhin gejaget hin vnnd her vñ darnach das haubt ab ge hauwen. vñ so sy entweidet sind sol man darein thůn salcz vñ dā sieden also das zwey oder dreü wasser da von versoten sind. Da überig dienet den krancken sa[...] wol getruncken. ¶ Der meyste[r] ruffus sprichet daz diß die beste[n] hanen sind zů essen die noch nit gekräet haben. vnd die hennen [...] die besten die noch nit eyer gele get haben vnd sunderlichen kran cken leüten. ¶ Auerrois im dē bů ch colliget im dem capitel de car/ nibus sprichet das vnder allem gefogelts jung hüner fleisch das beste sey vnd fast temperierē die cōplexien des menschen. ¶ Dye brü von hünern bringet dē men= schen gůt vernunfft. ¶ Merck jū ge hanen zů koppen gemacht so sye noch nit gefogelt haben sind gůt distilliert so sye sechß oder acht jar alt sind vnd ye elter ye besser. die distilliere also. Nymē eimē alten koppen vnnd ropffe jme die federen auß also das du jn mitt vil brüest in heissem was= ser. darnach hacke jn mit bein vñ fleisch als klein du magest. dar= über streüwe dye besten specerei en als dan ist diamargariton di anthos diarodon abbatis diā/ bra diamusci dulcis electuariuz de gēmis. Darzů nym die besten gebranten wasser als dan sind a= que boraginis buglosse melisse salute. Auch mag mā darein thů ne ducaten golt reynisch golt so wirt er dester krefftiger. Disses wasser gibt dem krancken groß krafft vnd temperieret jme sein natur zů gesuntheit.

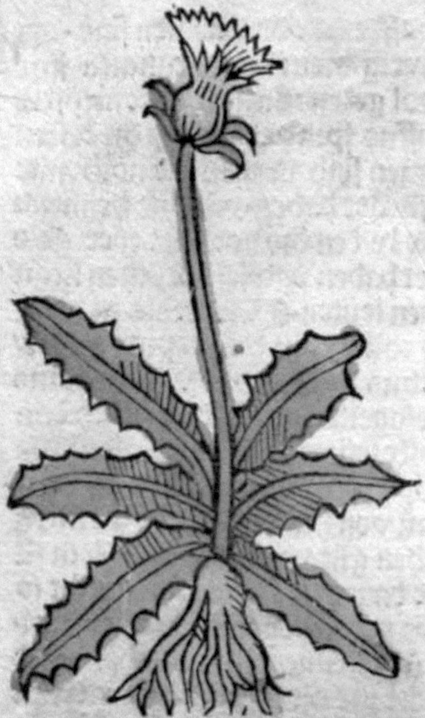

zeitlosz ccxii capitel

Ermodactilus latine.
grece achimeron vel
colinticon. arabice stu
agen vel surumen.
¶ Der meister Seraplo in dem
bůch aggregatoris in dē capitel
Sturagen id est hermodactilus
beschreibet vns vn̄ spricht das di
ses sey ein krautt vnd blůet ann
dem ende des herbst monets. vn̄
hatt ein weisse blůmen vnnd ist
geleich gestalt der blůmen ann
dem saffran. vnd hatt ein wurcz
el die ist schwarcz vnd vermü
schet mitt einer kleinē rötte.
¶ Die wurczel ist jnwendig wei
sse vnd süße an dez geranch vn̄
ist fol feüchtigkeit. ¶ Die wurc
zel ist rund bey nahe alß die zwi
belen. ¶ Der meister galienus
spricht das dise würczel vō zeit
losen machen stůlgenge vnd sun
derlich das wasser darjnne sy ge
sotten werden. ¶ Der meister
paulus in dem capitel hermoda
ctilus spricht dz hermodactilus
sey heiß vnd trucken an dem an
fang des andern grades. ¶ Pla
tearius spricht das es sey warm
vnd trucken in dem dritten gra
de. Vnd spricht auch das die tu
gent von zeitlosen sind reyningen
vnd auff lösen. ¶ Zeitlosen sind
gůtt genüczet den gienen die daz
gegicht haben vnd benemen sun
derlich die sucht in den füssenn.
¶ Item nymme den safft vō fen
chel vnd seüde den mitt hönige
vnder disen gesoten hönige soll
man müschen vier lott fenchelsa
men vnd zucker als vil du wilt
vnd darauß machen ein latwer
ge. Dise latwerge mag man bru
chen in dem tage oder in d na
cht wan man wil vnnd darauffe
zwo stund fasten ist fast gůt po
dagricis das ist die das gesuchte
habē in den füssen vnd verzerēt
damitt alle leide an dem leybe.
¶ Item zeytlosen gebuluert vn̄
gemüschet mit venediger seyffe
vnd gemachet ein weichen mitt
baumwollen. vnd den in dye fi
steln gelassen also das dz buluer
mit der seyffen dē weichen han
ge es heilet die on zweifel. ¶ Jo
hānes mesue spricht wölcher zei
tlosen vil nüczet der wirt feyste
an seinē leibe vn̄ meret die natur
des menschen. Vnd spricht auch
das zeitlosen fast gůt sind gebul
uert vnd das gestrüwet auff alt

wunden wan es verzeret faulle fleisch darjnne vnd erfrischet die von grunde· ¶ Item zeitlosen gebulvert vnd auff faule wunden geleget ist sy reynigen · ¶ Item zeitlosen gebulvert mit fenchel/samen vnd wilde saffran samen in wein gesoten mit wenig zu/cker vermenget ist gůt wider len=den vnd därme weethůmb ge/nant yliaca vnd colica Platea=rius·

schlusselblomen
Das ccxiii Capi

Herba paralisis latine·

¶ Die meister sprechen das diß krautt sey heißer vnnd truckner natur· Vnd sprechen das die blů men hebē an zů blůen in dē winter· vnd neygen sich gen der erdē· vnd hand weiß blůmen· Dises kraut brauchet man zů keyner ärtzneye mer wan zů dem gegicht an dē leybe wie das sein mag vnd wie das gebrauchet wirt so benymmet es den selbigē schmerzen· Doch ist es aller beste gestossen oder zerknyst vnd über denn siechtumb geleget· Auch ist es faste gůtt gesotten in wein vnd dē getruncken für das gegicht·

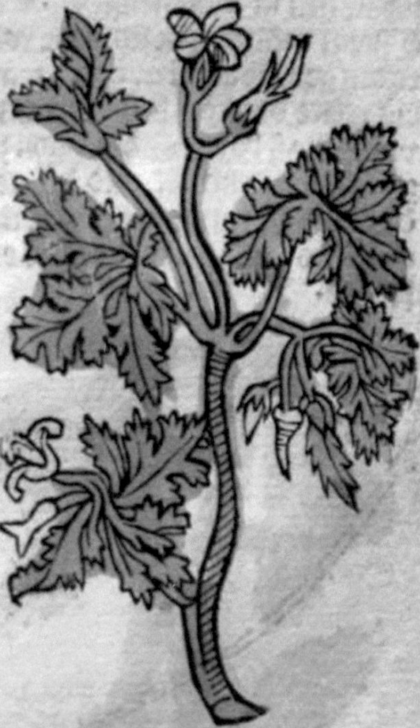

storkenschnabel
Das ccxiiii capitel

Herba rubea·

¶ Die meyster sprechen gemeinklich das diß kraut sey gemüster natur als an der kelte vñ feucht wunden wan es verzeret faulle fleisch darjnne vnd erfrischet die von grunde· ¶ Item zeitlosen gebuluert vnd auff faule wunden geleget ist sy reynigen · ¶ Item zeitlosen gebuluert mit fenchel/samen vnd wilde saffran samen im wein gesoten mit wenig zu/cker vermēget ist gůt wider lenden vnd därme weethůmb ge/nant yliaca vnd colica Platearius·

schlusselblomen
Das ccxiii Capi

Herba paralisis latine·
¶ Die meister sprechen das diß krautt sey heisser vnnd truckner natur· Vnd sprechen das die blůmen hebē an zů blůen im dē winter· vnd neygen sich gen der erdē· vnd hand weiß blůmen· Dises kraut brauchet man zů keyner ärtzneye mer wan zů dem gegicht an dē leybe wie das sein mag vnd wie das gebrauchet wirt so benymmet es den selbigē schmerzen· Doch ist es aller beste gestossen oder zerknyst vnd über denn siechtumb geleget· Auch ist es faste gůtt gesotten im wein vnd dē getruncken für das gegicht·

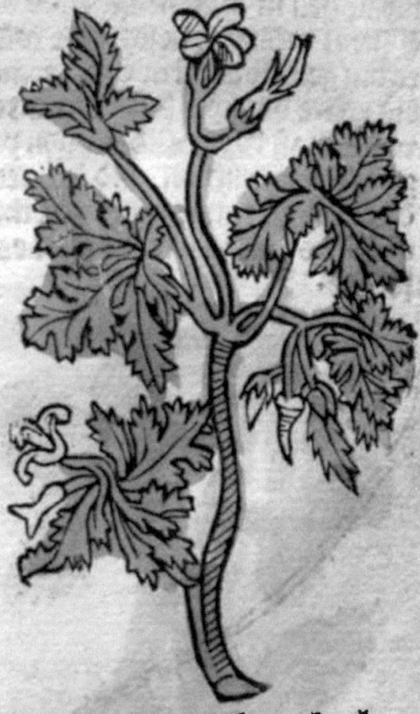

storckenschnabel
Das ccxiiii capitel

Herba rubea·
¶ Die meyster sprechen gemeinklich das diß kraut sey gemüster natur als an der kelte vñ feücht

¶ Für den stein nymme dysses kraut vnd steinbrech yegklich/es vil vnnd seüde die im wasser· vnd seyhe es auch durch ein tüche· darnach mach ein schweyß/bade vnd nym auch haberstroe· vnd seüde das im wasser vn̄ geüsse damit dye glüenden stein· vn̄ wan er an hebet zů schwiczē so trinck des wassers von storckes schnabel gesottē vnd das sol auch geschehen zů dreye malen nach einander der stein brichet senfftigklichen in dem menschen·

¶ Item wölicher beschwert wäre am geblůdte vn̄ alle zeit traurig wäre der nücz dises krautte vnd dar zů boley vnd rauten yegkliches geleich vil vnd bulver die vnd ysse mitt brot es sterckt auch das hercz vnnd machet es frölich·

Hopfen ccxv capi

Humulus siue volubilis magna latine·

¶ Der meister Johannes mesue sprichet das hopffen seye heisser vnd trucknet natur an dē grade vnd ist auch von natur auff lösē zeytigen vnd auff zů thůn geschweren am leibe wölicherley dye sein mügen· ¶ Item hopffen genüczet treybet auß melancoleye das ist das schwere geblůdte vō dem menschen· ¶ Item den safft von hopffen warm in dye oren gelassen benymmet den eyter dar auß vnd das schweren· ¶ Hopffen vnd hirczunge vnnd fenithe gesotten in wein vnd den getrūcken benym̄et das kalt wee quartana genant· Auch ist hopffenn fast gůt genüczet vnd dauon getruncken die das keychen haben vnd verstopffet sind vmb die bruste· ¶ Item hopffen in weine gesoten ist gůt wider die gelsucht vnd wassersucht vnd ist laxieren· Vnd hopffen in wein gesotten vnd geleget auff das milcz ist den weethům des milczes balde hin nemen·

harn kraut ccxvi C

Herba vrinalis latine.

¶ Die meister sprechen das dises kraute sey heiß vnd trucken an dem dritten grade. Dyses kraute hatt ein stengel zweyer spannen lang vnd wechset nit darüber. sein blůmen sind gele vnnd geleichent bey nahe schlüssel kraut blůmē herba paralisis genant. ¶ Diß kraute ist auff lösen vñ verzeren alle verschleimten materien in der blasen vnd lenden dauon der stein wechset. ¶ Wilhelmus eī meister spricht diß krauts wurtzel vnnd blůmen gesotten mitt wein vnd den getruncken des abents vnd auch des morgens benymmet allen weethumb d blasen vnd lenden vnd treybet auß den stein entpfintlich.

¶ Dises krauttes wurtzel gestossen vnd also weich geleget zwischen den nabel vnd das gemecht benymet diabetitā passionem das ist so der harm geet über menschē willen. auch also genützet benymet dise wurtzel dissuriā das ist den kalten seich Auch strangniriam das ist so der mensch tröpflingen harmet vñ mit grossem schmertzen. Zů disen letzsten zweyen soll dyse wurtzel gemischet werden mit baumöle. aber zů dem ersten ist des nit not. Hie ist zů mercken so die yetzgenantē krāckheitē kōmen von kelte so dienet diß kraut fast wol. kōmen sy aber vō hitz so dienet diß kraut nit.

bilsensamen ccxvii C

Osquiamus latine gre ce simphoniaca· arabice benge vel elffozium ⁋ Der meyster Serapio in dē bůch aggregatoris in dem capitel benge idest jusquiamus beschreibet vns vnd spricht dz dreyerhande bilsen kraut seye· Das ein hat blůmē die sind rötelichet vnd ein schwartzē samē· vn̄ hat ein härtē scharpfen stengel Das ander bilsen krautte hatt weiche bleter vn̄ weich blůmē vn̄ samen der ist rötelicht· von disen zweyen sol man sich hůtē wann sÿ machen den menschē tobendig vnd tödten· vnd dise zweÿ söllent zů keiner ertzneÿ gebrauchet werden· Das dritt bilsen kraut hatt feÿste bletter die sind vol feüchtung· die blůmen sind weiß vnd hat samen der ist weiß vnd wechset nahe beÿ den baumen vn̄ nahe beÿ dē bechen · der same wirt genützet in der ertzneÿ· Wäre es aber sache dz man des gleichen nit haben mocht so sol man nemē des bilsen kraut mit den roten blůmen · ⁋ Der meister Diascorides spricht dz jusquiamus habe ein groben stengel vnd breytte bletter vn̄ lengelicht vnd beÿ dē stengel hat es herüber die sind vol samen· ⁋ Der saft von bilsensamen ist gůt dem der do nit zůschaffen haben mag mit seiner frawen wann es bringt lustunge vn̄ reÿtzung· ⁋ Daz saft in die oren gelassen macht sterben die würme· ⁋ Bilsen kraut gestossen vn̄ darunder gemischet gersten mele vn̄ geleget auff ein geschwulst die sich erhaben hat von hitze benÿmmet sÿ tzů hant· ⁋ Die wurtzel gesotē vō bilsen kraut mit eßig vnd den in dē munde gehalten benȳmet dz zene wee· ⁋ Plinius der same grün gestossen vnd den saft dauon außgetrucket der ist gůt gestrichē über eÿterichten augē vnnd benȳmet den eÿter dauon zůhant· ⁋ Wer den samen oder daz kraut esse rohe dē wäre es ein vergifft· Den frauwen des sames getruncken also dz er gemischt werde mit hönigwasser genant mulsa benÿmmet jn dz fliessendē von der můter· ⁋ Platearius der same gestossen vnd gemenget mit wein gelegt auf die schwerenden brust der frauwen hilffet wol· den samen gemenget mit mulsa dz getruncken ist gůt dē die do blůt speÿen ⁋ Jtem bilsen ist kalt in dē dritten grade vn̄ trucken in dē zweiten grade platearius pandecta ⁋ Jtem bilsen samen gebuluert mit frawen milch vn̄ mitt einē eÿes weiß vn̄ mit wenig eßig vermenget vn̄ vmb den schlaff gestrichē macht schlaffen· auch möcht mā dar für die füsse wāschen mit wasser darjnne bilsen kraut gesoten ist platearius

wegholler ccxviii C

Juniperus vel granum iuniperi latine· grece arceotides· arabice habilhaloch·

¶ Der meister diascorides spricht das wegholler heiß vnnd trucken sind an dem dritten grade· vnnd sprichet auch das dye feuchte des baumes seye fast lustlich zů halten in dem munde vnnd treybe auß bösen lufft

¶ Item iuniperus heisset weghollernbaum vnd ist ein kriechisch wort vñ ist so vil gesprochē als ein feüerbaum· wañ in grecum heisset pirfeüwer als dañ spricht der meister Isidorus vñ dauon kömet das wort Juniperus darumb dz der baum dz feüer lange behaltet· weñ wañ man glüendē kolen mit des baumen esche bedecket so weret es ein gancz iare in dē feüwer vnuerloschen· ¶ Der meistde Auicenna beschreibet vns vnd spricht das wegholler baum sey geleich eim cipressen baum· darūb heisset man den weghollerbaume in der geschrifft ein felt cypressen· der baum wechset in dē landen gegen der sunnen auffgang also groß das man daselbest mitt bawet· ¶ Weghollern frucht verzert böß feüchtigkeit in dem menschē wie die genüczet werden· ¶ Daz öle von wegholler dienet fast wol zů d lemde die do kömet von kelte vnd das mache also· Nym zwen erdē heffen die verglaßeüert sind vnd secze die über einander den obersten hafen soll man füllen mit wegholler holcz vnnd das klein geschnitten sey· vñ zwischen dē zweyen hefen soll sein ein löcherichte bleche also das das oberst holcz nitt fallen müge in den vndersten· Die zwen hefen söllen wol vermachet werden das kein rauche darauß kommen müge vnd die seczen in dz erdtrich vnd der oberst soll nit gancze in der erden steen vnnd vmb den obersten hafen soll gemachet werden ein kole feüer vnd wañ das holcz inwendig erhiczet so fleüsset das öle auß dem obersten hafen· ¶ Plinius das öle ist gar gůt für das gegicht an dem leibe damit geschmieret den ruckmeyssel vñ hatt manichen menschen geholffen·

Das öle ist auch gůt epilenti-
cis dz ist die den fallenden siech
tagen haben den rucke͂ damit ge/
schmieret. Es ist auch gůtt für
die melancoly dz öle geessen in
der kost. Es benymet auch die
sucht des jngeweitz. ¶ Der mei
ster platearius spricht das diß
öle gar gůtte sey getrauffet in
die oren. vn̄ benymet die taub/
heyt darjnne. dises öle dyenet
aller kranckheit an dem leybe
die do kommen von der kelte.
¶ Jtem wegholtern holcz beny
met den bösen lufft darauß ge/
macht ein rauch als dann vns
beschreibet ypocras dz er bey sei
nen tage͂ in einer statt gesessen
was genant harabet. vnd also
ein groß sterbe͂ in der welt wz
daz kaume der zehende mensch
bleibe do gebot er allem seinem
volck in der yeczgenanten statt
das sy solten abe hauwen dye
weghollerbaum vnd die legen
außwendig vm̄ die stat vn̄ in
alle gassen vn̄ die anzünte͂ vn̄
bremen. dises theten die selbi-
gen leüt als lange das sterben
weret. Jn der selbigen stat star
be kein me͂sch an der pestilencz
vnd sunst in de͂ ganczen künig
reich kein stat od' dorff nit auß
genom̄en storben die leüt geng
klich. Vnd darumb ist von na
tur wegholtern holcz verzeren
den bösen lufft. vnd dises mag
man mercken bey disem exem/
pel. ¶ Jtem wegholter in wein
gesoten ist gůt wider den kalte͂
seich vnd lenden weethumb

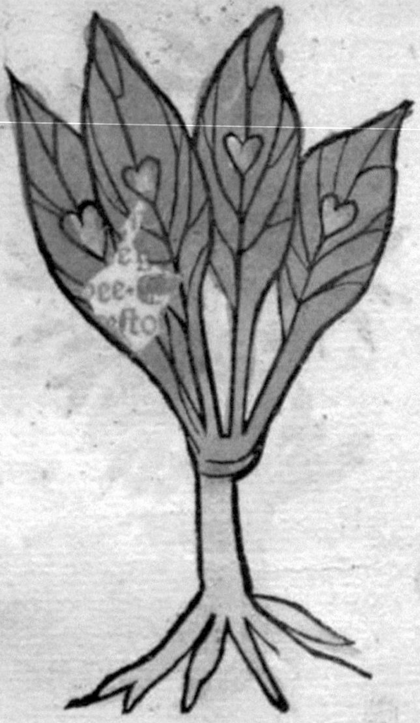

brennwurcz ccxix C

Jncensaria latine.
¶ Die meister sprechen das di-
ses sey ein kraute vnnd bey na
het als wegbreitte vnd wech-
set auch an den sandichen berge͂
vnd breitet sich langes die erde
sein geranch ist geleich de͂ wey-
rauch dises kraut ist heiß vnd
trucken an de͂ dritte͂ grad. Von
disem kraut beschreiben vns die
meister in dem bůch Pandecta
vnd sprechen das diß verzere
die feuchtunge der brust vo͂ der
entsteen möchte ein geschwere
genant pleuresis diß darauff
gelegt also grün. ¶ Diß krau/
tes wurczel stercket die lamen
gelider vn̄ zeühet da in geblüte

die darauf gelegt. ¶ Item dises
kraut vnd wurtzel benymmet
corizā dz ist auch ein verstopf
unge der nasen. dise verstopff
unge kommet von einem fluß
des hyrnes. ¶ Von diser wur=
tzel ist vns auch beschryben ein
meister Wilhelmus ein wunt
artzet gewesen der spricht das
dise wurtzel hab tugent an sich
zů ziehen böß feüchtunge. vnd
darum̃ hat er die genützet sch/
weren damit auff zů lösen vnd
sunderlichẽ eyter damit auß zů
ziehen. ¶ Item den safft von di
ser wurtzel gemischt mit hartz
vnd wachs vnd darauß gema
chet ein salbe zeühet fast. ¶ Itẽ
für die bösen schwartzen blat/
tern ist auch dise wurtzel die al
ler beste.

hanbotten ccxx ¶

¶ Iuiube grece et latine.

¶ Der meister Auicenna in sey
nem anderen bůch in dem capi
tel Iuiube beschreibet vns vnd
spricht das die sind kalt an dẽ
ersten grade vnd sind auch ge=
leich an der trückne vnd an der
feüchtigkeit getemperiert. aber
Serapio vnd platearius spre
chen das es sey warme vñ feü=
chte in dẽ ersten grade. die groß
sen sind die besten. Vnd spricht
auch das sy fast gůtt sind dem
heissen geblůdte. vnnd machen
auch das geblütte dick. ¶ Item
hanbotten geessen sind fast vn=
verdeüwenlich. ¶ Item hanbot
ten gebe yßt mit hönig vnd ge=
nützet sind gar gůt d verstopf
ten brust vnnd auch der bösen
lungen vnd wider den hůsten
¶ Item hanbotten sind mit gůt
dem magen wenn sy sind vn=
verdeüwenlich. ¶ Ettlich meys=
ter sprechẽ das sy fast gůt sind
für stein in der blasen vñ auch
in den nyeren.

roſz zagel ccxxi C

Iparis vel equiſecō grece·ara
bice dheneb hachil vel dhene=
phachali latine cauda equina·
¶ Serapio in dem bůch aggre
gatoris in dem capitel dheneb=
hachil ideſt cauda equina ſpri=
cht das diſes hab lange bleter
vnd knodicht vnd wechſet an
ein geleich eynes pferdes ſch/
wantz·diß wechſet geren beÿ dē
waſſern vnd ander feücht ſtet/
te· ¶ Galienus in dem ſechſten
bůch genant ſimplicium farma
corū in dem capitel cauda equi
na ſpricht dz diſes ſey kalt an
dem erſten grad vñ trucken an
dem andern·¶ Auicenna in ſeÿ
nem andern bůch in dem capi=
tel cauda equina ſpricht dz diß
faſt gůt ſey den flüſſigen wun/
den mit blůte auch der naſen· di
ſes zeühet die wunden zůſamē
darauff geleget·Auff die hitzi/
ge leber gelegt kület die zůhant
¶ Item auff alle heiß blattern
oder gebreſten gelegt geleich ei
nem pflaſter zeühet dÿe hitze
darauß zůhant·¶ Diſes kraut
dienet faſt wol diſſintericis dz
iſt der rot blůtgang·¶ Dyſes
krauts ſafft vermenget mit ſau
we diſtel ſafft vnnd die zweÿ
getruncken ſtopffet allen wun
dē jr geblůte on ſchadē·¶ Emo
ptoicis das ſind die blůt ſpeÿ=
en dienet diß ÿetzgenant faſt
wol des eingenōmen·¶ Dia/
ſcorides diſe bleter geleget auff
die wunden die friſch ſind zie=
hen die zůſamen das kein nar
be cicatrix genant erſcheynet
¶ Galienus diß krauts ſaffte
benÿmet den fluß emorroſagia
genant dauon dann kommen
emorroide das ſind ſickblatern
Emorroſagia heiſſet ein blůt
fluß· ¶ Wölicher faſt blůtet
auß der naſen der trinck dē ſafft
diſes krauttes er ſtillet es zů=
handt·¶ Von diſem gewechs
leſe das bůch Pandectā in dem
ccxiiij·capitel do findeſt du vil
hübſcher tugent die vns beſch=
reiben die hochgelerten meÿſter
als dann ſind Serapio Plini/
us Diaſcorides Galienus pau
lus Auicenna·

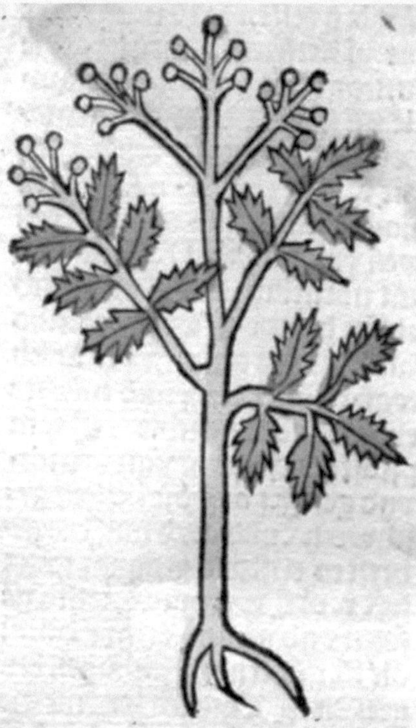

Augstein cc.xxii C

Carabe latine et grece. arabice electrū. C Dye meister sprechen dz dises sey ein gummi eines baumes. vnd das gūmi gleichet dem edel gestein. C Der meister paulus in dem capitel Karabe spricht das dises gūmi sey von natur heiß machen vnd temperiert mitt einer kleynen kelte. C Auicenna in dē bůch genant de viribus cordis beschreybet vns vnd spricht dz karabe sind heiß an dem ersten grade vnnd trucken an dē andern. Jr tugent ist stercken daz hertz vn̄ machen frölich. vn̄ benemen das zyttern von dem hertzen. C Serapio in dem capitel karabe beschreibet vns vnnd spricht das es gůt sey von augstein getruncken wann sy benemen den bauchweethumb vnd benemen auch die flüß an dem leibe. vnd darumb dienen sy fast wol dē frauwen die tzů vil flüssig sind an irer zeyt. C Item augstein gestrichen über die blöden augen machen sy klare vnd benemen in den fluß. C Item augstein ist gůt gestrichē auff den geschweren die do hitzig sind vnnd ziehen die auß. C Item wölliche augstein bey in tragen dē schadet kein blůdten auß der nasen. Auch stopffen sy das überflüssig blůten auß der nasen vnd behalten das hertz geblůdte.
C Itē etlich meister heissen karabe lapides gagatis des halben das der gagates dē augstein so gar geleich ist an tugendē vn̄ auch an gestalt. Vō disem stein gagates findest du sein tugent in disem bůch in dē. cciiij. capitel. C Item ein rauch gemachet von augstein ist vertreiben schlangen. C Augstein ist auch gůt wider das brechen. vnd ist auch vertreiben dē bösen geyst C Albertus magnus spricht dz diß buluer von augstein mit wasser gesoten vnd daruon geben einer junckfrauwen machet sy nit harmen vn̄ geben einer frauwen machet sy harmen.

lattich ccxxiii Ca

Actuca latine grece tragma·arabice hakaß· ¶ Der meyster Galienus in seinē·viij·bůch genant simplicium farmacorū in dē capitel Lactuca beschreybet vns vnd spricht das die tugent des krauts seye feücht machen vñ kelten vnd darumb ist es kalt vnd feücht in dem andern grad ¶ Platearius spricht dz es sey kalt vnd feücht im dem temperament· ¶ Die meyster beschreiben vns des do sey mancherley lattich·die ein ist heymisch vñ wechset in den gärten·die mag man gar wol essen in der speise aber rohe geessen ist sy dē magen schedlich· Aber doch ist sy gůtt des ersten so sy noch nicht gar zů krefften kōmen ist· Die gemengt mit kressen vñ baumöle vñ saltz vnd darauß gemachet ein salat vnnd den geessen mit wenig essigs· also geessen macht heimisch lattich wol deüwen vnnd machet dē menschen gůt natürlich schleffe vñ weichet den bauche· ¶ Dises lattichs samē gibt dē ammen vil milch wañ sy des essen vnnd machet ein gůt klare gesichte ¶ Ein pflaster gemachet von lattich· vnd geleget auff die heissen geschwern vnnd auch auff den gebresten erisipila genant kület fast wol ¶ Serapio lactuca gesoten vnd gemenget mit baumöle ist gůt den gelesüchtigen des geessen· ¶ Lactuca benympt die gelust des mānes vñ auch der frawen der vrsachen halben daz sy fast kalt machen· ¶ Item lactuca machen dē menschē dz hyren wüst vñ ist nit gůt dē kaltē magen· ¶ Wer disen lattich essen wil der sol jn vorhin beissen in dillsaffte oder in knobelauch saft ein klein weyle· wenn die kelte diß krauts ist zů strenge vnd ist gůt also zů essen·lattich geessen vnd gebeisset vertreibet groß hitz des lattichs samē mit wein getrunckē macht wol schlaffen· ¶ Die ander lattich dye man nemet agrestis die ist bey nahe als die erste allein daz sy ein gröbern stengel hatt vñ die bleter sind weisser vñ subtyler vnd scherpffer wann die ersten vnd die tugent ist gleich dē sch-

wartzen magsamē· dise lattich
leschent den durst in dē mensch
en· ¶ Dises lattich gesotten in
wasser vnd die frawē damit
gebäet vndē auff ist gůt d mů/
ter die von einem ende an das
ander laufft· ¶ Plinius wölich
er grossen lust hat zů vnkeüsch
heÿt es seÿ man oder frawe·
der selbe neme der wildē lattich
die do gedöꝛret ist an der sunnē
vñ bulueriſiet mit warm weī
vnd thů das dicke es benÿmet
dir den lust on schadē des leibes
¶ Die dꝛitt lattich die ist auß=
wendig weiß vnnd inwendig
grůn vñ ist geheissen bꝛant lat=
tich· ¶ Wer geschweren hat an
dem leibe der neme diser lattich
vnd bꝛeche an dem ende dauon
vnd mache das blatt als groß
als daz geschwer ist vñ streich
darauff höning vñ legē es auff
die geschwer vorhin ee sÿ auff
bꝛechen dreÿ tage vñ nächt· vñ
wann die pflaster trucken wer=
den so soll man aber ander dar/
auff legen die do frisch sind daz
geschwere hellet danō on zwei
fel· vnd diß ist dicker mal pro=
biert wordē· ¶ Die vierde lat=
tich die man nemet vnkraute
die ist vnnütz zu essen· Wölich=
er sÿ rohe oder gesotten esse der
wurd onmechtig dauon· wañ
sÿe machet gar böß geblůdte·
vnd benÿmmet auch das beste
der vꝛsachen halber wenn es ist
noch heiß noch kalt· sunder sÿe
geleichet dem vnnützen luffte·
der die erde döꝛret vnnd auch
das beste marck darauß nÿmet

die do frucht bꝛingen soll· diser
lattich wechset auch von dē sch
leÿme der erden· ¶ platearius·
dises kraut in wasser gesotten
vnd das schüdten in kleÿen vñ
dem esel das zů essen geben dem
in dem leibe wee wäre vnd mit
scheissen möcht jm würde baß·
¶ Item lactuken geessen mach=
et auch gar gůt geblůdte· vnd
ist gesundt wider das fieber ter
cian rohe geessen oder gesotten
mit eßsig mit zucker vermenget
ist auff lösen bestopffung miltz
vnd leber· ¶ Item lactuken sa=
men mit frawen milch vñ mitt
einē eÿes weiß vermenget vnd
auff den schlaff geschmieret ma
chet gar wol schlaffen·

Liquiricia latine· grece gicori-
za arabice Sliß·
¶ Der meister Serapio in dem
bůch aggregatoris in dem capi
tel Sliß id est liquiricia beschrei
bet vns vnnd sprichet das süß/
holcz hab einē langen stam̄ bey
nahe zweyer arm lang vñ mit
namen die öste dauon vñ hatt
bleter die sind dicke vnd feyßt
also dz sy anhangen dē henden
wañ man sy angreiffet vñ hat
ein blůmen die geleichet dē edel
gestein jacincto genant an der
farbe· vñ hat breiten samen vñ
rötelicht geferbet· die wurczeln
sind lang gleich dē äncian vnd
sind fast süß· ¶ Der meister pli
nius spricht dz süßholcz wachs
in dē felde do dz erdtrich süssen
geschmack hatt· die wurczel ist
an dē geruch fast süß ¶ Vñ sp
richt auch das der safft von der
wurczeln zů vil dingen gůt sey
vnnd den brauchet man in der
erczney des gleichen die wurcz
eln· ¶ Der meister galienus in
dem sybenden bůch genant sim-
pliciū farmacorū in dem capitel
liquiricia beschreibet vns dz der
saft von dem süßholcz besser sey
dañ das holcz· Sein tugent ist
temperierē die hicz des mensch
en· ¶ Der meister genant theo
dorus pristianus spricht dz diß
dz beste süßholcz sey vñ auß zů
erwelen das nitt zů grob oder
zů vil dünne sey· vñ ist auch dz
das beste dz sich leichtlich lasset
zů brechen vñ nit zehe ist· das
grün vñ daz schwärcz süßholcz
soll man hinwerffen· wenn es
ist kein nücze in der erczney
¶ Auch spricht diser meister dz
der saft von dē süß holcz die mei
sten tugent vñ kraft in jm hat
den safft soll man also machen·
Nym süßholcz so es noch grün
ist vñ zerknische das wol vnd
seüde das wol in wasser· dar/
nach trucke das wasser auß vñ
daz gesoten süßholcz truck wol
auß also das der selbige sot stee
in der sunnen vñ dorre· darnach
thů daz in ein runtfaß so ist der
saft bereit· ¶ Etlich nemē süß/
holcz vnd bulverisieren dz vnd
sieden das in wasser vnd thůn
darunder hönig vnd lassen das
dorren an der sunnen· Der mey
ster diascorides spricht daz süß/
holcz beneme den durst das ge/
keüwet in dē munde Süßholcz
genüczet benymet das wee der
lendē vnd der blasen· vñ macht
wol harmen· vnnd bringet den
frauwen jr feüchtigkeit genant
menstruū· ¶ Item süßholcz ge-
stossen vñ auff die geschwulst
gelegt benymet die zůhant· den
saft von süßholcz in dem mund
gehalten vñ den ein wenig hin
ein geschlundē machet ein glat
kele· ¶ Der saffte benymet des
magen geschwulst· die wurczel
von süßholcz genüczet benym/
met der blasen vngemach
¶ Galienus spricht dz süßholcz
allen härten schleym in dē leibe
an wölichen enden das seye er-
weichet vnd treibet auß durch
den harn· Des gleichē thůt auch

der safft vnd ist stärcker seiner würckunge ¶ Item theodorus pristianus spricht das süßholcz gůt sey zů aller kranckheit der brust den gesoten im wasser vñ getruncken. Vnnd spricht auch dz nichtz besser sey in der kräckheit genant pleuresis dz ist ein geschwere vmb die brust vnd des gleichen peripleumonia dz ist ein geschwere der lungen. dises machet manichen menschen groß hindernuß an dē leib vnd kömet auch sunderlichē dauon ptisis das ist das abnemē. Zů disen kranckheiten allen ist süßholcz fast gůt genüczet vnd sunderlich der safft. ¶ Auch ist gůt dar für das Electuarium das man macht von süßholcz.

¶ Item dyses nachgeschryben tranck ist gůtt zů nüczen wider apostenien der brust vnd lungen. Nym feygen neün vñ süßholcz zwey lot. klein rosyn vñ änyßsamen fenchelsamen yegkliches ein lott. ysop ein halbe handtfoll. dise materien söllen grob gestossen sein vnd gesotē in einem vier maß wassers ein drittell eingesoten. vnnd durch geschlagen vnnd süß gemachet mit zucker so wirt es ein träck dauon genüczet als obgeschriben steet alle mal ein halb trinckglaß fol milch warm.

liebstückel cc.xv c

Leuisticum latine.

¶ Der meister Diascorides beschreibet vns vnnd spricht das liebstückel wachs geren an den wegen vnd vnder den dächern. Liebstückel hat bleter die sind zynelicht vnnd feyßt vnnd hat ein langen stengel der ist jnwēdig hole vnd hat kurcz este vñ hat samen der ist breit vñ scheybelicht vnd dünne. die blůmen sind weißfar. In dem samen ist die meist kraft vñ tugent. Von dem samen getruncken des morgens nüchtern purgieret dē mēschen oben auß vnd vnden auß gar stercklich. ¶ Die dz gegicht habē in dē füssen ist gůt gebraucht der same mitt einem clistier.

¶ Liebstückel samen gelegt in wein über nacht vnd die frawe den getruncken bringet jre zeyt vn̄ treibet auß die todtē geburt. ¶ Der meister Galienus in dē sechsten bůch genant simplicium farmacorū in dem capitel talapis idest leuisticum spricht das der same sey fast starck zů brauchen wenn er zerbricht die schwern vnd thůt die auff den darauff gelegt. vnd treybet auß stercklichen die todten geburt. vn̄ darumb soll die natur des sames gemildert mit fenchelsamen vn̄ änyß yegklichs geleich vil vnd dann genüczet so würcket er in dem menschen on schaden. aber außwendig an dē leibe mag man brauchen dē samen on zůsacze. ¶ Liebstückel kraut ist gůt in eynē wasserbade damit den leib gestrichē wen̄ es öffnet die schweißlöcher vn̄ zeühet an sich dē bösen schweiß ¶ In dem bůch genant circa instans beschreiben vns die meyster vn̄ sprechen dz liebstückel sey heiß vnd trucken an dem andern grade. der samen wirt gebraucht in der erczney. vnd nit dz kraut. der same weret dreü jare. ¶ Item liebstückel gesoten in wein oder in wasser vn̄ den getruncken benymmet die verstopffung der lebern vnd milcz ¶ Item liebstückel gestossen vn̄ gemischet mit kümmel ist gůtt gebrauchet mit wein vn̄ machet ein gůten magen vn̄ treybet die bösen winde auß den därmen. ¶ Item liebstückel vn̄ galgen vnd zymmetrören in wein gesotten ist gar gůt wider die weetum̄ des magens vn̄ milcze vnd des gedärms. ¶ Item ein dreseney gemacht vō liebstückelsamen vnd zymmetrören vn̄ reupontica vnnd galgen mitt haut zucker vermenget vnd genüczet in wein ist gůtt für die yeczgenant kranckheit.

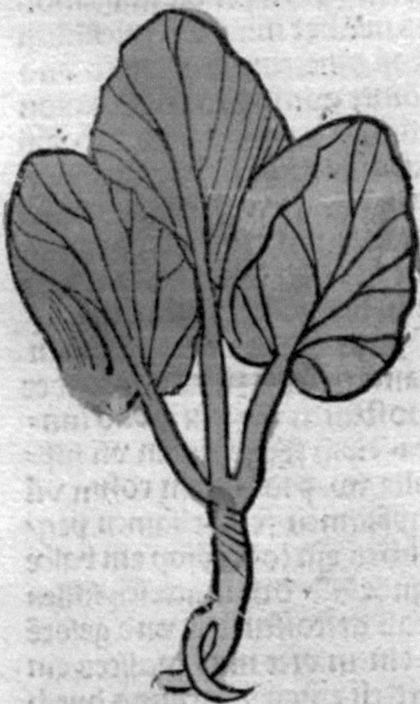

Groszklett cclxvi C

Lappacium siue lappa maior latine.

¶ Diascorides in dē capitel lapaciū beschreibt vns vn̄ spricht das der sind vierhande vn̄ sind gar nahe einer natur als heiß vnd auch trucken an dem vierden grade. Etlich meister sprechen auch in dem dritten grade

Des gleichen findet man auch
in dem bůch circa instans. Die
klett hat scharpffe bleter vnnd
die ist die beste. Die ander hatt
rundt bleter die ist nit als gůt
als die erste. Die drit hat brei=
te bleter vnd groß vnnd die ist
gůt zů essen. Die vierdt ist ge/
nant sauer kletten. die nemen
ettlich meÿster acetosa. ¶ Der
safft von der scharpffen kletten
vnd nußöle vnd terpentin mit
einander gesoten yegklichs ge/
leich vil. darnach gesÿhē durch
ein tůch vn̄ thů darein bulner
von weinstein das dritteil als
vil als der ersten stück vn̄ dar=
auß gemacht ein salbe vnnd da
mitt geschmieret den vnreÿnen
grÿnt an dem leibe der überzogē
ist mit d aussetzigkeit die haut
wirt glat vnnd schöne. ¶ Die
wurtzel gesoten mitt starckem
wein oder essig vn̄ darnach ge
stossen vn̄ dauon gemacht ein
pflaster. diß pflaster benÿmet
die geschwulst des miltzes
¶ Die wurtzel in wein gesoten
vnd den getruncken ist gůt für
das keichen. ¶ Wer dise wurtz
el an dem halse tregt dem wach
sen kein drüse an dē leib ¶ Der
meister Wilhelmus spricht in
seiner cÿrorgi dz der scharpffen
kletten gesoten mit schmaltz vn̄
gelegt auff die härten geschwe
ren weichet balde vnnd zeühet
auch zůsamen die bösen mate/
rien vnd eyter vnd heilet dar=
nach dester ee ¶ Galienus in dē
sechsten bůch genant simpliciū
farmacorū in dē capitel lappa=
cium beschreibet vns vn̄ spricht
dz die scharpff klette die tugēt
habe messigklich durchtringen.
vnd auß zů ziehen böß materiē
darumb dienet sÿ wol für den
stein vnd auch für böß blatern
den eÿter auß zů ziehen. ¶ Der
same vō der scharpffen kletten
stopffet die flüß des menschen.
als dan̄ ist dz rote vn̄ auch sun
derlich die flüß der frauwen die
des zů vil haben. ¶ Itē die mei=
ster sprechen gemeinklich das
die alle gar nahe haben ein na
tur. Aber doch ist die erste dye
beste. darumb mag man die sel
bigen gebrauchē in der artzneÿ
¶ Diascorides lappa maior dz
ist die grösser hat alle eÿgensch
aft der kleiner. Wölicher disen
samen an seinem halse treget dē
mag kein faule fleisch in keÿn/
er wunden wachsen. vnd faule
fleisch darinne wäre erfrischet
diser samen von grundte dē ge
soten in wasser vnd die wundē
damit gewäschen. ¶ Hie merck
das die figur diß capitels soll
steen in dē. ccxlv. capitel genāt
Lappadacium rotundum vel
bardana maior dz ist die groß
huflattich. Vnd die figur do sel
best soll in dÿsem capitel steen.
wen̄ dise zwo figuren also sind
versetzet von vngeschicht

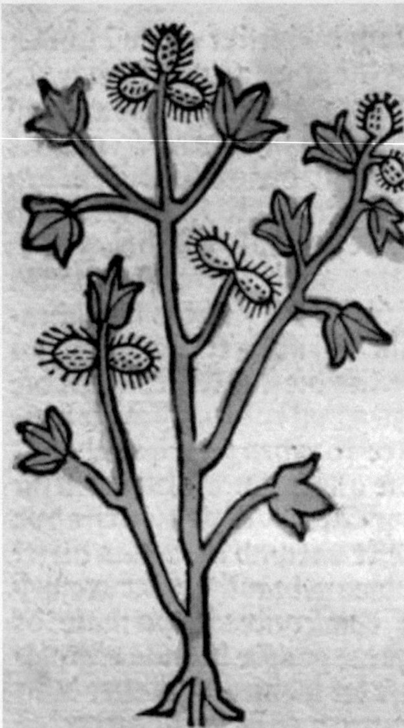

klein klett ccxxvii c

Lappa minor latine.
¶ Die meister sprechen das di/
ses kleyne bletter habe gar na
he alle eygenschafft der grösser
vnd sunderlich der samē. ¶ Di=
sen samen an dem hals getragē
lasset keyn drüsse an dem hals
wachsen. ¶ Dise wurczel geso/
ten in wein vnd getruncken be
nymet den stein der lange zeyt
in der lenden gelegen ist. des ge=
leichen thůt er dē stein in d bla
sen. Dises krautte ist mancher
hande vnd haben alle gar nahe
ein krafft als du dann gehöret
hast in dem capitel vor disem
¶ Item dise wurczel gestossen
zů buluer vnd darunder gemi=
schet reubarbara benymmet al=

le vngesuntheit in dē leib dauō
entsteen mag die maledey dise
genüczet mit wein.

lorberbaum
Das ccxxviii Ca

Laurus latine. arabice gara.
grece dasne.
¶ Serapio in dem bůch aggre=
gatoris in dem capitel gara vel
gar sprichet das zweyer hande
lorberbaum seye. der ein hat gar
dümne bletter vnd der ist freü/
lich. d ander hatt bleter die sind
breiter vnd dicker vnnd der ist
menlich. vnd sind bede heiß vñ
trucken machen gar stercklich.
spricht auch das der same oder
die sey stercker in der erczneye
wann die bleter. Des gleichen
beschreybet vns auch der mey/

ster Diascorides. ¶ Item in dē bůch circa instās beschreibē vns die meister vñ sprechē daz lorber sind heisser vñ truckener natur. die frucht vñ die bletter ist man brauchen in der ertzneÿe. die bleter sol mā trücknen in dē schattē vñ nit in der sunnen. vñ die ein jare vnd nit lenger. die frucht mag man behaltē zweÿ jare. ¶ Ein rauch gemacht vō den bletern vnnd den frauwen vnden auff mit gerauchet reinget die můter vnd stercket die geburt. ¶ Die bleter gesotten in wein vñ den getrunckē benÿmet vomitū das ist dz vndeüwen od dz auff stossen des magen oder dz brechen. ¶ Item der ein kalten fluß hette des haubtes der siede die bleter vñ rosen ÿegklichs geleich vil in wasser vñ halt darüber ein triechter der ein weit rore hab vñ bestopffe den neben herumb wol zů vnd laß den dampff geen in dē hals darnach wäsche die stÿrn vnd streich auch die schleffe mit dem gesotten wasser es hilffet auch on zweifel ¶ Rasis spricht wölicher ein blöde haubt hette der stoß lorbern vnd thů die in ein seglin vñ lege das des nachtes auf dz haubt er genÿset ¶ Wölicher einen bösen magen hett der soll nemen öle von lorbern. vñ das streichen auf dē magen ¶ Diß öle mache also nynim lorbern ein pfundt die do frisch sind vñ nit alt vnd stoß die zů bulver vnd seüde diß bulver in baumöle anderhalb pfunt gar wol. darnach seÿhe dz öle durch ein tůch vnd das heisset lorber öle. ¶ Diß öle dienet zů vil sachē. vñ sunderlichē ist es gůt damit geschmieret die dz gegicht haben. vñ auch den erlenten glider von kelte. ¶ Lorbern gestossen vnd des bulvers getan ein quintin in wein vñ den getruncken ee du in dz beth geest es machet wol schwitzen vnd benÿmmet vil böser sucht vnd kranckheit von dem menschen ¶ Ein schweÿßbad gemachet vñ dz bulver vō lorbern geworfen auff die glüende stein vnd des bulvers von lorber getrücken ee er in das bade sitzet treÿbet him die wassersucht von dē menschē. ¶ Der meister Galienus spricht dz lorbern getruncken mit wein gemachet wol harmen vñ brichet den stein in der blasen vnnd auch in den lenden ¶ Auch ist gůt der weinl genützet den leber süchtigen vñ auch sunderlich den frauwen die erkaltet sind an d' můter od' sunst einen kalten magen haben bringet dise frucht gantz widerum̄ vnd machet warm alle glider an dem leibe. ¶ Item etlich machen dises öle also. Nÿm lorber gestossen in wasser gesoten vñ durch geschlagen vñ so es erkaltet ist so nÿmm abe die feÿßtigkeit das heißt lorber öle. ¶ Dises öle ist auch gůt wider weetumb der brust vñ für alle weethumb der gelider die von kelte kōmet.

weiſz lilien ccxxix ca

Lilium latine· arabice ansea vel alstoscam· grece licinia vel kÿrion·

¶ Der meister Serapio in dē bůch aggregatoris in dem capitel ansea lilium beschreibet vns vnd spricht das lilium seÿ heiß vnd truckener natur in dē temperament· vnd der ist zweyer hande· einer wilde· die and zä/me· ¶ Der meister galienus spricht dz die wildē lilien mancher hande blůmē haben · Die ein sind weiß far· etlich hÿmel blae far· ettlich purpuren far· ¶ Er spricht auch das die wilden lilien sind genant yris · vnd vmb der mancher handefarb heissent sÿ yris· das ist als vil gesprochē als ein regenbogē der auch manigerleÿ farbe in jm hat· also haben auch die wilden lilien man/cher hande farbe an jn· Sÿ sind von natur den menschen hitzigen vnd subtÿlen· vnd sunderlich die lÿlien mit den blaen blůmen· Die selbigen blaen lÿlien die habē wurtzeln die sind knodicht vnd riechen fast wol·

¶ Es sind auch wilde lÿliē die haben auch bleter gleich dē blaen vnd haben blůmen die sind geleich von farben dem saffran· sind auch lilien also gestalt die haben weiß blůmen· Diß lilien haben samen der ist weich · dÿe wurtzel ist süsse vnd eins fingers dicke· vnnd wachsen geren vnder den baumen vnnd vnder dem schadē· ¶ Item die meister sprechē das die blaen lilien die man schwertlin heisset gar vil tugent an jn habent vnd sunderlich an der wurtzel Dise wurtzel sol man außgraben im dē mittel des mertzen vnd sol die zerschneÿden tzů kleinen schÿben· vnd die auch auff hencken vñ lassen dorrē die sind fast gůt genützet mit wein den getrunckē des abents vnnd des morgens der tranck benÿmet das keichē vnd raumet die brust· ¶ Dises gebulvert vnd darauß gemachet sternutatoria das ist der ein die nasen gelassen vnnd dauon genÿset zeühet vil böser feüch/tigkeit auß dem haubt· ¶ Item für die wassersucht vnd für dē geschwollen bauch· Nÿm ein quintin meÿron vñ schwertel würczel ein quintin vnd weisse nyeßwurczel zehen geersten kör ner schwer vnd feyeln blůmē ein halb quintin vnd müsche diß ge stossen zů samen vnd nym dises in einer erweiß brüe es vertrey/ bet die obgeschryben kranckheyt vnd ander vil kranckheit die ð mensche lange zeit bey jm getra/ gen hat ¶ Der meyster galienus in dē sybendē bůch genant simpli cium farmacarum beschreybett vns vnd sprichet das die heym schen lylien gemüster natur sind vnd sunderlich die blůmen dauō ¶ Das öle von den heimüschen lilien ist gar gůt sich damit gestr ichen auff den bauch. Es erwer/ met fast die erkalten můter vnd erweicht die feüchtigkeit die dar jn verhärtet ist. ¶ Die würcze/ len gesoten vnd auff die härtten geschweren geleget machet sye zů hant zeytigen. ¶ Der meister Serapio sprichet das lylienwur czeln gebratten vnd darnach ge stossen vnd dar vnder gemüsch/ et rosen wasser beneme das hey/ lig feüer also darauff gelegt ster klichen on vnderlaß. ¶ Also ge/ leget auff wunden machet wa/ chsen das fleisch darjnne. ¶ Auch also geleget auff dē bauch ð frau wen reyniget sye zů jrer geburt ¶ In dem bůch genant circa in/ stans beschreyben vns die mey/ ster vnd sprechen das die wur/ czeln von den heimischen lylienn gesotten vnd gestossen vnd dar- vnder gemüschet reinbergen sch malcz oder baumöle vnd gelegt auff geschweren weicht fast wol

¶ Ein gůt salbe gemachet vom lylien also. Nyme weiß lyliē wu rczeln vnd bernklae wurczel vñ liebstuckel wurczel vñ ybiß wu rczeln yegkliches ein vierteil ei/ nes pfundes vor wol geknüschet vnd gesotē in einē viermaß wei nes vnd ein halb pfunt öles biß es dick wirt vnd durch geschla/ gen dar zů gethan wenig wach ses so ist es ein salb. Dise salb ist gar gůt damit geschmieret an ð lincken seyten über das verhärtt milcz wen es erweichet die ver/ harten milcz vnd benymet gros/ sen schmerczē dauon. ¶ Das bul uer von blaen lylien gesottē mit rosenwasser vnd damit gewäsch en das antlicz mache es gar hüb sche. ¶ Der meister Platearius beschreibet vns vnd sprichet das lylien wurczeln gesotten vnd ge stossen vnd dar vnder gemüscht rosenöle ist fast gůt für dē brant an dē leibe ob man die stat damit bestreichet. ¶ Lylien wurczelen mitt wein gesotten vnd darun/ der gemüschet weiß nyeßwurcz als groß als ein erweiß vñ wei ne getruncke͂ des abents so er sch laffen wil geen treybet auß dur/ ch dē stůlgang was vngesündes in dē leibe ist.

meyblomen ccxxx ca

Lilium conuallium latine.

¶ Die meister sprechen das diß kraut hab fast wol riechendē blůmen. die bletter geleichen dē wegerich bletern allein die meyblůmē nit als gar breit sind, sunder lenger. ¶ Platearius sprichet dz mey blůmen sind kalt vnd feüchte an dez andern grade. dise blůmen sind besser an jrer krafft wā das kraut. vnd die wurczeln besser dan die blůmen. ¶ Item nymme diser blůmē ein halb pfunt vnd thů darüber gůten lauteren wein vnd laß die darjnne beissen vier wochen. darnach seyhe den wein abe vnd distillier dē durch ein clembig fünff male diser weine also distillieret ist besser dann golt. wer disen wein müscht mit sechs pfeffer körner vnd wenig lauendelwasser der darff sich den selbigen monat nit besorgen vor dē schlage. ¶ ¶ Plinius wölicher grosse därme gesucht hatt der trincke des weins allen morgen ein klein löffelin vol er genyset. ¶ Item wein also genüczet iste gůt litargicis das ist ein geschwer hinden in dem hyrne.

¶ Item diser wein machet garr gůtt vernunfft dē gestrichē hinden an die ancken vnd vorn ann die styrne.

weisz disteln ccxxxi ca

Labrū veneris latine.

¶ Der meyster plinius sprichett das weiß disteln haben bletter. die sind scharpff vnd stechen vñ sind weißfar vnd hat blůmē haben purpuren farbe vnd sind rūt Die wurczel ist geleich den bappeln vnd ist jnwēdig weiß vnd ist süsse vnd hat ein stengel d' ist eines fingers dicke. ¶ Der meyster Galienus in dem achtendez bůch genant simplicium farmacorum in dē capitel cameleonta id est labrū veneris beschreybett vns vnd sprichet das diß sey trucken an dē dritten grae vnd heiße an dem andern. Vnd sprichett das die wurczel gůt sey genüczet mit wein wē sy treibt auß die runte würme in dē leybe.

¶ Diascorides spricht daz labruz veneris gůt sey dē wassersüchtigen die wurczel mit wein gesotten vnd den getruncken. ¶ Item die wurczel also genüczt ist gůt wer vergifftig bey im hette·also genuczet vertreibet sie die lungē sucht vnd benymmet den hůsten ¶ Die gesotten wurczeln in dem munde gehaa ten vertreiben den zane wethůmb·¶ Der meister Serapio sprichet das sy zweyer hande weiß disteln·die ein habē schwartze wurtzeln die andern weiß·vñ das ist auch d andern meister meynung·Die weissē di steln mit den schwartzen wurc/zeln ist fast gůt genüczet für dye reüdigkeit dauon dann ensteet die aussetzigkeit·¶ Item dises ist al ler meister meynung vnd sprech en das die schwartz wurczel ge nüczet sol werden außwendige des leibes vñ die weiß inwēdig

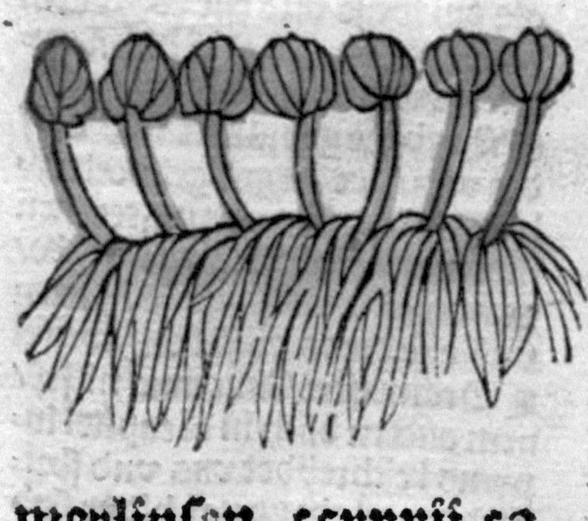

merlinsen cclxxxii ca

Lenticula aque vel lentigo lati ne·grece labar vel stratiotis ara bice gahalep·

¶ Serapio in dē bůch aggrega/toris/in dē capitel Gahaleb id est lenticula aque sprichet das diß wachs in dē möre vnd farn obē auff dē wasser·¶ Galienus in dē viij·bůch genant simplicium for macarū in dem capitel stratotis sprichet das dises sey kalt vnnd feucht an dē andern grade· Der meister paulus sprichet das diß mörlynsen wachsen in dē wasser on wurczel·sein bletter geleichen der haußwurtz· Mörlynsen sind von natur stopffen alls flüß des blůdtes die von hitz kommen· Für die fisteln in dē afftern die/net wol dē safft dar ein gestreü/wet·¶ Diascorides mörlynsen le schet das feüer das sich erhebett an dē menschen die darauff gele/get geleich einem pflaster·mör/linseen benemen all hiczige gesch wulst die mit dez safft gestrichē·

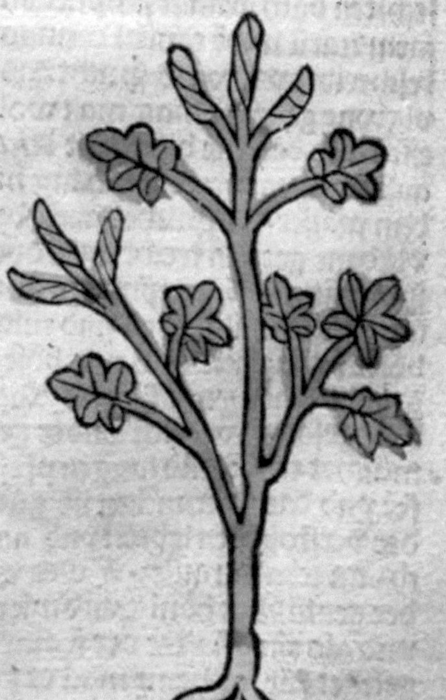

vygbone cc xxxiii ca

Lupinus latine / arabice tar/ mus vel tarmos.

¶ Der meister Serapio in dem bůch aggregatoris in dē capitell tarmus id est lupinus beschrey/ bet vns vnd spricht das der sind zweyerhande. die ein wilde. dye ander zäm. Die wilden vigbone haben weiß bletter die zämē ha/ ben bletter die sind nitt als gar weiß. vnd wan die gesottē wer/ den in wasser so mag mann dye wol essen. ¶ Item sye můssen zw en oder drey tage sten in dē was ser ee die bitterkeit sich verzeücht in jn. ¶ Platearius vigbone gē/ essen machen grob feüchtigkeit. ¶ Der meister Galienus im dem sechsten bůch genant simplicium farmacarū in dē capitel tarmus beschreibet vns vnnd spricht das vigbone gekocht mag man wol essen also das die bitterkeit dar/ auß gezogen werde etlich tag in dem wasser. Er sprichet auch dz vigbone geessen treibt auße dye spolwürm. Sye reynigen dye menschen die überzogē sind mitt böser feüctigkeit vnd mit bösez grynde damit gewäschen. ¶ Vig bone gesotten vnd dar vnder ge= müschet rautē vnd langen pfef= fer vnd das getruncken ist gůtt der verstopfften lebern vnd au= ch dem erhaben milcz. ¶ Dar vn der gemüschet hönig vnd mirre vnd als ein pflaster der frauwē geleget für jr scheme machet flie sen jr blůmen vnd macht auß tr eiben die todten geburt. ¶ Dye meister sprechen auch gemeynkli chen das vigbone sind heisser vnd truckner natur. ¶ Vigbone geso ten mit nachtschadten vnd weine den getrunckē hilffet wol den kei chenden. ¶ Item vigbone geessen oder davon getruncken stillet d lebern jr sucht. also genüczet ver treibet die hicz vnd weichet den bauch. ¶ Das kraut mit nacht/ schadten gesottē vnd als ein pfla ster auff das milcz geleget hilfft fast wol vnd treybet die gesch/ wulst davō. das selbig in die orē gegossen reyniget den eyter. vnd benym met jn das fliessen. ¶ Wē wee ist im dē därmen vnd auche ptisicus wär das ist die schwint sucht der mach vigbone zů mele vnd müsche darunder fenhelsa/ men oder ein wenig liebstückell safft vnd koch das mit einander als ein speise vnd esse daz warm das hilffet gar wol dē bösen ge= därme vnd bringet winde.

¶ Vygbone gebulvert vnd auff die vigwarczen geleget vertrey= bet sy. ¶ Wen die bermůter krü met in dem leibe der lege vigbo/ ne in wasser vnd lasse sy kÿnnen vnd esse die es hilffet on zweifel ¶ Der meister Auicenna in sey/ nem andern bůch im dē capitel lu= pinus beschreybet vns vnd spri= chet das vigbone gar bitter sind vnd sind heiß an dē ersten grade vnd trucken an dem andern. ¶ Item die bede wilde vnd zäm haben bey nahe ein natur.

lauendel ccxxxiiii Ca

Lauendula latine·
¶ Die meister beschreÿben vnns vnd sprechen daz lauendel kraut heisser vnd truckner natur seÿe· Die blůmen haben wenig safft-tes in jn vnd sind dē menschē nit gůt zů essen·vnd haben doch eÿ/nen scharpffen gerauch· Platea/rius lauendel dick an die nasē ge halten vnd dar an gerochen sterc-cket das gesicht vnd sein gerau/che lautert dē menschen seÿn an/gen· ¶ Plinius wöllicher vil leüß habe der schmeck stetigklich lauē del sÿe sterben dauon· ¶ Itē wö licher überlant wandelt vnd der sicher sein wölle vor dē leüsen d siede lauendel in wasser vnd ne tze sein haubt in dē wasser vnnd loß es widerumb trucken werdē vnd thů es an alß lang das das haubet den gerauch hat von dem lauendel wasser kōmet kein lau ße darein· ¶ Etlich meister spre-chen das ein sollich haubt das al/so genetzet wirt in wasser darin lauendel gesotten ist mache den menschen gar keüsch die weil er es trage· Vnd darumb hett dÿe můter gottes meer liebe zů disez kraut vnd blůmen der vrsachen halben das es keüscheit bringet· vnd darumb sind dise blůmē me er begabet mit süßem gůtem ge/rauch so sÿ dürre sind wen and blůmen als negelin vnd feÿelen· Auch hat sÿ die můter gotes lie ber gehabt das sÿe die tugent an jr haben das sÿe die kleider behü ten vor vnfletigen thieren·vnnd jn ist auch darumb der nāme ge-ben worden laue das ist als vill gesprochen als reÿnigkeit oder wäsche·vnd also haben es die al ten geheissen vnd darnach ist di/sem wort laue zů geben worden ein zůsatz als dula vnd also ge/heissen lauendula vmb dez süssen gerauches willen·vnd darumb lautet es auch dester süßer·

¶ Dÿe wirdigen meÿster sprech en das dise blůmē haben sunder lichen groß vnsprechlich tugentt in jne vnd sunderlichen ad apo/plexiam das ist zů dem schlage· Dÿe blůmen gebeÿsset in weine vnd den distillieret vnd in dem munde gehaaltē so sich der brest eÿgent behelt den menschen beÿ seiner sprache. Vnnd auch ander vil tugent die hie nach gelassenn werden.

ein krautt also genant cccxxv Capi

Linaria latine.

¶ Die meister sprechen das diß sey ein krautt vnd ist geleich den kraut genant esula an der farbe sunder allein das esula in jr hatt milch vnd linaria keyn milche bey dyser vnderscheit mag man erkennen linariam. Auch beschreyben vns die meister dyse vnderscheit mit disem verße Esula lattescit sine lacte linaria crescit. Diß kraüt ist von natur dissolüieren das ist von einander teylen. vnd auch ist es von nature penitrieren das ist durchtringē diß kraut ist grün besser wā dürre. diß kraut ist kalt vnd feüchte an dem anderen grade. Paulus d safft von disem kraüt vnd d saffte von bibenel vnder einander gemüschet vnd auff den hitzigē schden geleget erisipila genāt beymet den zů hant. ¶ Diß also genüczet verzeret cancrum an wölichen enden der sein mag an dē leybe.

flachs cccxxvi ca

Linnum latine.

¶ Die meyster sprechen gemeinklichen das der same gebrauchet werde in der erczney vnd nitt das kraut noch dye wurtzel.

¶ Der meyster Galienus in dez sybenden bůch genannt simplicium farmacorum in demme capittel auche von leynensamenn

beschreÿbet vns vnd spricht das
leÿnsamen seÿ heiß an dē erstenn
grade·vnd feücht vnd truckē an
dē mittel des andern grades·
¶ Der same ist nit gůt zů essen·
wan wer des sames esse der ge-
schwülle über alle seīn leib· Der
meister Serapio im dē bůch ag/
gregatoris beschreÿbet vns vnd
sprichet der same seÿ subtÿle ma
chen vnd mache härmen vñ brī/
get den frauwen jr blůmen eine
pflaster dauon gemacht vñ auff
den bauch geleget·¶ Jtem mann
mag disen samen wol brauchen
zů einem clistir als sieben gezÿte
¶ Der meÿster paulus sprichett
das leynsamen gebrant auff ko-
len gebe eÿn subtÿlen rauche·den
gelassen in die nasen benÿmmett
dē schnoppen·also dē rauch gelas
sen vnden auff benÿmmet dz we
der můter·¶ Diascorides sprich
et das leÿnsamen geso en im was
ser vnd den geleget auff die vn-
zeytigen geschwere verzeret die
vnd macht sÿ zeitig vnd sunder
lichen die geschwerendie do sind
in den oren·¶ Der meister wil/
helmus in seiner cÿrorgi beschre
bet vns vnd sprichet das die ble
ter von dem flachs gar nücz sein
vnd sunderlichen in der cÿrorgi
dan wann die bletter leget auff
ein zeÿtigen schwern so machet
es zůhandt ein loch darein also
das man das selbige geschwere·
nit auff reÿssen noch brennē dar
ffe·Wem wee ist in der seÿtē der
siede leÿnensamen im wasser vñ
truncke ein leÿnen tůch in dz was
ser als warme vnd lege es auff
die seÿten es vergeet zů handtt·
¶ Wölicher gebrant wäre von
dē feüwer der siede leÿnsamē in
wasser fast wol vnd necze ein tů
che darjnne vnd lege das auff dē
brant es zeühet den brant ausse
senfftigklich·

lynsen ccxxxvii Ca

Lens latine vel miccula grece
faki·arabice zadens·
¶ Der meister serapio beschreÿ/
bet vns vnd sprichet das diß die
besten sind die do balde truckenn
werdē so mā sÿ in wasser leget·
¶ Gallenus in dē sÿbendē bůche
simplicium farmatorum in dem
capitel de lentibus spricht dz lÿn
sen sind von natur heÿsse vnnd
feücht an dē andern grade vnnd

sind von natur stopffen. ¶ Das wasser von gesotenlÿnsen getrücken bringet stůlgenge vnd weichet den bauch. ¶ Ipocras in dē sechsten bůch epidimiarū genant beschreibet vns vnd spricht das lÿnsen heiß vnd kalt sind vō natur vnd doch damit getemperieret. ¶ Vnd spricht auch das das erste wasser darinne lÿnsen gesotten werdē auß geschüt werde vñ ein anders darein gethan. ¶ Dÿses and wasser ist auch gar gůt genüczet wan es reÿniget dē bauche vnd bringet auch gar gůtte sanffte stůlgenge. ¶ Item diascorides sprichet das lÿnsen nit gůt sind stetigklich zů essen. wen sÿe machen ein tunckel gesichte vnd sind auch gar böߺlich zů verdeüwen vnd machen ein bösen magen. Er spricht auch das lÿnsenn bringen böse dreüme vnnd sind nitt gůt der lungen. ¶ Serapio sprichet das lÿnsen geessen stopffen den menschen vnnd machen böߺlich harmē vnd machen das geblůdte grob vnd auch dick in den adern.

Druszwurcz ccxxxviij

Laurea latine et grece. ¶ Dye meÿster sprechen das dise wurcz seÿ kalter natur. Ir saffte in dÿe oren gethan vertreibet das schweren dar inne. ¶ Důßwurcze gestossen vnd darauß gemachett ein pflaster vnd geleget hinden an das haubt schwern. ¶ Platearius Nym diser wurczeln vnnd müsche darunder salcz vnd brott vnd stoß das zůsamen benÿmett das gucken darüber gestrichen. ¶ Der safft von der wurczel vertreibet die schwern hinder dē orē als ein pflaster darauff geleget. ¶ Das krant gestossen vnd geleget auff das heilige feüwer benÿmmet das vnnd vnder dÿses kraut sol man müschen silber sch wam̄ bleiweiß vnd rosenöle vn̄ das vermüschen mitt polenta·

Polenta machet man also· Nym gersten· xx· pffunt· korlander ein halb pffunt· saltz fünff lot vnnd male das zůsamen also des dyse stuck vorhin gedörret sind das heisset polenta·

ein gummi cccxxix ca

Laudanū latine·

¶ Die meister sprechen das laudanum sey trucken vnd feucht an dem andern grade· Ettliche sprechen daz diß sey ein gummy· Auche sprechen etlich das dihs seye ein dauwe vnd fellet auff die kreütter an dem anfang des summers vnd wirt dick von der sunnen· ¶ Die im dē lande grecia nemen ein klein rütlyn vnd schlagen auff die kreütter so bleybett die selbige feüchtung an dē selbē rütlin hangen vnd die lassen sye trucken werden an der sunnen·

¶ Item diß wirt gar dicke vnd manich male gefeischet· ¶ In dē bůch circa instans in dē capitell laudanum beschreibent vnns die meister vnd sprechen das vnder zehen pfunde laudanum kaume zwey pffunt recht laudanū seye· Der ist der beste der do schwere ist vnd schwartz vnd den mā zerreuben mag zwischen den fingeren· Laudanum hatt von natur einen gůtten gerauch vnd darūb nützet man den zů dem wolriechenden dingen als die ponum ambre vnd in die candelas oder trucistos pro fumigio· ¶ Wer den schnopffen hett der neme den rauch in sich in dye nasen er genyset· ¶ Wem die zene weethůn der halt laudanū in dem munde es benymmet jm den schmerczen vnd heilet das böß zanfleische·

¶ Wölicher frauwen die můter für den leip geet die laß den rauche von dem laudano vnden auffe geen sy genyset dauon·

¶ Item wölicher ein kalten magen hette der neme die pillelenn von laudano des abents so er schlaffen vil geen sye erwärmē den magen vnd machen wol deüwē

¶ Auch mag mann ein pflaster auff den magen legen es hilffett geleich den pillilen

lasurstein ccxl Cap

Lapis lazuli latine. arabice ha
geralzenard.
¶ Der meister Johannes mesue
in dem capitel lapis lazuli besch/
reybet vns vnd spricht das dy/
ser stein sol haben hymel farb vn̄
goltflecken. ¶ Serapio sprichet
wölliche kindt disen stein an jm
hat hangen dē machet er gůt ge-
blůdte. Lasuerstein dienet zů d
melancoly vnd benymmet dye
vnd machet den menschē wol rů
wen vnd benymmet auch all fan
tasey. ¶ Lauerstein benymmett
auch die warczen vnd heylet die
das bulver darein gestreüwett.
lasuerstein reiniget das geblůd-
te von grober feüchtunge.
¶ Item lauerstein eingenōmen
benymmet die melancoly vn̄ trei
bet die auß mächtigklich. ¶ Avi
cenna in dē bůch genant de viri/
bus cordis sprichet das lasuer/
stein sterck das hertze vnd brin-
ge dē gůt geblůdte. ¶ In dē bů/
che circa instans in dē capitel la
pis lazuli beschreyben vnns dye
maister vnd sprechen das dyser
stein der beste sey vnd auß zůer/
welen der do habe hymmel farbe
vnd der in jm habe goltfleckē dy
sen mag man lange behalten vn/
uerseret an seiner krafft vn̄ hatt
die tugent zů reinigen die melā
coly. ¶ lapis lazuli genüczet mit
dem wasser do senith jn gesotten
ist oder fenchelsamen purgieret
senfftigklich vnd benymmet also
genüczet febrem quartanam.

silbergliet ccxli Ca

Litargiruz latine et grece ara
bice marechet.
¶ Serapio beschreybet vns vnd
sprichet das litargirum sey getē/
perieret an der kelte vnd an der
trückene. Auch sprechen ettliche
meister das litargirum sey kalte
vnd feucht an dē ersten grade.
Nym öle von nussen vnd müsch
darunder daz bulver litargiri vn̄
schmiere die handt oder reüdig
keit damitt die do kōmet vonn d
bösen flegma. ¶ Item litargirū
gemüschet mitt essig vnd salcze
benymmet die maledey vnd die
scharff haut do mit gewäschen.
¶ Wer do hett das rote der nem
essig vnnd müsche darunder des
bulvers litargiri vnd wenig bo
li armeni vnd rosenwasser vnd
öle von nussen vnd mach. daran
ße ein clistier vnd nym diß vndē
auff in dē leip es stillet dē außgā
ge. Wer geleczigét wäre an sey/
nē gemecht der nem diß bulverß
vnd streuwe diß darauff es ver
zeret das faul fleisch vnd heilett
zůhāt. Wer ein schön antlicz ha
ben will der neme genß schmalcz
vnd zerlaß das vnd müsche dar/
under silbergliett gebulvert. vn̄
bleiweiß vnd wenig rosenwas/
ser vnd wäsch damit sein antlicz
es wirt gar schön. Also genüczt
benymmet es die flecken vnd dē
antlicz. mit disem wasser mügen
sich wäschen die frauwen vnder
dē antlicz das benymmet jn dye
fleckē nach d gebürt eins kindes

ein magnet ccxlii ca

Lapis magnus latine· arabice hager abnantes· ¶ Serapio in dē bůch aggregatoris in dē capitel hage rabnātes idem lapis magnes beschreibet vns vnd spricht das diser stein sey über möre in indien an eynē berge vnd wann die schiff genahen dē selbigen berge so beleibet kein eysen in dē schiffe vnd fleücht darauß geleyche als es fögel weren zů dē berge· diß ist der beste magnete der do sterckklichen das eysen an sich nimmet vnd sein farbe ist geleiche d hymel farbe· auch ist diß der best der nitt so schwer ist· ¶ Der meister Albertus in seinē lapidario beschreybet vns das magnes habe ein farbe die geleichet dē eysen vnd des findet mann man vil in dē möre in indien· Vnd sprichett auch das der magnet als vil do selbest sind das die schiff sorgklichen do hyn faren mügen· wē es zeühet aller eysern negelin vnnd was von eysen darinne ist an siche vnd zerbricht die schyff geleiche als ob der hagel darein schlūge· ¶ Serapio sprichet das dyser stein an im habe die tugent dē do hat der adamant vnd geleicht im an der krafft· ¶ Magnes getruncken mitt weine in hönige vermenget genant mellicrat laxieret vnd treibet auß die grobē feüchtunge· ¶ Der meyster Diascorides sprichet wer disse steine bey im treget der machet hübsch rede vnd ist allzeit wol gemütt· ¶ Fur die wassersucht nym des steines ein halb quintin mit hönig wasser genant mulsa· ¶ Albertus magnus in seinē lapidario beschreybet vns vil hübscher tugent von disem stein vnd hatt in gar werdt gehabt vnd vil kūste damit getryben vnd hoflichkeit dye ich hie vnderwegē lon·

perlin ccxliii capi

Lapis margarithe latine· arabice hagerallulo vel halao·

¶ Der meister Serapio in dem bůch aggregatoris in dē capitell hagerallulo id est lapis margarithe beschreybenvns vnd sprichet das perlyn werden funden in dem möre· vnd sind kalt vn̄ trucken an dez andern grade· Isaac sprichet das der ein teyl sind grobe vnd ein teyl klein vnd subty vnd die groben sind besser dann die kleine vnd auch die klar sind vnd aussen glat· Auch sind dys die besten perlin die mit knodichte sind· ¶ Albertus in seynem lapidario spricht das man die findet in den muschelē die in dē möre ligen vnd sunderlichen in india· Auch findet man vil in britnia das yetzunt heisset engellā auch findet man die in flander vnd spricht das ir tügent sy stecken die lebendigen geyst die v dem hertzen koment· vnnd bemmen des hertzen zytteren vnd d schwindel des haubts· auch w re geneiget wäre zů grosser zor macht also das im dauon geschwindet der brauche perlyn d

...sind vnd die nennett
man manus christi cū perlis·es
hilffet vnd stercket das hertze·
¶ Wer tunckele augen hett der
nücz perlÿn die benemē die weis
sen flecken im den augen apffeln
Perlÿn reÿnigen das hercz gebl
üdte ¶ Auicenna spricht das per
ÿn sterckē das hercz·

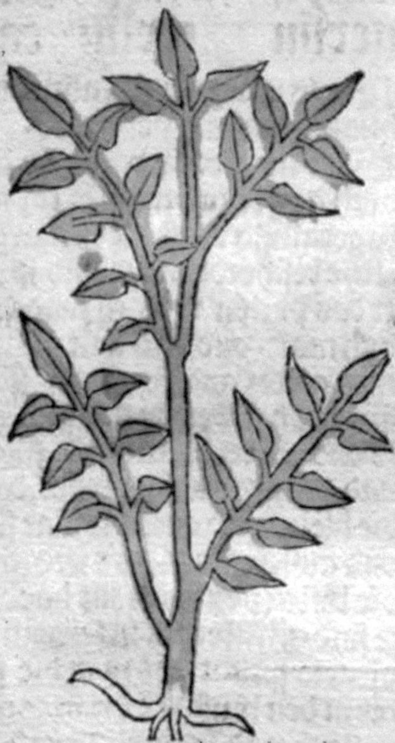

[V]ogelszunge ccxliiii c

[L]ingua auis latine· arabice lÿ
[s]enhasafir·grece lienulalasirla·
¶ Serapio im dē bůch aggrega-
[t]oris in dē capitel lisenhasafir id
[i]st lingua auis sprichet das diß
[g]ewechs bleter geleichen dē mā
[d]eln bletter vnd sind spitzig gelei
[c]h den fogel zungen·¶ Auicen/
[n]a sprichet das dises kraut seÿe
[w]arm vnd feücht machen mitt
einer temperierunge vnd darūbe
brauchett man diß zů der natur
des menschen sperma genant die
damit zů meren·¶ Isaac spricht
das dises kraut seÿ heiß vñ auch
feücht an dē ersten grade·Seÿne
natur ist auch sterckē die gelust
des menschen vnnd meret auch
den samen des menschen sperma
genant dises geessen als gesoten
kraut zů fleisch· ¶ Item cassius
felix sprichet das diß krautt ge-
sotten mitt wein vnd auch dē ge
truncken ist fast gůt melancoli/
cis· ¶ Item diser weint bringett
den selbigen lust vnd auch begir
de vnd benÿmet in die fantasey·
¶ Item Rasis sprichet das lingu-
ua auis beneme das herzen zÿt/
tern vnd mere auch die nature
des menschen· Auch ander vil
meister der ertzneÿ sagē geleiche
mit den obgenanten mit geleeich
en worten wie obstat· ¶ Auch
magst du lesen das bůch Pande
cta das fünffhundert vnd·xliiij·
capitel das sich anhebet lÿsenha/
safir darinne findest du seÿn tu/
gent wye obensteet·

huflattich ccxlv ca

Lappacium rotundū siue bar/
dana maioꝛ latine et grece·
¶ Die meÿster spꝛechen das diß
sey ein krautt vnd wechset von
dem schleÿm der erden· vnd hatt
grösser breittere bletter wan kei
ne ander kraut· diß kraut ist feü
cht machen· Etlich meister heissē
diß kraut bardana maioꝛ das ist
die grösser huflatich· ¶ Diß kra
uttes safft gestrichen auff die gr
ÿntigen haüt heilet den grÿnt zů
hant· ¶ Den safft von disem kra
utte gemüschet mit eßsig vnnd
rauten safft ÿegklichs geleiche
vil vnd diß getruncken des abē=
tes auff ein löffel foll machet ser
schwitzen vnd treibet mit dē sch
weiß aus die pestilentz· Den an
dern tag darnach sol darauff ge-
nüczet werden pestilentz pille·ē
ein quintin· ¶ Die figure disses
capitels sol steen in dē·ccxxvj·vñ
das kraut do selbest in disem ca/
pitel· wen dÿse zwo figurē also
versaczet sind von vngeschichte

ein saft also genant Das ccxlvi capi

Licium latine grece liceos ara
bice hadadh·
¶ Serapio libro aggregatoꝛis
capi· hadadh spꝛichet das dÿser
safft komme von einē baum gie
set dem mör· diser baum ist doꝛne
cht vnd bꝛinget frucht die gelei=
chet dē langen pfeffer· diser safft
wirt also gemacht die bleter stos
set man vñ pressen dē safft daran
ße· disen safft seüdet mā dz er alß
dicke wirt als hönig · darnache

trucket man den in der sunnē· dē solt du also probieren· zünde den an mitt einem brinnendē liechte vnd wan der einē schaum gibet so er verlischet so ist er gerechte· Licium wirt zů zeÿtten gefelschet mitt vermůt safft vnd ochsen gallen· Circa instans licium ist heiß an dē ersten vnd truckē an dē andern· ¶ Diser safft sol gesamelt werden in dem meÿen · der weret fünff jare vnuerseret ann seiner krafft· ¶ Für die fleckē in dē augen· nÿmme dÿses safftes· vnd müsche den mit rosenwasser vnd thů das in die augen sÿe werden klare· Diser safft gestrichen an den halß benÿmmet eine geschwer dar jnn squinancia genant· ¶ Von disem safft lese pandecta das· cccxlx· capitel findest du vil tugent von disem safft·

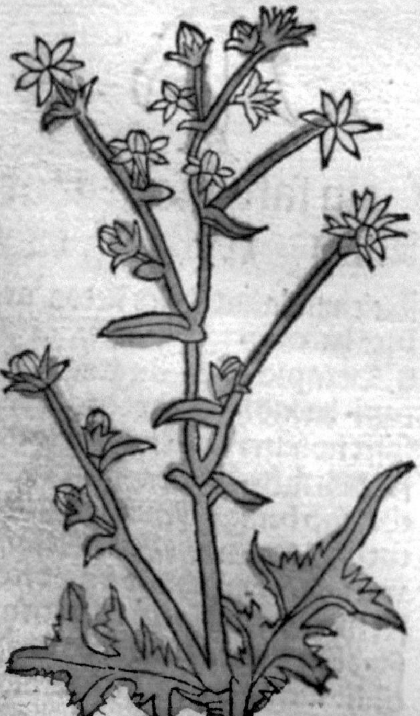

ein gummi also genant ccxlvii Capi

Lacca latine· grece anchusa· arabice Lec·

¶ Pandecta capitulo secundo stet geschriben das dÿses seÿ eine gummÿ gÿenset dem mörre mitt disez gummÿ ferbet man das tůche rote· ¶ Serapio in dē bůche aggregatoris in dē capitel Lec sprichet das disser bäum wachsen vil in arabien· das gummy darvon ist genant lacca· Dises geleichet an der gestallt dē mirrē vñ auch an dē geruche Paulus lacca ist heiß vnd truckner natur· ¶ Auicenna lacca ist fast nücze pleureticis das ist ein geschwere vmb die brust des eingenommen mitt einē sÿroppel võ ÿsop gemächet· Des geleichen asmaticis das ist dÿe fast keichē also genüczet · ¶ Lacca thůt auffe alle verstopffunge der lebern vnnd des milczes des eingenõmen mit eÿern· Auch also genüczt benÿmmet es die wassersucht·

ein hase ccxlviii Capi

Lepus latine·grece legès·ara/
bice arnaben·
¶ Der meÿster almansor spricht
das vnder allen thieren kein flei
sch alß vil melancolÿ mache als
hasen fleisch· ¶ Das hÿrn võ dẽ
hasen gebrotten vnd geessen be/
nÿmmet das zÿttern am leib als
dan gar dicke geschicht nach eÿ=
ner krangckheit· ¶ Jtem die gal/
len der hasen benemen vergifft
dÿe mitt essig eingenomen·
¶ Jtem mertz hasen also leben/
dig gebrant zů buluer dÿenet fa=
ste wol für den stein das ein ge=
nomen mit wein· ¶ Mit dem ha=
sen hÿrn der jungen kinde wen=
glin geschmieret machet leichtli
che vnd on schmertzen zene wa/
chsen· ¶ Jtem von disem thiere
lese Pandecta das·lvj·capitel fin
dest du sein tugent·

wilde klee ccxlix capi

Mellilotum latine vel corona re=
gia·arabice alilelmelike vel al=
chelt alameth vel achililmelich·
¶ Jn dẽ bůch circa instans besch=
reÿben vns die meister vnd spre
chen das melilotum seÿ heiß vñ
trucken an dẽ ersten grade·
¶ Jtem melilotum ist ein kraut
vnd steet einer künigs kron ge/
leich·vñ ist auch genennet in la=
tein corona regia· Den samen
sol man behalten in den schalen·
der weret dreü jare vnuersert
an seiner natur·den samen brau
chet man in der ertzneÿ mit dem
schalen·wan der same ist kleine
also das man jn nitt wol kan nü
zen on dÿe schalen· ¶ Der sa/
me hatt die tugent dz er fast wol
stercket wan er hat ein wol rie/
chenden geranche an jmme·
¶ Der same gesoten in wein vñ
den getrüncken treibet auß denn
därmen die winde·vnd ist auch
gůt den verstopten nÿeren vnd
thůt auff der blasen verstopffũg

Den samen in einer brüe oder im der kost machet die wol riechen vnd machet gůt zene.
Der meister Auicēna in seinē andern bůch in dē capitel mellilotum beschreybet vns vnd spricht das disses gůt sey den heissen geswerern vnd die do verhärtet sind ein pflaster darüber gelegett. also gemacht. Nymme des sammes von der wilden klee vnnd sieben gezÿde samen das ist fenugrecū leynsamen yegkliches geleich vil vnd müsche darunder eies dottern vnd mach darauß ein pflaster. Diß pflaster ist auch gůt den geswerern in den orē auswendig darauff geleget. Auch ist es gůt emorroidibus das ist ein flüß im dē afftern vnd auch dē geschwern des gemechtes an wölichen enden das wäre darauffe geleget. Der meister willhelmus in seiner cyrorgi brauchett auch wildecklee zů heissen geschweren vnd auch sunderlichē czů disen obgeschriben gebresten die Auicenna vns beschriben hatt.
Diascorides sprichet wölicher die hende mit dē safft von wilde klee schmieret der mag darjnne tragen ein glüenden eysen on schaden. Auch sprichet er das dysser samen aller beste sey zů fisteln vnd zů dem krebs vnd zů dē feygblatern. Item wein darjnne gesotten ist wildeklee vnd epplich mitt zucker süß gemachet iste gůt wider bestopffung der nyeren vnd der blasen.

muterkraut ccl Ca

Melissa vel citraria latine. grece mellisophilos vel mellisophilium. arabice bedarunge. vel citrūgemill vel marolmabor.
In dē bůch circa instans beschreyben vns die meister vnd sprechen das melissa sey heiß vn̄ trucken an dem andern grade. Diß kraut ist gůt grün vn̄ auch dürre im d erczney. Mā mag es dörren an d sunnē vn̄ darnach hencken in den schadten. diß krautt weret vnuerseret sechs jare.
Dises kraut hat tugent zů kreftigen als dan sprichet der meyster auicenna in dē bůch genantt zů latein d viribus cordis. vn̄ sprichet auch dz diß krautt stercke

dz hertze· ¶ Item in dē bůch cir/
ca instans beschreibē vns auch
die meister dz dises kraut gelei
che an seiner krafft d meyrō vñ
dienet zů allē gebrestē darzů mā
nützet meyrō· sund dises kraut
mer krafft in im hat gesotē wañ
also machet es widerūb kōmen
menstruū dz lange zeit auß beli
ben ist vñ reyniget die můter vñ
bringet krafft den frawē zů ge/
beeren ¶ Melissa gesotē in wein
ist fast gůt für groß onmächtte·
die do kōmet vō kelte· als dyck
vñ manig male sich begibt mitt
den frawē· ¶ Der meister Sera
pio spricht· dz die bleter vō me/
lissa mit wein getrunckē benymt
die vergifftigē byß vnd heylet
die zůhandt· vñ ist sunderlichen
gůt den die do gebyssen werdent
vō einem tobendē hunde· ¶ Der
meister Isaac spricht· wöllcher
auch můter kraut yßset fastend·
dem erwörmet es den magen d
erkaltet ist vñ machet wol deü/
wen· ¶ Plinius spricht· das me/
lissa gůt sei den frawē den jr mů
ter wület vñ auffstosset an das
hertze· dauō getrunckē· ¶ Weer
do nymet dreü bleter vō melis=
sa vñ leget die aller öberst des
haubtes· dem ziehend sy auß vil
füchte· vñ machē ein leicht haub
te· ¶ Serapio· die bleter mit sal
tze genützet vñ die geessen bene/
men das keychen genant asma·
vñ machet ein reümige brust·
¶ Můter kraut machet deüwen
grobe kost·

Müntz ccli Capitel

Menta latine· grece ediosmoi· a
rabice Nachama vel Dichana/
cha·
¶ In dem bůch genant pandecta
in dem capitel menta beschreiben
vns die meister vnd sprechē· dz
manger hand müntz sey· die ein
ist zām vnd wächßt in den gärt
ten· dise hat einen gůten gerauch
vñ die ist hytziger vnd stercker
vō natur· ¶ Ein andere myntz
vnd die ist wyld· vñ wächßt in
den wälden· vnd die ist zů latein
genant mentastrū vō d wir her
nach in sunderheyt ettwas sch/
reyben· Es ist auch ein anndere
myntz die hat lange spytz bleter
vnd heysset zů latein menta ro/
mana· Es ist auch ein and men

ta·die heysset zů latein menta a/
quatica·auch heyssen etlich mei
ster mentam aquaticā simbriū·
oder balsamita· Es ist auch ein
ander menta die hat keinen ge=
rauch·vnd ist zů latein genantt
calamētū·¶ Der meister Sera
pio indem bůch aggregatoris in
dem capitel dichanacha idest mē
ta beschreybet vns vnd sprichet·
das die zām müntz sey grün sū
mer vn̄ wynter·Auch ist zewis
sen das in diser figur dreü kreüt
ter steen·vn̄ alle menta genantt
sind·vnd haben beynahe ein na=
tur·vnd darumb werden sy ge/
brauchet eins geleych dem ande=
ren·¶ Der meister Paulus spri
cht·das menta vnd sunderlichē
die zām sey heyß vn̄ trucken an
dem dritē grad·etlich sprechē an
dē andern grad·Vn̄ dises kraut
brauchet man in d' ertzney mer
den̄ die andern·vnd ist auch gůt
grün vnd dürre·¶ Der meister
Auicenna beschreibet vns vn̄ sp
richt·das menta sey heyß vnd
trucken an dem andern grad·des
geleychen beschreybend vns die
meister in dem bůch genant cir/
ca instans·vnnd das ist gar ein
kleine vnderscheyd mit dem mei
ster Paulo·d' do sprichet an dem
dritten grad·¶ Item· die meist=
er sprechen gemeynigklich· das
müntz vnd sunderlich die zām·
stercke den magen vnnd mache
wol deüwen·¶ Item menta ge=
nützet ist fast gůtt für die spoll/
würm·des bulfers ein genōmen
mit milch·¶ Menta gesoten vn̄
domitt gebäet das geschwollen
gemächt·benymet die geschwul
ste behendigklich· ¶ Menta ge/
stossen vnd auff die herttē bru/
ste geleget do die milch innē ver
herttet ist·vnnd auch das do ge
schwollē ist·waycht vn̄ benymt
die seer darinn ¶ Menta geessen
waychet den bauch· ¶ Menta
alle tag genützet der hat schöne
farbe vnnd ist gesundt zů aller
zeyt·¶ Diascorides sprichet· das
der safft auch gar gůt sey getrü/
cken mit essig den jhenen die do
blůt speyen·¶ Item die styrn ge
strychen mit dem safft benymett
auch das haubtwee·¶ Item den
safft getruncken mit hönigwas/
ser genannt mulsa·benymet das
sausen in den oren·¶ Item mün
tze gesoten mit wein vnd den ge
truncken·benymet den übelriech=
endē mund Auch mag man dar
vnder müschen essig vnd do den
mundt mit wäschen·macht gůt
zeen·¶ Also genützet vertreybt
die seere an der zungen diedo kō
met von hytze· ¶ Item·Menta
vnd rauten vnd auch zwybeln
yegklichs geleych vil·vnd auch
darzů gemüschet saltz·vnd dye
zůsamen gestossen vnd darauff
geleget wo die nater stychet od
beysset·es hilffet on zweyfel
¶ Item·Menta mit hönige ge/
stossen vnd auch gemüschet mit
essig vnnd gebunden auff ein/
en byß eines tobenden hundes·
hilffet· ¶ Die frauwen die sich
saumen an jrer sucht die sollend
essen myntz·vnd daruon tryn/
cken· es bringet jr feüchtigkeyt·

¶ Item wer des morgens nüch
tern sein zeen wäschet mit mün
cze·dem vergeet der zeenschwere
¶ Item münczensafft mit hönig
getemperiert·vnd an die augen
gestrychen vertreybet die tunck=
elheyt· ¶ Menta getemperieret
mitt essich·benymmet auch die
flecken im den augen neben dar/
umb gestrychen·¶ Item wölli/
cher do hette emorroidas· dz ist
ein fluss des afftern·der streyche
des safftes darauff·er heylet den
gebresten zůhandt· ¶ Der meist
er Auicenna im seinem anderen
bůch in dem capitel menta besch
reybet vns vnd spricht· das mē
ta stercke den magen· vnd mach
auch jn gar warm·vnd benym/
met auch daz auffstossen vnd dz
brechen·Vnnd benymmet auch
ytericiam·das ist die geelsucht·
¶ Item für dises yeczund genen
net stuck im disem capitel/ist au=
ch der syropel von müncz an dē
besten genüczet· ¶ Platearius
Der syropel bringet auch gelu/
sten den mannen vnnd auch den
frawen·

Bachmyncz cclii Ca

Mentastrum latine·
¶ Die meister sprechen dz dises
sey ein kraut vñ wechßt gern bej
den feüchten stettē· vñ dz kraut
hat an jm vil tugent·des geley/
chen die wurczel·Dises krautte
ist feüchter natur· vñ die feüch/
tung ist getemperiert mit einer
wyrme·¶ Dises kraut gesotten
im wasser·vnd die haudt die do
ist abgegangen vō geen od gros
ser arbeyt heylet die zůhandt do
mit gewäschen·¶ Dises krautt
vñ wurczeln gestossen vnd dar/
auss den safft gelassen·diser d ist
gedörret als gůt als der feücht·
vnd weret ein ganczes jar·
¶ Plinius·Wölcher zerknüsch
te gelyder hätte an wölchen en/

den des leybes das wäre· der ne=
me pappeln vnd siede die mitt
wein· mit disen müsche des saff/
tes darund vnd streych das zer
knüschet gelyd· es heylt on scha
den· also das das rot fleysch vn̄
bayn alles auß fellet· ❡ Itē war
zů menta genüczt wirt in d ercz=
ney do mag man mentastrum
auch zů nüczen· vn̄ dises mercke
außwenig des leybes vn̄ mit in
den leybe·

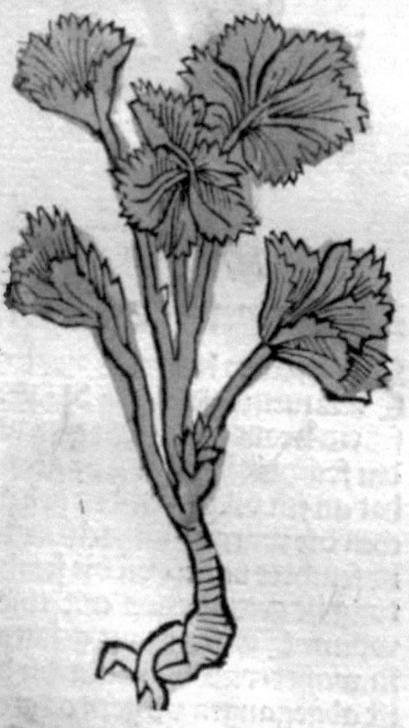

Bappeln ccliii capi

Malua latine·

❡ In dem bůch genant circa in/
stans beschreiben vns die meist/
er vnd sprechen· das bappeln sej
kalt vnd feücht an dem anderen
grad· Es sind zweyer hand bap
peln· eine wÿld· die ander zam·
Die zäm wechßt in den gärten·
vn̄ sunst allenthalb· vnd die ist
mer vō natur kelten den̄ die wil
de· vn̄ ist feüchter subtilicher· A/
ber die wÿld die man nennet zů
latein malua viscus· dise pape=
len sind lenger vn̄ haben lengere
bleter den̄ die ersten· vnd die ist
nit also seer kelten vn̄ feüchtigē
als die erste· ❡ Für die heyßsen
vn̄ herten geschweere sind gůt
die beppeln gestossen vnd darū
ber geleget· ❡ Auch sind bappe/
len gůt zů zeytigen also das mā
die bleter stoß· vn̄ die schweysse
in reynbärgen speck· vn̄ gelegt
auff geschweere· vn̄ dises sol gē
schehen so die bletter grün sind·
❡ Die wurczel hat mer krafft
den̄ die bleter grün vn̄ auch dür
re· ❡ Dise wurczeln gesotten in
wasser vnnd darnach zerstossen
vnnd darunder gemüschet eyeß
weyßs· vnd gersten meel· vnnd
geleget auff die heyssenn gesch/
weere· kület vnd waychet sÿ·
❡ Der meister Auicēna spricht
das bappelwurczeln vn̄ auch d
samen sey senfftigklich waychē·
vnd vō einand teylen ❡ Diasco
rides spricht· daz dises kraut mit
der wurczeln sol gesoten werdē·
also das dz wasser gancz einsie/
de· so beleybt dan̄ kleberichte ma
terj in dem geschirre darinnē es
gesoten hat· Die selbig materien
ist gůt auff geschweeren gelegt
sÿ waychet vn̄ teylet vō einan
der balde· ❡ Dz wasser domit pa
peln gesotē wirt gemüschet mit
baumöle vnd ein wenig wachß
ist auch gar ein gůte salben vn̄

die geschweer gestrÿchē. ¶ Der meister Diascorides spricht daz die frÿschen bleter gar gůt sind gesotē vñ auff die frÿschē wundē geleget sÿ heylen auff stund. ¶ Die blůmmen gekochett mit mulsa oder mit wein vñ darnach die gestossen. heÿlen scrofulen dz sind hertt beülen vñ auch an der böse geschweer. ¶ Also genützet benÿmet es den wee in dē afftern. ¶ Es ist auch fast gůtt den zerknüschetten gelÿdern darauff gelegēt. ¶ Der meister wilhelmus in seiner cÿrorgi ist fast brauchē pappeln zů heÿssen geschweren. vñ auch sunderlichen für geschwulst. ¶ Der same mit wein oder baumöle getemperieret. vertreÿbet aller handt fleckē vnder den augen.

Garbe ccliiii Cap

Millefolium latine. grece Menosilos.

¶ Der meister diascorides in dē capitel Menosilos idest millefolium spricht dz diser seÿ zweyer handt. eines mänlich. das ander freülich. Die mänlich garb wächßet hoch mit weÿssen haubten Aber die freülich beleÿbet klein vñ nÿder. diß wirt genant schaffgarbe. dise beÿd wachsen fast an den wegen vnd haben bleter geleych dem fenchel. Dise kreüter sind auch gar dün zů den seÿten. vnd haben auch subtile bletter die sind weÿßfarb. vnd hatt auch darumb den namen millefolium. vmb des willen das es vil vnd mangerleÿ bletter hat

¶ Item. Platearius vñ Plinius sprechen. das millefolium gestossen vnd geleget auff wundē behůtet die vor gēschwulst.

¶ Item. Millefolium gebaÿssett mit buttern. vnd außwenig geleget auff den backen. benymmet auch gar groß zeenwee die do kōmen von hÿtze. ¶ Item Wer mit not netzet der trincke garbe mit eßsig. es hilfft gar wol.

¶ Item. Millefolium ist auch gar gůt calculosis. das sind die den stein haben. darüber getruncken. ¶ Item der meister Galienus in seinem siebenden bůch genant Simplicium farmacarum in dem capitel millefolium spricht. daz garbe seÿ fast außtrucken die wunden von dem blůtte. vnd zeühet sÿ gar zůsamen

¶ Item der meister Wilhelmus im seiner cyrorgi beschreybt vns ein recept also. Nymme sanickel vnd heydDisch wundtkraut vñ seüde die mit wasser als lange. biß die kreütter zů einem můß werden. darnach thů die kreüter auch in ein thůch. vnd trucke sy durch vnd mache auch darauß einen breyen. also das siben gezeyte samen meel darunder gemüschet werde. Darnach nyme auch ein böcken ünßlet vñ reyn bärgen schmaltz. yegklichs geleych vil. baumöle halb als vyl. vnd lasse daz auch erwallen bey dem feüwer. vnd thů darzů ein wenig wachß vnnd mache auch darauß ein salben. dise salben ist auch gar gůt den wunden darauff geleget sy heylen on schadẽ in kürtze. ¶ Auch ist sy gůt zů gebrauchen zů alten faulen schädẽ wie die gesein mügen. Vnd der yetzgenant wilhelmus gar grossen gots lone verdienet hat mit diser salben.

Maioron cclv Capi

Maiorana vel Sansuccus latine. arabice Mercenius. grece esbrium.

¶ Der hochgelert meister Auicenna in seinem andern bůch in dem capitel Maiorana. beschreibet vns vnd spricht. das diß sey heyß vnd trucken an dem drittẽ grad. ¶ Platearius. Maiorana ist von einander thůn vnd auff thůn vnd subtil machen. ¶ Itẽ Auicenna sprichet. das das öle võ maioron geachtt ist fast gůt den jnnerlichen gelydern. domitt warm zů machen vnd auch die aussern gelyder. ¶ Das wasser das gesoten wirdt mit maioron ist gůtt gethon in die scharpffen hörner oder sy domitt geneczet es behütet den menschē dz nach dem schrepffen nit böses darzů schlecht als dañ dÿcke geschicht durch vnreÿne eÿsen od köpffe ¶ Plinius vnnd Serapio sprechē· das der safft von maiorana gestrÿchen über gelebert blůt/ od todt geblůte· bringe jme widerumb sein krafft· ¶ Maiorana gesoten in laugen vnd dz haubt domit gewäschen· benÿmt groß haubtwee· besunderlichen denen die mit grosser fantaseÿen vmbgeen· als dann sind melancolici vnd den selben bekōmet es aller bast· ¶ Maiorana ist fast gůtt dem hÿrn· vnd benÿmt die stopffung der gelider· vnd darumb ist dises kraut nücz den jhenen dÿe do beladen sind mit der bösen sucht epilentia genant· vnd sunderlich den die das haubt zů rucken keren· vnnd auch die do torturi werden· das ist die das maul schlemis machen· als dann geschichte apopleticis· das ist d schlag ¶ Cassius felix ein meister spricht· daz dz öle vō maiorō gůt seÿ für all ÿeczgenante gebrestē ¶ Item maiorana gedörret vñ gebulfert vñ gemüschet mit hönig· vnd geschmieret über gelebert blůt vnder den augen· benÿmet es· ¶ Maiorana öle erwörmet den frawen jr můter·

¶ Der meister Rasis spricht dz von dem gůtten geruchen des meyron vnd auch der hyczung halben vnd subtilung das dÿses kraut in jm hat so ist es fast gůt genüczet allen kranckheytē die von kelte kōmen· vnd sterckett domit daz hÿrn vnd alle gelÿder des ganczen leybes· ¶ Der meister Plinius in dem capitel maiorana sprichet· das dise grosse krafft habe zů wörmē die jnnerlichen gelÿder· vnd domit waÿchet es auch das milcz· vñ benÿmet die geschwulst dauon·

¶ Maiorana gesoten vñ getruncken benÿmet die wassersucht

¶ Maiorana machet wol härmen ¶ Der safft von maiorana gemüschet mit hönig vnd gestrichen auff gelebert blůte· benÿmmet das vnnd heÿlet die selben flecken· ¶ Item maiorana gebrauchet mit polenta· benÿmett die geschwulst des ganczen leÿbes ¶ In dem bůch circa instās beschreiben vns die meister in dē capitel maiorana vnd sprechen daz die blůmen gar nücz sind gebrauchet in der erczneÿ· vnd die sol man sameln in dem summer vnd die behalten über jare·

¶ Item maiorana geessen in der kost vnd auch dauon getruncke erwörmet den erkalten magen· vnd machet wol deüwen· vnnd benÿmet domit die schwÿntsuchte ptisis genant· ¶ Die blůmen vñ auch das kraut geton in ein säcklein· vnd geleget auff dē magen benÿmet das wee dauon

¶ Item maiorana gebulfert vñ auch gelassen in die nasen· seübert daz haubt vnd erwörmet es Vnnd ist auch fast gesundt einē yegklichen also gebrauchet·

¶ Item maiorana gesoten in wasser· vnd den tampff gelassen vnden auff· reÿniget die můter·

Vnd alle obgeschribne stuck be/
schreibet Auicenna in seinem an
dern bůch·in dem capitel maio/
rana·

Andron cclvi Cap

Marubium siue Prassium lati/
ne·grece philoflores·arabice fa=
rasÿon vel Marmaco·

¶ In dem bůch genant circa in/
stans beschreiben vns die meist/
er vnd sprechen·daz dises kraut
seÿ heÿß vnd trucken an dẽ drit/
ten grad·etlich sprechen an dem
andern grad·Die bleter braucht
man in der erczney vnd die rÿn
den der wurczlen· Dises krautt
sol man dörrenn·das weret ein
jar vnd nit darüber·Es ist von
natur dissoluieren vñ auff thůn

Der meister Serapio in dem bů
ch aggregatoris in dem capitel
Farasÿon idest prassiũ siue ma=
rubium·beschreibet vns vñ spri
chet·das dises kraut hab vil stẽ
gel die do geen auß einer wurcz
len·die bletter sind eines daum=
en lang vnd rund vñ rauch·die
blůmen vnd auch der same sind
geteÿlet durch die este·d ist run
de vnd scherpfflich·Es wechßet
gern auff dem felde vnd auch in
den heüsern·¶ Item Diascorides
in dem capitel marubium sprich
et·das andron habe stengel dye
sind weÿßs vnd scharpff vnd
vierecket·vñ die bleter sind bit/
ter· ¶ Der same ist rund vnnd
scharpff vnd wechßt an vil en/
den·¶ Der meister auicenna be
schreibt vns vnd spricht·das di=
ses kraut seÿ fast bitter·¶ Ori/
basius spricht·das die hÿcze vñ
die trückne von disem kraut nit
fast starck seÿ· ¶ Diascorides
die bletter oder der safft von den
blettern·oder den samen gesoten
in wein vnd den getruncken mit
hönig·ist fast gůt ptisis·das ist
die das abnemen haben·vnd au
ch die do fast hůsten·¶ Andron
ist gůt zů brauchen für die pesti
lencz·die bleter oder den safft mit
einem tüchlein geneczet vñ dar/
umb geschlagen·¶ Marubium
ist gůt den frawen die bößlichen
gebeeren·vnd treÿbet auß die an
dern geburt secundina genant·
¶ Den safft gedörret vnd dar/
nach gemüschet mit hönig vnd
wein vnd gestrichen an die au/
gen·vertreÿbet den schein der au

gen· ¶ Andron mit hönig getē/
periert seübert vnnd heylet die
wunden· ¶ Auch heylet das sel
big geschweren die vmb sich dz
fleysch essen· das selbig getrunckē
hilfft auch wol der schwerenden
seyten· ¶ Item Andron safft ge/
müschet mit baumöle vn̄ den in
die oren gethon vertreybet jrenn
grossen schmertzen· ¶ Der mei/
ster Diascorides spricht· das an
dron mit gůt sey den die do lendē
siech sind· oder in der blasen ge/
brechen haben· ¶ Wer den hůsten
häte der neme fenchel vn̄d dylle
yegklichs geleych vil· vnnd thů
darzů andron das dritteyl· vnd
seüde auch das mit wein· vnnd
darnach so seihe es do durch ein
thůch· vnd trincke das· es stillet
auch den hůsten gar behende·
¶ Item· Wenn die därme wee/
thůnd oder gebrochē sind· d sie/
de auch andron mit wein vnnd
thů hönig darzů· vnnd lasse es
auch kalt werden vnd trinck dz
dyck es hilfft gar wol· ¶ Die
meister sprechen auch gemeyni/
klichen· das der safft vō andron
seye fast gůt zů maniger hanndt
kranckheyten· als vns beschrey
ben Auicenna Diascoris Platea
rius vnd Plinius· vnd auch an
der vil die hie vnder wegen ge/
lassen werden vmb kürtze willē
¶ Item andron gesotten mit le/
ckeritz· vnd auch mit fenchel sa/
men vnd mit wein ein dritteyle
eingesoten vnd auch durch ge/
schlagen vnd süß gemachet mit
zucker· ist fast gůt wider dz dar/
me gesüchte genant colica· vnnd
auch wider die bestopffung des
harms genāt stranguiria suria
dissuria·

Alraun man
Das cclvii Capit

Mandragora latine· grece An/
thimon· vel Triceon· arabice le
borat·
¶ Die meister sprechen gemeynī
klich· das zweyer handt sey d al
raun· eine d man· die ander dye
fraw· In dem bůch genant circa
instans beschreiben vns die mei
ster vn̄ sprechen· daz mandrago

ra sey kalt vñ truckē an dem drit ten grad. Vnd ist dises auch die meynung des meisters auicēne Die fraw hat spytzigere bleter denn der man. Etlich meister sprechen das die freülich genüczet werde in d erczneye vnd nit die mänlich. aber wie dē sey so brauchet man die all beyd. vnd haben bey nahe ein natur. ¶ Item. die meister beschreyben vns auch in dem bůch circa instans vñ sprechen. dz dise wurczeln verkauft werden vnd geformiert sind geleych den menschen. als mannen vnd frawen. Darzů sprechē die meister. dz ein sollichs kein war heyt auff jm habe. vñ nit also geformiert sind. vñ sollich wurczlen wachßen nit in der erdē. sunder sy werden gemachet vō künsten vñ also gestalt. ¶ Der meister Galienus in dem sibendē bůch genant Simplicium farmacarum in dem capitel mandragora beschreybet vns vñ spricht das die natur d alraun sey kalt an dem dritten grad. vñ hat ein kleine wyrme in jr. aber in dem apffel ist feüchtung. ¶ Vnd sprichet auch daz die hyrtē essen die öpffel auff dem felde. vnd wenn sy die geessen so werdend sy fast darauff schlaffen. ¶ Auch sprichet Galienus. das die rynden vō der wurczeln sey fast keltten vñ domit trucken machen. Aber daz marck in den rynden ist kein nücze in der erczney. ¶ Ettlich cyrorgici brauchē ein wurczel die ist auch diser natur als alraun. Dauō vns beschreibet Serapio vnd heysset sy marbus. vñ wächßet gern an dem schatten Dise wurczel ist weyß vñ wayçh vñ ist einer spannen lang vnd als dyck als ein daumen. Dise wurczel thůn sy in wein oder in koste. vnd lassen dauon trinckē vñ essen. die entzünndet sich an den gelydern. also das dz heylig feüwer sy jrret. die selbigen werdē auch also seer daruon schlaffen das sy mit faulen das mansznen abschneydet ein gelyd von dem leybe. ¶ Serapio in dem bůch aggregatoris in dem capitel leborat idest mandragora beschreibet vns vnd spricht. das der sey zweyer handt. eine mänlich. die ander freülich. Die freülich hat bleter geleych den lattichen vnd die bletter sind feyßt vnd haben einen schwären geruch. Dyses kraut hat keinen stämen sunder es wechßt nahēt bey d erden. vñ breyttet sich wider auß zwyschen den bletern. In der mitte hatt es ein frucht geleych den nespelen darinnē sind körner geleych als in den beeren. Dise wurczel ist auch gar groß vñ die ist auß wenig schwarcz vnd jnnwenig weyß. vnd hat auch ein grobe rynden. Das mänlich hat bletter die sind breyt vnd auch lange geleich den kolen vnd waich vnd sein frucht die ist zwier als groß als die erst. vnnd geleyche einem ampffel. vnd die sind vō farben geleych dē saffran. vñ haben einē gůten geruch Die hyrten essen d auf dem felde. vñ werden auch darnach fast schlaffen.

¶ Der wirdig meister auicenna
in seinem andern bůch in dē capi
tel Jaub spricht· das dise wurtz
wachße in d erdē gleych dē me-
schen an d gestalt od bey nahen
also formieret· ¶ Wölcher nicht
schlaffen müg d neme d rynden
diser wurtzel vñ stoß die zů bul
fer· vñ müsche darunder frawē
milch vñ das weyß vō einē eye
vñ streych dises vm̄ die schläff
d mensch wirt fast růwē dauō·
¶ Für den gryndt auff dē haubt
stosse die bleter vō alraun· vnd
lege die also gestossen auff das
haubt· sy heylē den grind zehant
¶ Platearius· der nitt schlaffen
möcht d neme öle gemachet vō
alraun· dises öle mache also· ny
me d öpffel vō dem alraun vnd
lege die in baumöle vnnd lasse
sy bayssen drey od vier tag· dar
nach seüde daz öle vnd seyhe es
durch ein thůche· Dises öle sch/
miere an die schläff· es hilfft vñ
machet schlaffen vnd růwē fast
wol· vñ sunderlichen in grossen
kranckheyten darjñ der mensch
nit růwen kan· Diß öle benym
met auch gar grosse hytze von
dem menschen ¶ Jtem die ryndē
vō alraun ist fast gůt in dē ertz
neyen die do dienen zů den augē
¶ Platearius diser rynden also
groß als drey haller gewicht na
het gehalten für die schame der
frawen· bringet menstruū· vnd
treybet auch auß von jr daz todt
kyndt· ¶ Jtem dise rynden ge
stossen zů bulfer vnd do genützt
mit einem clistier· machet schlaf
fen vnd auch růwen für alle an
dere kunst· ¶ Jtem· dise wurtzel
gesoten in wein vnnd auch auff
das gegicht geleget der gelyder·
ist den weetum̄ styllen·

Alraun frawe
Das cc.viii Capit

Mandragora mulier latine
¶ Die meister sprechen gemey/
nigklichen· das dise alraun hab
die selbigen tugent mit der erstē
vnd darumb beschreybe ich nitt
mer dauon· wann als du auch
gehörett hast in dem capitel vor
disem·

Maulbeer cclix Ca

Moracelsi latine·grece·morach arabice Hoc·

¶ Der meister Serapio in dem bůch aggregatoris in dem capitel hoc idest moracelsi·beschreibt vns vñ spricht·das der maulberen tugent sey das sy stopffen dē bauch vnd sunderlich so sy dürr sind·¶ Item sy sind gůt genüczet dissintericis·das sind die das rot haben·Vnd sind auch gůt genüczet allen andern überschwencklichen flüssen·¶ Plinius maulbeeren sollen genüczet werdē mit wein·vnd also eingetruncken·

¶ Item Diascorides·die rynden vō maulbeeren ist vō natur laxieren vñ außtreyben die würm die etwan lange zeit im dē bauch gelegen sind·¶ Item Serapio·so die maulbeer nüchter geessen werden so beleyben sy nitt langē im dem magen·so aber d magen vol ist so beleyben sy darjnn vñ bringen dem schaden·Aber so der ein wenig geessen werden schaden sy nichcz·¶ Der meister galienus spricht·das maulbeer dē menschen kleine speysung geben vnd auch den leybe wenig kreftigen·keltte halben die sy an jne haben·¶ Item·Galienus in dem sibendē bůch genant Simpliciū farmacarū·secūdū translationē grecā in dem capitel morare idest moracelsi spricht·das die zeitig frucht geessen den bauch verhertte vnd die vnzeytigen machen durchbrechen·darumb sind sy gůt genüczet für flüsse des leibes mit wasser vnnd auch mitt wein·¶ Maulbeer bleter gestossen vnd geleget auff den brannt·zeühet grosse hycze darauß·

¶ Plinius·die bleter gesoten im regen wasser vnd das in dē munde gehalten·benymet groß zeen wee·¶ Item ein wasser distillieret vō den bletern·ist fast gůt getruncken für hycze im dem leybe·

¶ Auicēna in seinem andern bůch im dem capitel morum beschreybet vns vñ spricht·das maulbeeren stopffen flüß die lang zeit gewert haben im dem leybe

Byngelkraut cclx ca

Mercurialis latine·arabice ali/
bleb·grece Linostosis vel lino/
zotis·vel parthamon

¶ Der meister Auerrois in dem bůch genant Colliget im dem capitel mercurialis beschreibt vns vnd spricht·das dises kraut sej heyß vnd trucken an dem ersten grad·¶ Diascorides im dem capitel linostosis· idest mercurialis· spricht·das dises kraut seye geleych den basilien·vnd spricht auch das zweyer handt mercurialis sey·eins freülich·dz and mãlich·dz freülich ist grösser an dẽ kraut vnd auch an dem stengel wañ der man vnd das mänlich ist kleiner an den blettern·vñ dz hat samen der ist klein·die beyde nüczet man in der erczneye

¶ Platearius·byngelkraut geessen wäychet den bauch·¶ Byngelkraut geessen benymmet die wässerigen feüchtung vnd treybet die auß sterchlich·¶ Die bleter der freülichen gestossen vnd daz gemächt des mannes domit gestrychen·machet die frawen gebeeren vñ empfahen zůhandt so das eelich wercke volbracht wirt ein tochter·also das die frawe dreymal vorhyn dauon getruncken habe· mit gůtem wein· ¶ Item die bleter des mänlichs also gestrychen an des mannes gemächt vnd die frawe getruncken wie vor·machet die frawẽ gebeeren einen sune· ¶ Plinius Die brü von einem gesotẽ koppen vnd darunder byngelkraut safft geton·vnd das genüczet ist gůt dem geschwellenden magen vnd machet lustig vmb die bruste·vnd benymmet das keychen ¶ Galienus in dem sibenden bůch genant Simplicium farmacarum in dem capitel mercurialis beschreibet vns vnd spricht· das dises kraut fast gůt seye dẽ zerschwollen bauch·das zerstossen vnnd den domit geschmieret· vnd bringet also stůlgäng· Vñ dises ist sunderlichen gůt krancken menschen die weder obnen noch vnden mügẽ ercznej brauchen·¶ Platearius·byngelkraute gesoten vnnd als ein pflaster geleget auff den bauche machett stůlgäng·¶ Item byngelkraut ist man in ein clistier vermenngen daz zů vil kranckeyt gůt ist·

57

also gemachet· Nymme bÿngel-
kraut·römßkól·feyelkraut pa/
peln yegklichs ein handt vol se-
nytbleter engelsüß yeklichs ein
lot·dises alles gesotten in dritt/
halb pfund wassers·ein dritteÿl
eingesoten vñ durchgeschlagen·
vñ darzů vermenget zweÿ lott
cassia fistel·vñ ein lot benedicte·
laxitiue vñ feÿel öle vñ dyllöle·
yegklichs dreü lot zůsamen ver/
menget·ist ein gůt clistier wider
das grÿmen in dem bauch·vnnd
wider den stein·

teüfels abysz cclxi c

Morsus dÿaboli latine·
¶ Die meister sprechen· das di/
ses seÿ ein kraut·vnd hat wur/
czeln die sind vnden stumpff ge
leych als sÿ abgebÿssen sind·
¶ Oribasius ein meister spricht
dz mit diser wurczeln der teüfel
als grossen gewalt treÿbe dz die
můter gots ein erbärmde darin
hett·vnd bename dem teüfel den
gewalt das er darnach mitt mer
mit schaffen mocht·vñ võ gros/
sem grÿmen den er do het dz jm
der gewalt entgangen was·do
bayßs er sÿ vndẽ ab·also wäch/
set sÿ noch heüt des tags·¶ Di
ser wurczel krafft ist groß vnd
das kraut vñ wurczeln sind ge/
leÿch in einer naturen·¶ Dise
wurczel gestossen vñ gelegt auf
ein entzündete glütt leschet das
zůhandt·¶ Der meister Oriba/
sius spricht·das dises kraut vñ
wurczeln sey heyß vnd trucken
an dem ersten grade·¶ Wölcher
dises kraut bey jm tregt od dÿe
wurczel·dem mag der teüfel kei
nen schaden zůgefůgen·auch ma
ge jm kein zaubereÿ geschaden
von den bösen weÿben·¶ Dise
wurczel sol man samlen in dem
herbste die weeret vnuersteeret
zwey jare·¶ Das kraut dauon
sol man brauchẽ so es noch grü
ne ist für alle gebresten außwẽ/
dig des leÿbes·Vnd man sol dz
kraut nit ein nemmen·wann es
ist mer hÿczigen jnwenig den lei
be·denn das sÿ do die hÿcze dar/
auß ziehen·¶ Dise wurczeln ist
durchdringen die därm·¶ Auch
ist sÿ fast an sich ziehen von na
tur die hycze an dem leybe·Dise
tugent von disem krautte vnnd
wurczeln ist mit zů volschreiben

Hünerderm oder myer Das cclxii Cap

Morsus galline latine·

¶ Die meister sprechen·dz dises kraut sej keltte̅·vñ wechßt gern an fayßtem vñ wol getungtem myßt od erde̅·¶ Dises kraut ist kalt vñ feücht an de̅ dritte̅ grad Dises essen die fögel vñ die hüner gern¶ Paulus hünerdärm also grüne auff ein entzünndete glütt geleget·der gewymiet rüe vnd leschung der hÿtze· ¶ Den safft von myer gemüschet mitt haußwurtze safft·barba jouis genant yegklichs ein halb pfund· baumöle ein pfund vnd dises ze samen gesoten biß das halb teyl ein geseüdet·darnach darunnder gemüschet buttern vier lot·spa̅grün ein halb lot vnd also gemachet ein salben· Dise salb dienet zů vil gebresten außwendig des leÿbes die do ko̅ment vo̅ hÿtze· vnd sunderlichen für die fisteln die darein gelassen vnd darauff geleget geleych einem pflaster· ¶ Platearius·dises kraut geleget auff die bruste benÿmet das keÿchen·also das es vorhyn gesoten werde mit wein· ¶ Dises kraut ist den leüten gar vnachtber· vnd hat doch fast vil güter bewärter tugent in jm·vnd darnmb sol dich nitt wundern das ander vil kreüter die do von gerauch vnd auch vo̅ gestalt gar vil grösser sind·als dañ ist wermůt selbe·rauten·meter·vil mer tugent haben die den mennschen zů nützen·

Braunbernſtrauch
Das cclxiii Capit

Morabacci latine et grece·

¶ Der meiſter platearius beſch=
reybet vns vnd ſpricht·das diſe
frucht wachß an einem ſtrauch
der iſt dornig·vñ hat rauhe blet
ter vnd ſcharpff·¶ Plinius ſp/
richt·das braunbeeren ſind heiß
an dem erſten grad· vnd geleÿ/
chē auch an der geſtalt dē maul/
beeren·vnd wachßen auch in dē
hecken allenthalben·¶ Item· di/
ſe beeren ſind auch gůt genüczet
calculoſis·wann ſÿ machē wol
härmen·vnd treÿben domit auß
den ſtein der do lange zeÿt in der
blaſen gelegen iſt· ¶ Item der
ſafft von branbeeren geſamlett·
vnd den gemüſchet mit dem ſÿ/
ropel eupatorij·das iſt ein ſÿro
pel gemachet von wylden ſelbe
der iſt gar gůt genüczet leproſis
vnd die ſich des jnnerlich beſor/
gen·die ſollen diſes ſÿropels nü
czen alle tag auff ein lot· ¶ Itē
der meiſter Caſſius felix ſpricht·
Wölicher an ſeinem leÿbe reü/
dig wäre d' nücze branbeer ſafft
vnd ſchmiere domit den leybe in
einem bade·die haudt wirt glatt
vnd ſchön·

Heyde cclxiiii Cap

Mirica latine et grece·

¶ Die meiſter ſprechē· dz dÿſes
ſeÿ ein gewächß warm vñ tru/
cken vō natur·vñ wechßt geren
auff dē ſand·ſein ſtengel wirt ei
nes arms lang·ſein blůmē ſind
braun·¶ Die blůmen gebayßſet
mit hönig vñ zucker vñ alſo ge
nüczet des abents vnd morgens
benÿmet febres quartanas·vnd
diſes ſol geſchehen in dē monat
ſeptember· ſo er zů nÿmet achtt
tag nach einander·¶ Diſe blům
men ſind gůt für die erkaltetē
vnnd gichtigen gelÿder· die mit
wein eingenōmen· ¶ Paulus
Diſe blůmen geſtoſſen zů bulfer
darund gemüſchet auricula mu
ris·dz iſt maußore·vñ origanū·

das sind dosten yegklichs gelei
ch vil·zucker halb als vil vñ di
ses genützet geleich einer trese/
nÿ benÿm̃t den frawen den vn/
natürlichen fluß den man nent
dz weÿß· ¶ Mit disen blůmen
mage man heylen allen lenden
weetagen·die gesotẽ in wasser
vnd die lenden vñ den bauch da
mit bestrichen nach einem bade·

Pors cclxv Ca

Mirtus latine·grece et arabice
Dex vel hess·

¶ Der meÿster Serapio in dẽ
bůch aggregatoris in dem ca/
pitel Dex·idest Mirtus beschrei
bet vns vnd spricht· das dises
seÿ ein grüner stam̃ vermischet
mit schwertze·Auch etlich sind
vermischet mit rôte·Vñ die er·
sten sind besser in d̕ ertzneÿ dañ
die andern·Diser stam̃en hat fr
ucht vnd samen die werden ge/
braucht in der ertzneÿ·darnach
die bleter vñ die blůmen · vnd
wenn dise zeÿtig werdẽ so sind
sÿ zů vil sachen gůt·Die frucht
mag man behalten zweÿ jare·
An der summen sol man die blet
ter dôrren·vnd die weren leng/
er an jrer krafft dañ die blůmẽ
vnnd so sÿ ye frischer sind so sÿ
ye stercker sind an jrer krafft·
¶ Der safft von den bletern der
geleichet den blůmẽ vnd d̕ fru/
cht an seiner natur·¶ Auicẽna
in dem andern bůch in dem capi
tel Mirtus beschreibt vns vnd
spricht·das mirtus hab an jme
wôrme die ist subtil· vñ hat au
ch kelte vnd trücknet fast von
natur·¶ Diascorides spricht dz
der safft gůt seÿ der bôsen lungẽ
vnd bringet lufft vmb die bru
ste vnd machet wol harmen·
¶ Wôlicher gebÿssen wäre võ
einem vergifftigen thier d̕ trin
cke von disen bletern· er genÿ/
set·¶ Die bleter in wein gesot
ten vnd auf die wunden gelegt
als ein pflaster heilet sie do zů
handt·¶ Platearius Dise blet·
ter gesoten im wasser vnnd ein
tůch darein genetzet vnd das
geleget über die augen·benÿm̃t
jnen die geschwulst·¶ Der ho
ch gelert meister Auicẽna besch
reibt vns vnd spricht·dz vnder
allen sÿropel seÿ keiner als gůt
genützet vnd sunderlichen für
den schmertzen der lungen als

t·j·

do ist der sýropel võ mirtus gemachet. ℂ Die frucht von mirtus ist gůt genüczet dem der do blůt speýet ℂ Plinius. der safft von diser frucht ð machet wol härmen. vnd benýmet der blasen vngemach.

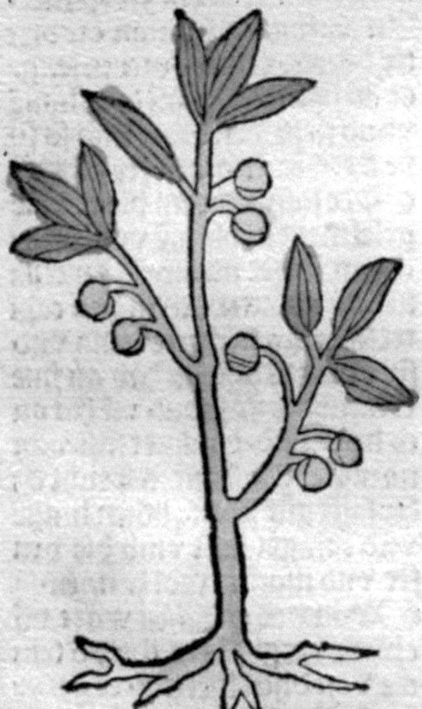

holczopfel

Das cclxvi Ca

Malamaciana latine.

ℂ Der meister Isidorus beschreibet vns vnd sprichet. dz malamaciana also geheissen sind von der stat Maciana oder võ dem selbigen lande. Etlich meister sprechen auch das dise öpfel geheyssen seýen in teütschen landen holczöpffel. Aber in hyspanien vnd in vil andern landen sind malamaciana gemein öpffel. sý seýend wilde oder heimische so werden sý geheýssen malamaciana. ℂ Der meýster Diascorides spricht. das holczöpffel so sý nit gar zeýtig sind so sind sý von natur mer stopffen dann so sý zeýttig werden. ℂ Der meister Serapio der nýmet auß der rede des meýsters Diascoridis vnd spricht. das sý gesamelt söllen werden in dem meýen. Vnd dise meinunge geleichet sich auch dẽ meister Auicenne. Aber dise red ist zůuersteen in dem lande maciana vñ nit in teütschen landen. wañ do selben do blůen sý kaum in dem meýen. ℂ Auicenna in dẽ bůch genant de viribus cordis beschreibet vns vnd spricht. das malamaciana die stercken dz herecze. ℂ In dem bůch genant circa instans do beschreyben vns die meister vnd sprechẽ. dz malamaciana seind kalt vñ trucken võ natur. ℂ Jr tugent die ist das sý sind stopffen innerlichen do den menschen die flüssig wären. vñ darumb so sind sý fast gůt genüczet den jhenen die sich brechen. vñ auch denen die einen flüssigen bauch hetten oder aber einen fluß des geblütes wie der genant wäre so mage man die darzů nüczen vnnd brauchen.

hymeltawe

Das cclxvii capi

Manna latine· arabice men vel masachamaga·

¶ Der meister Auicenna besch
reibet vns vnd spricht· das di/
ses sey ein tawe vnd fellet auf
die kreüter· Vnnd spricht auch
das manna hab mancherleye
tugent an jme· wañ warauff
der tawe fellet die selben krafft
nymet der selbig tawe an sich
das der stam̃ oder kraut jm hat
¶ In dem bůch genant circa in
stans in dem capitel manna be=
schreiben vns die meister vñ sp=
rechen· das manna sey heiß vñ
feücht getemperieret· ¶ In dem
lande jndia samelt man dysen
tawe· vnd des findet man gar
wenig auff ein male· vnnd dar
umb so wirt er fast mit künstē
gemachet als mit hönig vnd li
quiritien saffte· ¶ Die meyster
sprechen· das nichtz süssers sey
dañ manna weñ es an jm sel
ber ist vnd nit vermischet mitt
andern dingen· ¶ Der meyster
Plinius spricht· daz aller tawe
der do fellet auff die kreüter vñ
stein oder auff baum sey geheis
sen manna· vnd der ist fast süß
vnd wirt von der sunnen dicke
geleich dem hönig weñ des do
vil zesamen kōmet ¶ Der mei/
ster Rasis spricht· dz der tawe
gůt sey der do fellet auf die tan
nen baum vnd mer besser dañ
die andern tawe· ¶ Vnd diser
ist gůt genüczet für das keichē
vnd für den hůsten· vnnd rau=
met darzů die brust· ¶ Man/
na reyniget das hyrn· vnd be/
nymet den fluß auß dem haubt
vnd ist auch sunderlichen gůtt
den die den schnopffen haben
¶ Auß manna so machet man
caput purgia· vnd das do sind
wiechē die stecket man in die
nasen vnnd die do ziehendt vil
feüchtikeyten auß dem haubte·
vnnd benemen das haubtwee
das do kōmet von flüssen vnd
von feüchtē hyrn· ¶ Item man
na benymmet dye geschweren
die sich do erhaben hätten von
böser flegma· ¶ Etlich meister
sprechen wenn man māna mi=
sche in die trencke das dye sind
ettwa mer schedlichen der vr=
sachen halben so dz manna gar sel
ten fundē wirt als es ist an jm
selber sunder alle zeyt vermisch
et mit anderm dinge·

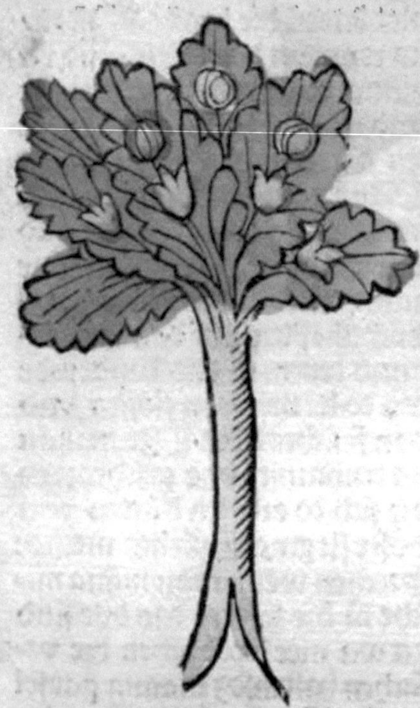

Mastix ein gummi al so genant cclxviii C

Mastix latine·grece stinus vel Achias vel gigas·arabice Mesthe·

C Die meister sprechē dz dises sey ein gūmi von einem baum in grecia wachßende·Vnnd an dem ende des meyen so beschneidet man die este oder die rindē vn̄ machet die stat bey dem baume reynlich·vnd breitten tůcher dahin auff dz der gummi nit auff die erdē falle vnd sich darunder vermische·Vnd dises ist der beste mastix der do klar vn̄ weyß ist·vnd der mastix der do mit erden vermischet ist der soll nichtz·C Galienus in dem siben den bůch genant simplicių̄ farmacorū in dem capittel mastix beschreibt vns vnnd spricht·dz der seye heyß vnnd trucken an dem andern grad·vn̄ ist vō natur weichen vnd von einander verschwendē·vnd darumb dienet der mastix dem magen ď lebern vnd dem bauch der damitt überflüssiger flegma über zogen ist·C Serapio spricht·das mastix gůt sey den hertzē geschweren darauff geleget geleich einem pflaster·C Dz öle von mastix geleichet dem gummi in seyner krafft·C Mastix ist gůt dē magen vn̄ zeücht vil böser feüchtigkeit an sich·vnd darumb so machet man dises gūmi czů dē pestilencz pillelen·vnd heyßsend pillule de mastice·C Mastix gesoten mit wasser vn̄ darunder gemischet fenchelsamen·vnd dz getrunckē machet wol deüwen·C Wer böses zanfleisch hätte der neme mastix vnd bulferisier den vnd mische darunder weissen weyrauch vnnd lege dz auf den backen do dir dz zanfleisch wee thůt·es hilffet·vnd heilet zůhandt·C Mastix gekeüwet machet weyße zene·vn̄ reyniget das hyrn von böser feüchtung also genüczet·

Das cclxix Cap

Mummia latine et grece·

C Die wirdigen meyster sprechen auch·das dyses funden werde in den grösern darjnne

die todten ligen die do gebalsa/
miert werden· wañ es ist vor al=
len zeyten gewesen dz man die
todtē leichnam mit balsam vñ
mit mirra bestecket· vñ das ge/
schicht noch heüt des tags in dē
heydnischē lande bey babylonī
en· wañ gar vil balsams do sel/
ben ist· Die selbigen leüt die fül=
lent der todten hyren vnnd den
ruckmeissel mit balsam aloe vñ
mirra· vnd von der krafft vnd
hitze des balsams zeühet er an
sich dz geblüte in das hyrn vnd
darjñ wirt es gekochet· vñ dar
nach trucknet es vnd verdorret
vñ wirt verwandelt in ein her
te materien vñ das heysset dē
mūmia· ¶ Auch findet man di
ses in dem ruckmeissel der selbi·
gen todten leichnamen· ¶ Vnd
dises ist der beste mummia der
schwartze ist vñ d' do klar ist d'
do hatt einen starcken geruch·
¶ Der meister rasis spricht· dz
mummia gůt sey dem haubte=
wee dz sich erhebt von kalter
feüchtung· vnd benymet auch
die lemde in dē gelidern· des ein
genōmen als groß als ein ger/
sten koren wyget mit meyron/
wasser· Vnnd dienet auch fast
wol genüczet torture oris epilē
cie scotomie· Das ist zů dē erst=
en wenn einem das maule sch/
leynis wirdt von dem schlage·
Zů dem andern für die fallendē
sucht· Zů dem dritten dēn die do
beduncket sy haben mucken vor
dē augen fliegen· ¶ Rasis spri=
cht das er einen gesehen hab al
so sere blůten auß der nasen daz
er hinnach gestorben was· vñ
kein erczneye mocht jn gehelf/
fen zů stopffen dañ nur alleyn
mummia· als balde vnnd das
man jm dises gabe einen halbē
syropel mit wein do stopffeten
sich die adern in der nasen·
¶ Der meister Auicenna in dē
bůch genant de viribus cordis
in dem capitel mummia besch=
reibet vns vnd spricht· das der
seye heyß an dem ende des drit/
ten grads vnd trücken an dem
ersten· vnd stercket das hercze·
vnd benymmet auch die onmā
chtigkeyt dauon·

Mirra cclxx Capi
t·iij·

Mirra latine · grece smyrna vel achantus · arabice Her ·

⸿ Die meister sprechen · dz mirr sey ein gūmi eines baums der wechßt in india · Den selbigen baum behawē die selbigen leüt so fleüsset darauß ein gūmi · vn̄ von der hicz der sunnen so wirt es hert vnd dürr · Auch so machen die selbigen leüt heüt vm̄ den baume · vnd lassen dz gūmi darauff fallen · so beleibt es vnuermischet mit der erden · Vnnd dises ist der beste mirr d ein wenig rot ist · Mirr ist heiß vnd trucken an dem anderen grade · Vnd man mag den behaltē hūdert jar vnuerseret an seiner tugent · ⸿ Diascorides · pillilen gemachet auß mirr vnnd storace vnd die genüczet sind gůtt für das keychen vnd benemen vnd hůsten vnd reynigen dz haubt von dē schnopffen · ⸿ Mirr gesoten mit wein vnd den getruncken machet wol deüwen · vnd wermet den magen · ⸿ Plateari us · der rauch von mirra in den mund gelassen vn̄ in die nasen stercket das hyrn · ⸿ Mirr ist gůt den frawen die mitt kinder empfahen die söllend den nüczen mit wein vnd den rauch vn den auff lassen · ⸿ Plinius wer mit not zů stůl gienge also das er allzeyt gelust hett vnd doch nichcz geschaffen möchte · d nücze mirr mit käßbrüe er genyset zůhandt ·

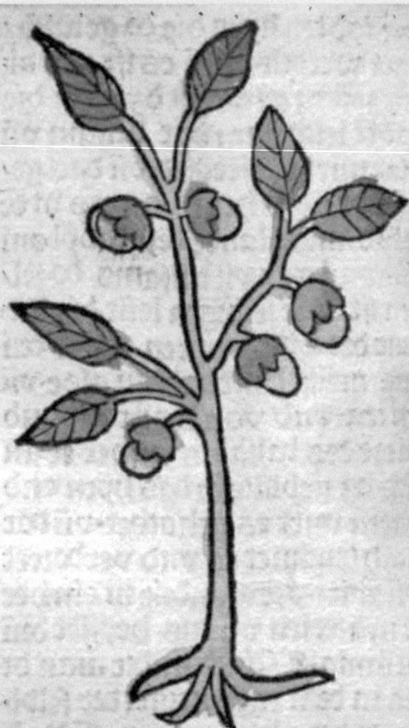

Muscaten blůmen

Das cclxxi Capit

Macis latine grece galifer siue talifar vel machil · arabice fistose vel bisbese vel hestobelle ·

⸿ Der meister Serapio in dem bůche aggregatoris in dem capitel fistose · idest macis beschreibet vns vnnd spricht · das macis sey ein rynden dye kommet von muscaten nuße · vnnd dyse sind die besten muscaten rinden die do braun seind · ⸿ Die schwarczen söllent gancz nichcz ⸿ Der meister Diascorides in dem capitel machil spricht · das diß ist ein rynden vnd kömet auß dem lande barbaria · vn̄ ist rötlat vō farben · ⸿ Der meister galienus in dē sibenden bůch genant simplicium farmacorū ·

in dem capitel macis spricht dz
diß sey ein rinde vñ die kōme
auß dem lande india · vnnd die
reüchet wol geleich den andern
wolriechenden specereyen auß
dem selbigen lande · ¶ Die eynē
flüssigen bauch habē die sollent
nüczen muscatē blůmē sy helf-
fen vnd stopffen · Vñ ist sunder
lichen gůt den die do blůt renßē
vnd die do fast böser feüchtūg
sind · ¶ Der meister auicēna in
dem bůch genāt de viribus cor-
dis spricht · das dises sterck den
magen vnnd auch das herčze ·
¶ In dem bůch genant circa in
stans im dem capitel Macis be/
schreiben vns die meister vnnd
sprechen · dz dises sey heyß vnd
trucken an dem anderen grade ·
Vnd etlich sprechen das dises
sind blůmen von muscatē · Vñ
dises ist nit d meister meinūg
sunder sy sprechē das diß sind
die rindē von muscaten nussen
vnd die findet man an den mu-
scaten geleicher weyß als man
findet die aussern rinden der ha-
selnuß · ¶ Muscaten rinden
oder blůmen werendt neün jar
vnuerseret an jrer krafft · Vnd
jr tugent ist stercke von einan/
der thůn vnd verzeren alle bö
se feüchtung · ¶ Wölcher einen
bösen magen hätte von kelten
der nücze muscatē blůmē er ge
nyset vnnd dauon getruncken ·
¶ Auch so mage man machen
ein pflaster außwenig auff dē
magen also · Nym̄ muscatē blů
men vnd pulferisier des zwey
lot vnd müsche darunder ma-
stix ein lot · oleum rosarum ein
halb lot · bleyweiß dreü quītin ·
vnnd müsche darunder wachß
das dises werde als ein pflast-
er vñ lege dz aussen auf dē ma
gen es erwermet den vñ mach-
et wol deüwen · ¶ Isidorus für
das zyttrendt herčze soll man
nüczen muscaten blůmen ·

bysum cclxxii Ca

Muscus latine · grece abonafa
siue aboanifa · arabice Misch ·
¶ Der meister Serapio in dē
bůch aggregatoris in dē capi/
tel misch beschreibt vns vñ spri
cht dz etlich thier in dē landen
genant tumbase sind · vnd die
sind geheissen gaselle vō disen
thierē kōmet d bysum · die thier
die sind gestalt geleich dē geyß
sen vñ habē zwen lang zen ne-
ben auß dē munde geen geleich
einē eberschwein · Die zen sind
fast weyß vnd schlecht · Vnd
die thier in tumbase gaselle ge-
heissen die essen nichczē anders
dañ spycanardum · vnd darūb
so ist der bysum auß dem selbi-

gen lande vil besser vñ stercker vnd wolriechender dañ der bÿsum auß senÿß·auch so ist dises die vrsach wañ die leüt in tumbase die sameln dē bÿsum weñ er gezeÿtiget in den thierē·als du hernach hören wirdest

¶ Item die thier gaselle genennet die do sind in dem lande seniß die essen alle andere kreüter Vñ darumb so ist der selbig bÿsum nit als gar starck als ð in tumbasen· ¶ Auch ist dises die vrsach dz die selbigen leüt in seniß sameln dē bÿsum so er noch nit zeÿtig ist in dē thieren·also Sÿ fahen die selbigē thiere gaselle genant vnd schneiden die· vñ sehent nit an ob der bÿsum zeÿtig seÿ in dem thiere oð nit· vñ nemen das selbig geblůt in den thieren vnd schmieren das an die haut vnd hencken die do auff vnd lassen die feüchtunge daran trucken werdē an der sunnen·wenn die dann also gedorret in dem luffte so reücht sÿ do fast starck vnnd wirdt hertte·

¶ Item die leüt in tumbase samlen dē bÿsum also·die thiere do selben gaselle genant die dē bÿsum in jn habend wenn der beÿ den thierē zeÿtig ist so gewÿnnen sÿ ein geschwere an dē leÿbe·vnd weñ das geschwere zů eÿtter gegrÿffen hat vñ die materien darauß begeret so reÿbet sich das thiere an die warmen stein die dauon der sunnen gar heÿß worden sind vnnd jucket vnd reibet sich als lang vñ als vil daran das die haut do auff brichet· vñ so fleüßt die materi auff den stein die ist geleich als blůt vñ die wirt dauon ð sunnen hert·vnd wenn die materi auß dem thier geet so vernÿmmet es also grosse senfftigunge als dann geschicht dem menschen dē sein natur entgeet so man vñ frawen mit einander zů schaffen habent· aber dises thieres senfftüg ist fast grösser dañ des menschē·wann es ist das aller subtÿlest blůt dz das thiere in im hat gleich als die natur des menschen·vnd ist aller beste gedeüwet· Diß blůt auff dem steine sameln die selbigen leüt vñ behalten das in wol verdeckten geschirren sÿlberen vnd zÿnen· vnd schicken den do in die land· Vnd disen bÿsum vermachend auch die selbigē leüt in die haut der thierē gaselle genant die sÿ in sunderheÿt darzů fahen vnd dē nüczē die künig do selbst vñ schencken den hin für groß kostlich gaben ¶ Serapio beschreibet vns vnd spricht· dz bÿsum seÿ heiß vñ trucken an dē anderen grad· ¶ Bÿsum stercket dz hercz vnd alle innerliche gelÿder· ¶ Bÿsum gemischet vnder salben do die haudt auß wenig mit geschmieret wirdt verzert die feüchtüg vñ wermet dz hÿren von seinem gůten gerauch· ¶ Galienus· bisum gebulferet vñ dz gelassen in die naßlöcher dz machet nÿesen·vñ also stercket er dz haubt vñ dz hirn vñ reÿniget dz fast wol· ¶ Etlich leüt habē als ein kräcks haub·

te vñ hyren das sy des bysums geranch mit geleydē mügen vñ ist jn gantz wider. Die selbigē mügen sich wol nöttigen vnnd den gerauch bey jn leyden. wañ er stercket vnd meret das hyrn vnd erwermet dz also das dye vernunfft des menschē auch dester stercker wirt. ¶ Bysum gemischet mit petroleo vnnd die kalten gelider damit geschmieret als dañ ist die lemde an wölichen endē das sey an dē leyb es hilfft fast wol. ¶ Platearius Wölcher einen übelriechenden mund hätte der keüwe des als ein gersten korn wygt. es hilft. ¶ Auicenna in dem büch genant de viribus cordis spricht. daz bysum sterckauch daz hertze vnnd mache dem gütt geblüte.

ein frucht cclxxiii ¶

Mirabolani latine. arabice am leegbelliget.

¶ Die meister sprechen gemeynigklichen dz dises seyen früchte vñ die wachßen in jndia vñ ist ein gewächß vñ haben doch mangerley gestalt vnd tugent an jn. Diser gestalt ist fünfferley nach dem vñ vns verzeychnet wirt in disen verßen. Mirabolanorum species sunt quinqz bonorū. Citrinus kebulus bellericus emblicus indus. die einen sind genant mirabolani citrini. die andern kebuli. die dritten bellerici. die vierdē emblici. die fünfften jndi. ¶ Die ersten als citrini purgieren colerā rubeam vñ darnach flegma. Die andern als kebuli purgierē flegma vnd darnach colerā. bellerici vnd emblici purgieren geleich mit einander coleram vñ flegma. Mirabolani jndi dye purgierent colerā nigrā. daz ist melancoley. ¶ Item dises sind die bestē mirabolani citrini die do schwär sind vñ teycht. vnd weñ man sy bricht das sy saft in jn haben. Vnd dise mag mā behalten vnuersert an jrer krafft zehen jare. Des geleichen kebuli bellerici emblici vñ jndi mag mā auch lange zeyt behalten. Vnd etlich meister sprechen dz alle mirabolani purgierend coleram. vnd etlich purgieren mer ettlich minder. Hie mercke weñ mirabolani citrini genüczet werden in der ertzney so soll man nemen die rynden dauon.

aber wenn man dauon getranck machē wil so soll man daruon nemen den keren. des geleichen kebuli. ¶ Der meyster serapio in dē bůch aggregatoris in dē capitel ambleg belliget idest mirabolani emblici et bellerici beschreibet vns vnd spricht. dz die sind kalt vnd trucken an dē ende des dritten grads. Dise genüczet benemen den durst vnd bringen lust zů essen. ¶ Der meister Johānes mesue in dem capitel mirabolani beschreibet vns vnd spricht dz emblici vnd belliriči sind von den erczneÿen die do sterckē den magē das hercz die lebern vnd alle gelÿder. vnd sterckent die vernunfft vnd benemen das herczen zÿttern. ¶ Item in dem bůch genant Pandectarū beschreiben vns die meister vō der zweÿer tugent als emblici. vnd bellerici in dē neünunddreissigisten capitel dz sich anhebet ambleg. Vnd von den anderen dreÿen tugendē als do sind citri vnd kebuli vnd jndi. beschreiben vns die meister in dem vor genanten bůch in dē. cccxxiij. capitel. ¶ Serapio spricht. dz mirabolani citrini genüczet treÿbend auß melancoleÿ vnd sterckend die augen vnd benemen dē fluß der augen vnd bringen dem menschen gůt farben ¶ Mirabolani kebuli die brauchet man zů dē afftern. als zů dē feüchtblatern vnnd sind sunderlichen gůt den aussezigē. ¶ Mirabolani jndi. die sind zů allen stucken gůtte darzů dann sind die andern vier aber doch nit also starck an jrer krafft. ¶ Der meister johānes mesue spricht. das mirabolani sind der erczneÿen die den menschen jung geschaffen machent vnd hübsch farben vnd machē einen wolriechenden mund vnd bringen dem herczen freüde vnd gůt geblůte.

Honig cclxxiiij Ca

Mel latine. Arabice hell. ¶ Serapio in dem bůch aggregatoris in dem capitel Heu beschreibet vns vnnd spricht das hönig von natur heÿß seÿe in dem ersten grade. vnnd trucken an dem anderen. ¶ Item dises ist das beste hönig daz do in dē meÿen geseczet wirdt von den bÿnen. darnach dz in dem summer fellet. Aber das hönig das do in dem winter fellet das selbig ist nit gůt vnd hat kein krafft in jm. ¶ In dem land sÿria do ist hönig dz ist fast bitter d' vrsachen halben wann die bÿnē in dem selbigen lande die essend nichczen anders dann wermůt vnd das selbig hönig ist gar zů vil sachen gůt außwendig vnd jnwendig des leibes. ¶ Item dises ist auch das beste hönig in teütschen landen das do fast süßs ist vnd hat ein rote farbē vnd das nit zů vil feücht ist. ¶ Die meister sprechen das etlich leüt die bÿnē lassen hönig werffen in holcz. vnd das selbig

hönig ist weÿß·daz sol man in
die erczneÿ mischen die do kelt
ten·aber dz rot in die erczneÿen
die do wermen· Das hönig dz
mag man behaltē hundert iare
vnuerseret an seiner krafft
Auch so findet mā hönig in dē
feldē·vnd dises das hat nit als
vil tugent an ime als das hey/
misch· Das ist ettlicher massen
bitter·vnd das selb das nüczet
man aussen an den leÿbe· Auch
so ist hönig dz man nemet ca=
stan=acium·vnd das selb wirt
von den blůmen der castanien·
wañ die bÿnen die do den casta
nien baumē nähnen sind die sel
ben bÿnen saugent der selbigen
blůmen·vnd das hönig ist nit
also süß als ander hönig·vnd
dz ist fast gůt zů vil sachē vnd
gebresten aussen an dem leÿbe·
¶ Der meister Galienus in dē
sibenden bůch genant simpliciū
farmacorum in dem capitel de
melle beschreibet vns vnd spri=
chet·dz gar mangerleÿ hönig
seye· Eines heisset mel vsuale
vnd dz selbig ist vns gar wol
bekant·Ein anders heisset mel
arthenienſe·vnd dz selbig das
kömet auß dem land arthenis
¶ Es ist auch ei anders hönig
daz selbig nemet man mel ve=
sperum·vnd dz findet man vn
der der erdē·Auch so ist ein an=
der hönig genant mel granatū
¶ Der meister auicenna in der
ersten fen des vierden bůchs in
dem capitel genant de hora ciba
tionis febricitantiū beschreibet
vnd spricht das hönig seye ge=
nant mel canne vñ das gelei=
chet dem zucker in der süsse·vñ
dz selb ist also fette das es nitt
hert wirt· Auch so findet man
hönig genēnet mel cassia fisto
latum·vnd ist die feüchtunge
in den roren der cassia fisteln
¶ In dem bůch genant circa in
stans do beschreibend vnns die
meister vnnd sprechen·das hö=
nig gůt seÿ dē onmächtigen mē
schen das do genüczet mitt hö=
nig wasser genant mulsa·vnd
den menschen die do von natur
kalt sind den selben sol man di/
ses geben mit warmer brüe·vñ
die do vō natur warm sind die
sollend dises nüczen mit kalter
brüe·¶ Platearius Hönig ge/
müschet mit campher vnd daz
also gestandē dreÿ tagē darna/
ch das antlicz damit gewäschē
benÿmmet die flecken vnder dē
augen·Auch so mag man hö/
nig müschen mit ochßen gallen
vnd also nüczen zů den flecken·
es hilfft·¶ Hönig raumet die
brust·vnd weichet die geschwe
ren auß wendig vnd inwendig
des leybes·

Peterſylien auſz dem lande Macedonien

Das cclxxv Ca

Macedonia vel ſynonum latine et grece.

¶ Die meyſter ſprechen das diſes heyſſen peterſilien auß dem lande macedonien genãt. ¶ Diſes kraut wechßt daſelben im dē gärten geleich der peterſilien in teütſchen landen. Diſes kraute iſt heyß vnd truckner naturen Diſe bleter ſind ſchwarczgrün vñ hat oben knöpff die ſind ſchwarcz. Sein wurczeln auch ſchwarcz. Vñ ſprechen etlich meiſter dz diſe peterſilien wachßen auch in alexandrien. ¶ Diſes krautes ſamen vñ wurczeln iſt man nüczen zů erczneyen. ¶ Mercke wenn man ſchreibet in die apotecken macedonia vō alexandrien ſo meinet man den ſamen. Aber die wurczeln nent man an jr ſelbs vñ die ſol vermenget werdē mit andern kreütern. ¶ Diſer ſame vñ wurczel geſoten in wein vñ die frawen den tampffe vnden auffgelaſſen benymet den weetagen der műter. ¶ Diſer ſamen getruncken mit wein benynimet den kalten ſiechtagen. ¶ Der meiſter Plinius in dem capitel petroſilium macedonicū ſpricht. das dyſes wachße in dem lannde ſyria genant. vñ doſelben wirt diſes genemiet ſynonum. ideſt petroſilium macedonicū. vnd wechßt auff den hohen felſen. Vnd darumb wirt es geheiſſen petroſilium a petra das iſt als vil als ein felße. Inde petroſilium. ¶ Auch wächßt diſes kraut in den gärten. aber dz ſelb hatt nit alſo groſſe krafft als dz do auff den felßen wechßt ¶ Vō diſem petroſilmo macedonico do lyſe Pandectam das ſechßhundert vnd achtundvierczigiſt capitel daz ſich anhebet, Synonum do findeſt du der hochgelerten meiſter Diaſcoridis vñ plinij meinungen.

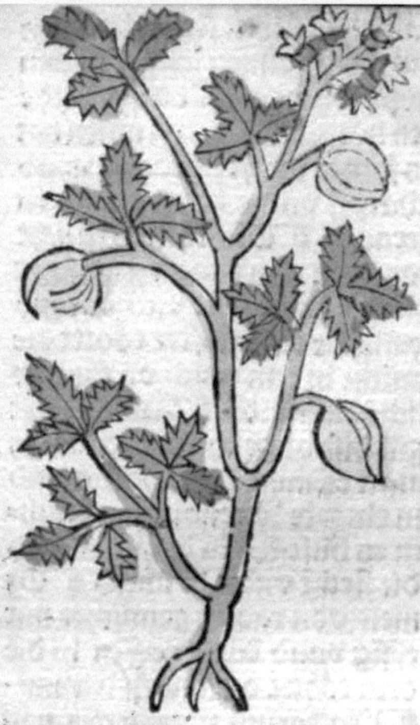

melonen cclxxvi c

Melon latine · grece sichirnis·
arabice Rehera·
⸿Der meister Galienus in sey
nem achten dē bůch simplicium
farmacarum spricht· dz der sa/
me von melonē genützt werd
in der ertzney vñ der ist vō na=
tur keltē vnd feücht machē an
dem andern grad ⸿Diser same
reynigt die haut· den gesotē vñ
damit gewäschē·Etlich meist=
er sprechen·dz melonen vil wa
chsen in den landen palestenen
vnd sarracenen·Ettlich heissen
dises cucumer· vñ sunderlch in
lombardeyen werdē sy also ge=
heissen·⸿Der meistde ysaac sp
richt das die melonen vō pale/
stenen feüchter kelter vñ kley/
ner sind dan die auß dem lande
sarracena· vnd sind auch böser
zů verdeüwē on allein dz sy lē
ger gůt beleibē·⸿Wölcher vn
natürlich hitz het in dē magen
vñ darjñ böß febres dē sind sy
gůt·⸿Ettlich meister nemen
melonē sum̄er melonē· vñ die
sind zweier hant·eine sind rot
vñ heissen pepones·die andern
sind lāg die heissen melonē od
sum̄er melonē·Diß sind beyde
kalt vñ feücht in dē ende des an
dern grads·Diß melonē haben
mangerley handt tugent an jn
darūb dz sy schwärlich sind zů
essen·⸿Diser same hat krafft
dz er machet wol harnen·vnd
reyniget die lendē vnd nyeren·
⸿Der same würcket baß in dē
lendē dan in der blasen wañ die
nyerē vnd die lendēsind fleisch
icht vñ d sant ist weich darum
scheidē sy bald·aber die blaß ist
aderrichtig·vnd darūb sind die
stein vñ d sant hert darjñ vnd
scheidē mit grosser beyn·vñ dar
umb můß mā stercker ertzneye
gebē wider dē stein in d blasen
dañ wider dē stein in dē nyeren
od lendē·⸿Serapio d ein häß
lich antlitz het d sol nemen di/
sen samē vō melonē vñ darab
thůn sein schelffet· vnd dar zů
nemē bonē mel vñ diß vnd ein
ander mischen vñ bulferisieren
vñ darauß gemachet küchē ge=
mischet mit rosenwasser vñ al=
so lassen trucknē an d sum̄e vñ
damit dz angesicht gewäschen
machet es hübsch vñ schön vñ
benym̄t all böß fleckē der haut·

raden cclxxvij Ca

Jgella latine·grece me
lanchion vel gitmelan
chium·arabice Carnon
vel ſtanix·¶ Der meiſter pau=
lus beſchreibt vns in ſeinē her/
bario vnd ſpricht· das Nigelle
ſind heiß vnnd trucken an dem
dritten grad·vnd den ſamē nü=
tzet man in der ertzney· vñ der
iſt genant Nigella·vñ wechßt
geren do es ſteinict iſt·vñ ſund=
lichen ſo wechßt er geren vnder
der frucht·¶ Diſen ſamen mag
man behalten zehen iar vnuer=
ſeret an ſeiner natur· ¶ Der
meiſter Serapio in dem bůche
aggregatoris in dē capitel car=
uon ideſt nigella ſpricht· daz di
ſes kraut hab kleine bleter vñ
hab klein ſubtil ſtengel nahent
zweyer ſpannen lang·An dem
gypffel hat es heübter geleiche
den kornblůmen da innen hat
es ſamen der iſt ſchwartz vnnd
ſcharpff vñ der hat einen gůten
geruch· ¶ Diaſcorides ſpricht
daz mele von radten gemiſchet
mit wermůt ſafft vnd darauß
gemacht ein pflaſter tödtet die
würm in dem bauch vñ ſunder=
lichē den kindē·¶ Auch iſt faſt
gůt diſe obgeſchribne ſtucke dz
man es miſche mit hönig vnd
in eingebe dē reüdigen menſch=
en es hilft·¶ Es benymet auch
die fleckē vnder dē augē· ¶ Dz
mele von radten gemiſchet mit
eßſig vnnd das gelaſſen in die
oren tödtet die würm darinnē·
¶ Platearius nigella geton in
ein glaß vñ darüber wein geſo
ten vnd den getruncken iſt gůtt
ſtranguiriosis·dz iſt die da mit
not netzēt·Auch benymt es die
lendē ſucht alſo genützet·¶ Au
ch ſo ſprechent die meiſter·das
man nit vil radtē nemen ſol in
den leib·ſunder ein quintin vnd
nit darüber·¶ Nigella ſol man
thůn in ein thüchlein vñ ſy hal
ten für die naſen benymmet dē
ſchnopffen vnnd den fluß des
haubtes·¶ Diaſcorides Nyme
ſchwärtzeln wurtzeln vñ ſtoſſe
die zů bulfer vñ miſche darun/
der mele von radten vnd nym
des ein mit eßſig· Diſes iſt faſt
gůt den auſſetzigen an dē erſten
¶ Nigella mit eßſig geſotē vñ
den in dem munde gehalten beny
met dē zan wetagen·¶ Plini=

ns Radten sind den seügenden frawen nit gůt wañ sÿ verschwenden die milch. ¶ Die böse feüchtung die der mensch in jm hat vnd die verstopffte die ver deüwen die radten vnd verzeren sÿ. ¶ Den ein vergifftig thiere gestochē hätte der neme der radten ein quintin vnd trincke die do ein mit wein. es hilft ¶ Einē rauch gemachet in dem hauße von radten. machet fliehen die schlangen vnnd andere vergifftige tier darauß ¶ Radten ein quintin genōmen vnnd die gestossen zů melbe vnd dar under gemüschet eppich samen treÿbet auß das kalte das sich lange zeyt verhinderet hatt in dem menschen. vnd sunderlichē quartanam. ¶ Das bulfer vō radten genōmen ein gůtt teÿle vnd das gesoten in starckem eßsig also das es fast dicke werde darnach so thů darzů nußs öle vnnd mache darauß ein salben Dise salben ist gůtt für die bösen raudē darauß dann werden maledeÿen. vñ benÿminet auch die bösen grÿndē flecken von dē antlicz darüber geschmiezet des abents so er schlaffen will geen. ¶ Radten mässigklich genüczt sind gůt calcalosis. dz sind die menschen die den stein haben

kress cclxxviii Ca

Nasturcium latine. grece Cardamus. arabice jozsalbachafe vel madiera.

¶ Die meister beschreiben vns vnd sprechen. das mangerleÿe nasturcium sey. Eins heißt nasturcium silvestre. daz ist wilde kreßs. Ein anders heißt aquaticum. vñ heisset brunnē kreßs vō der wir nichtz in disem capitel beschreiben. ¶ Jn dē bůch genant circa instans beschreibent vns die meister vnd sprechent das nasturcium seÿ heiß vnnd trucken an dem vierden grade. Etlich meister die sprechen beÿ dem dritten grad. Der same nasturcij wirt gebraucht in d erczneÿ. vnd weñ die ärczte schreiten in jren recepten nasturciū· so meynen sy den samen vñ nit das kraut ¶ Der samen weret fünff jare vnuersert an seiner natur· Dz kraut so es do noch grün ist so ist es gůt zů manigerley sachē· aber dürr so ist es kein nücze oder gar wenig·

¶ Der meister Diascorides in dem capitel cardamus idest nasturciū beschreibt vns vñ spricht daz zweyer hant nasturciū sey·Eine wild· die ander zām· Die zām nasturciū ist die beste Die wilde wechßt gern bey den bächen oder bey dem gewässere der hat auch vil tugent an jme· vnd der ist kalt an dem dritten grad· ¶ Der meister Galienus in dē sybenden bůch genant simplicium farmacorum in dē capitel nasturcium spricht·dz der same des zamen hab tugēt heiß zů machen vnd zů trücknen die überflüssigen feüchtung· Vñ ist gar nahent geleich dem senff samen·¶ Den samē genüczet mit wein vertreibt die todtē geburte¶ Den samē getrunckē mit essig benymet die geschwulst vō dem milcze·¶ Der same geessen mit hönig vertreibt den hůsten vnd machet lüfftig vmb die brust· ¶ Den samē gekeüwet in dem munde vnd den gehalten vnder der zungen benymmet jre die leme vñ machet widerumb reden· ¶ Auch so sol mā wissen dz nasturcium ist nit gůt alleine geessen wañ es mindert die krafft des menschen vnd machet böse feüchtung in dē menschen· wañ es wechßt gern vō feüchter erden vnnd gar selten an der sunnen· ¶ Der meyster Auicenna spricht·daz der samē nasturcij bestopffe den fluß des haubtes oder den schnopffen on schaden·den genüczet mit mulsa Von dem brunkräß findest du in dem capitel Senacion de S·

¶ Item gartenkräß ist gůt wider dz gegicht· den samen do in wein gesoten vnd in einen sack geton vnd warm auf das gegicht gelyde geleget ·¶ Item der samen gebulfert vnd eingenōmen zů der nasen ist das hyren reynigen·vnd ist gůt wider die haubt weetugen genant litargia·

seeblůmen cclxxix C

Nenufar latine arabice silofar grece Nÿmphoa.

C In dem bůche circa instans beschreiben vns die meister vñ sprechen. das Nenufar kaltter vnd feüchter natur seÿ an dem andern grad. Vñ ist ein krautt dz hat breite bleter vnd wechßt gern an feüchten endē. Vnd ist zweÿerhandt nenufar. die einē haben blůmen vō farben die ist purpurē. vñ die ist die beste die ander hat blůmē die habē farb geleich dē saffran. vnd die sind nit als gůt als die ersten. Die blůmē sol mā sameln in dē monat genāt septēber. die werent zweÿ jar. Vnd die blůmen die man findet an kalten endē |die sind besser dañ die do wachßen an heissen endē. Auß dē blůmē machet mā ein sÿropel vñ des findet mā allzeit in ð apotekē. C Der sÿropel ist gůt genüczet dē die do febres habē. vñ die eī hiczige lebern habē. Den sÿropel mach also. Nÿm der blůmē vñ seüde die in wasser vñ thů deñ dz wasser durch ein tůch seihē vñ darunð mische dañ zucker als vil du wilt. C Der sÿropel ist gůt genüczt die do haubt wee habē vō hicz. C Die sarracener tůnd die blůmē in wasser vñ lassen die steē über nacht vñ trinckē dz des morgēs vñ streichen mit dem wasser die naßlöcher ee dz sÿ in den lufft geend. C Wölche dises tůnd die habē den selbigen tag růwe in jrem haubt. vnd besteet sÿ auch kein zůfällige kranckheit. C Auicēna in seinē andern bůch in dem capitel nenufar spricht|dz der sÿropel dauon genüczet weÿchet den bauch vñ seÿ fast gůt dē febres die sich eÿgnen in dē summer. vnd leschet sterckclichē die hicze in dem menschen. C Item Auicenna in dem bůch genant de viribus cordis spricht dz nenufar stercke das hercz. vñ sunderlichen der sÿropel dauon.

C Item ettlich meister sprechē dz dise blůmen schwÿmen auf dē seen oder andern wassern die do still steend. Die blůmē sind auch ein teÿl geel vnnd ein teÿl weiß. Die blůmē nüczet man in den erczneÿen vnnd nit das kraut.

haselnuss cclxxx C

Nux auellana latine · arabice Lenzagileux·

C Der meister Diascorides spricht· dz haselnuß genüczet in der kost machet dē gesundē leyb feyßt· C Auellana gestossen vnd getrunckē mit hönig waßser genant mulsa· benymet den hůsten· C Haselnuß gestossen vñ darunder gemischet kleyne rosyn vñ das genüczet ist gůtt der bösen lebern vñ auch d bösen lungen· C Auellana gestoßsen vñ darund gemischet reynbärgen speck vñ berenschmalcz vnd darauß gemachet ein salbe vnnd sich geschmieret do eyner kale wäre·machet fast sere har wachsen· C Der meister johannes mesue in dem capitel de oleis beschreibt vns vñ spricht· dz das öle von haselnuß benemē den schmerczen der gelyder darauf geleget· C Der meister auicenna in dem andern bůch in dē capitel Auellana spricht·dz haselnuß fast mer den leib speysen dañ ander nuß · der vrsachen halben dz sy an jn haben hyccze vnd doch sich nit bald lassen deüwen· C Ypocras spricht dz Auellana gůt sind geessen mit hönig wasser wañ also vertreiben sy dē hůsten vñ machē außwerffen· Vñ spricht auch dz sy langsam verdeüwen·vñ machen sich geren oben auß brechen· C Item haselnuß in speyse genüczet bringen haubt weetagē vñ sind den magen auff blasen mit winde· vñ bringen dem gesunden menschen fetkeyt· wañ sy mer speysen dañ die gemeynen nuß· Auch so sind sy abnemen den alten hůsten· C Haselnuß sind warm vñ truckē dar zů sy ein zů neygung haben·

welysch nuss
Das cclxxxi Cap

Nux vsualis latine · Arabice lenz alexandrie· grece careabasilica vel karia·

C Diascorides spricht·das dise nuß geessen den menschen tempffend vmb die brust·vnd machent den hůsten vnd auch das haubtwee·Aber die gift damit zůuertreyben so sind sy fast gůt C Der hochgelert meister Aui

cenna in seinē anderen bůch in
dem capitel dē nuce spricht· das
dise nuſz sind heiß an dē drit/
ten grad vñ trucken an dem an
fang des andern grads· Vñ sp/
richt dz die bletter vnd die rin/
den dises baums sind von na=
tur stopffen geblůte dz do zů se
re fleüsset· ¶ Das öle von den
nussen ist auch fast tempfen die
brust· vnd den menschē in zůfel
ligen siechtagen bringē· ¶ Der
meister Rabbi moyses spricht·
Wölcher vil nuſz yſset dē ver/
geet die sprach vñ mag mit bal
wider zů rede kömē vō gros
ser heyserkeit die sy machen
¶ Der meister auerrois in sein
em bůch colligēt genant in dem
capitel de nuce spricht· wölcher
vil diser nuſz yſset machē pa/
ralisum lingue· vñ bringen vo
mitum· ¶ Galienus in dē siben=
den bůch genant simpliciū far/
macorum spricht· dz dise nuſz
genüczet mit hönig vñ feygen
benemen vergift· ¶ Für die pe
stilencz· Nym nuſz keren vnd
wächalteren vnnd rauten yeg=
klichs ein lot vñ thů darunder
gůten essig· dises nücz des mor
gens so du auſz deinē hauſz geen
wilt ein wenig· du bist dē selbi
gen tag sicher vor d pestilencz·
¶ Auch so magst du dises bey
dir tragē in einem tůchlein vñ
daran riechen· ¶ Jsidorus spri=
cht· das nux köme von dē wort
noceo· das heisset schadē· wañ
der baum vnd seiner bletter kr=
affte die schadend den nächsten
baumen gar sere· ¶ Die nuſz
die heisset man in dē teütschen
baumnuſz oder wälisch nuſz·
darumb das man jr ein vnder=
scheid wisse für anderley nuſz
¶ Von disen nussen lyse dz bů=
ch Pandecta dz fünff hundert
vnd dreü vnd sibenczigist capi=
tel· do findest du vil lere von jn

Nespelbaum
Das cclxxxii Cap

Nespilus latine arabice zaror
grece trionum vel trigonū·
¶ Serapio in dem bůch aggre=
gatoris in dem capittel Zaror·
idest nespilus sprichet auch· daz
dises seye ein baume mitt dor=
nen· vnd die frücht sind kleyne
als klein öpffel· Dise frucht ist
langsam zů verdeüwen· ¶ Die
meister sprechē das diser baum

habe bletter geleich den küdten
baum bletern vnd hat ein schar
pffe rinde· ¶ Diser baum wech
set nit gar hoch· weñ diser bau=
me gepflanczet wirdt auf eine
frembdē stam̃ es sey byrnbaums
stam̃ öpffelbaums stam̃ doren
baums stam̃ oder eines andern
baums so wirt die frucht groß
vnd hat nit gar als hert keren
in jr· aber so dise frucht wechßt
auff jrem eygnen stam̃en so hat
sy stein in jr· wann dise frucht
hat drey oder vier stein in jr die
sind fast hert· ¶ Der meister al
mansor tractatu tercio spricht·
daz nespelen sind kalt vñ truck
ner natur· ¶ Dise frucht bene=
men vomitũ das ist das brechē
oben auß· ¶ Diascorides sprich
et das diß hab einen rotundē
samē vnd klein früchte geleich
den holczöpffeln· Vñ spricht daz
dise frucht habe drey beyn dar=
umb werd sy geheissen Trigo
num in grecũ· Von diser frucht
lyse pandecta de Z· dz sibenhun
dert vñ·x·capitel zaror genant
In disem capitel nemē die mei
ster dise frucht Mespilū· ¶ Isi=
dorus· Dise frucht stercket den
magen· sy benymet dz auffstoß
sen vñ das vndeüwen· Von di
ses baumes holcz machet man
gar gůt knüdtel zů fechten vñ
zů kempffen vñ bösen weyben
damit die lenden czů schmieren
sind sy fast gůt·

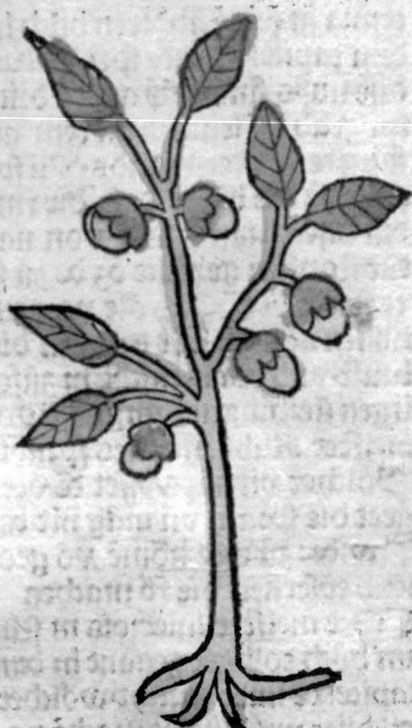

Muscaten cclxxxiii c

Nux muscata latine· Arabice
jeuzbaue·
¶ Die meister sprechē dz dises
sey ein frucht eines baums der
wechset in india· vnd weñ die
zeytig werdē so samlet mā die
Vñ werend zwey jar vnuerse=
ret an jrer natur· Vñ sind heiß
vñ trucken an dē andern grad·
¶ Dises sind die besten die ein
wenig breit sind vnd schwäre
vñ so man die bricht dz sy sich
nit lassen zerreibē· Jr ander tu=
gent ist stercke vō jrem gůtē ge
rauch dē sy an jn haben· ¶ Wer
nit wol deüwen möcht d' nücze
muscatē mit eyern od mit brüe
¶ Auch machē muscatē hübsch
farbe des morgens der genüczet

¶ Diascorides spricht dz muscaten mit wein gesoten vñ den getrunckē ist gůt dē lebern vñ lungē· ¶ Muscatē gesotē mit wein vñ darunder gemischet mastix ånis vñ kümel vñ dē getruncken des morgēs vnd des abents stercket dz hyrn·vñ macht gůt vernūft· ¶ Itē muscatē stopffē die frawē an jrer zeit vñ bringen damit grosse kraft· ¶ Item muscatē gestossen vñ gemischt mit lorbeer vnd dises genüczet mit wein machet wol härmen

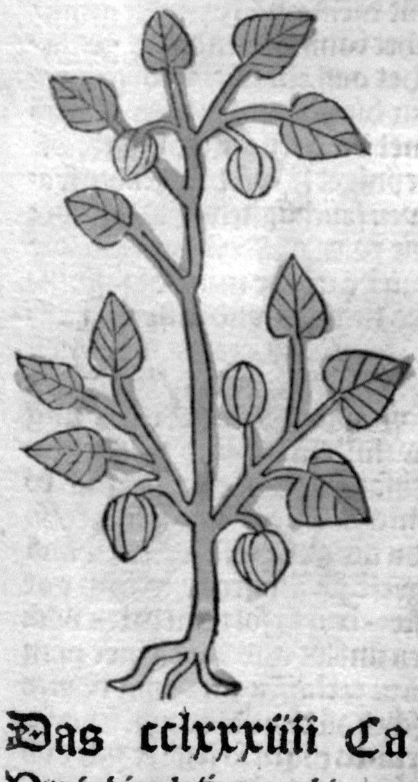

Das cclxxxviii Ca

Nux indica latine·arabice neregil·

¶ Die meister sprechē gemeinklich dz diß sey ein nuß zweyer od' dreyer feüst groß vñ die wachßt in india· vnd dz jñwenig darjñ ist brauchet mā in d' erczney· Dise nuß ist heiß vñ truckē Etlich meister sprechē dz dises sey heiß vñ feücht· dise nuß weret·x·jar vnuerseret an jrer natur· Ir ander tugent ist stercken dz hercz vñ dz geblůt vñ stercket coitū· ¶ Dise meister Galienus vñ Diascorides sprechēt dz dise nuß gebulfert mit zymmetrōzen vñ genüczt in d' kost meret des mañes werck genāt coitū fast sere· ¶ Wölcher verstopffet wār an dē harm d' nücze diß bulfer er genyset ¶ Wölcher dz keichē het vō kelte d' siede feygē in wein darnach misch darund' diß bulfer vō dē nussen vñ trinck d' benymt dz vñ machet lüfftig vm die brust·vnd benymet den alten hůsten·

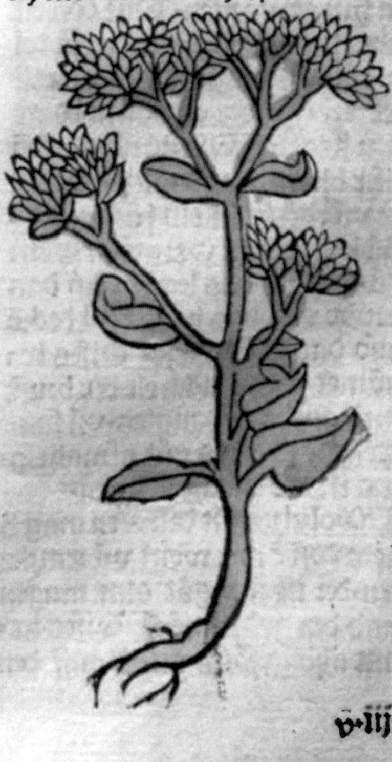

Dosten cclxxxv C

Riganū latine· ¶ In
dem bůch circa instans
beschreibē vns die mei/
ster vnd sprechent·das
dosten seind heiss vnd trucken
an dem dritten grad·vn̄ der ist
zweyer handt· Eine wilde die
ander zäme·Die wilden dosten
haben breittere bleter vnd sind
als gůt als die zämē· Die zäm
en wachsen gern in den gätten
vnd haben kleine bleter die soll
man nützen in der ertzney·Vn̄
die söllen gesamelt werdē so sÿ
blůmen tragen·vn̄ söllen gedör
ret werdē in dem lufft·Die ble=
ter vnd die blůmē sol man nü
tzen vn̄ den stengel hin werffen
die weren ein jar darnach söllē
sÿ erneüwert werdē vnd die al
ten hin geworffen· Dise dosten
haben tugent vō einander zů tei
len vnd zů im zů ziehen vn̄ czů
verzerē· In der wurtzeln do ist
kein kraft·¶ Diascorides nym̄
diser blůmen vnd auch die blet
ter vn̄ thů sÿ in ein säcklein·dz
säcklein sol mā wermē in wein
vn̄ darnach das legen auff das
haubt vnd das haubt zů deckē
also das er schwitze· Dises be=
nymet vil kranckheit der brust
vnd auch des haubtes·vn̄ sun=
derlichē so ist es gůt asmaticis
das ist die do fast keichen·
¶ Wölicher nit deüwen mag d
siede dostē mit wein vn̄ trincke
den·der ist fast gůt dem magen
vnd den gedärmē·¶ Dises kr=
aut also gesoten vnnd auff den
bauche geschlagen machet wol
harmen·vn̄ benÿmet strangui/
riam vn̄ dissuriam·¶ Wer den
gebresten hätte Tenasmon ge=
nant·daz ist der mit not zů stůl
gieng vnd grossen gelust hätte
vn̄ doch nichez geschaffen möch
te also dz im das als wee thät
das ime der affter für den leÿb be
herauss gienge·der neme bulfer
von dosten vn̄ streüwe es dar=
auff·er begibt sich bald in dē lei
be vnd benÿmmet damit tenas=
monem·¶ Dises kraut gesoten
mit wein vnd darunder gemü/
schet baumöle vnd das gema/
chet auff ein tůch vnd geleget
für die schame der frawen benÿ
met die hertigkeit d můter vn̄
reÿniget sÿ·vn̄ bringet der fra=
wen feüchtigkeit·¶ Wölicher
die roten aussetzigkeit genāt le
pra hätte·der neme dz safft di/
ses krautes vnd safft von an=
dron vn̄ ein wenig weins vn̄
bÿlsen öle mer dan̄ der zweÿer
safft vnd thů darzů ein wenig
weinstein öle vnd menge das
zůsamen vnd bestreiche dich do
mitt in einem schweissbade so
du auss geen wilt·vn̄ so du auss
geest so schmirtzet es dich gar
sere· dan̄ so sol man haben böck
en vnslÿt vnd dz in einer pfan
nen zerlassen·vn̄ damit dē men
schen zů dē andern mal schmie/
ren·darnach so lege er sich auff
ein bedte biss daz er getrucknet
dann so sol man nemen dosten
vn̄ die stössen vn̄ darund mü=
schen weÿssen klÿen vnd dz do
warm machē in einer pfannen

vnd also warm legen auff die aussetzigkeit genant lepra vñ darauff ein tůch bynden vnnd also ligen lassen biß dz der mensche dauon erwermet wirt· vñ dises sol man dick thůn so heilet der mensch on zweyfel· vnd man sol jm fast geben zů essend das do gůt geblůt machet vnd verdeüwlich ist· vñ alle zeyt syropel vō fumo terre· dz ist erd rauch· vnnd in dem wintter syropel von eupatorio· dz ist wilde selbe· vnnd man sol jm auch geben ein gůt regiment mit essen vnd mit trincken·

oleander ein baum
Das cclxxxvi Ca

Oleander vel landrum latine· arabice adelpha· grece Nereon vel Nerodendron·

¶ Diascorides capitulo Nereon spricht· dz dises sey ein baume der hatt bletter geleiche den mandelbaum blettern· Dyser baume bringet samen der ist als hert geleich einem horn das geleichet jm wenig an der farben dem jacincten· ¶ Auicēna in seynem andern bůch in dē capitel Oleander spricht· das dises baumes seye zweyer handt· Einer wilde· der ander zäme· Der wilde hat bleter geleich dem kraut portulaca genāt· dz ist bürtzel kraut· vnd hat bey den blettern scharpff doren· ¶ Der zäme hat bleter geleich den mandeln vnd hat gar einen bittern geschmack· ¶ Dises ist heyß an dem drittē grad vnnd trucken an dem andern· ¶ Dises baums krafft ist schedlich vñ tödtlich zů nützen Vñ wölches vnuernünfftiges thiere dises kraut oder blůmen ässe dz můste sterben· ¶ Diß kraut tödtet die flöhe die darauff kōmen oder der blůmē riechend· Vñ zů beschliessen saget auicenna das dise blůmen vergifftig sind dem menschen· vnd nit allein dem menschen sunder auch den vnuernünfftigen thieren· ¶ Von disem so lyse pandecta dz fünff hundert vñ neün vnd sechtzigist capitel de N· dz sich anhebet nereon· do findest du die warheit· Etlich meister sagen dz sey ein baum vnd hab bletter geleich dem eychbaume·

vñ der ist fast sorgklich· vñ dar
umb so sol man keinē menschē
dauon geben in den leib· vñ dar
umb so schreibe ich von seyner
krafft nit mer· wañ diser samē
wurczeln vñ bleter seind sched
lichē zů nüczen allen menschen·

wycken cclxxxvii ¶

Orobus latine·
¶ Die meister sprechen auch dz
dises sey ein frucht auff dem fel
de geleich der anderen gesäeten
frucht· ¶ Platearius spricht dz
wycken feücht vñ kalt sind an
dem dritten grad· vnd ir natur
ist durch dringen vnd resolüe
ren· ¶ Diascorides spricht· das
wycken gesoten mit hönig was
ser genant mulsa vnd darnach
gestossen vnnd den gemüschet
mit mele gemacht auß fenugre
cum das ist siben gezeyde samē
vnd darauß gemachet ein pfla
ster vñ geleget auff ein hyczig
geschwere weichet dz vnd kü
let auch fast wol ¶ Wycken ge
essen machen vil feüchtung· vñ
darumb so sind sy gůt dē hycz
igen menschen genant colericis
wann von natur colerici heiß
vnd trucken sind· vnd ist sun
derlichen gůt die genüczet mitt
hönig wasser genant mulsa
¶ Auch so sind wycken gůt ge
nüczet den magern menschē vñ
haben ein natur geleich den är
beyssen· ¶ Der meister paulus
in dem capitel Orobus spricht·
dz wycken gestossen vnd gemi
schet mit essig gůt sind erisipi
losis dz ist ein hicziger gebrech
en an dē leib· vnd heisset gemei
nigklich dz rot lauffen· darauf
geleget geleich einem pflaster·
¶ Item wycken genüczet mach
end härmen· vñ wer sy zů vile
nüczet machet blůt härmen·
¶ Item wycken mele genüczet
bringet stůlgäng· ¶ Itē wyckē
mele mit hönig wasser vermē
get vnd damit das antlicz ge
wäschen ist es reynigen· vnnd
besunderlich die flecken des ant
liczes ab thůn·

keel cclxxxviii Ca

Olus latine · grece sachilieme-
nie·
¶ Der meister Serapio in dē
bůch aggregatoris in dē capitel
Sachilmenie · idest olus besch-
reibt vns vñ spricht · das dyses
sey eim kraut vñ dz ysset man
in der kost · Sein natur ist kel-
ten vñ feücht machen an dē an-
dern grad · ¶ Dises kraut wei-
chet den bauch · vnd dises kraut
hat nit vil tugent an jm also dz
man es sey brauchē in der ertz-
ney · wañ es dienet den kranck-
en nit · den gesundē menschen ist
es anders nichez dañ eim speyse
jm weder schadet noch nüczet ·
¶ Der meister ysaac spricht dz
olus gůt sey darauß gemachet
eim pflaster vnnd sunderlichen
von der wurczeln vnd das ge-
legēt auf die geschweren genāt
zů latein faui · von disen gesch-
weren fleüsset feüchtigkeit ge-
leich dē zerlassen hönig · ¶ Ein
meister genant Habix · der spri-
chet · das köle den menschē we-
nig speysen · wañ es beleibt nit
lang in dē magen vnd sencket
sich in den bauch · vnd darumb
so weichet es den bauch vnd ge
et bald seinen gang vnuerdeü-
lichē · ¶ Das safft von den köl
bletern genōmen vñ darunder
gemüschet rosenöle vñ das do
gestrichē an dz haubt dz do sch
merczen hat vō der sunnen den
benymet es · ¶ Dises kraut ge-
kochet vñ darunder gemüschet
mandelnöle · vnd den safft von
granet öpffeln der süssen vnd
dz genüczet benymet den truck-
nen hůsten · ¶ Der meister dia
scorides spricht · dz olus sey vn-
uerdeülich vnd bläet den bauch
vñ ist flegmaticis mer schedli-
chen vrsachē halben das es die
feüchtigkeit mer meret ¶ Ypo
cras spricht dz olus nit gůt sey
den frawen die do fast krancke
sind an irē flüssen · wañ sy wer-
den dauō gemeret · ¶ Diser saft
vō köle genüczet mit wein ver
treibet dē vergifftigen biss ·

Gersten cclxxxix ¶

Ordeū latine·arabice habaet siue habaer·grece trachea·

¶ Galienus in dem sibendē bůch genant simpliciū farmacorū in dem capitel ordeū beschreibet vns vnd spricht das ordeū sey kelten vnd trucken an dem erstē grad·Gersten wirt zů vil sachen genüczet in der ertzney·vnd sundlich zů dē die keltē·¶ Mā machet dara uß polenta also Nym gerstē vñ zermale die vñ doch nit zů klein die gerstē also gemalen sol mā siedē in wasser Diß gesottē wasser dienet wol den die dz kalt wee od fieber haben·vñ dz sol man brauchen allzeit law od warm vñ nit kalt·¶ Item gersten körner gesottē in wasser biß dz wasser ein klein rölat farbe gewinnet·Diß ist gar gůt getrunckē die groß hÿtze haben wañ es verzeret dye vnnatürlichē hitze·¶ Diascorides spricht das gersten wasser treybe auß hiczen die do kömet vō heisser feüchtung·vñ ist auch fast gůt der scharpffen zungē vñ auch dem der do nit wol schlinden kan¶ Ein pflaster gemachet vō gerstē mele vñ darund gemischet küdtē kern vnd eßsig vnd gelegt auff die heÿssen geschwerē die do auff schiessent podagricis daz sind die das gegicht in den füssen haben·dē zeühet es vil hÿcze auß vñ dē mitt feüchtūg·¶ Dises pflaster geleget auff raudē die do vō hicze kömen dz heilet sÿ·¶ Item die meister sprechē gemeynigklich dz gersten mele beneme den schmerczen der heissen geschwerē vñ küle die·darauff gelegt als ein pflaster ¶ Wer vnd dē augen het ein scharpff hert raudē die sich bald von dē winde scherpffet·der siede gersten in wasser vñ seyhe es durch ein tůch·vnd wäsche sich senfftigklichē vnder den augē mit dem wasser also dz es law sey·vnd thů dz dick so gewÿnnet sein haut ein gůte farbe·vnd wirt senfft vnd lynd·¶ Item einē brey vō gersten mele gemachet mit wenig zucker vñ klein rosÿn vermengēt·das ist ein gůte speyse wider das fieber vnnd wider die hÿcze der lebern·

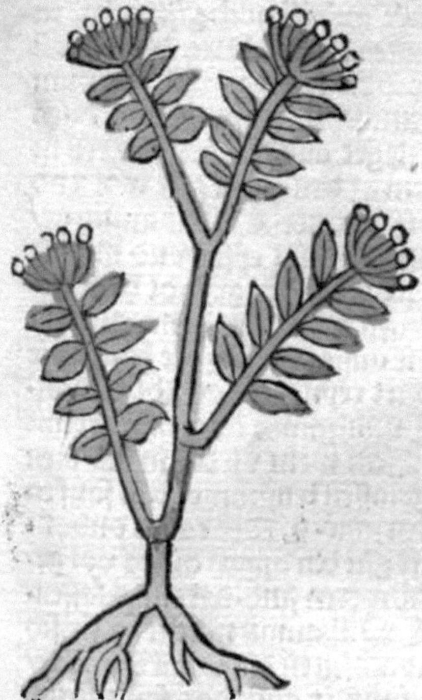

ölbaum ccxc Ca

Oliuarum arbor latine·
¶ Die meister sprechen das di
ses sey ein baum· vnnd des ist
zweyer hant· einer zām· ð and
wild·ð zāme hat bleter geleich
ð gundelrebē·¶ Die bleter des
wildē ölbaums sind grober vñ
nit als gar safftig·Diser bau m
bringet frucht die brauchet mā
zeitig vñ vnzeitig in ð erczney
So dise zeytig ist so ist sy mer
warmer natur·aber vnzeytig
ist sy keltē vñ alle flüss gestopfē
¶ Von disem baum kōmet öle
genant baumöle·daz ist gar zů
vil dingē gůt sein erster tropff
ist gar süß · ð ander nit als gar
süß·ð dritte bitter vñ vngesch=
mach· dz solt du also versteen·
So dise frucht des erstē außge=
drucket wirt so ist der erste saft
der beste vñ der edlest· Des öl=
baums blůt sind wunderlich ge
stalt·vnd haben nit vil bletter·
¶ Serapio spricht dz baumöle
fast gesunt sey dē menschen jñ/
wenig des leibs vñ außwenig
¶ Diß öle eingetruncke laxiert
vñ reyniget den bauch· ¶ Alle
schwäre gelider des leibes senff
tiget baum öle damit geschmie
ret ¶ Merck·weñ baumöle ge/
nüczt wirt mit warmē erczney
en so ist es wermē·vñ weñ mā
dz nüczet mit kaltē erczneyē so
kelt es·¶ Baumöle gestrichen
auff die adern die do geschlagē
ist senfftiget vñ heilet die bald
¶ Baumöl senfftiget den brant
vō dē neßseln·¶ Von dē baum
öle lyse Pandecta dz·cxxij·capi
tel do findest du sein tugent

weyss weyrauch
Das cclxxi Ca

Olibanum latine et grece arabice conder.
¶ Hie ist zů mercken daz hoc olibanum heisset weyrauch. hec olibanus heißt der baum daran dises gummi wechßt. ¶ Der meyster Galienus beschreybet vns vnnd spricht. das olibanū sey heiß in dē andern grad vnd trucken an dē ersten. ¶ Diascorides spricht. das olibanum sey ein gūmi von einem baume in dem lande arabien. vnd das ist schein bar vnd weyßs vnd hatt einen gůten süssen gerauch. Etlich meister die sprechen. dz dises gummi komme auß alexandrien von einem baum daselbst wachßend. Vnd dises dz ist dz beste dz do reyn ist vnd nit vermischet mit der erdē. vnd wölches ein tunckele weisse farben hat daz ist nit gůt. ¶ Dises gūmi dz mag man behaltē zweinczig jar vnuerseret an seier natur. ¶ Sein tugēt die ist stercken des gůtten gerauches halben den es in jm hat. auch so ist sein tugent consumieren vñ cōstringieren. ¶ Serapio vñ Diascorides die sprechē. daz olibanum gůt seye genüczet den wunden. wañ es zeühet die do zůsamen also dz man die nit hefften bedarff. Vnd läßt auch kein faul fleisch wachßen in den wunden ¶ Olibanum getruncken mitt wein ist gůt dē die do blůt speien. Vnnd ist auch gůtt zů allen flüssen des geblütes der mā vñ auch der frawen. ¶ Olibanum gemüschet mit milch vnd dises geleget auff die geschweren in dem afftern. hilfft fast wol vnd heylet balde. ¶ Olibanum gemüschet mit eßsig vnd mit öle vnd die bösen gryndt haut gewäschen dauon dann entsteet die aussetzigkeit. die haudt die wirt reyn vnd geladt dauon. ¶ Olibanum do gemischet mit süssem wein vñ den in die oren gelassen benymmet das saußen darjnnē. ¶ Der rauch olibani ist gůt den augen die do vol geschweren sind. darein gelassen. ¶ Olibanum macht dz fleisch wachsen in den wundē. vnd benymmet auch das faule fleisch darauß. ¶ Olibanum benymmet traurigkeit. vñ meret die vernunfft. ¶ Auicenna de viribus cordis spricht daz olibanū stercket dz hertze. vnd machet gůt frölich geblüte.

ein beyn daz man fin det in dem herczen des hyrszen

Das clxcii Capit

Os de corde cerui latine.
¶ Die meyster sprechendt ge=
meynigklich das dise beyn fun
den werden an dem herczen des
hyrßen gegen der lincken seyttē
des herczen. vnd von der wyr/
me des herczen wirt dises hert
vnnd verwandelt sich in beyn
vñ haben ein rötlat farbe. Dise
beyn habend grosse krafft vnd
tugent an jn. vnd sunderlichen
den leib damit zů stercken vnd
krefftigen. Dise beyn mag man
behaltē. xx. jar an jrer kraft. diß
beyn sind kalt vñ truckē in jrer
complexion. vnd haben tugent
zů reynigen das böß geblütte.
vnd sunderlich die melancoley
vñ dienet auch sunderlich wol
zů einē gebresten genant amor
hereos. dz ist ein sorgfälligkeit
zů dē frawē ¶ Platearius wer
dz zyttern hätte an dem herczē
vñ geneygt wär zů grosser on
macht also dz jm allzeit gesch=
winden wolte. der neme ossa de
corde cerui mit dem safft boragi
nis vñ siede die in wein vñ mi
sche darunder dyamargariton.
dz ist ein confect gemacht von
perlyn. vnd mache dz gewicht
nach deinem willen vnd trinck
den wein. er machet krefftig dz
geblüte vnd bringet dem leybe
grosse gesuntheit. ¶ Item wöl
cher groß fantasey in jm hätte
vnd wenig růwen möchte vñ
böß treüme hätte. d' nücze spe/
cereyen darein gemischet seyen
ossa de corde cerui. er gewinnet
gůt gedancken. vñ benymt die
fantasey vñ stercket die memo
rien. ¶ Plinius. Wöllicher vil
blůtet durch die nasen d' nücze
diß beyn er genyset. ¶ Item dē
menschē die in onmächt fallen
den ist nichcz besser dañ ossa de
corde cerui. ¶ Der meister ysa=
ac spricht. daz dises bulfer von
disen beynen heyßet arcocordi=
nes dz sind auffgeworffen wei
che apostemen vō einer feüch/
tung genant flegma. dißs oben
abgeschnitten vñ dises bulfers
darein gestreüwet hilffet wol.

Opopanacum ein saft
Das cccxiii Capi

Opopanacũ latine · grece pa-
nax eracklia · arabice gensis vel
hensir ·

¶ Die meister sprechẽ dz dises
sey ein saft eines krauts pana
cũ genãt · do her kõmt opopa-
nacũ ab opos qđ ẽ succus · Di-
ses wirt gesamelet im dẽ sumer
so raumet mã die erdẽ von der
wurtzel vñ sticht dareĩ so fleüß
set saft darauß ď wirt hert võ
ď summẽ darnach so schabet man
den safft von der wurtzeln mitt
messern mit den rindẽ wañ mã
findet allzeit opopanacũ ver-
mischet mit den rindẽ vnd erden
Vnd dises ist ď beste der do hat
ein klare gestalt vñ klare tro-
pffen · vñ ist von farben rötlat ·
Vnnd wenn man den brauchen
wil in der ertzney so sol mã dẽ
thůn in ein tüchlein vñ dz hen
cken in ein heiß wasser · so belei
bet die vnreynigkeit in dẽ tůch
vnnd das beste geet herauß ·
Disen safft mag man behalten
lange zeyt vnuerseret an seiner
krafft · ¶ Vnd etlich meister sp
rechen das der nymer verliere
zů ewigen tagen sein krafft ·
Opopanacũ ist heyße an dem
drittẽ grad · Vnd sein tugẽt ist
zů im ziehen materien vnd ver
zeren · ¶ Diascorides Opopa-
nacum genüczet mit einẽ wey-
chen eye benymmet dz keichen ·
vñ raumet die brust · ¶ Pillilẽ
gemachet von disem safft sind
gůt für die bösen lungẽ vñ für
den alten hůsten · ¶ Den rauch
von disem saffte in den halß ge-
lassen benymmet vulam daz ist
das blat dz für die kelẽ scheüß
set · vnd benymmet auch dz ge-
schwere in dẽ hals squinantia
genant · des rauchs gelassen in
den halß vñ aussen daran gesch
mieret ein salbẽ genant dialtea
¶ Wer wassersüchtig wär der
lasse disen saft über nacht lygen
in holler saft vñ trinck das des
morgens nüchtern · er genyset
¶ Für daz darm gesüchte · nym
disen saft vñ lasse den über na-
cht ligen in fenchelsafft vnd nü
tze den des andern tags mit zu-
cker · er genyset ·

ſant criſtofels kraut
Das ccxciiij Ca

Os mundi latine. grece pirgitis pepiũ vel Epio.

C Die meiſter ſprechent dz diſes kraut geleiche dē farn vnd iſt auch auff einer ſeÿtten ſchoticht. C Diaſcorides capitulo pirgitis ſpricht. dz diſes ſeÿ ein kraut vñ hab bleter geleich den kledtē allein das diſe ſpiczíger vñ kleiner ſind. vñ ſind inwēdig geleich dem můß vſnea genant. Diſes wechſt in dē gärten vñ hat einen ſcharpffen gerauch. Diſes kraut hat keinen ſtengel noch keinē ſamen. Diß kraut benÿmt all vergiftig bÿß dz mit wein genüczt. vñ benÿmet alſo genüczet dē blůtgang

orant alſo genant
Das ccxcv C

Orant latine et grece.

C Die meiſter ſprechen das diſes ſey eni kraut vnnd hat vil ugent. C Die ammen haben diſes kraut beÿ in ſo die frawen in kindes nöten lÿgend die geburd iſt inen deſter leichter.

C Wer diſes kraut beÿ im hatt vnnd geweÿhet wirt zů vnſer lieben frawen tag aſſumpcionis. dem mag kein zaubereÿ geſchaden. C Ander vil tugent laß ſe ich vnderwegen.

fiſchbeyn die die golt ſckmid brauchen
Das ccxcvi cap

Os sepie latine·

⁋ Jn dem bůch genant circa in stans in dem capitel Os sepie· beschreiben vns die meister vñ sprechē dz dises beyn kōm von einem fische sepie genant d hat solche beyn im dē bauch· ⁋ Wölcher gern weyß zeen hätte d neme dz bulfer von disem fische in ein tüchlein vñ reybe do die zeen damit· ⁋ Wilt du ein hübsches antlicz haben so nym dises bulfer vnd mische das mit der salben genant vngentum citrinum· vnd bestreiche dz antlicz damit es wirt schön vnnd klare· Für die bösen flecken an dem leib so nücze dises yeczgenant vngent neün tage nach einander sy vergeend vnd die haut wirt schön·

Hynwen wurczen Das cclxvii Ca

Peonia latine grece pentherebon vel pentaborān· vel pernia vel glykisidε· arabice pynaser·

⁋ Jn dem bůch genant circa in stans beschreiben vns die meister vñ sprechen· dz dise wurczel sey heyß vnnd trucken an dem andern grad· ⁋ Dise wurczeln braucht man in der erczney vñ sy sol sein schwarczfarb vñ nit leicht oder löcherig· die schwär ist die selb ist die beste· vnd die mag man behaltē zehen jar vnuerseret· aber die peonia die sich bulferet weñ mā die brichet vnd die do leicht vñ löcherigt ist die ist nit gůt in der erczney ⁋ Der wirdig meister Auicenna in seinē andern bůch in dem capitel peonia spricht· dz do sey zweier hant peonia· eine freülich· die and mänlich· die mēlich hat weiß wurczē als lāg als ein finger· die freülich hat wurczel die sind in vil teil geteilt ⁋ Diascorides spricht dz dise wurczel hab tugent den leibe zů stercken vñ frischen· ⁋ Jtem peonia genüczet machet härmē· Peonia reiniget die lebern vñ die nierē ⁋ Plateārius dise wurczel den kindē an dē hals gehengt behütet sy vor d kräckeit epilētia genāt fallend sucht· ⁋ Dise wurczeln gesotē in wein vñ den getruncken reyniget das geblütte ⁋ Jtē die frawē die nit wol gereyniget werdē in irer geburd·

dÿe sollen trincken võ diser wurczel so gewynnen sÿ jr natürlich kranckheit vnd werden wol gereÿniget on schaden von d wurczel sol man nemen als vil vnd groß als ein mandel. ¶ Von der wurczel getruncken mit wein benÿmmet das bauchwee. vñ nÿmmet damit die geelsucht vnd den schmerczen der blasen vnd d lenden. ¶ Plinius der sprichet das der rauch von dẽ stam diser wurczeln zů der nasen eingelassen benÿmmet epilemsiam genant fallende schut. ¶ Auicenna peonia benÿmmet die schwarczen flecken am leib. ¶ Dÿse wurczel ann dẽ hals gehencket benÿmmet die fallende sucht. vnd es ist geschehen das man eine kinde an hencket der wurczel vnd das kindt der kranckheit Epilemsia nÿe vernam als es die wurczel hangen hett an dẽ leibe vnd als dick man jm die wurczel abe thet gewan es alle zeÿt wider die fallẽde sucht ¶ Gallenus in dẽ sechstẽ bůch genant simplicium farmacorum in dẽ capitel peonia beschreybet vns vnd spricht das dÿse wurczel reÿniget das geblůt vñ ist scharff mit einer kleÿnẽ bitterkeit. ¶ Es sprichett auch das do seÿ zweyerhande peonia die ein heisst der man die hat ein grosse lange wurczel beÿ nahe zweÿer elen lang. die ander ist frůwenlich vnd ist die kleinest vnd hatt ein kleinere wurczel. die wurczel sind feÿÿcht geleÿch dẽ zwibeln Die kleinen in wein gesottẽ seübert die frauwen wol so sÿe kinde gewinnẽt. Vnd an andern dingen haben die zwů wurczeln geleich krafft vnd ein natur.

benonien korner
Das cccxcviii C

Pionia latine. arabice pinuser. ¶ Die meister sprechen gemeinklich das der stamme darauff diser same wachs habe groß blůmen die sind rot vnd sind gemeinklich genant benedicten rosen. Diser stam ist vns wol bekannt der wurczeln tugent ist vns beschreiben in dẽ capitel pionia. ¶ Platearius sprichet das dÿse körner in manichen wege gůtte sind vnd sunderlich den frawẽ

im jeret kranckheit die treibē sie genzklich. ⁋ Auch treÿben dÿse körner auß die todten geburte.
⁋ Wölliche frauwe leit an jeret geburt schmertzen vnd wol von stat mag der sol man gebē bino nien körner mit wein sÿ treÿben vnd helffen fast wol der geburt
⁋ Item bÿnonien körner gestos- sen vnd darvnder gemüschet zÿt/ wan vnd galgen ÿegklliches ge leich vil vñ zucker. diß dresseneÿ ist gůt genüczet des abents vnd morge is vnd treibet auß vergif te vnd bringet sanfft stůlgenge.
⁋ Wölliches kindt diser körner beÿ im treget dem mag der böse geÿst kein böse zů fügen. ⁋ Item dise körner sind in einē hause dez hause mag der böß geÿst nit sch/ den noch kein vngewltter zů fů gen. Item der körner zechne od zwölffe in rotē wein gethan vñ die frauwen den getruncken be nÿmmet jn den überflüssigē fluß der můter. ⁋ Item die frauwen den jr můter auff fert von einer seitten zů der andern die söllē ne men der körner. xv. vnd die thůn in mellecratt gemacht von hö/ nig vnd wein oder in wein vñ den trincken es hilffet fast woll
⁋ Also genüczet benymet es den siechtumb genant incobus das ist ein sucht oder fantaseÿ die dē menschen in dē schlaff ist trucken das der mensch nit redē noch si- che bewegen mag. ⁋ Item pio/ nia ist warm vnd trucken in dez andern grade ⁋ Dise wurtzel an dē hals getragen ist gůt wid die fallende sucht als Gallenus spri cht von einem kinde als lange es dise wurzel an jm hat henckē so was es von der vorgeschribē sucht entladen. vnd wā die wür czel nit an jm hieng so ward daz kindt wider kranck. ⁋ Item das bulver vonn disser wurtzel mitt wein genüczet darein gesottē ist pinonien wurtzel vnd beÿfůß ist gůt für dÿe fallende sucht ⁋ Diß bulver vorgenant in wein mitt bÿbergeÿl gesottē ist gůt genücz et wider das gegicht genant pa/ ralisis.

magsamen cccxcix ca

Papauer latine. grece anemone vel miconiū arabice caxchax cha chilli vel caschasÿ. ⁋ In dē bůch

genant circa instans beschreiben
vns die meister vnd sprechen dz
do sey zweyer magsamen· d eine
weiß am samen· der ander schw
arcz am samen· der weisse ist vō
natur kalt vnd feücht· der schw
arze ist kalte vnd trucken vō na
tur· Den samen sol man sameln
im summer so er zeytiget vnd der
weret fünff jar vnuerseret·
¶ Auß disen beyden samē sol mā
machen ein pflaster vnd darun/
der müschen frauwen milch vn̄
das weiß von eyern vnd das ge=
legeet an den schlaffe macht trů=
wen vnd wol schlaffen· ¶ Dye
frauwen auß dem lande salerni/
tane genant bulnerisierē dē weis
sen magsamen vnd müschen das
bulner mit jrer eygen milche vn̄
geben das jren kinden dye schlaf
fen sere dauon vnnd deüuen auch
wol damit· Den schwarczen sa=
men sol man nitt also eingebenn
wan er ist von natur tödtē· aber
außwendig des leibes mag mā
jn nüczen· ¶ Wer da geschwer he
te an seinē leibe der neme des sa=
mes von dē weissen magsamen·
oder das kraut dauon· vnd stoß
das vnd müsche darunder rosen
öle vnd lege das auff das gesch/
were geleich einē pflaster dz zeü
het groß hicz auß vnd sunderli=
che auff die heissen leber geleget
ist es fast nütze· ¶ Platearius
nymme bulner von dem weissen
magsamen vnd müsche dz mitt
feyelöle vnd schmiere den ruckē
meyßel damit diß benymmet die
sucht der gelyder vnd sterckt die

¶ Diascorides sprichet das do sy
dreyerhande· einer wechset mitt
weissen blůmen· der ander mitt
rosenfarben· der dritte mit bleich
en· vnder den dreyen ist der mitt
den weissen blůmen der beste von
dē macht man dē besten opiat·
Die machen etlich also· so d ma=
gsamen noch jung ist vn̄ nit gar
zeytig so findet man die oberste
haut abe die milch die da herabe
geet vnd das saffte beheldet man
das selbe ist gůt zů mancher han=
de erczney· ¶ Ettlich stossen dye
magsamen heübter in jrer selbst
milch die vō den heübter geent·
vnd das saffte behelt man· dz sel
be ist gůt an der sunnen getruck
net vnd gehalten dienet zů dem
erczneyen die do schlaffen machē
Der rosen rotblůmen hat ist dar
nach der beste· dar von machett
man öle das ysset man in d kost
¶ Wölicher nit schlaffen mag d
stoß magsamen wölicher handt
er haben mag vnd werme dē vn̄
tringe den safft darauß vn̄ zwa/
ge damit das antlicze so gewyn=
net er gůten schlaff· ¶ Item so diß
weissen magsamen heübter no/
ch grüne sind so sol man die sye
den im wasser also das dz dritteil
hönig darjn sey· dyß seüde alß
lange vnd als vil das es als di/
cke werde alß hönig· diß sol mā
wol behalten wan es ist gar gůt
zů vil dingen· ¶ Das selbe genü
czet gibt gůten schlaff vnd ver/
treibet dē hůsten vnd bestopffett
den fliessenden bauch· fich damitt
w·ij·

gestrichen. ¶ Jsaac wölicher hette das gegicht im dē füssen genant podagra. der neme opiuz vō magsamen vnd thů darzů rosenöle vnd bestreich deine füsse damitt. es vertreibet das podagram zů hant. ¶ Jtem den kindern mag man auch geben weissen magsamen gebuluert in milch vermenget machet sie schlaffen. ¶ Jtem weissen magsamē gebuluert vermenget in feÿelnöle damit gestrichen den ruckmeÿssel ist gůtt für das fieber vnd hicz der leberen. ¶ Jtem magsamen bletter in essig gesotten vnd auff das sant anthonien feüer geleget ist es vertreÿben.

boley ccc Capitel

Poleglum latine.

¶ Jn dem bůch circa instans beschreiben vns die meister vn̄ sprechen das boleÿ seÿ heiß vn̄ trucken an dem dritten grade.

¶ Jtem wan boleÿ blůmen hatt so sol man sie sameln die werent zweÿ jare. ¶ Die meister sprechen gemeinklich als Auicenna serapion Diascorides das calamētum poleglum mentastrū vn̄ origanum haben alle ein tugēt darumb schreÿben die arabes eÿns für das ander vnd darumb wirt in einer gemein erzält vnd auße gezogen auß dē arczet bůcheren die tugent des krautes. vn̄ dÿsse nachgeschriben tugent die finde an vil menschen beweret. ¶ Jtez zů dē ersten wer sich an dē leib jucket der siede boleÿe mitt wasser vn̄ wäsche sich dan mit dē warmmen wasser es vergeet jm vnnd wirt darnach nitt reüdig.

¶ Jtez den bauch damit gewäschen benymmet die geschwulst der berenmůtter ¶ Boleÿ gesotē mit wein vnd den getruncken ist fast gůt dē frauwen die sich zů lange saumen an jrer sucht. ¶ Boley ist nit gůt geessen dē frauwē die kinder tragen. wan jr kinder zů vnzeÿten dauon geberet werden ¶ Boley geessen ist gůt dē frauwen die versaumet werden durch dÿe ammen also das sÿe secundinam das ist dÿe ander geburt zů lange beÿ jnen behaltenn dar durche auch manche frawe versaumet wirt das sÿe des

sterben müsse·darumb söllen die
ammen acht haben auff die frau
wen nach der ersten geburt mitt
das die ander geburt mitt zů lan
ge auß bleibe vnd in dez leyb ver
schwelle·vnd wo das geschehe·
so müßt sie in dem leybe faulē vn̄
die frawen grossen gebrestē da
uon entpfangen vnd darumb sol
man jn geben boleÿ mit wein od
in der kost treÿbet die ander ge/
burt zůhandt auß· ¶ Boleÿ mitt
hönig vnd saltz gemüschet hilff
et den lamen vnd den zerbrochē
gelÿdern darauff geleget· ¶ bo=
leÿ mit hönig gemenget vn̄ das
eingenōmen benÿmmet das kei=
chen· ¶ Wölicher das grÿmmen
hette im dē leib oder jm bauch der
neme zweiteÿl weins vnd siede
den mit boleÿ vnd nücze den es
hilffet· ¶ Oder nÿm boleÿ mitt
hönig wasser genant mulsa od
mitt essig es hilffet on zweÿfell
¶ boleÿ mitt wein getrunckenn
vertreibet die schwarczen colera
¶ boleÿ auch also genüczet ver=
treÿbet was die nater gesticht·
¶ Item wer vō blůdte oder sän=
ste onmächtig würde der neme
boleÿ vnd stosse den vnd darun=
der müsche essig vnd lege dz für
die nasen er wirt mechtig vō dē
geruch· ¶ boleÿ gebuluert vnd
die zene damit gerÿben vertreÿ/
bet alle schmerczen dauon· boleÿ
frisch gestossen auff die sucht füß
weethům geleget genant poda=
gra benÿmmet die sucht· ¶ Sie
vertreÿbet auch also genüczette
neüwe erhaben geschwulst dÿe
gemüschet mit polenta obgenāt
vnd also warme darauff gelegt
¶ Item boleÿ gestossen vnd ge/
muschet mit saffrā vertreibet vō
se geschweren am leibe vnd sun/
derlich pannaricium das ist eine
geschwer an den nageln der hen=
de vnd wirt gemeinklich geheis=
sen würm· ¶ Platearius boleÿ
gestossen vnd auff das miltz gele
get vertreÿbt dÿe geschwulst dar
abe· ¶ Item boleÿ getrunckē mit
heissem wein ist fast gůt dē d mit
not neczet· den wein in öle geso
ten vnd auff den bauch gelegett·
¶ Boleÿ wurczel mitt starckem
wein gestossen vnd auff die ge/
schwulst geleget vertreÿbt· sÿ zů
hant· ¶ Item boleÿe in wein ge/
nücet vertreÿbet die vergifft der
schlangen· ¶ Vnd auch also ge/
nüczet vertreÿbet der lungē vnd
lebern sucht· ¶ Item boleÿ saffte
mitt einem klistiere in dē leip ge
than tödtet die würme· ¶ Bo/
leÿ gesotten in wein ist gůt genü
czet wider den schnoppen vnnd
wider den fluß des haubtes·vnd
auch gůt die můter zů reÿnigen
von jr feüchtigkeit· ¶ Auch hatt
boleÿ gesotten in wein machett
weethůmb zů vertreÿben des ge
därmeß genannt colica· darauffe
warm geleget·
¶ Plinius boley vō einer frau/
wen dick mal genüczet machett
sie fruchbar·

Burgel cccl Capi

Portulaca latine·grece andra/
gne latine·arabice hasdane·
¶ Galienus in dē sybendē bůch
genant simplicū formacorū· in
dem capitel portulaca beschrey/
bet vns vnd sprichet das portu=
laca sey von natur kalt an dē drl
ten grade vnd feücht an dē ande
ren·¶ Der meister Plinius spri=
cher das portulaca wachßs ge/
ren auff den ackern vnder dē jun
gen korn vnd hat bletter geley/
chen de bonē bletern·vnd die ble
ter ligent auff der erden·¶ In dē
bůch circa instaus beschreibenn
vns die meister vnd sprechen dz
portulaca gůt sey so sie noch fry
sche vnd grüne ist·wan sie dürr
ist so hat sy wenig krafft in jre·

die tugent portulaca ist senfftigē
vnd feücht machen·¶ Serapiō
der sprichet wölicher einen hicz
gen magen hett vnd zerschwol=
len wäre sunderlich in des magē
munde·der sol essen portulacam
es hilffet fast wol· ¶ Wölich=
er auch grossen schmerczen hette
an dē zenen der neme der brū dar
jnne portulaca gesotten ist vnd
haltt die in dē mūde sie senfftigett
auch dē schmercen der zene=
¶ Itez wölicher außwendig deß
leibes an einem gesydē groß hicz
hette der streiche das safft dyses
krautes darauffe es hilffet faste
wol·Auch mag man den safft tr
incken der da jnnerlich hicz hett
er külett fast sere·¶ Item disses
kraut geessen in der speise beny=
met das geschweren der gemech
te oder der gescheme·¶ Itez ein
meister genant Rufus spricht dz
portulaca gar schedlich sey dem
gesicht vnd erkeltet auch fast dē
leibe¶ Der meister Auicenna in
seynem andern bůch in dē capitel
portulaca sprichet das der saffte
portulace meer nücze sey in d er=
czney wan ettwas anders dauō
¶ Item ein pflaster gemacht vō
portulaca vnd geleget auff dye
heissen geschweren wo man sor
ge hatt das die materie auch dar
jnne faul werde oder das do seye
herisipila dz ist ein heißgeschwe
re vn̄ lauffet auch in dē leibe von
einem gelyde zů dem andern·
¶ Item portulaca benymmet au
che geschweren auff dē haubt die
gestossen vnd gemüschet mit wei
ne vnd das haubt damit gezwa=

gen· ¶ plinius Burgil ist faste gůt den geschwollen augen dar= auff geleget· ¶ Item burgil ist gůt geessen in dē summer wā sye beuÿmmet die summer hicz· ¶ Burgil ist gůt genüczet dē die do blůt speyen· ¶ plinius sprich/ et das burgil vnd sauer ampfer sind geleich in jr krafft· ¶ Item burgil rohe gessen machet schlei me in dē magen· ¶ Burgil dicke genüczet benÿmmet dem mensch en vnkeüsch gelust vnd schadett dem gesicht· ¶ Diascorides por/ tulaca ist fast gůt dē die do hiczi/ ge febres haben· wan sÿe benÿm met die hicz von tag zů tage die genüczet mit eßsig· ¶ Burgil ge/ müschet mit gersten mele vñ dz zůsamen gestossen vnd gewerm et beÿ dē feüer vnd darnach gele/ get auff den magen benÿmet im die vnnatürlich hicze· ¶ Die fr/ auwen die fast flüßigwären die söllen brauchen portulacam das stopffet sÿe zůhandt on schaden· ¶ Item portulaca ist gůt wider sant anthonien feüer gestossenn mit eßsig vnd darauff geleget· ¶ Item portulaca in dē mund ge keüwet ist gůt wider dē blůtgā/ ge der nasen· ¶ Item burgil saft gestrichen an die stÿrn ist gůtte wider das haubt weetūmb d do kōmet von dem fieber·

wegdret cccii Capi

Proserpinata grece vel polligo nia vel poremacla vel moltigo/ nia· arabice harsÿarbaÿ vel per= soÿdam· latine centūmodia vel corrigiola minor vel lingua pas/ serina vel gnicolata· ¶ Der mei ster Seraplo in dē capitel harsÿ arbaÿ mit bewerung· Diascori/ des beschreibet vns vnd sprichet das der seÿ zweÿerhande· eīn der man· das ander die frauwe· dÿe menlich hat estlin die sind schle= cht vnnd weiche vnd haben au= ch subtÿle knoden· vnd breÿtett sich auff der erden geleÿche dem graße vnd hatt auch bletter ge/ leich den rauten allein das weg/ dretten bletter weicher sind vnd lenger vnnd hat bey yegklichem blat samen vnd hat zweier leye blůmen weiß vnd rot. die freü/welich hat klein estlim vnd das ist eynig gleich einer rören vnd knoden vnd an den knoden hat sie bletter die sind geleich den pineen. Dye wurczel dar an ist keine nücz. dise wechset gern bey dē wasser. vnd ettlich meister heissen sie canda vulpis ¶ Gallenus in dē achtenden bůch genant simplicium farmacorum in dem capitel poligonia idest proserpinata beschreibet vns vnd sprichett. das diß kraut sey feücht an dē anandern grade vnd kaltt an dē anfang des dritten grats. ¶ Der meister diascorides sprichet das der safft von wegdrette getruncken ist gůt die do blůt speyē. vn̄ benymmet des bauches flüß. ¶ Dyser safft ist fast gůt dē jhenen die sich oben auß würgen. ¶ Item dyser safft ist auch gůtt stranguiriosis das ist die tröpff im harmen den getruncken vnd auff den bauch geschmieret. ¶ Der meister Isaac spricht das des safftes getruncken benym̄ett die vergifft biß also das der dem leibe nitt schaden mag. ¶ Wegdrette gesotten mit wein vn̄ hönig heilet dye neüwen wunden darauff geleget. ¶ Der meyster wilhelmus in seiner cirorgi machet einen wuntranck also Nym wegdretten vnd sanickel vnnd köle yegkliches ein hantfoll vn̄ trucke darauß den safft vnd müsche den mit holder blüde wasser Dyses tranck heilet alle wnnde sie sind wie sy wöllen klein tieff oder groß. ¶ Platearius der safft von wegdretten gelassen in die oren benymmet den eyter dar auß vnd das fliessen. ¶ Wegdreten safft heilet fisteln darein gesprüczet on vnderlaß. ¶ Item wegdretten leschet das heilig feüer. ¶ Wegdrette benymmet all härte geschwulst darauff geleget. ¶ Gallenus sprichet daz wegdreten gern wachs an vngebautten stetten. ¶ Item wer quartanam hette das ist den viertäglichē ritten der trincke des safftes gemüschet mit langē pfeffer drey morgen nach eniander. ¶ Er spricht anch das wegdretten geleich den rauten an den blettern. jr blůmē sind weiß vnd rosenfar. ¶ Item wölichem menschen der frost an käme also das er jn schüttet der trinck wegdretten mit wein vn̄ nitt mit wasser es hilffett vn̄ benymmet das fieber. ¶ Item wegdrette getruncken mit wein benymet den biß der schlangen. oder von einem anderen gifftigē thiere. ¶ Item wegdrette machett wol harmen vnd saubert die blaseen. ¶ Item für das brust schwerende. Nyme des safftes vō wegdrette vnd rosen öle yegkliches geleich vil vnd müsche auch dar vnder buttern vnnd temperiere das zů samen vnd bestreiche auche damit die brüst oder wo einer an dem lybe schwerende ist hilffet on zweiffel. ¶ Der meyster plinius sprichet das proserpinata früsche vnd grün gestossen heilet wunden darauff geleget

¶ Item der meyster wilhelmus im seiner cyrorgi brauchet weg/ dretten zů alten schaden vnd hat manichern menschen wol damit geholffen.

lauch ccciii capi

Porrum latine. arabice curat.
¶ Der wirdig meister auicenna im seinem andern bůch in dē capi tel porrum beschreibet vns vnd sprichet das do sey mancherhande lauch. einer heimisch. der ander zāme. Auch heisset eins porrum hispanicum.
¶ Auch sprichet er das porrum sey heiß an dem dritten grade vn̄ trucken an dem andern. vnd diß ist sunderlich der zāme. vnd der wilde ist meer heisser vnd tru-
ner natur wan der zāme.
¶ Der zāme lauch gest
gemüschet mit salc
bösen blattern gel
Der wilde lauch
schweren an d
dē hin leget. ¶
ches ysset dē b
btewee vnd b
en gar böse dre
gebuluert vnd
schet rosenöle v
gelassen in dye
den schmertzen d
dyses gůt genüc
weethům. ¶ P
lauch ist nit gůt
noch böser der w
geessen zerblase den
rumb sol man den sieden
en wassern wann man den e
wil vnd also benymmet man im
sein krafft. ¶ Porrum bringt dē frauwen ir zeit menstruū genāt vnd machet auch fast harmen.
¶ Die meister sprechen gemeynklich das lauch habe vnnücz hicz an im geleich als böß holcz spach en das do balde enbrennet vn̄ bal de verschwindet. ¶ Item macer der safft von lauch gemüscht mit frauwen milch vnd das getrūncken benymmet den alten hůsten ¶ Ipocras der safft vō lauch ist fast gůt getruncken emoptoicis

das ist die blůt speyen. ¶ Diasco
rides lauch rohe geessen machet
den menschen valu tig zů essenn
vnd ist ein vergifft. ¶ Item lau/
ch rohe geessen vertreibet die tr=
…ckenheit. ¶ Von lauch gema/
…in pflaster vnd auff die zer
…lider geleget benymmett
…ist dauō vñ verzeret
…geblůdte. ¶ Wölich
… wäre der trincke
…ch mit wein es
…ter plinius im
…m. xx. capitel be
…spricht das d
…vertreibe den al
…eneme das wee
…nd an der lungē
…uch gůt dē waf=
…getruncken. vnd
…net dyser fast wol
…ägen. ¶ plateari/
…roß haubwee hett
…ytteil lauchs safft=
…s dritteil hönig vnnd
…as in die nasen vnd in die
…ren es hilffet fast wol. ¶ Item
ettlich meister sprechen daz lauch
rohe genüczet dē leybe auch fast
schedlich ist vnd darumb sol mā
sich dar vor hüten. ¶ Item d mei
ster cassius felix. Nyme weyrau=
che vnd eichöpffel gebulvert vñ
müsche auch dysses mit lauch sa
ffte dyses getruncken benymmet
auch daz blůt speyē. Damit mag
man auch die blůtendten nasen
stillen ob man es darein thůt.
¶ Item wölicher frauwenn dye
heimlich stat verseret wäre dye
neme des safftes vnd thů es au=
che darüber es heilet sere dar vō
on zweyfel. ¶ Item der meyster
wilhelmus in seiner cyrorgi bra
uchet lauch saffte sere zů wundē
vnd mit namen die erkaltet sind
vnd erfaulet der zeühet das faul
fleisch damitt auß. ¶ Item lauch
safft vermenget mit weiße lyllen
wurczeln safft vnd damit gestri/
chen die lenden benymet daz wee
daruon. ¶ Item lauch dicke ma=
le genüczet ist den magen besch/
weren vnd bringet durst vnd ist
das geblůdte verhiczen.

petersilgen ccciiii Ca

Petrosilinū latine et grece ¶ In
dem bůch circa instās beschreibē

vns die meister vnd sprechen dz petrosilinũ sey von natur heiß vñ trücken an dẽ andern grade. Vñ spricht auch das do sey zweier=hande petersillẽ. ein heimisch die ander wild. Die wilde heissenn die meister petrosilinũ matedonicũ vel synonimum. ¶ Der meyster cassius felix vnd Plinius in dem capitel petrosilinũ macedonicuz beschreibent vns vnd sprechentt das diß wechsset in dẽ felsichtenn bergen vnd ist fast durchtringen die feüchtigkeit des leibes vnnd machet sere schwiczen vnd harmmen. ¶ Die heimüsch petersillgẽ ist vns wol bekant. den samẽ br/auchet man in der erczney vnnd wan man in einẽ recept findet petrosilinũ so meint man den samẽ
¶ Den samen sol man sameln so er gezeytiget vnd der weret fünffe jare vnuerseret. Die wurczell ist man nüczen zů vil sachen.
¶ Petersilgen ist võ natur durchtringen vnd darumb machett sye wol härmen. vnd ist fast gůte genüczet für den steine der sa/me vnd auch die wurczel.
¶ Auch sind dise gůt genüczt dẽ frauwen die sich saumen an jrer zeyt. ¶ Der same ist durchtrin=gen in seiner würckung vñ dar=umb bringet er den frauwen jr sucht volkomenlich. ¶ Petersill/gen samen ist gůt geessen dẽ die mitt wint haben in dẽ bauch.
¶ Der meister Galienüs in dem achtenden bůch genant simplici/um formacorum beschreibet vns vnd spricht das petersilgen sa/men gestossen vnd geleget auffe dẽ bösen grint seüberet fast wol vnd machet ein gladte haudt.
¶ Der samen geessen benymmet des magen geschwulst vñ ist gůte genüczet den geschwollen mẽ=schen wan er trucket vnd durch=tringet die böse feüchtikeit vnd verzeret die. ¶ Auch ist der sam=me gůt genüczet den aussetzigen von weserichter feüchtigkeit.
¶ Petersiligen samen seübert die leber vnd benymmet den lenden vnd blasen wee. ¶ Der meister Isaac spricht das petersiligẽ sey heiß vnd truckẽ an dẽ drittẽ grade. vnd diß ist auch die meynũge des meisters platearij. ¶ Itẽ diß ist aller meister meynũg vnd sprechen das diß kraut von petersiligen der same vñ auch die wurczel sind gůt genüczet allen menschen deßhalben daz man seltẽ ein findet der nit den stein hat vnnd darumb mag man diß kraut es/sen vnd auch die wurczel auff fl=eische vnd fischen Vnd ist all wegen dye würczel besser geessez gesotten wan rohe. vnd das kratt besser rohe dan gesotten. ¶ Item ein salat gemachet von petersillgen vnd sauer ampffer mit eßsig vermẽget ist gůt wider die hicze des fiebers. ¶ Auch ist disser sa/lat gůt wider daz fieber gemachet von petersillgen vnd von lat/tuken bornkreß vnd porriß mitt baumöle vnd eßsig vermenget.

tag vnd nacht cccv ca

Paritaria vel vitriola latine gr
ece alsinen aut partemō aut per
dicionn aut sȳderitis aut eralia
aut qui astri agreste aut libactā
aut poliominō arabice tugegra
tia ¶ In dē bůch circa instans be
schreiben vns die meister vñ spre
chen das diß kraut seÿ von natur
heiß vnd truckē an dē drittē gra
de ¶ Diß kraut genüczet grün
vnd frisch ist zů mancher handtt
gůt aber dürre vnd truckē ist es
nichs nücze Ettlich meister spre
chē das diß kraut auch heiß vitri
ola des halben das es die gleser
seübert von der scherpffe die es
an jm hat oder auch darumb dz
man glaß darauß machet ¶ In
dem bůch pandectarū genantt in
dē xxix capitel beschreibē vns die
meister vnd sprechen das disses
kraut seÿ gůt grüne gebracht vñ
nitt dürre vnd ist heiß vnd tru/
cken an dez dritten grade aber d
same dauon ist von natur kallte
vnd feücht ¶ Diascorides sprich
ett in dē capitel asinen daz disses
krautt wachs an den techern vñ
an den wenden vnnd hatt kleine
stengel die bletter sind scharpffe
sein same ist auch scharpffe also
das er anhanget vnd der sam ist
feücht machen vnd zkelten
¶ Dyser same gestossen mit hau
ßmasse vermengt mit eßsig lesch=
et das heilig feüer dar auff gele/
get vnd ist sunderlichen gůt auf
die gelyder geleget wo man be=
sorget das es sich entzüdet der ne
me des sames vnd stosse den mit
eßsig vnd lege den dar auffe zeü/
hett auß die grossen hicz dz mā
das glide mit darff abschneÿden
¶ Der samen also gelegt auf ge
schwulst benÿmmet die zů hant
¶ Den safft von dē samen gemü
schet mit bleÿweiß benÿmet auch
dz heilig feüer dar auff gelegt vñ
auch auff dē gebrestē gelegt her/
petes oder herpestiomenus ge/
nant daz ist ein geschwere dz daz
fleisch an dē leibe verzert vñ ÿsset
vnd kōmet von der gebrantē co
lera vnd ist böser dan der krebs
auch nennet man es den wolff
den safft von dē samen dar auffe
geschmieret vnd gelegt ¶ Auch
ist diser safft gůtt podagracis

das sind die das gegicht habē an dē füssen·mit geyßschmalcze ge/ mengeet vnd darauff geleget·
¶ Der safft von den blettern ist gůt genüczet den die eynen alten bösen hůsten haben des getrunck en als vil als ein halb trinck gla ße wol· ¶ Der safft benymmett auch die zerschwollen kele darei ne gelassen vnd dē gegargeltt·
¶ Galienus sprichet das parita= ria samen gůt sey den heissen bö= sen blatern gestossen vnd darauf gelegt·¶ Der safft von dē samē ist gůt gelassen in die oren wan er benymmet den schmerczen dar auß vnd das geschwere· ¶ Der safft von den blettern ist fast gůt deen verswollen wäre der schlůt des magens oder in der kelen dē safft sol man gargeln genātgar garisieren· ¶ Ettlich meister ha/ ben dysen safft fast gebraucht vñ den geben die ein bösen alten hů sten gehabt haben· vnnd damitt manchē menschen geholffen· vñ den safft sol man verwarn in ey nē glase vnd versorgen des sum mers vor der hicze vnd des win ters vor der kelte·¶ Item pari/ taria gesotten mit fleisch die brū ist gůt genüczet wider den kaltē seych genant stranguiria vnd ist auch gůt wider weethůmb des gedärmß genant colica die von windt vnd von kalter feüchtūg kommet· ¶ Auch paritaria ge/ sotten mit wein vnd auff die we thůmb warm geleget ist die we thům balde stillen·

Funff finger kraut

Das cccvi Capi

Pentafilon grece· quinqz foliuz latine·

¶ Diascorides in dem capitel pē tafilon beschreybt vns vnd spri/ chet das diß kraut habe ein sten/ gel der ist vol sames vnnd hatte bletter die sind in fünff teyl getei let vnd hat vil stengel vnd an ye/ glichē stengel ein grüne blůmē vnd wechset an den feüchten stet tē vnd bey den wegen·

¶ Galienus in dē achtenden bů/ che genant simpliciū formatorū in dem capitel pētafilon beschrei- bett vns vnnd sprichet auch das diß krautes wurczell sey fast se/ re trucken machen an dē dritten grade vnnd hat an jr ein kleyne wärme·die würzel ist rott vnd lang·¶ Auicenna in seinē anderen bůch sprichet das diß kraute gesotten mit essig vnd gelegett auff die geschweren oder gebresten herisipula genant das ist dz rot lauffen·zeühett grosse hicze darauß·¶ Pentafilon also genüczet benymmet das wee an dē diechen vnd in den gewerben·

¶ Die bleter in wein gethā über nacht vnd des morgens getruncken ist gůt für die fallende sucht ¶ Item die wurczel von pentafilon gebuluert vnnd geleget auff die sickblattern heylet sie·¶ Die bletter gesotten in wein vnd den getruncken vertreibet das fieber genant quartana·¶ platearius die bletter gethan in hönig vnd essig vnd das getruncken benymmet das quartanam·¶ Das kraute mit altem schmerr gestossen heilet die wunden am leyb vnd an den glidern wie wundt sie sinde·¶ Wölicher ictericiam het dz ist die geelsucht ð mach küchlin auß fünffinger blat vnd thů darzů semel mele vnd wasser vnnd esse die neün tage nacheín er wirte gesundt·¶ Diß kraut ist gůtt genüczet wider die starcken fieber also·nym fünffinger blat vñ stoß das wol vnd thů darzů semmel mel vnd wasser vnd knytte es vndereinander vnd thů darczů ein weinige baumöle das es ein teyg werde vñ mach ein pflaster darauß vnd lege es auff den bauch·vnd wan es ein halben tage oder ein halbe nachte gelegen ist so thů es abe vnnd mache es warm vnd lege es wider auff dē bauch·vnd thů das dick das vertreybet dir das fieber vnd macht dich auß speÿen die bösen humores·das sind die bösen feüchtigkeit·¶ plinius wenn die augē tunckel sind der nem fünffinger blat vnd lege sÿ in lautern weine in einē kapffern geschÿrre vnnd so thů schlaffen wilt geen so streich des weins vmb die augen es hilffet·¶ Item fünffinger gebulueret vnd mit hönig vermengett· vnd mit gestrichen die feülunge des mundes vnd der züngen es benÿmmet die feüllung vnd reiniget den mundt auch sol mann darnach den munde wäschē mitt wasser darein rosen hönig vermēget ist·

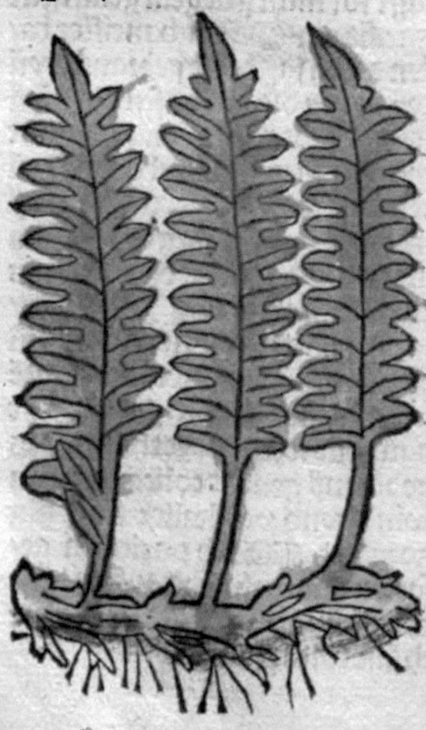

engelsuß cccvii Ca

Polipodium latine·grece dip/
teris·arabice bißbeig·
¶ Serapio im dē bůch aggrega/
toris im dē capitel bißbeig· id est
polipodium beschreibet vns vñ
spricht daz dises sey ein kraut·
vnd wechset an dē felsen vñ an
den eychen baumen vnd an dē al
ten wenden·vnnd wechset aller
meist bey den alten eichbaumen·
vnd ist geleich dem farn krautte
an den blettern·die bleter haben
jnwēdig schwartz doppellin·Die
wurczel ist geleich eynē thier ge/
nant scolaca oder scolopendria·
vnd das hat·xij·füß·also ist au/
che dise wurczel gestalt vnd ist
eins fingers dick vnd jnwendig
grüne vñ fast süß· ¶ In dē bůch
circa instans im dē capitel polipo
dium beschreiben vns die mey/
ster vnd sprechen das die wurcz/
el sey heiß an dē dritten grade vñ
trucken an dē andern das krautt
ist geleich dē farn kraut·vnd daz
do wechset auff den eichbaumen
wurcel ist das beste·Die vurcz/
el sol man sameln im dē summer·
vnd ein tag in die sunnē henckē
die mag man behalten zwey ja/
re·vnd die brauchet man in der
ertzney·vnd die sind die besten·
die jnwēdig grün sind vnd süß·
¶ Dise wurczel hat tuget vonn
einander zů teylen vnd reynigē·
ein kalt feüchtigkeit genant fle/
gma vnd melancoliam· ¶ Dye
geschniten menschen mügē wol
nüczen polipodium·¶ Die wur
czel behütet den menschen vor zů
felliger kranckheit· ¶ Engel süß
gesotten mit änyß vnnd fenchel
vnd kümmel yegklichs geleych
vil in einem pfunt wassers vnd
das getruncken macht den bauch
reyne vnd treibet damit auß vil
böser feüchtigkeit·¶ Item Sera
pio mit bewerūg diascorides sp/
richet das polipodium habe tu/
gent zů soluieren die melancoly·
vnd die wurczel polipodiuz sol
gesotten werden mit höner brü
vnd mit hönig wasser genanntt
mulsa·vnd also genüczet benym
met sie die melancoly gengklich
vnd des geleichen flegma·
¶ Polipodium genüczt mit käß
wasser machet senfft stůlgenge·
vnd ist sunderlich gůt für dz zer
schwollen milcze·¶ Der meister
Johannes mesue sprichet dz po
lipodiū sey gůt genüczet für den
gebresten genant colica passio·
das für das därm gesücht·
¶ Polipodium getruncken mitt
hönig wasser benymmet quarta
nam·¶ Auicenna im dē bůch ge/
nant de viribus cordis sprichett
das polipodium sterck fast wol
das hercz vnd mach dē menschen
gůt geblůt·¶ Item polipodium
gebuluert ein lott vnd fünffni/
ger samen ein quintin vnd zeyt/
loß wurczel genant hermodactu
li ein halb quintin zucker ein hal
be lot alles vermenget mit we/
nig schlüssel blůmē wasser oder
selben wasser vnd das genüczett
ist gůt wider daz gegicht vñ we
tumb der gelider·

wegerich cccviii capi

Plātago vel quinqz nervia vel
rietis vel etiam arvo glossa la/
ine·grece arvo glossus·arabice
ssen alhamel·
¶ Die meister beschreiben vns ge
neimklichen von disem krautte
vnd sprechen das dyß sey zwey=
rhand·ein heißt groß·die ander
die klein·Es ist auch ein ander
kraut plātago genant die heis/
et zů latein lanciolata wan sye
wechset auff mit spiczigen blet/
ern als ein lancz eisen·Die zwů
mit namen die groß vnd die klei
e sind kalter vnd trucknre na/
ur vnd darumb so trucken sye
re naß oder sucht wundē·Die
groß heisset darumb die groß dz
sye ist von grossen krefften als
dan bewerē die meister hernach
Vnd die klein ist von mynderen
als wir hören werden in dē nech
sten capitel plantago minor·
¶ Diascorides wegerich safftte
hin den eingelassen mit einē kly/
stiere benymmet das kalt das lā
ge zeit gewert hat·¶ Mit disem
safft die augen gesalbet treybett
hin die hicz vnd geschwulst=
¶ Item mit dem saffte die zene
gewäschen benymmet das wee
davon vnd die geschwulst·
¶ Der safft ist auch gůt dē frau
wen den man jr sucht mit stillen
kan·dē mit einē tůch auff jr sch=
emde geleget vnd als balde das
getrucknet söll man es widerūb
neczen·¶ Item der same gestos/
sen mit wein vnd den getrunckē
ist auch zů allen dingen gůt dar
zů der safft ist·¶ Item der safft
lange in dem munde gehaltē hei=
let die feüle darjnne vnd die wū
den auff der zungen·¶ Item den
saffte in die fisteln gelassen hey/
let sye·¶ Auch den safft gelassen
in die oren heylet daz geschwere
vnd trucknet das·¶ Auch lesch/
et der saffte das heilige feüwer
mit hauswurcze vermenget ge/
nant semper viva· ¶ Der saffte
ist gar gůt emoptoicis dz ist die
do blůt rensen·so man dē nüczett
mit eßsig·Er ist auch fast gůtte
ptisicis das ist die das abnemen
haben·¶ Platearius die bletter
mit hönige gestossen vnnd geso
ten vnnd auff dye nasse wunden

geleget als ein pflaster trucknet sye. ¶ Die grossen wegerich bleter gesotten mit essig vnd salcze als ein warm müß das geessen verstoffet den bauch an der rüre diß hilffet auch fast meer ob lynsen da bey gesoten wären. ¶ Es ist zů wissen daz es sind dreyerlei flüß des bauches. Der ein ist genant dissinteria vnd ist ein fluße da mit blůt geet. der ander ist geheissen dyarria vnd ist ein fluße on blůt. Der dritte ist genant lyenteria vnd ist ein fluß also das die kost hinweck geet geleyche als sie geessen wirt. ¶ Für dē ersten vnd den leczsten ist wegeriche gar gůt gesotten mit weine vnnd den getruncken. ¶ Itē wegerich verstellet das blůt in den wunden den gestossen vnd darauff geleget mit eyes weiß.

¶ Sy heilet auch was der hund gebissen hat vnnd vertreibet alle geswulst. dye gestossen vnd darauff geleget. ¶ Vnd benymmett die leynzeichen der wunden vnd brlinget sye in jr erste farbe.

¶ Sye heilet auch gebrantt gelider die gestossen vnd darauff geleget mit einē eyes weisse. ¶ Itē das safft ist gůt wider das fiber quartanam zwů stunde daruor genüczet ee das fieber kommet.

klein wegerich
Das cccix Capi

Plantigo minor latine.

¶ Die meister sprechen das spicz wegerich hilffet zů allen dingen darzů die groß hilffet. allein das jr krafft nit als groß ist. ¶ Jr saffte ist gůt zů den geswеren die bey der nasen wachsen. dar auffe geleget mit weicher wollen als ein pflaster vnnd dises pflaster sol ye über neün tage erneüwert werden. ¶ Item wölichen eyn spynne stichet oder ein ander gifftiger wurme der salb den stich mit dez safft disses krautes.

¶ Item wölichen deüchte in seinem leibe das er auch geessenn oder getruncken hett zaubereye der sol trincken wegerich saffte vnd darnach nemen ein purgacien so wirt er auch entlediget·

¶ Wem das stechen wee thett d lege diß krautes bletter in wasser vñ lege sy also warm an die statt dar an es jn stichet oder an ffe das milcz so wirt im baß·

¶ Wölicher ein böse drüß het an seinē leibe der neme dise wurczelen vnd breit die bey dē feüer vñ binde sy darauff also warme es hilffet· ¶ Wer das gegicht hette der neme grossen wegerich yegkliches geleich vil vnd tring darauß das safft vnd temperier den mitt wein oder mit hönig vnd trinck den daz gegicht schwindet

¶ Wölicher geneiget wäre zů dē krampff der stoß wegerich mitt starckem wein· vnd lege den darauff es hilffet· ¶ Jtem wer das saffte trincket von spiczigen wegerich dē treibet es auß mancherhande sucht in der blaseen·

¶ Jtem von den spicigen wegerich nymme dreü bletter vñ halt die in dē munde so lecziget dich kein byne· ¶ Jtem wer den viertäglichen ritten hett quartanaz genant der trinck von dysem saffte zwů stunde vor hin ee jn stücket das kömen· oder seüde das kraut auch in wein vnd trincke den des morgēs nüchtern zů drei malen ye über den andern tage· ein male es hilffet on zweiffell·

¶ Jtem wegerich safft getruncken vertreibet auch secundinā daz ist dye handt do das kind jn gelegen ist in můtter leybe·

¶ Jtem wegerich safft auff geschwulst geleget als ein pflaster benymmet dye geschwulst· ¶ Jtez wegerich gestossen vnd den saft darauß getrucket vnd gelegt auf die geschweren hinder den oren benymmet jr wee vnd das geschwer· ¶ Jtem spiczigen wegerich safft getrunckenn vertreibet dye spůlwürm· ¶ Jtem wem es im dem bauch grymmet der sol seinnen bauch mit warmē saffte des krautes reyben oder mit dē kraute es hilffet·

Creuczbaum cccx ca

Palma christi latine· ¶ Jtem der meyster Orlbasius in seinez bůch in dē capitel palma cchristi

beschreibet vns vnd sprchet das
diß sey ein baum vnd habe einen
stam vnd ist jnwendig hole vñ
wechset schlecht vnd hat estlÿnn
nebē außgeen· vnd hat bleter bÿ
nahe als weinreben allein dÿe
spiczigez sind an dē creücz baum·
sein blůmen die geleichen den ho
pffen darjnn sind kőrner die wer
den grafare vnd rot vnd lengeli
cht· vnd wchset nit lenger wann
ein summer nach dē herbst ver/
dirbet der stamme mit der wur=
czeln· ¶ Wer dise kőrner bey jm
treget der ist sicher vor zauberey
vnd vergifft· ¶ Item palma cri
sti gesotten vnd das getruncken
bringet lustige begirde dē mannē
vnd frauwen· ¶ Die bletter ge=
stossen vnd auff die geschweren
geleget die sich sere erheben mit
geschwulst heylet sÿ bald darau
ffe geleget als ein pflaster· vnd
sunderlichen ist es gůt also gele=
get auff ein schwerendē geschw=
ulste genant herisipula vnd hei/
let die gar behende·

rabenfusz cccxi ca

Pes corulnus latine· grece cly=
nopodium·
¶ Der meister diascorides in dē
capitel climopodium beschreybet
vns vnd sprichet das dises krau
te wachs an dē steinichten bergē
vnd geleicht dē blůmen dē andrō·
¶ Galienus in dē sÿbendē bůche
simplicium farmacorum in dē ca
pitel climopodium id est pes cor
uinus schreibet vns vñ sprichett
das diß kraut sey heiß vnd truck
en an dem andern grade· ¶ Dia=
scorides diß kraut gesottē in wei
ne vnd das getrucken ist gůt für
byß der hund die dobendig sind
¶ Es ist auch gůt also genücz=
et strang ūirsosis das iste dÿe do

tröpflingen härmen vnd bring/
et auch den frauwen jr sucht ge=
nant menstruum. Auch dyses ge
truncken benymmet auch dz tod
te kindt auß dem müter leybe.
¶ Item der meyster Auicenna ī
seynem anderen büch im dē capi/
tel Corulnus sprichet das dyses
kraut fast güt sey für das därme
gesucht vnd ist auch geleich im d
wurckung hermodatuli das fin=
de zeytlosen. ¶ Item der meister
Paulus im dē capitel de pede cor=
ui sprichet das dises kraute auch
gar güt sey dem schmertzen d ge
werbe oder auch geliderwan es
stercket die vnd löset auch auffe
die bösen materien darauß.

Daubenfuß cccxii ca

Pes columbinus latine.
¶ Die meister sprechen das diss
kraut sey dreyerley. eyns heissett
armomum zü latein vnd auche
im grechs vnd arabß heisset diß
hamenie Ein anders das hat ble
ter die sind runt vnd heisset au/
che pes colūbinus. das drit heiß
set anagiros. sein bletter sind ge
stalt wie die ersten allein das sy
fast stincken. Von dē ersten pede
columbino daz die meyster amo
mū heissen wirt hie geschribenn.
¶ Diascorides capitulo de amo/
mo spricht das dises sey ein krau
te fast wol riechent seine frucht
ist bey nahe als ein traubē korn
vñ hat ein stegel der ist fast här=
te mitt kleinen blettern. ¶ Plini
us im dē capitel amomum sprich
et das dyse darumb heisse amo/
mū wā sein gerauch ist geleich ci
namomo daz ist kanel. dyses we
chset vil in syria vñ in armenia
diß kraut ist heiß vnd truckē an
dem dritten grade. diss machett
von natur schlaffen. ¶ Auicenna
diß kraut geleget auff ein blater
zeytiget die zü hant.
¶ Von dysem kraut getruncken
benymmet das podagram dz ist
das gegicht in den füssen.
¶ Wölicher diß krauts vil nücz
et der wirt geleich einē der trun=
ckē ist vnd schlodtert mit dē hau
bet vnnd begert czü schlaffen.
¶ Von disem pede columbi
no oder amomo lese pandectam

jm·xlij·capitel daz an hebet amo
mũm findest du vil tugente dÿe
vns da selbest beschreiben Auicẽ
na Plinius Diascorides vnd Se
rapio·

popelnbaum cccxiij c

Populus arbor latine· grece a-
giros·

¶Die meister sprechen das dÿ/
ser baum seÿ feüchter vnd kalter
cõplexion· ¶Diß baumes rindẽ
wurtzel vnd bletter sind zů vill
sachen gůt· ¶Der diser wurtzel
trinckt dẽ kõmet in achttagẽ dar
nach kein grÿmmen oder keÿn
kalter seÿch· ¶Von disem baum
fleüsset hartz vnd dises hartz ist
jnen taugelich zů ertzneÿ wann
ander hartz als diascorides spr/
chet· ¶Von den blettern disses
baumes ee sÿe recht zů krefftenn
sind kõmen das ist zů dem ersten
so die herauß kõment macht mã
damit ein vnguent· dÿses vng/
uent oder salbe dienet zů vil sa/
chen vnd wirt geheissen vnguen
tuz populeonis· vnd wirt gema
chet von den augen des popelnn
baumes· ¶Diß vnguent gestri/
chen an den schlaffe vnd an dÿe
schlagenden adern machet schla
ffen· ¶Item dise salbe geschmie/
ret auff den nabel machet schwi
tzen· ¶Die salbe mach also nÿm
me der augen von disem baum
das ist so des baums bletter auß=
geent ein pfunt mag samen blet
ter haußwurtz bletter lattich ble
ter knaben kraut bletter vñ na=
chtschatde bilsam bletter alraun
bletter genant mandragora· ÿe=
gklichs ein lot diß stoß vnd sü
de die stuck obgenant mit wein
also das er ein siede über daz halb
teÿl· darnach streich diß durche
ein tůch geleich ein pfeffer vnder
dises gestrichen müsche reynber
gen schmaltz das vngesaltzẽ seÿ
als vil du wilt vnd rüre das vn
der einander beÿ dẽ feüer· diß ist
dan vnguentum populeonis·

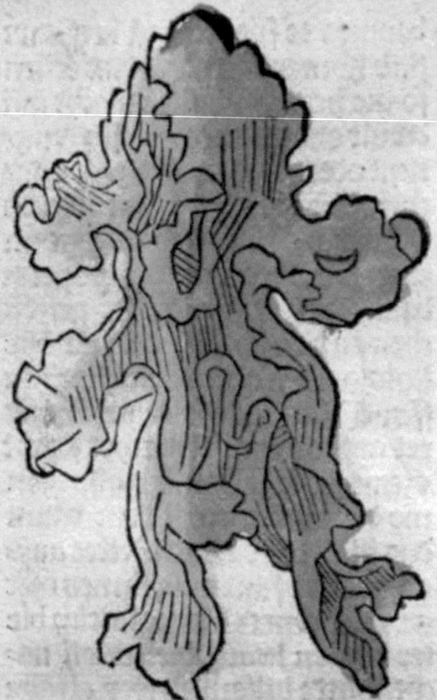

lungenkraut cccxiiii c

Pulmonaria grece et latine. ¶ Die meister sprechen das diß kraut hab kleine bletter vñ weiche vnd geleichet einer lungẽ vñ wchset an feüchten enden. ¶ Plinius spricht das diß kraut sy võ natur feücht vnd kalt an dẽ andern grade. vnnd sein tugent iste weichen vnd auff lösen. ¶ Platearius lungen kraut gesoten mit wein vnd darunder gemüschett hönig vnd das durch ein tůche gestrichen das es geleich werde ein brey vnd daz lassen dorrẽ an der sunnẽ das es als härt werde das man es müge puluerisieren. diß bulner ist gůt auff heiße geschweren das gemüschet mit gersten mel. ¶ Paulus sprichet das lungen kraut in wein gelegenn über nacht benymmet das keichen. ¶ Item also genüczet ist gůt für dẽ trucken hůstẽ vnd sunderlich für alle gebresten der lungen vnd der lebern dienet sy auch sunderlichen wol.

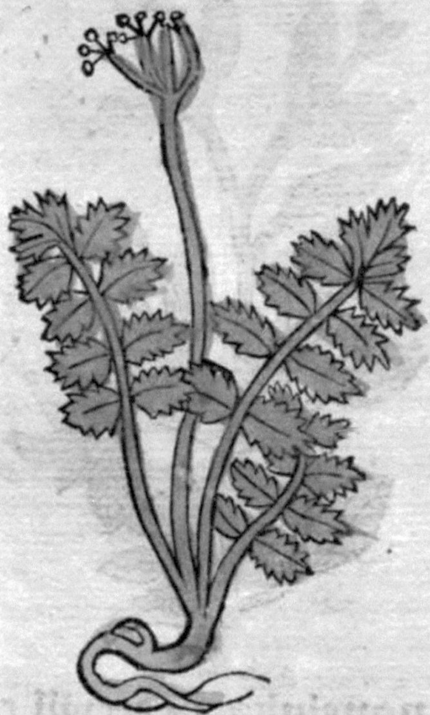

bibennel cccxv Capi

Pipinella grece et latine. ¶ Die meister sprechen das diß kraut geleich der steinbrech saxifraga genant an jerer gestaltte. vñ versus Pimpinella pilos saxifraga nõ habet villos pimpinella ist heiß vnd trucken an dẽ andern grade. ¶ Dises kraut nüczt mã in d erczney vnd ist gůtt für vergifft vñ benymet alle vnreinnigkeit außwẽdig des leibs Dise wurczel gesotẽ mit wein vñ dẽ getrunckẽ benymet daz böse ver-

gifftig geblůdte von dē herczen
dauon geren entstat die pestilen=
cze. ¶ Sibeneln gemüschet mitt
senff samen vnd die gebuleret
vnd jn getruncken mit essig ma=
chet schwiczen vnd zeühet auße
die vergifft böse feüchtunge.
¶ Sibeneln mit wein gesottē vñ
getruncken benÿmmet die lendē/
sucht vnd ist auch sunderlichenn
gůt für den bösen hůsten vnnd
raumet vmb die brust. ¶ Item
diß kraut gesotten mit wein ist
den stein brechē in den nÿerē vñ
blasen. vnd ist gůt wider dē kal/
ten seich. ¶ Vnd also genüczt ist
gůt für das krymmen genant co
lica. ¶ Vnd ist fast helffen wider
bestopffung milcz vnd leber.

wintergrün cccxvi ca

Pirola grece et latine.
¶ Die meister sprechen das diß
krant seÿ gar gůtt außwendige
des leibes vnd ist warm vñ tru/
cken an dē dem dritten grade.
¶ Diß kraut vnd wurczel geflos
sen vnd darunder gemüschet sa/
nickel saffte vnnd sÿnawe saffte
vnd zů samen gesottē mit baum
öle vnd darauß gemacht ein sal
be. Dise salbe mag mā teÿlen tzů
dreÿen teÿlen vnd ÿegklicher ge/
ben ein eÿgen farbe. ¶ Item zů d
ersten nÿmme spangrüne vnnd
osterlocÿ diß wirt gar grün mit
dÿser salbe magstu gar vil flei/
sche auß äczen von dē grunde.
¶ Item zů der andern solt du ne
men bleÿweiß vnd krebs augen
die gebuluert sind dÿse salb wirt
gancz weiß mit diser magest du
alle gebrechen senfftigen vñ da/
mit heilen. Item zů der dritten
nÿmme bolum armenū vnd san/
güis draconis. dÿse salbe wirtte
gancz rott. mit diser salb magst
du vmb die gebrechen streÿchen
benÿmmett alle hicz vnd bewa=
rett auch die wunde vor hicz al/
so das nit böses darzů kömē ma
ge. Das erst vnguent heisset ein
zuch salbe. die ander ein senfftūg
salbe. die dritt salbe ist beschirmē
genant defensiuum. vnd mit dy=
sen hat der wund arczet bartho=
lomeus manchen alten schaden
geheÿlet.

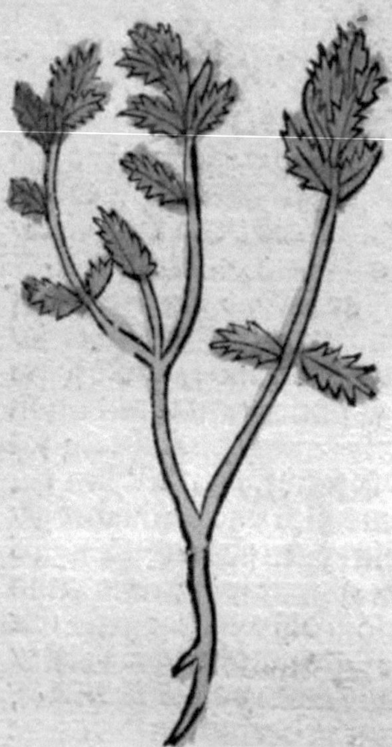

Harstrang cccxvii Ca

Pucedanuz grece· latine cauda porcinna·arabice herbaturũ vel herbaturis·

¶ Serapio in dẽ capitel herbaturis schreibet das dyses wachsan dẽ tunckel steten vnd auff dẽ ho=hen bergen vnd auch sunderlich vnder dẽ grossen baumen vñ hat ein stam der geleichet dem fenchel·vnd hat oben an der wurczell groß zöpff geleich dẽ geschlechtẽ hare·Die wurczel ist groß vnnd dick vnd die ist außwendig sch/wartzfar oder grae vnd jnwendig weiß vnd die wurczel hat im jr safft der wirt hårt geleich als chwebel·¶ Galienus in dẽ achtẽ den bůch genant simpliciũ farmacorum im dem capitel pucedanuz beschreybet vns vnd sprichet das dyse wurczel genüczet werde vñ der safft der darauß get vnd der safft ist stercker in seiner krafft dan die wurczel·¶ In dẽ bůch circa instans in dẽ capitel penceda=nüm beschreyben die meister vñ sprechen das dise wurczel sey heiße vnd trucken vnd die wurczel mag man ein jare oder zweye halten vnd nitt darüber· Sera/pio dyser wurczel safft gemüsch=et mit rosenöle vnd das haubett damit bestrichen benymmet dye geschwere in dem haubt·¶ Dy/sen safft gemüschet mit essig vñ rosenwasser vnd den schlaffvnd das haubte damit gesalbet ist gů=te freneticis· das ist die die dobẽde sucht haben·Auch ist gůt also genüczet epilenticis das iste dye die fallende sucht haben·¶ Mitt dyser wurczel ein rauche gema/chet vnd den frauwen vndẽ auf gelassen benymmet von jr die vnfruchtberkeit vnd macht sy fruchtbar·¶ Dyse wurczel ist gůtte genüczt in die pflaster die dadienen zů den zerknisten gelyderen·

¶ Diß kraut gesotten mit wein oder mit wasser ist gůtte wider die bestopffung leber vnd milcze vnd ist gůt genüczet wider den kalten seiche·

Grensing cccxviii Ca

Protentilla latine

¶ Die meister sprechen das diss sey ein kraut vnd wechset gerne an feichtē stetē. diss kraut ist gar nahe geleich dem kraut tanaceto das ist reynfan. Diss kraute ist warme vnd feüchter natur.

¶ Platearius grēsyng mit wermůt kraut genüczet tödtet dye wurme. ¶ Also genüczet vertreibet auch daz krymmen genant colica passio. ¶ Wölicher nit zů stůle möcht geen vnd doch alle zeyt gelust hett also das es die kranckheit werde tenasmonn. das ist stetigs gelust han vnd doch nitt zů stůl mügen geen. söllen disses kraut sieden im wein vnd das also warme auff den nabel legē es hilffet on zweifell. ¶ Disses krautes safft getruncken mit wein benymmet auch das grymmen das do kommet von kelte. ¶ Ettlich meyster sprechen das dyses kraut nit würck zů allen zeytten in dem menschen mit dysem meystern ich es halt bewerung halber. vnd darumbe dienet es auch meer in dē summer wan in dem wintter. das es besser grün ist dē menschen zů nüczen wan dürre Aber sein safft vnd sein wasser. das da vō distillieret wirt dienet wintter vnd summer für die obgenanten kranckheitten.

¶ Isaac diss kraute dienet fast wol zů wunden auswendig des leybes den safft darüber gestrichen.

erbeysz cccxix Ca

Pisa latine.

¶ Dye meyster sprechen das er/
byß sind kalt vnd feücht an dem
andern grade. ¶ Erbeyß wechset
lengelicht auff vmb der grossen
feüchtigkeit willen die dise wur
czel in ir hat. vnd gewinnet scho
ten darinn die frucht ist. ¶ Pla/
tearius nymme der schotten vñ
der bletter von erbyß yegkliches
ein gůt handtfoll vnd stosse daz
zů samen vnd lege es auff ein en
zündet gelyde am leibe wo dz sey
geleich ein pflaster lescht zůhãt
den schaden. ¶ Die frucht an ir
selbest ist nit gůt zů essen wã sie
bringen vil feüchtung vnd kelt
vnd macht auch dempffung vm
die brust. Aber die brű dauon ist
fast stercken vnd krefftigen vnd
die dyenet sunderlichen einẽ krã
cken blöden menschen. wan dye
erbeyß brű ist getemperieret an
irer natur also das sy dẽ mensch=
en auch mit teylet die selbe natur
¶ Item der mensch der hitziger
natur wäre der möcht wol essen
erbyß on schaden. wan sye ma/
chen den selbigen starcke. Aber
die kalter natur sind die sollẽ er=
beyß meiden. ¶ Plinius nym er/
beyß zwů handtfoll vnnd seüde
die in wasser. vnd wäsche mit d
vngesalczen brű ein wunden od
schaden an dem leibe wie der wã
re er heilet von stunde.

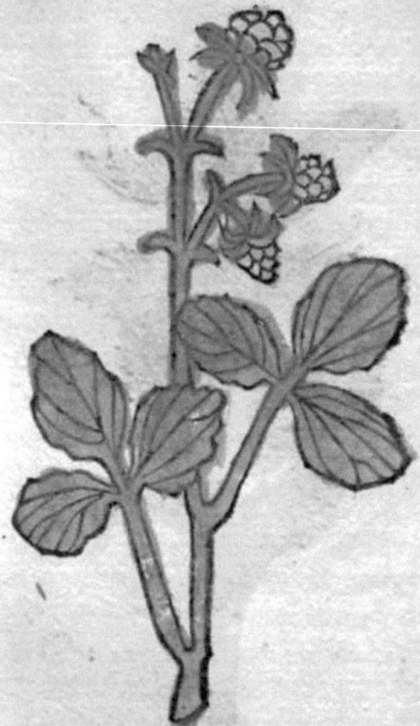

prumen cccxx capi

Pruna grece et latine. arabice
guas.

¶ Meyster Johannes mesue in
dem capitel pruna beschreibt vns
vnd sprichet das d sind mancher
handt. ettlich die sind weiß. ettli
ch rot. etlich haben cytrin farbe.
vnd die alle samet sind d nature
das sy auch weichen den bauche.
vnd verändern die natur des mẽ
schen. ¶ Item es sind prumẽ die
kommen auß Damascen vnnd
armenien vnnd dye sinde sterck/
er an irer nature wann die obge
zeichten. vnnd die feüchten sinde
meer würckẽ wan die gedörret
sind aber doch sind sy dürr besser
wan feücht ¶ Itẽ etlich sind fast

süß vnd die sind von natur heiß
vnd auch kelten· aber doch sinde
sie mer kalt wan warm· die sau
ren sind von natur feüchte vnnd
kalt an dem anfang des anderen
grades· vñ jr tugent ist rein ma
chen kelte vnd leim machen vnd
jr tugent wirt gerechtfertigt mit
dem tamarind vnd mit cassia fi
stula· ¶ Man macht von dē pru
men damasceni ein syropel in dē
apotecke der dienet fast wol die
natur des menschē damit zů ster
cken vnd der syropel wirt gema
chet von dē wasser darjn sie sye-
den· Auch machet man von jrez
fleisch ein latwerge die diennett
auch zů vil kranckheiten die vō
hicze kōmen· Die armeni machē
löcher in die prumen baum vnd
thůn darein scamoneam vñ klei
ben die auch wider zů mit leymē
vnd lassen die dan also wachsen
die selbigen prumē machen auch
stůlgenge vnd durchbrechē gar
sere den menschen· Auch bereytez
die selbigē armeni ander vil frü
cht also· ¶ Jtem Johannes me-
süe sprichet das dye schwartzen
praumen außtreiben coleram·
Die andern prumen sind auch dē
magen gar schedlich vnd speisen
wenig· ¶ Jtem diascorides spri/
chet auch das praumen den bau/
che weichen vnd sunderliche dye
frischen vnd sind doch vnuerdeü
wenlich der vil geessen vnd sun-
derlich die eynē kalten magē ha/
ben aber so sye gedörret sind so
sind sie nit als schedlich dē magē
¶ Jtem gummy fleüsset auß dy-
sem baume vnd das ist auch gar
zů vil sachen gůt· ¶ Jtem dyses
gümy getruncken mit wein brich
et auch den stein· ¶ Jtez die ble
ter von dysem baum gesottē mit
essig vnd auch ein alten schaden
am leibe damit gewäschen wye
der wäre es heylet auch dauon-
on zweifel· ¶ Vnd hie ist auche
zů mercken das die prumen von
damasceni das meyste teyl genü
czet werden in der erczney· Des
geleichē jr syropel vnd auch ein
latwerge dauon gemacht· vnnd
dyse findet man auch in den apo
tecken· ¶ Jtem etlich prumē sind
weiß etlich rot· ettlich schwartz·
die schwartzē sind die bestē wā
sye sind stůlgenge bringen vnd
külen die galle genāt colera als
die meister dauon reden Auicen
na vnd Serapio· ¶ Jtem wan
die prumen grüne sind so laxierē
sye meer dan wan sy dürre sind·

klein rosin cccxxvi ca

Passule siue vue passule grece• et latine•

¶ Die meister sprechen das diße sind heiß vnd feücht von nature

¶ Item etlich lassen die trauben dür werdeen im einem bachoffen

¶ Die salertani die machen sÿe also•sie nemen die trauben vnd lassen die trucken werden an der sunnen darnach thůn sÿe die in ein bachoffen•darnache lesen sÿe die besten bere körner auß vnnd wäschen die mitt süssem weine vnd thůn sÿ darauß vnd bestreüwen die mit zymmet rören oder mit andern spetereyen vnd laßē sÿ darjn dorren vnd diß sind die besten die also gemachet werdē

¶ Plinius wein gesoten mit kleynen rosÿn vnd dē getruncken benÿmmet den halten hůsten d' sich erhaben hat vō kelte• Dißer weine also getruncken ist gůt dē jnnerlichen geschweren vnd süderlich die auff der lungen sind•

¶ Item platearius klein rosÿnn in der kost genüczet benÿmmett des magen auff stoßen vnd stopffen flüssigen bauch• ¶ Item wie man die nüczet so bringen sÿ dē leibe krafft vñ machē gůt geblůt

¶ Item klein rosÿn im kost vermenget benÿmmet den brestē gē nant vomitum• ¶ Item kleÿne rosÿn die do süß sind stillent dÿe weethůmb des magens darum sind sÿ dez magen nüczlicher dā diee feÿgen• Vnd kleine rosÿne sind auch der lebern gesunt alß Serapion sprichet

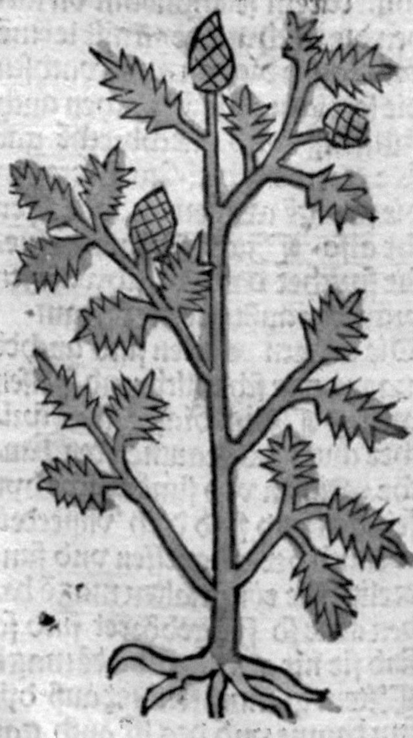

frucht also genant
Das cccxxii Capi

Pinee latine·

¶ Die meister sprechen das dye pinee gar gütte genüczet sind in der erczney vnd ee man die brau het so sol man die obersten schel/ czen ab thün vnd hinwerffen·

¶ In dē büch circa instans besch reyben vns die meyster vnd sp/ rechen das heiß vnd feücht sinde von natur vnd ir tugent ist wei/ chen vnd feüchtung bringen/

¶ Diascorides sprichet das man die kern nücz in der erczney vnd darauß machet man electuaria· vnd syropel· ¶ Pinnee sind güt vnd aller beste genüczt den jr na turlich krafft vnd geist entgan/ gen sind ·vnd sind güt genüczet den die sich an jrem leibe von krā ckheit verzert haben· ¶ Pinnee die meren das geblüte vnd bene/ men das keychen· zü allen dysen kranckheiten mag mā pinee ein geben oder einnemē mit einē sy ropel oder mit einer electuarien oder mit jm selber· ¶ Wölcher dissintericus wäre das ist das er fast zü stülgange also das blütt mit gienge· der laß den rauch vō dem wasser vndē auffgeen dar= jnn man die pinee gesotten hatt es hilffet· ¶ Pinee gesoten vnd die also weich gestossen geleiche den mandeln vnd darauß gemach et ein brey mit zucker vnd klein rosyn darunder gemüschet vnd das genüczet geleich einē seüflin mit hōner brüe dienet wol allen kranckheiten vnd sunderlich as/ maticis das sind die da keichenn vnd ein kurczen atem haben · vñ den selben dye dysen gebrechenn haben sol man zü rüsten ein bett darauff ist man meer siczen dan ligen·

also genant cccxxiii c

Piscatea grece· arabice pistoch siue fustech· latine fistica· ¶ Ge= rapio in dē büche aggregatoris in dē capitel pistoch id est piscata sprichet das dise sind feücht dye wachsen in dē land damasco·

¶ Raby moyses in dem capitell de piscatis sprichet daz vnder al len früchten piscatee die bestē sin de sy stercke auch dē magen vnd die leber· ¶ Piscateen sind heyß· vnd auch trucken getemperiert·

¶ Diascorides sprichet das dyse
frucht gebraucht werde in d' er=
czney vnd wechset über see.
¶ Isaac die frucht geessen gibet
gůt fordrung vnd stercket sere
vnd öffnet die brust vnd reyni/
get die lung. ¶ Gallenus sprich=
et das das öle von diser fruchte.
dem haubt gůt sey das damit be=
strichen. ¶ Auerrois im dē funff/
ten bůch colliget genant sprichet
das dyse frucht geessen gar gůt
sey dem magen. vnd er mag da=
uon nit verstopffet werdeen no=
ch zů sere laxieren. wan sie heltt
den magen lustig aber man soll
jr nit zů vil essen. ¶ Auicenna im
dē bůch genant de viribus cordis
sprichet das dise frucht sterckett
das hercze vnd bringet dē gůtte
geblůdte. ¶ In dē bůch circa in/
stans im dē capitel piscacee besch=
reyben vns die meister vnd spre
chen das dyse frucht zů essen sey
geleich den mandeln. ¶ Dise fru
cht gestossen vnd darunder gemi
schet nux indica. yegkliches ein
halb lot dar zů ein quintin satiri
onis. vnd diß vnder einander cō
ficieret mit h önig vnd damtt ge
strichen vmb das gemecht brin/
get coitum vnd meret die natur
sperma genant.

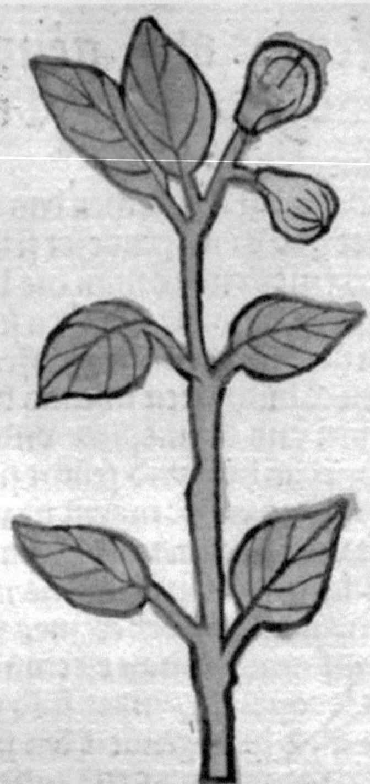

byrn cccxxiiii Capi

Pira latine. grece cümetiran. a=
rabice cumechere.
¶ Serapio im dē capitel cümech
re id est pyra beschreybet vns vn̄
sprichet das der sind zweyerhan
de die ein zäm die andern wilde.
Die zämen machenn feüchtunge
vnd wan man die ysset gebratē
oder gesotten so stercken sye den
magen vnd benemen den durste.
¶ Die wilden byrn die stopffen.
vnd bringen des magē auff stos
sen. ¶ Die grossen zämen byeren
sind besser dan die kleinen in der
speise. Aber doch dye kleynen ro
he. geessen speisen meer dann dy
grossen. ¶ Platearius byrn dye
bringen das därme gesucht. wer

der vil ÿsset. ¶ Auicenna im seim em andern bůch in dē capitel pÿra beschreÿbet vns vnd sprichett das dÿe bÿren eÿgenschaft an im haben das sÿ b. ingen colicā passionem vnd darumb ist es gůtt. vnd nücz nach den bÿren getrūcken starcken wein vnd auch spcereÿen genüczet als dan ist pfeffer vnd zÿmetrÿndē. ¶ Dÿascorides sprichet das gekochtt bÿrē gůt sind wan sie stercken vn̄ weichen den bauch. ¶ In dē bůch circa instans im dē capitel pÿra beschreiben vns die meÿster vnnd sprechen das die wilden bÿrenn kelter sind von natur dan die zāmen. vnd ir beÿder safft genüczt vor dē essen stopffent dē bauche. vnd nach dem essen laxieret der safft den genüczet. vnde versus Ante cibū stipant post cibū corpora laxant. ¶ Bÿrn gesottē im wasser vnd darnach die gestossen vnd auff den magen geleget benÿmmet das brechen das siche erhebet von der colera. ¶ Ipocras sprichet das allzeit nach den bÿren sol getruncken werdē gůtter starcker wein vmb des grÿmmes willen des bauches.

apfel cccxxv Ca

Pomū latine

¶ Die wirdigen meÿster sprechen gemeinklich das do sind mancher hand öpfel. Ein sind genāt poma cetonia. ettlich poma citri von den wir in dÿsem capitel sagen. ettlich poma arancie. ettlich poma granata. etlich poma paradisi. ettlich sind auch genannt poma ethiopia etlich poma maciana. ¶ Rabÿ moÿses schreibet das öpffel vnd sunderlich die zāmē von ir im gůten gerauch stercken das hertz vnd das hÿrn vn̄ sind gůtt ptisicis das ist die das abnemen hand vnd melancolicis ¶ Auch spricht er dz öpfel rohe geessen vngesund sind wann alle ander obs. wan sÿ bringen böse feüchtunge aller glider· ¶ Galienus im dē sybendē bůche genant simplicium farmacorum im dē capitel millia· id est poma/ria et est arbor pomorū beschrei=bet vns vnd sprichet das öpffell mit haben ein natur wan ein tei le sind süß ein teyl sauer· ein teyll wesserticht ein teil sind scharpff· vnd jr yegkliche hat ir eygen na tur darnach sye sind· wan sind si süß so sind sy warme vnd truckē von natūr· sind sy sauer so sinde sie kalt von natur · ¶ Auch spri/chet Galienus das aller safft der öpffel jr feuchtigkeit nitt behaltē mügē on allein malacitonia· dz sind kutten öpffel· wan man a/ber jr safft bereit mit hönig vnd zucker oder ander spetereyen so weret sye des lenger· ¶ Item po ma citri haben auch mancherley natur an jn wan die rinden auss/sen daran die ist heiß vnd truckē Die kerē jnwendig sind kalt vn̄ trucken· das mittelteyl im dē ap/ffel ist heiß vn̄ feücht· ¶ Die rin denden öpfel die man nēnet gra nat öpffel rohe geessen stercken das hertz vnd benemen das her/tzen zyttern· ¶ Die kern in eynn wasser geleget vnd das wasser darnach im dem munde gehalten vnd senfftigklich eingeschlickett benymmet die scherpffunge der kelen· vnd benymmet auch des magen auff stossen·

psillienkraut

Das cccxxvi Capi

Psillium latine· grece pipersiliū arabice hazarahona vel besterca tan·

¶ Serapio im dē bůch aggrega toris im dē capitel hazarachona· id est psillium beschreibet vnns vnd sprichet das diß sey ein kra=ute vn̄ hat zotticht bleter vn̄ hat ein langē stēgel vn̄ dz kraut mit ein ist dick vn̄ zotticht vn̄ hat o/ben zwen oder drey köpff· in den ist samē d ist schwartz geleich dē flöhen vnd dē samen nützet mā in der ertzney· ¶ Auicenna im sei nem andern bůch beschreibt vns vnd spricht das d same seye kalt vnd feücht an dē andern grade·

⁋ Johannes mesue in dem capi
tel psillium spricht· dz der same
sey verändern des menschē na=
tur vñ bringet stůlgāg dē ge=
nüczet· Vnd spricht dz dises der
beste samen seye der do in dem
wasser probieret wirt· wañ di
ser samē der hat zwü natur an
jm vnd die mügen in dem waß
ser geteilet werdē· die ein ist vn
der der schelffen außwēdig des
samens· dz ander ist daz marck
das in dem samen ist· Vnd das
marck in dem samē ist von na/
tur heyßs vnd trucken an dem
vierdē grad· vñ ist fast scharpff
vnd in jm ist vergifft· aber die
ausser ryndē des samens die ist
kelten von natur vnd hat kein
vergifft in jr· vñ darumb spre=
chen die meister gemeinklichen
dz diser same sol zerstossen wer
den vnd in dē wasser gewäsch/
en dz die jnnerlich materie her
auß kōm so mag man den dañ
nüczen in der erczney ⁋ Auicen
na spricht dz diser same gemü=
schet mit rosen öle benymt alle
schmerczē des leybes von hicze
kōmend· darauf gelegt als ein
pflaster· ⁋ Auch d' same zerkni
schet vnd gemischet mit essich·
vñ auff die heyssen bösen blat=
ter geleget als ein pflaster zeü
het vil hicze darauß· vnd sund
lich so dienet dises wol herisi/
pilosis vnd das ist allzeyt mit
hycze vermüschet· ⁋ Der samē
ist vil besser aussen an den leybe
gemüschet wz do hiczig ist dañ
jnwendig des leibes· ⁋ Item di
sen samen vnder die zungen ge=
leget ist brechend den durst vñ
ist gůt wider die dörrigkeit der
zungen die do von hicze ist kō=
men·

Citrin opfel
Das cccxxvii Ca

Poma citrina latine·
⁋ Die meister sprechen das di
ses sind öpffel vnd haben auch
ein vnderscheyde mitt den gra/
nat öpffeln als du dañ gelesen
hast das capitel granatum· Vñ
hie ist zů mercken als ysaac sp=
richt dz diß citrin öpffel haben
vierley an jn· Daz erste ist die
schal· dz ander das fleysch· das
dritte dz marcke· das vierde ist
der samen vñ der yegklichs hat
ein besundere natur an jm· Die

schale ist heiß vñ trucken an dē andern grad· Dz fleisch hieuon ist kalt vñ feücht an dem erstē grad· vñ sein kelte ist mer dañ sein feüchtigkeit· Dz marck ist zů vil subtil vñ hat nit feüchtigkeit· Der same ist seüerlat vnd vō natur kalt vñ feücht an dē zweÿten grad· Diser same hatt macht den durst zůleschē vñ ist gůt krancken leüten· Die schale mit wein getruckē vertreibet daz sterblich fenÿn· Das fleisch zeessen ist nit gůt vñ sunderlich den die do kalt mägen haben dz marck hieuō ist wenig nücz dē menschē wañ es gar wenig füret ¶ Paulus spricht dz die frawen die do schwäger sind diß fleisch von disem apffel geessen vertreibt jn die bösen gelüste

h..ymisch morc..eu
Das cccxxviii C

Pastiniata domestica latine

¶ Die meister sprechen in dem bůch pandecta in dem fünfften vnnd zweÿeten capitel· das do seÿe dreÿer handt moren· Dÿe einen nennet man baucia das sind gemein morchen· Die andern daucus· das sind die wilden morchē· vnd dise werdē geteilet in zweÿ teil· Die erst heisset daucus asininus· die ander daucus domesticus· Von diser leczten sagen wir in disem capitel· wann bey dem dauco domestico söllē wir versteen pastinaca domestica· Vō der erstē hast du gehört in dem capitel de baucia· Vō der andern die man nennet daucus findest du in dē capitel de daucus genāt· ¶ Galienus in dem bůch genāt de cibis in dē capitel pastinaca spricht· das dise wurczel gůt seÿ zů essen· ¶ Dise wurczeln ist warm machē in dem mittel des anderen grads· vnnd feücht machē in dē ersten grad· ¶ Dise wurczeln machen fast wol härmen vnd sunderlichen so dienet dise wurczeln melancolicis· ¶ Dise wurczel meret coitum dz ist begierde des mānes zů frawen ¶ Jtē pastinaca domestica die sind gesunt in speÿse zů nüczen besunder die wurczeln wañ sÿ bringen gůt geblůt· Vñ die wilde pastinata bringet bewegūg des harms vñ bewegen frawen feüchtūg· ¶ Jtem die wurczeln pastinate an den halß gehenckt ist gůt wid die geschwulst des hals. ¶ Auch machet die wurczel getragen beÿ dem menschē. das kein vergifftiges thiere geleczen mag den menschen pandecta.

Pfeffer cccxxix ¶

Piper grece et latine. arabice fulfell.

¶ Serapio im dem bůch aggregatoris in dē capitel fulfell. idē piper beschreibt vns vñ spricht dz piper seÿ ein baum d wechset in dem lande jndia. vnd der hat bleter geleich dem wäckhalteren baum vñ der bringet einen langen samē vñ den nennet man macro piper. a macro piper qd est longum. Das ist langet pfeffer. vñ weñ der gar zeÿtig ist so ist er schwarcz vñ weñ er noch nit gar gezeitiget ist so ist er weiß. Vnder disem baume sind allwegen vil schlangē. vñ in dem selben gewälde do dÿse baume wachßen do ist alle zeÿt streÿt der schlangen. vnd weñ die schlangē einander geschiessen vnd gestechē so erholend sÿ sich widerumb an disem baume vñ sunderlich an dem kraut dz darunder wechßt. vnd weñ dise frucht zeÿtig ist. so zündend die selbigen leüt die baume an mit feüwer das sÿ brinnend so fliehend die schlangē von dem feüwer vñ von den flammē so wirt der lang pfeffer rauhe vñ knodat vñ ander pfeffer der ist rund vnd längelat vnd wenn man dē bricht so findet mā körner darinn vnd dz heÿsset ron der pfeffer. ¶ Auch so sprechen etliche meister das diser der do wechßt in jndia so er blüet. so wirt d blüe vil beÿ einand vñ die wachsen dañ also mit einē knopffen auff vñ bringen samen vñ körner ¶ Galienus in dē sibenden bůch genant simpliciū farmacorū beschreibt vns vnd spricht. dz der seÿ heiß vnd trucken an dem vierdē grad. vñ spricht auch dz der lange pfeffer vnd der runde gehaltē mügent werdē. xl. jar vnuersert an jrer krafft. Sein tugent ist auflösen vnd verzeren vnd zů im ziehē. ¶ Serapio spricht. das pfeffer mit wein getrunckē benÿmt febres quartanas. ¶ Pfeffer kör net vnnd gebrennen knoblach vnder ein ander gemüschet vnd das ein genomen mit wermůt safft benymmet das grymmen im dem leyb. ¶ Platearius sprichet. Wer dick pfeffer yßet der wirt vnkeüsch. vn̄ die frawen die do des nützen die werdend vnfruchtbe.. ¶ Plinius pfeffer gemischet mit steinbrechen samen vnd die do zůsamen gebulferet vn̄ die do in die nasen gelassen dz zeühet vil böser flegma an sich vnd machet do das haubt leicht. ¶ Item beyde pfeffer lang vnd ronde machē wol deüwen vnd machē mager der vrsachen halben dz sy sind trucken vnd verzeren feüchtigkeit des menschen.

Bertram cccxxx C

Piritrum latine. grece dencanus. Arabice achiraraha siue Acharchara.

¶ Serapio in dē bůch aggregatoris in dem capitel achiraha idest piritrū beschreibet vns vn̄ spricht. daz dises sey ein gewächße vnnd habe bletter geleich dem fenchel. vnd sein stammen auch wie der fenchel. vn̄ auff dē samen sind kronen geleich dem dylle. vnd sein wurtzel ist eines fingers dick oder mynder.

¶ Auicenna in dē andern bůch im dem capitel piritrum beschreibet vns vn̄ spricht. dz man vō disem gewächße nichtz anders brauch in der ertzney dann die wurtzeln. vn̄ dises ist die beste die do scharpff ist in dem mund vn̄ auch vil feüchtunge an sich zeühet. ¶ Galienus in dē achtēden bůch genant simpliciū farmacorum in dem capitel Piritrum spricht. dz die wurtzel piritri zeühet vil böser feüchtūg an sich. vnd benymmet schmertzen der zen die wurtzeln do in dem mund gehalten. ¶ Der meister paulus spricht. dz dise wurtzel sey heiß vnd trucken an dē dritten grad. In dem winter so samelt man dise wurtzeln. vn̄ die weret fünff jar vnuerseret an jrer natur. Vnd dises ist die beste wurtzel die do dick ist vn̄ auch schwär vn̄ sich nit bulferisieret wenn man die brichet.

¶ Vnd solt wissen dz man die

scherpffe der wurtzeln mit bald vernÿmt in dem munde· sunder wenn die ein weil darinnen gewesen ist vnd ein wenig gekeüwet so vernÿmt man erst jr tugent· ❡ Item jr tugent ist verzeren vnd czů sich ziehen vnd von einander ziehen· ❡ Piritrum gesoten mit essig vnd feÿgen oder gesoten mit süssem wein vnd den gargarisieret reÿniget do das feüchte hÿren vnnd zeühet die bösen flegma darauß· ❡ Item piritrum gesoten mit wein vnd mit baumöle· vnd die lamen gelÿder damit bestrichen hilffet fast wol ❡ Also genüczet dienet dises do fast wol podagricis· dz sind die das gegicht in den füssen haben darauff geleget geleich eÿnem pflaster·

Pfer[...] kraut
Das cc[...]xxi Ca

Persicaria lat[...]

❡ Die meister [...]chen gemeÿnigklichen dz dises seÿ ein kraute vnd geleichet an den blettern pfersich baum blettern· Vnd dise bleter vnd wurczeln ist gůtt zů erczneÿ des geleichen die blůmen· Es wechßt an feüchten steten die wässerig sind· ❡ Dyses safft sol man nemen vnnd das thůn in die oren darinnen würme sind· sÿ sterben dauon· ❡ Dises kraut vnnd blůmen dienet für die fisteln vnd feÿgwärczen Dises wechßt in zweyerleÿ gestalt· das ein kraut hatt mitten braune flecken· dz ander keÿnen flecken· ❡ Das erst hat die obgeschribnen tugent· daz änd ist ein kraut zů hiczigen vnd damit auff zů lösen die schwarczen bösen blattern· ❡ Die bleter vnd wurczeln zerknüschet vnd darauff geleget geleich einem pflaster· ❡ Etlich meister nemen dises leczte kraut piper aque daz ist wasserpfeffer· vnd hiziget die haut geleich dem pfeffer in dem munde· ❡ Dise wurczeln vnd des geleichen die erste dienendt fast wol den feüchtblattern darauff geleget·

Petroleum ein ole also genant
Das cccxxxii Ca

Petroleum grece et latine.

¶ Der meyster Cassius felix in dem capitel petroleo beschreibet vns vnd spricht. das dyses sey öle das kommet auß den felßen vnnd dises findet man an den zweyfeltigen bergen. vnnd sch/wiczet durch die stein. vnd daz selbig öle ist schwarcz. vnnd so man es seüdet so wirt es weyß ¶ Auicenna spricht dz petroleum sey heiß vñ trucken biß auff den vierdẽ grad. ¶ In ettlichen badẽ findet man auch dises öle vnd dz ist schwarcz vnd weñ man dises seüdet so wirt es auch weyß. vnd auff den boden do felt dicke materien geleych den heffen die sol man sunderlichen sieden vnd behalten vnd dz lauter auch für sich selbs oder yeglichs besunder. vñ dises ist dz beste das do ist weiß vnnd hat ein farbe geleich einem granat apffel. vnd das auch lautter ist dises wirt gar dicke gefelschet vnd schwärlichẽ erkennet. dañ diß öle hat in jm gar einẽ starcken geruch. darũb wirt es gemischet mit anderm öle. sein tugent ist auflösen vnd zů jm ziehen vnd verzeren Dises öle ist gůt den lamẽ gelidern damit ge geschmieret vñ dienet dẽ füssen weetumb genant podagra. vñ lendẽ weetumb vnd wider dye kalten sucht vnd darm gegicht dise süchte die mag mã mit disem öle hellen dise obgeschribẽ gebrestẽ. ¶ Wider den stein ist es die aller beste erczney die lẽden vñ ob dem gemächte damit geschmieret. ¶ Wer dz keychẽ hett von kelte vnd einen alten hůstẽ der schmiere die brust auß wenig damit für die gebresten d matricẽ die do kõment võ kelten dienet diß öle fast wol außsen an geschmieret. ¶ Itẽ wid die auffstossung d můter so soll man petroleum auff kolen den rauch in die nasen empfahẽ vñ die můter damit bereüchẽ vndẽ herauff mit laudano so seczet sich die můter wider in jr stat ¶ Petroleum geschmieret auf den verkalteten magen. ist dar/zů gůt platearius.

Maßlieben
Das cccxxxiii Ca

Premula veris latine·
¶ Die meister sprechen·das di-
ses sey ein kraut das hat bleter
die sind längelat vnd oben auß
rotund·sein e blůmē sind weiß
far vnd neygen sich allzeyt ge/
gen der sunnen·¶ Dises kraute
wechßt gern an feüchten enden
vnd breitet sich auff die erden·
¶ Paulus spricht das die wur
czel von disem krautte sey gar
nücz für die blatern an der zun
gen vnd im dē mund dauon ge
truncken·¶ Dises kraut vnnd
würczel sind feücht vnnd kalt
machē biß auff dē andern grad
¶ Ein meister Wilhelmus ge/
nant beschreibt vns von disem
kraut vñ spricht dz man dises
sol sameln im dē monat septem
ber mit seinē blůmen vnd wur
czeln· vnd dz also dörren an dē
lufft vnd nit an der sunnen· dz
weret ein jar vnuerseret an sei
ner kraft· ¶ Wölcher dē kramp
fast het od darzů geneiget wär
der siede dises in gůtē wein vñ
trinck des so er schlaffē wil geē
er genyset zůhant·¶ Für die fle
cken am leib seüde dises krautt
mit der wurczel in regē wasser
vñ wäsch die fleckē damit am
leib sy heylen vnd verschwin-
den zůhant·¶ Den lamen gely/
dern mit disem wasser bestrichē
dienet es fast wol ¶ Dise wur
czeln dienet fast wol den gesch-
wollen hoden·die damit gebäet
vnden auff · auch so mag man
dise wurczeln zerknüschen vñ
über die geschwulst legen es hil
fet on zweyfel·

Hasenstrauch oder hasenhauß

Das cccxxxiiii C

Palacium leporis latine·
¶ Die meister sprechendt das
dises kraut sey gar nahent als
disteln allein das es lenger ble
ter hat· Dises krauttes wurcz/
eln ist wie steinbrech vnd hat
kein blůmē vnd hat runde sa-
men vñ mer rund dañ steinbre
che·vñ wechßt einer ellen hoch
in die lüffte vnd nit fast lenger
Dises kraut heissent ettlich ha
senstrauch etlich hasenhauß dañ
so der hase darunder ist so fürch
tet er sich nit vnd duncket sich
gancz sicher· wañ dises kraut
hat macht über die melancoley

Nun ist kein thiere als gar ein
melancolicus als der hase·vnd
darumb so mag ein yegklicher
melancolicus der sich fürchtett
von natur dises kraute bey jm
tragen es gibt jm võ natur ein
vnuerzägliich hercz ¶ Diß krau
te wechßt gern an tunckeln endẽ
¶ Dises kraut gesotẽ im wein
vnd den getruncken benymt dz
grymmen in dem leybe vnd dz ge
gicht d därme· Auch macht es
gar wol härmẽ· ¶ Item stran
guiriosis dz ist die tröpflingen
härmẽ ist diß kraut gůt auf dẽ
nabel gebundẽ·des geleichẽ dis
sinteriis dz ist die do dz kalte
haben also genüczt· ¶ Dises kr
aut dienet fast wol melancoli/
cis darab getrunckẽ vnd dz an
jrẽ halß getragẽ machet sy kü
ne vñ benymet jn die forcht·

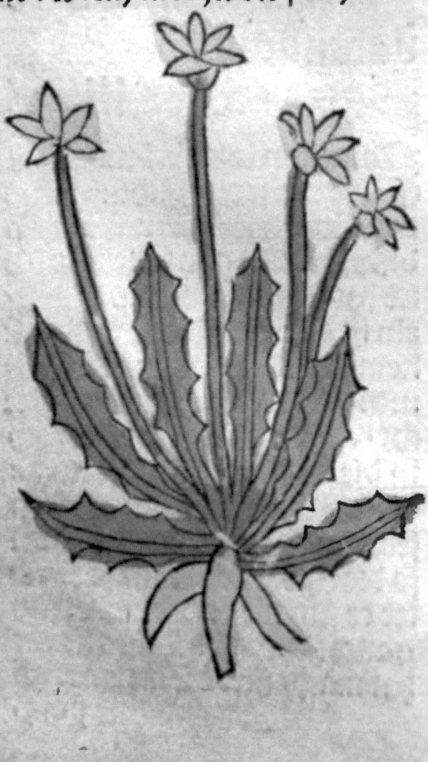

Hasenfüss
Das cccxxxv Ca

Pes leporis latine·
¶ Die meister sprechen das di=
ses sey ein kraut vñ hat bleter
nahent als sawdystein·dise ble
ter sind scharpff vnd stechendt
Auch so habe es lange weyche
stengel vñ darauff braune blů
men geleich dẽ sternẽ· sein wur
czel die ist weyßfarb·Diß krau
te geleichet an seiner natur dem
kraut palacio leporis ob genãt
¶ Ettlich meister nement diß
zů latein sana munda·dann es
machet alle ausserliche gelyder
reyn die do faul vnnd vnflätig
lange zeit gewesen sind·diß ge
soten im regen wasser vñ damit
gewäschen· ¶ Wölcher begeret
an seinem leib mager zů werdẽ
der esse dises kraut geleich dem
salat mit salcz vnd baumöle in
der wochen zwey mal so er sch/
laffen wil geen·vnd dises sol er
thůn ein vierteyl jares er wirt
mager an dem leib·Aber ein so
licher sol sich hůten vor schwey
nem fleisch vnd vor genßfleisch
vnd vor schlaffen bey dem tage·
¶ Wölcher in dem schlaff redet
der lege dises kraut vnder seyn
haubte es benymet dz reden vñ
alle böse treüme vnd fantasey
die sich erheben in dem schlaffe·

Rauten cccxxxvi c

Ruta latine et grece. ara
bice radeb vel alseleb.
¶ Jn dem bůch circa in
stans in dem capitel ru
ta beschreiben vns die meyster
vnnd sprechen das do sey zwey
er handt rautten. Eine wylde.
die ander zäme. Die wild rau
te ist kein nüez als hernach ge
schriben steet. Die heymisch ist
vō natur heiß vn̄ trucken an dē
drittē grad. ¶ Die bletter vnd
auch der same wirt gebraucht
in der erczney. Weñ man findet
geschribē in einē recept ruta so
meynet man die bletter vn̄ mit
den samen. Den samen sol man
sameln in dem herbst der weret
fünff jare. Die bletter sol man
dörren vnd die wererd ein jar
¶ Der meyster Serapio in dē
bůch aggregatoris in dem capi
tel radel mit bewärūg. Diasco-
ridis beschreibt vns vn̄ spricht
dz radeb. idest ruta sey zweyer
hant. eine wilde. die ander zām
Die wilde rautē ist hiziger vn̄
scherpffer dañ die heimisch. die
heimisch rauten hat einen stam
men der hat vil este außgebrey
tet vnd kleine bleter vnd weiß
blůmen geleich den gamillen al
lein das sy kleiner sind dañ die
rautē. Der same der ist rotfarb
¶ Galienus in dē sibenden bůch
genant simplicium farmacorū
in dem capitel Moli spricht. dz
etlich meister sprechen das mo
li sey ruta siluestris. daz ist die
wilde rauten. etlich meister die
heissend sy auch armilan. Dye
tugent der wilden rauten die ist
subtil vnd heiß an dem vierden
grad Vnd darumb so ist sy gůt
gebraucht wider die groben feü
chtung wann sy ist fast durch-
dringen vnd machet auch wol
härmē. ¶ Auch so spricht diser
meister in seinem achtendē bů-
che in dē capitel Piganum. id
est ruta siluestris. dz die wyld
rauten genüczet dörren dē men
schen fast vnd benemen do dye
bösen gelüste zů vnkeüscheyt
¶ Serapio spricht. das rauten
geessen verzere spermam. das
ist die nature des menschen vn̄
beneme auch den gelust oder be-
gierde der vnkeüscheyt. ¶ Dye
bleter geessen mit feygen vnnd

wälisch nuss die nemendt hyn den giftigen vnd tödtlichen schaden der pestilenze·vnd ist daz das aller gewyssest preseruatiue das man gehaben mage

⸿ Item etlich die machen dises preseruatiue also·Sy nemmen rautē bleter ein lot·feygen ein halb lot·wächalter anderhalbs lot·wälisch nuss zwey lot·essig vier lot·vnd müsche das do durch einander vnd nüczen dz do des morgens ee das sy in dē lufft geend·vnd das ist gar gewyss vnd der mensch auch seltē vergifftet wirdet der dises also brauchet·⸿ Rautē gesoten mit essig vnd den genüczet benymmet dz auffstossen·⸿ Vnd also genüczet benymmet dz wee der hüffte vñ der brust·vñ ist auch güt den die einen kurczen atem haben vnd benymet den hüsten vnnd heilet das geschwere genant peripleumonia·dz ist ein geschwere auff der lungē dauō dann kömet ptisis· das ist dye schwyndtsucht oder das abnemen· ⸿ Rautten gesoten mit baumöle vnd das do mit eynē klistiere in den leib gelassen benymmet dz wee der müter·Vñ benymet auch also den schmerczen der zerschwollen därm vñ seczet die·⸿ Rautten gestossen vnd mit hönig gemischet vnd sich damit geschmieret den hals der müter benymmet jr den schmerczen vnd dz wülen· ⸿ Ein pflaster gemachet von rautten vnd hönig vnd daz gelegt auf dē nabel tödtet die würm im dē bauch· ⸿ Auch so sol man die gesoten rauten die do in öle gesoten ist des morgens essen vñ darauff fastē drey od vier stūd

⸿ Rauten gesotē mit wein biss das do das halb teyl eingesottē sey vnd den getruncken benymmet die sucht edropisis genant dz ist die wassersucht·⸿ Rautten geessen allein oder mit salcz machet ein klares gesichte

⸿ Der safft von rautē gelassen in die naslöcher benymmet daz blüten darauss· ⸿ Platearius· rautē gekeüwet so einer knoblach geessen hätte·so benymmet do den gerauch des knoblachs·

⸿ Item rautē ist gar güt genüczet für vergifft dz bewäret der meister Serapio also vnd sprichet·dz mustela das ist ein wysel wēn sy sich mit dem schlangen beysset oder krieget so ysset der wysel rautē·so mage jr der schlangen kein gifft zügefügen

⸿ Der meister ruffus sprichet· dz rautten gar güt seyen den jnnerlichē gelydern· vnd machet gar ein güt klar gesicht·⸿ Die meister sprechē gemeynigklich dz rauten von natur heyss vñ trucken sey an dem drittē grad·

⸿ Rauten gesotten mit wasser vnd das mit starckem wein gemenget vertreibet dz kerren in dem bauch· ⸿ Das selbig vertreibet auch die geschwulst vnder den rippen·⸿ Item rautten ist güt genüczet dem der do das kalt wee hätte·oder grün gesoten in baumöle vnd den leib damit bestrichen ee jn do das kalt

leſtee vñ das ſelbig mit eintem
kliſtiere hinden ein getryben
℄ Rauten geſoten in öle vnnd
das warm in die oren gelaſſen
vertreÿbet die würm darinne·
℄ Rauten mit mirrich geſotten
vñ mit wein vnd dz getrunck
en vertreibet die waſſerſucht·
℄ Rauten ſafft mit roſenöle ge
miſchet vnd mit eſſig vnd daz
haubt damit beſtrichē benÿmet
daz wee darauß·℄ Rauten ge-
ſotē mit dem waſſer fumus ter
re dz iſt erdrauch vnd das ge-
trunckē die die röte haben mor
billi genant hilfft on ʒweÿfel·
℄ Morbilli vñ variole dz ſind
die röte vñ die vrſchlechten die
ſind den kinden gar gefärde
Aber mit diſen kranckeitē ſo kō
met groſſer ſchade dē kinderen
vnd ſunderlichen ſo ſÿ variole
haben·dz ſind vrſchlechtē·wañ
die über ziehend die ganczē lei
be·vnd weñ die kinder die aug
en jucken ſo werdēt ſÿ darnach
geren blint·Vnd wilt du diſes
überhaben ſein dz ſÿ nit blindt
werden ſo hencke jnen rautten/
wurczeln vñ die wurczeln ſca-
bioſa an den halß·ſo biſt du ſo-
licher ſorgen überhaben·

Roſen cccxxxvii C

Roſa latine· grece rodon· ara
bice hard·
℄ Jn dē büch circa inſtās beſch
reiben vns die meiſter vñ ſpre-
chen dz roſa vō natur kalt ſey
an dē erſten grad·vñ truckē an
dem andern·℄ Wenn die roſen
rot ſind vñ ſich noch nit geöff/
net haben ſo ſol mā ſÿ abſchnei
den vñ ſÿ trucken laſſen werdē
an der ſumē·℄ Galienus in dē
viij· büch genant ſimplicium
farmacorū in dem capitel roſa
ſpricht·dz man als bald ſo dÿe
roſen abgebrochē ſind ſÿ truck
en laſſe werdē wañ ſaumet mā
das lang ſo veriehen ſÿ balde·
℄ Jtē roſen hönig machet mā
alſo·nÿm hönig vñ verſchein

den wol dz er lauter vnd reyn
werd vñ lasse den durch ein tů
ch lauffen vñ nym̃ der bletter d̕
rosen die noch nit offen sind vñ
schneide die bleter oben ab also
dz der knod her auß beleybe vñ
thů die in dē hőnig vñ lasse es
ein wenig siedē also dz das hő
nig rotfarb werd. ¶ Dises hő
nig ist gůt genüczt wañ es ster
cket dem menschē sein geblůte.
¶ Der safft von rosen gesotten
mit wein benym̃t dz haubtwee
vñ ist auch gůt den augē ¶ Dz
zanfleisch damit gewäschen be=
nymmet den schmerczē dauon.
¶ Die bleter von rosen gestoß
sen vñ auf die heissen geschwe=
ren gelegt zeühet die hicze dar
auß. ¶ Platearius der same vō
rosen gebulfert vñ die zeen da
mit gerybē vnd das zanfleisch
benym̃t dz wee darauß. ¶ Die
rosen knöpff gesotē mit wasser
vnd das getrunckē benym̃t den
fluß des bauchs. ¶ Vñ benym̃t
auch also genüczet dz blůtspeiē
¶ Die rosen also genüczet sind
fast gůt den fliessendē augen. dz
wasser darein gestrichē. ¶ Itē
die do groß onmächt hettē die
möchtē trincken von rosenwas
ser dē wäre es gar nücz. ¶ Der
rosen gerauch bekömt fast wol
colericis. dz ist die hyczig vnd
trucken sind von geblůt. den sel
bigen benym̃t der gerauch das
haubtwee dz sy haben von der
colera ¶ Der gerauch beweget
auch catarrū dz ist d̕ schnopffē
den die colerici haben von hicze
¶ Rosen gemischet mit hőnig
vnd zucker vñ das genüczet be=
nym̃t die bősen feüchtung auß
dem magē. ¶ Der meister Ra/
sis spricht. das die bletter so sy
noch frysch sind mit zucker ge/
mischet reyniget den menschen
vnd des geleichen der safft von
rosen. ¶ Der meister Johānes
mesue in dem capitel rosa besch
reibt vns vñ spricht. das rosen
sind der erczney die mā nennet
zů latein medicine benedicte. in
dē jr tugent ist fast starck mach
en vñ verwandlē die bősen cō=
plexion in ein gůte ¶ Wer wil
machē ein gůt sanft laxatiue d̕
neme des safftes vō rosen zwei
lot vnd mische darunder käß/
brüe vñ ein wenig spica. Auch
mag man nemē käßwasser vñ
darein tůn rosenbleter. vj. vncz
dz ist. xij. lot. vnd darunder ein
wenig hőnig. dises laxieret vñ
senfftiget gar wol. ¶ Der syro
pel vō rosen ist auch fast senff/
tigklich laxierē. ¶ Itē rosen mit
hőnig vñ zucker cōficiert ster/
cket vñ reyniget den leib. ¶ Cas
sius felix spricht dz rosen geton
in eßsig vnd übernacht also ge
standē der eßsig ist fast gůt den
hiczigen gelidern darüber gestri
chē. ¶ Auch auff dē heissen ma
gen aussen gelegt hilffet jn fast
wol vnd zeücht groß hycz dar/
auß. ¶ Der saft von rosen mitt
frischem krumen eingetrunckē
laxieret wol vñ reyniget dz ge=
blůte. vnd sunderlichē reyniget
er coleram Er benymmet auch
also die gelesucht. ¶ Der saffte
also genüczet vertreibet auch dē

schmertzen den der mensche hat von grosser hitze vnd kület on schaden. ¶ Auch so bringet der safft dem menschē gůt růwe nach dem laxieren. ¶ Auicenna im dē bůch genant de viribus cordis spricht. dz rosen stercke daz hertz vnd mache ein frölich geblůte. ¶ In dē bůch genant circa instans in dē capitel Rosa beschreiben vns die meister vñ sprechent. dz rosen hönig stercke vō natur vñ verdeüwe die materien die do kömet vō der melancoley. vnd auch materie die do kömet von der überflüssigen flegma. vnd disem sol man geben rosenhönig mit wasser dar jnnen fenchelsamen gesoten sey vnd darunder sol man mischen ein wenig saltzs so reiniget es dester baß. ¶ Itē man mag melancolicis vñ flegmaticis geben zů nütze rosen hönig oder den safft von rosen allezeyt jm jar. Aber colericis dē sol man es allein gebē in dem winter vñ nit in dem sumer. Vnd dises ist die beste kunst eines artztes dz er wisse einem yegklichē menschē zů geben nach seiner natur vñ die in der rechten zeyt vñ stund auff dz so sol ein yegklicher artzet auffmerckūg haben bey seyner sele heil. ¶ Das öle vō rosen machet man manger hant. Etlich die sieden rosen in baum öle vnd halten es für rosen öle Etlich nemend rosen in ein geschirr vñ thůnd darüber baum öle vnd lassen es steen viertzehen tag. Ettlich die nemen rosen so sy frisch sind vnd schneyden die bleter oben ab vnd sieden die in öle vnd lassen dz also steen fünfftzig tag in der sunnen in einem glaß. dises öle dz ist dz beste. ¶ Diascorides. diß öle gestrichen auff die hitzigen lebern ist gar gůtte. auch so ist gůt gestrichen auff den schlaffe wañ es benymmet haubtwee vnd kület dz. ¶ Es ist zů wissen das die menschen die do eynen hitzigen magen haben vnd ein hitzige lebern. disen dē mag man gebē rosenöle in der koste für baumöle es benymmet dye hitze. ¶ Der do alle tugent wil wissen vō rosen der lese Auicennam in dem andern bůche in dē capitel rosa. Item in dem bůche Pandecta in dem dreühundert vñ viertzigisten capitel dz sich anhebt harde. Item in dem bůche circa instās beschreibē vns die meister auch vil tugent vō rosen. ¶ Item albertus in seinē bůch der heimlichen kunst sprichet. nymme von rosen wenig vnd wenig senff. vnd einē füß von einem wysel. vnd dz geleget in ein netze ist vil fische daselben vergadern.

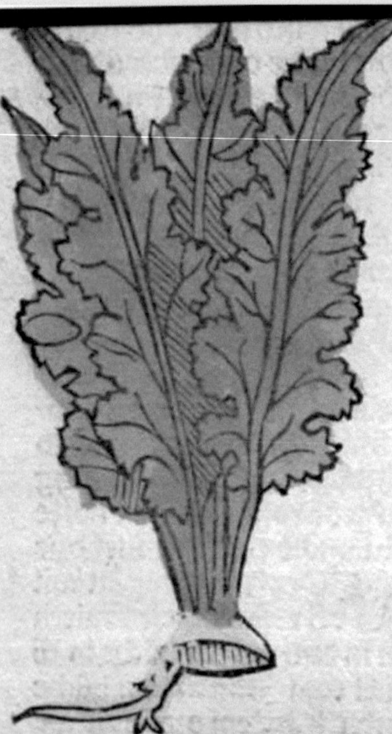

Merrettich

Das cccxxxviii C

Raffanus vel scandix grece latine radix· arabice finel vel fugel vel haffagel·

¶ In dem bůch circa instans beschreiben vns die meister vnd sprechē das raffanus von natur heyß vnd trucken sey an dē andern grad· Die wurtzel so sy noch grün ist so ist sy besser im d ertzney dañ dürr· ¶ Die rind von dem raffano braucht man in der ertzney· die rindē sol mā dörren die weret ein jar· Mörrätich hat grosse lāge bleter die wachßent nahent bey der wurtzeln· Die wurtzel ist groß vñ dick· ¶ Diser wurtzeln geessen nach d kost lustetet vñ machet wol härmē· ¶ Diascorides spricht das gar gůt sey die wurtzel nüchtern geessen vnd eim sicherheit des tages für vergifft allein sy bläet den magen vnd machet auffstossen vñ den menschen sich brechē nüchtern geessen· ¶ Der safft vō der wurtzel ist gar gůt für ein geschwer in der kelen squinantia genant dē gegurgelt hilfft on zweyfel·

¶ Die wurtzel gebrennet vnd gebulferet das bulfer reyniget faul wundē vnd ätzet das faul fleisch· vñ sunderlichē trücknet dz bulfer die fliessendē schäden·

¶ Wer von einem vergifftigē thiere gebyssen wurde· der esse mörrätich er benymmet jm den byß on schadē· ¶ Das krautt von mörrätich gesotē mit wasser vñ darzů gethon von einer wurtzeln heisset harsitang vñ dz haubt damit gewäschē oder wo einer kale wäre macht do selben har wachßen ¶ Item der safft vō mörrätich in die oren gelassen benymt die oren geschweren vñ trücknet das von dē fliessenden eytter on schaden·

¶ Der same mit hönig gestossen ist gůt dem der do schwär ätmet vnd gibt den ammen auch vil milch· ¶ Item der same das kraut vñ auch die wurtzel ist gůt calculosis daz ist die do den stein haben· vñ sunderlichen ist dz wasser gůt dauon distillieret daz getruncken des abendes vnd morgens· ¶ Dises wasser vertreybet den lenden stein vnd

auch der in der blasen ist· vñ di
ses wasser hat mangē menschē
auffgehalten vnnd behütet vor
schmerczen der lenden vnnd der
blasen· ¶ Itē mörrätich gestoß
sen vnd das gesoten mit hönig
vermenget damit den mund ge=
wäschen heilet die feülung des
mundes· ¶ Item dz wasser dar
jnnen mörrätich gesoten ist ge=
truncken ist gůt wider dz gesch
wollen milcz mit ein wenig eß
sigs vermenget·

Rettich cccxxxix c

Raffanus latine et grece·
¶ Die meister sprechent gemei
nigklichē das diser rätich heiß
vnd trucken sey an dem dritten
grad· Rätich ist geleich an sey=
ner wurczel den rüben vnd ist
vns auch wol bekant· ¶ Rät/
tich geessen nach dē nachtessen
deüwet wol die kost vñ mach
et den magen warme· Aber er
machet einen bösen stinckendē
atem wenn man balde darauff
schlaffen geet· ¶ Rätich distil=
lieret zů wasser· dises wasser ist
fast gůt strangurriosis das ist
die do mit not neczen tröpflin=
gen· Auch sunderlichen dienet
dises wasser wol calculosis dz
ist die do dē stein haben in d blā
sen vnd in der lendē· ¶ Item rä=
tich ist dē frawen schad die kin
der tragen· wann er benymmet
die empfangen geburd vñ brin
get den frawen menstruū vnd
treybet auß secundinā· das ist
dz feel do das kind jnnen gele=
gen ist in můter leibe· ¶ Der
safft von rätich ist gůt gestrich
en auff alt schädē od wo fauls
fleisch wechßt das verzeret den
safft vñ machet frisch die wun=
den· Des geleichē thůt auch dz
bulfer vō rätich· ¶ Item rätich
safft mit hönig gesotē mit we=
nig eßsig vermenget dz durch=
geschlagen ist ein gůt geträncke
wider dz fieber quartan vñ wi=
der bestopffung der milcze·

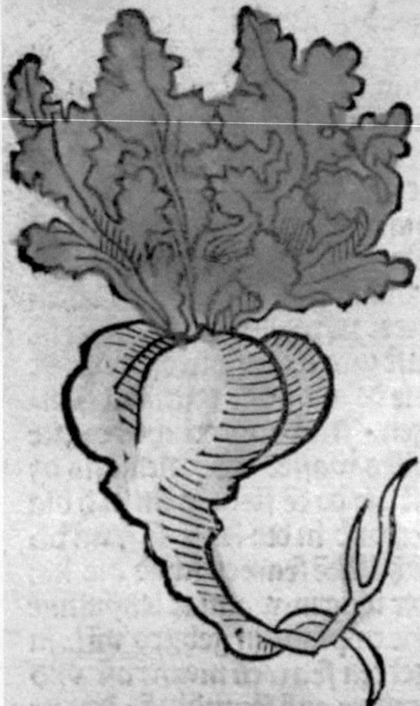

Růben cccxl Ca

Rapa latine·grece egelida vel
bengilida vel noÿda·arabice de
lion·

¶ Serapio in dē capitel Deli-
on idest rapa beschreibt vns vñ
spricht·dz der sind zweÿer hant
Eine heimisch·die ander wÿlde
Die wilde ist zů latein genannt
rapella·die hat vil eincken oder
öste an dem stammē· vñ der ist
eins arms lang· sÿ wechßt an
den trucknē steten vnd hat weÿ
che bletter vñ grob geleich dem
grossen dümen·vñ der hat einē
kleinen samē der ist schwartze
vnd weñ man den zerbricht so
ist er jñwenig weiß·¶ Diasco
rides spricht · das der samen der
wilden růben gemüschet werde
zů den stucken die do dz antlietz
weÿß machen· Vnd dises sind
die stucke die zůsamē gemischet
söllen werdē· Nym bonen mele
vñ mele von kÿchern vñ mele
von wÿcken vñ müsche darun-
der disen wildē rübsamen mele
ÿegkliches geleich vil·vñ mü-
sche die mit bonēblů wasser vñ
wäsch dein haut damit sÿ wirt
schön vnd lauter·¶ Die heimi
schē rübē sind vns wol bekant
die rohe geessen sind vnuerdeu
lich·vnd die gesotē bläend den
bauch vñ meren die feüchtung
in des menschē leÿbe·¶ Den sa-
men vō rüben brauchet man zů
dem driackel vñ der ist gůt für
vergifft·¶ Wölcher einē gifftī-
gen getranck getruncken het d
trinck dises samens mit mulsa
so mag jm die gifft nit geschadē
wz mulsa sey findest du in dem
capitel cōsolida maior·¶ Der
meister Almāsor in seinē drit-
ten vnderscheÿde in dem capitel
napo idest rapa beschreibt vns
vnd spricht· dz rüben mit essig
conficiert kelten vñ bläen·aber
doch so leschen sÿ coleram rube
am das ist dz hitzig trucken gē
blüte dz do dem menschen groß
se kranckeÿt bringet·Vnd spri-
chet auch das der samē seÿ ein
driack dē die do vergifftig sind
¶ Galienus in seinem anderen
bůch genant de cibis in dem ca-
pitel rapa spricht·dz in manger
leÿ weise die rüben bereitet wer
den in der kost·vnd etliche sch-
neÿdē die klein vnd thůnd die
in essig vnd tůnd darzů näge-

lein vñ and' specereyē. dise werē ein gantzs jar. vñ ist gesagt vō den roten rüben. ¶ Diser meister sprichet auch in seinem sechßten büch genant de simplicibus medicinis in dem capitel gengelida idest rapa. das die rüben vnd d' same reyzen den menschē zů begierde d' vnkeüscheyt. ¶ Rüben rohe geessen beschwären dē menschen seinen magen. darumb so sind sy fast besser gesotē ¶ Auch spricht Galienus. das rüben gar gůt seyen vnd gesundt wenn sy in zweyen wassern gesoten werden. ¶ Wölcher schweeren häte an seinem leybe oder bösen außsetzigen gryndt. der wäsche sich mit dem wasser darinn d' samen gesoten wirt. die haudt wirdett gladt vnd schön. ¶ Platearius rüben machen reümig vmb dye brust. die gesoten mit meyē buttern. ¶ Plinius. rüben brü getrücken stÿllet den dürren hůsten

¶ Paulus. rüben gesoten mit baumöle das machet wol deüen ¶ Item rüben sind warm in dem zweyeten grad. vnnd feücht an dem ersten grad. vnd bringē vil fürung vnd sind doch hartt zů verdeüen. vnd bringen vil wynde. darumb so bringen sy fleyschliche begerung. wann sy meren den samen genant sperma. ¶ Item. die brüe darinnē die rüben gesoten sind gestrychen auff weetagen der vergichtigen glyder als auff dz bodogram. es ist darzů gůt.

Johanns treüblein
Das cccxli Capitel

Ribes grece et latine.
Die meister sprechen. das dises sey ein baum dreyer arme hoch. vnd hat bleter geleych den branbeeren. vnnd ist dornig. an dem wächßt ein frucht die ist rot geleych den karellen. dise frucht nützet man in der ertznei. Dises ist kaltt vñ trucken an dem drÿtten grad. ¶ Serapio in dem bůch aggregatoris in dem capitel ribes beschreybet vns vnd spricht. das dises habē einen langen stāmen. vnd seine bleter sind rund vnd kärbelat vnd bringen rotte treüblein geleych den weintrauben dann das sy nichtt also groß

sind· Diser treüblein geessen be-
nemen den durst· vnd sunderlich
en den durst der do kömet von d
hÿcze der coleren· oder gallen vñ
benemen den fluß des bauches
¶ Johannis treüblein bringen lu
sten zů essen vnd zů trincken·
¶ Der safft dauon genüczett ist
gůt dem zÿttrenden herczen· vnd
benymmet das brechen· In dem
safft ist süssigkeit· ¶ Platearius
Wölcher grosse hÿcze hät d eß
diser treüblein vnnd trincke des
safftes sÿ külen beÿde fast wol·
¶ Võ disen treüblein do machet
man ein electuarien das ist fast
gůt den hyczigen menschen d ge
nüczet hilfftt· ¶ Item ein getran
cke gemachet võ johannis treüb
lein in endiuien wasser ist gůtt
wider die röteln vñ pörpeln ge-
nant morbilli varioli· ¶ Item
Dise treüblein gesoten mit sauer
ampffer wasser ist gůt wid den
durst vnd wider die pestilencz·
¶ Diser getrannicke ist auch gůt
wider die trunckenheÿt· vnd au
ch wider den fluß der guldin ade
en genant fluxus emorrodiarũ

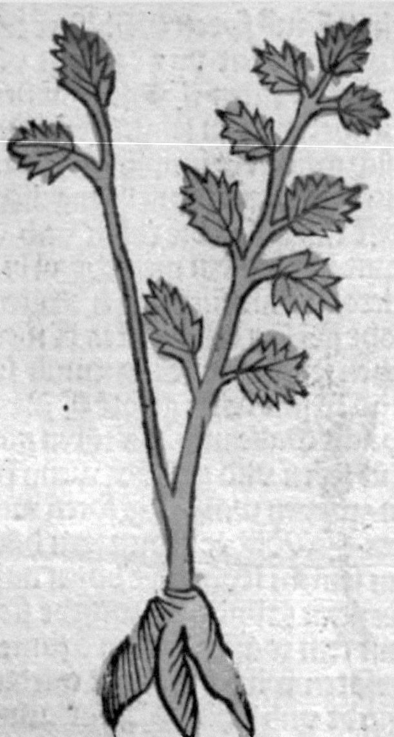

Ein wurczeln also ge
nant cccxlii Capit·

Reubarbarũ latine· arabice ra
ued vel raud·
¶ Der meister Johannes mesue
beschreibet vns vnd spricht· das
dise wurczel wachße in india
Auch wechßt die in barbaria do
her sÿ auch den namen hat Vnd
dises ist die beßte die do rott ist·
vñ vermüscht mit einer schwer
cze· vñ die auch fast schwär vñ
teÿcht ist vnd safftig· vnd wenn
man der ein wenig keüwet das
die farbe geleÿche dem saffran
¶ Diascorides spricht· das reu
barbara sej ein wurczel eins bau
mes in india· Dise wurczeln ist
heÿß vñ trucken an dem andern
grad· ¶ Dise wurczeln hat im jr

grosse krafft vnd grösset denn kein andere wurtzel. Vnd dise mügen nützen jung vnd alt zů aller zeite. vnd sunderlichen mügen nützen kindtbetterin dise wurtzlen ¶ Der wurtzlen ein halb quintin geleget in ein halbe maß gůttes weins. der wein gewynnt grosse krafft vnd behůtet den menschen vor zůfälliger kranckeit. ¶ Reubarbara benymet die melancoley vnd machet dem mennschen gůt frysch geblůt. ¶ Auch so benymbt reubarbara die schwartzen gallen mit der bösen flegma. vnd reyniget den magen vnd auch die lebern. vnd benymbte das stossen vmb daz hertze. ¶ Ab diser wurtzeln getruncken nymbt hyn yctericiam. das ist die geelsucht. vnd das geleychen die wassersucht. ¶ Reubarbara ist gůt den jnnerlichenn gelydern die do zerbrochen sind vnd auch außwenig an dem leybe. von was sachen die kommen sind darüber getruncken. ¶ Der meister Johannes mesue spricht. das reubarbara außtreybe die bösen melancoley vnd flegma. ¶ Vnd sein aller größte tugent ist das sy reyniget den magen vnd die lebern. vnd reyniget das geblůt in dem leybe. vnnd benymbt alle bestopffung der jnnerlichen gelyder. dauon dyck entsteet grosse kranckheyt als dann ist die wassersucht die geelsucht. der viertäglich ryten des miltzen gebresten. ¶ Item Wem seine gelyder zerknüschett sind der neme mömie als vil als zwey gersten körner wegen. vnd reubarbara ein halb quintin. vnd müsche die mit gůtem wein. vnd lasse den wallen ob dem feüwer vnd schmiere damit die zerknüschung. domit es hilfft fast wol vnd benymbt das geliefert blůt ¶ Reubarbara ist ein gůte ertzney für des magens aufstossen. ¶ Reubarbara mag man behalten vier jare vnuerseeret an jrer krafft. ¶ Item. Die wurtzel sol man wol vermachen mit wachß so beleybt der safft darinnen. vnd das wachß soll vermüschet sein mit terpentin. ¶ Die meyster sprechen gemeynigklich. das diß sey die beßte reubarbara dye do schwartz ist vnd rycht vnd sol haben adern die selben geleychen dem saffran an der farbe. vnd wölch luck ist vnd nit adern hat vnd sich bulferet so mann die ein wenig schüttelt die ist nicht nütz.

¶ Item. Endiuien wasser darjnn reubarbara gewesen ist. dauon getrunckenn das ist gůt wider die mißfarben vnd wider das fieber tercian. vnd zů reubarbara so sol man wenig spyca vermengen Vnd ist auch gůt wider bestopffung lebern vnd miltzes.

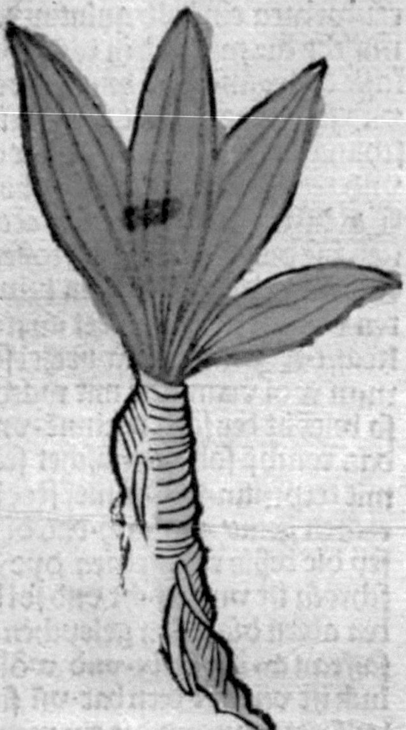

Ein wurczeln also ge nant cccxliii Capit

Reuponticũ latine et grece. ¶ Die meister sprechen gemeynigklich. das dise wurczel geleyche reubarbara. vñ hat jñwenig kleine ãderlein geleych den reubarbara. aber dise wurczel färbt nit als fast als reubarbara thůt vñ heißt darũb ponticũ. wañ sy werdẽ fundẽ in d jnßel põto genant. ¶ Diascorides spricht. daz reponticũ wachse in einẽ lande genant boßforo. vñ auß dẽ selbẽ lande wirt sy bracht in grecien. vñ auß grecien in teütsch landt. ¶ Dise wurczel ist leicht vñ hat einẽ kleinẽ gerauch in jr. vñ ist bitter. die in dẽ mund gehalten. wenn man sy keüwet wirdt sy waich vñ gewynt farb nah als saffran. jr krafft ist fast groß vñ dienet sundlich allẽ krancken mẽschẽ jñerlich des leibs wie die kranckeit sein mügẽ sy seyẽ komẽ võ kelte od võ hycz so temperieret sy die natur des menschen. ¶ Dise wurcz in wein gesoten. die zerschwollẽ gelyd domit bestrichẽ seczt die geschwulst ¶ Dise wurcz bringt auch vil geblůt dẽ menschẽ d sich verczert hat in einer kranckeit. dise ist die allerbeste wurcz vnd allẽ wurczlẽ nach d reubarbara diemã findẽ magẽ. ¶ Paulus in dẽ capitel repõticũ beschreibt vns vñ spricht dz die sey heyß vñ truckẽ an dẽ andern grad. vñ jr tugent ist stercken vñ reynigẽ dz geblůt. vñ ist durchdringen böse feüchtigkeyt auß dẽ leybe. ¶ Ein pflaster gemachet also. nym öle rosarũ .ij. vncz. dz ist vier lot vñ bulfer võ d wurcze reupõtica ein halb lot vñ müsche darund wachß dz dises werde als ein pflaster. dises lege außwenig auff den magen od auff die leber od auff die milcze od an wölchẽ endẽ dich duncket in dẽ leyb geleczîget sein. es heylet den gebrestẽ. ¶ Das bulfer genüczet tödtet die würm in dẽ bauch. ¶ Wein darjñ gesoten ist repõtica mit fenchelsamẽ vñ mit zucker süß gemachet ist gůt wid bestopffung lebern vñ milczes võ einer kaltẽ materien. ¶ Item reupontica gebulfert vñ vermenget mit wenig hönigs. vnd danon genüczet ist gůt wider die würm.

Hederich Das cccxliiii Capitel

Rapiſtrū latine et grece. ¶ Die meiſter ſprechen. dz diſes ſeÿ ein kraut. ſeine bleter geleÿchen den vehe dÿſteln. allein dz diſs kraut ſpiczigere bleter hat Diſe bleter haben mitten ſchwarcze tröpfflein geleÿch dem polipodio. das iſt engelſüſs. Dÿſes kraut vnd wurczeln iſt faſt gůt in der erczneÿe. Sein nature iſt warm vnd trucken an dem dritē grad. ¶ Wölcher erkaltte gelÿder an ſeinem leyb hete. alſo daz er außſchlūge vō grÿndt der neme diſes kraut vnd ſiede dz mit wein. vnd trincke den des abentz vñ des morgens. er wirt geſunt vnd ſeine gelÿder werdē faſt fetig. ¶ Diſe wurczel geſtoſſen zů bulfer vñ eingenōmen des morgens vnd des abentz. iſt faſt gůt wider das fieber. ¶ Diſes kraut vnd wurczeln zůſamen geſtoſſen vñ darunder gemüſcht wegrich vnd kleine wegtreten yegklichs ein halbe handt vol vñ dz alſo geſoten mit eſſig. vnnd den darnach durch ein thůch gelaſſen vnd diſen genüczet des abendes ſo man ſchlaffenn wil geen. machet wol ſchwÿczen. vñ treÿbet auß die böſen feüchtung mit macht. ¶ Für die peſtilencz alſo genüczet ee das der menſche ſchläfft. er wirt ſchwÿczen gar faſt vnd darnach mag er ein nemen gůten triackers mit eſſig.

Rebkraut cccxlv Ca

Rubea tinctoris latine· grece eritrodanū·vel entradoron·arabice faue vel ẑeira·

Serapio in dē bůch aggregatoris in dem capitel faue idest rubea tinctoris spricht· das der sey zweyer hand·die ein wechßt vō jr selb·die ander säet man in die gärten· Paulus in dē capitel rubea tinctoris spricht·dz diß kraut sej heiß vn̄ truckē an dē anderē grad·Mit disem kraut färbet man rot· Diascorides· Dises kraut hat tugent zehärmē dz genüczt mit wein· Dises krautt gesoten in eßsig vn̄ die weyssen flecken domit bestrychē heylt vn̄ gibt jn gůt farbe Die wurczel dises krautes benymet alle stopffung d lebern vn̄ des milczes· Das bulfer vō diser wurczel gemüschet mit öle·vn̄ vō dē safft des knoblachs vn̄ ein wenig hönigs vn̄ domit bestrychen die bösen raudē·dauon entsteē mag die aussetzigkeit Der safft vō diser wurczel in die oren gelassē benymt den schmerczen darauß Item zů allen dingen die härnien machē mag man dise wurczel vn̄ kraut darunder müschē·so wirdet es dester krefftiger in seiner würckung· Die wurcze in wein gesotē mit fenchel samē ist gůt auß zů treyben frauē feüchtigkeit genant menstruū·vnd dz tod kind vn̄ die burde genāt secundina· Item dise wurcz gēsoten in laug domit gewäschen dz har·wirt dauon geel·

Holler cccxlvi Cap

Sambucus vel camcactus latine· grece Sell· arabice Afol· vel Alfo vel Bulipensimū·

In dē bůch circa instans in dē capitel sambucus beschreibē vns die meister vn̄ sprechē· dz holler sey vō natur heyß an dem anderen grad·vn̄ truckē an dem erstē Die rynden des hollers braucht man mer in der erczney dan̄ die blůmen·bleter·oder die früchte· Serapio spricht·daz dise bletter so sy noch grün sind gestossen vnd auff die gryndigē hautt geleget·heylet seer· Auch also geleget auff daz geschweere daz sich gern erhebet an den fingern· vnd heysset gemeynigklichē der würm ist fast güt vnd heylet dz zühandt. ¶ Die bleter gesotẽ in wein vnd den getruncken beny/met alle überflüssigkeit d feüch/tung. vnd sind fast güt genüczt den wassersüchtigen ¶ Item die rynden gesotten in wasser so sy noch grün sind. vnd das getrun cken machet fast oben auß brech en. ¶ Der gerauch võ holler ist fast starck vñ krencket dz haubt vñ machet gern blütẽ die nasen. ¶ Die bleter von holler od dye frücht daruon gesoten in einem gesalcznen wasser. benymbt dye geschwulst võ den füssen. die do mit gewäschen heylet die gesch/wulst zühandt. ¶ Item die blet/ter auch gesotten in wein. od in öle. vnd gelegt auff das verher tet milcz. waychet das zühandt. ¶ Die rynden sind gar güt genü czet flegmaticis. das sind die dy do vil kalter feüchtunge habend vnd domit keltte. vnd sunderli/chen ist holler güt den alten leü/ten. ¶ Item holler bletter mit es sig vnd salcze gesoten. vnd auff die bösen gestalt des gryndes ge/leget ist darzü güt. vnd weñ du bist darzü müschen bleyweyß so ist es besser. ¶ Item hollerblüe gerochen von einem hyczigem menschen. bringet haubtweetüb vnd stätigs gerochẽ. bringt die nasen blüten.

Selbe cccxlvii Capit

Saluia latine. Eliffagus grece arabice Geliffagos.

¶ In dem büch genant circa in/stans beschreiben vns die meist er vnd sprechen. dz saluia võ na tur ist heyß an dẽ erstẽ grad vñ truckẽ an dẽ andern. vñ dises ist auch die meynung des meisters platearij ¶ Die bleter nüczt mã in der erczney. vñ die weren ein jar. darnach sollen sy erneüwet werdẽ. ¶ Es ist zweyer hant sel be. eine wyld die and zam. Vnd wenn man schreibt in einem re/cept saluia. so meynet man die zämẽ. vñ so man schreibt eupa/toriũ so meynet man die wyldẽ. ¶ Item hie ist zewissen dz eupa toriũ in rechter warlicher gesch

rifft aller meister d erczney mitt
ist geheyssen wilde selbe sund eu
patoriū heysset alpkraut·vñ li/
lifagus heysset wilde selbe·war
umb aber die ärczt nennē dē ter=
minū eupatoriū für wyld selbe·
laß ich hie an steen·¶ Serapio·
in dē bůch aggregatoris in dē ca
pitel gellisfagos·idest saluia·be/
schreibt vns vñ spricht·dz dises
kraut wachß auff mit einem bu
sche vñ wirt nit hoch·Die bleter
sind geleych den kütten blettern
allein daz sy lenger sind vñ rau
he als thůch·vñ sind weyßfarb
vñ haben einen gůtten gerauch·
¶ Plinius in dē capitel eliffagos
idest saluia·beschreibt vns vnd
spricht·das selbe stopffe die über
flüssigen flüsse·¶ Dises krautte
ist gůt dissinteritis·dz ist die dē
blůtgang haben·die bleter geeß/
sen in d kost·¶ Der safft vō dē
selben bletern machet dz har wa
chßen·vñ den getruncken ist gůt
dē d do mit not neczet·¶ Sera/
pio spricht·das selbe gesotē mitt
den stengeln vñ die also genüczt
machet wol härmē vñ bringet
den frawen jr zeyt menstruū ge
nant·vñ treybt auß dz kyndt in
můter leyb·vñ darumb sollē die
frawen d selbe nit zů vil nüczen
es wär dañ an d zeyt d geburde
des kyndes·¶ Platearius Wöl
cher gebyssen wär vō einem gif
tigen thier·der trincke vō selbe er
genyset·¶ Selbe gebulfert vnd
das gemüschet mit wasser vnd
gesoten·das har domit gewäsch
en machet es schwarcz·¶ Vnd
dises ist gůt geleget auff gesch/

weren·wañ diß bulfer benymt
den geschwerē jr flüsse die zůseer
fliessen·vñ reyniget auch domit
die geylen wundē vñ geschweer
¶ Item selbe gesoten mit dē sten
gel vñ darnach durch ein thůch
gesygen·heylet die gekrecz vnd
daz jucken d gemächt·d mañ vñ
d frawē domit gewäschē¶ Dia
scorides·nym selbe bleter mit den
stengeln vñ odermynge·vñ seü/
de die mit regenwasser·vñ trinck
des vñ wäsche auch domitt den
flußs d haudt vnd die kreczigen
grynd·es hilfft fast wol·¶ Der
safft vō den bletern machet sch/
warczes har·vñ den getruncken·
machet wol härmē·¶ Der mei
ster paulus·selbe in wein gesotē
ist gůt den gichtigen gelydern·dē
getruncken·vñ auch den auff dz
gichtig gelyd geleget·hilfft fast
wol·¶ Item selbe gelegt in mist
iiij·wochen·darauß wechßt ein
fogel der hat einen wedel geleich
als ein schlang·vñ ist weyß vñ
geleychett einem fogel zů latein
genāt merula·dz ist ein droschel
Dysen fogel sol man brennen zů
äschen vñ zů bulfer·¶ Wilt du
hübsche abenteür mit dem bulfer
treyben so nym ein ampel vnnd
thů darein öle vñ dises bulfers
vñ mache darein ein wiechē vō
einer schlangen haudt vñ baumī/
öle vnd wenn dises also brynet
geleych einem liecht so bedunckt
all die in dem hauß sind dz hauß
lauffe vol schlangen·Vnd dises
haben vns geschriben magi von
dem kraut saluia·¶ platearius
Selbe gesotē mit wasser ist gar

gůt für das gegicht vnd für die
fallenden sucht·vnd auch sunder
lichen für den gebrest en strang/
wiria genant·das ist die do trö/
pflingen härmen·¶ Von disem
wasser getruncken vnd mit ein/
em thůch auff den bauch geleget
¶ Item selbe reÿniget den fraue͂
jr můter· ¶ Item selbe gesotten
mit wein mit wulle vermenget
genant taxus barbatus vnd dar
auff gesessen so es warm ist·ma
chet den arss darm wider in den
leÿb geen·als ettlichen mensche͂
dÿckmale beschicht·¶ Item das
safft von selbe mit hönige ver=
menget· vnnd domit die faulen
wunden gewäschen ist sÿ wol
reÿnigen·

gwendel cccxlviii Ca

Serpillu͂ vel Herpillu͂ grece· la
tine Serapullu͂·arabice Nunir·
vel mestratir·vel misete·
¶ Platearius beschreibt vns vn͂
spricht·daz quendel seÿ heÿss vn͂
trucken vo͂ natur·vn͂ d ist zweÿ=
er handt·einer wÿld·die and za͂
me·Die wÿld ist lang vn͂ wech
set in die höhe·Die zäm breÿtet
sich auff die erde͂ vn͂ wechst nit
in die höhe·jre blůmen vn͂ blet
ter brauchet man in der ertzneÿ
¶ Diascorides im dem capitel ser
pillum spricht· das dises kraut
seÿ diemütig·wan͂ es neÿgt sich
gegen d erden·vnd hat bleter ge
leÿch origino·das ist d braun do
sten· allein das sÿ weÿsser sind
an den quendeln vnd haben eine͂
gůten geruch·vn͂ wachsen ge/
ren an den steinigen enden vnd
an den bergen·¶ Plinius· Ser/
pillum ist gůt dem haubt catar/
rus genant·d do kumbt vo͂ kelt
te·¶ Serpillum ist auch gůt de͂
hůsten·vnd dem d do einen kalt
ten magen hat· ab disem krautt
getruncken· ¶ Diascorides·Ser
pillum in wein getruncken· brin
get den frauwen jr feüchtigkeit
menstruu͂ genant·vnnd machet
wol härmen· vnd benÿmet das
wůlen im dem bauch· ¶ Also ge/
truncken ist es auch gůt den ge/
schweeren auff der lebern die do
kömen vo͂ hÿtze· ¶ Serpillum
genüczet ist fast gůt dem d do ge
stochen wär vo͂ einem vergiffti
gen thiere· ¶ Serpillu͂ gesotten
im essig vn͂ darunder gemüschet
rosen öle· vnd das haubt domit
bestrychen·benymmett das wee

dauon· vnd ist sunderlichen gůt litargicis· das ist die einn gesch/weere haben hÿnden in dē haubt ¶ Serpillum mit essig eingenō men auff ein lot· benÿmmet das brechen vnd treÿbet auß das gelebert blůt das sich gesamlet hat vmb die brust· ¶ Auicēna weñ die thÿer auff dem felde als kůe vnd pfärd quendel essen· so machet er jn blůt geen auß dem halse· ¶ Der same mit wein getruncken ist gůt den die mit not neczen· vnd treÿbet auß den stein der ettwa lange zeÿt in dem mensch en gelegen ist· ¶ Item vō disem kraut stätigklich getruncken benÿmmet den stein in den lenden vñ in der blasen· ¶ Ein pflaster gemachet von quendel vnd ge/leget auff einen stÿch vñ auff dē byss ð bÿnen· heÿlet den zůhant ¶ Item wein gesoten in quendel mit leckericz safft vermenget ist gůt wider den hůsten· ¶ Item wein gesotten in quendel mit ä/niß ist gůt dem magen ð verků/let ist vnd ist auch verczern ;die wÿnde des ;magens vnd des gedärms· vnd ist gůt genüczet wider den kalten seych genant strāguiria·

nachtschat cccxlix ca

Solatrum latine· vel vua vulpis· grece strigenū· vel cuculus· vel morella· arabice hameb vel hupue vel phatahalep·

¶ Auicenna sprichet· das dÿses kraut seÿ kalt an dem erstē gra/de vnd trucken an dem anderen· ¶ Dise bleter von nachtschattē brauchet man in der erczneÿe so sÿ noch grün sind· ¶ Serapio in dem bůch aggregatoris in dē capitel hameb· idest solatrum beschreÿbet vns vnnd spricht· das dises seÿ ein kraut vnd hab vÿl stengel· Die bletter sind vermü/schet mit einer schwercze· vnnd sind nahet geformiert als basi/lien bletter· allein das sÿ grosser sind vnnd seind auch breÿtter

Dises kraut hat schwarcz beere geleÿch den wachalter beeren ¶ Empflaster gemacht vō dē beren vñ gelegt auff die hiczigē geschwer· zeüht groß hÿcz darauß ¶ Die bleter gestossen fast wol vñ darundd gemüschet salcz vñ darauß gemacht ein pflaster vñ gestrichē od gelegt auff dē bösen juckendē grÿn heÿlet jn gar balde· ¶ Das geleget auff dē erhabnen magē vō geschwulst· seczet jn zůhandt· ¶ Diß pflaster geleget auff die oren benÿm̄t dē fliessendē eyter darauß· ¶ Der safft vō nachtschat gmüscht mit bleiweiß vñ silberglit vñ darzů rosē hönig· dises an dz haubt gestrÿchen benÿm̄t jm die heissen geschweer· ¶ In dē bůch circa instās in dē capitel solatrū beschreyben vns die meister vñ sprechē· das nachtschatsafft seÿ gůt getruncken mit gersten wasser für die geschweer an dē magen· an d leber vñ auch sunst an den gedärmen ¶ Wölcher ein hÿczige leber het dem mag man den safft müschē mit baumöle· den vndē ein gelassen mit einem clistier· es hilfft· ¶ Dises kraut gestossen vñ geleget auff den heissen bodogra benÿm̄t die hycz vñ den schmerczē dauō· ¶ Item die knöpffe so sÿ noch grün sind· aber doch wärē sÿ besser schwarcz· die zerknüschten vñ zerschwollē baÿn mit geschmieret· seczet die geschwulste zůhandt· ¶ Dise warcz vō d scabiosa vñ ranttē wurczel an den halß gehenckt benym̄t die vrschlechtē od röteln genant variole

Apostemen kraut

Das cccl Capitel

Scabiosa latine· grece Stibes· vel stibeos·

¶ Der meister Paulus spricht· das scabiosa seÿ heÿß vñ truckē an dem andern grad· ¶ Diascorides in dem capittel stibeos idest scabiosa beschreibt vns vñ sprichet· dz dises kraut sei fast truckner natur· vnd darumb ist diß kraut gar gůt gesoten mit wasser vnd daz getruncken die do dē roten fluß haben vnnd auch den die flüssige oren haben darein gelassen mit baumöle· ¶ Auch ist dises wasser seere gůt den gleppergen wunden vnd die allzeÿt fliessen· als sunderlich altschädē thůn· die domit gewäschen vnd geseübert·vnd darnach des safftes mit einem thůch darüber geleget· ¶ Scabiosa mit schwarczem wein gesotē· d wein trücknet alle gebrechen des leybes·die wider die natur feücht sind· ¶ Die bleter vō scabiosa gestossen·dienen fast wol emorroidibus·das ist ein fluß in dem afftern vnd überflüssigen geblůt·darauff geleget heylet den zůhandt· ¶ Die bleter gestossen vn̄ in die augen gelassen die vol geblůts sind vō schlegen oder andern sachen·heylet die zůhandt· ¶ Plinius spricht·das scabiosa gůt sey genüczt für alle böse gryndt des leybes· vnd sunderlich für maledey·vō disem kraut getruncken·oder dz wasser dz dauon distilliert wirt benymet die geschweer vmb dy brust· ¶ Der safft vō apostema kraut getrunckē tödtet die würme in dem bauch vn̄ benym̄t alle geschweer jnnwenig des leybes vnd benym̄t sunderlichē das geschwere vō d lungen dauon getruncken· ¶ Item man findet geschriben das sant Vrban auff ein zeyt bate seiner schwöstern eine· das sy jm sagen solt was sy vō dem krant hielt· wan̄ sy het es gar in grossen eren vn̄ nüczet es alle zeyt·do schreyb sy dise verß sant vrban vō disem kraut also·

Vrbanus pro se nescit precium scabiose· Nam purgat pectus· qd cōtemmit egra senectus· Lenit pulmonem·purgat laterum regionem·Apostema frangit·si locum bibita tangit·Tribus vncta foris·antracem liberat horis·

Dises findet man in dē bůch pandecta genant in dem capitel scabiosa· ¶ Item nym̄e apostemen safft vnd schwebel gebulfert vn̄ silberglitt mit lorbeer öl vermenget in einer salben weyse·domitt geschmieret die reüdigen haudt ist gůt für den gryndt· ¶ Item Scabiosa mit wegbreyte gesotē mit essig vnd mit rosenwasser· vnd auff die hyczigen geschwer vnd apostemen geleget genant antrax·ist sy natürlichen külen· ¶ Item scabiosa mit woll genāt taxus barbatus gesoten·vn̄ darauff gesessen·ist gůt wider dē außgang des arßdarms·vnd ist auch wider den fluß der guldin aderen genant emorroidarū·

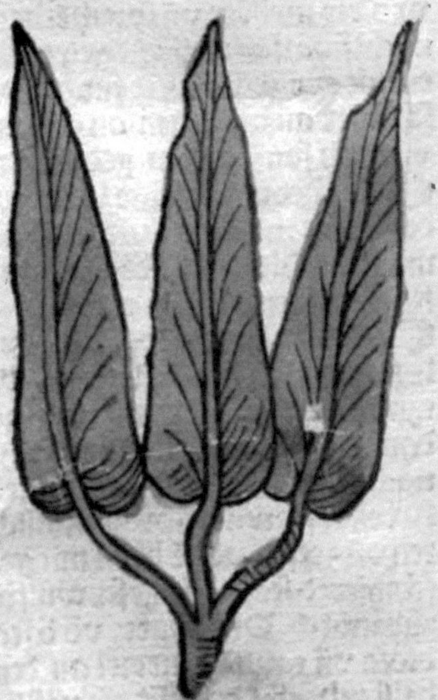

Hyrsz zungen
Das cccli Capitel

Scolopendria latine·grece ap/plenon·vel Apliniũ· vel Sple/mon·vel Scolopendrium·arabice Ceterach·

¶ Diascorides in dem capitel a/plemon·idest scolopendria beschreibt vns vnnd spricht·das dise bleter geleychen an der gestalte der schlanngen scolopendria ge/heissen·vnd die schlang hat vierzehen füß·Dises wechßt geren an den felßen oder an den steinẽ mauren·Der bleter wachßẽ vil auß einer wurtzel·vnd sind jñ/wenig beflecket geleych als po/lipodiũ·das ist engelsüß·Dises kraut hat keinẽ stengel·kein blůmen vñ keinen samen·¶ Galie/nus in dem sechsten bůch genant simpliciũ farmacarũ in dem ca/pitel aplinium idest scolopẽdria beschreibt vns vnd spricht·das dises kraut hab ein subtile nature od cõplexion·vñ dises kraut ist nit zů hÿtzig oder auch nit zů kalt·nit zů trucken vnd nicht zů feücht·¶ Diascorides·die bleter gesoten mit eßig vnd den getrũcken dreyßsig tag nach einander trücknet die feüchtung des mil/tzes· ¶ Die bleter gesoten in wein vnnd als ein pflaster auff das miltz geleget· benÿmbt jme die geschwulst·¶ Der bleter ge/stossen vnd darunder gemüschet ysop·vnd die gesoten mit wein· vnd den getruncken·benÿmt die geelsucht·Vnd dises ist auch süderlichen gůt stranguiriosis

¶ Von disem kraut getruncken bricht den stein in der blasen vñ auch in den lenden· ¶ Auerrois in seinem fünfften bůch genantt colliget·in dem capitel scolopen/dria spricht·das dises kraut sey getemperiert an der hÿtze vnnd auch an der trückne· vñ ist auch gůt allen menschen genützet in allen kranckheiten·¶ Galienus in dem sechßtẽ bůch simplicium farmacarum genant·spricht·daz hyrß zungen fast wol dienet dẽ miltz darüber getruncken vnnd auch darüber geleget· ¶ Item Wein darjnnen gesotẽ ist hÿrß/zungen vnd tamariscus vñ da/uon dÿckermal getruncken benÿmet den weetagen des miltzs on zweÿfel· ¶ Item hÿrß zunge ist warm in dem ersten grad vnnd trucken in dem andern· ¶ Item wein darjnnen gesoten ist hÿrß=zungen vnd petersilien wurtzel ist gůt getruncken wider den kalten siechtumb· ¶ Ettliche meÿ/ster die sprechen·Wenn ein frau dises kraut an jren halß henckt· so hÿndert es zů der gebeerung·

senffsamen ccclii Ca

Sinapis grece et latine. arabi/
ce chardel.

¶ Auicenna spricht das diser sa
me seye heyß vnd trucken an dē
vierden grad. ¶ In dem bůch cir
ca instans beschreiben vnns die
meister vnd sprechen. das dyser
samen geleyche dem růbsamē al
lein das der růbsamen bitter ist
vnd der senffsamen scharpff.
¶ Serapio. dises ist der beste sa
men der jnwenig weyß ist vnd
feücht auch so er frisch ist. sein tu
gent ist hyczigen vñ zeytigen.
¶ Senffsamē gestossen mit alāt
wurcz vñ geleget auff die zeyti/
gen geschweere bricht sy zůhant
auff. also das man die nitt auff
schneydē od brennē darff. ¶ Pli
nius in seinē. xx. bůch spricht. dz
senffsamē gestossen vñ darunder
gemüschet essig. vñ gestrychen
auff den vergifftigē byß heylt dē
zůhandt. ¶ Dises in den halß ge
lassen mit hönig wasser genantt
mulsa. vñ den gegorgelt benym̄t
die feül in dē mund vñ die seüre
in dem halß. ¶ Senffsam ist gůt
für die zeen den mit hönig vñ eß
sig in dē mund gehaltē. ¶ Senff
samē also genüczet dienet für al
les wee des magen vñ d lungen
¶ Senffsam gestossen vñ darzů
gemüscht feygē vñ kümel vñ dz
eingenomen benym̄t die wasser/
sucht. ¶ Daz haubt domit bestri
chē benym̄t dz geschweer hyndē
in dē haubt genāt litargia. ¶ Et
lich meister sprechē dz dises saff
tes nüchten getrunckē macht ein
gůte gedächtnuß ¶ Der safft ist
gar gůt für die feel d augē ¶ di
ser safft machet den menschē dür
sten vnd bringet auch gelust zů
vnkeüscheyt ¶ Platearius wöl
cher alle morgen zwey senffkör/
ner vnd zwey pfeffer körner ein
schlicket nüchter. d ist den selben
tag sicher vor d kranckeit ap po
plexia genant. daz ist der schlag.
¶ plinius d sam gesotē in wein
vñ den getrunckē benym̄t dz key
chē. ¶ Senffsam vñ bertram vñ
yngwer alle geleych vil mit ro=
sen hönig vermüschet. domit den
mund gewäschen vñ lang zeyt
in dē mund gehaltē feget dz hy/
rē vō böser feüchtūg die do brin
get beschwärnuß des haubtes
¶ Vnd ist auch gůt wid den fal
des zapffens vñ apostem d gur/
geln casus vuule et squinantia.

sefelbaum Das cccliii Capitel

Sauina latine·grece Braceos·
arabice abhel·

¶ Galienus im dem sechßten bů
ch genant simpliciū farmatarū·
im dē capitel Sauina beschreibet
vns vñ spricht·das dises kraut
sey heyß vñ trucken an dē drittē
grad·vñ ist ein baum d hat blet
ter nahet als wächalter·Dyser
baum wechßt mer im die breyte
deñ im die lennge·¶ Serapio in
dem bůch aggregatoris in dē ca=
pitel abhel beschreibet vns vnd
spricht·daz dises gewächße seye
zweyer handt·Eins hat bletter
nahet als cyppressen·deñ das sy
fast scherpffer ist vnd dorniger
sind vñ hat einen gůtē gerauch·
vñ dises ist wächalter kraut·di=
ses tugent findest du in dem ca/
pitel juniperus· Das ander ge/
wächße hat bleter geleych dē ta
marisse vñ d gerauch vō den ge
leychet dem cypresse·vnnd dyse
heysset Sauina·¶ Galienus·se
felbaum ist gůt genüczet den die
do haben ein kranckheyt tenas/
mon genant·das ist ein kranck/
heyt wie das einen bedunckt ge
ren zů stůl geen vnnd hat grosse
arbeyt mit trucken·also dz d aff
ter für den leyb geet vñ mag do
ch nichcz geschaffen·d sol nemen
saunā vnd den siedē mit eßsich·
vnd wein vñ den tampff vnden
auff lassen geen in den afftern es
hilfft on zweyfel·od sol darauff
siczen so es warm ist ¶ Sauina
ist auch gůt für den schnopffen·
d do kumbt vō kelte ¶ Sauina
gestossen zů bulfer vñ dz geton
in die vngent die do dienen zů dē
gryndt der do seer eytert es hilf
fet·¶ Sauina gesoten in wein·
vnd den getruncken machet ein/
en gůten magen·vnd benymt dē
schmerczen der därm ¶ Dißs ist
auch gůt dissurrus das ist d kal
te seych·¶ Sauina gestossen vñ
als ein pflaster geleget au[f] dye
lenden benymbt die lenden sucht·
¶ Serapio mit bewärung Ga/
lieni spricht·das die tugent des
baumes sey von einander thůn
vnd auß eczen das faule fleysch
auß den faulen wunden oder alt
ten schäden·wie die wären·vnd
reyniget auch do die stinckenden
wundē·das bulfer vō sefelbaum
gemüschet mit hönige vnd dar/

auff geleget. ¶ Sauīa gesoten
im wasser ist gůt für dz rot lauf
fen. oꝺ dz freyßam genant heri
sipla ¶ Item die lerer sprechē ge
meÿnigklich. dz sauīa mer an
den frauē wurcke an jrer kräck-
heÿt menstruū genant deñ kein
ander kraut. vñ sÿ ist also sterck
lich durchdringen in den frawē.
dz es machet blůt brunczen. vñ
tödtet dz kind im ꝺ můter. vnd
treÿbt auß dz toꝺ kind. vñ dar-
umb sollen die frawē diß kraut
meÿdē. vñ sunderlich die schwā
ger sind. also dz sÿ got darumb
mügen antwurtē an dem jüng-
sten gericht ¶ Diascorides spri-
cht. dz sefelbaum ecze auff gesch
weeren. vñ beneme den schmercz
en ꝺ selben blatern. ¶ Platearí-
us ein pflaster gemachet vō se-
felbaume machet die fliessenden
haudt trucken vñ gladt. vñ benÿ
met den gestanck vō ꝺ stincken-
den haudt die do stinckt vō gros
sem schweÿß. als dick geschicht.
vñ ist ein grosser gebrestē an ei-
nem menschen. ¶ Sefelbaum ge
bulfert vñ schwebel vñ silbergli
te mit spÿczweggrith saffte ver-
menget vñ wenig schweÿnē sch
malcz machet man ein salb wiꝺ
den gründt. hilfft gar seer. ¶ Se
felbaum mit eßsig vnnd mit den
blawen kolen zůsamē gestossen.
vnd auff wundē geleget. die sich
weyt breytē vñ vmb sich fressē
benÿmt ꝺ wundē jr boßheÿt daz
sÿ sich nit wiꝺ spreÿden ist. vnd
mit bleÿweÿß vermenget ist die
selbigen wundē zů heÿlen.

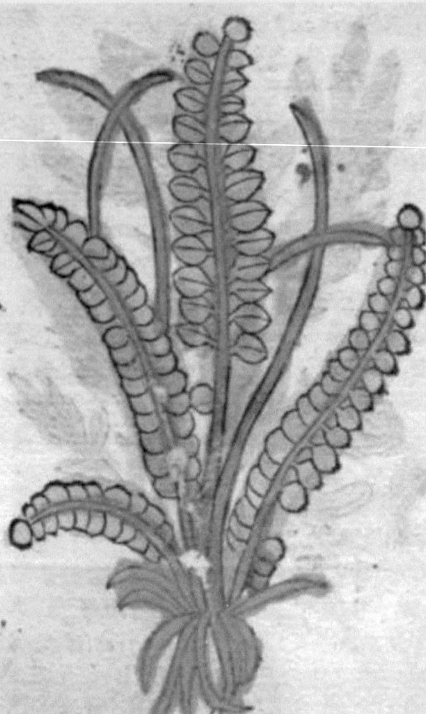

steynbrech Das cccliiii Capitel

Saxifraga grece et latine.
¶ Der meister Jsidorus spricht.
das dises kraut vmb des willē
heÿsset saxifraga. wann es den
stein brichet in der blasen vnnd
den zů sandt machet das er dest-
er baß reÿset. ¶ Platearius spri
chet. das dises kraut seÿ heÿß
vnd trucken an dem dritten gra-
de. Dises kraut hat einen schle-
chten stengel mit weÿssen blůmē
¶ Die wurczel vō steinbrech im
wein gesotē. brauchet man in ꝺ
erczneÿ. vñ dienet fast wol den.
die tröpflingē härmē. vñ sundli
ch für alle andere kreüter dienet
dises krauts wurcz vñ sam für
dē stein in dē lendē vñ in ꝺ blasen

Diß kraut gesotten im wein vnd
den getruncken benÿmmet pass/
onem diabeticam das ist den der
harme tringet on seinen willen.
¶ Mit der wurczel ein rauch ge
machet vnden auff ist gůt zů der
fetzgenant kranckheit. ¶ Jtē mā
sol die wurczel im wein siedē. vn̄
die dan lassen dorren an der sun/
nen die weret dru jare. ¶ Jtem
wein darein gesotten ist steinbr/
eche vnd petersilgē samē vnnd
fünffinger samen vnnd weissen
steinbrech samen genant milliuz
solis ist gůt wider dē stein in dē
lenden vnd blasen. vnd ist gůtte
wider das grÿmmen in dem ge/
därmcz genant colica. vnd ist in
sunderheit gůt wider den kaltē
seÿch. ¶ Jtez das puluer vō stein
brech in eÿnez eÿe geessen ist gůt
für die vorgeschribē kranckheit.

knabenkraut cccclv ca

Satirion vel testiculus vulpis
vel leporina latine. grece orchis
vel afrodisia vel priapesmū. ara
bice chasialkel.
¶ Platearius beschreibet vnns
vnd spricht das satiron seÿ heiß
vnd trucken an dē dritten grade
¶ Der meister constantinus spri
chet das die heiß vnd feücht seye
an dē dritten grade. Jr tugent ist
an sich ziehen vnd ist sunderlich
gůt den süchten in den gewerbē
artetici genant. ¶ plinius in sey=
nem. xxvj. bůch sprichet das diß
kraut bleter habe dick vnd weich
beÿ nahe als haußwurcz vnd die
wurczel hat hödlin an jr hangen
¶ Die wurczel mit wein gesotē
vnd den getruckē bringet gelust
vnd vnkeüsch begirde. ¶ Galie/
nus vnd diascorides sprechen dz
satirion gůt seÿ zů dem gegichte
vnd das aller beste das man ha/
ben mag darzů der saffte getrun=
cken. ¶ Platearius nÿmme kna/
ben krautt wurczel ein quintin.
vnd hasel wurczel anderhalb qu
intin vnd müsche die zůsamenn
mit langem pfeffer als vil alß ei
dritteil eins quintin nücze dz des
abents wan du schlaffē wilt gee
dn wirst die selbige nacht mech=
tig seÿ zů frauwē begerūg ¶ Dia
scorides wan der man vō dē gros
sen hödgin ÿsset so gebert er einē
sun. vnd von dē kleineen hödgin
ÿsset. so geberet err eÿne tochter.

cken benÿmmet auch den hůsten vnd raumiet die brust. Auch benÿmmet die frucht den schnoppen dÿser geessen an dem abentt. ¶ Item der same von dÿser frucht ist fast gůt calculosis den gebuluert vnnd eingenōmen mitt warmem wein. ¶ Disse fruchte ist allen menschen bekōmenliche zů nüczen.

Ein feucht cccLvi Capi

Sebesten latine. grece mahalo/ magiata. arabice saulis sebesten ¶ Der Isaac sprichet das disses wachs in dem land arabia hoch geleich einer glenen vnd leget siche auff die erde. Die rinde außwendig dar an ist vō farbē grüne. sein bletter sind rotunde vnd bringet körner oder samenn beÿ nahe dē coriander an der grosse dÿser same ist gele. Auch hat es frucht geleich den oliuen. vn̄ dise frucht ist man nüczen in der erczneÿ. dise frucht ist warm vn̄ kalt mittel messig. ¶ Item dise frucht sind von natur laxieren vnd sunderlichen die vmbgeben sind mit dem fieber. ¶ Item disse fruchte gesottē im wasser vnd das getrū-

Ein weyde cccLvii Ca

Salix vel salamentū latine. grece ytee. arabice kuleff. ¶ Der meÿster serapio in dē bůche aggregatoris in dē capitel kuleff. beschreibet vns vnd sprichett auch dz die bleter vn̄ die blůmē von weÿden sind faste truckenn

machen·vñ die rÿnden vō weÿ/
den sind mer truckner natur deñ
die bleter vnd blůmen· vñ dar/
umb brauchet man die rÿndē zů
den fliessenden vnd feüchten ge/
schweeren am leÿbe an wölchē
endē das seÿ·Aber die bleter vñ
blůmen brauchet man zů dē vn=
genten die do trucken machen
¶ Item der meister Paulus sp=
richt·das salix seÿ kalt vnd tru/
cken an dem ersten grad· ¶ Die
rÿnden gebrennet vnd gebulfert
vñ das mit essig gemenget hilf
fet zů allen wunden die do seind
zů trucken· darüber gestrÿchenn
vñ mit einem thůchlein darauff
gelegt ¶ Item die bleter gestossē
vnd darunder gemenget pfeffer
körner·hilffet fast wol dē darm=
gesücht·dises eingenommen mit
seinem gebrennten wasser·
¶ Dises bulfer der weÿden ge/
trancken mit essig stopffet dye
blůtenden nasen·oder wundē des
geleÿchen auch·darumb gestrÿ/
chen·¶ Item wölcher groß hÿtz
hät der neme weÿden bleter vñ
streÿüwe die vmb sich·sÿ külen
fast in der heÿssen zeÿt des sum=
mers·¶ Galienus in dem siben=
den bůch genant simplicium far
macarum in dem capitel jtee id/
est salix beschreibet vns vnd sp/
richt· das die blůmen fast nücze
sind in der ertzneÿ·vnd darauß
gemachet ein pflaster gemenget
mit rosenöle·vnd brauchē auch
das zů mangen sachen die do hy
tzig vnnd feüchtt sind·wann sÿ
külen vnd trücknen fast wol
¶ Auch ist die äsche gar gůt zů
feüchten schädē·Vnd dises brau
chet der meister Wilhelmus in
seiner cirozgÿ gar zů vil sachen·
¶ Item weÿden safft mit weg/
breÿte wasser vermenget ist gůt
wider den blůtgang·

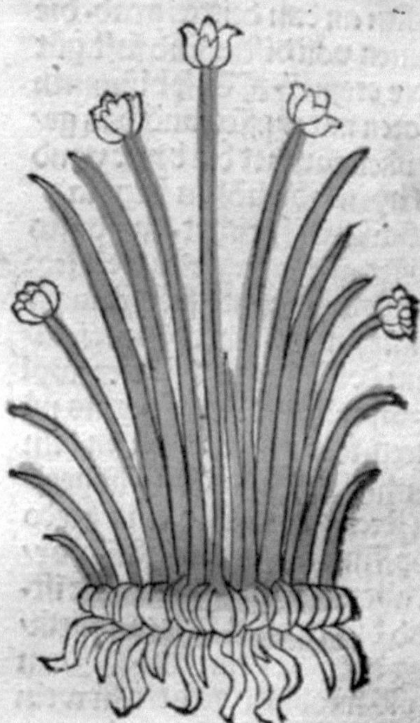

wylder knoblach
Das cccl viii Capi

Scordeon·siue scordum grece·
arabice thaum·
¶ Diascorides spricht·dz zweÿ=
erleÿ knoblach seÿ·der ein zām=
der ander wyld·Von dem zāmē
knoblach findest du in dem capi
tel Alleum·Von dem wÿlden sa/
get vns dises capitel·Auch nen
nen die greci alleum idest scorde
on·die arabischen· alleum idest

thaum· Aber doch beschreiben sÿ
die vnderscheÿd· das do sey zäm
mer scordeon vnd wÿlder scorde
on· ¶ Der meister rabi moÿses
spricht· das scordeon seÿ wÿlder
knoblach· vnd der ist heÿß vnd
trucken an dem dritten grad· die
blůmen von disem sind fast gůt
in der erczneÿ· ¶ Dise blůmmen
gesoten mit wasser vnd das ge/
truncken raumet die brust vnnd
das hyrn von bösem flegma
¶ Galienus sprichet· das dÿses
heÿsset alleum agreste idest scor
deon· vnd die sind fast scharpff
zů nüczen vnd scherpffer deñ al/
leum domesticum· ¶ Diser wÿl
dē zwÿbeln geessen morgens nü
chtern· tödten die würm im dem
bauch· ¶ Auch sind sÿ gůt gees/
sen stranguiriosis· das ist die do
tröpfflingen härmen· Vñ war/
zů alleum domesticum gůtt ist·
sind dise stercker iñ jrer würck/
ung denn die domestici· ¶ Item
wÿld knoblach gesoten im wein
ist gůt wider weetumb des ma
gens vnd des gedärmeß· das do
kömet von der kelte vnnd von
wÿnde· ¶ Item wÿlder knob/
lach vñ paritaria· genant nacht
vnd tag· iñ öle gesoten vñ auff
das gedärme geleget· ist weetů/
men doselbst vertreÿben die von
keltte kömen vnd von wÿnde

Hÿszmüncz oder lausz kraut ccclix Capit

Stafisagria vel pedicularia vel
granū capitis· vel passula mun
tula vel rosa regis latine· grece
pediculicida· arabice haberas vel
numbasas·

¶ Serapio iñ dem bůch aggre/
gatoris in dem capittel haberas
beschreibet vns vnd spricht· das
dises hab bleter geleÿch dē wein
reben· vnd hat einen schwarczen
stenngel· vnnd hat do samen ge/
leych den kÿchern· Der same ist
drÿ eckat vnd ist außwenig sch/
warcz· vnd innwendig weÿßs·
vnd hat einen scharpffen gerau/
ch den im dem mund gehalten

¶ Der meister Auerrois in dem
fünfften bůch colliget· im dem ca

pitel stafisagria spricht das der
sey heiß vnd trucken an dē drittē
grade· vnd diß ist auch die mey/
nunge des wirdigē meisters aui=
cenne in seinē zweiten bůch in dē
capitel stafisagria· ¶ Der mey/
ster Galienus spricht das dyser
same gehaltē in dē mund gar vil
flegma auß dem haubt ziehe vñ
ist gůt genüczet dem menschen d
da geschwillet vnd sunderlich die
net diß zů der wasser sucht·
¶ Diascorides spricht das diser
körner·xv· eingenōmen mit mul=
sa oder mellicrato das ist hönig
in wein vermenget benymmett
die flegma mit brechen obē auß·
die dem menschen zů zeitten gar
grossen schaden bringet· ¶ Dy/
sen samen gestossen zů buluer vñ
auff das haubt gestreüwet oder
sich damit gewäschen tödtet dye
leüse· ¶ Die electuarien dye
man machet von stafisagria die
nent auch gar wol zů der fallen/
den sucht vnd benymmet morph
eam vnd bringet menstruū· Dy
se electuarien machet man also·
nyme stafisagria auch ein halbe
pfundt vnd seüde den gar woll
in wasser vñ darnach zerknysche
den samen geleich eynem breye·
vnd müsch darunder zucker ein
pfundt· vnd temperiere dise ele/
tuarien mit dē wasser darjnne der
samen gesotten ist· ¶ Vnd disses
electuarien sind sunderlichē gůt
die do geneiget sind zů der ausse/
tzigkeit wan gar vil böse feüch/
tigkeyt durch diß verzeret wirt
¶ Item wan stafisagria wirt ge
sotten mit essig vñ damit gewä
schen den mundt macht der zene
weethůmb vertreiben vnnd be=
nymmet auch den schleyme des
maules der von dem hyren flies=
sen ist·

prunkreß ccclx Ca

Senacionum vel senacion vel a
pium aque vel nasturciuz aqua
ticum vel cardamus agrestis la=
tine grece kamlela vel sonicium
vel hyrigūtis· arabice herothal
chay id est senacion beschreibett
vns vnd spricht dz prunkrässe
bey den bechen wachs vnd hatt
auch ein schlechten stengel vñ hat
bletter gleich dem eppich allein
dz sie kleyner sind vnnd hatt ein

gůten geraůch weñ man es keü wet. ¶ Jtem brunnkreß ist heiß an dem ersten grade vñ trucken an dem andern. als dann spricht der meister Jsaac. des geleÿchen Galienus. ¶ Jtem Diascorides in dem capitel senacion. sprichet. daz der same von prunnenkresse rohe geessen beneme den stein der do kommet von hÿtze vnd machet aüch gar seer härmen.
¶ Jtem prunnenkresse bringet auch den frauwen jr zeÿt.
¶ Jtem brunnenkreßs gesotten mit wein vnd den getruncken benÿmmet auch die lenden sucht.
¶ Jtem diser wein getruncken. dienet auch fast wol für den kalten seÿch. ¶ Der meister Jsaac spricht. das der same stopffe den fluß des bauches. den getruncken mit kaltem wasser oder mit kütten safft. ¶ Vnd dises also gesoten stercket die gelÿder des menschen. ¶ Jtem brunnenkreßs ist auch gar gůt wider die hÿtze d lebern in dem salat genützet

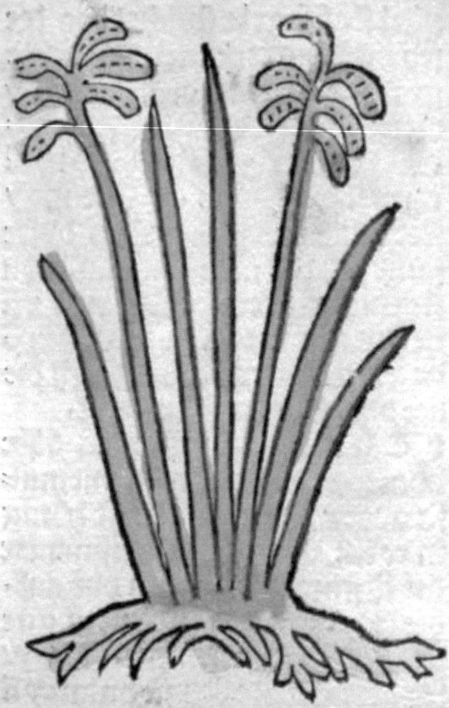

wandtlausz kraut
Das ccclxi Capit

Spatula fetida latine.
¶ Der meister paulus in dem capitel spatula fetida sprichet. das dises seye ein krautte beÿ nahe als ÿreos. genannt schwärtteln
Dises kraut stincket fast übel vnnd wächßet auch gar geren beÿ den zeünen vnnd do es tunckel ist. Dises kraut ist nicht zů nützen außwendig des leybes.
¶ Der safft von disem krautt d zeühet auß der heüdt die bösen rauden morfea genant. Der saffte der sol also bereÿtet werdē nÿme den safft vnd lasse jn dorren an der sunnen. darnach so stoßs jn zů bulfer. darunder so müsche bulfer von dem safft stafisagrie.

das ist bÿßmüncze· des geleichen von dē kraut flammule vnd her modactili· auch attrament ÿeg/ kliches geleich vll vnd müsch dÿ ses mit essig vnd schweinē schm altze also das auch dÿses werde eĩn salbe· mit diser salben schmie re die morseen vnd lege dan dar/ über eĩn köl blat oder wegerich bletter du genÿsest on allen zwei fel· das schmieren solt du thůnne des tages zů dreÿ malen·

¶ Das buluer von disem safftte menge mit weĩn vnd lege es au ch auff eĩn zerknÿstes gelÿde es zeühet auch die beyn auß on al/ len weethůmb· ¶ Item dises kr= aute verjaget die wantleüße in die wende vnd in die bette laden geleget·

rocken koren cccLxii ca

Siligo vel germanū latine· gre/ ce tisa vel sytus arabice silligetÿ ¶ Serapio in dē bůch aggrega= toris in dē capitel siligo beschrei/ bet vns vnd sprichet das diß dē menschen meer speise wann ger/ sten vnd hat eĩn gůten gerauche ¶ Diß brott von rucken kornne speiset auch minder den menschē dan das brot von weiczen vnnd darumb hat rocken koren eĩn mit= tel messig natur zwischen ð ger= sten vnd dem weiczen in der spei sung vnd auch in der erczneÿ· ¶ Plinius sprichet das rockē kor ne seÿ warmer natur vnnd doch nitt als warm als ð weicz aber wärmer dan die gerst· ¶ Das brot von rocken koren ist dē ge/ sunden leütten besser dan dē kran cken vnd stercket die· aber dē kr= ancken ist weiczen brot vll besser vnd nüczer· ¶ Die kalt magenn haben den ist rucken brot nit gůt wan jr kranckheit des magē ma ge das brot nit über winden czů verdeüwen vnnd verdeüwett es gar kaume· ¶ Item eĩn yeglich mensche sol sich hůten vor allen dingen vor brot das nitt wol ge bachen ist wan grosse sucht vnd kranckheit manchem menschen dauon entsteet·

ſpelcz ccclxiiii Capi

Spelta latine · grece benge · vel
zegea vel ellica · arabice futa vel
fult vel hals vel halca ·
¶ Serapio im dē bůch aggrega=
toris im dē capitel fult · id eſt ſpel
ta beſchreibet vns vnd ſpricht dz
ſpelcz habe kőrner geleich der ger
ſten vnd ſpeiſet mÿnder wā ger
ſten vnd hat eim gůten gerauch ·
¶ Item das brot von ſpelcz ſpei
ſet mÿnder wann das brot von
weicze vnd gerſten · ¶ Diaſcori/
des ſp ichet das ſpelcz ſpeiſe gar
wenig wan er hat gar vil kley/
en in jm vnd iſt vnuerdeūwenli
che vnd weichet dē bauche ·
¶ Der meiſter paulus ſprichett
das ſpelcz dē magen ſeÿ nit gůtt
wan er iſt vnuerdeūwenliche ·

¶ Iſaac ſprichet d s ſpelcze ſeÿe
von natur feücht vnd kalt ·
¶ Gallienus im dē erſten bůch ge
nant zů latein de eduleis · in dem
capitel zegea id eſt ſpelta beſchri
bet vns vnd ſprichet das diſer ſa
me ſeÿ mÿnder ſpeiſen vnder dē
früchten · vnd ſprichet auch das
ſpelcze habe wurczeln ſteen faſte
tieff in der erden vnnd habe faſt
vil ſtengel vnd iſt allē vogeln dz
beſte gekorncz vnd eſſen es faſte
geren · ¶ Itez ſpelczē brot iſt gar
gůt wan es gemüſchet wirt mit
gerſten · ¶ Item ſpelcz mit ande/
ren früchten gemenget vnd dar/
auß gemachet breÿ vnd den geeſ
ſen bringet ſtůlgeng ¶ Serapio
ſprichet das ſpelcz weich des mē
ſchen natur vnd mach den magē
fol vnd ſtoß auff des halben das
die faſt langſam verdeüet wirt ·
¶ Spelcz iſt gůt der feüchtē lun
geen vnd dē herten hůſten vnnd
weichet die bruſt · ¶ Item man
machet von ſpelczen lohoch den
genüczet machet harmen vñ reÿ
niget die nÿeren vnnd die blaſe
des menſchen ·

benecz ccclxiiii Ca

Spinachia latine·grece aſpera-
che

¶Serapio in dē bůch aggrega
toris im dē capitel aſperach·id eſt
ſpinachia ſpricht das diß ſey kal
te vnd feücht an dē ende des erſt/
en grades·¶Diß kraute iſt bey
vns gemein·diß geſotten vnnd
geeſſen ſenfftiget den bauch vnd
benymet daz weethůmb ꝺ bruſt
vnd der lungen·¶Die brůe von
dyſem kraut getruncken laxieret
auß die böſen feüchtung vñ ma/
chet ein ſenfften adem· ¶Hie
iſt zů mercken das ſölich gemůſe
ſtetigs vnnd alle tage geeſſen iſt
nitt nücz wā ſie bringē vil melā
colỳ dem menſchen alſs vns be/
wert der meyſter Auerrois i dē
funfftē bůch colliget genannt do
er ſpricht das alle muſeer brin/
gen melancoly on allein die do
gemachet werden von lactuca·
vnd boragine·¶Wölicher groß
wethůmb hette im dē rucken der
eſſe benecz můſer·Auch wöllich/
er verhärtet wäre im dē leibe der
eſſe dyſer můſer vnd trincke dye
brůe darvō es hilffet auch on zw
eyfel·

wurmkraut ccclxv C

Semen lumbricorum latine ara
bice kanbel·grece albaſan·

¶Serapio im dē bůch aggrega
toris im dē capitel kanbel·id eſt
ſemen lumbricorum·beſchreibett
vns vnd ſpricht auch das diſer

same sey fast klein bey nahe als
sandt vnd ist gel geleich dem saf=
ran. ¶ Auicenna im seynē ande/
ren bůch im dē capitel kanbel sprt
het das diser same sey heiß an dē
dritten grade. vn ein same glei
he als sandt vnd hatt ein rotte
hülse über dē samen. ¶ Item dy/
es sames eingetruncke mit geiß
milch tödtet die würm im dē ley=
e. ¶ Diser same wechset in dem
ande corastem vnnd der felt da
selbest von hymmel mit regē. vn
die selbigen sameln den wan es
geregent hat vnd findet man des
die mennig auff dē weissen ertri=
h. ¶ Diser same ist seltzē im teüt
schen landen vnd dar für nymett
man würm kraut der do wechß=
et in india vnd im cecilia vnd des
kömet die menge gen wenedig.
¶ Dises kraut stosset man mitt
till vnd samen vnd treibet auch
auß die würme der bitterkeit hal
ben die es an jm hat. also das die
würme lebendig vnd todte von
dem menschen geen. vnd diß ist
sunderlich gůtte genüczet dē jun
gen kindern. vnd findet man alle
zeyt bey den kramern.

blumen von arabien also genant ccclxvi c

Sticados latine. grece sahadis. arabice astukodos.

¶ Serapio in dē bůch aggrega=
toris im dē capitel astukodos id ē
sticados arabicū sprichet das dis
ses wachßs in der inseln die da
heisset im grekeß sahadis. diß ge/
leichet saturege. ¶ Diascorides
im dē capitel sticados spricht das
disses wachs in einer inseln in dē
lande arabien darjnn nennet mā
sticados von der es den namenn
hatt. ¶ Item Auicenna in
dem andern bůche in dem capitel
sticados sprichet das diß sey heiß
an dē ersten grade vnnd trucken

am dem ander en· dise blůmen ist man nüczen in der erczney·

¶ Dise blůmen dienen fast wol dem haubt·ein sack gemachet vñ darauff gelegt·disen sacculū mache also· nyme diser blůmen vñ bleter von lorbeerbaum̄ yegkli/ches ein lot·roßmarin maioron betonie bleter yeklichs ein hant vol·rot rosen ein halbe hant vol gariofili dz sind nägelē ein qui/tin·muscaten blůe ein halb quintin·dise müsche vnder einander· vnd stoß die ein wenig vñ ma=che dises in ein säcklein einer sp=annen lang vnnd breytt·für die herren nym̄ rote seyden·für das gemeyn volck schlechter· vñ leg den auff das haubt·es senfftigett allen schmerczen·vnd wär es sache daz du grosse hycze hetest in dem haubt solt du disen sack vor hyn besprengen mit rosenwasser vnd darnach auff legen· ¶ Dise blůmen gesotten in wein vnnd den getruncken beneme allen sch/merczen der gelyder vnd der ge=werbe· Von disen blůmenn lyse pandecta das·lxvij·capitel·/ fin/dest du vil tugent von sticado arabico· ¶ Item wein darjnn ge/soten ist dises kraut ist wörmen den magen vnd das gedärm vñ ist auch gůt wider den kalttenn seych·vnd wider die bestopffüg lebern vñ milczes·

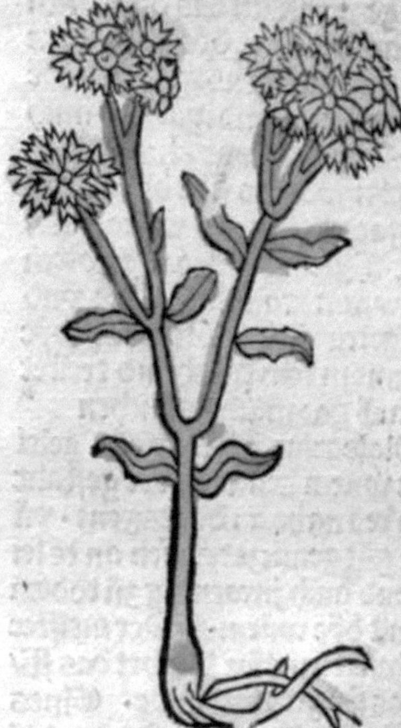

reynblůmen oder motenkraut cccxlvii ca

Sticados citrinum latine et grece·arabice sceha·

¶ Serapio in dem bůch aggre=gatoris in dem capitel sceha· id/est sticados citrinum beschreibet vns vnd spricht auch·das dises sey ein kraut vnd geleychet dem wörmůt an den bletern·vnd hat einen samen geleych dem abrotano· ¶ Item dises kraute das ist bitter geleych dem wörmütt· vnnd doch nicht also gar bitter·

¶ Item dises kraut das ist auch auß der massen heyß vñ auch gar trucken an dem drytten gra/de· ¶ Item dises krautes geeß/sen das schadet dem magen·

¶ Item die wirdigen meister sp=
hen gemeinklich das dyses kra
tue auch tödtet dye wurme im
dem leibe außwendig oder inwē
dig genüczet· vnd würcket auch
fast meer wan wurmkraut·
¶ Item wölichs sihe dises krau
es gar vil ysset das wirte balde
feyst· ¶ Item diß kraut gesotten
mit wurm kraut in wasser vnd
das getruncken tödtet auch dye
würme in dem bauch vnd treibet
sye auß gar mächtigklichen
¶ Platearius dyses kraut gelei
chet wurm kraut an der gestaltt
vnd bey nahe an der tugent · vñ
fast gůt genüczet aussen an dē lei
be vnd auch inwendig zů tödten
damit dye würm· ¶ Der meister
Johannes mesue sprichet das sti/
cados sey zweyerhande· Eines
heisset sticados citrinu dauon diß
capitel saget· Das ander heisset
sticados arabicum· von disem le
se pandecta das ·lxvj· capitel das
sich an hebet Asculodos·

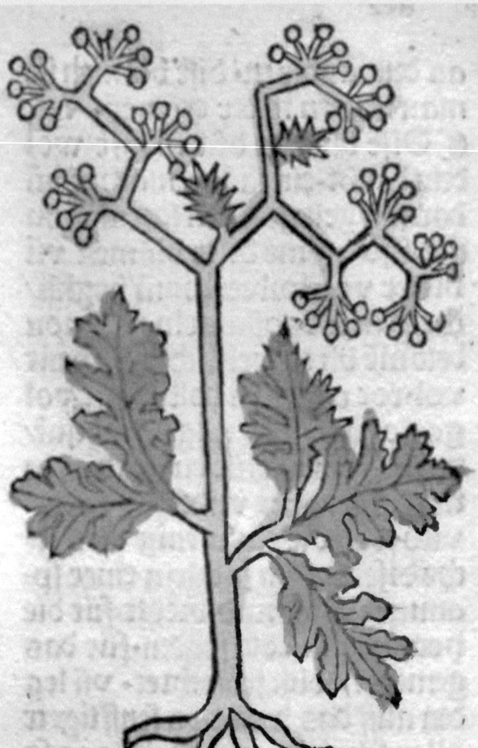

Felckumel ccclxviii C

Sileos arabice vel astegellos·
grece sisell ·latine siler montanū
¶ Serapio in dem bůch aggre/
gatoris in dē capitel siseleos besch
reibet vns vnd sprichet· das diß
sey ein kraut vnd hat bletter ge
leiche dez fenchel· allein feltküm
mel ein wenig lenger vnd gröbe
re bletter hat wan fenchel· vnnd
hatt ein langen stengel· vnd obē
an der spitzen hatt es ein krone
darin ist samen der ist breit· vnd
der hat auch gar eynē scharpffē
gerauche·
¶ Item dises kraut ist heiß vnd
auch gar trucken an dē ende des
erstē grades· ¶ Der meister pau
lus sprichet das dißs krautte ist

von einander teylen die groben
feüchtung·vnd sunderlich en die
feüchtung die züsamen gelauffē
sind geleých dem geleberten blůt
treýbet es auß mächtigklichen·
¶ Felltkümmel getruncken mit
wein ist fast gůt für den gebrest
en genant zůlatein diabetica pas
sio·daz ist der do fast härmet wi
der seinē willen·vn̄ ist auch fast
gůt also genüczet asmaticis·das
sind die do fast keychen·¶ Item
felltkümel getruncken mit wein
vnd darunder gemüschet langē
pfeffer·ist gůt epilenticis·daz ist
die fallend sucht·¶ Diascorides
spricht·wer felltkümel vn̄ pfef=
fer körner nüczt mit wein ꝺ pfin
det kein kelte des wýnters so er
über fellt geet·¶ Wölches men/
sche oder vnuernünfftiges thiere
ysset felltkümel·vnd wenn das
mensch oder thiere mit seinē ge/
mahel zů schaffen hat es empfä
het bald dauō vnd wirt schwan
ger·¶ Item felltkümel gebulfe/
ret vnd mit gebratē feygen ver=
müschet ist gůtt wider bestopff/
ung lebern vnd milczes vnd der
nýeren vnd auch der blasen·vnd
wein darein dann gesoten ist di
ser same·ist gůt wider den kaltē
seých·

kameln heüwe
Das ccclxix Capi

Squinantum latine·grece squi
nuna·arabice adcher·
¶ In dem bůch pandectarum im
dem·xvij·capitel daz sich anhebt
adecher idest squinantum besch=
reiben vns die meister vnd spre
chen·das dises kraut seý heýss
vnd trucken an dem ersten grad
Dises findet man in dem lande
affrica vnd in apulia·vn̄ weret
neün jare·¶ Serapio in dem bů
che aggregatoris in dem capitel
adech spricht·das dises kraut ha
be gar subtil stengel·geleých spi
canardi·vnd wechßet auch gar
gern in den inseln vn̄ auff dē wý
sen·vnnd in den landen do dises
wächßt findet man es allenthal

ben steend geleých dem grasse im teütschen landen. ❡ Dises kraute hat oben dýck büschlen vnd einen gůten geranch. sein wurczel ist fast tieff in dem erdtrich. dýe blůmen bleter vn̄ wurcz nüczet man in der erczneý. ❡ Diascorides spricht. das dise blůmen sind fast gůt genüczet für den stein. vnd machen wol härmen. vnd benýmet die geschwulst. vnd ist gůt genüczet dē d do blůt speýet vnd dienet fast wol den lenden. ❡ Squimantū nüczet mā in māgen confecten zů den obgeschribē kranckeýten. ❡ Die wurczel vō disem kraut gemüschet mit pfeffer ýegklichs auff ein halb quintin. ist fast gůt ýdropicis. vn̄ auch die zerknüschete gelýder an jn haben. ❡ Item das öl gemachet von squimantū. dienet auch fast wol den reüdigen vnd der schorfechtigen haudt domit geschmieret. ❡ Galienus spricht. das dises kraut gar gůt seýe dem magen vnd auch dem flüssigen bauche. genüczet mit hönig wasser. ❡ Item Auicenna spricht. das dises krauts blůmen sind fast stopffen. vnd darumb dienet es do wol den flüssen von blůten. ❡ Dise blůmen purgieren auch das haubt domit gezwagen. ❡ Item die wirdigen meister sprechen. das squimantum nit genüczet sol werden allein. sunder mit zůsacze als in dem confecte. oder auch mit andern wurczeln. oder specereýen. die do auss der massen gar wol dienet zů der kranckeýt darzů man es. dan̄ brauchen wil. vnd heýsset darumbe kameln heüwe. wan̄ in dem lāde do es wächsset do essen es die kämelthier geleých als die pfärde das heüwe essen in teütschen landen. ❡ Item squimantum ist purgieren vn̄ auch reýnigen ein kalte feüchtigkeýt genant flegma mit polipodio engelsüss genant vnd mit coloquintida vermenget.

also genant ccclxx ca

Scammonea latine. grece Diagridium. arabice scamonea ❡ Der meister Serapio in dem bůch aggregatoris in dē capitel scamonea beschreibet vns vn̄ spricht das diß sey ein baume vnd habe gar vil este vnnd dye geen alle auß einer wurtzel·vnd auff dē esten ist klepfericht materie also das die anhanget geleich dem leyme·vnd diß hatt ecklicht bletter die geleichen der gundelrebe·allein das die von dez scamonea weicher sind·CDie bletter habē drey ecke vnd hatt weiß blůmen die sind rotūde vnd hole geleich eyner pfeiffen vnd haben ein starken geruch·Diser baum hat ein wurtzel eins daumen dick vnnd die ist weiß vnd hatt einen starcken gerauch vnd die ist jnwendig vol milch·vnd die milch samelt man also·man beschneidett die rinden über der wurtzel·vn̄ wundet die mit scharpffen waffen vnd vmb die wurtzel macht man grůben vnd lassen die milche in löffel lauffen vnd giessenn die in ein geschirre·Ettlich graben vm die wurtzeln vnd streüwen der bletter in die grůbē das die milch darein tropff·vnd lassen dan die feüchtūg truckē werden vnd diß heisset man scamonea·Vnd diß ist der beste scamonea der lauter vnnd linde ist vnd klepfferlcht geleich als das man den ochsen heüten schabett·Auch geleichet dises einem schwamme vnd dises bringet man auß asia·darjnne liget ein landt das heisset musye in dem wechßsett auch gar vil·CJtem scamonea wirt gar dick gefelschet mit springckraut milch vnnd diß ist gar balde tödten den menschen dises nützet· CJtem etliche nemen milch von springkrautte vnnd müschen darunder gersten mele vnd machen das geleich dē scamonea·Diser also gemachtt ist nitt gůt vnd sol auch nit genützet werden in der ertzneye·

CJtem die wirdigen meister sprechen das dyser Scamonea ist gůt sey der da kōmet auß dē landen Semis vnd palestinna·wā der ausser den landen kōmet der ist gemüschet mit der milche titimalli vnd auch mit gersten mel

CJtem der meister Gallenus sprichet vnd des geleichen·Paulus das scamonea sey heiße vnd auch trucken an dē drittenn grade·CJtem hie ist zů wissen·das scamonea vorhin bereit soll werden ee dann man den nützett in der ertzney·wann scamonea an jr selbs ist kein nütz vnnd ist auch sorgklichen zů brauchenn·wan sye bringet dem magen schaden vnd auch deß geleichen der lebern vnd benymmet den luste zů essen vnd bringet auch dē mēschen angst vnd not in dem leibe vnd darumb soll er vorhin rectificieret werden als hernach geschryben steet·

CJtem die meyster sprechē auch das dem scamonea sein boßheit beleibet dreissig oder·xl·jare aber die bereit vnd auch rectificieret wirt zů der ertzney die verleüset jr krafft auch gar balde vn̄ darumb wan man die nützē wil

A 8

n der erczney so sol die vorhime
reficieret werde vnd nymmer
gebraucht werden an jrer selbest.
anders sie bringet grossen schade
de leibe als ob geschryben steett.
vnd damit kalt schweiß schwin/
del vnd als grossen flusse des ley
bes biß das der mensch võ onma
cht stirbet. Vnd darumb reficiere
den vorhim also. nymme ein kut
ten apffel vnd schneyde den burtz=
en oben abe vnd mach dareni ein
grůbe vnd thů scamonea darei/
ne vnd lege abgeschnitten deckel
widerumb auff den apffel vnnd
mache darumb eine teyge vñ le=
ge den in ein bachoffen der nit zů
heiß seye vnd laß die darjnn ligen/
en einen halben tag so bereitet si=
che scamonea in den kütten vnd
jm wirt sein boßheit genõmẽ al/
so das sie darnach keinen schaden
bringen mag als dan oben ver/
zeichet steet. Item die meister sp/
echen das vor zeitten scamonea.
sey sigillieret worden in den lan=
den da her er dan bracht wirt a/
ber in disen zeiten beleibet es na/
he. Ob aber diß die vrsach seye
das man den selbigen zů dysenn
zeyten also wol getrawe dz wir
te hie nahe gelassen. ¶ Item diß
ist der beste scamonea der do hat
dise fünff nachgezeichneten eygẽ
schafft an jm. ¶ Die erste ist das
er ein farb habe die klar sey.
¶ Die ander eygentschafft ist dz
der sol probieret werden mit der
speicheln in dem munde. ist es sa=
ch das der wirt als milche so ist
der gůt. ist des nit so ist er gefel
schet. ¶ Die dritte ist das der lei/
chtliche zerbrech vnd sich bald la
ße bulucrisieren. ¶ Die vierd ist
das der leicht sey am gewicht.
¶ Die fünfft ist das die einẽ gůt
ten geruch hab. Vnd der scamo
nea der dise eygentschafft an jm
mit hatt der sol nitt. ¶ Disen ma
ge man behalten zwentzig jar vn
uerseret an seiner tugent.
¶ Der meister paulus spricht dz
scamonea treibe auß coleram vñ
zeühet die an sich auß den ande/
ren. vnd sein würckung ist star/
cke vnd auch gar scharpffe.
¶ Item scamonea ist den hertzẽ
wider vnd benymmet jme auch
sein krafftt vnd wölicher heisser
vnd truckneer natur ist dez brin
get er gern febres.
¶ Auch sprechen die meister das
die selbigen die scamoneaz bran
chen sich hütẽ söllen vor gar heis
sein wetter vnnd auch vor garr
grosser kelte. ¶ Item scamonea
genüczet mitt kütten latwergen
laxieret senfftigklichen vnd rey/
niget auch damit die bösen feü/
chtigkeyt. ¶ Item scamonea sol
nymmer genüczet werden für sie
selbs sunder alle zeyt mit zůsacz
genant mastix so bringet er auch
dester mynder dẽ leibe schaden.
¶ Item lese auch in dem bůch ge
nant pandecta in dẽ capitel das
sich an hebet scamonea do finde
stdu die tugent vnd auch die vn
tugent von der scamonea.
¶ Item scamonea vermengett.
mit essig vnd mit rosenöle vnd

domit das haubt geschmieret be nymmet groß haubtweethumb ¶ Item·scamonea mit eßsig ver menget vnd domit geschmieret den verwunndeten grÿndt ist in bald trücknen·

Gebrant helffenbayn Das ccclxxi Capit

Spodium latine et grece·arabi bice Abaisir·
¶ Die meister sprechen gemeÿ nigklichen·das spodium seÿ ge brent bayn von einem elephan ten thier·¶ Hie ist zů mercke dz ein elephant hatt bayn die seind fast teycht·vnd die selben bayne werden nit gebrennet·sunder die bayn die im in marck haben·vnd die heÿssen spodium so sÿ gebrē net sind·Dyse werden gar dÿck gefelschet als mit hundts bayn oder auß märmelstein gebrent· ¶ Dises ist das beste bulfer von den baÿnen das do leÿcht ist vñ teÿcht vnd vermüschet mit sch warczem bulfer·¶ Dises bulfer genüczet mit wegrich safftte ist fast gůt den die do mit not neczē ¶ Item dises bulfer ist auch gůt für alle über flüssige flüsse vom blütten· als der nasen menstrua oder blůtenden wunden wie die sein mügen benÿmmet spodium des genüczet mit wegrich safft· ¶ Platearius Plinius vñ Cas sius felix sprechen·das spodium gůt seÿ für alle zerbrochne gelÿ der in dem leybe·vnd sunderlich für den bruch über dem gemächt wie die wären das heÿlet dises gängklichen· darauß gemachet pflaster vnd darauff gelegt·des geleÿchen dises ein getrunncken mit wegrÿch safft· ¶ Item helf fenbayn gebulfert vnd das ver menget mit wegbreÿte·safft· ist gůt wider den blůtgange vnden auß vnd oben auß im die naßlö cher gethon·

Ein gummi alſo ge nant cccIxxii Cap

Serapinum grece et latine· arabice Sachabengi·

¶ Serapio in dem bůch aggregatoris im dem capitel ſachabengi· idest Serapinum beſchreibett vns vnnd ſpricht· das diſes ſeÿ ein gūmi eines baumes· vnd geleÿchet dem gūmi galbano mitt ſeiner geſtalt· vnd diſes iſt das beſte das do klar iſt· vnd das do auß wenig rot iſt vnd iñ wenig weiß· ſein gerauch iſt faſt ſtarck beÿ nahe dem aſa fetida· ¶ Plinius in ſeinem capitel Serapinū· ſpricht· das diſes ſeÿ heÿß vnnd trucken an dem dritten grad· vñ wenn man diſes zerläßt im rautenſafft· vnd den genüzet bricht den ſtein der lange zeÿt im d blaſen gelegen iſt· vnd machet wol härmen· ¶ Serapinum dienett faſt wol den flüſſigen augen ſvñ die tunckel ſind· vnd ſunderlich zů den feelen der augen· zů diſen mache diſs alſo Nÿm ſerapinū ein quintin vnd zerlaſſe das im dem ſafft celidonie auf zweÿ lot vñ müſche darand zucker zwey lot· vnd frauen milch dreü quintin· vnd lege diſes über die augen mit einem collorio· es hilffet on zweÿfel· ¶ Diaſcorides ſpricht· daz ſerapinum gůt ſeÿ dem alten hůſten· vnnd raumet die bruſt vnnd benÿmet die groben feüchtung auß der blaſen· vñ iſt ſunderlichen gůt epilenticis ſpaſmaticis· diſes gūmi getruncken mit wein· ¶ Diſes gūmi gemüſchet mit roſen öle· vnnd domitt die lamen gelÿder geſchmierett· hilfft faſt wol· ¶ Serapinum iſt gůt wider weethum d milcz· vñ iſt gůt wider das gegicht da von ein ſalbe gemachet mit lein öle auff die weethum des milcz vnd der gichtigen gelÿder geſchmieret· ¶ Diſes iſt auch gůt wider gebÿſs der vergifftigen thiere· den bÿſs ‹domit geſchmieret· ¶ Item ſerapinum gerochen iſt gůt wider aufſtoſſung der můter· genant ſuffocatio matricis·

erczwobel ccclxxiiii C

Squilla vel cepe muris latine· grece Salla· arabice Haurifel· vel haulachach·

¶ Die meister sprechen dz dises sey ein kraut vnd hat bleter geleych den blawen lylgen· vnd an der wurczeln ist ein groß zwybel vnd darauß machet man essig· vnnd den nennett man acetum squilliticum· ¶ Der meister Serapio in dem bůch aggregatoris in dem capitel haurifel beschreibet vns vnnd spricht· das dises krautes tugent sey heyßs machen sterckliche̅n· vnd wenn dises zwobel in der erczneye genüczet sol werden so sol man dy vorhyn braten oder sieden· vnnd darnach brauchen in der ercznei wann sy ist gar stercklich würcken in dem mensche̅ der sy brauchet vnbereytet oder on zůsacz· Vnd darumb heyssen etlich meister die squilla muris· quia interficit mures· ¶ Diascorides spricht· das ercz zwybeln zů vil sachen gůt seyen wenn die bereytt werden als du yecz gehört hast· vnd spricht· wenn man die braten wil so můß man einen teyg machen vnd den darumb kleyben oder leymen· vnd die also in einen bachofen legenn· oder do in heyßs äschen trechen· so bratten sy recht· vnd můß auch wol gebraten werden vnd durch außs vnd wo daz nit geschähe so wäre sy mit sorgen zů nüczen·

¶ Item der meister Auicenna in seinem andern bůch in dem capitel squilla beschreybet vns vñ spricht· das die sey heyß vñ trucken an dem andern grad· ¶ Dise zwobel hat in jr öle daz ist schwarcz· dises öle mit hönige gemüschet vnd auff die kale̅ haut gestrychen· machet har wachsen· ¶ Item acetum squilliticum ist gůt genüczet dem keychenden vñ der einen alten hůsten häte·

¶ Johannes mesue spricht· das squille gůt sind dem haubte· die genüczet mit specereyen vñ doch also· das sy vorhyn bereytt werden wie vorsteet· ¶ Item Plateariu spricht· das dises öle auch gar gůt seye die lamen gelyder domit geschmieret· ¶ Item d̕ essig dauon in dem mund gehalte̅ heylet auch das böß fleysch

¶ Serapio spricht · das man di-
ses zwobel so sÿ gebraten ist nü-
cze gar in vil confecten · vnd sun
derlichen in die wol riechennden
speçereÿen · ¶ Item wölcher ein
gancze ercz zwobeln henckt über
die hauß thüre · dem hauß mag
kein vergiffüg thiere schadē zů
gefügen · ¶ Item Squilla ist gůt
genüczet ad appoplexiam dz ist
für den schlag · vnd auch sunder
lichē ad epilentiam · ¶ Diß zwo
bel in wein gesoten vnd den ge-
truncken · benÿmet alle kranck-
heÿt des leÿbes innwenig · vnd
sunderlich für die bösen hÿczigē
lebern dienet sÿ fast wol · ¶ Itē
Squilla bereÿtet als vor gesch-
riben steet · vnd mit wörmůt vñ
mastix im eßsig vnd wasser geso
ten vnd mit zucker süß gemacht ·
ist gůt wider bestopffung lebern
vnd milczes · vnnd ist auch gůtt
wider wassersüchtigkeit · vñ wi
der mißfarben genant ÿcteritia ·
Vnd ist auch seer machen härnē
vnd bringet auch den frawen jr
feüchtung flüssig · vnnd treÿbet
auß das todt kÿndt genant ab-
orsum ·

Sandelholcz cccLxxiiii

Sandalū grece et latine · arabi-
ce sandal ·

¶ Dises ist ein holcz also geheis
sen · Vnnd die wirdigen meister
sprechen gemeÿnigklich · das di-
ses bracht werde auß dem lande
sÿria genant · Vnd ist dreyerhen
de · Eins weÿß · der ander rott · d
dritt zÿtrin farbe · vnnd der beste
ist der citrin farbe an jm hat · dar
nach der rott · darnach der weÿß
¶ Der meister Serapio in dem
bůch aggregatoris in dem capi-
tel Sandalum beschreibet vnns
vnnd sprichet · das do der cÿtrine
vnnd auch der rott sind kalt an
dem dritten grade · vnnd trucken
an dem anderen · Die weÿß ist
kalt vnd trucken an dem andern

grad. Der cytrin farbe hat benÿmet die flüssz die sich fast ziehen in die gelider vn̄ sterckt auch dē magen. ¶ Der meister ÿsaac spricht. das sandel gestossen vn̄ gemüschet mit rosenwasser vn̄ aussen an geschmieret an das hercz benÿmet die hÿcze. ¶ Item darvnder gemüschet ein wenig kāpffer vnd domit die schläffe geschmieret. benÿmet das haubtwee das sich erhebt von hÿcze. ¶ Der rot sandel gemüscht mit nachtschaten safft. vn̄ das bodogram das ist füszweetum̄ domit geschmieret hilffet fast wol. ¶ Sandel genüczet benÿmet dz sidend geblüt beÿ dem herczen. das do kōmet vō zorn. ¶ Sandalū citrinū ist zů allen dingen der beszte vn̄ mer wolriechenden ¶ Sandel genüczt mit zucker benÿmet den durst. vnd bestopffet alle flüsse die überschwencklichē sind dem geblüte. ¶ Sandel gebulfert vnd gesotten in wasser. vnd dann darunder gemüschett zucker vnd den sÿropel genüczt benÿmet böse hÿcze. vnd macht auch gar gůt natürlich geblüte ¶ Der meister auicenna im dem bůch genant de viribus cordis. spricht. daz der sandel auch krefftiget das hercz. vnd machet gůt geblüt. ¶ Item sandel gebulfert. vn̄ vermüschet in endiuien wasser. vnnd die lebern domit geschmieret ist auch gůt wider die hÿcze der lebern. vnnd ist auch die lebern stercken. ¶ Item rot sandel gebulfert vnd mit kampffer im rosenwasser vermenget. vnd den schlaff domit geschmieret ist auch gůt wider weethumb des haubtes.

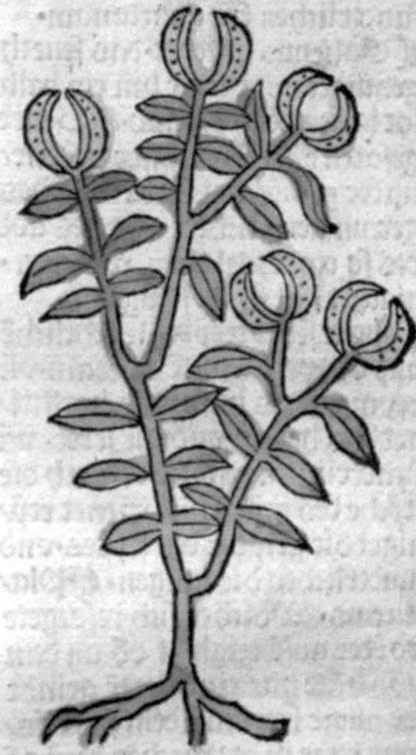

also genant cccLxxv c

Sene arabice. grece. et latine. ¶ In dem bůch genant circa instans beschreiben vns die meister vnd sprechen auch. das dises seÿ ein kraut vnd wechszt im babylonien. vnd im arabien. vn̄ im lombardien. Das ist heÿsz vnd auch gar truckē an dem andern grad. ¶ Item seneth sol für sich selbst nicht genüczet werdē über ein quintin. aber mit einem zůsacz als mit wenig ÿngwer mag man des wol nemen. ein lot. ¶ Die meister sprechend gemeÿnigklichen. das senet fast

gůt sey domit zůbenemen die me
lancoley· vnnd für die fallenden
sucht genant epilentia· vñ auch
sunderlichen für quartanam·
⁋Galienus spricht· das seneth
genüczet mit hüner brũ ein halb
lot laxiert senfftigklich· ⁋Senet
gesoten mit käß wasser vñ dar/
under gemüschet spica vnd das
getruncken nüchter oder des abẽ
des so einer schlaffen wil geen·
machet gůt senfft stůlgäng·
⁋Item senet treybet leychtlichẽ
auß die verbrenntẽ coleram· vñ
reyniget das hyrn vnd krefftti/
get das hertze vnd die leber· vñ
sunderlichen benymet seneth die
styche des milczen· ⁋Senet rey/
niget die gelyder des leybes· vnd
sunderlichen die lungen· ⁋Pla/
tearius· Wölcher sich besorgete
vor der aussetzigkeit od an dem
leyb häte gar einẽ hertẽ grindt
der nücze senet mit dem safft fu/
mus terre in der wochen drey od
vier mal· ⁋Der meister Johan
nes mesue spricht· das die blet/
ter von senet genüczet sollẽ wer
den mit den stengeln· ⁋Item· se/
net bringet auch früde vnd be/
nymmet das böß traurig geblü
te von dem hertzen· ⁋Item· se/
net stercket das gesicht vnd ge/
hörde· vnnd benymmet auch die
bösen alten febres· ⁋Item
wein darein gesotẽ ist senet mit
wenig yngwer vermennget· ist
gůt wider bestopffung leber vñ
milczes· vnd ist auch gůt wider
onmächtigkeit des hertzen
⁋Item ein syrop gemachet von
senet vnd von hyrßzungen mit
porriß vermenget in wasser ge/
soten· vnd mit zucker süß gema/
chet ist auch gůt wider die obge
schribnen kranckeyt·

Also genant
Das ccclxxvi Capi

Spicanardi latine et grece· ara
bice simbel vel solob·
⁋Item der meister Serapio in
dem bůche aggregatoris in dem
capitel simbel idest spica beschrei
bet vns vnd spricht· das der sey
zweyerhandt· Eine ist spicanar
di· die ander spica celtica· Das
erst wechßt in india auff einem
berge haneam genant· vñ dises
ist auch der beßt der do frysch ist
vnd auch fett vñ darzů gar rot
von farben· vnd auch wol riech/
enden bey nahe als cypressen
⁋Der meyster Plinius in dem

capitel spicanardi spricht·das d
sey heyß an dem ersten grad·vñ
trucke an dē andern·⸿ Diascoꝛ/
rides spricht·dz spicanardi genü
czet machet wol härmē· dauon
getruncken stopffet den fluß des
bauchs·⸿ Spicanardi gesotten
vnd darauß gemachet ein pfla/
ster vnd der frawen geleget für
jr schame·benymet menstruum
vnd benymet auch der matricen
jr böse feüchtung·vnd reyniget
die·⸿ Platearius spicanardi ge
truncken mit kaltem wasser be/
nymet onmacht des herczen vñ
also genüczet benymett das des
herczen zyttern· ⸿ Spicanardi
geleget im laugen vnd das hare
domit gezwagen macht har wa
chßen·vnd ist auch gar gůt also
genüczet für das es nit außfellt
⸿ Spicanardi dienet wol zů dē
erczneyen die do dienend zů den
augen·⸿ Galienus im dem achtē
den bůch genant simplicium far
macarum beschreibt vns vñ spr
icht·daz spicanardi gůt sey dem
magen vnd auch der lebern
⸿ Es ist ein öle dz heysset oleū
nardinum·oder oleum de spica·
dises öle reüchet fast wol vnnd
starck·vnd ist zů vil sachen gůt·
vnd sunderlich zů den lamen ge/
lydern die domit geschmieret
⸿ Des geleichen ist es gůt boda
gricis arteticis·das sind die dye
do gichtig sind im den füssen vnd
an andern geiydern·

Romschspyck
Das cccl xxvii Cap

Spica celtica latine·arabice sim
bel romana·grece celtica·
⸿ Item Plinius im dem capittel
spica celtica·beschreibet vns vnd
spricht·das die wachß im jllirico
vnd im dem lande syrica vñ au/
ch im ytalia· Dises hat kleine
zincklein auff der erden·die sind
dyck·vnd dises sameln die selbē
leüt mit den wurczeln·vñ geley=
chet auch spicanardi·vnnd dise
werden auch in kleine büschelē
gemachet· vnd sind von farben
weyß·als vns auch die meister
beschreiben im dem bůch circa in/
stans·⸿ Auch ist ein ander spi/
ca die ist auch genant spica mō

tuosa·vnd wechßt in cicilia· vñ
geleÿchet den schwärteln in den
bletern vnnd hat keinen samen·
die bleter sind spiczig vñ dornig
Die wurczel sind schwarcz vñ
geleÿchen der goldwurcz· vñ di
ser tugent ist geleÿch spice celtice
¶ Galienus in dem achtendẽ bů=
ch genant simpliciũ farmacarũ·
in dem capitel nardus celtica sp
richt·das dises geleÿche an ď ge
stalt spice nardi·vnd auch an jr
tugent·allein das die natur spi/
cenardi seÿ mer hÿczigen·Vñ ist
in aller jrer tugent mÿnder dañ
spicanardi·on allein in ď tugẽt
des harmes· wann spica celtica
ist mer von natur vil härmẽ zů
machen dann spicanardi·
¶ diascorides ist auch diser mei
nung·vnd spricht·das spica ro/
mana idest celtica geleÿchet an
jrer tugent spicanardi·allein dz
spica celtica mer den mennschen
machet härmen dañ spicanardi
¶ Auch ist dises dem magen beß
ser wenn sÿ gekochet wirt mitt
wermůt vnd den also genüczet·

Ein gummi also ge nant ccclxxviii Ca

Storax latine·grece sugia· ara/
bice Melachar·
¶ Serapio in dem bůch aggre/
gatoris in dem capitel melachar
idest storax·beschreibt vns vnd
spricht·das der seÿ dreÿer handt
Eine ist genant liquida·die an/
der sicca·die dritt calamita·Vnd
spricht·das storax sey ein grosser
baum der hat bletter geleÿch den
weyssen lilgen·vnnd hat groß
frücht als die prumen·vnnd die
frucht hat zwů rÿndẽ Die ausser
ÿßset man vnd die hat an jr bit
terkeit·die ÿnner rÿndẽ ist an dẽ
keren·vnd die ist feÿßt· darauß
trucket man öl·Die rÿndẽ dÿser

frucht ist geheyssen storax sicca· vnnd das gūmi das von dysem baume fleüsset ist genant storax calamita· ¶ Item storax liquida das ist die fettung die do kōmet von dem mirra· Auch sprechē etlich meister· das storax liquida sey die heffen storacis sicce·
¶ Galienus in dem achtendē bůch genant simpliciū farmacarū· in dem capitel storax spricht· daz diser aller tugent sey heyß machen vnd waych machē vñ zeytig machen· ¶ Auch spricht Galienus in seinem fünfftē bůch genant epidimiarum· das storax sey auß den stucken die do tödtē geleych dem Jusquiano· ¶ Auerrois in seinem fünfften bůch genant Colliget· in dem capitel storax sprichet· das storax calamita sey heyß in dem andern grad vñ trucken an dem ersten· ¶ Galienus sprichet· das dise dreü wyeman die nüczet gůt sind dē flusß des haubtes· vnd dauon getrunken bringet menstruū· vnd der rauch calamite ď geleychet dem rauch des weyssen weyrachs·
Serapio spricht· das der rauche storatis gůt sey den in die nasen gelassen· wann der benymet alle flüß des haubtes· Also genüczet vnd aussen an dem leybe domitt geschmieret· benymet den bößen gryndt· ¶ Item storax calamita mit laudano vnd mit storace liquida vermüschet· dauon gerochen ist gůt dem fliessendē hyren oder auff kolen geleget· den rauch gerochen ist besser· ¶ Item wein darein vermüschet ist storax mit yngwer vnd den gegurgelt· ist gůt für den zapffen bey ď gurgeln ď vol feüchtigkeit vnd dyck ist· wirt dauon klein·

schwebel cccLxxix ca

Sulphur latine et grece· arabice chibur vel Albusac·
¶ Die meister sprechen· das sulphur heyß vnd trucken sei an dē vierdē grad· vnd ist erdtrich· vñ durch die hytze des feüwers so wirt dises gekochet vnnd verwandelt in schwebel· ¶ Auch ist schwebel das man do nennet sulphur viuum· das ist genant lebentiger schwebel· vnd ď kōmet auß der erden· vnd der wirt mitt mit künsten bereytet als ď erste· sunder er ist an jm selber wie er auß der erden kōmet· vnd ď kōmet auß den landen melos da vñ lipara genanntt· sein tugent ist subtil machen vnd an sich ziehē
¶ Diascorides spricht· das lebentiger schwebel gebulfert treybet auß vergifft· des mit einem eyes todtern eingenommen· Dises ist sunderlichen gůt für die pestilenczen· vnd hat mangem menschē domit geholffen vnd wenn man dises genüczet so sol man darnach ettwas brauchen das do stůlgäng bringe· als dann ist dyafenicanis dyacharthami electuarium de succo rosarum· vnd mā sol auch darnach sich hüten vor

schweynem fleysch·milche·vnd
wein·als lanng die nature ver/
mercket ein soliche vergifft sich
verczogen haben·¶ Platearius·
schwebel gestossen vñ darunder
gemüschet kynds harm vnd die
aussetzigē haudt domit gesalbet
hilfft on zweifel·¶ Item schwe
bel treÿbet auß den eÿtter d auff
der brust lange zeÿt gelegen hat
vnd benymmet das keÿchē mit
einem weÿchen eÿe eingenōmen
¶ Plinius wölche frau den rau
ch läßt vnden auffgeen·der treÿ/
bet auß das todt kynd vnd reÿ/
niget die můter·¶ Auicenna in
seinem andern bůch in dem capi
tel sulphur beschreibet vns vnd
spricht auch·daz schwebel gebul
fert vnd gemüschet mit essig vñ
die vnreÿnē haudt domit gesch/
mieret·reÿniget die von allem
vnflat·¶ Item·ein salben gema/
chet von schwebel vñ mit wÿß/
nÿß wurczel vnd mit leinōle vñ
mit wachß ist gůt wider das ge
gicht genant paralisis·vnd wi/
der das gegicht in den füssen vñ
ander gelyder domit geschmiert

Also genant Das ccclxxx Capitel

Sal armoniacum latine·grece
Volsodar·arabice Nusadar·
¶ Serapio beschreÿbt vns vnd
spricht·das sal armoniacū wirt
auß steinē gezogen die sind fast
klar vnd hertte·vnd domit sal/
zig·vnd darumb ist er fast beÿs
send·Auch findet man sal armo
niacum der do gezogen ist auß
schwarczem gesalcznen stein·vñ
der läßt sich gern bulferisiern·
¶ Item diser ist der beßte der do
klar ist vnd weÿßs der sol auch
genüczet werden in der erczneÿ·
¶ Sal armoniacum ist heiß vñ
trucken an dem vierden grad·
¶ Sal armoniacum benÿmmet
die groben feüchtung vñ reyni/
get die·vnd ist sunderlichen gůt
vuule·das ist das blat das einē
für die kelē scheüßt·des bulfers
mitt einem hölczlein darein ge/
lassen· ¶ Auch ist dises bulfer
gůt squinantie·das ist ein gesch
weere in der kelen·¶ Plateari/
us·sal armoniacum benÿmmet
das weÿß das überzogen ist auf
dem aug apffel·dises genüczett
mit schellwurcz safft vnd dz al/
so in die augen gelassen benymīt
das feel darjnn·Vnd heÿßt dar
umb sal armoniacum·wann es
wirt fundē in armenia·¶ Auch
machet man sal armoniacū auß
gemeÿnem salcz·¶ Item sal ar/
moniacum zerlassen in roßen/
wasser mit kampher vermengt
vnd getrücknet in der sunnē·vñ
das bulfer vermenget mit hol/
ler ōle·vñ domit das antlicz ge/
schmieret ist abnemen die vnge
staltkeit des antlyczes·als dye
aussetzigen beflecket sind·

Trackenblůt Das cccl xxxi Capitel

Sanguis draconis latine·grece sindeychitegilos· arabice demalachoem·

¶Der meister Serapio in dem bůch aggregatoris in dem capitel Malchaoem idest Sanguis draconis beschreibet vns vnd spricht·das dises sey ein safft eins baumes also geheyssen· vnd diser baum hat lange este vñ kleine bleter geleych dem coriander· vnd jr farbe ist rot vnd haben einen starcken geruch· vnd im dē spyczen der este sind kronen die sind rund geleych dem fenchel· vnd die haben weyß blůmen zů dem ersten vnnd leczten jres gewächßes so werdēd die blůmen goldtfarb·dises wächßet an vil frembden steten· ¶Der meister Constantinus beschreibet vns vnd spricht·das der saffte dyses baumes seye geheyssen sanguis draconis·vnd diser safft ist rott geleych als des menschen blůtt·

¶Sanguis draconis ist kalt vnd trucken an dem drittē grad vnd dises ist das beßte dz jnwenig klar ist· ¶Wer do seer blůtt der thů dises bulfer in die nasen vnd reybe dañ die nasen daz der safft darjnn anhange·es stopffet die adern·vnd benymet das blůten on schaden· ¶Dises bulfer gemüschet mit eyeß weyß vnnd rosenwasser vnd die schläffe do mit bestrichen·benymet das nasen blůten·¶Wer do blůt renset der neme dises bulfers vnd gūmi arabicum·vnd müsche dises mit rosenwasser vnnd das also eingetruncken·¶Sanguis draconis genüczet benymet dz rott oder durchgang· also das blůtt mit dem stůlgang geet·¶Einē zapffen gemachet vō disem saffte vnd darunder gemüschet safft von täschenkraut·benymet den frawen menstruū·Dises in das gemächtte gestecket ein ganze nacht geleych einem zapffen·

Ein gummi also ge nant ccclxxxii Cap

Sarcocolla grece·arabice anza ros·latine Anzaruta·
¶ Der meister Serapio in dem bůch aggregatoris in dem capi/ tel Anzaros idest sarcocolla·be/ schreibet vns vnd sprichet· das dises sey ein gummi eines dor/ nigen baumes·vnd der wächßt in dem lande persia· dises gūmi geleÿchet dem weyssen weÿrach sein farbe ist röttelat vnnd fast bitter·¶ Vnd dises ist das beste das sich bald läßt brechen·Dißs gummi ist heÿß vnd trucken an dem vierden grad·¶ Sarcocol/ la genüczet in die pflaster zůden wunden·vnd sein tugent ist zey tigen vnd aufflösen vnd verze ren·¶ Der meister Diascorides spricht·das sarcocolla eeze außs das faul fleysch in den wunden·
¶ Platearius Sarcocolla ge/ müschet mit ammidum· das ist krafft meel·vnd weÿssen zucker dises treÿbet auß die feüchtung vnd eÿtter außs den augen für alle andere erczneÿ· ¶ Sarco/ colla gemüschet mit hönig vnd auff die wunden geleget reyni/ get sÿ ¶ Item·Sarcocolla ist auß der massen fast gůt genüczt für das feel in den augen·wann es bayßset die auff vnd reyniget auch die von dem vnfladt dar/ auß fliessende· ¶ Item·Sarco colla sol auch mit genüczet wer= den in den leÿbe für sich selbert· wann Diascorides spricht auch wer sarcocollam ein nemme an jm selbs vnd thäte jm auch kei nen zůsacz dem würden seine har alle außfallen vnd jm entstünde auch darnach gar großs kranck heÿten der vrsachen halben das es auch durchdringe mit nagen vnd rÿschen alle jnnerliche gelÿ der·vñ wenn man das auch nü czen wil so sol man das vorhÿn bereÿtten mit öl de kersa oder ro sarum· ¶ Item der meister Paulus in dem capitel Sarco/ colla beschreybet vns auch vnd sprichet·wer von disem gummi machett ein pflaster vnnd auch darunnder müschet das weÿßs von einem eÿe· vnd das gelegt auff die schläffe·benÿmmet das

überflüssig blůt auß der nasen.
¶ Dises gummi gebulfert vnd
gemüschet mit rosenwasser vnd
das gedörret an der sunnen vñ
darnach aber mit rosẽwasser be-
reÿtet vñ das in das fleckig aug
geton benÿmmet die flecken dar
auß. vnd machet klare augen
¶ Item den rauch von sarcocol/
la vnden herauff gelassen ist au
ch gůt wider die wectumen des
arßdarmß genant tenasmon

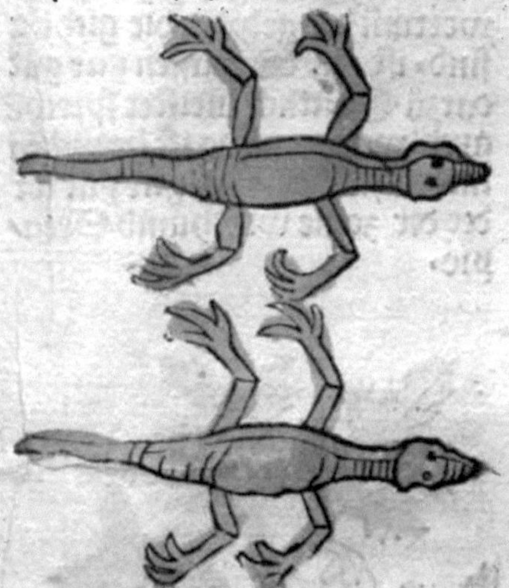

wasser edechß
Das cclxxxiii Ca

Stincus latine et grece.
¶ Auicenna in seinem anderen
bůch in dem capitel stincus spri/
chet. das dises seÿ ein thierlein.
vnd das findet man in den bäch
en in egipten vnd lombardien
Dises ist gestalt geleych dẽ heu
schreckẽ. allein das mit flügel hat
¶ Dise thierlein sind die beßten
die in dem meÿen gefangen wer
den vnd so sÿ werffen. vmb die
grossen sind besser deñ die kleinẽ
¶ In dem bůch circa instans be
schreiben vns die meister vnd sp
rechen. das dises seÿ heÿß vnnd
trucken in dem dritten grad. vnd
sprechen. das dises seÿ ein fisch/
lein. vnd geleÿchet dem vergiffti
gen thier lacerta genant. die ÿen
halb dem meere gefangen wer/
den sind die beßten. ¶ Dise fisch/
lein salczet man vnd darnach so
läßt man die dorren. ¶ Auicen/
na libro vt supra spricht. das di
ses gůt seÿ den erkalteten gelÿ/
dern. die von der feltung gesch/
mieret. ¶ Das wasser darjnnen
die gesalczen sind meret coitum
darumb vil mer sein fleÿsch ge/
essen an den schwänczen. ¶ Di/
se fischlein geessen mit diamar/
gariton oder diapenidion meret
fast seer coitum. das ist fleÿschli
che begerung. ¶ Dises thierlein
hat in dẽ schwänczlein kein ver
gifft. ¶ In den apotecken findest
du die. wann die werdẽ gebrau
chet zů vil erczneÿen.

Gartenkole oder ledeney cccLxxxiiii Cap

Satureia latine·grece Tymbra arabice Sahanc·

¶Serapio in dem bůch ag/gregatoris in dem capitel ſahãc ideſt ſatureia·ſpricht das dißes ſey ein kraut das wechßt geren an der ſteinigen erden· Auch ſo wächßt diſes in den gärten vñ das iſt nicht als gar krefftig an ſeiner würckung·Diſes iſt heiß vnd auch trucken an dem vierdē grad·¶Auicenna ſpricht auch·das diſes kraut gar gůt ſey der erkalteten bruſt·¶Item von diſem kraut getruncken iſt gůt ſincopizantibus das iſt die in on/mächt fallen·¶Item diſes genützet iſt auch gar gůt wider dye böſen lebern milcz vñ magen ¶Item võ diſem kraut getruncken reyniget auch den frawen jr matricen·¶Auch machet dyſes reſch die man zů den frawen ¶Item die ſchwangern frawē ſollen ſich hüten vor diſem kraute vñ auch vor ſeinem gerauch· ¶Item ſatureia geſotē in wein vnd auch die do geleget auff die weetumẽ der gelyder die gichtig ſind· iſt auß der maſſen gar gůt darzů·¶Ettlich meiſter ſprechē auch·wenn man es iſt henncken an den halß·iſt auch gar gůt wider der zeene weethumb Serapio·

Spreberen cccLxxxv ca

Sorbes latine.

¶ Galienus im dem andern bůch genant de alimentis. spricht. daz dises sey ein frucht vom natur kalt vnd auch trucken im dē dritten grad. ¶ Item dise frucht nüczet man im dem herbst so sy am zeytigisten sind. vnd sol sy auch auff hencken mit iren esten so werden sy zůmal mürb. Ettlich leüt schneyden sy von einander in dem mittel auff das sy balde mürb werden. vnd denn so mag man sy ein ganczes jar behalten Ir tugent ist auch külen vñ stopffen vnnd stercken. dise frucht ist auch gar gůt für das bauchwee. ¶ Sorbe vnd näspelein sind gar nahe einer natur. Dise frucht ist fast süsser zů essen deñ die näspelein. ¶ Item. Wölcher den blůtgang häte der nücze auch dise frucht. Aber hie ist zemercken das sy den mannen baß bekōmen deñ den frawen.

Sauwurcz cccLxxxvi c

Scrofularia siue Castrangula siue strangularia latine.

¶ Der meister Paulus im dem capitel scrofularia. spricht. dz dises sey ein kraut mit einer rotē den wurczel. vñ spreydet sich läges die erden. dise wechßet auff hertem grunde. vñ fast gern vnder den dornē. Dises findet man gemeynigklich im dem summer. die wurczel ist süß. die seüe wüllen das erdtrich darnach auff.

¶ Dise wurczel gedörret vñ gepulfert vnd also gemüschet mit hönig vnnd also dauon gemachet ein electuarium. dises electuarium genüczet des abendes vnd auch des morgens. also das man zwů od drei stund darauf faste· treÿben hÿn die drüßen die den leüten wachßē an dē hälsen· Oder nÿme dises bulfers vnnd weÿtzē meel· vñ müsche die zů/samen wie klöczer vnd eßse die· darauff trincke einē gůtē trunck fiernÿgß weins gar bald darnach· so wirst du schwÿtzen· diser schweÿß treÿbt hÿn die drüsen·

Blůtkraut Das ccclxxxvii Capitel

Sanguinaria latine·

¶ Die meister sprechen· dz dises kraut seÿ gar vō grossen tugēdē Dises kraut hat ein vnderscheÿde mit dem kraut centūnodia genant· wañ die meister nennē dz selb auch sanguinaria· diß kraute hat einē langē stengel gar nahe eines arms lang· vñ hat rott knöpff an dem stengel· Dises krautes wurczel ist an dem besten in der erczneÿ· vñ die ist vō na/tur warm vñ auch truckē ¶ Dÿse wurczel gehalten in der hende thůt als vil als ein probiereter blůtstein· also das die wurcz gegraben seÿ zwÿschē den zweyen vnser frawē tag· dise wurczeln weret auch ein ganczes jare ¶ Wölcher blůt speÿet der eßse diser wurczel· ¶ Wölcher fast auß der nasen blůtet· der halte dise wurczel in der handt sÿ stillet on zweÿfel· ¶ An wölchen endē dises kraut wechßt darumb ist alles kraut sicher vor den schlā=gen als weÿt ein man geschreÿ=ten mag· ¶ Item dises kraut gesoten mit wegbreÿtē wasser· ist gůt wider den blůtgange der do geet auß der nasen vnd auß dem munde· vñ wid dē blůtgang des gedärms· ¶ Item blůtkraut ist kalt vñ feücht bej dē andern grade pandecta· ¶ Du solt wissē dz dises kraut nit ist dz blůtkraut das man nennet pera pastoris· od centumnodia· vñ die vnder/scheyd merck bey den figuren·

Seesamßkraut Das ccclxxxviii ca

Sisamus latine· grece sisaminū ara[illegible] semissem·

¶ Diascorides capitulo Sisam=minum der spricht· das dises gewächße habe in jme vil fettung·

¶ Von sisamo machet man öle daz heisset oleū sisaminū· Das öle dienet zů vil sachen außwenig· ¶ Auerroris im dē fünfften bůch colliget spricht dz sisamus sey heiß im dem ersten grade vñ feücht an dē andern· ¶ Für die wartzen an dem leybe wo dye wären oder von was sachē die kämen streyche dyses öle dar/über sy vergeend· ¶ Die ver/hertet haudt oder bösen rauden die do kömen von der melancoley· streich dises öle darüber es hilfft die verzeren· Dises öle findest du in den apotecken· Dises öle gemischet mit rosenöle vnd die schläff an dem haubt damit bestichē benymmet das darauß das sich erhaben hatt von der hytze der sunnen·

Spargen cccLxxxix c

Sparagus latine et grece arabice nalion vel halion·

¶ Serapio in dem bůch aggregatoris in dem capitel Nalion idest sparagus spricht· das di/ses sey ein gewächß· des frucht vnd samen wirt genützet in d̄ ertzney· Der same weret eyn gantzes jare vnuerseret an seyner natur· ¶ Dise frucht geso/ten mit fleisch vñ geessen ist fast gůt für dz verstopffet oder verhertet miltze · des geleichen die verstopffunge der lebern thůt sy auff· ¶ Für die gelesucht jctericia genāt seüde die wurtzel vō disem gewächße in wein vnd trincke den es hilfft on zweyfel· ¶ Von d̄ brüe do spargen jnnē gesotē sind die ist gůt dē müde damit gewäschen vnd benymt alles wee der zeen· ¶ Vō disem kraut lyse pandectam dz fünffhundert vnd dreüundsechtzigist capitel dz sich auhebet Nalion do findest du die warheit ¶ Itē spargen sind von warmer vnd feüchter natur· ¶ Item wein darjnn gesotē ist spargen wur/tzel oder samē ist gůt wider ve/stopffung lebern miltzes vñ der nyeren· Vñ ist auch gůt wider den kalten seich · vnd wider die geelsucht· vnd wider das gegicht genant sciatica · vñ ist auch seer machen härmen·

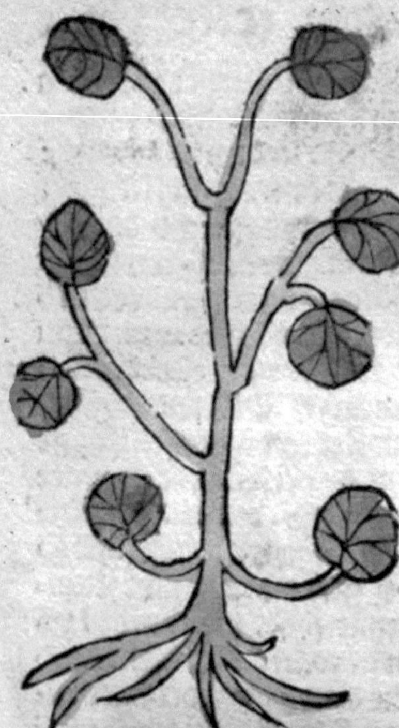

vnd ein fast lange wurtzel. Di se wurtzel hatt krafft zů laxieren vnd zů reynigen flegmam vnd coleram nigram. ℂ Dises kraute vnnd wurtzel ist zů vil mächtig vñ würcket mit groſſsem gewalt. darumb so soll es nit allein genüczet werden sunder mit andern kreütern so mag man es wol nüczen.
ℂ Dise wurczeln gebulfert vñ des eingenommen zwey quintin mit zucker bringet stůlgänge behende. vñ über zwey quintin so soll des mitt eingenõmen werden. wann es machet blůte speyen.

Soldanella also genant cccxc Ca

Soldanella latine. grece Azar arabice chachille.
ℂ Serapio in dem bůch aggregatoris in dem capitel chachille spricht. das dises sey ein kraut bey nahe dem kressen. ℂ Dyses kraut das mag man essen geleich andern gesoten můßkreütern. Dises kraut das wächßet gern an feüchten enden vnd ist heysser vnd truckner complexion. ℂ Dises kraut das hat ein blůmen geleich der haselwurcz.

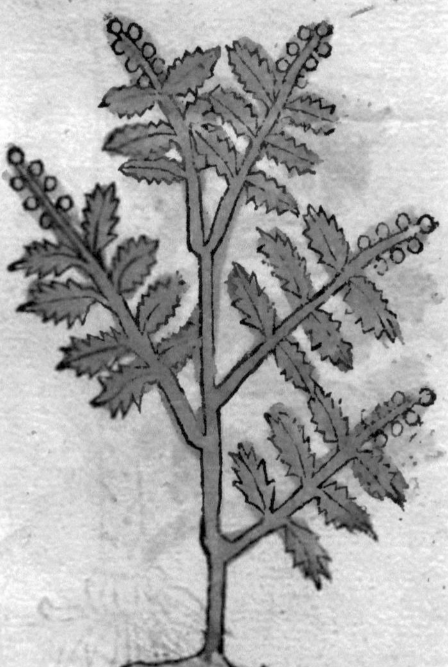

ein same von einem baum also genant
Das cccxci Ca

Sumach latine· grece rißkitin· arabice barso·
¶ Die meyster sprechendt· das dises sey kalt im dem zweytten grad· vnd trucken an dem dritten· Dises ist ein kraut vñ wechß et geren bey den felsē· Dz beste von disem baume daz ist die rynden von dem samen als Galienus spricht· ¶ Dise rindē vō dem samen sol man bulferisierē vnnd das ein nemen mitt dem saffte sanguinaria siue centum nodia· es stillet zůhandt alles blůten in der nasen oder in den wunden ¶ Die do blůtspeyend vō grosser feüchtung die sy haben vmb die brust die söllen nüczen pillilen gemachet von Sumach vñ von gūmi arabicum vnd rosenwasser· vñ der nüczē ein quintin· ¶ Für daz grymen im dem bauch sol man nemē sumach vnd gersten mele vnd dz sieden in regen wasser vñ dises vnden ein nemen geleich einem klistier es hilffet·

salcz cccxcii Ca

Sal commune latine· Arabice malck·
¶ Serapio in dem bůch aggregatoris in dē capitel malck spricht dz do sey mangerley salcz· etlichs kōmet auß der erdē· etliches auß dē salcz wasser· Dz mör ist an eynem ende meer salczig dañ an dem andern· vnd sunderlich wo dz möre still steet· weñ du darein würffest einē lebēdigen fisch so stirbt er darjnn vñ des willen dz es zů vil ist von salcz· ¶ Die tugent vō dē salcze ist den menschē behůten vor faulung des leibes· vñ ist auch verzeren vnnd auß eczen das faule fleisch· ¶ Diascorides sprichet das salcz reyniget vnnd auflöset die schwären feüchtigunge· benemē das faul fleisch auß den wunden· ¶ Salcz gemüschet mit baumöle benymet das jucken an der haut· die damit geschmieret· Des geleichen die ausseczigkeit an dem leibe damit geschmieret ist fast gůt für ein geschwert in dem halße squinancia genāt· Nym salcz ein lot essig hönig vnd baumöle yeglisches ein lot· dises müsche vndereinander vñ schmiere die kelen damit vnd nym des ein wenig in dē mund vñ schliche dz es benymt squinanciā gar bald für dz blat d kelen vuul a genāt so müsche salcz vñ baumöle vnd einand vnd schmiere die kelen damit vñ streich des in die kelē es hilfft· ¶ Salcz ist warm vñ trucken an seiner natur·

Das cccxciii Ca

Sal gemma latine·
¶ Die meyster sprechen das dises darumb heysse sal gemma wann gēma ist als vil als edel stein· vnnd dises kommet auß der erden vnd ist ein adern auß der erdē· Dises ist heyß vñ tru-

cken an dem dritte͂ grad ¶ Sal ge͂ma ist an seiner natur würcken geleich dem sale armoniaco· vn̄ darumb lyse in disem büch das capitel·ccclxxx· do findest du von de͂ sale armoniaco· vn̄ alle tugent die dz selbig lernet die hat sal ge͂ma auch· on alleyne zü zäpflein suppositoria genant· die do diene͂ zü de͂ grossen vn̄ scharpffen febres· do ist sal ge͂ma besser dan̄ sal armonea

Seyffen cccxciiii C

Sapo latine et grece·

¶ Die meister der ertzneÿ sprechen· das seÿffen gar zü vil sachen güt seÿ· vnd sunderlichen damit zü reÿnigen faule wunden ¶ Sapo ist heysser vnd truckner natur· ¶ Mit seÿffen geschmieret die grÿntigen haut benÿmet den grÿndt vn̄ dörret den fast· Seÿffen machet die haudt weÿß die damit gewäschen ¶ Suppositoria dz sind zäpfflein gemacht vō seÿffen vn̄ darzü gemischet bulfer vō d wurczel esula· das ist wolffs wurcz dise suppositoria würckent gar fast die vnde͂ gehalten· ¶ Wölcher an de͂ leib ein gelÿd het dz sich entzündet von hicze der leg darauf seÿffen sÿ zeühet die hÿcze darauß vn̄ machet dz gelÿd wid kōmen zü natürlicher hicz Aber man sol die seÿffen nit zü lang lassen auff de͂ gelÿd sunder bald dauō dz sÿ nit zü vil hicze an sich ziehe· ¶ Der meister rasis spricht· dz seiffen mach reÿn die wunden vnd ziehe darauß den eÿtter· ¶ Auch so weÿchet seÿffen auff die hertte͂ geschweren darauff geleget·

Springwurcz
Das cccxcv Ca

Jtimallus latine et grece· Arabice xencua

¶ Der meister serapio in de͂ büch aggregatoris in dem capitel xencua· idest titimallus beschreibet vns vnd spricht· daz mangerleÿ kreüter sind die do milch in jne habend geleÿch der springwurcz· vn̄ auch die selbigen tugent habe͂ als springwurczel· vnd der vrsache͂ halben· daz springwurcz allei͂ hie verzeichnet steet so wöllen wir vō jrer tugent ettwas segen· vnd damit der anderen tugent der geleichen. ¶ Der meyster Serapio spricht dz titimallus einē stengel habe eines armes lang oder mer vnd ist von farben rötelat ¶ Diser stengel hat bleter geleich den oliuen dann das die lenger sind an der springwurcz vñ dicker. die wurczel ist grob vñ scharpff vñ an dem gipffel des krautes do hangend knöpff geleich den rautenknöpffen allein dz sÿ grösser sind an der springwurczen. In den köpffen do ist samen. Die tugent des samens ist dz er stätigklichen außtreÿbet oben vnd vnden. vnd der ist auch mangem menschē sorgklichen zů gebrauchē. des geleichē auch die milche dauon. doch so mag man jr strengigkeÿt wol miltern. wenn die bereitet werden als hernach geschribē steet. ¶ Galienus in dem achtenden bůch genant simpliciū farmacorū in dem capittel titimallus beschreibet vns vnd spricht. dz alle tugent d kreüter die do milich geben sind hiezigen vñ trucken machen byß an den vierdē grad. vnd sunderlichen titimallus mer dann die anderen. vnd treÿbet auch fast stätigklichen außs die überflüssigen flegma. vnd auch coleram. vñ bringet vomitum. ¶ Item im dem bůch genant circa instans im dem capitel titimallus beschreibēt vns die meister vnd sprechend. das titimallus purgiere flegmā vñ coleram. Die milch die sol man sameln in dē mittel des meyen. vñ an dem anfang des sumers vñ man sol die bletter oben ab bleczē vnd die milch sameln in ein glaß. vnnd wann die milch die haut des menschen berüret. als an den henden oder anderswo so sol man die bald wäschē mit nachtschadten wasser oder mit einem anderen wasser dz do kület oder es bringet schadē an der haut wann sÿ beÿsset do die haut auff vnnd enthiiziget die do also sere dz einen bedunckket sÿ entzünde sich. ¶ Dise milch die weret zwen monat. vñ die sol nÿmmer mit allein gebrauchet werdē in der erczneÿ sunder mit einem züsacz also. nÿm die milch von der sprinigwurcz vñ thů darzů gūmi arabicum oder tragantum. vñ thů dises züsamē in ein eÿerschalen vnd secze daz beÿ dem feüwer in die kolen vñ lasse dises ein wenig erwallen. darnach so mag man es thůn in erczneÿ auff ein lot ¶ Platearius der spricht daz esula vñ laureola auch geleÿche sind der springwurcz in d erczneÿ. ¶ Galienus in seinem achtendē bůch beschreibet vns vnd spricht. dz die wurczel titimalli gůt seÿ den zenen. die do in eßsig gesotten vnd den do in dem munde gehalten. vnd heÿlet do auch die blatern in dem munde ¶ Der saft oder die milch dauō die ist stercker vnd heÿlet auch gar balde die löcher in dē zenen vnd ezet auch do auß das faule fleisch auß den wunden.

¶ Der safft gestrichen wo vil hare wechßt vnd den gemischet mit öle verzeret es· vn̄ machet kale vnd bloß· ¶ Der safft mit öle gemenget benÿmmet acro-cordines dz sind die erhabnen zäpflein ane dem leÿbe geleÿch den wärtzen· vn̄ die selben kommendt geren von überflüssiger flegma· ¶ Auch so benÿm̄t di/ser saft od' milch võ springwurtze formicas dz sind kleine spi-tzige blatern· vn̄ heissent drüß blattern vnd die stecken in der haut· zů zeÿten so schweren sÿ· ettwañ so verschwindē sÿ·dar-über gestrichē· ¶ Dises vertreÿ-bet auch den bösen grÿndt dar-über gestrichen· ¶ Auch so benÿmet es vlcera carbūculosa vn̄ cantorosa · das sind dÿe bösen schwartzen blatteren· die do dē karfunckelstein geleichend·

¶ Auch so dienet dises den fist-eln vnd heÿlet die von grunde dises darein gelassen mit eÿner sprützen· vn̄ alle dise obgenan-te stucke die heÿlend alle kreü/ter die do milch in jnen habē vn̄ sunderlichen dÿe milich dauon· Vnnd vnder jn allen so ist titi-malli stercker an der krafft vn̄ tugent· Die bletter vnd früchte von springwurtz sind nit also krefftig als die milch· vnd sun-derlichen damit zů purgieren

¶ Item die bleter vnd die frü/chte dauon geworffen in einen weÿer do vil fische jnnen seind wölcher fisch dann des krauts oder wurtzeln ÿsset d' selb wirt also vol dauon das er dz weiß do übersich keret geleich als ob er tod wäre· vnd er erholet sich doch widerumbe vnnd schadet jm nichtz· dise fische die magst du dann fahen mit den henden

¶ Item ein getranck gemachet võ springwurtzeln kraut mitt klein wolffmilch wurtzeln ge/nant esula minor· vn̄ mit klein rosÿn vermenget· mitt wasser gesotten dareÿn wenig eßsigs vermenget seye· mit zucker süß gemachet· das ist gůt wider daz fieber quotidian vnd wider die weetagen des gedärmes genāt colica· Vnd ist auch gůt also genützet wider das gegicht·

Dormentill
Das cccxcvi Cap

Tormentilla vel porentilla vel ca.xphilon grece. arabice buse ke. latine bistorta vel consoli-da rubea.

¶ In dem bůch Pandectarum. in dem hundert vnd dritten ca/pitel bistorta genant beschreibē vns die meister vnnd sprechen dz Bistorta idest Tormentilla. seye kalt vnnd trucken an dem drittē grad. Tormētilla die ge/leichet dem krautte fünff finger blat genant. allein das tormen till hat siben bleter. Darumb so heyssend es ettlich meister epta felon quasi septem folia. Dye wurtzeln ist rot vnd knodigt. vnd geleichet auch dem galgan Man findet auch ein ander kra ut daz geleichet an den blettern der scharpffen lattich bletteren allein die farb von bistorta die ist auff einer seytē hymelblaw vñ auff der andern seytē grün vnd hat ein blůmen die ist rott vnd hat ein rote wurtzeln. Et/lich heissend sy bardana minor etlich lappa minor. vnnd dises geleichet tormentilla in jrer tu gent vnd krafft. ¶ Tormentil-la hat krafft zůstercken die em/pfahung d frawē so sy mit jrē gemahel zůschicken gehabt hat die vorhin in wein gesoten vñ getrunckē. ¶ Jtem nym tormen till wurtzeln vñ wegrich krau te vnd nütze daz mit dem saffte des wegrichs des abents vnnd des morgens. dises ist fast gůtt dissurijs. daz ist der kalt seich ¶ Die wurtzel gesotē in regen wasser vnnd den tampff vnden auff gelassen vnd darnach des bulfers gemischt mit hönig vñ darnach als ein pflaster gele-get auff dē bauch hilfft den frau wen dz sy dester baß empfahen mügen. ¶ Wer dz rot hette der bulfer die wurtzeln vñ trincke das mit wein es hilffet. ¶ Die wurtzeln ist gůt genützt für al le vergifft die gebulfert vñ daz getruncken mit wein. ¶ Wöl-cher den drittäglichē ryten hett der trincke von diser wurtzeln vnd von dem kraut es hilffet. ¶ Der saft vō tormentill gemi/schet von camillen öle vnd ge-strichen an den menschē wo dz gesüchte an dem menschen wü-tet es hilfft. ¶ Jtem tormentil-len wasser mit gebulfert thuci-en vermenget ist gůt wider die fliessendē augen. die thucia soll vor geleget sein dick mal in ro/sen wasser. ¶ Jtem tormentilla gebulferet mitt sauerampffer wasser genützet das ist gütte wider die pestilentz.

klee cccxcvii Ca

Trifolium latine· grece lotos vel zhrat vel lotus arabice hā dachuca vel chua vel cuff·

⸿ Serapio in dem capitel handachuca beschreibet vns vnd spricht· das do seye zweyerhandt klee· Eine zäme· die ander wilde· Die wylde hat einen stengel zweyer arm lang· vnd hat vil zincken· vnd hat einen samē der geleichet fenugrecū· dz ist siben gezeyte samē· allein das d̄ and̄ wildē kle kleiner ist· Die heimischen klee sind vns wol bekant vñ wachßen gern in den gärten vñ haben einen dünnen stengel mit bletern der sind dreü an einem stil· ⸿ Diascorides spricht· dz auch ein ander gewächß sey dz klee heisse· vnd die wachsen auf dem wasser· Diß kraut hat einen stengel geleich den bonen vñ hat einen weissen samē· Dises kraut hat von natur dz es sich erzeyget so die suñ aufgeet vñ weñ sy nyder geet so tunckt es sich wider vnder das wasser ⸿ In babilonie machē sy brot auß disem samē· vñ dz stercket vnd temperieret dem menschen sein geblüt· Trifolium ist heyß an dē ersten grade· ⸿ Klee gesoten im wasser vnd dz getruncken ist güt der einen erkalteten magen hätte· vñ dises wasser ist auch güt d̄ do het daz darm gegichte· Dises wasser geleget mit einē tüchlein do der tarant gebissen het oder ander vergifftige thiere benymet im den schmerczen dauon· Der samen der wildē klee ist besser vñ stercker in der krafft dann das krautte· ⸿ Der same gestossen vnd das bulfer gestreüwet auff das verwundet oder zerschrundē gemacht hilft fast wol ⸿ Plateârius diser same gesoten in wein vñ den getruncken an dē anfang d̄ wassersucht benymet sy zühant Der same gesotē vñ dē tampff vndē auff gelassen hilfft d̄ verstopfftē matrice vnd reyniget sy ⸿ Diascorides spricht dz des heymischen klee samē vnd seine bletter gesoten im wasser vñ dz getruncken hilfft den die ein geschwer haben an d̄ brust· vñ ist auch güt wider dē blüt gang vñ wider sant valentins suchte vñ wid wassersüchtig· ⸿ Der

terclanant hätte der trinck von
klee samen vnd von dē kraute
mit wein gesoten es hilfft.

scharpffkle

Das cccxcviij Ca

Trifolium acutum latine.
¶ Die meister sprechendt. da
diser klee sey an den bletern spi
tzig vnnd nit als gar rotunde
als die vor disem capitel. dar=
umb sy scharpff klee heyssend.
¶ Diser scharpffer klee ist von
natur warm vnd trucken an dē
ersten grad. ¶ Diascorides der
spricht. das diser klee zů vil sa/
chen gůt seye vnd sunderlichen
der same. ¶ Wölicher nicht lust
h[illegible] essen der siede disen sa=
[illegible]in vnnd trincke dē

drey abent nach einander. dar=
nach nymm gestossen yngwer
ein quintin ein mit essig auch
drey abent. vnd täglichen an dē
morgen warm so wirst du sch/
witzen. vnd was böses in dem
magen oder auss dem magen
ist dz geet mit dē schweyss aller
hin. ¶ Wölcher dz gegicht het
te in dē rucken oder den d kram
pfe zöhe. der neme dise klee ein
handt vol. herba paralisis eyn
halbe handt vol. dise zwey seü/
de in wein vnd schmiere die ge
lyder damit. das gegicht vñ der
krampff mag dir nit geschadē
vñ verzeühet sich gar bald vñ
dises schmieren sol geschehē in
dem zů nemen des mones.

Reynfar cccxcix C

Tanacetum grece et latine.

¶ Die meyster sprechen das di-
ses sey ein kraute das hatt gar
kleine bleter beynahe dem fen-
chel. vnd einen kleinen samen
vnd wechset geren auff den ho-
hen bergen gan mittem tag. vn̄
hat ein blůmen die ist süßs ge-
leich als das hönig. ¶ Tanace
tum ist von natur heyßs vnd
trucken an dem ersten grad. vn̄
dises kraut ist gůt genüczt für
den stein. vnd des geleichen der
same. Vnd ist auch sunderlichē
gůt stranguiriosis. dz ist die do
mit not neczen. ¶ Wölicher fe-
bres het wie die wären der ne
me dises saffts ei mit wegrich
wasser auf zwey quintin er ge
nyset. ¶ Wölche frawē jre kin
der leibhafftig vnd frisch behal
ten wöllen die sollen die kinder
über dē rauch haltē dises krau-
tes der benymet jn alle zůfälli-
ge sucht vnd alle böse gespenßt
des teüfels vnd mag jn mit ge-
schadē. ¶ Dises krautes wurcz
eln gesoten mit baumöle vnnd
die gichtigen gelyder damit ge-
schmieret benymet das gesicht
darauß. ¶ Plateatius die wur
czeln mit hönig eingenōmen ist
fast gůt allen verlamtē gelyde-
ren. ¶ Plinius wölicher febres
hette der nücze dise wurczel mit
rosenöle vnd schmiere sich da-
mit er genyset. ¶ Cassius felix
reynfar ist gůt den frawen dye
mit kindern geend. den samē ge
nüczet mit zucker. ¶ Jtem dises
kraut gedörret vn̄ gestossen zů
bulfer vn̄ das die frawen ein
genōmen mit wein auff ein hal
be lot reyniget jne die můter
¶ Jtem reynfar mit hönig ge-
nüczet ist gůt wider die würm
¶ Jtem reynfar in wein gesotē
ist gůt wider den stein in dē len
den vnd auch in der blasen sun-
dergen. vn̄ also genüczet bringet
der frawen jr feüchtigkeit men
struum genant. vn̄ ist auch gůt
wider das fieber quotidian vn̄
quartan.

Terra sigillata
Das cccc Capi

Terra sigillata latine. grece lē-
pnia fragidus. arabice teuma
ten vel humatū vel termatin.
¶ Serapio im dē bůch aggrega
toris im dē capitel teumacē idest
terra sigilata. beschreibet vns
vn̄ spricht dz terra sigillata gra
ben werde bey dem mör do kein
baum wechßt noch kein kraute
od do auch kein stein ist. ¶ Di-
se gegrabne erdē tůt mā in was
ser. dises rüret mā fast wol dz
das wasser geleich dick wirdt.
vnd darnach so läßt man dises
ein weil steen so lang byß das
es sich ein wenig senckt zů grū-
de vnd schütt dan̄ dises obē ab
Darnach so nym̄ dan̄ die glep-
ferig matriē darauß vn̄ würff
hin die kyßligen matrien. dise
feyßte oder glepferige materien
sol trucken werdē daz es wirdt
als wachß. darnach so machet
mā kleine trocistos darauß vn̄

sigilliert die oben vnd leget die
in die lüffte vnd mit an die sun
nen also lang dz die dürre vnd
hertt werdē. ¶ Platearius im dē
capitel terra sigillata beschreibet
vns vnnd spricht er. das diß seÿ
kalt vnd trucken getemperieret
¶ Diascorides spricht daz terra
sigillata eingenōmen mit wein
benÿmet die vergiffte des men
schen. ¶ Item terra sigillata ist
fast gůt gebraucht für die pesti
lencz. ¶ Wer von terra sigilla/
ta trincke vñ darnach in eÿnē
getranck tödliche gifft neme dē
fert sÿ oben auß vñ bringet jm
keinen schadē. ¶ Dises ist auch
gůt genüczt dē do gebissen wirt
von einem vergifftigen thiere.
¶ Serapio spricht dz vnd allē
erczneÿen keine also gůt seÿ do
mit alle flüsse des blůtes zů sto=
pffen als do ist terra sigillata.
¶ Terra sigillata geleget auff
die gebrentē haut. machet das
kein blasen auflauffen mag vñ
es heÿlet auch bald dauon.
¶ Terra sigillata eingenōmen
der do gefallen wäre oder in jm
hätte geliebert blůt od' het zer/
knüste geäder er genÿßt zůhant
¶ Ein salben gemacht von ter/
ra sigillata vnd mit dē weissen
eines eÿes vnd auff den schlaff
geschmieret vñ auff die stÿren
ist stillen den fluß des geblůttes
auß der nasen. ¶ Ein pflaster
gemacht vō terra sigillata vñ
mit rosenöle vnd essig vñ mitt
einem eÿes weiß auff den ma/
gen gelegt ist gůt wider dē fluß
der stůlgang.

ein wurczel also ge nant cccci Ca

Tapsia grece et latine. arabi/
ce mezaharan.
¶ Serapio in dem bůch aggre=
gatoris in dem capitel tapsia be
schreibt vns vnd spricht dz di=
ses seÿ ein stam der hat bletter
geleich dem fenchel. vñ oben an
den ö[illegible]en hat dises kronē gelei
ch als dÿlle vnd hat ein weisse
blůmē vnd einen breÿten samē
der geleichet dē liebstickel. Die
wurczel ist weÿß vnd dick vñ
hat grobe rindē. vñ dise wurcz=
el hat einen scharpffen gerauch
¶ Von disem kraut samelt mā
die zerē oder die tropffen also
Man grebt vmb dz kraut ein
tieffe hüle vñ schneidet die rin=

den vmb dẽn stammen ab vnd decket die grůben zů mit bretern vmb des willen dz man do des morgens die tran oder tropffen reyn mūg finden· vnd dann den andern tag so ist die feüchtung ein wenig gestanden· die hebet man auff vñ läßt die do truckẽ werdẽ· Dises safftes tugent ist groß· ¶ Diascorides der spricht Weñ man den safft dises krau tes vñ wurtzeln sameln wil so sol man dz antlitz mit gän dem windt keren wann der saft zer schwöllet das antlitz vnnd die hende· ¶ Diser rindẽ vñ wurtz eln safft mit mulsa des morgẽs nüchtern eingenõmen purgiert oben vnnd vnden auß· ¶ Item diser wurtzeln sol man nit nü/ tzen über dreü haller gewichte· oder viere· vnd des safftes nitt über zwey haller gewichte· vñ wölcher darüber des einnymet dẽ bringet es den todt· ¶ Isaac in dem bůche genant viaticum in dem capitel de morphea besch reibet vns gar ein gůts vngẽt für den gebresten der aussetzig= keit also· Nym tapsie· elleborũ album et nigrum· senff samen· radten· bertram· yegkliches ein quintin· euforbij scamonee sa= lis armoniaci sandarace yegkli ches· xiiij· gerstẽ körner schwär costi coloquintide rautẽ alaun stafisagrie nitri· yegklichs einẽ halben strupel· dises gebulferet vñ getemperieret mit essig vñ wäsche die haut damit es benȳ met alle maledey võ dem leybe ¶ Item diß ist seer hitzen vnd hat wenig feüchtũg in jm· Se= rapio· ¶ Dises kraut mit schüs selblůmẽ in wein gesoten vnd auff dz gegicht in dẽ beynẽ gele get genät sciatica stillet die we/ tum· ¶ Tapsien safft gestrichen auff die haut do dz har auß felt machet wider har wachßen·

frucht also genant
Das ccccii Capi

Tamarindi arabice et latine grece oxifenicia·

¶ Serapio in dem bůch aggre/ gatoris in dẽ capitel tamarin= dus beschreibt vns vñ sprichet dz diß vil wachß in dẽ lande ce= sariẽ· vñ dise bleter geleichẽ den weydẽ bletern · vñ diß bringet man vil auß indien· die frucht ist rot vñ hat auch vil marcks geleich dē cassia fistula·vñ diss marck hat eī farb gleich dē saf- ran·vñ ist süß geleich dē hönig ¶ Dise frucht nüczet man in d erczneye so dye körner herauß kōmen vñ sind frisch besser dañ alt ¶ Der meister paulus im dē capitel de tamarindo spricht dz die sind kalt vñ truckē an dem andern grad·Tamarindi trey- bet auß colerami vñ benemen dz brechē·auch benemē sy dz juckē d haut·¶ Tamarindi gesotē im wasser vñ dz getrückē benymt dē durst·¶ Auicēna im seinē bů ch genāt de viribus cordis spri/ cht dz tamarindi krefftigē das hertz vñ machen dē gůt geblüt ¶ Für die vrschlechten variole genāt die gar gefärd sind den kinden·nym tamarindē iubube datteln yegklichs geleich vil vñ seüde diß mit linsen brü vñ gibe dz dē siechē zů trinckē es hilfft·

Honigtaw
Das cccciii Ca

Tereniabin grece et latine ¶ Serapio im dē bůch aggre/ gatoris in dem capitel tereniabin· idest mel roris beschreybet vns vñ spricht dz dises sey ein tawe der do fellet von dē hym/ mel·vñ geleichet dē kornichten hönig·vñ der tawe fellet geren auff die baum·¶ Jn dē lande ge nant corastein·vñ gān der sun nen auffgang·Dise baum habē grüne bleter vnd grüne dorenvñ rote blůmen vnd die blůmē bringē kein frucht·Sein tugēt ist den bauch weychen vnd der brust feüchtung zůgeben·vñ ist sunderlichē gůt genüczet dē die do böse vnnatürliche hicz in jn haben·vñ dises ist der beste tereniabin der do weyß ist vñ neü- we·¶ Plinius beschreibet vns vnd spricht·das tereniabin ge- nüczet mit fenchel safft benymet die geschwulst jnnwendig des leybes·Vnd benymet auch sun derlichen die geschwulst die sich erhebet von den heyssen febres Also genüczet benymmet auch den durst·¶ Item hönig tawe genüczet mit klein rosyn beny- met den durst·vnd ist auch gůt wider die hycze des fiebers mit endiuien wasser genüczet·

ein wurczeln also ge nant cccciiii capit

Turbit arabice·grece et latine
taricamion·
¶ Serapio in dem bůch aggre
gatoris in dem capitel turbit be
schreibt vns vnd spricht·das di
ses seÿ ein wurczel die wechßt
beÿ dem möre vñ hat bleter ge=
leich der kressen vnd hatt einen
stamen der ist lang· ¶ Ettliche
meister sprechen dz dises kraut
hab ein blůmē die verwandlet
sich dreÿ mal des tags· An dem
morgen ist sÿ weiß· an dē mit/
tag ist sÿ purpurfarben·vñ vm
vesper zeit ist sÿ rot· ¶ Diß kr=
autes wurczel nüczet man in d
erczneÿ· ¶ Der meister paulus
in seinem bůch in dē capitel tur=
bit beschreibt vns vñ spricht dz
die seÿ heÿß vnd trucken an dē
drittē grad· ¶ Johānes mesue
spricht·dz die wurcz turbit kō=
me von einem kraut dz in jme
hat milch geleÿch dem titimallo
od esule· ¶ So die turbit ÿe fri
scher ist so sÿ ÿe mer würckt vñ
weñ die alt ist so wirt sÿ getē/
periert in jrer natur· ¶ Hie ist
zů wissen dz turbit nit sol genü
czet werdē in keiner erczney sÿ
seÿ dann vor rectificieret also
¶ Der wurczeln rindē sol man
oben abschabē biß auf dz weiß
darnach die wurczel conficierē
mit lauterm mādelöle· vñ weñ
man die nüczen wil so sol man
sÿ nüczē mit jngwer vermēget
Vñ also genüczet benÿmet die
groben feüchtung vñ treibt die
leichtlich auß dē menschē durch
dē stůlgang· ¶ Platearius· tur
bit purgiert dē magen vñ rau=
met die brust· ¶ Wölcher diser
wurczeln in dem monat einest
nüczet d wirt nit aussezig· Vñ
wer diser wurczeln brauchet d
sol meydē fisch vnd schweinen
fleisch· ¶ Itē turbit mit wenig
zucker vñ wenig ÿngwer genü
czet ist wider weetumb des ge/
därmes· vñ weetumb der füßs
vnd der hende genant podagra
vñ cÿrogra· ¶ Item turbit ge=
bulfert mit hönig ist böß fauls
fleisch in wunden verzeren·

terpentin ccccv ca

Terbentina vel arbor grani viridis latine grece tebintum vel albotin·arabice botin·

¶ Die meister sprechen gemeynigklich das terpentin sey heiß vnd trucken von natur · vnnd kommet von einem baum der wechßt auff den hohen bergen· vnnd der baum bringet frucht die ist grün· Der beste terpētin ist weiß vnd zähe·vnd hat ein gestalt an der farbe geleych als glaß·¶ Dises genüczet gůt den die do haben einen kaltē hůsten vnd dienet sunderlichē wol ptisicis·das ist die dz abnemen haben·Vñ terpentin also genüczet sol vorhin bereitet werden mit hönig vnnd zucker geleich als ein latwerg·vñ aussen auf die brust geleget geleich einē pflaster· ¶ Terpētin gemischet mit hönig vñ auf die bösen schwärczen blatern gelegt benymt das wee dauon vnd weichet sy behend·¶ Item in allen vngentē die man machet den leib damit zů wärmen oder hyczigen mag man terpentin darunder mischen das gibt von natur dē selbigen vngenten temperierūge vñ nüczung dem leybe dester baß

¶ Terpentin auff glüende kolē geleget vnd den tampff genommen vnden herauff zů dem arß darm benymet die weetagen do selben so man begeret zů stůl zů geen vñ vermag dz nit zů volbringen genāt tenasmon· auch so ist diser rauch vnden herauff gůt den frawen dē jr můter herauß geet · vnd oben zů riechē dē jr můter aüffsteigen ist· Die erste kranckeyt nemet sich precipitatio matricis·die ander suffocatio matricis·

weynstein
Das cccclvi Capi

Tartarus grece et latine·

¶ Platearius circa instans in dem capitel tartarus beschreibt vns vnnd spricht· das der seye heiß vnd trucken an dem vierden grad·vnd dises ist der beste der do von dem lautteren starcken wein kōmet·¶ Weinstein dienet fast wol zů alten gebresten vnd wunden vñ eczet auß faules fleische· ¶ Item ein gütt vngent ad morpheā et ad impetiginem siue serpiginē· Nyme essig ein halbe maß vnnd thů darunder des besten weynsteins vnd lasse den über nacht darjnn steen beyssen·darnach so secze den also zů dē feüwer vnd müsche darunder öle von nussen vnd lasse das also steen ein kleine weil· Mit disem vngent schmiere die maledeyeten haut du genyssest zůhant·¶ Wer geren mager wär der neme weinstein vñ mastix yegkliches geleich vil vnd nücze dz mit dyapenidion od ein ander electuarium· Dises nüczen die sarraceni für die fettung des leybes

ein baum alſo genant
Das cccc[x]vii Ca

Tamariſcus latine· grece mi/
rica vel bruca· arabice caſa·
¶ Serapio in dem bůch aggre
gatoris capitulo de Caſa ideſt
tamariſcus agreſtis ſpricht· dz
der ſeÿ zweyerhandt baum· eÿ/
ner wÿlde· der ander zäme· Der
wilde heiſſet caſa· der zäme heiſ
ſet zů latein tamariſcus dome/
ſtica; grece nadahar· arabice at
hel· Von diſen beÿdē findeſt du
in dem bůch pandecta von ÿeg
klichē ein beſunder capitel· Vō
dem heimiſchen tamariſco lÿſe
dz· lxix· capitel athel genant vō
dem wÿlden tamariſco lÿſe daz
cxx· capitel caſa genant· d wild
tamariſcus wechßt in dē waſ=
ſern faſt hoch vnd ſchlecht auff
¶ Tamariſcus iſt warme vnd
trucken in ſeiner natur· ¶ Item
wein darjnnē geſotē iſt tamari
ſcus iſt gůt wid beſtopffung le
bern vñ milczes· vñ iſt vil ma/
chen härmen· vñ iſt gůtt wider
den kaltē ſeich· Der zäme wech
ſet in dem lande babilonia vnd
in ſenis · vnd der geleichet dem
wildē an d geſtalt on allein ha
ben diſe vnderſcheidlich früchte
wañ d heimiſch hatt frücht die
ſind rotūd gleich dē galöpfeln
der wild hat frücht ſind nit als
gar rotund ſunder längelat·
¶ Auicenna in ſeinem andern
bůch in dem capitel tamariſcus
ſpricht daz diſes von natur ſeÿ
auflöſen die verherttunge des
milczes vñ d lebern· ¶ Plinius
in dē capitel tamariſcus ſpricht
dz diſe ſeÿ heiß vnd trucken an
dem andern grad· Die rindē vō
diſen beÿden baumen vnd auch
die wurczel ſind faſt nücz vnd
gůt wider verhertung des mil=
czes· auch hat die frucht alle tu
gent an jr die do hat die wurcz=
el· ¶ Diaſcorides die bleter ge/
ſotē in wein vñ den getruncken
benÿmet die geſchwulſt von dē
milcz· ¶ Von diſen baumē ma=
chet mā trinckgeſchirr als bech
er vñ köpff darauß gar geſunt
iſt zů trincken für die weetagē
vnd ſüchte die ſich erhebent vō
der melancoley· ¶ Von diſer
wurczeln getruncken benÿmet
alle vnflätigkeit des leibes jñ/
wendig vnd auch außwendig

¶ Galienus in dẽ sibenden bůch genant simpliciũ farmacorum in dem capitel tamariscus spricht das dyse rinden gesotten in wein vnd den getruncken benemen die verhärtung des milcz ¶ Den mundt gewäschen mitt disem wein benymet das weetum̃ der zene vñ des zanfleisch·

mer disteln ccccviij c

Tribuli marini latine·

¶ Die meister sprechen das dise distelen werden genüczet in dem vngent agrippe genamit· auch zů vil anderen vngenten ¶ Dise disteln sind von nature warm vnd trucken an dem andern grade· ¶ Der safft von disen distelen ist fast gůt ydropicis das sind die wassersüchtigẽ den bauch damit gestrichen· Auch alle ander geschwulsten dye sich erhaben vnd von kelte benymmet diser safft die damitt gestrichen· ¶ Hie ist zů wißsen das dise disteln nit gůt sind in den leib zů nüczen·Aber außwendig des leibes mag mã die wol nüczen·

ein steyn also genant Das ccccix Cap

Tucia latine et grece· arabice thucia·

¶ Serapio in dẽ bůch aggregatoris in dẽ capitel thucia spricht das thucia seye ein stein vnnd kõmet auß der erdẽ auch kommet thucia auß dẽ ofen·¶ Thucia hat mancherhande farb·der ein ist weiß·der ander grün·der dritte citrin farbe·Der weiß ist der beste vnnd der subtilest·sein tugẽt ist keltẽ· ¶ Auch sprechẽ ettlich meister das thucia komme auß dẽ metallen als auß golde silber vnd auß bley·Der auß bley kommet ist der beste nach dem ersten· ¶ Thucia soll gẽnüczet werden zů den erczneyen der augen·¶ Etlich meister sprechen das diß gemacht werde mit künsten von etlichẽ kreüttern vnd blettern· als von den blettern des feygen baums·

¶ Itẽ von dẽ blettern der maulberen·dise gedörret in einẽ offen vñ darnach gebuluert· aber diß hat nit als groß krafft als das von jme selber wechset an dẽ erdtrich oder an dẽ metallen

¶Von thucia lyse das bůch
andecta dz·vc·lxxxvj·capitel
ndest du wie dyß gemacht et
wirt oder wo dz her kömet·

Neßeln ccccx Ca

Vrtica latine· grece ÿg/
midalis vel acalifex ara
bice huiure vel varik/
catum vel sarich· ¶Der mey=
ter Auicēna in seinem andern
bůch in dem capitel vrtica besch
eibet vns vnd spricht das vrti
ca vnnd jr same sind heyß an
em anfang des ersten grades·
vnd trucken an dem andern·der
ame ist nit als gar trucken als
daz kraut ist· ¶Galienus in sei
nem bůch genant de cibis in dē
capitel Vrtica vnd auch in dem
sechsten bůch genant simpliciū
farmatorum in dem capitel aca
lifex beschreibet vns vnd spricht
et das dises krauts bleter vnd
same gebrauchet werde in der
ertzney vnd ist von natur trin
gen die feüchtigkeyt des men=
schen vñ sunderlich mit schwitz
en· ¶Nesseln genüczet bringet
lust vnd begird vnd reyzet dē
menschen zů vnkeüscheyt·
¶Nesseln samen ist gůt calcu=
losis das ist die den stein haben
vnd sunderlichen in den lenden·
¶Diascorides spricht dz nessel
gesoten vnd die haut da mit ge
wäschē heilet den bösen gryndt
¶Nesseln gesotten vnd die ge/
stossen vñ aussen auff dē bauch
gelegt weichet jn· ¶Nesseln sa
men gebulfert vñ den getrunck=
en mit wein vertreibt den stein
in den lenden· ¶Den samen ge/
stossen vnd gemischt mit hönig
vnd also genüczet mit wein be
nymmet den alten hůsten vnnd
raumet die brust· ¶Serapio
der same von nesseln genüczet
mitt hönig bringet reyczunge
zů vnkeüscheyt· ¶Nesseln ble=
tern gestossen vnnd dauon ge=
macht ein pflaster vnd das ge/
legt auff eins dobenden hundes
byße heylet den auff stund·
¶Item die bleter gestossen vñ
darunder gemengt salcz vñ das
gelegt auff faul alt schaden als
ein pflaster reyniget die vnnd
eczet dz faul fleisch auß· ¶Des
gleichen thůt auch der same ge=
bulfert vnd in faul wunden ge
streüwet fribet sye zůhandt·
¶Die bletter geleget auff der

frauwen heimlicheÿt bringet die müter zů recht. ¶ Nesselnsamē mit hönig genüczt benÿmt daz keichen vnd treibet hin die geschwer von der brust. ¶ Neßeln bletern gesoten vnd die gemischt mit mirren vnd das gelegt auff dē frauwen bauch bringet menstruum. ¶ Der meister Rasis spricht das das öle von nesseln genüczt weichet dē bauche vnnd treÿbet hin die grobe feüchtung. ¶ Johannes mesue spricht dz nesseln samen geessen mit zwÿbeln oder mit dem dottern eins eÿes bringet lustung den mannen vnd auch den frauwen. ¶ Der same gebuluerет vnd gestreüwet in den schaden cancer genant benÿmet den czů hant. ¶ Item Isaac spricht das nesseln beneme die grobe feüchtung vnd macht harmen vn̄ benÿmmet daz lendē wee. ¶ Auicenna sprichet das nesseln mitt wein gesoten vnd den getruncken hilffet den die schwere edumen vnnd vertreibet den alten hůsten vnd ist gůt der erkalten lungen. ¶ Platearius Nesseln mit wein getruncken hilffet dē man der mit seinem weÿbe mitt wol gemein kan sein. noch baß hilffet der same mitt pfeffer gestossen vnnd den mit hönig gemischet vnd genüczt. ¶ Nesseln mit baumöle gesoten vnnd die haut damit gestrichen wirt schwiczen zůhandt. ¶ Item nesseln samen gesamelt in der erne der ist zů allen obgeschribē gebresten gůtt vnnd fast besser dann zů andern zeÿten. ¶ Plinius nesseln wurczeln mit starckem wein gestossen vnd dz gelegt auff das milcz gleich eÿnē pflaster benymmet dÿe geschwulst dauon. ¶ Dises genüczet zů der sucht podagra genant vn̄ die füß damit gestrichen hilffet fast wol. ¶ Item nesseln bleter gestossen mit salcz vnd daruon gemachet ein pflaster reÿniget die vnreinen wunden vn̄ ist auch sunderlichen gar gůtte zů den geschweren. ¶ Item öle von nesseln gelassen in die orē benÿmmet auch jne die geschwulst vnnd trücknet alle fließenden geschwere. ¶ Die meyster sprechen auch dz do seÿ ein ander gestalt der nesseln vnnd die heisset in grecen archangelica das ist eÿter nesseln vnnd die ist meer heÿsser natur. ¶ Item wer der starcken suchte warten ist oder hat als dan̄ ist apoplexia der siede eytter nesseln mit wein vnnd trincke den dick es vergeet jm. ¶ Item der selben nesseln samen mit hönig gesoten vnnd getruncken vnnd auch über die lendē gesalbet vn̄ gepflastert benÿmmet die lenden sucht. ¶ Der selbige tranck benÿmmet auch den froste von dem menschen vnd vertreibt do mit den hůsten den also getrücken/vnd gesalbet. ¶ Auch machet er gesundt die lungen vn̄ benÿmmet auch des leibes geschwulst. ¶ Galienus eÿter neßeln bleter mit salcz wol gestoßen vnd über böse geschwern ge

legt vnd gebundē heilet dauō
auch reyniget diß eyter nesseln
geschweern vnnd faul wunden.
¶ Eyter nesseln bleter in öle ge
soten heilent wunden von dem
dobenden hund gebissen. ¶ Dia
scorides wem dz hirn feücht ist
vnd allen tag treüffet vñ fleüß
et der trincke über eyter nesseln
samen mit gůtem wein gesoten
vñ auch die stirn vñ dz haubt
damit bestrichē. ¶ Wölicher nit
gehören mag der sol der selbigē
nesseln wurtzeln in wein oder
in wasser sieden vnd daz trinck
en es hilfft. ¶ Johānes mesue
eyter nesseln gestossen mit saltz
vnd mit eyer todttern vnd mit
höner schmaltz gemengt vñ in
dē schweiß bade die haut damit
bestrichē zwey oder dreü male
nach einander vertreibet dz gu
cken vnd raude haut. ¶ Platea
rius eyter nesseln saft in die na
sen gelassen wirt vō stundē an
blůten. ¶ Plinius wölicher nit
schwitzen mag der siede eyter
nesseln mit baumöle vñ bestrei
che damit die haut er wirt sch-
witzen on zweifel ¶ Cassius fe
lix nesseln in essig vnd saltz ge
soten vnd dz genützet reyniget
den schleyme auß dē magen vñ
tödtet auch die würm darinne
die von vnzeitigē obs kōmen
¶ Isaac eyter nesseln mit baum
öle gesoten vñ die geschwollen
füsse damit bestrichen vertreibt
die geschwulst dauon. ¶ Item
Albertus spricht wer dise neß-
eln mit einem kraut genāt ger-
bel tregt in seiner hant ist sicher

vor seynen veinden vñ vor fan-
tasey.

Todt neßzeln ccccxi c

Urtica mortua latine.
¶ Die meister sprechen das di
se nesseln ein andere natur ha-
ben mit den vorgeschriben. wañ
dise sind nicht als heyß vnnd
truckner natur. Mit disen neß-
eln macht man gar gele har die
geleget in laugen vnd dz haub
te damit gewäschen. Dise wur
tzel gesotten in wein vnnd den
getruncken benymet dē stein in
lendē. ¶ Für dē stein in d blasen
ist d same d erstē besser. ¶ Tod
nesseln gedörret vnd darnach
gebulvert dises bulver dienet
gar wol den pferdē auff dē ruck
dz selbst in die wundē gestreüt

¶ Diß bulfer hat alle die krafft die dann hat osterlucÿ. ¶ Item den faulen wunden an dem leibe nÿm diß bulfer vñ osterlucÿ ÿegklichs geleich vil spangrün das dritteil. dises mische vnder einander mit dem safft von dem sanickel vnnd baumöle. dyses wirt ein salbe. dise salbe benÿmmet alle alt gebresten vnd heÿlet die on schaden. vnd wañ du vernÿmest daz der schade gantz frisch seÿ so brauch dañ ein salb genant vnguentum album die heilet darnach gar balde dē schaden. ¶ Vrtica mortua gebulfert ein quintin vñ holwurtz dreü quintin. diß vnder eÿnander gemischet mit saltz wasser töddet die fische in dem wasser die das essen.

Yßern kraut cccc.xiii. c

Verbena vel berbena vel sacra herba latine. grece gerebotanū vel peristerion. arabice alhea. ¶ Der meister Diascorides in dē capitel gerebotanū idest verbena beschreibet vns vñ spricht das der seÿ zweÿerhand. Eins wechßt krum̄. dz ander schlecht. Das erste nemet man pitagoras tzü latein centrum galli vnnd die wechset krump. Dÿe ander nemet mā zü latein gallanacia oder verbena dise beÿde kreütter haben bletter die sind weÿßfare vnnd sind gekerffet geleich dē coriander bletter vñ haben einen stamm eins arms lang vnnd eÿn lange wurtzel die ist dünne. ¶ Galienus in dē achtenden büch genant simplicium farmacorum in dem capitel peristerion. idest verbena sprichet das die seÿ truckener nature vnnd ist fast gütte genützet zü feüchten oder fliessenden wundē oder zü alten schaden. ¶ Diascorides sprichet das dÿe wurtzel seÿ gütte mit wein getruncken für die gelesucht. vñ hilfft auch also getruncken dem keichenden ¶ Issern kraut gestossen vnnd als ein pflaster gelegt auff die wunden heilet vnd trücknet sÿ zühandt. ¶ Issern krautes saft mit wein getruncken benÿmet die vergifft in dem menschen. ¶ Die bleter vnd wurtzel geleget in wein vnd den getruncken benÿmmet tercianam. ¶ Item der bletter eÿn quintin in wein gethan vñ den also laß sen steen vier tag vnd den darnach im dē munde gehalten heilet die geschwere darjñ. ¶ Diß kraut gesoten in wasser vñ in einer wirtschaft der gest damit begossen machet sÿ frölich vnd wol gemůt. ¶ Wölicher terciana̅ het der neme diser bletter drü vnd dreÿ wurczeln vñ laß die steen in wein übernacht vñ trinck den an dē anfang des fiebers es vergeet jme zůhant. vñ der quartanā het der neme vier bleter vñ vier wurczel. ¶ Platearius wölicher diß kraut beÿ jm tregt vnd kömet zů einem siechen vñ fraget jn wie es jm gang antwurt er wol so genÿset er. antwurte er aber übel so stirbet er. Dises findet mā auch geschrÿben in dem passionario. ¶ Der meister paulus spricht. das eÿsen kraute gesotten mitt wasser vnd dz genüczt reÿnigt den frauwen jr můter vñ bringet jn menstruū. ¶ Den samen mit fenchelsafft gemischt vñ dz gelassen in die augen reÿniget sÿ vnd machet ein klar gesicht. ¶ Plinius spricht dz beÿde verbena als die krum vñ die schlechten haben alle ein natur auch spricht er dz verbena zů vil dingen gůt seÿ vñ sunderlichē gůtt zů der lebern vnd zů dem erhaben oder zerschwollen milcz vñ ist auch gar gůt der siechē lungen. ¶ Item eÿsen kraut vnnd wurczeln gestossen vnnd auch dauon getruncken vertreybet den stein vnd dises ist auch gar an vil menschen beweret worden. ¶ Item eÿsen kraut auß der erden gebrochen so die sunne ist jm wider mitt benomen körner vmbhangen vnnd also an den hals gehencket ist auch vertreiben die fallendt sucht Albertus magnus de virtutibus herbarum. ¶ Item Albertus spricht auch so man das vorgeschriben kraut ist legen in ein taubhauß do sind vil tauben sich sameln.

Feyeln cccc.xiii Ca

Viola latine. grece leucis arabice feneslig vel fenesig.

¶ Itē in dē bůch circa instās beschreiben vns die meister vñ sp=

rechē daz feÿeln sind kalt in dē
erstē grad vnd feücht an dē en/
de des andern grads. ¶ Feÿeln
söllen gesamelt werden in dem
merczen vnnd die trücknen an
der sunnen. ¶ Der sÿropel von
feÿeln soll baß gesotten werden
wann sÿropel von andern blü
men. ¶ Diascorides in dem ca=
pitel leucis idest viola beschrei/
bet vns vnd spricht das feÿeln
sind vns wol bekant vnd dise
blümen werden in der erczneÿe
genüczt vnd die werent ein ja=
re. ¶ Dise blümen benemen ge/
schwulst von dem magen vnd
das wasser von dÿsen blümen
ist gar gütt für das geschwere
in dem hals genant squinancia
das gargarisieret. ¶ Der safft
von feÿeln kraut benÿmet alle
erhaben geschwulst die do kom
met von hicz. ¶ Des sames
getruncken zweÿ quintin mitt
wein bringt den frauwen men
struū. ¶ Die wurczeln gesoten
mit wein vnd die geleget auff
das erhaben milcz benÿmet die
geschwulst dauon vnd machet
das trucken. ¶ Auch ist diß sun
derlichen gůt genüczet podagri
cis darüber gelegt als ein pfla=
ster. ¶ Platearius der weÿssen
feÿeln gesoten vnd die geleget
auff den bauch der frauwen trei
bet auß das todt kindt vnd be=
nÿmet d matricē jr geschwulst
vnnd auch damit gebeet vnden
auff reÿniget die matricen vnd
bringet menstruū. ¶ Der mei=
ster Johānes mesue spricht dz
feÿeln benemen haubtwee das

do kōmet von hicz vn̄ machen
růwen vnd schlaffen. vn̄ senffti
gen auch die brust vnd benemē
vuulam. das ist das blat in der
kelen vnd auch squinanciā vn̄
dises thůt sunderlich der sÿro/
pel von feÿeln. ¶ Die meister
sprechen gemeinklich dz do seÿ
dreÿerhande feÿeln. Eÿner ist
weÿß. die ander schwartz. dye
dritte pfeller far. vn̄ haben alle
ein krafft in der erczneÿ. ¶ Feÿ
eln sind gůt gestossen vnd auff
daz verhiczigét gelid gelegt an
dē leibe. ¶ Veÿeln gerochē oder
das kraut auff dē haubt getra=
gen vertreibet die trunckenheit
¶ Veÿeln in wasser gesotē vn̄
getruncken benÿmet dz schwe/
renden zanfleisch. ¶ Veÿeln
kraut gesoten vnd dē bauch nÿ
derhalb dē nabel mit gebeet hilf
fet der zerschwollen můter.
¶ Veÿeln wurczeln gestossen
mit eßsig vnd getruncken hilft
dē zerschwollen milczen darauf
gelegt. ¶ Dises hilfft auch der
sucht podagra darauff geleget.
¶ Platearius feÿel kraut vnd
die wurczel gestossen mit was/
ser vnd das getruncken hilffet
fast wol die kinder an dem hů=
sten vnd ob sÿ schwere etemen
¶ Veÿeln öle ist zů manchen
sachen gůt vnd sunderlich dz in
die orē gestossen hilft für aller
hand wee darinn. vn̄ benÿmet
das haubtwee das daran ge=
strichen. ¶ Mit dem öle den
bauch gestrichen vertreÿbet die
spulwürme darein vermenget
wurmkraut. ¶ Item ein sÿrop

gemachet von veyeln blůmen also·nyme feyeln blůmen drey handtfoll vnd gesoten in waßser vnd durch geschlagen vnnd auch süß gemachet mitt zucker ist fast gůtte wider die hicz des fiebers vnd bringet auch stůlgang vnd ist fast gůt wider die verhiczt leber Platearius·

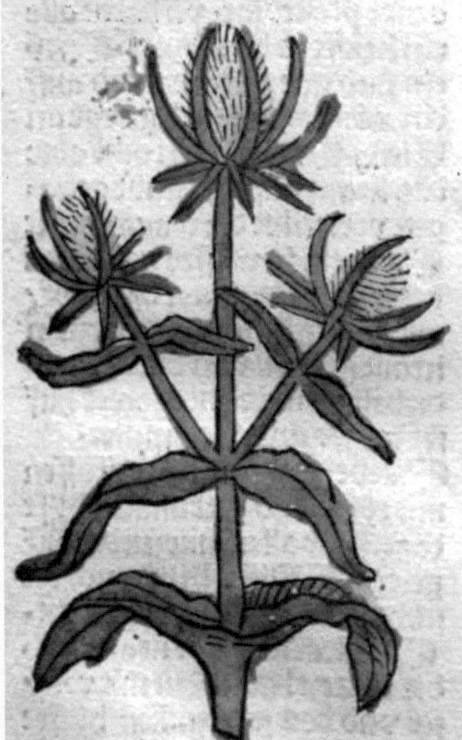

karten die die weber brauchen zů dem wůllen tůch ccccxiiii ¶

Virga pastoris vel cardo fullonũ latine grece dipseus·arabice persenda vel dypsacos vel harsiarbat·

¶ Der meister Auicenna in seinem andern bůch in dem capitel virga pastoris beschreybet vns vnnd sprichet das der seye zweyerhand·Eins menlich·dz ander frauwelich·vnd diß ist auch aller meyster meynunge·

¶ Diascorides spricht das dipseus idest virga pastoris·se, e der man·Dises hatt ein langen stamme vol dorn vnd die bletter geleychen dem lattich vnnd die bleter sind jnwendig scharpff vnd auch außwendig·auch sind die bletter zůsamen gezogen·also das sye alwegen regen wasser in jn haben vnd auch dē dauwe·vnd darumb heisset sy Diascorides in grexum dypseus·das ist als vil gesprochen zů teütsch als dorsten·An dem gipffel hat es heübter die sind scharpff vnnd sind auch lengelicht· ¶ Auch sprechen ettlich meister das in dem stam̃ wachsen kleine würmlin ¶ Serapio spricht das virga pastoris dye frauwelich heiß zů latein centũnodia oder cauda vulpis dye hat einen kleinen stengel vnnd wechset gleich auff als ein rörlin·von diser findest du in dem capitel sanguinaria· ¶ Virga pastoris ist von natur kalt vñ auch trucken an dem drittē grade· ¶ Item dises kraut gepuluert vnd das genüczet mit erbeiß brüe stopffet die flüß die sich zů vil eygen·als sunderlich die flüß der frauwen· ¶ Item dises kraut gestossen vnnd gelegt auff das haubt benymmet frenesim das ist ein geschwere oben auff dem hiren· ¶ Item

Auicenna spricht das der safft von virga pastoris gelassen in die oren tödtet auch die würm in den oren vnd benymmet den fluß der oren. ¶ Platearius ein pflaster gemachet von dē kraute vnd das geleget auff dē magen benymmet auch die geschwulst dauon. ¶ Item dises stopfet auch alle flüß vnd blůtendē wunden vnnd auch sunderlich den fluß der frauwen menstruū genant. ¶ Item virga pastoris gesoten mit wein vnd darnach gestossen vnd das als ein pflaster geleget hinden an den afftern vertreibet emorroidas vnd scissuras das ist ein fluß des vndersten darmes dauon wachßen feygblatern. ¶ Auch vertreibet das die wartzē. ¶ Item die würme die do wachsen in d růten der kartē die an des menschen hals gehencket vertreybet quartanam. ¶ Item karten bleter in eßsig gesotten mitt eyes weiß vermenget vnnd auff den bauch geleget bestopfet den fluß der stůlgenge.

Baldrian cccccxv c

Ualeriana latine fu. arabice grece lichinis.

¶ Serapio in dem bůch aggregatoris in dem capitel fu. idest valeriana spricht das dises sey ein kraute vnnd hatt auch gar kleine lengelichte bleter. ¶ Etlich meyster sprechen das dyse bleter geleichen den eppich bletern. Diß kraut hat ein weiße blůmē. Sein wurtzel ist gleich einem zopff mit hare. ¶ Plinius in dem capitel fu spricht das dyses seye heyß im dem dritten grade vnnd trucken an dem anfang des andern. ¶ Paulus spricht das die wurtzel von disem krautte gebrauchet werde in der erczneye. ⁋ Dise wurczel macht schwiczen von der getrucken. Auch machet sy fast wol harmen. ⁋ Stranguiriosis vnd dissurus das sind die mit nott oder tröpflingen neczen. Auch die den kalten seich haben ist fast gůt über dise wurczel getruncken. Dise wurczel vnd das kraut haben gar ein starcken gerauch ⁋ Die kaczen reyben sich an dises kraut vnd werffen dar wider jren samen. vnd darumb sol diß verwaret werden vor den kaczen dz zů erczney gebrauchet sol werdē. ⁋ In dē bůch circa instans beschreiben vns die meister vnd sprechē dz dise wurczel gedorret weret dreü jar vnuerseret an jrer natur. ⁋ Dyse wurczel sol in dē augst gesammelt werden. ⁋ Baldrian vnd weißwurcz vnder einander gemischet mit rücken mele tödtet die meüße. ⁋ Baldrian mit fenchelsamen vnnd eppesamen in wein gesoten ist sere machē harmen. vnd ist auch gůt wider lenden weethumb vnd bringt auch frauwen feüchtung genant menstruum.

Weinreben cccc.xvi C

Uitis latine. grece ampleus. arabice harim vel harm.

⁋ Hie ist auch zů wissen das in disem capitel die meyster vns beschreiben von der weinreben vnnd auch deßgeleichen von dē wein. ⁋ Serapio in dem bůch aggregatoris in dem capitel Harim idest vitis beschreibet vns vnnd spricht das der seye zweyer hande. Die ein ist wilde. die ander zäme. Die zäm dz ist die rebe von dem wein vnd die ist zweyerhande. weiß vnd schwarcz oder rotte. Die wilde heisset in grecum ampleus die hatt ein langen stamme der ist holczicht vnd scharpff vnd hat samen der gleichet den trauben körner vnd wan sy zeitig wer den so machen sÿ rot farbe. ¶ In dem bůch pandectarum im dem capitel Fesera genant findet man vil tugent die vns beschreiben werden durch die meister von den weissen weinrebē Auch beschreiben vns die meÿster in disem ÿetzgenanten bůch im dem capitel harim. Auch vil hübscher tugent von dem weinreben vnnd dem wein. ¶ Galienus spricht das die wurtzel vō der weinreben gesoten vnd gemischt mit wücken vnnd sÿben gezeÿde samē vnd damit gewäschen die vnsauber vnd aussetzige haut reÿniget die. ¶ Die wurtzel mit wein gesoten vnd auff die heissen geschwern gele get weichet sÿ vnd zeühet den eÿter herauß. ¶ Mit rebē esche ein laugen gemacht vnd damit gewäschen den leib machet ein reÿn glatte haut. vnd benÿmet die geschwern dauon vnnd behütet den menschen vor bösem gründt. ¶ Plinius der safft der auß der reben treüffet benÿmet die rotten flecken an dem leÿbe. vnnd machet dem antlütz eÿn hübsche farbe das damit gewäschen neün tage nach einander ¶ Das selbigē wasser benÿmet die wartzen die dick damit gewäschen vñ darunder gemischet das wasser das sich auff den eÿchbaumen helt vnd auff den eÿchen bletern. ¶ Die meÿster sprechen das der wein von den weissen reben ist heiß an dē andern grade. vnnd so er fast alte

wirt so ist er heiß an dem dritten. ¶ Der most von den weÿssen trauben ist heiß an dem ersten grade. als dann sprichet Galienus in dem sechsten bůch genant simplicium farmacorum. ¶ Serapio spricht das der saft von den blettern der weinreben sey fast gůtt den geschweren im den därmen des getruncken vñ aussen an leÿbe damit gestrichen vnd ist auch fast gůt den die do blůt speyen. ¶ Das wasser das auß den reben treüffet getruncken mitt wein benÿmmet den stein. ¶ Mitt disem wasser den leibe gewäschen heÿlet dÿe aussetzigkeit vnd reÿniget die haut. ¶ Platearius die esche vō den weinreben gemischt mit eßsig vnd auff die feÿgwartzē gelegt heilet die zůhant. ¶ Die esche gemischt mit rosenöle vñ rauten öle vñ eßsig vñ das gelegt auff die heissen geschwern als dañ ist herispula helt die vñ sunderlich für das heÿß miltze außwendig darauff gelegt wie ein pflaster. ¶ Die meister sprechen dz der saft vō dē vnzeitigē weinbern gůt sey zů vil sachen. dē sol man also machē nÿm vnzeitig traubē vñ lege die in die sunnē dreÿ tage oder vier vnnd laß sÿ welck werdē vñ darnach presse dē wein darauß vñ behalte dē wol zůgedeckt. Die tugent diß weins ist vō natur stopffē vñ stercken vñ sunderlich sterck et er den magen. vnnd ist auch gůt den die nit deüwen mügen Vnnd man sol jn fast alt lassen werde sollt er kressziger wann neüwe. Auch macht er dē men schen lustig zů essen vnd ist sun derlich dē gůt die dē durchgang haben. Serapio sprichet das weisser wein der alt sey vñ sub týl mache gůt geblůte vnd ma che den menschē wol harmen al lein das er das haubt krencket der vil trincket. Vñ alle mei ster sprechen das es dem magen schedlich seÿ überflüssigen wein getruncken. Item weissen lau tern wein zÿmlichē getruncken jungk vnd alt leüte hat vil tu= gent an jme. er stercket die na= tur des menschen vnnd stercket auch den ganczen leib. vnd ma= chet wol deüwen vnnd bringet dem hirn vnd dē haubt gůt ver nunft. Item d rote wein ist vō natur stopffen vnd sunderlich der fast schwarcz ist vnd solich er wein macht grobe feüchtūg vnd ist dem magen meer sched lich des vil getrunckē wañ des weissen. Vñ für dz rote od auß gang mag man wol nüczē ro= ten wein auff das das sich der fluß damit stopff. Rabÿ moi ses ein meister der erczneÿ spri= cht dz nichcz bessers seÿ die na= tur zů kreffigen wañ gůter na türlich er wein der subtil lauter vnd alt seÿ vnd der zů einer ge sunden zeÿt gewachsen seÿ.

Maurpfeffer

Das cccc.xvij. Ca

Vermicularis vel herba cras= sula latine et grece.

In dem bůch Pandectarum im dem capitel crassula beschrei= ben vns die meister vnd sprech en das diß kraut zweyerhandt seÿ. eins groß. das ander klein. Das groß hat bleter zehe vnd feÿst vñ vmbher sind sÿ rauhe Der safft von dem kraut ist nücze czů vil sachen dÿe hÿczig sind. dz ist ein kranckheit d kin der die in geuerde ist also dz jn die haut abgeet vnder dē armē vñ zwischē dē beinē allenthalbē dē sol mā dise bleter stossen vñ darunder mischen rosenöle vnd reÿnbergen speck vñ dz trücken durch ein tůch vñ den siedē mit

gůtem wein der weiß sey vnnd
darzů mischen mastix vnd oli/
banum·yegkliches ein quintin
vnnd damit die kinder schmie=
ren es hilffet on zweifel·¶ Die
mynder vermicularis nemen
die meister satirion sůch in dem
capitel also genannt findest du
sein tugent·¶ Vermicularis ist
kalt im dem dritten grad vñ ist
wenig trucken· ¶ Vermicula/
ris ist gar gůt wider dz freisch=
em vnd wider hiczige blattern
darauff gelegt· ¶ Diß kraute
vermenget mit wegtredt vnd
auff das podagram geleget be=
nymmet die weethumb·Dises
ist auch gůt wider gebrant ge=
lyder darauff gelegt·

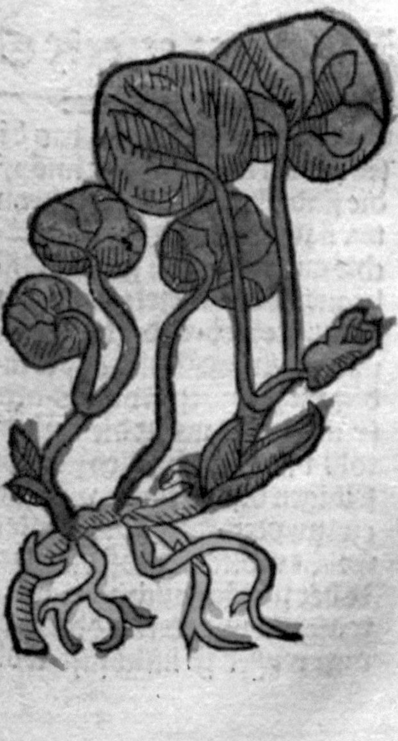

erde epfel cccc xviii ¶

Vulgago vel vulfago vel pa=
nis porcinus vel malum terre·
latine grece lentopodion vel ci
claminus arabice buthormari
en vel alcharinchavel arthanita
¶ Plinius im dē capitel ciclamē
idest vulgabo beschreibet vnns
vñ spricht das dises hab bletter
geleich der haselwurcz vñ wirt
durch ettlich genant zů teütsch
haselwurcz· Die bleter sind ge=
kerbet wie die gundelrebe·vnd
haben mancherley farb·¶ Die
wurczel ist außwendig schwar
czelicht vnd rundt· vnd im der
mitte zůsammen getruckt wie
ein kůche · Die blůmen haben
purpeln farbe·¶ Auch sprichet
Plinius das ciclamen oder vul
fago sey heiß vnnd trucken an
dem dritten grade·Die wurczel
nüczet man im der erczney·vnd
die sind zů vil sachen gůt·Dise
wurczel soll man sameln im dē
herbst vñ die zů schneiden vnd
an einē fadem reyen vnnd auff
hencken vnd die lassen trucken
werdē gleich dē schwertlī wur
czeln·Dise wurczel hat groß tu
gent an jr als man dañ geschri
ben findet in dē pandeckt im dē
cxiiij·capittel· das sich anhebet
buthormarien·¶ Der meyster
Serapio spricht dz diser wur/
czel tugent sey reinigen vñ auf
thůn bestopffung·¶ Diascori/
des spricht daz dise wurczel sey
auch gůt genüczet mitt wasser
vnnd die eingetruncken wann
sye vertreybet dye geschwulste
des bauches · vnnd benymmet

die böse flegma von eim̄e menschen dauõ sich erhebt die waß ersucht. ¶ Item also getrunckē bringet sÿ den frauwen jr blůme mächtigklichē. ¶ Diascorides spricht auch wölliche frauwe schwanger wäre vnd über dise wurczel gieng die wirt ein todt kindt machen. ¶ Dise wurczel geleget der frawen an jr hüfft so sÿ gebeeren sol sÿ gebeeret zůhandt. ¶ Item von diser wurczel getrunckē mit wein treibet auß vergifft. ¶ Der saft von dÿsem krautte gelassen in die nasen reyniget das haubte. ¶ Dise wurczel reÿniget auch die můter für alle ander wurczel also genüczet. ¶ Nÿmme die wurczel vnd schneide die klein würffelicht vnd thů sÿe in ein tüchlin vñ die frauwe halt dises in jr scheme sÿ zeühet an sich vil vnflats vnnd reÿniget wol vñ bringet frauwen feüchtigkeit genant menstruum.
¶ Item wein darein gesotē ist ciclamen ist gůt wider bestopfung der milcz. ¶ Item ciclamen gebuluert vnd in die wunden der fisteln mit wicken gelegt ist das faule fleisch auß reÿnigen. ¶ Item dies buluer in die nasen gethan ist auß beÿssen das faul fleisch das darjnne gewachsen ist. die kranckheÿt ist genant polipus.

Dolwurcz cccclxix C

Uua versa latine et grece ¶ Die meister sprechen das dises seÿ ein kraut vñ hat knöpf die sind über gestülpet. dz kraute vñ wurczel sind kalt vñ feüchte an dem andern grade. Diß kraut vnd wurczel nüczt man in der erczneÿ. vnd ist gůt genüczet für grosse hicz außwendig vñ jnwēdig des leibs. aber sÿ macht vñ meret die melancolÿ vñ darumb söllen sich dÿe selbigen dises krauts vñ wurczel meÿden. ¶ Diascorides spricht wölicher groß hicze habe der trincke auch von dÿser wurczeln mit gersten oder endiuien wasser sÿ kület fast wol.

¶ Item wöliche frauwe dyses krauts oder wurczel nüczet die fellet geren in eyn kranckheyt mania genánt das ist hirn wü tig vñ darūb söllen alle mensch en diss meyden die von nature kalt vnd trucken sind vnd sun= derlich die frauwen wañ ir hy/ ren kalt vnd feücht ist. vnd dy/ ses krautte ein solich complex meret vnd nit myndert.

Brant lattich cccccxx c

Ungula caballina latine grece et arabice phatanum.

¶ Die meister sprechen das di/ ses habe breytte bletter geleych den blettern nenufar dz sind see blůmen bletter. Dyse bletter sind jnwendig grüne vnd auß wendig weiß. Von disem krau te steet geschriben in dem bůche Plinij der do saget gar groß tu gent von disem kraute. ¶ Brát lattich ist fast gůt für fliessendē schaden die bleter darauff gele= get. Auch ist diss gůte den kin= den die flüssig heübter haben dē zeühet es vil schleimß vnd feü= chtung auß ¶ Wölicher sich ge brant hette mit feüwer od mit buluer der legē dise bletter auf den schaden sy ziehen alle hycz darauß ¶ Der safft von disem kraute hat alle tugent wie das kraut. ¶ Diser safft gemischet mit dem safft fumi terre das ist erdtrich vnd damit geschmiert auch die fleckē die die fumie ge brent hatt an dē leibe die raude vergeet zůhant vñ machet die haut lauter vnd schöne.

Birck cccc xxi Ca

Ulbex latine et grece.
¶ Platearius beschreibet vns
vñ spricht das bircken sey heyß
vnd trucken an dē dritten grad
¶ Bircken laub gesoten in was
ser vnnd damit gewäschen eyn
fliessendē schadē trücket den on
zweifel. ¶ Die rinden võ birck
en gebrant vnnd den rauch ge=
lassen an fliessenden beyn trück/
net die vnnd heilet. ¶ Bircken
rinden gestossen zů buluer vnd
dz gestreüwet in ein faule wũ
den benymmet das faul fleische
darauß. ¶ Wölicher bösen feü=
chtē luft vertreiben wil als dañ
ist so die pestilencz regnieret.
der brenne die rindē von birck/
en vnnd lasse den rauch allent=
halben in dem hause rauchen er
verzeret vil böses lufftes dar/
inne.

Maisz cccc xxii Ca

Usnea vel muscus arborũ la=
tine. grece brion vel brium vel
litena. arabice aunech vel aluf
ne.
¶ Galienus capitulo brion sp=
richt dz mancherley maiß sey.
Ettlich maiß wechset auch an
den wol riechendē baumen als
an den granaten. an den eych/
baumen. an den andern baumen
deßgleichē auff den steinen. Vn=
der dysen allen ist der maiß der
beste der an den wol riechenden
baumen wechset vnd weyßfa=
re ist. ¶ Auicenna sprichet das
maiß sey von natur wol riech=
enden vnd ist warm an dem er
sten grade vnd trucken an dem
andern. ¶ Maiß stercket das
hercz. ¶ Maiß gesotē mit wein
vnd den getruncken machet sch/
laffen. ¶ Diascorides spricht
daz maiß stopff alle blůt flüsse.
¶ Maiß gemischet mitt hönig
vnd das in dē mundt gelassen
benymmet die scherpff der zun
gen vñ der kele. ¶ Maiß geso/
ten in wasser vnd die frauwen
damit vndē auff gebeet benym=
met alles weethumb der mů/
ter. ¶ Maiß stopffet den frawē
den weissen fluß darauff geseß/
sen vnnd damit gebeet. ¶ Von
maiß lese dz bůch Pandecta dz
lxxj. capitel findest du vil tugēt
die vns beschreiben die hochge
lerten meyster als Auicenna
Galienus Serapio Dyascori=
des. ¶ Maiß vñ beyfůß i wein
gesottē daruon genüczet ist gůt
wider weethumb der můter.
Des selben geleichen ist gůt der
dampff daruõ zů der můter vn=
den herauff genõmen. ¶ Maiß
vnd schlüssel blůmē gesotten in
leinöle darmit geschmieret die

vergicht gelider·ist die weetum stillen·Wein darein gesotē ist maiß ist gůt zů stercken das gesicht·

victril cccc xxiii cap

Victriolum latine·grece Calcitis vel Culcotar·vel Calcadis·arabice Zeg vel cachita·

Serapio in dem bůch aggregatoris in dem capitel Zeg idest victriolum spricht·das d victril sey machen frysch fleysch in den faulen wunden·Vnd ist zweyer handt victril·Einer kumbt auß babylonien·d ander auß zyppern·vñ d auß babylonien kumt der ist der beßte·vnd wenn man den brauchet so hatt er jnwenig flecken·Aber der auß cyppern kömet der hat ein goldtfarbe·vnd der läßt sich bald brechen·vñ ist fast vergifft vnd hat jnnwenig flecken geleych den sternen·

Serapio spricht daz er hab gesehen im dem erdtrich drey lang adern auff einander ligend·vnd die vnderst ader ist geheyssē zeg nigrum·vnnd die alchamisten heissen die marcka syta·Die ander darnach ist geheyssen culcotar·Die dritte ist geheyssen zeg viride·vnd das ist victriolū od calcātum·Der meister Paulus in dem capitel victriolū spricht·das der sey heyß vnd trucken biß an den vierden grad·

Diascorides victriolū gebulfert vnd das gelassen in die blůtendē nasen stopffet die zůhant·Jtem dises bulfer getruncken mit wasser·bringet vomitum·Dises bulfer ein genōmen ein quintin mit hönigwasser tödtet die würm vnd treybet die auß mächtigklich an dem menschen·Victril gemüschet mit gestossem glaß vnd hönig·darauß gemachet klözlein vnd also geleget do vil ratzen lauffen·tödtet die die des essen·Auch mag mā nemen auripigmentum oder arsenicū zwyschen gebraten speck·sterben die ratzen gar bald·

wynde cccc xxiiii ca

Volubilis latine·grece Cussus arabice yeblech·

Meister Johannes mesue in dem capitel volubilis spricht·dz

·E·j·

mangerley gestalt sey der wynde. Ettlich sind geheyssen funis arborum. ¶ Diser stamē hatt in jm milch. Sein blůmen ist gātz weyß vnnd gestalt geleych als kleine glöcklein. Auch ist ein andere gestalt der wynde die spreiden sich auff die erden. Dise blůmen sind fast klein vnd weyßs farb. Auch ist ein andere wynde genant volubilis media. od volubilis lanuginosa. Vō diser saget dises capitel. Dise bleter die sind weyßfarb vnd auff d einen seyten rauch als ob baumwollē darauff wüchße. jr blůmen sind gestalt geleych als kürbßen ¶ Dises krautes saffte vermüschet mit eruca safft. dz ist weysser senffkraut vnd die leyn zeychen domit geschmieret. machet ein haudt geleych der andern. ¶ Wölcher an seinem leybe geleczet würde von vil geen. d stoß diser blůmen vnnd streyche des saftes daran. er genyset do zů handt. ¶ Von disen kreütern so sol niemant erczneyen in dē leyb er wisse dann die zů vermüschen mit andern stucken. wann all die kreüter die do in jne milch habē sind gifftig vnd sorgklichen zů nüczen.

wylder zytwan Das ccccxxv Capitel

Viticella vel vitis alba latine. grece ampeleos. arabice fesera. ¶ Serapio in dem bůch aggregatoris in dem capitel fesera. beschreibet vns vnd spricht. daz dises sey ein stam̄ vnd hat bletter geleych den weinreben. vnd hatt treüblein die sind mit dem erstē rot. vnd so sy gezeytigen. sind sy gancz schwarcze. Sein wurczel ist fast groß vnd dyck in dē erdtrich. ¶ Von disem gewächß ist geschriben in disem bůche de. B. in dem acht vn̄ sechczigistē capitel das sich anhebet brionia. vn̄ doch sein tugent nit genůglichen erzelet. vnd sunderlichē von der wurczeln. ¶ Darumb so merck hie das dise wurtzel vnzelliche tugent an jr hat·das es war sey magst du lesen das bůch pandecta das·cclxvij·capittel das sich anhebet fesera·In disem capitel steet auch geschribē·dz dise wurtzel gebe dem leybe gar außer der massen gůte farb·außwenig mit dem safft den bestrychen·¶ Item wölcher dise wurtzelen bey jme tregt von dem fleüsset alles böß dauon einer schaden häte·¶ Itē ein pflaster gemachet von diser wurtzel zeühet an sich bayn doren oder nagel·¶ Item dise wurtzel dienet auch fast wol den bösen blatern·die daz fleysch darjñ vertzeren fagadenite genant·

¶ Auch sunderlichen dienet dise wurtzel dem bösen gryndt an dē leybe domit zů heylē·als ď grinde vermüschet mit würmlein also dañ gar dick vñ auch manigmal geschicht den jungen kyndē das jn der gantz leyb überzogen ist mit kleinen würmlein die in den schweyßlöchern steckē· vnd auch mit jren heübtern herauß sehen·Für einen sölchen gebrestē nymme auch diser wurtzel vnd seüde die in laugen von eychem holtze gemachet·vnd wäsch domit das kyndt über den gantzen leybe·vnd darnach nymme ein scharsach vnd schneyde auch dē würmlein die heübter ab· darnach wäsche aber das kynd mit der genanten laugen· es genyset on zweyfel·¶ Item gar vil ander tugent die dise wurtzeln an jr hat magst du lesen des obgenanten bůchs capitel fesera genant·

Ein fuchsz   Das ccccxxvi Capitel

Vulpis latine·

¶ Die meister sprechen·das dises gar ein betrügliches thier sey Wenn es die hundt jagen so nymet es den schwantz zwyschen die bayn·auff das der schwantz es an dem lauff mit hyndere· vñ wenn es vermercket den hundē nit mügen entlauffen so härmet es auff seinen schwantz vñ weret sich dann domit der hunnde· vnd von dem grossen gestancke den der schwantze hatt von dem seych·so mügen die hundt nicht beleyben vnd lauffen von jm·

¶ Die fettung vnd sein marck· ist fast gůt für den krampff spasmus zů latein genant·die gelyder domit bestrychen· ¶ Das blůt von dem fuchßen gedörret vnnd gebulferet dienet fast wol für den stein der lenden vnnd der blasen· ¶ Der meister Plinius im seinem acht vnd zweintzigi/

ſten bůch ſpꝛicht er·wölicher die
zungen võ dem fuchß beÿ jm ha/
be·der wirt nicht blÿndt oder iſt
nit leÿden augen weetumb·

yſop Das ccccxxvii Capitel

Sopus latine et grece ❡ Die meiſter ſpꝛechen das diſes kraut daz ſeÿ heÿß vnnd trucken an dem andern grad ❡ Diaſcoꝛides ſpꝛicht daz ÿſopus ſeÿ ein kraut vnd hat bleter bey nahe als bo/ley·vnd einen langen ſtenngel·darauff blůmẽ geleich dem quendel·❡ In dem bůch genant circa inſtans beſchꝛeiben vns die meiſter vnnd ſpꝛechen auch·das diſes krautte genüczet ſol werden in der erczneÿ vnd mit die wurczeln·❡ In dem ſummer ſo dißs kraut blůmen hat ſo ſol man es ab ſchneyden vnd laſſen doꝛren an dem ſchadten vnd nit an der ſunnen·vnd wenn man das nüczen wil in den erczneyen·ſo ſol man die bleter ab ſtreÿffen von dem ſtengel vnnd ſol den ſtengel hÿnwerffen·Die bletter weren ein jare vnuerſeeret an jrer tu/gent·❡ Diaſcoꝛides ſpꝛicht·das diſes kraut geſotten mit feÿgen vnd hönig vnnd das do genü/czet·vertreÿbet den hůſten·Alſo genüczet hilffet es dem lungen/ſüchtigen·❡ Iſop geſoten vnnd getruncken·vertreÿbet die ſpul/würm·zů diſen dingen iſt ſÿ gůt mit hönig gemüſchet·❡ Pla/tearius·Iſopen ſafft getruncken mit oximel·waÿchet den verſtopffeten bauch·❡ Iſop ſafft mit kreſſen ſamen genüczet·laxieret ſenfftigklichen·❡ Plinius·wöl/cher ein ſchönes antlicz wil ha/ben·der trincke von ÿſop ſÿ ſeÿe grüne oder dürre·der gewÿnnet ein ſchön lautter antlicz·❡ Iſop geſoten mit lautterm ſchmalcze vnd mit trucknen feÿgen·vñ als ein pflaſter auff die geſchwulſt des milczes geleget·vertreÿbett die zůhandt·❡ Iſop mit wein getruncken raumet die bruſt·❡ Iſop in waſſer geſoten vnnd das ſchweerend zanfleÿſch dar/mit gewäſchen·benÿmet das zů/handt·❡ Paulus ſpꝛicht·ÿſop

gesoten mit wein vnd darunder gemüschet fenchel samen· vnd dē getruncken benÿmet das wee im dem magen vnd in den därmen·
¶ Wölcher frawē jr můter vn reÿn wäre· die sol sich bäen vn/den auff mit ÿsop· reÿnigt sÿ on schaden· ¶ Ysop vnd fenchelsa/men im wein gesoten· ist gůt wi/der weethumb des magens pla tearius·

wasser pfeffer Das cccc.xxviii Capitel

Ydropiper siue Piper monta/nū· vel piperastrū latine et gre/ce·

¶ Die meister sprechen das diß seÿ ein kraut geleÿch dem men/tastro· allein das weÿchere vnd breÿttere bleter hat· Dise bletter vnd wurtzlen haben ein gerauch im dem munde geleych dem pfef/fer· aber nit als gar scharpff Diser stam̄ ist knodig in dem ist same geleych als vnzeÿtig wein trauben· Dises kraut ist besser ge nüczet den̄ die wurczel· ¶ Dises kraut gesoten mit der wurczeln im wasser vnd also auf die augē geleget· benÿmet die bösen feüch tung der augen lipotomia genāt
¶ Galienus in dem achtendē bů ch genant simpliciū farmacarū· im dem capitel ydropiper spricht das ydropiper seÿ heisser natur geleÿch dem pfeffer· aber nit als gar hÿczigen· ¶ Dises kraut vn̄ samen sind besser grün vn̄ frisch im der erczneÿ den̄ dürr· ¶ Augē die fast eÿttern den ist diß kraut te gar nücz aussen darauff gele/get· also das es vorhÿn zerknü/schet seÿ im einem mörsel steine· vnd also feücht mit dem safft dar auff geleget· ¶ Für die flechten an der leÿbe· nÿm̄ dises krauts safft· vnd streÿch dē darauff des morgens vn̄ des abents sÿ ver/zeren sich in dreÿ tagen· Od' nÿ me den schleim von den zenē vn̄ streÿch den darauff· ¶ Für den wůrm an dem finger· nÿm̄ diß kraut mit dem heüdtlein dz vō den gesotten hertten eÿern geet· ÿegklichs geleÿch vil· vnd lege das darauff geleÿch einem pfla ster· der wurm stÿrbt dauon on zweÿfel·

krauſz dÿſtel

Das ccccxxix Cap

Yringus vel centum capita la
tine·grece byomã·arabice aſta/
rucion vel ſecacul·

¶ Diaſcorides in dem capitel
ÿringus beſchreybet vns vnnd
ſpricht·das diſes kraut ſeÿe faſt
dornig·vnd die bleter ÿſſet mã
mit ſaltze ſo die anheben zů wa
chſſen vnd jung ſind· ¶ Dÿſe
bleter ſind breÿt vnnd ſcharpff
vnd haben einen gůten geruch
vnd ein gůte röttlate farbe·Di/
ſes kraut hat vil zincken vñ auf
den iſt ein runder knopff der iſt
auch ſcharpff vnd dornig·Dÿe
wurtzel iſt auſwenig ſchwartz
vnd jnwenig weÿß·Diſe dÿſtel
wachſſen gern an den ſteinigen
bergen· ¶ Die meiſter ſprechen·
das krauſſe dÿſteln ſind warm
vnd feücht an dem andern grad
¶ Item die wurtzlen diſer dÿſt
len zerknüſchet vnd auff heÿſſe
geſchweeren geleget·benemmen
auch die hÿtze dauon· ¶ Item
Von den blůmen getruncken be/
nÿmmett ſquinantiam·das iſt
ein geſchweer in der kelen·
¶ Item der ſafft von den würtz
len getruncken·machet härmen·
¶ Item ein pflaſter gemachett
von diſer wurtzeln vnnd auff
die heÿſſen geſchweeren gelegèt
benÿmmet die hÿtze dauon vnd
waÿchet· ¶ Item krauß dÿſtlẽ
wurtzeln in hönig gebaÿſſet da
uon dÿckmale genützet·iſt dem
manne groſſe freüde bringen vñ
ſeinen ſamen meren vnd zů vn/
keüſcheÿt reÿtzen·vnd iſt auch
gůt geblůt machen· Vnd in di/
ſer geleychen krafft ſind moren
genant paſtinaca·

ſant Johanns kraut
Das ccccxxx capi

Ypericon vel ſcoba regia latine grece ÿpericum vel Byumi vel attricum·arabice inſaricon·
¶ Serapio in dem bůch aggre/gatoris in dem capitel inſaricon ideſt ÿpericon beſchreibett vns vnd ſpricht·das diſes kraut ge/leyche an ſeinen blettern d̕ raut ten·vnnd hat einen ſtengel einer ſpannen lang·vnd ſein farbe iſt weyß vnd auch auß der maſſen gar ſubtÿl·Sein ſame iſt lănge lat als gerſten kőrner·vnnd iſt ſchwarcz vnnd reüchet geleÿch dem harcz· ¶ Paulus in dem ca pitel ÿpericon ſpricht· das diſes ſey gar heÿß vnnd auch trucken an dem dritten grad· ¶ Diaſco/rides ſpricht·das diſes kraut au ch faſt gůt ſey mit dem ſamē dar über getruncken es bringett den frawen jr blůmen· vnd machet auch gar ſeer hărmen· ¶ Item zů den böſen faulen wunnden iſt es gar gůt geſtoſſen·vnd darü/ber geleget geleych einem pfla/ſter· ¶ Diſes kraut gedörrt mit dem ſamen vnnd gebulferet vnnd das getruncken mit wein dienet faſt wol bodagricis das iſt auch ein ſucht der füſſe·
¶ Item·diſes ſamens genüczett die quartanam habend darüber getrunncken mit wein hilffet ſÿ faſt wol· ¶ Item diſes kraut reÿniget die lebern vnd auch die nÿeren vnd benymmet den ſch/merczen der hüffte von dem ge/truncken mit wein ¶ Item diſes kraut geſtoſſen vnd geleget auf ein gebrennete glůt·zeühet dem vil hÿcze auß vnd mÿnderet au ch den ſchmerczen·

stern kraut oder kro tenkraut ccccxxxi ca

Vnguirialis siue stellaria lati/
ne·grece Asterion vel Aster·a/
rabice bubonum·

¶ Plinius im dem capitel asteri
on idest ynguirialis spricht·das
dises sey ein kraut·vñ wächßet
zwyschen den felßen vnd bey dē
hertten erdtrich·¶ Dises kraut
scheinet im der nacht geleych den
sternen an dem hymel·vnd schei
net also liecht dz dyck d mensch
wänet es sey ein gespenßt od be
trügnuß des teüfels·¶ Paulus
im dem capitel aster sprichet·das
dises sey ein kraut vnd hab län
gelate bleter·vnd an den spyczē
hat es stern·dises kraut hatt in
im grosse tugent·¶ Galienus in
dem sechßtē bůch genant simpli
cium farmacarum in dem capi/
tel aster beschreibet vns vñ spri/
chet·das dises kraut von etlich
en genennet wirt buboniū·das
ist krotenkraut·wañ bubo heis
set ein krot·inde buboniū·Vnd
heysset darumb buboniū·wann
dises den kroten ein grosse ercz/
ney ist·Vñ darumb wonen dye
kroten vnd andere vergifftige
thiere in den steinen vnd felßen·
vmb des krautes willen·wann
die kroten leyden zů zeyten von
den spynnē den tod·also die spyñ
stycht die krot·vñ die krot wir
det sygloß·vnd wenn die spynn
die kroten dyck vnd manig ma
le gestychet·vnnd die krott sich
nit gerechē mag so zerbläet sich
die krot das sy zů mittelst von
einander fert·Vnd wenn ein sol
liche zerbläte krot bey dē kraut
ist·so keüwet sy des vnd wirdt
widerumb heyl·Ist es aber sach
das ein solche geleczte krotte zů
disem kraut nit kōmen mag od
nit doselbst wächßet·so holet sy
dann doselben ein anderes krau
te vnd gibt es der geleczten kro
ten·Deß geleychen andere ver/
gifftige thiere erholen sich an di
sem kraut vnd werden dauō ge/
sundt·Auch vil ander tugent dy
dises kraut an im hat·wirt hye
nach gelassenn vmb der kürcze
willen·

freyschem kraut

Das ccccxxxii cap

Yacea vel herba clauellata la/
tine·grece torqueta·arabice ma
refolon·

¶ Die meister sprechen· das di/
ses kraut hab einen stengel gelei
ch dem lafendel kraut mit klein/
en spÿczigen bletern vnd hat blů
men die haben mangerleÿ farbe
an jn·vnd sunderlichen diß dreÿ
farben·geel·blaw·vnnd weÿßs

¶ Platearius spricht· das freÿ/
schem krautt zů vil dingen gůtt
seÿ· vnd sunderlichen das waß/
ser dauon gebrennet oder distil/
lieret·Dises kraut wirt genüczt
in der erczney vn̄ selten die wur
czel· ¶ Dises kraut ist heÿß vn̄
feücht an dem dritten grad·vnd
ist von natur durchdringen vn̄
von einander teÿlen· ¶ Dises
kraut gesoten mit wein vnd den
getruncken·treÿbet auß die bößē
feüchtung· vnd benÿmmet das
freÿschem in dem leÿbe·vn̄ trey/
bet das auß mächtigklichen·

¶ Wölichen kÿndern das freÿ/
schem gefärde ist·den sol man di
ses krautes ein wenig schneÿdē
in den breÿen·oder sol jm ein ge/
ben zů trinckend das freÿschem
wasser·es genÿset zůhandt

¶ Nymme gamillen blůmmen·
vnd fÿnawe vnd freÿschem kr/
aut ÿegklichs ein gůte handt fol
vnd seüde die in wein vnd trin/
cke des acht morgen nüchter vn̄
gee in den acht tagen zweÿ mal
in das bade·Dises tranck daz be
nÿmmet allen schleim vnd wä/
schet hÿnweg der sich lang zeÿt
gesamlet hat zwÿschen feel vnd
fleysch·Vnd dienet sunderlichen
wol den reüdigen menschen von
disem krautte geessen vnnd des
wassers getruncken das darnon
distilliert wirt·

zytwan ccccxxxiii ca

Eduaria latin[illegible]ece
Zerumbet.

¶ Der meister paulus in dē capitel zeduaria. beschreibt vns vñ spricht. dz diß sey heyß an dem dritte grad vñ trucken an dem andern. Vñ spri/cht auch das dises sey ein wur/czel eines krautes das wechßet über möre. vñ dise wurczel we/ret zehen jar vnuerseert an jrer natur. Dise wurczel ist gar tu/genthafft domit zů hyczigen dye fast kalter natur sind. ¶ Sera/pio in dem bůche aggregatoris in dem capitel zerumbet idest ze/duaria. beschreibt vns vnd spri chet. das dises sey ein wurczeln die ist rund vñ geleychet an sei/nem gerauch dem jngwer. Dise wurcz kömet auß dem lande se/nis. ¶ Dise wurczel benym̄t den knoblach gerauch. vñ des geley chen der zwybeln gerauch. vnnd des weins gerauch. Auch wem der atem fast stinckt. zů disen al len genüczet zytenan es hilffet.

¶ Item zytwan ist gůt genüczt für vergifft. vñ sunderlich so die pestilencz regniert so sol man d' wurczel auf ein' halb quintin in dem mund halten. so einer in die lüfft geet oder bey den leüten. ist behütten den menschen vor dem bösen vergifftigen lufften d' pesti/lencz. ¶ Auicenna in seinem bů ch genant de viribus cordis be/schreibt vns vñ spricht. das zyt/wan stercke das hercz vñ mach dem gůt geblůt vñ benymet daz böß dauon. ¶ Plinius. zytwan ist fast gůt genüczet für den bö/sen magen. wañ er machet wol deüwen vñ bringet lust zů essen. vñ erwörmet alle innerliche ge/lyder dauon getruncken. od' des ein geessen mitt einem weychen eye. ¶ Item zytwan vñ galgan yegklichs geleych vil gebulfert. vnd also geessen benymmet den knoblachs gerauch. ¶ Wein darein gesotē ist zytwan ist gůt wider den hůsten der von einer kalten materien kömet. Vnd ist auch gůt wider weetum̄ des ma gens vnnd des gedärmes die do kömen vō keltte vñ vō wynde.

¶ Item ein salcz gemachet von zytwan vnd vō galgan mit eß/sig vermenget. bringet lusten zů eßsen.

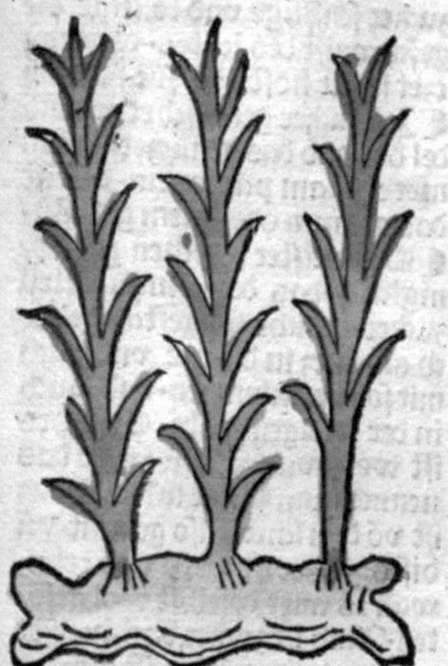

yngwer ccccxxxiiii c

Zinziber grece et latine·arabi/
ce theugibel·

¶ Die meister beschreibend vns das er seye heyß an dem drytten grad vnd feücht an dem ersten·

¶ Serapio in dem bůch aggre/gatoris in dem capitel theugibel idest zinziber beschreibt vns vñ spricht·das dises sey ein gewä/chße vnd des wirt vil funden im arabia· Vnnd die menschen des selben erdtrichs nüczen d bletter des yngwers zů vil dīgen· ge/leÿcherweÿse als die teütschen nüczen die rauten bleter vnd selbe bleter·vnd die wurczel deß selben geleÿchen·Dise wurczel nü/czet man in der erczneÿ·Vnd dises ist der beßte jngwer der jnn/wenig fast weÿß ist vñ nit löch/rig·vnd wölcher sich läßt beÿsseren wenn man jn brichet der sol nichcz· ¶ Jngwer hat einen gůtē geruch vñ sol sein scharpff auff der zungen geleych dem pfeffer·

¶ Der wirdig meister Galie/nus im seinem sechßten bůch genant simplicium farmacarum· im dem capitel zinziber spricht· das dise wurczel kōme auß jn/dien·vnnd die selbigen darauß sind die beßten· ¶ Jngwer ist fast hÿczigen den menschen von natur·vñ hat an jm feüchtung· vnd darumb weret er nit lang· wenn er nit verwart wirt·also das er mit im gar feüchten enden steet·vmb des willen das er de/ster mÿnder faul werde· ¶ Jng/wer weret zweÿ jar vnuerseret an seiner natur· ¶ Der meister Platearius spricht·das jngwer seÿ fast nücz dem bösen magen· vnd sunderlichen dem magen d erkaltet ist· ¶ Jngwer vermü/schet in die kost·ist fast gůt sin/copizantibus das ist den do ge/schwÿndet· ¶ Item jngwer ein halb lot genüczet mit eßsich des abents wenn du schlaffen wildt geen·des eingenōmen auff einen trunck· benÿmet auch die bösen feüchtunge mit schwÿczen· also das man sich nach mitternacht wol decke vnd also schwycze

¶ Item jngwer ist allen mensch en auß der massen gar gůt genü czet die jnnerlich erkaltet sind·

¶ Item wein darjnn gesoten ist jngwer vnd kümel·ist gůt wid die weetum̄ des magens vñ des

gedärmes die võ wÿnde kõmen
vñ machet auch gar wol deüwẽ

zucker cccccxxxv Ca

Zucarum grece et latine·
¶ Der wirdig meister galienus
in dem bůch genannt de ingenio
sanitatis beschreibt vns vnd sp=
richet·das zucker wol genüczett
müg werden in den ertzneyẽ die
do auff thůn verstopffung oder
auch domitt zů reÿnigen die jn/
nerlichẽ gelÿder· ¶ Der meister
paulus in seinem bůch in dẽ ca/
pitel zucarũ sprichet·das zucker
sey heÿß vnd feücht an dem er/
sten grad·sein tugent ist speÿßẽ
waÿchen vñ laxiern·¶ Der mei
ster Auicenna in seinem andern
bůch im dem capitel zucarum be
schreibt vns vnd spricht·daz der
zucker senfftige vnd beneme die
geschwulst des leÿbes· des genü
czet in der kost oder für sich selb
¶ Itẽ zucker gemüschet mit mã
del öle vnd das genüczet·benÿm
met colicam passionem· das ist
das grÿmen oder darm gesücht·
¶ Die meister sprechen gemeÿ/
nigklich·das do seÿ mangerleÿ
zucker·ettlichs seÿ gestalt geleÿ=
ch als salcz in d herte vnd auch
mit solchen klumpen·vnd auch
in der selbigen gröbe· Ettliches
ist weÿß vnnd klein·vnnd das
nennet man zucker taberzet·daz
ist võ dem lande also genant· vñ
dises zucker ist weÿß vnd reÿn·
wañ es wirt doselbst wol geso/
ten·Auch ist zucker das heÿsset
zucker alusar·vñ das ist tauwe·
vñ fellt võ dem hÿmel· als dañ
geschriben steet in dem·cccciij·ca
pitel reremabin·od in dẽ·cclxvij
capitel mamna· ¶ Item zucker
sol nit vil genüczet werden dem
mennschen es wäre dann nott
kranckeÿt halben· wañ die mei/
ster sprechẽ·das zucker zů vil ge
nüczet mache vil schleyms vñ
die brust·vñ machet den gesun/
den dürsten vnd hellig·¶ Item·
aller gebachen zucker mit spece/
reÿen kreffiget den menschen·
¶ Item zucker ist gůt dem magẽ
vnd der brust·vñ ist gůt dem ge
därme vnd nyeren vñ d blasen
als Galienus ist bewären in sei
nem bůch de ingenio sanitatis

Dises ist das dritteyl dises bůchs·vnd ist ein register zů finden kreüter die do laxieren dz ist stůlgång bringen·¶Item die do krefftigen vnd domit die wolriechenden·¶Item von den gummi·¶Item von den frůchten·¶Item vō den samen ¶Itē von den wurtzeln·¶Item von dem gestein·¶Item vō dē thieren·vnd domit was von jn entspringet·

zů dem ersten von den stucken die do laxiern den mennschen

von den die do kreftigen vnd wolriechenden·

von den gummi

von den früchten

von den ſamen

von den wurczeln

von dem gesteyn

von den thyeren

vñ was vō jn entspringen ist

Hie mercke das von den allen im dysem register gesa/get ist in einer gemeÿn· wañ sÿ werden gemeÿnigklich gebrau/chet zů erczneÿ·vnnd ander vil

kreüter·wurtzeln·samen·gum/
mi·gestein sind· die ein yegkli/
cher mercke im sunderheyt·

[...]es ist das vierde
[...]dises bůchs vnd saget vns
[...]en farben des harms·

[I]N den vorgenanten ca
piteln findest du gesch/
riben wie man ratt ge/
haben mag wider man
cley krankheyt· ℂ Auff das
[m]an erkennen müg die natur d
[d]selbigen kranckheytē· ist not zů
wissen die natur vñ gestalt des
harms·wañ darauß entsteet er/
kantnuß der kranckheyt als der
wirdig meister Auicenna spri/
cht in dem ersten teyl seines vier
den bůchs·Wie mag man do die
kranckheyt des menschen abne/
men so man die natur vñ com/
plexion der kranckheyt nit ent/
wayß oder erkennen ist·Darūb
beschreiben vnns die bewäreten
meister der ertzney·als Auicen/
na Egidius Ysaac et cetera vil
gůter lere von dem harm·domit
man wissen mag eines yegkli/
chen menschen kranckheyt oder
complexion· ℂ Der hochgelert
meister Constantinus sprichet·
von dem harm ein vorrede·das
ein mensch sey zůsamen gefüget
vnnd gemachet von elementen·
Wann von der erden hat d men
sche truckenheyt vnd keltte·Vō
dem wasser feüchtigkeit vñ kelt
te·Von dem lufft feüchtung vñ
hytze·Von dem feüwer wyrme
vnd truckenheyt· ℂ Hie auß sol
man merckenn das auß wyrme
ein yegklich ding rot wirt·auß
kelte weyß·auß truckēheyt dūn
vnnd auß feüchtigkeit ein ding
dyck wirt·Auß disen wortē ma
ge ein yegklich mensch mercken
auß seinem harm vō waz natur
vnd complexion er sey·vñ was
kranckheyt in im sündiget·also
Ist der harm rot vnd dyck·so ist
der mensch hytzig vnd vol ge/
blüttes·vñ von der complexion
Sanguineus genant·Ist d har/
rem rot vnd dünn·so ist der mē
sche hytzig vnd dürr·vnnd von
der complexion Colericus·Inn
dem do sündiget die galle vnnd
wirt leychtlich in zorn beweget
vnnd in die geelsucht yctericia
genant·Item so der harm weyß
vnnd dyck ist·bedeütet ein kalte

natur vnd von der complexion Flegmaticus· dz ist im jm sündi/get vil wässerigs geblüts· vnd stätigs geren alleine ist· Ist der harm weyß vnd dünn· bezeych/net das der mensch kalt von natur ist· vnd ein melancolicus der ist stätigs traurig· vnnd hatt in jm ein erdisch geblüte· vnnd ist allzeyt blaych von farben·

¶ Item der harm wirt geteylett in vier teyl· Das erst ist d̕ zyrck=el· der bedeütet kranckheyte des haubtes· Das ander teyl ist na/ch dem zyrckel· bedeütet kranck/heyt der brust vnd der lungen· Das dritt teyl od̕ das mittel des harms bezeychnet kranckeit des magens· lebern· vñ miltzes· Daz vierd teyle das ist der boden des harms· bedeütet kranckheytt der nyeren· der blasen· vnd der ma/tricen· Wie du die vier teyle des harmes befindest mitt materien vermüschet darnach magst du die kranckheyten des menschen außsprechen· die im den gelydern ist sundigen· nach außweysung der vier teyl des harms yeczberüret· ¶ Item den harm sol man sehen des morgens so er frysch gemachet ist worden· vñ noch warem ist· Er sol sein wol versto/pffet· auff das er nit breche oder werd/ als ein märtel· so muß mā den harm in einem warmē was/ser widerbringen in sein erste gestalt· als er von dem mennschen kömen ist· vnd sich lassen nyder schlagen· vnd darnach den harm besehen nach außweysunge der vier teylung des harms·

Er harm wirt geteylet in neünczehen oder in zweynczig farben· Die erst farbe des harms ist weyßs vnd klar subtile vnd durchsichtig als ein wasser· vnnd ein weysser harm dycke als ein milch· vnd ein weisser harm als ein molcken· vnnd ein blaycher harm als ein yngwer oder ka/mels haudt die farbe genant karops· Dise vier harm bezeychnē vndeüwenlicheyt des magens

¶ Item d̕ harm blaych als halb gesotē fleysch· vnd d̕ harm blaych als ein fleysch gancz gesoten bedeütet ein anbegimung d̕ deüwung des magens noch nit gar volbracht· ¶ Item der harm geel als ein vnzeyttiger apffel· bezeychnet ein anbegimde deü=wung des magens volbracht

¶ Item der harm gancz geel als zeytig öpffel· bedeütet volkom=mene deüwung des magens·

¶ Des selben geleychen bezeychnet der rotte harm der do ist ge/stalt als ein vnbauer goldt· Auch bedeütet der rot harm der do ist als ein klar goldt gestalt ein volkōmene deüwung·

¶ Item der harm gestalt als ein dünnes wässerigs blůt oder als ein saffrane· vnnd der harm ge/stalt als puer blůt oder als wyl der saffran· Oder der harm ge/stalt als ein flammen von grü/nem holcze· Oder der harme ge/stalt als ein flammen vō truck/nem holcze· Dise vier härm be/zeychnen übertretung der vollenkommenen deüwunge des ma/

gens eines gesunden menschen·
Aber sollicher harm von einem
krancken menschen·bedeütet dz
fieber vnd hÿtze der lebern·

¶ Item der harm gestalt als ein
roter schwarczer wein·oder als
ein rote erden geneÿgett zů einer
schwertze·bedeütet ein verbren/
nete feüchtigkeit·

¶ Item der harm gestalt als ein
bleÿ oder äschenfarbe· bezeÿchēt
ein tödtliche feüchtigkeit·

¶ Vnnd der harm grün gestaltt
als köl· bedeüttet ein verbreñte
tödtliche feüchtigkeit·

¶ Item der harm schwartze als
ein more·bezeÿchnet ein tödlich
feüchtigkeÿt· Oder der harm
gancz schwarcz als ein kole be/
deüttet auch ein verbreñte feü/
chtigkeit·

¶ Item der hochgeleert meister
Auicenna spricht in dem zweÿe
ten teyl seines ersten bůchs·das
der schwarcz harm kommet zů
zeyten von keltte·so die natürli
ch hycze des menschen verczeret
ist·

¶ Auch kömet der schwarcz har
me von brennender hÿcze die do
ist verczerē die natürlich hÿcze·
vñ so des schwarczē harms we=
nig ist mit einem stinckenden ge
rauch·bedeütet groß hÿcze d lun
gen vñ ist tödtlich·

¶ Item d schwarcz harm bezeÿ/
chent auch zů zeÿten bestopffūg
des milczes darauß kömet dÿe
geelsucht·vrsach dz die schwar=
cze feüchtigkeit nit mag zů dem
milcze kömen· so zeühet sÿ sich
zů den nÿeren·vñ blasen· solcher
harm ist nit tödtlich·

¶ Auch so bedeütet der schwar/
cze harm ein verbreñte feüchtig/
keit die in d zeÿt des kriegs als
tempore crisis die natur des mē
schen die materj der kranckheÿt
außwerffen ist·der harm ist au/
ch nit tödtlich so ferr des harms
auff ein mal vil gehärmet wirt
ist aber des wenig so ist es nitt
gůt·

¶ Auch der schwarcz harme der
von einer vnreÿnigen frauwen
kommet·bedeütet ir zůfliessende
feüchtigkeit genant menstruum
der harm der ist auch nicht tödt/
lichen·

¶ Item·der schwartze harm be/
deütet zům dycker male das fie/
ber quartanam·ist auch nit töd
lich·also dz des auff ein mal vÿl
gehärmet sey·

¶ Item der schwartze harme be=
deütet auch zů dem dÿcker male
kranckheit der nyeren vnnd der
blasen·vnnd ist auch nitt tödt/
lichen·

¶ Item so der harm belÿfarb ist
vnd darnach schwarcz wirt· be
deütet die meÿnung vorgeschri/
ben·vō dem tödtlichen schwar/
czen harm·

¶ Itē so der schwarcz harm mit
bleÿfarb auch vermenget ist vñ
für den gancz schwarcz gemach
et bedeütet auch ein verleschūge
d natürlichen hÿcze vnd krafft
des menschen·

¶ Item der harm gancz bleÿfar=
be obnen vnnd vnnden ist böser
dañ der oben blaÿch oder geel ist
oder der vnnden schwartze oder

bleyfarb ist.

¶ Item der harm schwarcz oder bleÿfarb darfür grün ist tödlich als Isaac spricht im dē bůch des harms.

¶ Item so der zÿrckel des harms blaych ist bedeütet kränckeit des hÿrns als die fallendē sucht epilentia genant ¶ Item der harm gefärbet als bleÿ bedeütet züm dycker mal die wassersucht

¶ Item ein trůber bleÿfarber harm bedeüttet den kalten seÿch. dissuria genant. ¶ Item ein schwarczer dÿcker harm d vorhyn weÿß gewesen ist. vnd d selbÿg mensche weetumb faulet in der lÿncken seÿten. bedeütet ein bestopffung des milczes. ¶ Item der harm rot vñ darnach bleÿfarbe vñ das vmb den zÿrckel körner hangen. bedeütet die lungensucht peripleumonia vñ ein apostem vm̄ die brust genant pleuresis

¶ Item der harm weÿß od bleÿfarb. darjm kleine weÿsse stüplein faren. bedeütet das gegicht.

¶ Item der harm bleÿfarb vñ in dem ein schwarczer santt auf dē grund ligt. bezeÿchnet d frawen flüßs menstruū genant.

¶ Item der bleÿfarb harm von dem menschen der das abnemen hat ptisis genant ist tödlich.

¶ Item bleÿfarber harm von dē vnsÿnnigen mennschen frenesis genant ist tödtlich. ¶ Item d grün harm von einem kynde gemachet. bedeütt den krampff vō keltte. als dann spricht Auicenna in dem zweÿeten teÿle seines ersten bůchs. ¶ Item d grün harm von einem starcken fieber ist tödlich. wann er bedeütet ein tödtliche hÿcze. die do brennend ist in dem menschen. ¶ Item der harm grün so das mensch weetum̄ hat in dem magen. vnd auf dem grundt des harms ein substancz lÿgt genant sedimen. bedeütet das der mensche in jm hat vergifft. ¶ Item der harm grün nach grosser arbeÿt des mēschen bedeütet den krampff.

¶ Item der harm weÿß vñ klar vnd dünn. bedeütet stopffungen des milczes.

¶ Item der harm weÿßs mit einem bleyfarben zÿrckel. bedeütet haubtweetum̄. oder die fallendē sucht.

¶ Item der harm weÿßs mit einer vermenget auff dem grund. bedeütet verwundt nÿeren. vnd so der harm scharpffe ist an dem außgang. bedeütet ein verwundete blasen.

¶ Itē d weÿßs harm od blaÿch darjm ligt weÿß sandt. bezeÿchnet den stein in der blasen. vñ ist der sandt rot bedeütet den steine in den nyeren. also das der harm auch dÿck vnd feÿßt seÿ. Vñ ist das mensch mit dem fieber beladen. bedeütet das abnemen in dē dritten grad. So aber der harm oben alleine fett ist. bezeÿchnett hycze der nÿeren. wöliche hÿcze die fettigkeit der nÿeren verczeren ist.

¶ Item d harm weÿß od blaich vnd stinckend vnnd des wenig gemachet. ist tödtlich.

¶ Item der harm weÿßs oder

blaÿch vnd dÿck·vnd darjn vyl schaumes an dem zÿrckel hangt bedeütet ein feücht haubt vñ vil wynde im dem bauch·vnd so sich vil blasergin an den zyrckel hencken·bezeychnet ein schleÿmÿge brust· ¶ Item der weÿß trübe harm als ein esels harm· vnd also langzeÿt beleÿbet·bedeüttet haubtweetum Item d harm wenig gemachet vñ gestalt als ein milch bedeütet das gegicht·

¶ Item der harm blaich mit einer trüben substancz vnnd auff dem grund ein materj ligt genant ÿpostesis der mitt spÿcze übersich geet bezeÿchnet den selbigen mēschen mit vil feüchtigkeÿten beschwäret vnd sunderlich die gelÿger die vnder dem nabel sind· als nyeren vnd blasen et cetera·

¶ Item in wöllichem harm dÿe grundtschafft weÿß ist vñ spÿcze über sich geet bezeÿchnet gesundtheÿt des menschen·

¶ Item der harm weiß subtil vñ dünne als ein wasser bedeüttett gemeÿnigklich dise kranckheÿt als Egidius spricht in seinē büch võ dem harm mit namē wassersüchtung oder milczweetum· oder nyeren weetumb·oder das gegicht an den gelÿdern oder die fallenden sucht oder ein erkaltte leber oder ein erkaltte müter·od das fieber cottidian od quartan et cetera·

¶ Item der blaych dünne vnnd klar harm·bezeÿchēt geleÿch vil als der weÿß yeczgenant· ¶ Itē der harm weÿßs als ein millich vnd des wenig·bedeütet das gegicht oder den schlag genant apoplexia·Auch bedeütet diser zü zeÿten das darm gegicht so mā weetum vernÿmet beÿ dem nabel· ¶ Item des harm wenig gemachet auff ein maie·bezeÿchnet stülgäng oder daz abnemen ptisis genant·oder ein bestopffung lebern vnd milczes·oder ein vnuerdeüwenliche feüchtigkeyt als Egidius spricht·

¶ Herwiderumb so des harmes vil gemachet wirdet·bezeÿchnet wider die obgenannten kranckheiten· als bestopffung der stülgäng·vnd aufflösung lebern vñ milczes·et cetera·

¶ Item d harm blaÿch vñ geel vnd dÿck vnd sich über ein stunde nÿder sencket auff den grundt wie ein festigkeit·bedeütt bestopffung des milczes od nÿeren

¶ Item der harm geel darjn materien faren geleÿch als hare·bedeütet nÿeren weetum·

¶ Item der harm rot vnd subtil· darinn kleine bückelein an dem zÿrckel sich züsamen hencken·bedeütet ein apostem vmb die bruste genant pleuresis·oder d lungen genant peripleumonia· In den kranckheÿten sind züfälle als das fieber vnnd auch weetum·in der brust der hüfte vnnd ein kurczer athem·daran mann erkennen mag die yeczberürten kranckheÿten·

¶ Item der harm rot vnd dünn vor dem fieber vnd nach dem fieber bedeütet hÿcze der lebern vnd nÿeren· besunder so der mensche hicze vernÿmet außwenig an d

lebern vnd nyeren.
¶ Item d harm rot von dyck be
deütet ein apostem der lebern od
lungen vñ das fieber.
¶ Item d harm rot vnd dyck be/
deütet zům dyckern mal wasser/
sucht. die do kõmet võ kelte vñ
bestopffung d lebern.
¶ Item der harm rott vnd geele
vnd so an dem zirckel geel schan
me hanget bezeychnet die myß=
farben.
¶ Item von der substantien vñ
farben des harms ist genůg ge/
redet.
¶ Fürter zů offenbaren bedeütt/
nuß der harn darein vermenget
sind ettlich materien als in dem
zyrckel.
¶ Der zyrckel dycke in der sub/
stancz. vñ wässerig in d farb be
zeychent weetum̃ in dem hinder
sten teyl des haubtes.
¶ Item der zyrckel dycke in der
substancz vñ purpuren farbe be
deütet weetum̃ in disem vorder
sten teyl des haubtes.
¶ Item der zyrckel geel oder rot
vnd auch dünn bedeütet do wee
tumen in dem rechten teyle des
haubtes.
¶ Item der zyrckel bleyfarb vñ
dyck in der substancze bedeüttet
den schlage apoplexia genãt. od
sant Valenteins sucht epilentia
genant.
¶ Item der zyrckel subtile vnnd
grün. bedeütet vnsynnigkeytte.
frenesis genannt als Auicenna
spricht im dem ersten teyl des drit
ten bůchs.
¶ Item der zyrckel schwarcz vñ
daruor blaych ist tödtlich.
¶ Item der harn mit vil schan/
mes vñ mit grossen vnd kleinẽ
bläßlin bezeychnet hycz vñ win
de vñ tämpff die auß dem mag=
en in das hyrn steygen darauß
d schnopffen kõmet.
¶ Item so auch wolcken in dem
harm faren. bedeütet gebresten d
lebern.
¶ Item wölcher harm eyter auf
dem grunde hat lygen. vnnd do/
mit stinckt bedeütet weetum̃ in
den nyeren vnd blasen.
¶ Item so auch blůt in dem har
me lygt. das kommet von der le
bern. oder vonn den nyeren. oder
von der blasen. oder do von der
můter.
¶ Item von dem eyter genantt
sanies der auff dem grund lygt.
vnd võ dem roten vnd weyssen
sandt der auff dem grundt lygt.
hast du hie vor gehört.
¶ Item materien als kleywen
oder als schüppen gestalt vnd
also in dem harm erscheynet on
das fieber bedeüttet ein gryndt/
tige blasen. Aber mit dem fieber
bedeüttet er das abnemen ptisis
genant.
¶ Item so in dẽ harm fert geley=
ch als har bezeychnet auch wee
tum̃ der nyeren on fieber. vñ mit
dem fieber der harm also mit har
vnd öle vermenget bezeychnett
das abnemen.
¶ Item. der frawen harm so dar
innen auff dem grunde lygt sch/
warczer sandt. bedeüttet besto/
pffung der frawen flüß genant
menstruum.

¶ Item so aber d selb sandt im d frauen harm vermüschet ist mit schwertze vñ dyck. vnd nit auff dem grund lygt. bezeychnet den fluß menstruũ gäncklich. So aber solcher sandt in dem mannis harm auff dem grund ligt bedeütet milcz weetum̃.

¶ Itē kleine stüplein im dē grunde des harms vnd sich an dz haremglaß henncket. bedeüttet das gegicht in den füssen. genant bodogram. ¶ Item so in einer frauwen harm schwymmet ein wolck mit stüplein vermengett die auff vnd ab faren. bedeüttet das die fraw schwanger sey

¶ Item wenn auff dem grundt des harms lygt ein weisse wolck oben spyczig vñ auff dem grunt dyck in seiner substācz ist. bedeüttet ein volkōmen gesundtheytt des menschen. ¶ Item so auff dem grund lygt ein weysse oder schwarcze oder rote materj oben auß nit gespyczet. bezeychnett kranckeyt der gelyder vnder dē nabel. als der blasen nyerē et cetera. ¶ Alle dise fürgeschribne meynungen des harms sind die wirdigen meister Auicenna egidius vnd Isaac et cetera bestätigen.

Hyenach volget das

fünfft teyl vnd das leczte dyses bůchs. vñ ist ein register behend zů finden von allen kranckheytē der menschen. außwenig vnd jñwenig des ganczen leybes. vnd auch vil ander bewärter vñ hoflicher stuck. Vnd solt merckē dz in dysem register verzeychnett sind die paragrophi. Wann in yegklichem capitel findest dv paragraphos in einem mer in dem andern mynder. nach dem daz capitel vil oder wenig tugent hat. Auch sind verzeychnet in disem register die meister die vns solich erczneyen geben des verzeychenten capitels. Vnd wenn du lysest pa. oder para. daz ist paragraphus. vñ deñ zele in dem selbigen capitel oder zeychen selber die zale auff spacium der capittel. so darffst du dester mynd die paragraphos zelen. vñ die leter also. Aui. das ist Auicenna. Ga. oder Gali. dz ist Galienus. Pla. Platearius. Pli. Plinius. Dias. Diascorides. Ser. Serapio. pau Paulus. et cetera. Vnd alle mal die zale dobey. als. j. ij. iij. iiij. v. vj. et cetera.

Zů dem ersten für haubte weetum̃ vō hycze kōmend

Am. xiij. ca. Dias. am. viij. pa
Am. xxxvj. ca. Dias. an dem. xix. vnd. xx. pa.
Am. xlix. ca. Dias. am. ix. pa.
Am. lv. ca. an dem ende.
Am. lxxij. ca. Isaac an dem. ij. vñ x. para.
Am. clvj. ca. Dias. am. vij. pa.
Am. clxiij. ca. Dias. am. v. pa
Am. ccij. ca. Dias. am. iiij. pa.
Am. cclxxix. cap. an dem. iij. v. vñ vj. para.
Am. cclxxxviij. ca. am. v. pa.
Am. ccxj. ca. an dem ende.

Am·cclxvij·ca·an dem·iij·pa
Am·ccxxxvij·ca·am·vj·pa·
Am·ccxlix·ca·am·viij·pa·
Am·cclxvj·ca·am·iiij·pa·
Am·cclxx·ca·bey dem ende·
Am·cclxxiij·ca·Joh·mesue an dem·vij·pa·
Am·cclxxiiij·ca·Isaac am·ii ij·pa·vñ an dem ende·
¶ Für haubtweetum vō keltte·
Am·ij·ca·plate·am·x·pa·
Am·iij·ca·pita·am·xxiij·pa·
Am·xxxv·ca·Galie·am·xiij·pa·
Am·lj·ca·Joh·me·am·ix·pa·
Am·lxxv·ca·Dias·am·xix·pa
Am·lxxxiij·ca·Auic·am·vj·vnd xxj·para·
Am·cxxj·ca·an dem·xiiij·pa
Am·ccxxxviij·ca·am·ix·pa·
Am·ccl·ca·am·viij·pa·
Am·cclj·ca·an·dem·xiij·pa·
Am·cclv·ca·am·vj·pa·
Am·cclxix·ca·Ra·am·iiij·pa
Am·ccciij·ca·plate·am·xviij·pa
Am·cccxiij·ca·Galie·am·vj·pa
Am·cccxxxvj·ca·am·xxvij·pa·
¶ Das haubt zů reynigen·
Am·xxv·ca·an dem ende·
Am·xxviij·ca·am·vij·pa·
Am·lxv·ca·am·xiiij·pa·
Am·cclv·ca·bey dem ende·
Am·cclxvij·ca·am·viij·pa·
Am·cccix·ca·plin·bey dem ende·
Am·ccclxxviij·ca·am·vj·vij·pa
Am·ccccxviij·ca·am·x·pa·
¶ Für den schwindel des haubts
Am·xv·ca·Auicen·am·iiij·pa·
Am·xlvj·ca·Dias·am·xj·pa
Am·lvj·ca·plate·am·iij·pa
Am·lxv·ca·Dias·am·vij·pa·
Am·ciiij·ca·Auicen·am·v·par·
Am·cxviij·ca·am·v·pa·

Am·clxix·ca·am·v·pa·
Am·ccvj·ca·an dem ende·
¶ Für die tobendē sucht vorn im dem haubt·frenesis genant·
Am·xlix·ca·pau·am·xv·pa
Am·clxx·ca·bey dem ende·
Am·cccxvij·ca·am·iiij·pa·
Am·ccccxiiij·ca·am·vij·pa·
¶ Für ein geschweere hyndē im dem haubt litargia genant·
Am·lij·ca·Sera·am·xiiij·pa
Am·clxx·ca·bey dem ende·
Am·ccxxx·ca·bey dem ende·
Am·cclxxviij·ca·an dem ende
Am·cccxlviij·Dias·am·viij·pa·
Am·ccclij·ca·an dem·x·pa·
¶ Item für die tobēdē sucht ma nia genant·
Am·lxx·ca·Dias·am·v·pa
Am·clxv·ca·am·viij·pa·
¶ Was den menschen vnsynnig machet·
Am·lxx·ca·an dem·vj·pa·
Am·xc·ca·pau·am·iiij·pa·
Am·ccccxix·ca·an dem·ende
¶ Was haubtweetum bringet·
Am·iiij·ca·bey dem ende·
Am·xxxiij·ca·Dias·am·x·pa·
Am·ciiij·ca·am·xvj·pa·
Am·cxxij·ca·am·vij·pa·
Am·clj·ca·Rab·moy·am·ij·pa
Am·clv·ca·an dem·iij·pa·
Am·clxxx·ca·an dem ende·
Am·cclxxx·ca·bey dem ende·
Am·cclxxxj·ca·Dia·am anfang
Am·ccciij·am·iiij·pa·
Am·cccxlvj·ca·an dem ende
¶ Für das geschlagen vñ zerfal len haubt·
Am·liij·ca·plate·am·xv·pa
¶ Item für den erbgryndt auff dem haubt·

Am·xl·ca·pau·an dem·vij·pa·
Am·cclvij·ca·am·x·pa·
¶ Item für die blatern auff dem haubt d jungen kynder·
Am·xcj·ca·am·x·pa·
¶ Item für die leüß vnnd nyßs auff dem haubt·
Am·iiij·ca·Auicen·am·iiij·pa·
Am·v·ca·Galie·am·x·pa·
Am·xl·ca·Sera·am·v·pa·
Am·xlv·ca·am·xij·pa·
Am·lxiij·ca·Dias·am·vij·pa
Am·clv·ca·am·vj·pa·
Am·ccxxxiiij·ca plini· an dē·iiij· vnd an dem·v·pa·
Am·ccclix·ca·Dias·am·v·pa·
¶ Für die milben auff dē haubt·
Am·lxxxvj·ca·am·x·pa·

wo von die leüsz wachßen an den kleydern·

Am·cxxij·ca·an dem ende·
Am·cxxj·ca·an dem·xj·pa·
¶ Item·waz die schieppē tödtet auff dem haubt·
Am·viij·ca·an dem·iiij·pa·
Am·lxiiij·ca bey dem ende·
¶ Item·wem das har auß fellet alopitia genant·
Am·iij·ca·an dem ende·
Am·iiij·ca·an dem·iiij·pa·
Am·vj·ca·an dem ende·
Am·xx·ca·plin·an dem ende
¶ Wilt du machen har wachßē
Am·ij·ca·Aui·am·v·vñ·vj·pa·
Am·viij·ca·bey dem ende·
Am·lxiij·ca·am·vij·pa·
Am·lxxxviij·ca·Jhannes mesue an dem·viij·pa·
Am·ciij·ca·Galie·am·vij·pa·
Am·cxxviij·ca·bey dem ende
Am·clxxij·ca·am·iij·pa·
Am·cclxxx·ca·Dias·am·iiij·par·
Am·cccxxxviij·ca·am·viij·pa
Am·cccxlvij·ca·am·viij·pa
Am·ccclxxiij·ca·am·v·pa·
Am·ccclxxvj·ca·am·vj·pa·
Am·ccccj·ca·an dem ende·
¶ Wilt du geel har machen
Am·cccxlv·ca·an dem ende·
Am·cccxxj·ca·an dem anfang
¶ Wilt du machen rot har auff dem haubt·
Am·xlvij·ca·Galie·bey dem ende
¶ Wilt du machen schwarzes hare auff dem haubt·
Am·xlvij·ca·an dem ende·
Am·clix·ca·Joh·mes·am·v·pa
Am·cciij·ca·am·xij·pa·
Am·cccxlvij·ca·am·xj·vñ·xv·p·
¶ Wiltu haben güte gedächnuß
Am·xxxiiij·c·pau·am·v·viij·p·
Am·xxxvij·ca·Isa·xiiij·xviij·pa
Am·xlvj·ca·Auicen·am·ix·par·
Am·liiij·ca·pla·am·ix·pa·
Am·cxij·ca·Johan·mes·am·vj·pa·vnd an dem ende·
Am·clix·ca·bey dem ende·
Am·ccxj·ca·Auer·am·vj·pa·
Am·ccxxx·ca·an dem ende·
Am·cclxxxiij·ca·am·vj·pa·
Am·ccclij·ca·am·xj·pa·

zů dem hyren

Am·xiiij·ca·plini·am·xvj·pa
Am·xxij·ca·platea·am·iiij·pa·
Am·xxxvij·c·dia·am·vij·xiij·p·
Am·xlvj·ca·am·viij·pa·am end
Am·lxv·ca·am·v·vñ·xxiij·par·
Am·cxxiiij·ca·Sera·am·ix·pa·
Am·cxcviij·ca·Dias·am·vij·pa·
Am·ccxlv·ca·am·xj·pa·
Am·cclxx·ca·am·iiij·pa·
Am·cclxxij·c·ser·am·vij·viij·ix·
Am·cclxxxiij·ca·am·vj·pa·
Am·ccxxx·ca·am·vij·pa·

Am·cclij·ca·bey dē ende·xvj·pa
Am·cclxxviij·ca· bey dem ende·
Am·ccccx·ca·Dias·am·xxiiij·p

zů den augen

Am·v·ca·an dem ende·
Am·xiij·ca·Sera·am·v·pa·
Am·xliij·ca·an dem ende·
Am·liij·ca·am·xvj·pa·
Am·lviij·ca·am ende·
Am·lxv·ca·am·xviij·pa·
Am·lxxxvij·ca·Sera·am·iiij·p·
Am·xcvj·ca·am·iij·pa·am ende
Am·clij·ca·am·v·vj·vñ·vij·pa·
Am·clx·ca·lyse das capitel auß
Am·clxxv·ca·am·ix·vñ·x·pa·
Am·ccvij·ca·dias·am·iiij·v· pa
Am·ccxxiiij·ca·plat·am·ij·pa·
Am·cccl·ca·am·vj·pa·

¶ Daz du nymer blint werdest
Am·ccccxxvj·ca·an dem ende·

¶ Für die hytze der augen·
Am·ij·ca·Dias·am·xxij·pa
Am·xiiij·ca·plin·am·xiiij·pa
Am·xxvj·ca·am·xj·pa·
Am·lxxij·ca·am·vj·pa·

¶ Für die tunckeln augen·
Am·xxiij·ca·Galie·am·iiij·par·
Am·xxviij·ca·Dia· am·iiij·pa·
Am·lxix·ca·am·ij·pa·
Am·lxxxv·ca·Galie·am·vj·pa·
Am·ciij·ca·pla·am·x·pa·
Am·cviij·ca·am·vj·pa·
Am·clxxv·ca·am ende·
Am·cxcvij·ca·am·v·pa·
Am·cc·ca·Sera·am·vj·pa·
Am·cclj·ca·am·xxj·pa·
Am·ccvj·ca·plin·bey dem ende·
vnd am·xij·pa·

¶ Für die bösen feüchtung dͣ au
gen lippotamia·
Am·ccccxxviij·ca·am·ij·

¶ Für die flecken oder feel in̄ den
augen·
Am·xij·ca·Aui·am·viij·pa·
Am·xix·ca·am·xiiij·pa·
Am·xlv· ca·Sera·am·ix·pa
Am·lxxxv·ca·Galie·vnd Dias·
am·v·vnd·x·pa·
Am·cv·ca·am·viij·pa·
Am·cxliiij·ca·bey dem ende·
Am·clij·ca·am·v·pa·
Am·cxcix·ca·an dem ende·
Am·ccxliij·ca·bey dem ende·
Am·ccxlvj·ca·am·iij·pa·
Am·cclj·ca·am·xxij·pa·
Am·cclij·ca·am·xij·pa·
Am·cclxxij·ca·am·iij·pa·
Am·ccclxxx·ca·plate·am·vj·pa·
Am·ccclxxxij·ca·am·vij·pa·

¶ Für die röte in den augen·
Am·xliij·ca·Almās·bey dem end
Am·xcvj·ca·am·ij·pa·
Am·cxiiij·ca·an dem·vj·pa

¶ Für das jucken der augen·
Am clxxv·ca·am·vj·pa·

¶ Item dem die augen allezeytt
trieffen·
Am·xx·ca·an dem·viij·pa·
Am·xxvj·ca·am·vij·pa·
Am·xxxvj·ca·am·xxix·pa·
Am·xlj·ca·an dem·x·pa·
Am·xlij·ca·Diasco· am andern
vnd an dem·viij·pa·
Am·xliij·ca·am·x·pa·
Am·cxxx·ca·Sera·am·v·pa·
Am·cccxxvij·ca·am·xij·pa·
Am·cccxcvj·ca·bey dem ende·

¶ Wölcher wänete mucken für
sein augē fliegē·genāt scotomia
Am·cxxx·ca·Sera·am·vj·pa·
Am·cclxix·ca·Rasis am·iiij·pa

¶ Für den eytter im den augen·
Am·xlix·ca·Dias·am·viij·

F 7

Am·clij·ca·an dem·vj·par·
Am·ccxvij·ca·an dem·vij·pa·
Am·ccclxxxij·ca·Pla·am·v·pa·
Am·cccxxviij·ca·am·v·pa·
¶ Was die augen klar vñ schö=ne machet·
Am·iij·ca·an dem·xxj·pa·
Am·xiij·ca·an dem·xiij·pa·
Am·xxj·ca·Dias·am·v·pa·
Am·xxxv·ca·Sera·am·xxv·pa·
Am·lix·ca·pau·am·v·pa·
Am·lxxxvij·ca·am·iiij·
Am·cxiiij·ca·am·viij·par·
Am·ccxxij·ca·am·v·pa·
Am·cccxxx vj·ca·am·xvj·vñ an dem·xx·pa·
Am·ccclxxxij·ca·bey dem ende·
Am·ccccxij·ca·am·xij·pa·
¶ Was den augen schadet·
Am·iiij·ca·Auicen·am·viij·pa·vnd bey dem ende·
Am·xiiij·ca·Auicen·am·iiij·pa
Am·ccxxvij·ca·bey dem ende
Am·cccj·ca·am·viij·vñ·xvij·pa
¶ Für geschwulst der augen
Am·xiij·ca·Sera·am·v·pa
Am·cclxv·ca·plate·am·vij·pa·
Am·cccj·ca·an dem·xij·pa·
¶ Dem die augē vol geschwee=ren sind·
Am·ccxcj·ca·am·xj·pa·

zů den oren

Am·iij·ca·Joh·mes·am·xj·par·
Am·xiij·ca·Sera·am·xv·pa·
Am·xiiij·ca·Aui·am·ij·pa·
Am·liij·ca·plate·am·xvij·par·
Am·lxiij·ca·am·vj·pa·
Am·xc·ca·paulus am·iij·pa·
Am·xcj·cap·an dem·xij·pa·
Am·cxlvj ca·am·ix·pa·
Am·ccxxxvj·ca·Dias·am·vj·pa
Am·ccxlix·ca·am·vij·pa·
Am·cclvj·cap·am·xij·pa·
Am·ccciij·ca·an dem·v·pa·
Am·cccv·ca·Glie·am·xij·pa·
Am·cccviij·ca·am·ix·pa·
Am·cccl·ca·an dem anfange an dem·ij·para·
Am·cccxiij·ca·am·xx·pa·
¶ Für die taubheyt der oren·
Am·xv·ca·an dem·v·pa·
Am·lviij·ca·an dem ende·
Am·ccviij·ca·plate·am·vij·pa·
Am·ccccx·ca·Dias·am·xxxv·pa·
¶ Für den eytter in den oren·
Am·xx·ca·Auicen·am·vij·par·
Am·lxvij·ca·am·viij·pa·
Am·ciij·ca·plini·an dem ende·
Am·ccxv·ca·an dem·iij·pa·
Am·ccxxiij·ca·am·x·pa·
Am·ccxxxviij·ca·am·iiij·pa·
Am·cccij·cap·am·ix·pa·
Am·cccxxxviij·ca·am·ix·pa
Am·ccclix·ca·am·vij·pa·
¶ Für die würm in den oren·
Am·iij·ca·Joh·mes·am·xj·pa
Am·xxviij·ca·Dias·am·vj·pa·
Am·xlix·capi·Dias·am·x·pa·
Am·xcviij·ca·am·viij·pa·
Am·clxxv·ca·am·xiij·pa·
Am·ccxvij·ca·am·iiij·pa·
Am·cclxxvij·ca·am·vij·pa·
Am·cccxxj·ca·bey dem anfang·an dem·ij·pa·
Am·cccxxxvj·ca·am·xxv·pa
Am·ccccxiiij·ca·Auic·am·viij·p
¶ Für die beülen hinder den orē·
Am·j·ca·plate·am·xxvij·pa·
Am·clxxx·ca·am·vij·pa·
Am·ccxxxviij·ca·am·iiij·par·
am·cccix·c·bey dē ende am·xiiij·p
¶ Für das sausen in den oren·
Am·xxviij·ca·am·vj·pa·
Am·xxxv·ca·Sera·am·xiiij·pa·
Am·lxxv·ca·Dias·am·xxij·par·

Am·lxxxix·ca·jo·mes·am·vij·p·
Am·cxlij·ca·an dem ende·
Am·clxv·ca·an dem·vij·pa
Am·cclj·ca·an dem·xiiij·pa·
Am·ccxcj·ca·an dem·x·pa·

¶ Für geschweren an der nasen
Am·cccix·ca·an dem anfang an
dem·ij·pa·

¶ Für das fleysch der nasen po/
lipus genant·
Am·xlj·ca·Dias·am·xij·pa·
Am·xliij·ca·an dem·ix·pa·
Am·cxj·ca·Auicen·am·vij·pa·
Am·clxxj·ca·an dem ende·
Am·ccccxviij·ca·an dem ende·

¶ Für den krebß an der nasen
Am·x·ca·Dias·am·xv·pa·

¶ wölchē die naß verstopt wär
Am·lxv·ca·an dem·xxiiij·pa·

zů dem munde

Am·xviij·ca·plin·am·v·pa·
Am·lxxxiiij·ca·pla·am·vij·pa·
Am·xcix·ca·am·iij·pa·
Am·ccv·ca·Dias·am·vij·pa·
Am·cccxc·ca·an dem·viij·pa·
Am·ccccxij·ca·am·vij·pa·

¶ Für die feüle in dem munde
Am·x·ca·Dias·bey̆ dem ende·
Am·xlv·ca·bey̆ dem ende·
Am·lix·ca·pan·am·iiij·pa·
Am·lxxij·ca·an dem ende·
Am·cccvj·ca·an dem ende·
Am·cccviij·ca·am·vij·pa·
Am·cccxxxviij·ca·bey̆ dem ennde
Am·ccclij·ca·plin·am·vj·pa·

¶ Für die weÿssen blätterlein in
dem munde alcole genant·
Am·xviij·ca·plin·am·iiij·pa·
Am·xlvij·ca·Sera·vñ Galien·
an dem·viij·par·
Am·cv·ca·bey̆ dem ende·

¶ Wölcher einē hohē lefftzē het
geleich als wärē wärtzē daran
Am·cl·ca·an dem·v·pa·

¶ Zů der zungen gebresten·
Am·xxxvj·ca·am·xxj·pa·
Am·c·ca·an dem·xj·pa·
Am·ccj·ca·an dem·vij·pa·
Am·cclj·ca·am·xvj·pa·
Am·cccvj·ca·an dem ende·
Am·ccccxxij·ca·am·vj·pa·

zů den zeenen

Am·iiij·ca·bey̆ dem ende·
Am·xx·ca·plin·bey̆ dem ende·
Am·xxviij·c·dia·am·iij·vñ·ix·p
Am·xlj·ca·Dias·am·xj·pa·
Am·lxxiij·ca·aui·am·vij·ix·pa·
Am·lxxx·ca·Dias·am·vij·pa
Am·xcj·ca·am·xij·pa·
Am·cx·ca·an dem·vj·pa·
Am·clxxxix·ca·bey̆ dem ende·
Am·ccij·ca·plin·am·ix·pa·
Am·ccxvij·ca·am·vj·pa·
Am·ccxxxix·ca·am·vj·pa·
Am·cclj·ca·an dem·xx·pa·
Am·ccliiij·ca·plate·am·iij·pa·
Am·cclix·ca·plin·am·ix·pa·
Am·cclxxvij·ca·am·xij·pa·
Am·ccc·ca·am·xvj·pa·
Am·cccj·ca·Sera·am·v·pa·
Am·ccciij·ca·am·v·pa·
Am·cccviij·ca·am·iiij·pa·
Am·cccxxx·ca·Galie·am·iij·pa·
Am·cccxxxvij·ca·am·vlj·ix·pa·
Am·ccclij·ca·am·vij·pa·
Am·ccclix·ca·an dem ende·
Am·ccclxxxiiij·ca·an dem ende
Am·ccclxxxix·ca·am·iiij·pa·
Am·cccxcv·ca·am·viij·vñ·ix·p
Am·ccccvij·ca·an dem ende·
Am·ccccxiij·ca·am·xv·pa·

¶ Wilt du dz dir die bösen zeen

außfallen on weetum
Am·xliiij·capitel·an dem ennde
Item·für das faul zanfleysch
Am·x·ca·Diascor·bey dem ende
Am·xij·ca·Serapi·an dem ende
Am·xxxv·ca·Sera·am·viij·pa
Am·xxxvj·ca·Dias·am·xxj·par
Am·clxv·ca·an dem·iij·paragra
Am·ccclxviij·ca·bey dem ende
Am·ccclxxiij·ca·Pla·am·ix·pa·
Am·ccccxxvij·ca·am·xij·parag·
Item was jungen kinde leicht lich machet zeen wachsen·
Am·ccxlviij·ca·am ende
Wie du weyß zeē machest in dem munde·
Am·xxiij·ca·Diasco·am·xij·pa
Am·cclxviij·ca·an dem ende
Am·ccxcvj·ca·an dem anfange an dem·ij·para·
Item Wilt du einen wol rye/chenden mundt haben·
Am·iij·ca·johannes mesue am xvij·para·
Am·vj·capi·Glie·am·xij·para
Am·xxxvij·ca·Auic·bey dē ende
Am·xxxviij·ca·Auicē·am·x·pa
Am·ciij·ca·Plin·am·xiij·para
Am·ciiij·ca·Auicē·am·ix·para
Am·cxij·ca·Diasco·am·viij·pa·
Am·cxvj·ca·Serap·am·vj·pa·
Am·clxxvij·ca·an dem·vj·para
Am·cxcviij·ca·am·x·vn̄·xj·par·
Am·cclj·ca·an dem·xv·para·
Am·cclxij·ca·bey dem ende
Am·ccccxxxiij·ca·an dem·iij·par
Item·Zů dem antlicz·
Am·xv·ca·Aui·am·iij·para·
Am·xvj·capitel an dem ende·
Am·xxix·capitel an dem ende·
Am·xxxv·ca·Ga·se·am·xij·par
am·lxvj·ca·bey dem ende
Am·lxxj·ca·bey dem ende·
Am·lxxviij·ca·Sera·am·v·par
Am·cvij·ca·Pla·am·viij·para
Am·cxiij·ca·Diasco·am·vj·pa·
Am·cxiiij·ca·an dem·xv·pa
Am·ccxlj·ca·bey dem ende·
Am·cclxxiiij·ca·Pla·bey dē ende
Am·cclxxvj·ca·an dem ende
Am·cclxxxvij·ca·an dem ende
Am·cclxxxix·ca·am·viij·pa
Am·ccxcvj·ca·an dem ende·
Am·ccclxxx·ca·an dem ende·
Am·ccccxvj·ca·plin·am·vij·pa
Am·ccccxxvij·ca·plin·am·ix·pa
Für die beülen an dem halß
Am·xiij·capitel·am ende·
Am·xliiij·ca·pau·am·vj·par
Item für ein geschweer in der kelen squinantia genant
Am·xij·ca·auicen·am·vij·pa
Am·xlix·ca·Diasc·am·xiij·
Am·c·capitel an dem·ij·para
Am·cxxv·ca·plate·am·viij·par
Am·clxj·ca·am·ix·para
Am·clxx·ca·bey dem ende·
Am·cxc·cap·bey dem ende·
Am·ccxlvj·capitel am ende
Am·ccxciij ca·Diasco·am·v·pa
Am·cccxxviij·ca·am·v·para
Am·ccclij·ca·an dem ende·
Am·ccclxxx·capitel·am·v·para
Am·ccxij·ca·Dia·am·iiij·par·
Am·ccccxiij·ca·Dia·am·iiij·pa
Am·ccccxix·ca·am·v·par·
Item·Für den zapffen in dem halße vuula genant·
Am·xxiij·capitel bey dem ende
Am·cxlv·ca·Sera·am·x·pa·
Am·xlix·ca·Diasco·am·xiij·pa·
Am·xlvj·capitel am·viij·pa
Am·clxj·capitel am·ix·para·
Am·ccxciij·capitel am·v·para·

Am·cccliij·ca·an dem ende
Am·ccclxxviij·ca·an dem ende
Am·ccclxxx·ca·Dia·am·iiij·pa
Am·cccxcij·Dia·am·iiij·pa·
¶ Wem die sprache entgienge·
Am·cxxij·ca·am·vj·pa·
Am·cxxiiij·ca·pla·am·xij·pa·
Am·cclxxviij·ca·Ga·am·ix·pa·
¶ Wölichem die kele rauch od scharpff wäre·
Am·xlij·ca·am·ix·pa·
Am·c·ca·bey dem ende·
Am·cccxxv·ca·an dem ende

Zů der stymme

Am·iiij·ca·an dē·ix·pa·
Am·cx·ca·pau·am·iij·pa·
Am·ccxiiij·ca·Dia·am·xj·pa·
Am·ccxxiiij·ca·dia·am·xij·pa·
¶ Für den schnopffen caturrus genant·
Am·lxv·ca·bey dem ende
Am·lxvj·ca·Dia·am·vij·pa
Am·lxxx·ca·Dia·am·vj·pa·
Am·cxiij·ca·Dia·am·vij·pa
Am·cxvij·ca·pau·am·viij·pa·
Am·cxxvj·ca·am·v·pa·
Am·ccxxxvj·ca·am·v·pa·
Am·ccxxix·ca·am·v·pa·
Am·cclxvij·ca·an dem·viij·pa·
Am·cclxx·ca·Dia·an dē·ij·pa·
Am·cclxxviij·ca·am·x·pa·
Am·ccc·ca·bey dē end am·ij·pa
Am·cccxlviij·ca·pli·am·iij·pa·
Am·cccliij·cap·Ga·am·iiij·pa·
Am·ccclvj·capitel bey dem ende an dem·iij·pa·

Für daz keychen vnd schwere ethemen·

Am·iij·ca·an dem·xix·pa·
Am·iiij·ca·an dem·xxij·pa·
Am·x·ca·Sera·am·iiij·pa
Am·xj·ca·dia·am·viij·vñ·x·p
Am·xvij·ca·Dia·am·xj·pa·
Am·xxxvj·ca·Dia·am·xxij·pa·
Am·xlj·ca·Sera·am·xviij·pa·
Am·xliiij·ca·an dem·vj·pa·
Am·xlviij·ca·Dia·am·vj·pa
Am·liij·ca·an dem·xviij·pa·
Am·lxxxij·ca·an dem ende·
Am·lxxxiij·ca·Pla·am·v·pa·
Am·lxxxiiij·ca·Aui·am·xj·pa·
Am·lxxxix·ca·Jo·me·am·vj·pa
Am·cxxxiiij·ca·bey dem ende
Am·cliiij·ca·am·vij·pa·
Am·clxxxij·ca·an dem ende
Am·ccij·ca·Dia·am·iij·pa
Am·ccxv·ca·bey dem ende
Am·ccxxxiij·ca·am·viij·pa·
Am·ccl·ca·an dem ende
Am·cclxij·ca·am·v·pa·
Am·cclxvij·ca·Ra·am·vij·pa·
Am·cclxxxv·ca·Dia·am·ij·pa·
Am·ccc·ca·an dē·x·pa·
Am·cccxiiij·cap·Paulus bey dē ende an dē·iiij·pa·
Am·cccxxij·ca·am·v·pa·
Am·ccclij·ca·pli·am·xv·pa·
Am·ccclxxiij·ca·aui·am·vj·pa·
Am·ccclxxix·ca·an dē·v·pa
Am·ccccx·ca·am·xiiij·vñ·xx·pa

Zů der brust geschwer pleuresis genant·

Am·x·ca·Dia·am·xiiij·pa·
Am·xiiij·ca·pla·am·xj·pa·
Am·xxj·ca·Dia·am·vj·pa·
Am·xlij·ca·an dem ende
Am·xliiij·ca·pau·am·x·pa·
Am·lxxxij·ca·aui·am·v·pa·
Am·cxxj·ca·aui·am·vij·pa·
Am·ccxxiiij·c·am·xj·pa·am end
Am·ccxlvij·ca·bey dem ende
Am·ccxciij·ca·Dia·am·iiij·pa
Am·ccclxxxiiij·ca·bey dē anfang

Gj·

¶ Wo von ein mensch dempff
ig wirt umb die brust.
Am.cxxij.ca.an dem.vij.pa.
¶ Für ein geschwere an der lun
gen peribleumonia genant
Am.iiij.ca.Pla.am.xx.pa
Am.xxxv.ca.Galie.vnd Plat.
an de.xviij.pa.
Am.lxxv.ca.am.xxx.pa.
Am.cxliij.ca.am ende
Am.cxcj.ca.Dia.am.iiij.pa.
Am.cccxxxvj.ca.am.x.pa.
¶ Für dye schwintsucht ptisis
genant.
Am.liij.ca.pla.an dem.xiij.pa.
Am.lxxvj.ca.Aui.am.v.pa.
Am.ccxxxiij.ca.am.xj.pa.
Am.cclv.ca.an de.xviij.pa.
Am.cclvj.ca.Dia.am.vj.pa.
Am.cccviij.ca.an de.xj.pa.
Am.ccccv.ca.an de.ij.pa.

zů der lungen

Am.ij.ca.bey dem ende
Am.xvj.ca.Ga.am.vij.pa
Am.liiij.ca.Ga.am.iij.pa.
Am.lxxv.ca.an de.xxx.pa.
Am.cxcj.ca.Dia.am.iij.pa.
Am.cclxv.ca.Dia.an dem.iiij.
vnd.viij.pa.
Am.cclxxx.ca.an de.iij.pa.
Am.cccxiij.ca.an dem ende
Am.cccxxiij.ca.Isaac am.v.pa
Am.ccclij.ca.an de.viij.pa
Am.ccclxiij.ca.an dem anfang
Am.ccclxxv.ca.an de.vij.pa.
Am.ccccx.ca.an de.xxxj.pa.
Am.ccccxxvij.ca.am.v.pa.

Für den hůsten

Am.iij.ca.Aui.am.ix.pa.
Am.xij.ca.Aui.am.viij.pa.
Am.xx.ca.aui.an de.x.pa
Am.xlij.ca.Dia.an de.v.pa.
Am.xliiij.ca.pau.an de.v.pa.
Am.xlviij.ca.Dia.am.viij.pa.
Am.lxxij.ca.Dia.am.iiij.pa.
Am.lxxviij.ca.Ser.am.iiij.pa
Am.cxj.ca.Aui.an de.ix.pa.
Am.cxiiij.ca.Dia.am.vij.pa
Am.cxlvj.ca.an de.v.pa.
Am.cxlvij.ca.pla.am.iij.pa
Am.cl.ca.an de.iiij.pa.
Am.cliij.ca.Dia.am.iij.pa.
Am.cxcj.ca.Dia.am.iij.pa.
Am.cxcv.ca.an dem.v.pa.
Am.ccj.ca.an dem.iiij.pa.
Am.ccxx.ca.pla.am.iij.pa.
Am.cclvj.ca.Dia.am.xiiij.pa.
Am.cclxx.ca.Dia.am.ij.pa.
Am.cclxxviij.ca.am.viij.pa.
Am.cclxxx.ca.bey dem anfan ge
vnd an dem.vij.pa.
Am.cclxxxiij.ca.an dem ende
Am.cclxxxviij.ca am.vj.pa.
Am.ccxciij.ca.Dia.am.iiij.pa
Am.ccciiij.capi.Mater an dem
xvj.vnd.ix.pa.
Am.cccv.ca.an de.viij.pa
Am.cccxlviij.ca.pli.an de.iiij.
vnd.xiiij.pa.bey dem ende
Am.ccclxij.ca.an de.iiij.pa.
Am.ccccx.cap.Dia.an de.viij.
vnd.xx.vnd.xxx.pa.
Am.ccccxiij.ca.pla.am.xix.pa.
Am.ccccxxvij.ca.an de.v.pa
Am.ccccxxiij.ca.bey dem ende
¶ Für die lebersucht
Am.xxxv.ca.Sera.am.xix.pa.
Am.xxxvj.ca.Dia.am.xvij.pa
Am.clvj.ca.an dem.iij.pa.
Am.clvij.ca.Dia.an de.ij.pa.
Am.ccc.ca.an de.xxiij.pa.
¶ Dem die leber hytzig wäre

Am·cxj·ca·Ser·an dē·v·pa
Am·ccxxvj·cap·Aui·am·iiij·pa·
Am·ccxcix·cap·an dem·iiij·pa·
Am·cccxlix·ca·an dē·x·pa·
Am·ccclx·ca·an an dem ende
Am·ccclxxiiij·capi·bey dem ende
an dem·xiij·pa·
Am·lxxiiij·ca·bey dem ende
Am·ccccxiij·ca·an dem ende
¶ Für verstopffung leber vnd
miltz·
Am·j·ca·an dem·xxviij·pa
Am·xv·ca·an dem ende
Am·xxj·ca·an dem·xij·pa·
Am·lxvj·ca·an dem ende
Am·lxxxiij·capitel circa instās
an dem·viij·vnd·ix·pa·
Am·xcj·ca·Ser·am·vij·pa·
Am·xciij·capitel an dem ende
Am·cij·ca·Pli·am ende
Am·cxlvij·ca·an dē·vij·pa·
Am·clvj·ca·an·dem·iiij·pa·
Am·clxxv·ca·an dē·iiij·pa
Am·clxxvj·ca·an dem ende
Am·ccxxv·ca·an dē·vij·pa·
Am·ccxxxiij·ca·an·dē·v·pa
Am·ccclxxviij·ca·an dē ende
Am·ccclxxv·ca·bey dem ende an
dem·xij·pa·
Am·ccclxxxix·ca·an dem·ij·pa·
vnd an dem ende·
Am·ccccvij·ca·an dem·iij·vnd
vj·vnd·xj·pa·
Am·ccccxviij·ca·bey dem end

zů dem herczen

Am·xxxvij·ca·Dia·am·vij·pa·
Am·xxxix·ca·an dem ende
Am·liiij·ca·an dem ende
Am·cxij·ca·Aui·an dē·xiij·pa·
Am·clxvij·ca·an dē·iij·pa
Am·ccxliij·ca·am ende

¶ Für das zyttern des herczen
Am·xxxviij·capitel an dem·iij·
vnd·xij·pa·
Am·lvj·c·am·iiij·pa·bey dē end
Am·cvj·ca·Pla·an dē·v·pa·
Am·cxviij·ca·an dē·vij·pa·
Am·cxvij·ca·an dē·iiij·pa·
Am·cxxx·ca·an dem ende
Am·clxix·ca·Jo me·am·viij·p
Am·cxcviij·ca·dia·am·viij·pa·
Am·ccxliij·ca·alber·am·ij·pa
Am·cclxxj·ca·an dem ende
Am·ccxcij·ca·pla·am·iij·pa·
Am·cccxxv·capitel bey dem end
an dem·vij·pa·
Am·ccclxxvj·ca·pla·am·v·pa·
¶ Für onmechtigkeit sincopis
genant·
Am·xxiij·ca·Diascorides an dē
xxv·vnd·xxvij·pa·
Am·xxxviij·ca·an dē·vij·pa·
Am·cxvij·ca·pan·bey dē ende
Am·cxviij·ca·an dē·iiij·pa·
Am·cxcviij·capitel an dē·ix·pa·
vnd am ende
Am·ccl·ca·an dem·vj·pa·
Am·cclxix·ca·an dem ende
Am·ccxcij·ca·am·ij·vnd·v·pa·
Am·cccxxxvij·ca·am·xiij·pa·
Am·ccclxxv·ca·bey dem ende
Am·ccclxxv·ca·pla·am·v·pa
Am·ccclxxxiij·ca·an dē·iij·pa
Am·ccccxxxiij·ca·pla·am·ix·p·
¶ Für das hercz gespanne
Am·liij·ca·pla·am·vj·pa·
Am·cvj·ca·pla·an dem·v·pa
¶ Wölicher nach einer kranck
heit an seinem leibe oder gelyder
fast zyttert
Am·cclviij·ca·an dē·ij·pa·

zů dem miltz

Am·iij·ca·an dem·xx·pa·
Am·v·ca·Dia·an dē·vij·pa·
Am·xxj·ca·pla·am·ix·vñ·xj·p·
Am·xxxiij·ca·am ende
Am·lx·c·dia·am·v·pa·am end
Am·lxxxiij·ca·circa instans an dem·x·pa·
Am·cij·ca·Pli·an dē·viij·pa
Am·cv·ca·an dem ende
Am·cxxj·ca·Aui·an dē·ix·pa
Am·clxxviij·ca·Ga·am·vj·pa
Am·cxcv·ca·an dē·ix·pa·
Am·ccij·ca·Dia·am·vj·pa·
Am·ccx·ca·Dia·an dē·v·pa
Am·ccxv·ca·an dem ende
Am·cclxxviij·ca·Ga·am·vij·p
Am·ccc·ca·an dem·xix·pa·
Am·cccvij·ca·an dē·viij·pa·
Am·cccxivj·ca·am·viij·pa·
Am·ccclj·ca·Dias·an dē·iij·vñ iiij·vnd·viij·vnd·ix·pa·
Am·cccxvij·ca·an dem·viij·pa·
Am·ccccx·ca·Pli·am·xxiij·pa·
Am·cccxiij·c·an dē·viij·xvij·pa·
Am·ccccxxvij·ca·an dē·x·pa·
¶ Für das stechen in der seyten
Am·cj·ca·an dem ende
Am·ccxxxvj·ca·bey dem ende
Am·cccix·ca·an dem·v·pa·

Zů dem erkalten magen·

Am·j·ca·pli·an dē·xx·pa·
Am·ij·ca·pla·an dem·xi·pa·
Am·xxxvij·ca·Diascor·an dem x·vnd·xvj·pa·
Am·liij·ca·Dia·am·vij·pa·
Am·lv·ca·am·ix·vnd·xxj·pa·
Am·lxvj·ca·an dē·viij·pa·
Am·lxv·ca·am·xviij·pa·
Am·xcviij·ca·an dē·iiij·pa·
Am·cxiij·ca·Ga·an dē·ix·pa·
Am·cxxvj·ca·an dem ende
Am·cxxvij·ca·an dem·ij·pa·
Am·clxxxij·ca·an dē·vj·pa
Am·cxcviij·ca·Dia·am·v·pa·
Am·ccxxviij·ca·an dem·vij·pa
Am·ccxxxix·ca·an dem ende
Am·ccl·ca·Isaac·am·vj·pa·
Am·cclj·ca·Aui·an dē·vj·pa·
Am·cclv·circa instans an dem vj·vnd xij·pa·
Am·cclxxj·ca·circa instans an dem·viij·vnd·ix·pa·
Am·cccliij·ca·an dē·vj·pa·
Am·ccclviij·ca·bey dem ende
Am·ccclxvj·ca·an dem ende
Am·cccxcvij·ca·am·iiij·pa·
Am·ccccxxxiij·ca·pli·an dem·vj vnd·viij·p a·
am·ccccxxxiiij·c·pla·am·viij·p·
¶ Für des magens aufstossen·
Am·lxxiij·capitel Serapio an dem·iiij·pa·
¶ Für einen vnreynen magen
Am·iij·ca·Johannes mesue an dem·viij·vnd·xviij·pa·
Am·xx·ca·pla·am·xij·pa·
Am·cxlviij·ca·an dē·iiij·pa·
Am·ccccxxvij·ca·an dem ende
¶ Für den entzündten magen
Am·cccj·ca·an dem·iiij·pa·
Am·cccxxxvij·ca·an dē·xxiij·pa
¶ Für den zerschwollen magen
Am·vj·ca·Dia·an dē·x·p·
Am·xxv·ca·an dē·v·pa·
Am·cclx·ca·pli·am·vij·pa·
Am·cccj·an dem·iiij·pa·
Am·cccciij·ca·Ga·an dem·x·pa
Am·cccxlix·ca·an dē·viij·pa·
Am·ccccxiij·ca·pla·am·ix·pa·
¶ Für den sot des magens
Am·xv·ca·bey dem ende
Am·cxxij·ca·an dem·v·pa·

¶ Für die wassersucht von ne-
te ydropisis genant
Am·iiij·ca·Aui·an dē·vj·pa·
Am·iiij·ca·Dia·am·xxj·pa·
Am·vj·ca·Ga·am·xvj·pa·
Am·xix·ca·an dem·vj·pa·
Am·xxij·ca·am ende
Am·ciij·ca·Dia·an dem·ij·pa·
Am·cxxxiiij·ca·am ende
Am·cxxxviij·ca·Dia·am·iiij·pa
Am·clxx·ca·Jo·me·am·vj·pa·
Am·clxxv·ca·an dē·xiiij·pa
Am·clxxvj·ca·an dē·viij·pa·
Am·ccxxviij·ca·an dē·xj·pa
Am·cclv·ca·am·xiij·pa·
Am·ccciij·ca·Pli·am·xvij·pa·
Am·ccclij·ca·an dem·ix·pa·
Am·cccxcvij·ca·am·vj·pa·
Am·ccccviij·ca·am·iiij·pa·

¶ Für die wassersucht von bö-
ser feüchtung
Am·xxxvj·ca·an dē ende
Am·xlj·ca·pau·bey dem ende
Am·xlv·ca·Dia·am·vij·pa·
Am·lij·ca·an dem·xvj·pa·
Am·liij·ca·Dia·am·xj·pa·
Am·xc·ca·an dem ende
Am·cxiij·ca·Dia·am·viij·pa·
Am·cxxiij·an dē·xv·pa·
Am·cxxix·ca·an dē·ij·pa·
Am·clviij·ca·am ende
Am·clxj·ca·an dem·v·pa·
Am·cxcj·ca·am·vij·vñ·viij·p·
Am·ccxlij·ca·bey dem ende
Am·ccxlvij·ca·am ende
Am·ccxciij·ca·bey dem ende
Am·cccxxxvj·capitel an dē·xv·
vnd·xxvj·pa·
Am·ccclvj·ca·Ser·am·iiij·p·
Am·ccclix·ca·Ga·am·iiij·pa·
Am·ccccviij·ca·Dia·am·v·p·

Für dye gelesucht icte

Am·iij·ca·Aui·am·vj·pa
Am·xvij·ca·Diasco·an dem·iiij
vnd·xiiij·pa·
Am·xx·ca·pla·an dē·xj·pa
Am·xxj·ca·pla·an dē·xij·pa·
Am·xxxvj·ca·Jo·mesue an dē
xxx·pa·
Am·lvj·ca·pla·am·viij·pa·
Am·lxxxiij·ca·circa instās bey
dem·xij·pa·
Am·lxxxv·ca·Ga·am·vij·pa·
Am·xcij·ca·Ser·an dē·iiij·pa·
Am·cij·c·pla·am·v·p·am ende
Am·cxvij·ca·Ser·am·vj·pa·
Am·cxxxviij·c·Ser·am·vj·pa·
Am·cxlvj·ca·an dē·vj·pa·
Am·clvj·ca·an dem ende
Am·cxcv·ca·an dem ende
Am·ccxv·ca·an dem ende
Am·ccxcvij·ca·an dē·ix·pa
Am·cccvj·ca·an dem·x·pa·
Am·cccxxxvij·ca·am·xxiij·pa·
Am·ccclij·ca·an dem·ix·pa
Am·ccclxxxix·ca·an dē·iiij·pa·
vnd an dem ende
Am·ccccxij·ca·an dē·iiij·pa

¶ Für den bauch weethumb
Am·iiij·ca·an dē·xxij·pa·
Am·v·ca·Dia·an dē·iiij·pa
Am·viij·ca·an dem ende
Am·xiiij·ca·Aui·an dē·vj·pa·
Am·xv·ca·Ga·am·x·pa·
Am·xx·capitel plinius an dem
xiij·pa·
Am·xxiij·ca·Dia·am·vij·pa
Am·lxiij·ca·an dem ende
Am·lx·ca·an dē·xvj·pa·
Am·lxxxvj·ca·Isa·am·vj·pa
Am·cxxx·ca·Dia·am·vij·pa·
Am·clxj·ca·Dia·an dē·iiij·pa
Am·cxxix·ca·am·vij·pa·

Am·ccxxxvij·ca·Ga·an dē·iiij·
vnd·vj·pa·
Am·cclx·ca·an dem·j·pa·
Am·ccxcvij·ca·an dē·ix·pa
Am·cccvij·ca·an dem·vj·pa·

Für die würm in dem bauch·

Am·iiij·ca·Jo·me·an dē·ix·pa·
Am·iiij·ca·Pla·am·xvij·pa·
Am·xiij·ca·Dia·an dē·xj·pa·
Am·xvij·ca·Dia·am·xij·pa
Am·xxxv·ca·an dem ende
Am·xxxvj·ca·an dem ende
Am·xliiij·capitel Pau· an dem
xj·vnd·xij·pa·
Am·lxxxvj·ca·Jsa·am·vij·pa·
Am·cij·ca·Pli·bey dem ende
Am·cxv·ca·Ga·an dem·iiij·pa·
Am·clvij·ca·an dem ende
Am·clxxxiij·ca·an dem·iiij·pa·
vnd am ende
Am·clxxxvj·ca·an dē·vj·pa·
Am·cxij·ca·an dem ende
Am·ccxxxiij·ca·an dē·iiij·pa·
Am·cclj·ca·an dem·vij·pa·
Am·lix·ca·Dia·am·iiij·pa
Am·cclxxvij·ca·Dia·am·iiij·p·
Am·ccc·ca·an dē·xviij·pa·
Am·cccix·c·am·xv·p·bey dē end
Am·cccxviij·ca·an dem anfang
Am·cccxxxvj·ca·an dē·xiij·pa·
Am·cccxliij·capitel bey dem en-
de vnd an dem·viij·pa·
Am·cccl·ca·an dem·viij·pa·
Am·ccclviij·ca·am·v·pa·
Am·ccclxv·ca·das gancz capi·
Am·ccclxvij·ca·an dem·v·vnd
vj·vnd·viij·pa·
Am·cccxcix·c·bey dē end am·x·p
Am·ccccx·ca·bey dem ende
Am·ccccxiij·ca·bey dem ende
Am·ccccxxiij·ca·an dē·viij·pa·
Am·ccccxxvij·ca·am·vj·pa·

¶ Für die breiden würme in dē
leybe

Am·cvij·ca·Dia·am·vij·pa·

¶ Für das grymen oder dārme
gegicht im dem bauch colica pas
sio genant

Am·ij·ca·Dia·am·xxiiij·pa·
Am·xxviij·ca·an dem ende
Am·xxxij·ca·Pli·an dē·vj·pa
Am·lj·ca·Jo·me·am·viij·pa
Am·lix·ca·an dem ende
Am·c·capitel an dem ende
Am·cxxxj·ca·an dem ende
Am·cxlvij·ca·an dem ende
Am·cliij·ca·an dem ende
Am·clxxxvj·ca·am anfang
Am·cxcviij·ca·bey dem ende
Am·ccv·ca·Dia·am·viij·pa
Am·ccxxx·ca·pli·an dē·iiij·pa
Am·cclvj·ca·an dem ende
Am·ccxciij·ca·an dem ende
Am·ccc·ca·am·xj·pa·am end
Am·cccv·ca·bey dem ende
Am·cccvij·ca an dem·ix·pa·
Am·cccix·an dem ende
Am·cccxj·ca·an dem·v·pa
Am·cccxiij·ca·bey dem anfang
Am·cccxv·ca·bey dem ende
Am·cccxviij·cap·an dem·v·pa·
bey dem anfang
Am·cccxxx·ca·an dē·v·pa·
Am·ccclvij·ca·an dem·iiij·pa
Am·ccxcj·ca·an dem ende
Am·ccccxv·ca·an dem ende
Am·ccccxxxv·ca·am·iiij·pa·

¶ Den die bermůter grymmet

Am·cccxxxiij·ca·na·am ende

¶ Was wol deüwet

Am·vj·ca·Jsaac am·vij·pa·
Am·xv·ca·an dem·xviij·pa·

Am·lxij·ca·an dem ende
Am·xciij· capitel Serapio an dem·ij·pa·
Am·cvj·ca·an dem·iiij·pa·
Am·cxxvij·ca·an dem·v·pa·
Am·cclxviij·ca·an dē·vj·pa·

¶ Für dz brechen oben auß vomitum genant

Am·vj·ca·an dem·x·pa·
Am·xiiij·ca·Avi· vnd plinius an dem·v·vnd·xv·pa·
Am·xxvj·ca·am ende
Am·xlix·ca·pau·am·xviij·pa·
Am·lxxiij·ca·an dem ende
Am·c·capit·Avicenna an dem iiij·vnd·x·pa·
Am·cxviij·ca·an dem·vj·pa·
am·cc·ca·am ende
am·ccj·ca·an dem·viij·pa·
am·ccxxviij·ca·am·iiij·pa·
am·cclxxxij·capitel almãsor an dem·v·pa·
am·cccij·ca·an dem·iiij·pa·
am·cccxxiiij·ca·bey dem ende
am·cccxlj·ca·an dem·iiij·pa·
am·ccccij·ca·an dem·iiij·pa·

wilt du dich machen brechen oben auß

am·cxvij·ca·Ser·am·xiij·pa·
am·xlix·ca·an dē·xviij·pa·
am·cxij·ca·am·iiij·pa·
am·cccxlvj·ca·Ser·am·v·pa·
am·ccclix·ca·Diascorides an dē iiij·pa·
am·ccccxxiij·ca·am·vij·pa·

¶ Für den außgang oder blůtegang dissinteria genant

am·xiij·capitel plinius an dem ix·pa·
am·xvij·capitel Diascorides an dem·vj·vnd·xvj·pa·
am·xxj·ca·pla·am·x·pa·
am·xxvij·ca·pau·am·iiij·pa·
am·xxxvij·ca·Serapio an dem xvij·pa·
am·xlij·capitel Diascorides an dem·iiij·vnd·vj·pa·
am·lxxvj·ca·Ser·an dē·ix·pa
am·cxv·ca·an dem·ix·par·
am·cxix·ca·Ser·am·vij·pa·
am·cxxxiij·ca·pli·am·iiij·pa
am·clxxiij·ca·an dem·vij·pa·
am·clxxviij·ca·am ende
am·cxciiij·ca·Dia·an dē·ij·pa·
am·ccix·ca·an dem·iij·pa·
am·ccxxj·ca·an dem·v·pa·
am·xlj·ca·Ser·an dē·iiij·pa·
am·ccxxiiij·ca·an dem ende
am·cccviij·ca·an dē·xiiij·pa
am·cccxxij·ca·an dem·vj·pa·
am·cccxlvij·ca·an dem·vij·pa·
am·cccxvij·ca·an dem ende
am·ccclxxj·ca·an dem ende
am·ccclxxxj·ca·bey dem ende
am·cccxcvj·ca·an dem·v·pa·
am·cccc·ca·an dem ende
am·ccccxiiij·ca·an dem ende

¶ Für den außgang der jungen kinder

am·lxxviiij·ca·Ser·am·iij·pa·

¶ Was stůlgang bringet

am·j·ca·an dem·xxv·pa·
am·xvj·ca·pla·an dem·xij·pa·
am·xvij· capittel almansor an dem·xv·pa·
am·xxxv·ca·Ser·am·vj·pa·
am·liij·ca·Dia·an dem·xiij·pa
am·lxiij·ca·am·ij·vnd·v·pa·
am·lxxxiij·pla·an dem·vj·par·
am·lxxxiiij·ca·an dem·v·pa·
am·xciiij·ca·an dem·iij·pa·
am·cij·capitel platearius an dē iiij·pa·

Am·cxxv·ca·Jo·mesue an dem iiij·vnd·v·pa·
Am·cxlix·ca·an dem·ix·pa·
Am·ccxxix·ca·am ende
Am·ccl·capitel Galie·an dem vij·vnd·viij·pa·
Am·cclxxxvij·ca·an dē·viij·pa
Am·ccxc·ca·Ser·am·v·pa·
Am·ccxcviij·ca·an dē·v·pa·
Am·cccvij·ca·an dē·viij·pa·
Am·cccxxxvij·ca·am·xix·pa·
Am·ccclxv·capitel an dem·iiij· vnd·v·pa·
Am·ccccxc·ca·am ende

wolcher grosz gelust

hette zům stůlgaugk vnd doch nit gĕschaffen mocht genant te nasmon

Am·lxv·ca·Dia·am·xiij·pa·
Am·lxxiij·ca·Ser·am·v·pa·
Am·clxxxix·ca·dia·an dē·vj·p·
Am·ccj·ca·Ser·an dē·iij·pa·
am·cclxx·ca·an dem ende
am·cclxxxv·ca·an dē·v·pa·
am·cccxviij·ca·an dem·iiij·pa·
am·cccliij·ca·Ga·am·iij·pa·
am·ccclxxxij·ca·an dem ende
am·ccccv·ca·an dem·vj·pa·

¶ Für die winde der därme

am·xv·ca·Ga·am·xvij·pa·
am·ciij·ca·Pli·an dē·xiij·pa·
am·cxiiij·ca·Dias·vnd aui·an dem·vj·vnd·xiiij·pa·
am·cxv·ca·Ga·an dem·ij·pa
am·ccvij·ca·an dem·vij·pa·
am·ccxxv·ca·an dē·viij·pa·

¶ Für das lenden weethum

am·iiij·ca·Pita·am·xxij·pa·
am·xxv·ca·dia·an dē·iiij·pa·
am·xxvij·ca·an dem ende
am·lxxxvj·ca·Isa·an dē·v·pa·
am·xcij·ca·Ser·an dem·iij·pa·
am·cxxxj·ca·an dem·v·pa·
am·cliiij·ca·Ser·an dē·v·pa·
am·clxxxij·ca·an dem·iiij·pa·
am·clxxxiiij·ca·an dē·iij·pa
am·cxc·ca·pli·an dem·iiij·pa
am·ccxij·ca·beÿ dem ende
am·ccxxiiij·ca·Dia·am·vij·pa·
am·cc lxiiij·ca·an dem ende
am·ccl xxij·ca·am·vj·vn̄·vij·p·
am·cclxxvij·ca·an dē·viij·pa·
am·ccciij·ca·an dem·xvij·par· vnnd beÿ dem ende
am·ccciiij·ca·an dem·xij·pa·
am·cccxv·ca·an dem·v·pa·
am·ccclij·ca·an dē·viij·pa·
am·ccclx·ca·an dem·iiij·pa
am·ccclxix·ca·an dē·iiij·pa·
am·ccccx·ca·Isaac an dem·xix· vnd·xxix·pa·
am·ccccxv·ca·an dem ende

¶ Für den blasen vn̄ lendē stein

am·j·capitel Dia·an dem·xvij· vnd·xxj·pa·
am·ij·ca·pla·am·xiij·pa·
am·v·ca·Ga·am·xvj·pa·
am·vj·ca·aui·am·v·vn̄·viij·p
am·xij·ca·aui·am·xiiij·pa·
am·xxiiij·capitel Dias·an dem iiij·vnd·viij·pa·
am·lxxij·ca·Ser·am·x·pa·
am·lxxxiij·ca·aui·an dem·xiij· pa·vnd am ende
am·lxxxvj·ca·beÿ dem ende
am·xij·ca·Dia·an dem·ix·pa·
am·cxvij·ca·Ser·am·v·pa·
am·cxl·ca·pla·am·vj·pa·
am·cxlij·ca·am·iiij·pa·
am·clxxij·ca·am·vj·pa·
am·clxxxij·ca·an dem·iiij·pa·

Am·cxc·ca·an dem·üij·pa·
Am·ccxüij·ca·am anfang
Am·ccxvj·ca·an dē·ij·vñ·üij·p·
Am·ccxxviij·ca·Ga·am·xij·pa
Am·ccxlvüij·ca·an dē·üij·pa·
Am·cclxiij·ca·pli·am·üj·pa·
Am·cccüij·ca·an dē·v·pa·
am·cccxxij·ca·am·üij·pa·
Am·cccxxxvüj·capitel an dē·xij·
vnd·xj·pa·
Am·cccxxxix·ca·an dē·üj·pa·
Am·cccxlviij·ca·Aui·an dē·xij·
vnd·xiij·pa·
Am·ccclüij·ca·am·iij·vñ·vij·p
Am·ccclxxij·ca·pli·am·ij·pa·
Am·cccxcix·ca·an dem ende
Am·ccccx·c·an·dē·üij·vñ·vij·p
am·ccccxj·ca·an dem·ij·pa
am·ccccxij·ca·bey dem ende
am·ccccxxvj·ca·bey dem ende

Für den nyeren stein

am ·xxxv·capitel circa instans
an dem·xxviij·pa·
am·cij·ca·an dem ende
am·cxcvj·ca· Jo·me·am·v·pa·
am·ccxx·ca·an dem ende
am·cclxxvj·c·an dē·vj·vñ vij·p
¶ Wer mit not neczet diss cul-
tas vrine genant
am·j·ca·Dia·am·xvj·pa·
am·ij·ca·pla·an dē·xüij·pa
am·iiij·ca·Aui·am·x·pa·
am·v·ca·Ga·am·xvij·pa·
am·vj·ca·am·v·vnd·ix·pa·
am·xij·ca·aui·am·xüj·pa·
am·xv·ca·aui·an dē·ix·pa·
am·xx·ca·aui·am anfang
am·xxüj·ca·Dia·am·ix·pa
am·xxüj·ca·Dia·am·üj·pa·
am·xxxv·ca·Ga·am·xvij·pa·
am·lj·ca·Jo·me·an dē·x·pa·

am·liij·ca·an dem ende
am·lxxvij·ca·pla·am·xj·pa·
am·lxxxüij·ca·an dē·ix·pa·
am·lxxxvj·ca·Isaac am·üij·pa·
am·xcvij·ca·Ga·am anfang
am·c·ca·Ser·an dē·ix·pa·
am·cxij·ca·Dia·an dē·x·pa·
am·cxxj·aui·an dē·xj·pa·
am·cxxij·ca·an dem·vj·pa·
am·clxxv·ca·dia·am·iij·pa
am·cxc·ca·pli·an dē·üj·pa·
am·ccj·ca·an dem·x·pa·
am·ccx·ca·aui·an dē·iiij·pa·
am·cclüij·ca·an dem·iiij·pa·
am·cclxxxüj·ca·an dem ende
am·ccc·ca·an dem·xx·pa·
am·cccij·ca·am·xviij·pa·
am·ccciiij·ca·an dem·v·pa·
am·cccxxxvüj·ca·am·iij·pa·
am·cccxlv·ca·Dia·am·iij·pa·
am·ccclx·ca·an dē·ij·pa·
am·ccclxxj·ca·an dē·iiij·pa·
am·ccclxxvj·ca·am·iij·pa·
am·ccccxv·ca·pau·am·vj·par·
vnd an dem ende
am·ccccxxx·ca·an dē·iij·pa
¶ Wölicher blůt seichet
am·cxii ij·ca·an dem ende
¶ Was blůtseichen machet
am·cclxxxvij c·pau·bey dē ende
¶ Für dē kaltseich dissuria genāt
am·ij·ca·an dem·xiij·pa·
am·xcij·ca·am ende
am·cxj·ca·aui·am·v·pa·
am·cxxvüj·ca·na·am ende
am·ccx·ca·na·am ende
am·cclxxv·ca·am·vj·pa·
am·cclxxxv·ca·am·iiij·pa·
am·ccclüj·ca·am·vij·pa·
am·ccclx·ca·an dem·v·pa·
am·cccxvij·ca·am ende
am·cccxcvj·ca·am·üj·pa·

¶ Für das tröpflinigen harmen stranguiria genant
Am·xiiij·ca·pau·am·ix·pa·
Am·xxj·ca·Dia·an dē·vj·pa·
Am·lxvj·ca·pla·an dē·ix·pa
Am·lxxv·ca·dia·an dē·xvj·pa·
Am·cxj·ca·Aui·na·am ende
Am·cxiiij·ca·an dē·xiij·pa·
Am·cxl·ca·pli·an dē·v·pa·
Am·clxix·ca·an dem·vij·pa·
Am·cx cv·ca·an dē·viij·pa·
Am·ccxvj·ca·an dē ende
Am·cclxxvij·ca·pla·am·viij·p·
Am·cccij·ca·an dē·v·pa·
Am·cccv·ca·bey dem ende
Am·cccxj·ca·an dē·iiij·pa·
Am·cccxvij·ca·am ende
Am·cccxxxiij·ca·am·iiij·pa·
Am·cccxxxix·ca·am·iiij·pa
Am·cccxlviij·ca·am ende
am·cccl viij·ca·am·vj·pa·
Am·cc ccxv·ca·an dē·vij·pa·
¶ Dem d harm entgeet on sein en willen dyabetica passio genant
am·lxvj·ca·pla·an dē·x·pa·
am·cxj·ca·Aui·am·x·pa·
am·ccix·ca·am ende
am·cccliiij·ca·an dem·iiij·vnnd v·para·
am·ccclxviij·ca·am·iiij·pa

zů der blasen geschwulst vnd vngemach

am·iiij·ca·pla·am·xix·pa·
am·xv·ca·an dem·xiij·pa·
am·xlj·ca·an dem·vij·pa·
am·ccxiij·ca·an dē·ix·pa·
am·ccxlix·ca·an dem·iiij·pa·vñ an dem ende
am·cclxv·ca·am ende
am·cccix·ca·an dem·ix·pa·

¶ So der frawen sucht verstopfet ist genant menstruum
am·j·capitel an dem·vj·vnd an dem·v ij·pa·
am·ij·ca·Diascorides an dē·xij· vnd·xix·pa·
am·iiij·ca·an dem·x·pa·
am·xiiij·ca·pau·an dem·xj·pa·
am·xv·ca·Galie·am·xj·pa·
am·xvj·ca·pla·an dem·xiij·pa·
am·xix·ca·an dem·xv·pa·
am·xx·ca·aui·an·dē·ij·pa·
am·xxxvj·ca·Ser·am ende
am·xliiij·ca·pau·am·x·pa·
am·lix·ca·an dem·vij·pa·
am·lxxv·ca·Dia·am·xv·pa·
am·cxxiiij·ca·an dē·xv·pa·
am·cxxxviij·ca·pla·am·ij·pa·
am·ccxxxvj·ca·Ser·am·ij·pa·
am·cclj·ca·an dem·xix·pa·
am·cclxxxv·ca·an dem·vj·pa
am·ccc·ca·an dem·vj·pa·
am·ccciij·ca·pla·am·viij·pa·
am·cccxlviij·ca·dia·an dē·v·p·
am·ccclxxviij·ca·Ga·am·vj·pa
am·ccc cx·ca·an dē·xv·pa·
am·ccccxij·ca·pau·am·xj·pa
am·ccccxviij·capi·Diascorides an dem·vj·vnd·xij·pa·
¶ So der frawen sucht zů flüssig ist
am·j·ca·Dia·am·xv·pa·
am·ij·ca·pla·an dē·xij·pa·
am·xiij·ca·Dia·am·x·pa·
am·xxvj·ca·an dē·vj·pa·
am·xxxiij·ca·Ser·vñ Dias·an dem·ij·vnd·vij·pa·
am·lv·ca·Ser·am·iij·pa·
am·lxvij·ca·an dem·ix·pa·
a m·xcv·ca·bey dem ende
am·clvj·ca·bey dem ende
am·cxcvj·ca·am ende

Am·ccxiij·ca·pla·am·viij·pa·
Am·cclxxxiij·ca·bey dem ende
Am·ccxcviij·ca·an dē·viij·pa·
Am·ccc·ca·an dem·xix·pa·
Am·cccviij·ca·an dem·v·pa·
am·ccclxxvj·ca·am·iiij·pa·
am·ccclxxxj·ca·an dem ende
am·ccccxiiij·ca·am·vj·vñ·x·pa

¶ Für den weissen fluß der frauwen·

am·clxxiij·ca·na·am ende
am·cclxiiij·ca·pau·am·iiij·pa·
am·ccccxxij·ca·an dē·viij·pa

¶ Was frawen nucz oder schade sey die mitt kinden geen oder kinder seügen·

am·vj·cap·Ga·an dem·xj·vnd xviij·vnd·xix·vnd·xx·pa·
am·l·ca·ÿpocras am·iij·pa·
am·c·ca·Ra·moÿ·am·vij·pa
am·cv·ca·an dem·ix·pa·
am·cviij·capi·an dē·iiij·pa·vñ am ende
am·ccc·ca·an dē·vij·pa·
am·ccccxxxix·ca·an dē·iiij·pa·
am·ccclüj·ca·an dem·xj·pa·
am·ccclxxxiiij·ca·am·vij·pa·
am·ccccxcix·ca·an dē·viij·pa·

Für kranckheyt der

müter matrix genant

am·xiiij·ca·an dem ende
am·xvij·ca·Dia·am·vij·pa·
am·xxj·ca·an dem ende
am·xxv·ca·an dem·v·pa·
am·xxvj·ca·pau·am·iiij·pa·
am·xlix·ca·an dem·v·pa·
am·lv·ca·an dē·iij·pa·
am·lxv·ca·an dem·xj·pa·
am·lxvj·ca·an dem·xj·pa·
am·lxxv·ca·am·xvj·pa·
am·cvij·ca·na·am ende
am·cxcj·ca·Dia·am·v·pa·
am·ccxxviij·ca·beÿ dem ende
am·ccxxxvj·ca·an dē·v·pa·
am·ccxxxix·ca·an·dē·vij·pa·
am·cclv·ca·an dem ende
am·cclxxv·ca·an dem·v·pa·
am·cccxcix·ca·an dem·ix·pa·
am·ccccxxxvj·ca·am·xj·vñ·xij·p
am·ccccxcvij·ca·an dē·v·pa·
am·cccccx·ca·an dē·xiij·pa·
am·cccccxviij·ca·an dē·xj·pa·
am·ccccxxij·ca·am·vij·vñ·x·pa
am·ccccxxvij·ca·bey dem ende

¶ So den frawē jr müter auff stoßt genāt suffocacio matricis

am·xxxv·ca·an·dē·xxij·pa·
am·xlvj·ca·an dem·xiij·pa·
am·lvij·ca·aui·an dē·vi·pa·
am·ciij·ca·Dia·am·v·pa·
am·ccl·ca·pli·an dē·vij·pa·
am·ccxcviij·ca·an dem·ix·pa·
am·cccxxxij·ca·am ende
am·ccclxxij·ca·an dem ende

¶ Was die frauwen fruchtbar machet

am·j·ca·pla·am·xxvj·pa·
am·xxlij·ca·am ende
am·xxv·ca·Dia·an·dem·v·pa·
am·lxj·c·am·iij·pa·vñ am end
am·clxxxvj·ca·am ende
am·cclxx·ca·beÿ dem ende
am·ccc·ca·an dem ende
am·cccxvij·ca·beÿ dem ende
am·ccclxviij·ca·beÿ dem ende an dem·v·pa·
am·cccxvj·ca·am·ij·vñ·iiij·pa·

¶ Was die frauwen vnfruchtbar machet

am·lviij·ca·an dem·iiij·pa·
am·cccxxix·ca·pla·am·v·pa

¶ Was den frauwen güt seÿ so sÿ kinder geberen

Am·j·ca·Dia·an dē·viij·pa·
Am·x·ca·Ser·am·ix·vñ·xij·p·
am·lxv·ca·an dem·xij·pa·
am·xciij·ca·an dē·v·pa·
am·cviij·ca·na·am ende
am·cciiij·ca·an dem·v·pa·
am·ccl·ca·circa instās am·iij·p
am·ccxcv·ca·an dē anfang
am·ccxcviij·ca·am·iiij·pa·

¶ Zů der andern geburt secundina genant

am·iiij·ca·aui·am·xj·pa·
am·x·ca·Dia·an dem·xj·pa·
am·lxviij·ca·pla·am·vj·pa·
am·cv·ca·an dem·vj·pa·
am·cxiij·ca·Dia·am·iiij·pa
am·cclvj·ca·an dem·viij·pa·
am·ccc·ca·an dem·viij·pa·
am·cccix·ca·an dem·xij·pa·

zů der todten geburt

abortus genant·

am·j·ca·dia·am·ix·vñ·xxv·pa·
am·xj·ca·pli·an dem·ij·pa·
am·lv·ca·Ser·am·vij·pa·
am·lxxxiiij·ca·aui·am·xij·pa·
am·lxxxix·ca·Ga·an dem·x·pa·
am·cv·ca·an dem·vj·pa·
am·cxlvj·ca·am·xij·pa·
am·clxv·ca·an dem·xiij·pa·
am·clxxxiij·ca·an dē·iiij·pa·
am·ccxxv·an dem·iij·pa·
am·ccxxxiij·ca·an dem·vj·pa·
am·cclvij·ca·an dem·xiij·pa·
am·cclxxviij·ca·Ga·am·vj·pa·
am·ccxcviij·ca·an dem·iiij·pa·
am·cccxlv·c·bey dē end am·ix·p
am·cccxj·ca·an dem·iiij·pa·
am·ccclxxiij·ca·an dem ende
am·ccclxxix·ca·pli·an dē·vj·pa
am·ccccxiij·ca·pla·am·x·pa·

¶ Das ein frawe frölich kinder gebere vnnd gerügklich zů der geburt komme

am·c·ca·Raby moy·am·vij·p·
am·ccccxviij·ca·am·viij·pa·

¶ Wo von die frawen zů zeyten die todten kinder geberen

am·ccccxviij·ca·Diascorides an dem·vij·pa·

¶ Was den frawen vil milche gibt die kinder seügen·

am·xiiij·ca·aui·an dē·iiij·pa·
am·xv·ca·aui·an·dem·vj·pa·
am·lxv·ca·dia·an dē·xvij·pa·
am·clv·ca·an dem·iij·pa·
am·clxxv·ca·Dia·am·ij·pa·
am·ccxxxviij·ca·an dē·x·pa·

¶ Was den frawen die milche verschwindet

am·lxxxvij·ca·an dem·vij·pa·
am·cclxxvij·ca·pli·am·xiij· pa

¶ Wöliche frawe flecken hette vnder den augen die eynes kindes in gelegen wäre·

am·ccxli·ca·an dem ende

¶ So die brüste der frawen schweren·

am·vj·ca·Gal·an dē·xiiij·pa·
am·vij·ca·Dia·an dē·viij·pa·
am·xx·ca·pla·an dem·x·pa·
am·xxiij·capitel diascorides an dem·x·pa·
am·lxvj·ca·an dem ende
am·cij·capitel Galienus an dē iij·pa·
am·xcv·ca·an dem·vj·pa·
am·ccxvij· capitel Platearius an dem·ix·pa·
am·cclj·ca·an dem·ix·pa·
am·ccij·ca·an dem·xix·pa·

¶ Das die brüst d' jungkfrawen nit wachsen

am·lxxxvij·ca·an dem·vij·pa·

¶ Wo võ ein mensch lustig vñ fro wirt.
Am.xx.ca.an dem.j.pa.
Am.xxiij.ca.Diasco.am.xj.vnd xvij.vnd.xxiiij.pa.
Am.liiij.ca.Galie.am.iiij.pa
Am.c.ca.an dem.viij.pa.
Am.cxxj.ca.aui.am.xij.pa.
Jccxiiij.ca.am.ende.
¶ Was dem menschen gůt blůt machet.
Am.xxiij.cap.an dem.xxj.vnnd xxiij.pa.
Am.xxxviij.ca.am.xij.pa.
Am.xxxix.ca.am ende.
Am.vj.ca.pla.am.ij.vñ.vij.pa
Am.c.ca.an dem.viij.pa.
Am.cvj.ca.plate.am.v.pa.
Am.cxiij.ca.am ende.
am.cxxj.ca.aui.am.vj.pa.
am.cclxxij.ca.an dem ende.
am.ccxcj.ca.an dem ende
am.ccxcvij.ca.am.xiij.vñ.vij.p
am.ccclxxiiij.ca.am.x.pa.
am.cccij.ca.bey dem ende.
am.ccccxxxiij.ca.aui.am.v.pa
¶ Wölcher blůt speyet genantt emoptoicus.
am.xvij.ca.Dias.am.iiij.pa.
am.xxxiij.ca.Dias.am.vj.pa.
am.xxxv.ca.Sera.am.xx.pa.
am.xxxvj.ca.Dias.am.xviij.pa.
am.xlij.ca.Dias.vñ Serap.am iiij.vnd.ix.pa.
am.liij.ca.Dias.am.ix.pa.
am.lxvij.ca.plin.am.x.pa.
am.lxx.ca.Dias.am.iiij.pa.
am.xcv.ca.plate.am.iij.pa.
am.cxj.ca.aui.am.vj.pa.
am.cxxx.ca.Sera.am.iiij.pa
am.clxxiij.ca.am.vj.pa.
am.clxxvij.ca.am.ij.pa.
am.ccj.ca.am.ix.pa.
am.cclj.ca.Diascorides an dem xij.par.
am.cclxv.ca.an dem ende
am.xcj.ca.am.vij.pa.
am.cccj.ca.an dem.xiij.pa.
am.cccij.ca.Dias.am.iij.pa.
am.ccciij.ca.ypocras am.xj.vñ xx.par.
am.cccviij.ca.an dem.xiij.pa
am.cccxxxvij.ca.am.xj.pa.
am.cccxlix.ca.an dem.iiij.pa.
am.ccclxxxj.ca.am.vj.pa.
am.ccclxxxvij.ca.am.iij.pa.
am.cccxcj.ca.bey dem ende

Blůt stellen

am.ix.ca.an dem.ij.pa.
am.xxvij.ca.pau.am.iij.pa.
am.lxxxviij.ca.am ende
am.clxxxvij.ca.am.iij.pa.
am.cciij.ca.an dem.xj.pa
am.cccviij.ca.am.xvj.pa.
am.ccclxxj.ca.am.v.pa.
am.ccclxxxvij.ca.bey dem ende
am.cccc.capit Serapio an dem ix.pa.
am.ccccxxij.ca.am.v.pa.
am.ccccxxiij.ca.am.vj.pa.
¶ Jtem für das blůten auß der nasen.
am.xxvj.ca.Gal.an dem ende
am.xxvij.ca.an dem ende
am.xliij.cap.an dem.xj.pa.vnd am ende.
am.xlvij.ca. platea.an dem. vj. vñ.vij.pa.
am.ciiij.ca.na.am ende
am.cxiiij.ca.auicen.na.am ende.
am.clxxiij.ca.am.iiij.vñ.v.par.
am.cciij.ca.plateari. an dem.ix. vnd.xiij.pa.

H.j.

Am·ccxx·ca·an dem ende
Am·cclxix·ca·Rasis am·v·pa·
Am·ccc·ca·an dem·xv·pa·
Am·ccc·ca·bey dem ende
Am·cccij·ca·Cas·se·am·xx·pa·
Am·cccxxxvj·ca·am·xvij·pa·
Am·ccclvij·ca·an dem·v·pa
Am·ccclxxxj·ca·am·iiij·vñ·v·p
Am·ccclxxxij·ca·pau·am·ix·pa
Am·ccxcj·ca·an dem·iij·pa·
Am·cccc·ca·bey dem ende

Wilt du das du blůttest auß der nasen

Am·ccccx·ca·plat·bey dem ende

Für sickblattern in dē afftern emorroide genant

Am·j·ca·pla·am·xxvij·pa·
Am·xiij·ca·pli·an dē·xx·pa·
Am·xiiij·ca·Aui·vnd plate·an dem·vij·vnd·xij·pa·
Am·xxiij·ca·Dia·an dē·v·pa
Am·xxvij·ca·an dem·ij·pa·
Am·xxxvj·ca·am·xxv·pa·
Am·lj·ca·am ende
Am·ciij·ca·Ga·am·vj·pa·
Am·cx·ca·an dem ende
Am·clix·ca·am ende
Am·clxix·ca·an dem·v·pa·
Am·clxxxix·ca·am·v·pa·
Am·ccxxxiij·ca·am·xij·pa·
Am·cccvj·ca·an dem·vj·pa·
Am·cccxxxj·ca·an dem ende
Am·ccclj·ca·an dem ende
Am·cccl·c·am·v·p·vñ am end
Am·ccccxiij·ca·bey dem ende
Am·ccccxvj·ca·am·xiiij·pa·

Dem der arßdarme für den afftern geet

Am·j·ca·pla·am ende
Am·xvj·ca·an dem·xiij·pa·
Am·xxvj·ca·pau·am·iij·pa·
Am·xxviij·ca·Dia·vnd Sera·an·v·vnd·viij·pa·
Am·cxxvij·ca·am ende
am·cxxxiiij·ca·am ende
Am·ccxlvij·ca·bey dem ende

Für aller hand geschwer vñ blatern die do hiczig sind

Am·iiij·ca·Aui·am·iij·pa·
Am·xij·ca·aui·an dem·v·par·
Am·xvj·ca·pla·am·viij·pa·
Am·xx·ca·Auicenna an dē·iiij·vnd·v·pa·
Am·xxv·ca·Dia·am·viij·par·
Am·xxix·ca·Ga·am·iij·pa
Am·xxxiij·ca·Serapio an dem v·vnd·ix·pa·
Am·lxxj·ca·pli·am·iiij·pa
Am·lxxxiiij·ca·aui·am·iij·pa·
Am·xcv·ca·pli·an dē·vj·pa·
Am·cij·ca·an dem·iij·pa·
Am·cxxxvij·ca·an dem ende
Am·clxvij·ca·an dem·vj·pa·
Am·cxcj·ca·am·vj·vñ·xiij·par·
Am·cxcij·ca·an dem·iiij·pa
Am·ccvj·ca·an dem·iij·pa
Am·ccxix·ca·an dem·iiij·vnnd v·vnd·vj·pa·
Am·ccxxj·ca·am·iiij·pa·
Am·ccxxiij·ca·am·xiij·pa·
Am·ccxxvj·ca·Ga·am·vij·par·
Am·ccxlix·ca·Aui·am·vj·par·
Am·ccliij·ca·an dem·j·ij·iiij·vj vij·viij·pa·vnd am ende
Am·cclxxxvij·ca·dia·am·iij·pa
Am·ccxcix·ca·an dem·iiij·pa·
Am·cccix·ca·am·vj·pa·
Am·cccxiij·ca·pla·am·iij·par·
Am·cccxlix·ca·am·iiij·pa·
Am·ccccv·ca·an dem·iiij·pa
Am·ccccx·ca·Ga·am·xxxij·pa·
Am·ccccxvj·ca·am·v·par·
Am·ccccxix·c·am·iiij·vñ·vij·p

¶ Für geschwern erhaben von kalter feüchtung

Am·ij·ca·Aui·an dem·vij·par·
am·xxiij·ca·Dia·an dem·vj·pa
am·xxiiij·ca·Dia·an dem·vj·p·
am·lx·ca·Pla·an dem·iiij·par·
am·ccij·ca·pli·an dem·viij·pa·
am·cclxxxviij·ca·Jsa·am·iij·p·

¶ Wölichem sein füsse vol böser blatern wären

am·lxviij·ca·an dem·iiij·para·

¶ Wilt du blattern oder geschweren auff äczen

am·iiij·ca·Aui·an dem·iij·pa·
Am·cxxviij·capittel an dem·vj·
para·vnnd an dem ende
Am·cxxxvj·capitel an dem ende
am·clij·ca·an dem·ix·pa·
Am·clxxvij·capittel an dem·ij·
vnd·iij·vnnd·iiij·pa·
am·clxxxiiij·ca·an dem·ij·pa
am·clxxxv·ca·an dem ende
am·ccxxxvj·ca·an dem·vj·par·
am·ccclij·ca·an dem·iiij·pa·

Für den wolf an dem leybe

am·v·ca·Dia·an dem·v·pa·
am·cxj·ca·aui·an dem·vij·par·
am·cxxxvj·ca·an dem·vj·pa·
am·cxxxix·ca·an dem·ij·pa·
am·cccv·cap·an dem·vij·pa·

¶ Für den krebs

am·v·ca·Ga·an dem·ix·pa·
am·viij·ca·an dem·ij·pa·
am·xxiij·ca·Dia·an dē·xvj·pa·
am·xlj·ca·aui·am·xviij·pa·
am·xliij·ca·an dem·vij·pa·
am·xlv·ca·Dia·an dem·vj·pa·
am·lxxxvj·ca·Jsa·am·viij·par·
am·ccxxxv·ca·Pau·am ende
am·ccccx·ca·Jo·me·am·xviij·p

Für die fisteln

am·x·ca·Sera·an dem·viij·pa·
am·xj·ca·an dem·vj·pa·
am·xxix·capitel Galienus vnd
Serapio am·iiij·vnd·xj·pa·
am·xliij·ca·an dem·vj·pa·
am·xlv·c·dia·am vij·vñ·viij·p
am·lj·ca·Jo·me s·na·am ende
am·lxxxviij·ca·Johannes me/
sue an dem·viij·pa·
am·cxxxviij·ca·an dem·v·pa
am·clxv·ca·am·ij·pa·am ende
am·clxxj·ca·an dem·iiij·pa
am·clxxxv·capitel an dem·viij·
pa·na·an dem ende
am·clxxxviij·ca·am ende
am·ccv·ca·Dia·am·vj·pa·
am·ccxij·capitel am·ix·pa·
am·cclix·capitel an dem·xj·pa·
na·am ende
am·cclxij·ca·an dem·iiij·pa·
am·cccij·ca·pla·an dem·x·par·
am·cccviij·ca·an dem·viij·par·
am·cccxcv·ca·an dem·xv·pa·
am·ccccxviij·ca·bey dem ende

Für alle alt schaden

an dem leybe außwendig

am·xj·capitel plate·am·vj·pa·
am·xxij·ca·an dem·iij·pa·
am·lxxiij·ca·an dem·viij·pa
am·clxxxj·capitel an dē·iiij·pa·
na·am ende
am·cxcvij·ca·an dem·iiij·pa
am·ccliiij·ca·an dem ende
am·cccij·ca·an dem ende
am·cccxxxix·capittel an dem·v·
pa·bey dem ende
am·cccl·cap·an dem·iij·pa
am·ccccxj·ca·am·xj·pa·
am·ccccxj·ca·bey dem ende
am·ccccxij·ca·Ga·am·ij·pa

¶ Ein pfeyl oder ein dorn auß zůziehē leichtlich
Am·x·ca·Diasco·am ende
Am·xj·capitel Dia·am·ix·pa
Am·xvij·ca·Dia·an dē·ix·pa
Am·xxviij·ca·Ser·am·viij·pa
Am·lv·ca·Ser·an dē·iiij·par·
Am·clxxxv·ca·an dem·v·para
Am·cxcv·capit·an dem·xij·pa·bey dem ende
Am·ccccxxv·ca·an dē·v·pa
¶ Item für ein blater genannt carbunculus·
Am·ciiij·ca·Aui·am·iiij·pa
Am·cccxcv·ca·am·xiiij·pa
¶ Item für das freyschen der jungen kinde
Am·ccccxxxlj·ca·an dem·v·pa·
¶ Für das rot lauffen oder freischen herisipila genant
Am·xlvij·ca·Galie·am·vij·pa
Am·lxvij·ca·Dia·am·iiij·pa
Am·lxix·capitel am ende
Am·lxxxvij·ca·Ser·am·v·pa·
Am·xcj·c·am·xiij·p·bey dē ende
Am·xciij·ca·an dem v·pa·
Am·cix·ca·an dem·ij·pa·
Am·lxviij·ca·an dem·iij·pa·
Am·ccxxxv·ca·Pau·am·j·par·
Am·cclxxxvij·ca·pau·am vj·p·
Am·cccj·ca·an dem·x·pa·
Am·cccvj·ca·Aui·am·iij·pa
Am·cccx·ca·an dem ende
Am·cccxvj·ca·aui·am v·pa
Am·ccclüij·ca·an dē·x·pa·
Am·ccccxvj·ca·an dem·xv·pa·
Am·ccccxvij·ca·bey dem ende
Am·ccccxxxij·ca·an dē·iiij·pa

Für die pestilencz

Am·v·ca·Diascorides an dem j·pa·vnd na·am ende
Am·xiij·ca·Pli·am·xviij·pa
Am·xvj·ca·Dia·vnd Plateàrius an dem·vj·vnd·ix·pa
Am·lxviij·capitel am ende
Am·lxxvj·ca·Aui·an dem·iiij·vj·vij·vnd viij·pa·
Am·lxxxix·capittel an dem·xij·pa·na·am ende
Am·cxxj·ca·aui·am·viij·pa
am·cxcj·c·am·xvij·pa·am ende
am·ccxviij·c·am viij·p·am end
Am·cclvj·ca·Dia·am·vij·par·
Am·cclxxxj·capitel an dem·vij·vnd·viij·pa·
Am·cccxv·ca·an dem·iij·pa
Am·cccxxvj·ca·am vij·pa
Am·ccclüij·ca·an dem ende
Am·cccl·capitel an dem·xj·pa·bey dem ende
Am·ccclxxix·ca·an dem·iij·par·
Am·cccxcvj·ca·an dem ende
Am·cccc·ca·Dia·an dē·vj·pa·
Am·ccccxxiij·ca·an dē·iiij·pa·
¶ Item wer sicher wil sein vor drůsen vnd geschwern
Am·xxiij·capittel Diascorides an dem·xv·pa·
Am·ccxxvj·ca·an dem v·pa·
Am·ccxxvij·ca·an dem·lj·pa
Am·ccclxxxvj·ca·am ende
¶ Zů den vnreynen wunden
Am vj·ca·Ga·an dē·xvij·pa
Am·ix·ca·an dem·iiij·pa
Am·x·ca·an dem·vij·pa
Am·xj·ca·an dem·iiij·pa
Am·xx·capitel Plinius an dem xv·pa·
Am·xxxvj·ca·Ga·Joh·me·am xxiij·xxvij·vnd·xxviij·pa·
Am·xxxix·capittel Serapio an dem·iij·vnd·iiij·pa·
Am·xliij·ca·Ga·am·xij·pa

Am·lix·ca·an dem·viij·pa
Am·cxxxix·ca·am ende
Am·clxxxj·ca·an dem·iij·pa·
Am·cxcij·c·am·ij·p·am anfāg
Am·ccxij·ca·Jo·me·am·x·pa
Am·ccliiij·capitel an dem·vij·
para·am ende
Am·cclvj·ca·an dem·x·pa
Am·ccciij·ca·Willhel·am·viij·p
Am·cccxlvij·ca·an dem·xij·pa·
vnd an dem ende
Am·cccliij·ca·Ser·am·ix·pa
Am·ccclxxxij·ca·am·vj·pa·
Am·cccxciiij·ca·bey dem ende
Am·ccccx·an dem·xxv·pa·
Am·ccccxxx·ca·an dē·iiij·pa·

¶ Zů feüchten wunden

Am·xxiiij·ca·Dia·am·v·pa·
Am·ccclüj·ca·an dem ende
Am·ccccxxj·ca·an dē anfang

¶ Zů den frischen wunden

Am·xxij·c·pla·am·iij·vñ·iiij·p·
Am·xxviij·ca·Dia·am·ij·pa
Am·xxxij·ca·pli·am·iij·pa
Am·xxxiij·ca·Ser·am·iiij·par·
Am·xxxviij·ca·aui·am·ix·pa
am·lxvij·ca·an dem·xij·pa·
am·lxxv·ca·Ser·am·xxxj·par·
am·cxlviij·ca·an dem·ij·pa
am·clxxv·ca·an dē·xviij·pa·
am·clxxviij·ca·Dia·am·iiij·pa·
am·clxxxviij·ca·aui·am·ij·pa·
am·ccliij·ca·an dem·viij·pa·
am·cclxv·ca·an dem·vj·pa
am·ccciij·ca·Isaac am·vij·vnd
xx·pa·am ende
am·cccvj·ca·Pla·am·ix·pa·
am·ccclvij·ca·an dē·lij·pa·

wilt du das kein faul

fleisch in den wunden wachse
am·ccxxvj·ca·am·x·pa·am end
am·ccxcj·ca·an dem·vj·pa
am·cccxxxij·ca·an dē·iiij·pa

¶ Faule fleisch auß zů äczen

am·ix·capitel an dem·iiij·para
am·x·ca·Ser·an dem·vij·pa·
am·cx·ca·pla·an dem·iiij·par·
am·cxj·ca·aui·an dem·iij·pa
am·cccciij·ca·bey dem ende
am·ccclxxviij·ca·an dē·vij·pa·
am·ccclxxxij·ca·an dē·iiij·pa
am·cccxcij·ca·am·ij·vñ·uj·pa
am·ccccüij·ca·an dem ende
am·cccc vj·ca·bey dem anfange

¶ Für das gucken

am·xxxix·ca·Ser·an dē·ij·pa·
am·xlv·capitel an dē ende
am·cxvj·capitel an dē·xiij·par·
na·an dem ende
am·ccxxxviij·ca·an dē·iij·pa·
am·ccc·capittel an dem·iiij·pa·
am·cccxlvi·ca·am·xij·pa·
am·cccxlix·ca·an dem·v·pa·
am·ccccxcij·ca·an dem·iiij·pa
am·ccccij·ca·an dem·iiij·pa·
am·ccccx·cap·Johannes mesue
an dem·xxxvj·pa·

¶ Wilt du ein wunde zů sam-
men ziehen on alles hefften
am·clxxviij·ca·an dē iiij·pa
am·ccliiij·ca·an dem vj·pa
am·ccxci·ca·an dem vj·pa·

¶ Wilt du haben fleisch wach-
sen in den wunden
am·clxxxviij·ca·an dem·j·pa
am·ccxcj·capitel an dem·xij·pa
bey dem ende

Für die außsetzigkeit

am·iiij·ca·aui·an dē vij·pa·
am·xj·ca pla·an dē vij·pa
am·xx·ca·Aui·an dē·iiij·pa
am·xxxviij·ca·Se·am·ij·vj·pa

Am·xxv·ca·Dia·am·xxxiiij·p
vnd an dem ende
Am·lxxxv·ca·Ga·am·ix·pa
Am·cxvj·capitel an dem ende
Am·cxxviij·ca·Ser·am·ij·p
Am·cxxxvj·ca·an dem·vj·par·
Am·clxv·capitel an dē·ij·pa
Am·clxix·ca·na an dem ende
Am·clxxvj·capitel an dem·iiij·
vnd·vj·vnnd·vij·pa·
Am·ccxxvj·capitel an dē·ij·pa·
Am·ccxxvij·capittel an dē ende
Am·cclxiij·ca·an dem·iiij·pa
Am·cclxxvij·capitel an dem·xj
vnd·xviij·pa·
Am·cclxxxv·ca·an dem ende
Am·ccxcj·ca·Ser·am·ix·pa
Am·cccüij·ca·an dem·xj·pa
Am·cccxlv·ca·an dem·vj·par·
Am·cccl·ca·Pli·am·vij·pa
Am·ccclix·ca·bey dem ende
Am·ccclxxv·ca·pla·am·viij·p·
Am·ccclxxix·capittel Plate·an
dem·iiij·vnd·vij·pa·
Am·cccej·ca·an dem vj·pa
Am·cccciiij·ca·pla·am·xj·pa
Am·ccccvj·ca·an dem·iij·pa
Am·ccccxvj·ca·Galienus an dē
iiij·vnd vj·vnd·xiij·pa

Für dye bosen rauden

morphea genant
am·iiij·ca·aui·an dem v·pa
am·ix·capitel an dem·iij·pa
Am·xij·ca Auicenna Serapio
an dem·iij·vnd·xv·pa
am·xiij·ca·Ser·an dē vj·pa
am·xxiiij·capittel Paulus an
dem vj·vnd vij·pa
am·ciij·ca·pla·an dem·xij·par·
am·ccclxj·ca·an dem·ij·pa
¶ Was den menschen aussetzig
machet
am·xxxiiij·ca·an dem·iij·pa·
¶ Für die reüdigkeyt
am·viij·capitel an dem ende
am·x ca·Serapio am vj·para
am·ciij·capitel an dem vj·par·
na·an dem ende
am·cxvij·ca·an dem·ij·pa
am·ccxlj·cap·Serapio an dem
ij·vnd·iij·pa·
am·ccxlv·ca·an dem·ij·pa·
am·cclxiij·ca·am ende
am·cclxxxix·ca·Dia·am vj·pa·
am·cccliij·ca·Ga·am·ix·pa·
am·cccxlvj·ca bey dem anfang
vnd an dem ende
am·cccxlvij·ca·Dia·am·xij·p·
am·cccl·capitel an dem·x·para
bey dem ende
am·cccliij·capitel an dē·xiiij·pa
vnd bey dem ende
am·ccclxix·ca·an dē vij·pa
am·ccclxx·ca·an dem ende
am·ccclxxviij·ca·am vj·pa
am·ccclxxxviij·ca·bey dem ende
am·cccxciij·cap·an dem·iij·pa
bey dem anfang
am·cccxcv·ca·an dem·xiij par·
am·ccccx·ca·Dia·am·v·pa
am·ccccxxxij·ca·an dem ende
¶ Zů den warczen
am·v·ca·Dia·an dē vj·pa
am·xxxiij·cap·an dem·x·para·
an dem ende
am·lx·ca·Dia·an dē·xv·pa
am·ciij·ca·pla·an dē·xj·pa
am·cxxxvj·ca·an dē·iiij·pa
am·ccxl·ca·an dem·iij·pa
am·ccccxiij·ca·bey dem ende
am·ccccxvj·ca·am viij·pa
¶ Für die warczen acrocordi-
nes vnd scrofule genant

am·vij·capitel an dem vj·pa
am·xlüij·ca·an dē viij·pa·
am·cxxxij·ca·an dem ende
am·cxxxv·ca·an dem ende
am·ccliij·ca·an dem·ix·pa·
am·ccxcij·ca·an dem ende
am·cccxcv·ca·an dem·xj·pa

¶ Für aller hande hÿcze
am·xij·ca·Aui·an dē·iij·pa
am·xiij·ca·Dia·am·ix·pa
am·xxvj·ca·Dia·am vüj·pa
am·xxix·capittel Galienus an dem vij·vnd vüj·pa·
am·xlix·ca·Dia·an dē·üj·para
am·lüij·cap·Pla·am v·pa·
am·lvüj·ca·an dem·üj·pa
am·lxvij·ca·an dem v·pa·
am·lxx·ca·am·j·vnd v·pa·
am·cvüj·ca·an dem·iij·pa
am·clvj·ca·an dem v·pa·
am·clxvij·ca·na·an dem ende
am·cclix·ca·beÿ dem ende
am·cclxxxix·ca·an dē·üj·pa·
am·cccj·capitel Serapio an dē vj·vnnd·xix·para·
am·cccxxvj·ca·aui·am·üij·pa·
am·cccxxxvij·cap·an dem·xxüj·vnd·xxv·pa·
am·cccxlj·ca·pla·am vj·pa·
am·ccclvij·ca·am vj·vñ vij·pa
am·ccclxxxüij·capittel an dē·üj·vnnd·ix·para·
am·ccccxiij·ca·an dem·xiij·pa·
am·ccccxix·ca·an dem·ij·pa·

¶ Zü dem heÿligen feüwer
am·xüj·ca·Ser·an dē·iiij·par·
Am·xvij·capittel Diascorides an dem·üij·pa·
am·xxvj·ca·Ga·an dē·x·pa·
am·xxxüj·ca·Ser·am·iij·pa·
am·lxiij·ca·Dia·am·üij·pa·
am·lxvij·ca·an dem·xüj·pa·na am ende
am·lxxij·capitel an dē·ix·pa
am·cüij·ca·an dem ende
am·clij·ca·an dem·iiij·pa·
am·clxüj·ca·an dem ende
am·ccxxix·ca·Ser·am·xj·pa
am·ccxxxij·ca·am ende
am·ccxxxviij·ca·an dem ende
am·cclxj·ca·am·iiij·pa·
am·cclxij·ca·paulus am·üj·pa
am·ccxcix·ca·an dem ende
am·cccj·ca·beÿ dem ende
am·cccij·ca·an dem·xj·pa·
am·cccv·ca·Diascorides an dē v·vnd vij·pa·
am·cccviij·ca·an dē·x·pa·
am·cccxix·ca·pla·beÿ dē anfāg
am·cccxciiij·ca·an dem v·pa

¶ Zü den gebranten gelidern
am·xij·ca·aui·an dē·ix·pa·
am·xlvij·ca·Ser·am v·pa
am·cx·ca·pla·beÿ dem ende
am·ccxxiij·ca·beÿ dem ende
am·ccxxxvj·ca·an dem ende
am·cclix·ca·Ga·am viij·pa
am·cccviij·ca·beÿ dem ende
am·cccc·ca·an dem·ix·pa·
am·ccccxvij·ca·an dem ende
am·ccccxx·ca·an dē·iij·pa·
am·ccccxxx·ca·an dem ende

¶ Jtem was dem leÿbe natürliche hÿcz bringet
am·viij·capitel an dem·j·pa
am·xv·ca·an dem·xxj·pa·

¶ Was den durst vertreÿbet
am·xv·ca·aui·an dē vij·pa
am·xxiij·ca·Dia·am·xx·pa·
am·lv·capitel Serapio an dem viij·para·
am·xcj·ca·an dem ende
am·xciiij·ca·an dē·iij·pa·
am·xcv·ca·an dem ende

am·c·am·iij·vnd·x·pa
am·cxxv·ca·Jo·me·am vj·pa
am·cl capitel an dem·iiij·pa
am ccxxiiij·capitel am vij·pa
am·ccxxiiij·ca· bey dem anfang
am·cccxxvj·ca·an dem ende
am·cccxlj·capitel an dem ande=
ren pa·vnd bey dem ende
am·ccclxxiiij·ca·an dē·viij·pa
am·ccccij·ca·an dem v·pa
am·ccccij·capittel an dem ende
¶ Was lusten bringet zů essen
am·iij·capitel an dē vuij·pa
am·xiij·ca·Serapio am·iij·pa
am·xxiij·capittel an dem xvij·
vnnd·xxiij·pa·
am·lv·ca·Ser·an dem xj·pa
am·c·capitel an dem vj·pa
am·cxviij·capitel bey dem ende
am·cccxlj·ca·Ser·an dē·iij·pa
am·cccxcviij·ca·an dē·iiij·pa
am·ccccxvj·ca·an dē·xvj·pa
am·ccccxxxiij·ca·an dem end
¶ Wölicher sein fan b verleüset
am·vj·ca·Ga·am·xiij·pa
am·liij·ca·pli·an dem ende
am·lxxxviij·.·Jo·me· am vj·p
am·xij·capitel am vij·pa·
am·cxxj·ca·aui·am v·pa
am·clxxvij·ca·an dem vj·pa
am·cclj·capitel am·xj·pa
am·cclxxiij·capitel an dem·vij·
pa·vnnd am ende
am·cclxxxiij·ca·an dē·iiij·pa
am·ccccxxv·ca·an dem·iij·pa

Was coitum bringet

am·vj·c apitel an dem xj·pa
am·xv·ca·Ga·an dem xij·pa
am·xxxv·capitel am vij·pa
am·lviij·ca·an dem·iiij·pa
am·lxij·ca·am·ij·vn̄·iij·pa·

am·lxxj·capitel am iiij·pa
am·lxxviij·capitel an dem ende
am·cvij·ca·aui·am·x·pa·
am·cxxj·ca·am·x·vnd·xiij·pa
am·cxxiij·c·am xviij·p·bey end
am·clv·capitel Ga·am·ij·pa
am·cc·ca pittel·Serapio an dē
viij·pa·bey dem ende
am·ccxvij·ca·Dia·am·iij·pa
am·ccxliij·capitel auicenna an
dem·ij·vnd·iij·vnd·iiij·pa
am·cclj·capitel an dem ende
am·cclxxxiij·ca·an dem anfāg
am·cccx·capitel am·iij·pa
am·ccxx·ca·Dia·am iiij·pa·
am·cccxxiij·ca·an dem ende
am·cccxxviij·ca·Ga·am v·pa·
am·lij·ca·am·xiij·pa·
am·ccclv·ca·am·iiij·vn̄·vj·pa
am·ccclxxxviij·capitel auicenna
an dem vj·vnd·vij·pa·
am·ccccx·ca·Ga·an dē·iij· vnd
ix·xvij·vnd·xxj·pa·
am·ccccxxix·ca·an dem ende
¶ Wider die vnkeüscheit
am·xiiij·ca·bey dem ende
am·lij·capitel Serapio an dem
ix·vnd·xj·pa·
am·lxx·ca·Pla·am·viij·pa·
am·lxxvij·ca·Se·am·vj·pa
am·ciiij·ca·Pli·am·xj·pa·
am·cxix·ca·Ser·an dē·vj·pa
am·ccxxiij·capittel an dem·vij·
vnd·xij·pa·
am·cccj·ca·Pli·am·xvj·pa
am·cccxxxvj·ca·am·x·vn̄·vj·p
¶ Für die kranckheyt gomor=
rea genant das ist den jr natur
entgeet on jren willen
am·lij·ca·Sera·am·xiij·pa
¶ Was einer meyden sol d mit
frauwen wil zů schicken ix. ben·

Am·iiij·ca·Pla·an dem·xij·pa

Für aller hande gebresten d schemde frawen vñ man

Am·j·ca·Dia·an dem·xv·pa
Am·iiij·ca·aui·an dem·x·pa
Am·xx·ca·pla·an dē·xiij·pa
Am·xxxvj·ca·Sa·am·xxv·pa·
Am·xxxvij·ca·an dē·xix·pa
Am·lxxxij·ca·am·vj·pa·
Am·lxxxviij·ca·Johannes mesue bey dem ende
Am·xcj·ca·am·xj·bey dem ende
Am·xcvij·ca·am ende
am·ciiij·ca·pli·am·x·pa·
am·clviij·ca·an dem·iiij·p
am·clxxv·ca·an dem·xvij·pa
am·ccxlj·ca·an dem·iiij·pa
am·ccc·ca·an dem·viij·pa·
am·ccciij·ca·an dem·xxj·pa
am·cccxcvij·ca·an dem·v·par·

¶ Item wem sein gemecht zerschwollen wäre

am·lix·capitel an dem·ix·para· bey dem ende
am·xcvij·ca·bey dem endē
am·cviij·ca·an dem·vij·pa
am·ccxlix·ca·aui·am·viij·
am·cclj·ca·an dem·viij·pa
am·ccc xxlij·ca·an dem ende

¶ Für dye teüfels lyebe amoreos genant

am·cxciij·ca·das capitel auß
am·ccxcij·ca·am anfang

¶ Für aller hande geschwulst

am·liij·capittel auicenna an dē iiij·pa·
am·xvij·capitel diascorides am dem·viij·pa·
am·xxiij·ca·Dia·am·xix·pa·
am·xxix·ca·Sera·am·x·pa
am·xxxj·ca·an dem·iij·pa·
am·lxxx·ca·Dia·am·iiij·pa·
am·lxxxj·ca·pli·an dem·iij·par·
am·clxv·capitel an dem·xxxj·p· bey dem ende
am·clxviij·ca·an dem ende
am·lxxvij·ca·an dē·v·pa·
am·clxxxv·ca·an dem·iiij·pa
am·ccxvij·ca·Dia·am·v·pa
am·ccxliij·ca·Dia am·viij·pa·
am·xxxij·ca·an dem ende
am·cclviij·ca·an dem·lj·pa
am·ccc·ca·an dem·xx·pa·
am·cccij·ca·an dem·xij·pa·
am·cccviij·ca·am·iiij·pa·
am·cccix·ca·an dē·xiij·pa·
am·cccxliij·ca·an dem·iiij·pa.
am·ccccxiij·ca·am·vj·pa·
am·ccccxxxv·ca·an dē·iij·pa

¶ Item für das podagram an den füssen

am·xj·ca·pli·am·iij·pa·
am·xvj·ca·Dia·am·iiij·pa
am·xvij·ca·Dia·am·lj·pa·
am·xxiij·ca·Dia·am·xiiij·pa
am·xxiiij·ca·Dia·an dē·i·par·
am·xcj·ca·an dem·xj·pa·
am·xciij·ca·Ser·am·iij·pa
am·xxj·ca·an dem ende
am·cxxiij·ca·am ende
am·cxl·ca·pli·am·iiij·pa·
am·clxv·ca·an dem·xix·pa
am·clxxvj·ca·an dem·ix·pa
am·clxxx·ca·Ser·am·ix·pa·
am·cxcvj·ca·Jo·me·am·vj·pa
am·ccxij·ca·pla·am·viij·pa
am·cclxxxix·ca·Diasco·an dem v·para·
am·ccxcix·ca·an dem·xj·pa
am·ccc·ca·an dem·xvj·pa·
am·cccv·ca·an dem·viij·pa·
am·cccxij·ca·an dem·v·pa
am·cccxxx·ca·an dem ende

am·cccxl·ca·an dem ende
am·cccxlix·ca·an dem·xj·pa
am·ccclxxiiij·ca·am·v·pa·
am·cccciiij·ca·bey dem ende
am·ccccx·ca·pli·am·xxiiij·par·
Am·ccccxiij·capittel an dem·ix·
vnd·xviij·para·
Am·ccccxvij·ca·an dem ende
Am·ccccxxx·ca·am·v·par·

Für das gicht parali
sis genant

Am·ij·ca·Aui·am·viij·vñ·ix·p
Am·xxij·ca·an dem·vj·pa·
Am·xlj·ca·Dia·an dē·viij·pa·
Am·xxxiiij·ca·pau·am·viij·pa
Am·cvij·ca·an dem·vj·pa·
Am·cxxxviij·ca·an dem ende
Am·cxlj·ca·an dem ende
Am·ccxij·ca·pla·an dē·vij·pa·
Am·ccxiij·ca·das gantz capit·
Am·ccxviij·ca·an dē·vj·pa·
Am·cclxxviij·capitel an dem·xij
para·bey dem ende
Am·ccxcviij·ca·an dem ende
Am·cccvij·ca·an dem ende
Am·cccix·capitel am·vij·pa
Am·cccxlvij·capitel paulus an
dem·xix·vnd·xvj·pa·
Am·cccxlix·ca·bey dem ende
Am·ccclv·ca·an dē·v·pa·
Am·ccclxvj·ca·bey dem ende
Am·ccclxxij·ca·bey dem ende
Am·ccclxxvj·ca·an dem ende
Am·ccclxxix·ca·an dē ende
Am·cccxcv·ca·an dē ende
Am·cccxcix·ca·am·v·pa·
Am·ccccxxij·ca·bey dē ende
Für das wütende gegicht im
dem leybe
Am·xlj·ca·Dia·am·viij·para
Am·cix·ca·an dē·iiij·pa·

Am·clxxxij·ca·an dem·v·pa·
Am·cccxcvj·capitel an dē·viij·
para·bey dem ende
Für die zerschwollen füsse
Am·liiij·ca·Pla·am·viij·para
Am·ccccx·ca·bey dem ende
Für das gegicht im den beynē
sciatica genant
Am·ccccj·ca·bey dem ende
Item für die lamen glider
Am·v·ca·Dias·am·viij·pa·
Am·xlvij·ca·Sera·am·v·par·
Am·lxxiiij·ca·an dem·v·pa
Am·lxxx·ca·Aui·vnd pla·am·
iiij·vnd·xv·vnd·xxij·pa·
Am·cvj·ca·an dem·xj·pa·
Am·cvij·ca·an dē ende
Am·cxlvj·ca·an dem ende
Am·cliiij·ca·am·x·pa·
Am·clxxxiiij·ca·bey dē ende
Am·ccxviij·ca·aui·am·v·par·
Am·ccxxviij·ca·am·xiij·pa
Am·cclxix·ca·Rasis am·iiij·pa
Am·cclxxij·ca·Ga·am·x·pa·
Am·ccc·ca·an dē·ix·pa·
Am·ccoxxx·capitel an dem·viij·
para·bey dem ende
Am·ccclxxij·ca·an dē·v·pa
Am·ccclxxiij·ca·pla·am·viij·p
Am·cccxcix·ca·pla·am·vj·par·
Itē für die zerknisten glider
Am·iij·ca·Jo·me·am·xv·pa
Am·v·ca·Ga·an dē·xij·pa
Am·xij·ca·Sera·bey dē ende
Am·xx·ca·Aui·an dē·vj·pa·
Am·liij·ca·Dia·am·iiij·pa·
Am·lxxxix·capitel Joha·mesue
an dem·ix·pa·
Am·xcv·ca·an dē·iiij·pa·
Am·cxxxviij·ca·am·iiij·pa·
Am·clv·ca·bey dem ende
Am·clxxxix·ca·an dē·iij·pa·

Am·cxcv·ca·an dem·vij·pa·
Am·cxcix·ca·an dē·xij·pa·
Am·cclij·ca·pli·am·iiij·pa·
Am·cccxlij·ca·an dem·xj·pa·
Am·ccclxj·ca·bey dem ende
Am·ccclxix·ca·am·vj·pa·
Am·cccc·ca·an dem·xj·pa·
¶ Für geliuert geblüte
Am·xxiiij·ca·am·vij·pa·
Am·xxxlj·ca·Dia·an dem ende
Am·lxxxvj·ca·an dem ende
Am·cxiiij·ca·Dia·am·ix·pa·
Am·cxlviij·ca·an dem ende
Am·cclv·ca·pli·am·v·pa·
Am·cccxlviij·ca·Dia·am·ix·p·
¶ Wölicher in dem leibe zerbro chen wäre·
am·xij·ca·an dem·xj·pa·
am·xvij·ca·am·vj·pa·
am·lxv·ca·Dia·am·x·pa·
am·cxj·ca·an dem·viij·pa·
am·cliij·ca·an dem ende
am·cxcvij·ca·an dem·iij·pa·
am·cccxlij·ca·an dem·viij·pa
am·ccclxxj·ca·an dem·vj·pa·
¶ Für den bruch der jungen kin der als züm dicker male geschi cht den kneblin
am·cliij·ca·an dem anfang
¶ Für das kalte
am·ij·ca·an dem ende
am·iij·ca·an dem·x·pa·
am·xv·ca·Ga·am·xiiij·pa·
am·xxj·ca·pla·am·vj·pa·
am·xvij·cap·alman·an dē ende
am·xxiij·ca·Dia·am·xiij·pa
am·xxv·ca·Dia·am·viij·pa·
am·liij·ca·Dia·am·x·pa·
am·lv·ca·an dem·xij·pa·
am·lxxiij·am·iiij·pa·
am·clxxvj·ca·an dem·v·para·
am·ccvij·ca·pla·am·vj·pa·
am·cclxxix·ca·an dem·ij·pa·
am·cclxxxj·ca·an dem·ij·pa· an dem ende
am·ccxcix·ca·an dem·xlij·para· bey dem ende
am·cccj·ca·Dia·an dē·xviij·pa
am·ccciij·ca·Ga·am·xvj·pa·
am·ccciiij·ca·an dem ende
am·cccvj·ca·an dem·xj·pa·
am·cccviij·ca·Dia·am·ij·pa
am·cccxxxvj·ca·am·xxiiij·pa
am·cccxliiij·ca·an dē·iij·pa·
am·ccclxxv·ca·am·xj·pa·
am·cccxcix·ca·an dē·vij·pa·

Für febres genant

quotidianas
am·xlj·ca·an dem ende
am·lj·ca·Jo·me·am·vij·pa·
am·cxlj·ca·am·iiij·vnd·v·par·
am·clxj·ca·am·xj·pa·bey dē end
am·cccxcv·ca·an dem ende
am·cccxcix·ca·am ende
¶ Für febres genant tercianas
am·clxvij·ca·am·v·pa·
am·ccxxiij·ca·an dem·xvij·par· bey dem ende·
am·cccxlij·ca·an dem ende
am·cccxcvj·ca·an dem·vij·pa·
am·cccxcvij·ca·an dem ende
am·ccccxij·ca·an dem·vj·pa·
¶ Für febres quartanas
am·vij·ca·Dia an dē·x·pa·
am·xix·ca·an dem ende
am·lxxv·ca·dia·am·xxj·pa
am·cix·ca·an dem·iij·pa·
am·clxv·ca·am·xx·pa·
am·clxix·ca·an dē·iiij·pa·
am·clxxxiiij·ca·an dem·iij·par·
am·ccxv·ca·an dē·iiij·pa·
am·ccxl·ca·an dem ende
am·cclxiij·ca·an dem·ij·pa·

Am·cclxxvij·ca·am·xvij·pa·
Am·cccij·ca·Galie·am·xiiij·pa·
Am·cccvj·capi·an dem·vij·vnd
viij·par·
Am·cccvij·ca·an dem·x·pa·
Am·cccviij·ca·an dem ende
Am·cccix·ca·an dem·xj·pa·
Am·cccxxix·ca·Sera·am·iiij·p·
Am·cccxxxix·ca·an dem ende·
Am·ccclxxv·ca·am·iij·pa·
Am·ccccxij·ca·am·ix·pa·
Am·ccccxiiij·ca·beÿ dem ende
Am·ccccxxx·ca·bey dem ende·
Wölicher an seinem leÿbe zů
ronsen wär vō dem fieber·
Am·xciiij·ca·am·ij·pa·
Für den schlag appoplexia ge
nant·
Am·xxij·ca·plate·am·vj·pa·
Am·xlj·ca·Dias·am·xiij·pa
Am·cxxiij·ca·am·xiij·pa·
Am·ccxxx·ca·am·iij·pa·
Am·ccxxxiiij·ca·an dem ende·
Am·ccclij·ca·plate·am·xiiij·pa·
Am·ccclxxiij·ca·am·xij·pa·
Am·ccccx·ca·am·xxviij·pa·
Am·ccccxij·ca·an dem ende·

Was die fallenden su
cht vertreÿbt epilentia genant
Am·x·ca·Sera·am·v·pa·
Am·xxiij·ca·am·xxvij·pa·
Am·xxviij·ca·beÿ dem ende·
Am·xxxij·ca·plin·am·iiij·pa·
Am·xxxviij·ca·am·ende·
Am·xlvj·ca·am·xij·pa·
Am·liij·ca·Dias·am·vj·pa·
Am·lvij·ca·aui·am·v·pa·
Am·lxxv·ca·Sera·am·xxv·pa·
Am·ciiij·ca·aui·am·vj·pa·
Am·cxvij·ca·an dem ende·
Am·cxxiiij·ca·Sera·am·x·pa
Am·clxxxvij·ca·beÿ dem ende
Am·cclv·ca·am·vij·pa·
Am·ccxxvij·ca·plate·an dem·vj
vñ·x·vnd·xj·pa·
Am·ccxxviij·ca·an dem·xij·vnd
xiij·pa·
Am·cccvj·ca·aui·am·v·pa·
Am·ccclix·ca·an dem·vj·pa·
Am·ccclxviij·ca·am·v·pa·
Am·ccccxij·ca·beÿ dem ende
Was die fallēdē sucht bringt
Am·vj·ca·Galie·am·xix·pa·
Was die melācoley vertreibt
Am·xvj·ca·plate·am·xj·pa·
Am·xxviij·ca·Halÿ·am·viij·p·
Am·xlvj·ca·an dem ende·
Am·lvj·ca·plate·am·v·pa·
Am·lxv·ca·Ser·am·xvij·xix·pa
Am·ccxl·ca·Se·am·ij·vñ·iiij·p·
Am·cclxxiij·ca·Sera·am·vij·pa
Am·cccxxxiiij·ca·an dē·j·pa·vñ
an dem ende·
Am·cccxlij·ca·am·v·pa·
Was schwäre treümme ver-
treybet·
Am·xxxviij·ca·aui·am·viij·pa·
Am·cxxx·ca·Dias·am·viij·par·
Am·ccxcij·ca·plate·am·iij·par·
Was den schlaff bringet·
Am·xiiij·ca·aui·vñ plin·am·ij·
vnd·xviij·pa·
Am·xxxv·ca·plate·am·xvij·pa·
Am·lxxxvj·ca·Jsaac·am·iij·pa
Am·cxix·ca·an dem·viij·pa·
Am·ccxvij·ca·an dem ende·
Am·ccxxiij·ca·Sera·am·ix·par
vñ an dem ende·
Am·cclvij·ca·aui·am·iiij·vnnd
vij·pa·beÿ dem ende·
Am·ccxcix·cap·an dem·viij·vnd
xij·par·
Am·cccxlj·cap·am·iij·vñ·vj·pa·

am·cccxiij·ca·an dem vj·pa·
am·cccxiij·ca· Jo·me·am·xj·p
am·cccxxij·ca·an dem·iiij·pa·

für vergift

am·ij·ca·Pla·an dem·xv·pa
am·vj·capitel an dem·x·pa
am·xv·ca·Galie·am·xv·pa
am·xx·ca·Pli·an dē·xiiij·pa
am·xxxiij·capittel Diascorides
an dem viij·vnd·xj·pa·
am·liij·ca·Dia·an dē v·pa·
am·lxxv·ca·Ser·am·xxiiij·pa·
am·clxxix·ca·an dem·v·pa
am·cxcv·capitel an dē·xj·pa
am·cxcix·ca·Ser·am·x·pa·
am·cclxxxj·ca·Ga·am vj·pa
am·ccc·capitel am·xxij·pa
am·cccxxxvj·ca·pla·xix·pa
am·cccxxxviij·ca·am·iiij·pa
am·cccxl·ca·an dem v·pa·
am·ccclxxix·ca·am·iij·pa·
am·cccxcvj·ca·an dem vj·pa
am·cccc v·ca·am v·vñ vij·pa
am·ccccxij·ca·an dem v·pa·
am·ccccxviij·ca·am·ix·pa·

¶ Das dir kein zauberey oder gifft schade

am·j·capitel am·x·pa·
am·liij·capitel an dē·v·pa·
Am·lxxiiij·ca·an dem v·pa·
Am·lxxix·ca·an dem·iiij·pa·
Am·cxxx·ca·Dia·am·ix·pa
Am·cclxj·capitel am vj·pa·
Am·ccxcv·ca·an dem ende
Am·cccix·ca·an dem·iiij·pa·
Am·cccx·ca·an dem·ij·pa·

¶ Für eins gifftigē thieres biß

Am·ij·ca·Dia·am·xxj·pa·
Am·iiij·ca·pla·an dē·xv·pa
Am·v·ca·Dia·am·ij·pa
Am·x·ca·Dia·an dem·x·pa
Am·xj·capitel an dem ende
Am·xiij·ca·an dem·xij·pa·
Am·xxj·ca·Dia·am vij·pa
Am·xxiij·ca·Dia·am·viij·pa·
Am·lxxvij·ca·an dem ende
Am·lxxij·capitel Ypo·an dem iij·vnd viij·pa·
Am·lxxvij capi·an dem ende
Am·clv·cap·an dem end
Am·clxxxvij·ca·an dem·ij·par·
Am·cxcj·ca·an dem·xiiij·pa·
Am·cclj·ca·an dem·xviij·pa
Am·cclx v·ca·am v·pa·
Am·cclxxvij·ca·Pli·am·xv·pa·
Am·cclxxxviij·ca·am ende
Am·ccciij·capitel an dem vj·vñ xvi·para·
Am·cccxxxviij·ca·am vij·pa
Am·cccxlvij·ca·an·dem·x·pa
Am·ccclij·ca·Pli·am v·pa
Am·ccclxxij·ca·bey dem ende
Am·cccxcvij·ca·an dē·iiij·pa
Am·cccc·capitel am viij·pa·

für bisz der dobendi gen hunde

Am·iiij·ca·pla·am·xv·pa·
Am·v·ca·Dia·an dē·iij·pa·
Am·xxxv·ca·an dem·xv·pa·
Am·xiij·ca·Ser·bey dem ende
Am·lxxxvj·ca·an dem·xj·pa
Am·clxxiij·ca·an dē·iij·pa
Am·clxxv·ca·am viij·par·
Am·cxcix·ca·Ser·am·ix·pa·
Am·ccl·capitel an dem v·pa
Am·cclj·ca·an dem·xviij·pa
Am·cccviij·ca·an dē·xvij·pa
Am·ccccx·ca· Serapio an dem x·vnd·xxxiij·pa·

¶ Wo eyn spynne oder wespe oder nater gestichet

Am·xiij·ca·Ser·am·xiij·pa·

Am·xxxj·ca·an dem ende
Am·cvlij·ca·an dem·ij·pa
Am·ccc·ca·an dem·xiij·pa
Am·cccix·ca·am·iij·vnd·x·pa·
¶ Item wölicher ein spynnen geessen hette
Am·xxxj·capitel am vj·pa
¶ Wo ein bynen gesticht
Am·xij·ca·Aui·an dē·xij·pa
Am·cclxlviij·ca·an dē·xiij·par·
¶ Das die bynen in dem stock beleyben
Am·xxj·ca·Dia·am viij·pa
Am·clxxv·ca·an dem·xx·pa·bey dem ende
¶ Das kein gifftiges thiere in deinem hauß beleibet
Am·j·ca·Dia·an dē·xx·pa·
Am·ij·ca·Pla·aui·vñ·Dia·an dem·xvj·vñ·xviij·vnd·xx·pa
Am·iiij·ca·pla·am·xvj·pa
Am·lxxvij·ca·an dem anfange
Am·lxxxix·ca·an dem ende·
Am·cxlvj·ca·an dem·x·pa·
Am·clxxiiij·capitel an dem·iiij·para·bey dem ende
Am·clxxix·ca·an dem vj·pa·
Am·cxcix·ca·Ser·am·xj·p
Am·cclxxvij·ca·am·xvj·pa·
Am·ccclxxiij·ca·an dem·xj·pa·
¶ Das dir der teüfel keinē schaden zů füge
Am·j·ca·Dia·an dē·xj·pa
Am·lxx·ca·pla·an dem·ix·par·
Am·lxxix·ca·an dem·iij·pa
Am·clxxix·ca·an dem ende
am·cciiij·ca·Dia·am·iij·pa·
am·cclxj·ca·an dem·vj·par·
am·cccxlij·capitel an dem·vj·vnd·vij·pa·

wolicher in seynem

leibe schlangen krotten oder ander gifftige thiere hette
Am·lxviij·ca·pla·an dē vij·pa·
¶ Für den krampff spasmus genant
am·xxj·ca·Pla·an dē·x·pa
am·lxxiij·ca·Galienus an dem vj·pa·bey dem ende
am·lxxv·ca·Ser·am·xxviij·pa·
am·cvj·capitel am·x·pa
am·cxxiij·ca·Ser·am·xiij·pa·
am·clxix·ca·aui·an dem·xj·pa·
am·cccix·ca·an dē viij·pa·
am·cccxxxiij·ca·an dē vj·pa·
am·cccxcviij·ca·an dem ende
am·ccccxxvj·ca·am·lj·pa·
¶ Das du nicht müde werdest von geen
am·j·ca·Dia·vnd Pli·an dem xix·vnd·xviij·pa·
am·v·ca·Ga·an dē·xiij·pa
am·cviij·ca·an dem v·pa·
¶ Für die drunckenheyt
am·iij·ca·aui·am·xxj·pa·
am·xiij·ca·plinius am·xxj·pa·bey dem ende
am·xxxv·cap·circa instans bey dem ende am·xxix·pa·
am·c·ca·pla·an dē vj·pa·
am·cciij·ca·an dem·xiij·pa·
am·ccxij·ca·an dem ende
am·cccxiij·ca·am·xiij·pa
¶ Das dir das wasser nit schadet dz du trinckest in der hytz
am·iiij·ca·an dem ende
¶ Wo von du fast lachest
am·vij·capitel an dē·xj·pa·
¶ Item wo von der mensch bal de grae wirt
am·cxix·ca·bey dem ende
¶ Wölicher alle zeyt iunck geschaffen wil sein·

Am·clxxv·capittel an dem·xix·
pa·an dem ende
Am·cclxxiij·ca·an dem ende

wiltu ein schöne lau
tere haut machen am leybe

Am·xlvij·ca·Ga·am·ix·pa·
Am·cxxxij·ca·an dem·iij·pa·
Am·cxxxvj·ca·an dem·iij·pa
Am·cxliij·capitel am·ij·pa
Am·clxxx·ca·an dem v·vnd·xj·
pa·bey dem ende
Am·cccxl·ca·am·ij·vnd·xj·pa·

Wilt du ein schönes lautter
angesicht machen
Am·cxxxiiij·ca·an dem v·para
Am·cl·capitel an dem end

Für den harwurm an dē leibe
Am·v·ca·Galie·am·xj·pa
Am·lxxxvj·ca·an dem·x·pa·

Für den wurm an dē finger
Am·clxxxv·ca·an dē·vj·pa
Am·ccc·ca·an dē·xviij·pa·
Am·cccxlvj·ca·an dem iij·pa
Am·ccccxxviij·ca·an dem ende

Item für faulung des geblü=
tes der feüchtung in dem leib
Am·iij·ca·Jo·mesue am·xiij·p·

Dem die galle überlauffet
Am·xiij·ca·Pli·am·xvij·pa·

Item für das schlicken singu=
laris genant
Am·xiiij·capitel Rabby moy/
ses an dē·xiij·pa·
Am·lxxiij·capittel Serapio an
dem·iiij·vnd vj·pa·

Wiltu das dir ein nagel auf
dem finger oder zehen wachs
Am·xvij·capitel / Diascorides
an dem·x·pa·

Item wie du ein nagel abetz
est von dem finger oder von dē
zehen
Am·xlviij·ca·an dem ende

Item wilt du haben eyn ka=
le haudt an deynem leybe oder
hare auß ätzen
Am·xxvj·ca·Ga·am·xij·pa
Am·xliiij·capittel Diascorides
an dem·ix·pa·
Am·cccxcv·ca·an dē·x·pa·

Den pferden wunden heylen
auff dem rück oder anderswo
Am·xj·ca·Pli·am·v·pa·
Am·ccccxj· a·an dē·iiij·pa

Item wilt du machē ein güt
te kreffitigung von kyrsen
am·cxx·ca·an dem ende

was dem siechen men
schen grosse krafft bringet

am·xlix·capitel Paulus an dem
xvij·para·

Was den krancken leüten gü
te sey·
am·ccxj·capitel auicenna an dē
anfang

Item wilt du machē gar ein
güt kappen wasser
am·ccxj·ca·an dem ende

Item wölicher erkaltet wä/
re an seinem leybe
am·iiij·ca·Pla·an dem·ix·pa
am·viij·ca·an dem·j·pa·
am·cvij·ca aui·an dē·ix·pa·
am·ccclviij·ca·bey dē anfang
am·ccclxxxij·ca·aui·v·pa·

Wilt du das ein leyn zeichen
der andern haut geleich
am·lxiij·c·am·viij·p·bey dē end
am·lxxv·ca·Dia·am·xx·pa·
am·clv·ca·an dem v·pa·
ām·ccxxj·ca·Dia·am·viij·para
am·cccviij·ca·am·xviij·pa

verwarest in der eschen
am·ccxviij·capitel am·ij·para·
¶ Item wilt du in deiner handt glüende eysen tragen das es dich nit brennet
am·ccxlix·capitel Dyascoʀides an dem·x·par·beÿ dem ende
¶ Das eÿn todter leichnam in dem erdtrich vnuerzeret bleÿbe
am·lxxv·cap·an dem·xxij·par·
¶ Das die motten dem tüche oder deinen kleÿdern nicht schaden zůfügen
am·cxvj·ca·Ser·an dem·vij·p·
¶ Wilt du gůt seÿffen machen
am·cxxxvj·cap·an dem·vij·pa·
¶ Wilt du quecksilber tödten
am·xl·capitel an dem ende
¶ Item wölichem quecksilber in den leib käme
am·xl·ca·Diascoʀi·am·vj·pa·
¶ Item wölichem kinde der nabel zů ferr außgienge
am·cliij·capi·an dem·j·pa·
¶ Wölicher ein geschwer hette in der wurtzel eines nagels an henden oder an füssen
am·clxxij·capitel an dē·ij·para

zů geschweeren in den

därmen oder weethum darinn
am·cxciiij·capitel an dem·v·pa beÿ dem ende
am·cclvj·ca·an dem·xv·pa·
am·cccxvj·ca·an dem·xj·pa·
¶ Dem die haut abe geet von vil geen oder arbeÿt
am·cclij·capitel an dem·ij·par·
¶ Wölicher nit wol schlinden mage
am·cclxxxix·capittel Dÿascoʀides an dem·iiij·para·

¶ Item wölicher auff ein ader geschlagen wäre
am·cclxx·capitel an dem·viij·pa
¶ Item für den brant des krautes nesseln
am·cclxc·capitel bey dem ende
¶ Für geschweren in dē afftern
am·xcj·capitel an dē·iiij·pa
¶ Item für die schwartzen flecken an dem leÿbe
am·cccxvij·ca·aui·am·xj·para
¶ Für ein kranckheÿt incubus genant das ist der in dē schlaffe getrucket wirt das er weder reden noch schreÿen mag
am·cccviiij·ca·an dem·x·pa
¶ Für hitz des summers
am·cccj·capitel an dem·x·para
¶ Für die zerschwollen kele
am·cccv·capitel an dem·x·vnd xiij·para·
¶ Das die meüse oder andere thiere das bappeÿer nicht essen darauff geschriben ist
am·iij·capitel Johannes mesue an dem·xiiij·pa·
¶ Item eÿn gütte wundt salbe zů machen
am·cccxvj·ca·das gantz capit·
¶ Dem d᷑ hals geschwollē wer·
am·cccxxviij·capi·beÿ dem ende
¶ Item für die flechtē am leib
am·cccxxxiij·ca·an dem·vij·pa·
am·cccxxxviij·cap·bey dem ende
¶ Wölicher in dem schlaff redet
am·cccxxxv·capit·an dem ende·
¶ Was den knoblauch rauche vertreÿbet auß dem hals
am·cccxxxvj·capitel platearius an dem·xviij·para·
am·cccxxxiij·capitel an dem·iij·vnd·vij·para·

¶ Für dye vrschlechten variole vnd morbelli genant
Am·cccxxxvj·ca·an dem ende
Am·cccxlj·ca·an dem·vj·para·
Am·cccxlix·ca·an dem ende
Am·ccccij·ca·an dem ende
¶ Item was die fisch tödtet in dem wasser
Am·ccccxj·ca·an dem ende
¶ Item was dye fisch bringet in das netz
Am·cccxxxvij·ca·an dem ende
¶ Item wilt du fisch fahen mit den henden
Am·ccccxcv·capitel an dem·xvj para·bey dem ende
¶ Item was einen stinckenden atem machet
Am·cccxxix·ca bey dē anfang
¶ Item das die leüte wenen dz hauß lauffe vol schlangen
Am·xlvij·ca·an dem·xvij·para
¶ Item was den frauwen dye geburt hindert
Am·cccl j·capitel an dem ende
¶ Was die wantleüse tödtet
Am·ccclxj·capitel an dem ende·
¶ Was dem menschen grosse sucht vnd kranckheyt bringet
Am·ccclxij·ca·an dem ende
¶ Für weethum in dem rucken
Am·ccclxüij·ca·an dem ende
¶ Item was das fyhe balde feyst machet
Am·ccclxvij·ca·an dē·vj·pa
¶ Für die kelte des winters
Am·ccclxvüj·ca·Dia·am·vj·p
¶ Für die hicz der sunnen
Am·ccclxxxvüj·ca·an dem ende
¶ Das den jungen kinden nitt böses züfal
Am·ccxxix·ca·an dem·üij·pa·

¶ Item dz du sicher seyest vor deinen veinden
Am·ccccx·capitel an dem ende
¶ Das dir das schrepffe eysen oder schrepff kopff nicht schade nach dem schrepffen
Am·cclv·capitel am·üij·pa·
¶ Wölicher man vnd frauwe begerent einen sun oder töchter zü machen
Am·cclx·capitel an dem·v·vnd vj·para·
Am·ccclv·capittel an dem ende
¶ Was mager machet
Am·xvj·ca·Dia·an dē·v·para
Am·ccv·cap·bey dem ende
Am·ccix·ca·Serapio am·ij·pa
Am·ccxxix·ca·an dem ende
Am·cccxxxv ca·an dem·üij·par·
Am·ccccvj·ca·an dem ende
¶ Was magern leütē güt sey·
Am·cclxxxvij·ca·an dē·v·para·
¶ Was feyst machet
Am·cclxxx·capittel an dem anfang vnd bey dem ende
¶ Was die flöhe tödtet
Am·cclxxxvj·ca·an dem·vj·pa

Das du dein geist frölich vnd wol gemüt machest

Am·ccccxij·ca·an dem·vüj·par·
¶ Wilt du wissen ob ein siecher sterbe oder genese
Am·ccccxij·ca·Pla·am·x·par·
¶ So dē jungen kindē die haut abgeet vnder den armen
Am·ccccxvij·ca·an dem·ij·par·
¶ Die flecken zü vertreiben die von der sunnen kommen
Am·ccccxx·capitel an dem ende·
¶ Was die raczen tödtet
Am·ccccxxüj·ca·an dem ende

¶ Die würmlin zůuertreyben die in den schweißlöchern steck- en der jungen kinde
Am·cccxxv·ca·an dem·vij·pa·

Dysz sind die capitel

der kreüter nach ordenung des alphabets·

Arthemisia beyfůß an dē·j·cap
Abrotanū stabwurcz am·ij·ca·
Absinthiū wermůt am·iij·cap
Allium knoblach am·iiij·capi·
Agrimonia odermynge am·v·c
Appium eppich an dem·vj·ca
Appium silvestre wilde eppich an dem·vij·capitel
Appium rusticum bauren ep/ pich an dem·viij·capitel
Appium emorroidarū fickbla/ tern eppich an dem·ix·ca·
Astrologia rotunda holwurcz an dem·x·capitel
Aristologia lōga osterlucy an dem·xj·capitel
Altea ybisch an dem·xij·capitel
Acetosa saurampfer am·xiij·ca
Anetum dille am·xiiij·ca·
Anisum änyß an dē·xv·cap·
aarona aaron an dē·xvj·capi·
atriplex schyßmelde am·xvij·ca
alleluia kuckeßlauch·xviij·ca·
azarū haselwurcz am·xix·capi·
affodillus goltwurcz am·xx·ca
acorus geel lilien am·xxj·capi·
ambrosia hirczwurcz·xxij·cap
anthos rosmaryn am·xxiij·ca·
alkekengi boberellen·xxiiij·cap·
astrencz meisterwurcz·xxv·ca·
accacia schleen safft am·xxvj·c·
antera das geel semlin in dē ro sen an dem·xxvij·capitel
auricula muris meüßore an dē xxviij·capitel
auena habern an dem·xxix·capi·
astromū astlanch am·xxx·cap·
appollonaria schirling·xxxj·ca
alchimilla synauwe·xxxij·cap·
arbor glandis eychbaum an dē xxxiij·capitel
anacardus elephanten lauß an dem·xxxiiij·capitel
amigdalus mandelbaum an dē xxxv·capitel
aloe an dem·xxxvj·capitel
aloes lignum ein holcz also ge- nant an dem·xxxvij·ca·
aurum golt an dem·xxxviij·ca·
argentum silber·am·xxxix·cap·
argentū vivum quecksilber an dem·xl·capitel
asa fetida teüfels dreck·xlj·cap·
amidum krafft mele am·xlij·c·
antimonium spießglaß an dem xliij·capitel
armoniacum ein gummy also genant an dem·xliiij·ca·
alumen alaun an dem·xlv·cap
ambra walrode an dē·xlvj·ca·
alcanna ein baume also genant an dem·xlvij·capittel
arsenicum operment·xlviij·ca·
acetum essig an dem·xlix·capi·
aqua wasser an dem·l·cap·
agaricus damien schwamp an dem·lj·capitel
Agnus castus schaff milche an dem·lij·capitel

B

Betonica betonien am·liij·cap·
Buglossa ochsenzung·liiij·cap·
Berberis erbsich am·lv·capitel
borrago porrich am·lvj·ca·
Blacte bizācia muschel·lvij·c

J7